现代引调水工程建造关键技术研究与实践

谢祥明 等 著

中国水利水电出版社
www.waterpub.com.cn
·北京·

内 容 提 要

　　本书是现代引调水工程建造关键技术方面专著，全书共分八章，主要包括：超深工作井施工技术、盾构施工技术、TBM施工技术、盾构隧洞内衬预应力混凝土结构施工关键技术、盾构隧洞内衬钢管结构施工关键技术、泵站施工技术、数字化技术在工程中的应用。详细介绍主要关键技术的研究解决及取得的成效，可为类似工程建设提供有益借鉴。本书技术价值高、实用性强，可为水利水电工程技术人员提供参考和经验借鉴。

图书在版编目（CIP）数据

现代引调水工程建造关键技术研究与实践 / 谢祥明
等著． -- 北京 ： 中国水利水电出版社，2024． 12.
ISBN 978-7-5226-3244-5

Ⅰ．TV6

中国国家版本馆CIP数据核字第2025QQ9451号

书　　　名	**现代引调水工程建造关键技术研究与实践** XIANDAI YINDIAOSHUI GONGCHENG JIANZAO GUANJIAN JISHU YANJIU YU SHIJIAN
作　　　者	谢祥明　等　著
出 版 发 行	中国水利水电出版社 （北京市海淀区玉渊潭南路1号D座　100038） 网址：www.waterpub.com.cn E-mail：sales@mwr.gov.cn 电话：（010）68545888（营销中心）
经　　　售	北京科水图书销售有限公司 电话：（010）68545874、63202643 全国各地新华书店和相关出版物销售网点
排　　　版	中国水利水电出版社微机排版中心
印　　　刷	清淞永业（天津）印刷有限公司
规　　　格	210mm×285mm　16开本　23.5印张　717千字　12插页
版　　　次	2024年12月第1版　2024年12月第1次印刷
印　　　数	0001—2000册
定　　　价	**198.00元**

■ **超深工作井地下连续墙施工**：珠三角水资源配置工程 SD03 号工作井地下连续墙深度 77.98m，开挖深度 73.98m，为全线最深工作井。研发采用抓铣结合和接头套铣成槽工艺、自锁直螺纹套筒连接、地连墙变形动态预测、成槽垂直度精准控制与纠偏、接头高压冲洗等关键技术，解决了超深地连墙槽壁稳定、垂直度控制、接头防渗、钢筋笼分段快速连接等技术难题

■ 建成后的超深工作井

■ **超深工作井内双盾构分体始发**：针对始发井狭小空间（直径30.5m）采用新型盾构分体始发技术，将主要设备台车在井下进行叠放布置，充分利用井下空间，双线盾构同时组装始发，大幅提高了始发效率

■ **水平＋垂直连续高效出渣系统**：超深竖井盾构渣料垂直运输与水平皮带运输形成高效联动输送系统，实现超深竖井长距离盾构高效出渣，提高盾构掘进效率，平均有效掘进工效达278m/月，单区间节省工期约5个月

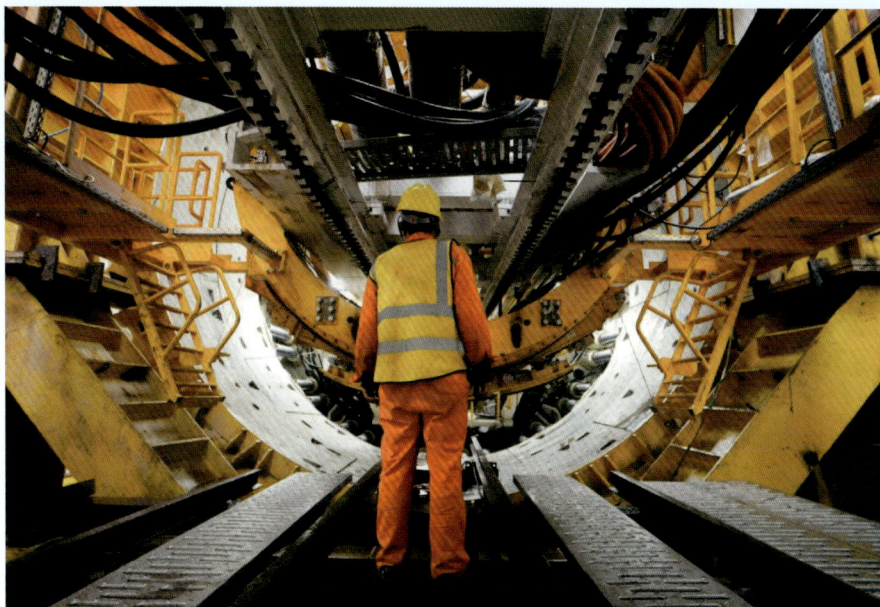

■ **特殊地层盾构掘进**：通过刀具优化及参数精准控制，解决了穿越大金山强度高达 180MPa 高石英含量硬岩掘进技术难题

■ **带压开仓换刀**：通过衡盾泥建立仓内泥膜，解决了盾构机深埋破碎地层 5.0bar 带压开仓换刀世界级难题

液氮冷冻地层加固

仓内冻结效果

■ **液氮冷冻地层加固及盾构机开仓**：采用液氮冷冻地层冻结加固＋洞内环向冻结加固方法，开创了国内盾构埋深达 53.93m 富水复杂地层加固及安全高效开仓的成功案例

■ **盾构隧洞贯通**：做到滴水不漏，为下一道内衬工序提供良好条件

■ **内衬钢管热熔结环氧粉末喷涂**：研发了国内首台套带加劲环大直径钢管中频感应熔结环氧粉末喷涂成套装备及涂装关键技术，涂层耐久性可达50年，实现了输水钢管长期耐久性

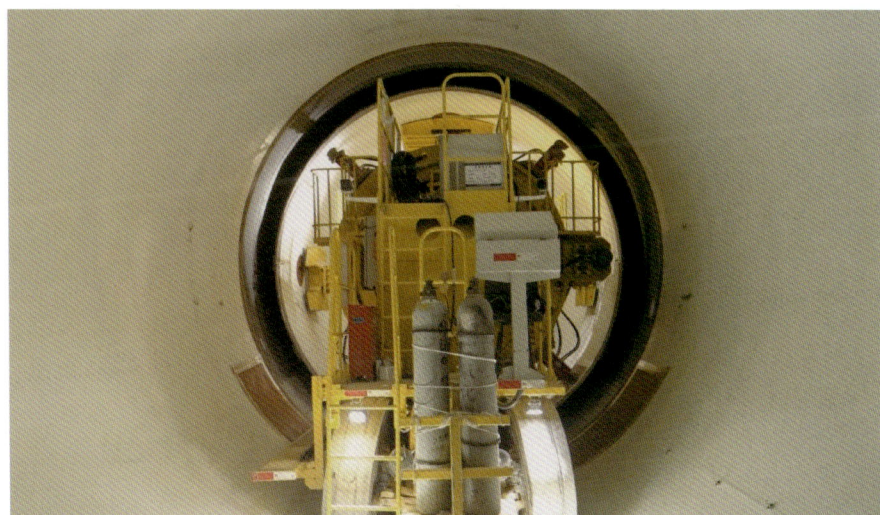

■ **狭小空间钢管智能运输组对安装**：研发了隧洞狭小空间大直径钢管智能运输装备，台车采用无轨式设计，加装360°全位置高精度液压顶撑装置，重载运输速度达到1000m/h，组对实现了由传统人工向自动对接的升级。钢管安装速度提升3倍以上，达到800～1000m/月国内外领先水平

■ **钢管单面焊双面成形自动焊接**：大直径内衬钢管单面焊双面成形全位置自动焊接技术，采用全位置单面焊双面成形焊接机器人，实现全位置自动焊接作业，降低作业人员劳动强度，提高焊缝质量一次合格率，平均一次焊接合格率达到99％

■ **自密实混凝土浇筑**：采用"三通管＋软胶管"的密闭环形衬砌空间自密实混凝土入仓方法，保证了两侧混凝土同步均衡上升，防止钢管位移，大幅提升混凝土浇筑质量和速度

■ **内衬结构1:1原型试验：**通过现场原型试验研究，论证内衬无粘结预应力混凝土结构环向钢筋及预应力锚索布设和定位、针梁台车优化设计、混凝土入仓浇筑、锚具槽成型、预应力张拉等技术参数和施工工艺，形成主体工程施工工法

■ **后张法无粘结预应力钢绞线安装：**内径7.5m盾构隧洞，内衬采用厚度为55cm的无粘结预应力混凝土衬砌结构，内部由8根15.2mm的无粘结预应力钢绞线双层双圈布置，间隔50cm，承受最大内水压力1.3MPa，其工艺难度之高、应用规模之大在国内水利行业尚属首次

■ **环向钢筋绑扎**：研发了"543"盾构隧洞内衬结构施工工法，单线布置5台钢筋台车备仓、4台针梁式钢模衬砌台车浇筑和间隔3仓的跳仓施工，通过多台车组队调度、工序衔接优化、合理制定物料供应计划及保证措施等手段形成流水作业，实现超长深埋隧洞多台车同步衬砌安全优质高效施工工法，创造了内衬预应力混凝土单线最快纪录60仓/月（720m）

■ **预应力环向锚索张拉**：通过优化张拉顺序、明确钢绞线剥皮及抽拉长度、改良锚固体系防腐、完善施工流程等措施，确定预应力环锚索张拉技术指标和施工工法

■ 溢流堰、整流墩不锈钢免拆模板安装：整体免拆模板在地面拼装完成后整体吊装就位

■ 泵站结构混凝土浇筑：泵站总装机容量为 $8 \times 8000kW$，设计抽水流量为 $80m^3/s$

■ 内衬预应力混凝土结构浇筑完成

■ 内衬钢管安装完成

■ 取水建筑物——鲤鱼洲泵站

■ 高位水池充水

■ **B3** 标施工项目部

■ 鲤鱼洲泵站航拍图

■ **TBM 刀盘锁定在掌子面**：在 TBM 大齿圈洞内更换中，创造性地采用定值可回收锚索结合底部钢支撑将刀盘固定于前方掌子面，在洞内实现刀盘与盾体分离以及精准复位

■ **洞内 TBM 大齿圈更换**：研发了隧洞内有限空间 TBM 主轴承大齿圈等大部件高效更换新技术，仅用时 50 天解决了 TBM 大齿圈洞内更换的重大难题。本技术的成功为延长 TBM 单头掘进距离提供了重要技术依据

前　　言

　　水资源时空分布不均、水资源短缺是我国的基本国情。为改变这一面貌，除节水优先、科学利用外，采取工程措施实现水资源的科学调配已成为推动经济社会可持续发展和社会安全稳定的重要举措。因此，国家及地方相继出台了一系列水网建设规划，已建、在建、将建一大批跨流域的现代引调水工程。

　　现代引调水工程建设呈现跨流域、输水隧洞大埋深、长距离、复杂地质工况等特点，这就决定了工程的建设投资大、施工难度高、质量要求严、安全责任大等特性。为解决上述难题，工程建设者们仍然面临诸多困难和挑战需要攻关解决。

　　本书以工程实践为例，介绍作者及其团队在现代引调工程施工关键技术方面取得的成果，主要介绍盾构法、TBM 法、隧洞复合衬砌、数字建造等现代建造技术在输水隧洞施工中的应用，详细介绍主要关键技术的研究解决及取得的成效，以期能为类似工程建设提供有益的借鉴。

　　输水隧洞盾构法施工以珠三角水资源配置工程为例，TBM 法以桂中治旱工程、榕江关埠引水工程为例。

　　珠三角水资源配置工程是国务院部署加快建设的全国 172 项节水供水重大水利工程之一，是广东省"五纵五横"水资源配置骨干网络重要组成部分，也是粤港澳大湾区又一项重大基础性工程。工程全长 113km，设计年供水量 17.08 亿 m^3，总投资约 354 亿元。

　　2024 年 1 月 30 日，珠三角水资源配置工程正式建成通水，标志着广东实现"西水东济"，彻底改变广州市南沙区、深圳市及东莞市单一供水格局，并为香港、广州番禺、佛山顺德等地提供应急备用水源，逐步退还东江流域生态用水，全面保障粤港澳大湾区供水安全。

　　回首来时路，工程建设者克服了战线长、地质条件复杂、新冠疫情影响等重重困难，攻克了超深竖井、深埋盾构、复合衬砌等施工技术难题，确保了工程建设进度、质量和安全，为同类水资源配置工程建设积累了宝贵经验。

　　工程采用深埋盾构方式在地下 40～60m 建设，施工难度极大。针对超深竖井施工，研发了接头冲洗装置，研发了钢筋笼吊装施工方法及自锁直螺纹套筒连接结构，采用抓铣结合的成槽工艺以及套铣接头工艺，成功应用在 78m 深的地下连续墙施工中，开挖后围护结构真正做到了滴水不漏。盾构施工需要三次穿越西江，两次穿越大金山，而珠三角地区河网密布、建筑密集、路网交错，地下断层纷繁、地质多变，盾构挖掘更需要应对大埋深、极破碎富水地层、极硬岩、大坡度、小转弯等多种难题，对工程建设考验极强、要求极高。建设者面对困难，自主创新，攻克了多项技术难题。

通过刀具优化，解决了强度最高达180MPa高石英含量岩石掘进问题，通过衡盾泥建立仓内泥膜，解决了国内首例盾构机深埋破碎地层盾构始发及5.0bar带压开仓换刀世界级难题。采用液氮冻结地层开仓技术成功进行常压开仓，开创国内盾构施工行业中盾构埋深达53.93m且位于富水不良地层采用液氮冷冻地层冻结加固＋洞内环向冻结加固安全、高效开仓方法。针对超深竖井盾构出渣困难，研制了超深竖井长距离盾构出渣工艺及连续出渣装备等。这些关键技术的研发大幅提高了施工安全及工效，为后续类似工程提供了极有意义的参考借鉴。

输水隧洞内衬钢管直径达到4.8m，制造、运输、安装、防腐工艺复杂，技术难度高，国内外均缺乏成熟的施工工艺和工程案例。建设团队在实践中不断探索，在探索中不断创新，成功攻克了大直径内衬钢管中频感应熔结环氧粉末喷涂技术、隧洞内大直径钢管快速运输安装技术和钢管内环缝全位置单面焊双面成形自动焊接技术等三大关键技术。并在后续施工中进行技术迭代，设计出有360°全位置可旋转顶撑装置的第二代台车，使组件从传统人工向自动对接迭代，日安装速度提高近5倍。成功研发全位置单面焊双面成形自动焊接技术，把安装环缝一次焊接合格率控制在99％以上，创造了单线安装最快1032m/月、最快288m/周、最快48m/天的纪录。

隧洞管道设计最大内水压力1.3MPa，衬砌结构采用无粘结预应力混凝土，现浇无粘结预应力技术的大规模使用在国内水利行业尚属首次，其技术工艺难度系数极高。建设者通过场外1:1原型试验、钢绞线实地穿束拉伸、搅拌运输及气动振动等各类型工艺试验，全方位模拟隧洞各施工工序，为最终洞内浇筑提供施工工艺标准。为解决长距离隧洞衬砌施工工效，研发了长距离多台车流水作业施工工法，在隧洞内衬施工组织中起到了关键作用，大大提高了施工效率。

广西桂中治旱工程采用敞开式TBM在复杂溶岩地区单头掘进近12km，提出了隧洞内有限空间TBM主轴承大齿圈等大部件高效更换新技术，成功解决了TBM大齿圈的更换难题，为延长TBM单头掘进距离提供了重要技术依据。针对敞开式TBM自身存在的缺陷（侧护盾存在缺口），研发了防坍塌装置、新型拱架安装器、降低喷射混凝土回弹率装置等，实现了不良地质围岩安全快速加固，研发了TBM盾体接收装置，实现了TBM安全高效空推步进。研发了超长距离皮带输送机急停控制系统、实现了多段皮带机同步高效作业，解决了13km隧洞掘进高效出渣技术难题。榕江关埠引水工程输水隧洞采用双护盾TBM施工，隧洞围岩大部分为弱分化～微风化花岗岩，围岩坚硬完整、岩石最高强度达190～210MPa，刀具磨损消耗大。针对TBM硬岩刀具优化布置进行研究，提高了刀盘的掘进效率。针对硬岩掘进参数控制，对掘进参数进行统计分析，得到了掘进参数的分布和变化规律，为后续硬岩掘进参数的优化、刀具磨损预测奠定了理论基础。针对不同洞径隧洞，研发了TBM变洞径空推步进方法，优化了TBM空推步进施工工艺，实现了高效空推步进。广西桂中治旱工程、榕江关埠引水工程已正式建成通水，发挥了重要的社会效益。

本书共分8章，第1章概述，由谢祥明、乔晓锋执笔。第2章主要讲超深竖井施工技术，包括超深地连墙施工技术、逆作法内衬结构施工技术、运营期工作井结构施工技术以及大体积混凝土温控技术，由谢祥明、王松茂执笔。第 3 章主要讲盾构施工技术，包括盾构机的选型、盾构机始发技术、盾构机渣料运输技术、盾构机过重点段施工技术以及盾构开仓换刀施工技术，由谢祥明、李本辉、谭荣珊执笔。第 4 章主要讲 TBM 施工技术，包括 TBM 洞内大部件更换关键技术、超长皮带出渣关键技术、不良地质 TBM 安全高效掘进关键技术、TBM 空推掘进关键技术、TBM 硬岩掘进关键技术，由谢祥明、阳争荣、乔晓锋执笔。第 5 章主要讲盾构隧洞内衬预应力混凝土结构施工关键技术，包括 1：1 原型试验、隧洞内多台车流水作业施工组织及预应力混凝土施工工艺，由谢祥明、伍玉龙、钟哲执笔。第 6 章主要讲盾构隧洞内衬钢管施工关键技术，包括大直径带肋钢管制作、熔结环氧粉末喷涂防腐工艺、内衬钢管长距离智能运输安装技术，由吴海宏、乔晓锋执笔。第 7 章主要讲取水建筑物施工关键技术，主要包括泵站及高位水池土建施工技术、泵站机电安装施工技术，由梁跃先、刘穗虎执笔。第 8 章主要讲数字化技术在工程中的应用，由段谦、路元两位执笔。书中部分照片由杨明诺提供。本书得到珠三角水资源配置工程多位参建技术人员的支持，在此一并感谢。

限于时间和作者水平有限，书中难免存在不足和疏漏，欢迎同行专家、学者批评指正。

谢祥明、李本辉、阳争荣、吴海宏、乔晓锋、汪永剑
晏国辉、伍玉龙、谭荣珊、王松茂、段　谦、梁跃先
2024 年 11 月

目　　录

第1章 概　　述

1.1　现代引调水工程概述

1.1.1　我国水资源状况

水资源是基础自然资源，又是战略性经济资源，也是整个国民经济和人类生活的命脉，是国家综合国力的有机组成部分。随着经济的发展和人口的增加，人类对水资源的需求不断增加，以及经济、生产活动对水资源的不合理开采、利用引起的水污染问题等，众多国家和地区均出现了不同程度的缺水问题，水资源正日益影响全球环境与经济发展。当前，我国进入全面建设社会主义现代化国家、向第二个百年奋斗目标进军的新征程，实现中华民族伟大复兴正处于关键时期，必然需要更坚实的水安全保障。

我国是水资源短缺的国家，表现为总量丰富，但人均占有量不足。根据《中国水资源公报2023》，2023 年全国地表水资源量为 2.46 万亿 m^3，地下水资源量为 0.78 万亿 m^3，扣除地下水与地表水资源不重复量 0.115 万亿 m^3，全国水资源总量为 2.58 万亿 m^3，较多年平均值 2.76 万亿 m^3 偏少 6.6%，居世界水资源总量第 6 位。结合国家统计局 2023 年末人口数据，我国人均水资源占有量仅 1957.91m^3，居世界第 108 位，不足世界人均水资源占有量的 1/4，是世界上 21 个贫水和最缺水的国家之一。在我国 600 多个城市中，400 多个城市供水不足，严重缺水的城市有 110 个，城市年缺水总量达 60 亿 m^3[1]。

我国水资源时间、空间分布极不均衡，供需矛盾突出，表现为雨热同期、夏多秋冬少、春旱夏涝，东南多西北少、山区多平原少。受季风气候影响，我国降水主要发生在夏季，雨热同期，降水季节过分集中，大部分地区每年汛期连续 4 个月的降水量占全年的 60%~80%，容易形成春旱夏涝，而且水资源量中大约 2/3 左右是洪水径流量，从而形成江河的汛期洪水和非汛期枯水，洪涝干旱灾害频发。我国年降水量在东南沿海地区最高，向西北内陆地区递减。水资源的空间分布与我国土地资源的分布及生产力布局不相匹配。以黄河、淮河、海河、辽河流域所代表的北方地区人均水资源量只有全国平均水平的 1/3，河川流量仅为长江、珠江流域所代表的南方地区的 1/6。

随着人口增长、区域经济发展、我国城市化、工业化进程的加速，城市用水需求也进一步增大，同时废水的排放量也逐年增加，对地下水资源造成更严重的污染威胁。自 21 世纪以来，污水处理行业近年来尽管得到了迅速发展，我国水资源污染加剧的态势得到一定程度的遏制，但形势仍较为严峻，废水排放量持续增加，污染物排放更加多元化，水污染由单一型向复合型转变。

总而言之，我国水资源总量虽然丰富，但人均占有量却不足，且伴随时间、空间分布不均，年内分配集中，城市人口持续增长，地下水污染问题严重，再加上全球气候变化等因素的影响导致我国城市缺水和区域性缺水的问题日益凸显，水资源供需矛盾突出，形势严峻。水资源时空分布不均、水体污染因素等引起的水资源短缺问题已成为我国经济社会实现可持续发展战略的严重制约因素。同时，随着人口增长、区域经济发展、工业化和城市化进程加快，城市用水需求不断增长，缺水问题更加突出，其已然成为制约经济社会高质量发展的障碍。

为了解决水资源短缺问题，保障水安全，支撑经济社会高质量发展，除加强饮用水水源的保护，加强污水处理设施建设和升级，积极推进对高耗水产业的节水排污技术改造，提高水资源利用率之外，采取跨流域引调水工程措施可有效改善我国水资源分布不均匀的状况。按照我国水资源利用有关发展规划，跨流域引调水已成为我国解决水资源分布不均、保障经济社会健康稳定发展和国家安全的重要举措。

1.1.2　国家及广东省水资源利用发展规划

自新中国成立以来，党领导人民开展了波澜壮阔的水利建设，建成了世界上规模最大、范围最广、受益人口最多的水利基础设施体系，成功战胜了数次特大洪水和严重干旱。进入新时代，迈向新征程，为了解决水资源地区不平衡带来的制约我国经济社会可持续发展和面临的突出安全问题，国家和地方出台了一系列规划文件，着力解决好水利发展中不平衡、不协调、不可持续的问题，加快推进水利公共服务均等化，强化保障和改善民生。

《国民经济和社会发展第十四个五年规划和 2035 年远景目标纲要》对节水型社会建设、加强水利基础设施建设、水生态保护与修复等方面提出了明确要求，"十四五"水利建设任务主要包括重大引调水、供水灌溉、防洪减灾等。规划实施后，可进一步完善水利基础设施网络，提高水资源配置利用和水土资源保护修复能力[2]。

国家《"十四五"水安全保障规划》明确指出，要"以全面提升水安全保障能力为主线，强化水资源刚性约束，加快构建国家水网，加强水生态环境保护，深化水利改革创新，提高水治理现代化水平，为全面建设社会主义现代化国家提供有力支撑和保障。"

《国家水网建设规划纲要》是党中央统筹解决水资源、水生态、水环境、水灾害问题作出的重大战略部署。明确到 2035 年，基本形成国家水网总体格局，国家水网主骨架和大动脉逐步建成，省市县水网基本完善，构建与基本实现社会主义现代化相适应的国家水安全保障体系。《规划纲要》明确了国家水网总体布局和重点任务，一是加快构建国家水网主骨架。国家水网主骨架由主网及区域网组成。其中主网以长江、黄河、淮河、海河四大水系为基础，以南水北调东、中、西三线工程为输水大动脉，以重大水利枢纽工程为重要调蓄结点形成的流域区域防洪、供水工程体系。未来根据国家长远发展战略需要，逐步扩大主网延伸覆盖范围，与区域网互联互通，形成一体化的国家水网。二是畅通国家水网大动脉。充分发挥长江、黄河等国家重要江河干流行洪、输水、生态等综合功能，加快完善南水北调工程总体布局，扎实推进南水北调后续工程高质量发展。三是建设骨干输排水通道。合理布局建设一批跨流域、跨区域重大水资源配置工程和江河防洪治理骨干工程，形成南北、东西纵横交错的骨干输排水通道。四是统筹发展和安全，从完善水资源配置和供水保障体系、流域防洪减灾体系、河湖生态系统保护治理体系三方面作出国家水网建设重点工程布局。

《广东省水利发展"十四五"规划》提出了完善与"一核一带一区"区域发展格局相适应的水资源配置格局。要求加快珠江三角洲水资源配置、韩江榕江练江水系连通、广州市北江引水等工程建设，力争"十四五"期间建成并发挥效益。大力推动环北部湾广东水资源配置工程全面开工建设，推进粤东水资源优化配置、深汕合作区供水、东江流域水安全保障提升、深圳市东江取水口上移、珠中江供水一体化、澳门珠海水资源保障等工程前期工作，深化北江—东江水系连通工程前期论证。规划提出到 2025 年，水安全保障能力全面提升，建成水利高质量发展先行省，广东水网主骨架和大动脉基本成型，率先构建智能高效的水利管理体系。珠三角核心区水安全保障能力达到国内领先水平；深圳初步构建国际一流的水资源节约保护、饮用水保障、智慧水务和水经济体系；粤东粤西粤北地区水安全保障能力基本达到国内中上游水平，水利区域发展平衡性协调性明显增强。

《中共广东省委广东省人民政府关于推进水利高质量发展的意见》提出优化水资源配置。立足流域整体和水资源空间均衡配置，依托东江、西江、北江、韩江、鉴江等主要江河，加快建设珠江三角洲水资源配置工程、珠中江供水一体化工程、环北部湾广东水资源配置工程、粤东水资源优化配置工程等，与东深供水工程一起，构建水资源配置骨干网。加强水库挖潜增效及河库连通，完善与"一核一带一区"相适应的水资源配置格局。着力提高粤港澳大湾区、深圳中国特色社会主义先行示范区"双区"和横琴、前海两个合作区水资源保障能力，推进深汕特别合作区供水、深圳市东江取水口上移等工程规划建设，实现"双区"供水水源互联互通、联合调配。加强与港澳供水合作，保障安全优质供水。《意见》把水资源配置网的建设作为一项重大的工作，提出要构建"五纵五横"的水资源配置骨干网[6]。

1.1.3　我国部分引调水工程介绍

为解决我国水资源时空分布不均这一突出矛盾，更好满足人民生产生活需要，保障经济社会健康稳定发展对水资源的迫切需要，国家投入了巨大财力物力兴建了一大批具有重大战略意义和经济社会价值的引调水工程，这些工程对推动我国经济社会发展发挥着重要作用，为我国水资源科学利用规划纲要的实施奠定了坚实的基础。比如南水北调工程：该工程是从长江流域向黄河、海河两个流域调水的特大型水利工程，旨在缓解中国北方水资源严重短缺的局面。南水北调总体规划东线、中线和西线三条调水线路。东线工程从江苏扬州江都水利枢纽提水，利用京杭大运河及其平行河道逐级提水北送。中线工程从汉江中上游的丹江口水库引水，经过河南、河北等地，最终到达北京和天津。西线工程尚处于规划阶段，计划从长江上游调水至黄河上游，以补充西北地区的水资源。引江济淮工程：国内在建规模最大的跨流域引调水工程，沟通长江、淮河两大水系，供水范围涉及皖豫两省多个市县，输水线路总长 723km。滇中引水工程：该工程主要是从金沙江引水以解决云南中部地区多个城市的缺水问题，全线输水总干渠长 664.22km，其中隧洞总长 611.98km。广西桂中治旱工程：工程以乐滩电站水库作为水源，旨在解决广西中部地区的干旱问题。提高农业灌溉效率，保障区域供水安全。灌区干渠总长 214.861km。珠江三角洲水资源配置工程：该工程是国务院部署的 172 项节水供水重大水利工程之一，由"一条干线、二条分干线、一条支线、三座泵站、四座交水水库"组成，是迄今为止广东省历史上投资额最大、输水线路最长、受水区域最广的水资源调配工程。工程输水线路全长 113.2km，总投资约 354 亿元，年供水量 17.08 亿 m^3。该工程主要为广州南沙、深圳、东莞三地供水，并为香港、广州番禺、佛山顺德等地提供应急备用水源。环北部湾水资源配置工程：该工程是广东史上投资规模最大的跨流域引调水工程，旨在解决粤西地区特别是雷州半岛的干旱缺水问题。工程从珠江流域西江干流云浮段取水，输水线路总长约 477km。粤东水资源优化配置工程：该工程工程分为三期建设，其中一期工程韩江榕江练江水系连通工程已建成通水，二期工程输水线路途经汕头、潮州和揭阳市，工程输水线路总长 75.21km。三期工程正在抓紧开展规划论证。

1.2　现代引调水工程建造关键技术

现代引调水工程常面临跨流域规划布置问题。项目具有工程规模大、建设难度高、质量要求严、安全风险大等特点。其主要建筑物输水隧洞常面临大埋深、长距离、复杂地质等复杂工况。深埋超长隧洞盾构法、TBM 法施工仍然存在一系列需要攻关解决的关键技术难题。

1.2.1　超深竖井施工关键技术

为了节约地表与浅层地下空间、最大限度保护生态环境，现代引调水工程输水线路往往采用深埋盾构法、TBM 法施工。盾构法施工需要建造工作井作为始发接收场地。超深工作井施工往往面临复杂地质条件，给施工带来困难和挑战。作为围护结构的地下连续墙，随着成槽深度增加，地下连续墙施工成槽、槽壁稳定、垂直度控制、钢筋笼连接、接头防渗等质量控制难度成倍增加。地下连墙施工质量关系到工作井及隧洞施工的安全问题。超深竖井主体结构施工具有施工难度大、质量控制要求高等特点。因此，解决好复杂地质条件下超深工作井施工关键技术问题对深埋引调水工程建造至关重要。

1.2.2 深埋输水隧洞掘进关键技术

现代引调水工程输水管道穿越区域广，沿线地面环境复杂，绝大部分管段基本不具备大开挖的条件，多采用盾构法或 TBM 法建造。面对复杂工况隧洞安全高效建造难题，解决好盾构（TBM）设备选型及其优化设计、掘进施工关键技术等是工程顺利建设的至关重要问题。

1. 盾构法

在我国，习惯上将用于软土地层的隧道掘进机称为盾构机，将用于岩石地层的隧道掘进机称为 TBM。目前工程常用的盾构机主要有以下几种类型：

（1）土压平衡盾构机：土压平衡盾构机通过调节盾构机内的土压力来平衡开挖面的土压力，防止地面沉降。这种盾构机适用于多种地质条件，尤其是在地下水位较高的地层中表现出色。广泛应用于地铁、铁路、公路等隧道工程中。土压平衡盾构机在中国的城市地铁建设中得到了广泛应用。

（2）泥水加压平衡盾构：泥水加压平衡盾构机通过泥水压力来平衡开挖面的土压力，适用于松软含水地层。这种盾构机通常配备有泥水分离系统，以处理掘进过程中产生的泥浆。适用于水下隧道、河底隧道等需要在松软含水地层中施工的项目。狮子洋隧道、长江隧道和珠江隧道等水下隧道工程就采用了泥水加压平衡盾构机进行施工。

（3）混合型盾构：混合型盾构机结合了多种盾构技术的优点，能够适应复杂多变的地质条件。这种盾构机通常配备有多种刀盘和推进系统，以应对不同的地质情况。广州地铁九号线国内首次采用"土压＋泥水"双模盾构机；广州地铁七号线二期采用了全球首台"TBM＋土压＋泥水"三模盾构机；珠肇高铁圭峰山隧道采用了国内首台超大直径"TBM＋泥水单护盾"双模盾构机。混合型盾构机以其强大的适应性和高效性，在复杂地质条件下的隧道施工中展现出巨大的优越性。

盾构法在隧道施工中面临着多种技术难题，这些难题主要源于复杂的地质条件、施工环境以及设备自身的限制。盾构机需要适应各种复杂的地质条件，如软土、硬岩、砂卵石等。不同地层对盾构机的刀盘、推进系统和压力平衡系统等都有不同的要求，如何确保盾构机在这些复杂地层中稳定、高效地掘进是一个重大挑战；盾构机的关键部件，如刀盘、刀具、主轴承等，需要具有极高的耐用性和可靠性，以承受长时间的高强度工作。盾构施工过程中存在多种风险，如地面沉降、隧道塌方、涌水等。如何准确评估施工风险并采取有效的控制措施，确保施工安全是盾构法面临的重要问题之一；对于超长深埋盾构隧道，需要解决掘进过程中渣料垂直和水平运输、隧道轴线精准控制等问题。此外，长时间的掘进还可能导致设备磨损加剧，需要定期维护和更换刀具等部件，在狭窄的隧道空间内进行设备的维护和更换是一项挑战，尤其是在高压或水下环境中。

盾构法面临的技术难题多种多样，需要通过不断地技术创新和实践探索来解决。同时，也需要加强技术研发和人才培养等方面的工作，为盾构法的持续发展提供有力支持。

2. TBM 法

在我国，习惯上将用于岩石地层的隧道掘进机称为 TBM。TBM 按照结构形式可分为敞开式 TBM 和护盾式 TBM，护盾式 TBM 又分为单护盾 TBM 与双护盾 TBM。

敞开式 TBM 常用于硬岩、较硬岩，岩石相对完整且能够自稳的地层，不良地层采用辅助工法措施也能顺利通过。敞开式 TBM 配置合适的辅助支护设备如钢拱架安装器和喷锚系统，可以根据不同地质采取灵活有效的支护手段。敞开式 TBM 由于其护盾较短，且可以沿径向收缩，在应对围岩变形或者收敛风险上具有优势。

单护盾 TBM 以管片衬砌作为初期或永久性支护，主要适用于软岩，岩石较破碎但是能够自稳的地层，依靠管片提供反推力，掘进和管片安装顺次进行，成洞速度较慢。单护盾 TBM 由于采用连续的管片支护，其在软弱及破碎围岩中支护速度快，施工效率高，在短距离软岩浅埋隧道中具有明显优势。

双护盾 TBM 以管片衬砌作为初期或永久性支护，适用于软岩和硬岩地层，岩石完整或者破碎，需要具备自稳能力。围岩良好地层利用靴板提供反推力，不良围岩段依靠管片提供反推力。TBM 掘进和管片安装可以同步进行，配合连续出渣设备，成洞速度较快，在长距离输水隧道应用较多。双护盾 TBM 可采用双护盾和单护盾两种工作模式，当围岩条件好时，采用双护盾模式——掘进与管片安装同步进行；围岩条件差时，可采用单护盾模式。

TBM 设备选型是工程顺利实施的重要保证，正确的 TBM 选型可以让工程实施更加顺利，确保工程综合效益最大化。TBM 选型是一个需要综合考虑多个因素的复杂过程。在选型时，需要充分了解工程地质条件、设备类型和技术参数、经济性、工期要求、安全性、环保性以及其他相关因素，以确保选择最适合工程需求的 TBM 设备。

在复杂地质条件超长隧道施工中，TBM 掘进会面临很多困难，如超长距离隧道掘进中 TBM 设备关键部件洞内维保及更换、复杂地质超前预报、富水溶岩破碎带复杂地质施工、超高强度硬岩掘进参数控制及刀具损耗问题，超长掘进施工出渣效率等技术难题。上述难题必须得到有效解决，才能保障工程顺利推进和取得较好经济效益。

1.2.3 盾构法输水隧洞内衬钢管施工关键技术

针对跨流域深埋输水盾构隧洞外衬盾构管片、内衬钢管、中间填充自密实混凝土的复合结构特点。重大工程按百年寿命设计，其工程质量及其耐久性要求高；洞内有限空间多工序施工，施工技术要求高，施工组织工作复杂，需要解决一系列技术问题和施工组织管理难题。

1. 隧洞内狭小空间超大直径钢管优质高效制安关键技术

超大直径输水钢管制造、运输、安装工艺复杂，技术难度高，需要采用先进技术和工艺装备才能满足工程建设需要。比如需要研制狭小隧洞空间超大直径钢管运输安装智能台车。台车应具有自身穿管功能、钢管运输功能、精确对位功能等，以满足钢管的优质高效敷设。狭小空间隧道内衬超大直径钢管厚板材单面焊双面成形技术、自动焊接技术等是超大直径钢管优质高效制安的关键技术。

2. 大直径钢管长寿命防腐关键技术

现代引调水工程内衬钢管涂层一般要达 50 年的耐久性要求。目前普通液体环氧涂料防腐年限短于 20 年。新兴发展起来的热熔结环氧粉末涂层技术其耐久性显著提升，能达到钢管 50 年的防腐要求，其在石油天然气工程等中小直径钢管中有应用案例。但在引调水工程超大直径带肋钢管中还未有应用案例。其中，解决好超大直径带肋钢管的均匀加热及稳定的温度场，喷涂装备及其工艺参数等是关键技术问题，也是需要突破的技术难题。

3. 自密实混凝土长距离输送及浇筑技术

盾构法施工有压输水隧洞，需要设置钢筋混凝土或钢管等复合内衬结构。钢管复合内衬结构需在盾构管片与内衬钢管之间填充自密实混凝土。填充混凝土施工存在向下高落差输送、洞内超长水平距离输送保持混凝土工作性能的技术难题，存在内衬钢管混凝土入仓口科学布置、泵管路科学布置及填充混凝土密度监测检测等技术问题。解决好上述问题是保证输水管道质量安全的重要工序环节。

1.2.4 盾构法输水隧洞内衬预应力混凝土结构施工关键技术

盾构法隧洞内衬预应力混凝土结构相较于内衬钢管有造价上的优势，但存在结构复杂、多工序交叉、钢筋钢绞线密集布置、结构本体质量及裂缝控制、结构缝止水、钢绞线张拉等技术质量控制难题。除此之外，还存在线型洞内多工序流水作业科学组织达到高效施工目标的管理难题。施工需要用到众多的钢筋钢绞线、针梁台车、运输设备等设备物资，如何组织好各工序流水作业、科学划分区段、材料高效供给等是实现优质高效施工的关键，直接关系到工程建设直线工期和施工成本控制。

1.2.5　数字化建造技术

数字化技术是实现建筑业提质增效和转型升级的重要技术手段，其使工程建造更加安全、优质、高效、绿色、智能。BIM、GIS、智慧工地等数字技术在工程建设中的应用，实现高效、实时、科学管理。通过 BIM 搭建建筑信息模型，GIS 提供地理空间信息，依靠物联网实现人、物互联，利用大数据、云计算，实现管理人员移动端或者 PC 端运行管理，让管理更智能、更高效。在数字化建造方面，水利工程相较于房建、市政工程而言是滞后的。然而水利工程实现数字化建造和智能化运维是大势所趋，水利部《关于推进水利工程建设数字孪生的指导意见》中：以数字化、网络化、智能化为主线，推进 BIM 技术、智能建造、智能监控、智能感知等数字孪生技术在水利工程建设领域的综合应用，深化水利工程建设全要素和全过程数字映射、智能模拟、前瞻预演，推动水利工程建设数字赋能和转型升级，实现对水利工程建设的精准感知、精确分析、精细管理，提升水利工程建设质量保障、安全保障、长效运行保障的能力和水平，为新阶段水利工程建设高质量发展提供前瞻性、科学性、精准性、安全性支撑。因此水利工程推广数字化建造正当其时。

第2章 超深竖井施工技术

竖井是地下盾构输水隧洞的重要组成部分，承担着多项非常重要的功能任务，前期作为盾构掘进工作井，后期作为输水隧洞永久检修、调压工作井等。竖井的深度取决于盾构隧洞的埋深，对于穿越城镇等地面环境条件和地质条件复杂的盾构输水隧洞来说，为确保工程安全，隧洞埋置深度大，由此产生了超深竖井。多功能超深竖井的支护结构、永久结构复杂，施工质量安全控制要求高，施工难度大，是整个工程的控制性关键部位。以下结合珠江三角洲水资源配置工程，介绍超深竖井施工关键技术。

2.1 超深竖井概况

2.1.1 竖井结构型式

1. 支护结构

珠江三角洲水资源配置工程输水干线盾构竖井均为圆形竖井，外径35.9～39.0m，内径30.5～33.6m，开挖深度45.45～73.98m，采用钢筋混凝土地下连续墙＋混凝土内衬墙支护，内衬墙采用逆作法施工。地下连续墙厚1.2m，嵌入井底1.0～6.0m，逆作法内衬墙厚1.2～1.5m，衬砌后内直径分别为30.5m、31.1m、33.6m。内径30.5m竖井平面布置图见图2.1-1，竖井支护结构特征表见表2.1-1。

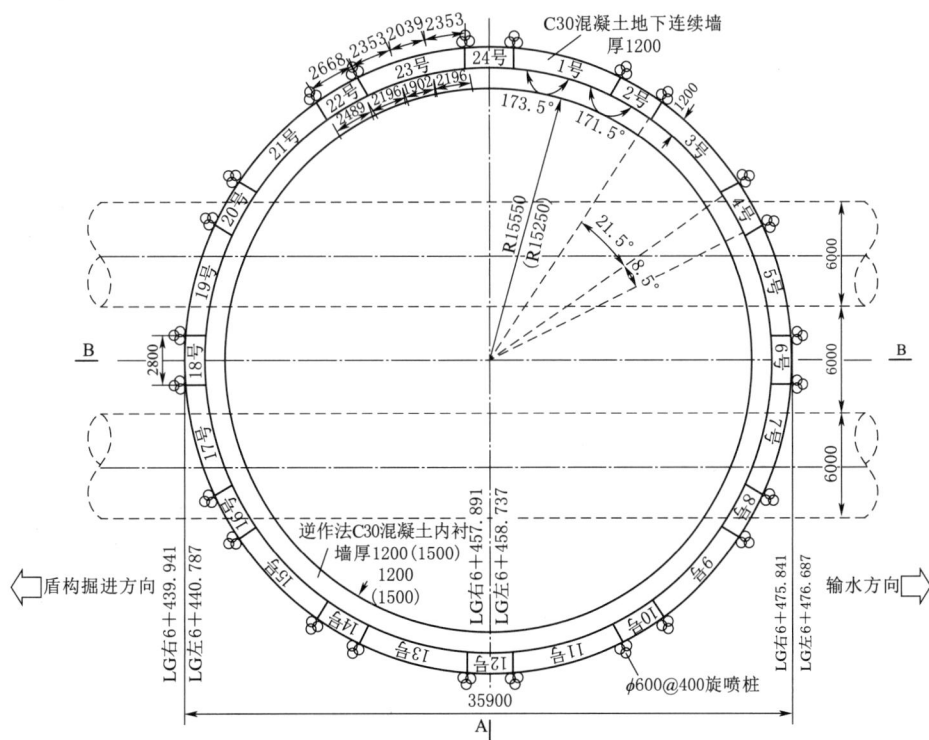

图 2.1-1　内径 30.5m 竖井平面布置图（单位：mm）

表 2.1－1　　　　　　　　　　　　　　　　竖井支护结构特征表

竖井编号	外径/m	内径/m	开挖深度/m	连续墙深度/m	连续墙厚度/m	内衬墙厚度/m	备注
LG01	35.9	31.1/30.5	45.45	49.45	1.2	上部1.2/下部1.5	
LG02	35.9	31.1/30.5	57.50	68.22	1.2	上部1.2/下部1.5	
LG03	35.9	31.1/30.5	73.98	77.98	1.2	上部1.2/下部1.5	
LG04	35.9	31.1/30.5	67.28	71.28	1.2	上部1.2/下部1.5	
LG05	35.9	31.1/30.5	64.88	68.88	1.2	上部1.2/下部1.5	
GS01	39.0	33.6	39.10	43.10	1.2	1.5	
GS02	35.9	31.1/30.5	60.86	64.86	1.2	上部1.2/下部1.5	
GS03	35.9	31.1/30.5	66.02	70.02	1.2	上部1.2/下部1.5	
GS04	32.2	27.4/26.8	59.36	63.36	1.2	上部1.2/下部1.5	
GS08	32.2	27.4/26.8	57.76	61.76	1.2	上部1.2/下部1.5	

2. 运行期结构

运行期竖井结构主要包括底板～设备层钢管现浇混凝土外包结构、电梯井和楼梯井现浇混凝土结构、操作层预制 T 梁和现浇钢筋混凝土楼板、上部结构为现浇筑圆形排架结构和屋面板。运行期 LG03 号竖井布置剖面图见图 2.1－2。

2.1.2　工程地质条件

1. 场区工程地质概况

（1）地形地貌

场区以冲积平原地貌为主，零星分布残丘，如大金山，总体上地形平坦，地表多为农田鱼塘，线路穿越西江、甘竹溪（顺德支流）等大型水道及南二环高速等交通要道。

（2）地层岩性

区内第四系地层广泛分布，主要为珠江三角洲相沉积地层，根据沉积时代分为两个大层，全新世桂洲组（Q_4g），和下伏的更新世礼乐组（Q_3l），全新统和更新统分界标志为风化形成的花斑黏土层。此外，还有少量人工填土层（Qs）及坡积层（Q^{dl}）。各层主要特征分述如下。

①人工填土层（Qs）：主要为褐黄～土黄色黏土、含砂砾粉质黏土组成，局部含有少量淤质粉质黏土和砖瓦碎片，土质不均，较松软。分布在沿线表层，如房屋地基、公路、河堤、鱼塘埂、人工造田等处。揭露厚度大多 1.0～3.0m，较薄。

②-1 黏性土层：土黄、浅黄、浅灰黄色黏土、粉质黏土，黏性较好，软～可塑状。该层钻孔揭露较少，沿线零星分布，钻孔揭露厚度为 0.8～5.0m，大多为 1.0～3.0m。本层埋深较浅，表层主要为软塑状，局部地势略高或比较接近山丘的中下部位呈可塑状。

②-2 淤泥层：灰、灰黑色淤泥质土、淤泥，局部含少量淤质粉细砂，含有少量贝壳，黏性好，流～软塑状。为海陆交互相，分布范围广且连续，揭露厚度为 0.5～15.3m，多为 4～10m。

②-3 淤泥质粉细砂，局部为中细砂、粉土、黏土薄层，松散状。为海陆交互相，北线分布广泛且连续，钻孔揭露厚度为 0.3～26m，多为 5～20m。

②-4 淤泥、淤泥质黏土、黏性土层：包含灰、灰黑色淤泥、淤泥质土，浅黄色黏土、灰黑色黏土、腐殖土，为海相～海陆交互相。其中淤质土层呈软塑状，夹含少量淤质粉细砂，局部含有大量贝壳，如顺德大良及南沙的高新沙一带。该层分布广泛且较连续，钻孔揭露厚度为 0.9～30.3m，多为 3～15m。

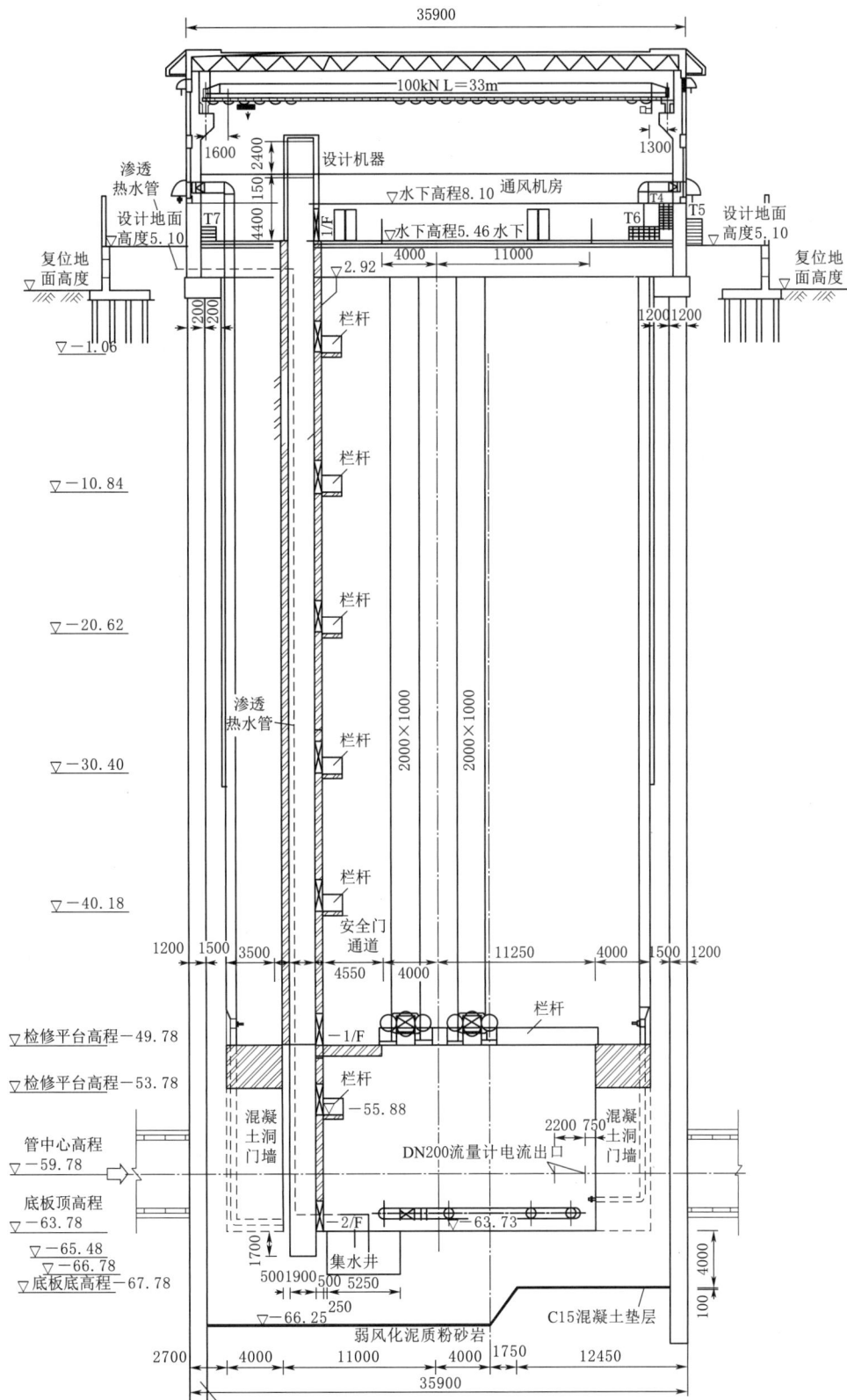

图 2.1-2 运行期 LG03 号竖井布置剖面图（尺寸单位：mm，高程单位：m）

②-5 中细砂层：灰黄、灰色，含砾较少，含较多泥质、淤泥质，松散～稍密，局部分布较多粉细砂及粉质黏土、淤泥质土夹层。河流相冲积，在顺德地区分布广泛且连续，南沙地区零星分

布。钻孔揭露厚度为 0.8～19.4m，个别钻孔未揭穿该层。

②-6 砾砂、中粗砂层：灰白色为主，含砾较多，砂质不均，局部夹泥，稍密～中密，为河流相冲积，顺德勒流镇、伦教镇分布较多，但不连续，钻孔揭露厚度 2～12.8m。

②-7 砂卵石层：灰白色、黄褐色为主，不均匀，级配较好，砾质成分以中粗粒石英颗粒为主，中密～密实。为河流相冲积，根据本阶段钻孔揭露，该层在南沙榄核地区分布较多且连续，其余地区仅零星少量分布，钻孔揭露厚度 0.5～9.4m。

③-1 黏土层：黄褐色、灰黄色花斑黏土，局部含铁质结核、少量砂粒，土质较均，黏性较好。以粉质黏土为主，为海退风化层，是全新统与更新统分界标志层。根据本阶段钻孔揭露，顺德地区分布稍多，但不连续、南沙局部零星分布。钻孔揭露厚度为 0.6～9.8m，多为 1～5m。

③-2 含有机质粉质黏土层：灰、灰黑、青灰色粉质黏土，局部含少量泥质粉细砂，含有少量贝壳，黏性好，可塑为主。该层分布较广且连续，钻孔揭露厚度为 0.6～26.9m。

③-3 中细砂层：浅黄、浅灰色中细砂，泥质细砂，稍密～中密为主，局部为粉细砂及粉质黏土夹层，河流相。本层埋深较大，沿线皆有分布，但不连续，钻孔揭露厚度为 1.5～23.5m，多数钻孔未揭穿。

③-4 中粗砂、砾砂层：浅黄、浅灰色中粗砂、砾砂，泥质粗砂，稍密～中密，局部浅埋处松散，为河流相。本层多分布在勒流、伦教两镇，且较连续，其余地段零星分布，钻孔揭露厚度 0.5～16.2m。

③-5 砂卵石层：灰白色、黄褐色为主，不均匀，级配一般～较好，密实。砾质成分以中粗粒石英颗粒为主，局部含较多泥质，为河流相。本层多分布在顺德地区，较连续，其余地段零星出露，钻孔揭露厚度 1.1～20.2m。

④坡积层（Q^{dl}）：本段线路分布较少，主要分布于鲤鱼洲岛及大金山等山坡、残丘处。以粉质黏土、含砂砾粉质黏土等为主，黏性较好，多呈可塑状。钻孔揭露厚度 0.5～8.7m。

沿线基岩分布主要为白垩系下统百足山组（K_1b）泥质粉砂岩、砂岩、砂砾岩、泥岩等，在大金山局部揭露有奥陶系侵入的细粒斑状黑云母二长花岗岩（$O_1\eta\gamma$），与白垩系地层呈沉积接触。白垩系地层以泥质粉砂岩为主，局部夹泥岩、砂岩、砂砾岩、砾岩，砾岩砾石成分复杂，磨圆度、分选性差，胶结以泥质为主，局部为钙质，该层岩层产状倾角平缓，主要产状为 N20°～30°W/NE∠10°～15°，厚层状～巨厚层状。

根据钻探揭露和地表地质测绘以及地震波物探成果，线路上基岩按风化程度划分为（Ⅴ）全风化带、（Ⅳ）强风化带和（Ⅲ）弱风化带：

全风化带（Ⅴ）：白垩系百足山组（K_1b）地层岩石风化较透，呈粉质、砂质黏土状或黏土状，硬塑为主，表层可塑，揭露厚 0.5～35m，大多 5～15m，该层分布较连续，厚度变化较大；奥陶系花岗岩（$O_1\eta\gamma$）全风化带分布较连续，厚度变化大，钻孔揭露厚度 0.4～43.7m 不等，风化呈粉质黏土状，硬塑为主，表层可塑。

强风化带（Ⅳ）：强风化岩体裂隙发育，岩质较软，岩芯多呈碎块状，完整性差。局部风化不均，夹有全风化土或弱风化岩块。

弱风化带（Ⅲ）：弱风化岩体裂隙较发育，岩质坚硬，钻孔岩芯多呈柱状，完整性较好。

2. 典型竖井地质条件

以 LG03 号竖井为例，井身上部地层为冲积层，厚 30m 左右，包括②-3 淤泥质粉细砂、②-4 淤质黏土层、③-1 粉质黏土层、③-4 泥质中粗砂、③-5 含泥砂卵石层，其下为厚 19m 左右的强风化泥质粉砂岩，强风化带顶面高程 -29m，井身底部为弱风化泥质粉砂岩，弱风化带顶面高程 -47m。冲积层及强风化岩自稳能力较差，砂层为含水层，渗透性强，强风化岩破碎，透水性中等，工程地质条件较差。LG03 号竖井地质纵剖面图见图 2.1-3。

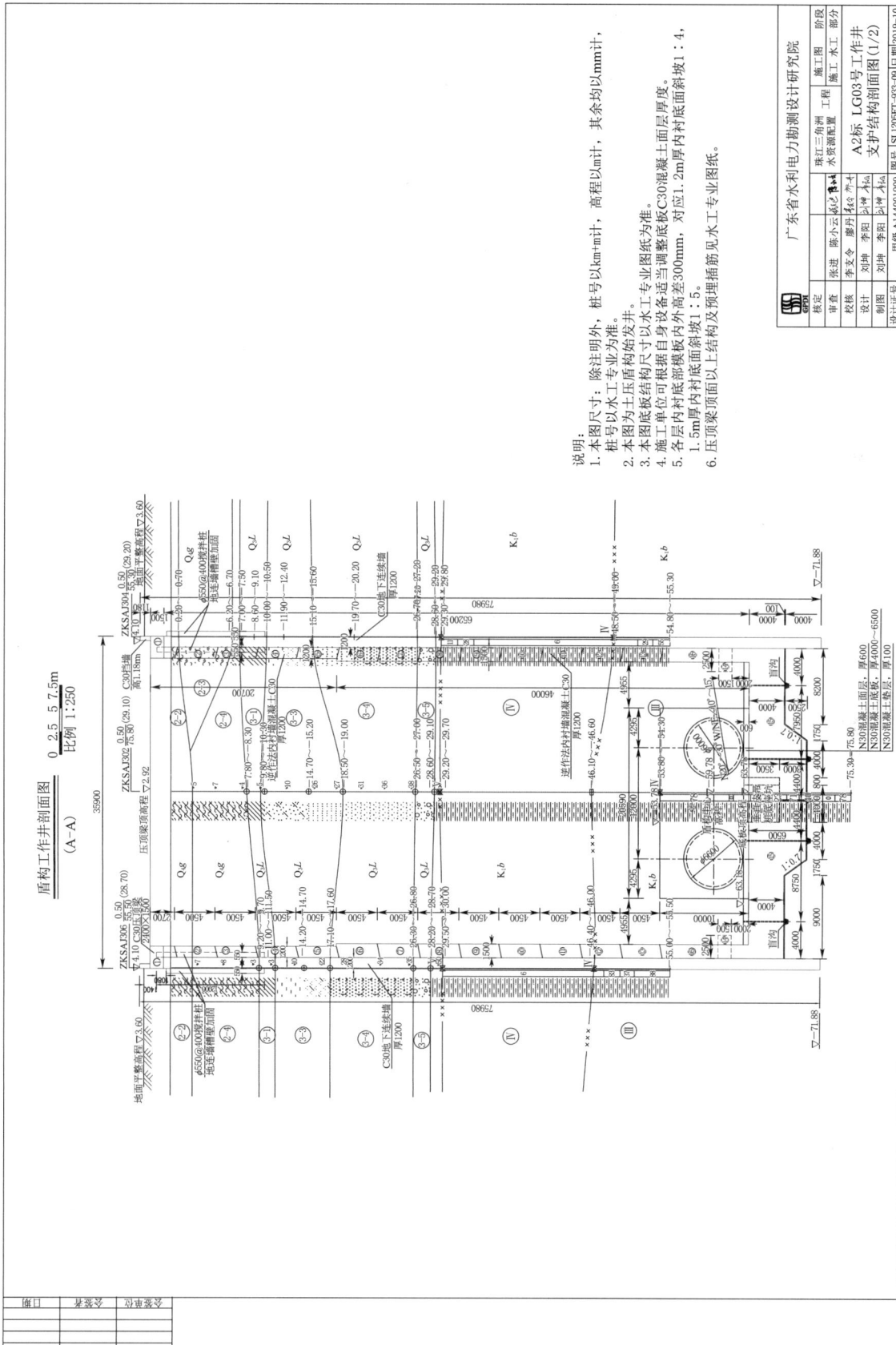

图 2.1-3 LG03号竖井地质纵剖面图（尺寸单位：mm，高程单位：m）

2.1.3　竖井施工重难点

1. 超深地下连续墙施工

盾构竖井地下连续墙成槽深度大，上部软土透水地层厚，下部伸入硬质基岩较深，基坑开挖深度达 73.98m，为保证竖井开挖衬砌和盾构掘进安全施工，地下连续墙的垂直度、墙体质量、槽段接头防渗效果是施工控制的重难点。

（1）上软下硬地层，超深地下连续墙墙成槽施工难度大。槽身上部地层基本以②-3 淤质粉细砂、②-4 淤质黏土层等软弱地层为主，软塑～流塑状，具有高孔隙度、高压缩性、低透水性和富含有机质等特征，属强度低、稳定性差、变形量大、承载力低的软弱地基土，连续墙成槽施工时，易造成连续墙槽壁坍塌。槽身下部岩层为全～弱风化岩层，其中坚硬弱风化岩层厚度大、强度高，成槽困难。槽身地质条件呈上软下硬的特点，上、下地层特性差异非常大，需根据不同的地层条件，选择合适的成槽设备和施工工艺，确保软土地层槽壁稳定，加快坚硬岩层成槽效率。

（2）墙体垂直度控制难度大。竖井开挖深度大，墙体容易倾斜侵入二衬结构内，相邻槽段也容易发生槽身错位导致渗漏等问题，因此，设计对墙体垂直度提出了较高要求（不大于 1/300），须采取可靠措施确保槽身垂直度满足要求，是施工难点。

（3）槽段接头防渗是施工的重难点。竖井地下水位高，开挖渗漏风险大，必须保证槽段接头防渗质量，选择合适的接头形式和接缝清洗工艺至关重要，确保在人工填土、淤泥质黏土、泥质细砂层等软弱地层浇筑混凝土不出现夹泥、接头跑浆等问题，避免在开挖过程中发生突泥涌水的风险。

（4）超长钢筋笼吊装施工难度大。地下连续墙钢筋笼最大长度为 77m，重量约 80t，整体吊装难度大，需分 2 节吊装，因此，选择合适吊装和接笼工艺，保证钢筋连接质量，缩短接笼时间，提高钢筋笼安装效率，是施工的难点。

（5）水下混凝土浇筑质量控制是施工的重点。地下连续墙Ⅰ序槽水下混凝土浇筑量达 515.0m³，浇筑深度达 77.98m，水下混凝土的性能和浇筑方法的可靠性是保证墙体质量的关键，须控制浇筑时间，避免浇筑间歇时间超过初凝时间，并保障混凝土供应。

2. 竖井开挖及内衬墙逆作法施工

盾构竖井主体结构为圆形，跨度较大，内径 30.5～39.0m，开挖深度大，内衬墙采用逆作法施工。

（1）开挖施工难度大。竖井最大开挖深度达 73.98m，上部为软土地层含水量大、强度低，下部基岩强度高，岩石开挖施工难度大，需采用合适的土石方开挖和垂直运输方法，确保基坑支护结构安全和开挖工效，按要求在 5～6 个月内完成竖井开挖和内衬墙施工。

（2）内衬墙施工难度大、质量控制要求高。内衬墙采用逆作法施工，每层施工高度不得大于 5m，施工缝较多，一旦出现问题，易造成基坑渗漏水和结构质量隐患。施工过程中需要保证现浇混凝土顶面与已浇混凝土结合面的振捣和排气，杜绝混凝土孔洞和不密实，提高混凝土质量和自防水能力，同时采取措施克服混凝土收缩带来的接缝渗漏。内衬墙模板及支撑体系必须能满足结构受力及快速施工的要求。

（3）混凝土浇筑困难。竖井施工到 40m 以下时，混凝土运输和浇筑难度大，浇筑质量难以控制，易发生离析等质量问题，影响结构质量。

3. 运行期结构施工

运行期竖井主体结构包括底板～设备层钢管现浇混凝土外包结构、电梯井和楼梯井现浇混凝土结构，井口操作层有预制 T 梁和现浇钢筋混凝土楼板，上部结构为约 17m 高的圆形排架结构和现浇屋面板。具有主体结构复杂、井内垂直运输深度大、工作面狭小、模板支架搭设难度大的特点。

（1）竖井底板混凝土及钢管外包混凝土体积大，采取分层浇筑，每层混凝土浇筑高度为 2.5～

3.0m，底板浇筑面积最大为 730.25m²，一次浇筑混凝土最大方量为 1825.6m³，井内浇筑时间段气温较高，温控问题突出，需采取温控措施减少温度裂缝的发生，是施工的重点。

（2）竖井内检修通道楼梯和电梯井现浇结构高度大，需分多层施工，井内施工模板支架搭设工作面狭窄，上、下物料运输困难，混凝土运输和浇筑困难，施工难度大。

（3）竖井操作层及屋盖梁板结构跨度大，如采用现浇施工，井内模板支架搭设、拆除施工难度极大，且施工时间长，安全风险高，应用了操作层预制 T 梁、屋盖层型钢＋预制 UHPC 免拆模板的装配式施工新技术。预制 T 梁混凝土强度高（C50），结构复杂，梁高 2.06m，梁宽 0.6m，最大梁长 32.435m，最大重量 64.7t，为大跨度、大重量、细长型预制梁构件，对预制梁制作尺寸精度、安装支座平整度、吊装倾斜度、安装轴线偏差度、安装稳固度的要求非常高，施工难度大。

（4）操作层及屋面层结构板采用预制 UHPC 免拆模板＋现浇板的新技术，预制 UHPC 免拆模板结构复杂，板面粗糙度要求高，安装难度大，接缝处需采取可靠的密封措施防止漏浆，是施工的难点。

2.2 超深地下连续墙施工技术

2.2.1 地下连续墙施工准备

1. 连续墙施工工艺流程

根据本工程地下连续墙槽身地层呈上软下硬的特点，以及成槽宽度、深度大和工期紧等因素，成槽施工采用抓槽＋铣槽结合的施工方法。连续墙施工工艺流程图见图 2.2-1。

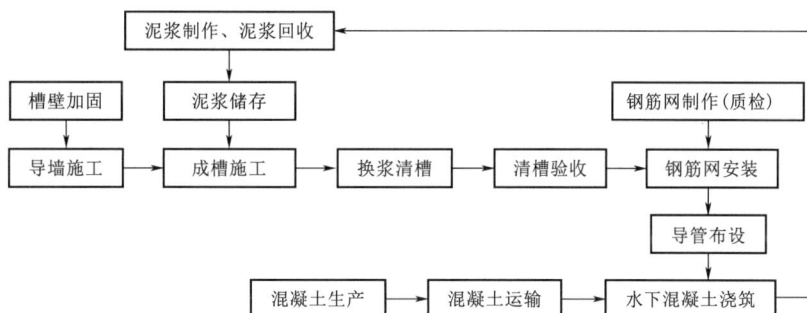

图 2.2-1 连续墙施工工艺流程图

2. 槽段施工顺序

地下连续墙由若干单元槽段组成，按设计要求分两序间隔法施工，先施工Ⅰ序槽、后施工Ⅱ序槽。本工程根据抓（铣）槽设备型号和竖井直径大小，划分Ⅰ序槽长度约 6.6m、Ⅱ序槽长度 2.8m。槽段施工顺序示意图见图 2.2-2。

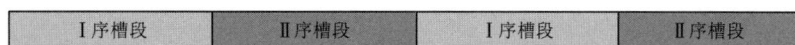

图 2.2-2 槽段施工顺序示意图

3. 地下连续墙槽壁加固

（1）水泥搅拌桩加固方案。

本工程地下连续墙上部淤质粉细砂、淤质黏土等软土地层强度低、稳定性差、变形量大、承载力低，成槽过程中槽壁容易坍塌，为保证槽壁的稳定，在连续导墙施工前，墙体两侧采用 φ550@400 水泥搅拌桩加固，加固深度约 12.0m。槽壁加固平面图见图 2.2-3，槽壁加固剖面图见图 2.2-4。

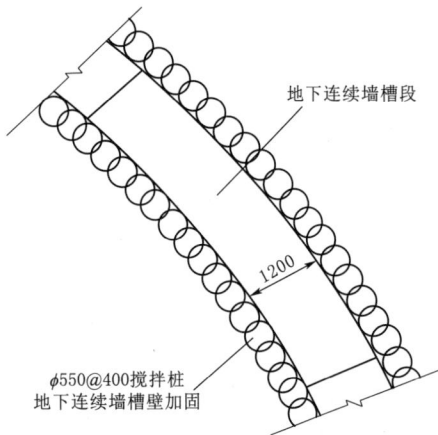

图 2.2-3　槽壁加固平面图（单位：mm）

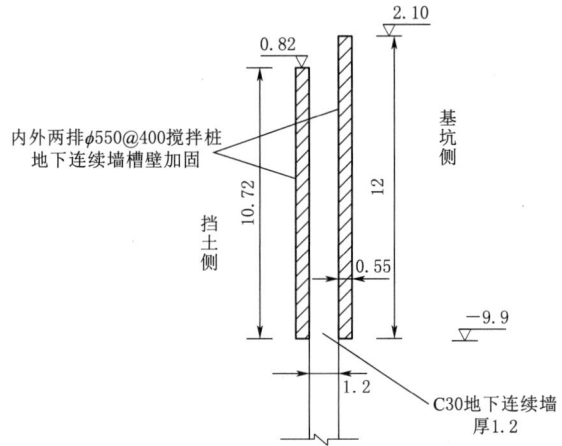

图 2.2-4　槽壁加固剖面图（单位：m）

水泥搅拌桩选用 P·O42.5R 普通硅酸盐水泥，水泥掺量为天然土质量的 15%，水灰比为 0.45～0.50，即每米水泥搅拌桩约用水泥 64kg，水泥搅拌桩 28d 无侧限抗压强度不小于 0.8MPa。

采用"四搅三喷"工艺，搅拌头翼片的枚数、宽度、与搅拌轴的垂直夹角、搅拌头的回转数、提升速度应相互匹配，钻头每钻一圈的提升（或下沉）量以 1.0～1.5cm 为宜，提升或下沉速度宜为 0.6～0.9m/min，以确保加固深度范围内任何一点均能经过 20 次以上的搅拌。

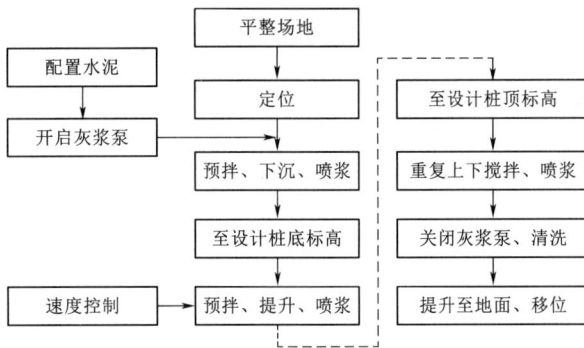

图 2.2-5　水泥搅拌桩施工工艺流程图

（2）施工工艺流程

根据设计图纸要求测量放线，清理施工场地，开挖沟槽，接着进行桩机定位，制备浆液，开始施工作业。采用单轴搅拌桩机施工。水泥搅拌桩施工工艺流程图见图 2.2-5。

4. 导墙施工

（1）导墙型式

导墙施工是地下连续墙施工的关键环节，其主要作用为成槽导向，控制标高、槽段和钢筋网定位，防止槽口坍塌及承重作用，根据设计要求，导墙采用"L"型式。地下连续墙导墙剖面图见图 2.2-6。

（2）导墙施工工艺

导墙施工顺序为：平整场地→测量放样→开挖沟槽→绑扎钢筋→安装模板→浇筑混凝土→拆模并设置横撑。

5. 连续墙槽段划分

以 LG03 号竖井为例，根据地下连续墙设计施工图，地下连续墙划分为 24 幅施工，Ⅰ序槽和Ⅱ序槽各 12 幅，Ⅰ序槽段采用三铣成槽，沿槽段中心线，边槽长 2.353m，中间槽长 2.039m，整幅槽段长 6.745m；Ⅱ序槽采用单铣成槽，槽段长 2.8m（与Ⅰ序槽搭接 0.223m）。LG03 号竖井地下连续墙分幅示意图见图 2.2-7，LG03 号竖井地下连续墙接头大样见图 2.2-8。地下连续墙具体成槽顺序：1 号→5 号→9 号→13 号→17 号→21 号→3 号→7 号→11 号→15 号→19 号→23 号→22 号→4 号→8 号→12 号→16 号→20 号→2 号→6 号→10 号→14 号→18 号→24 号。

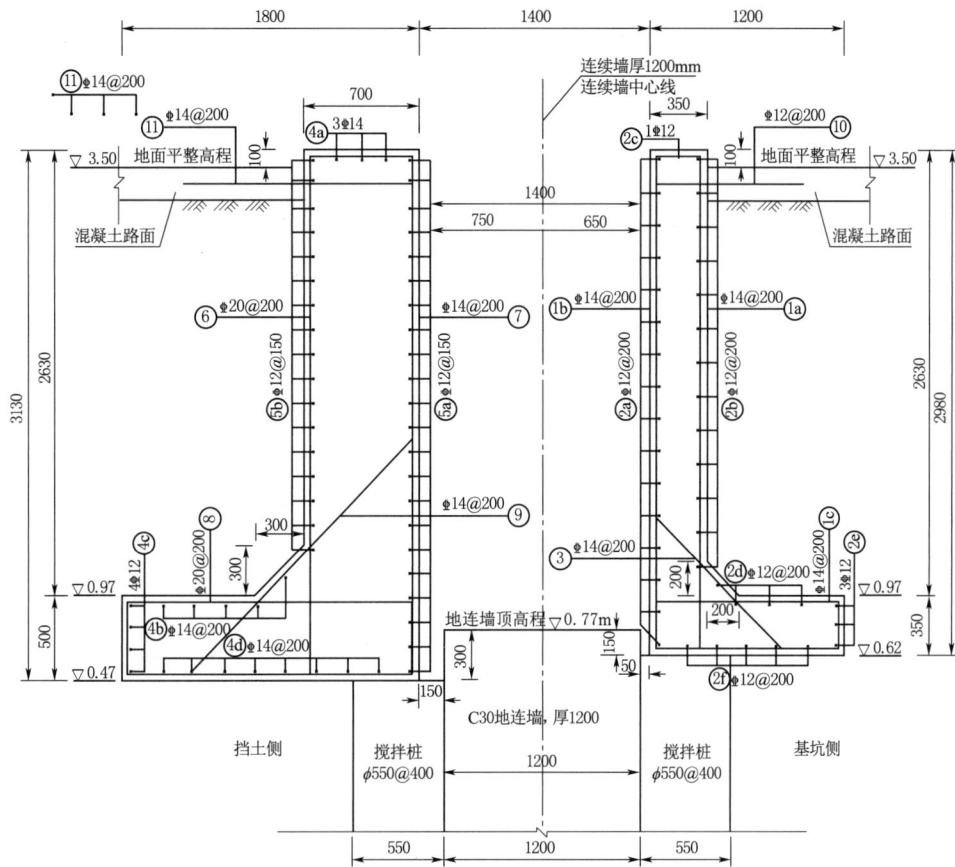

图 2.2-6　地下连续墙导墙剖面图（尺寸单位：mm，高程单位：m）

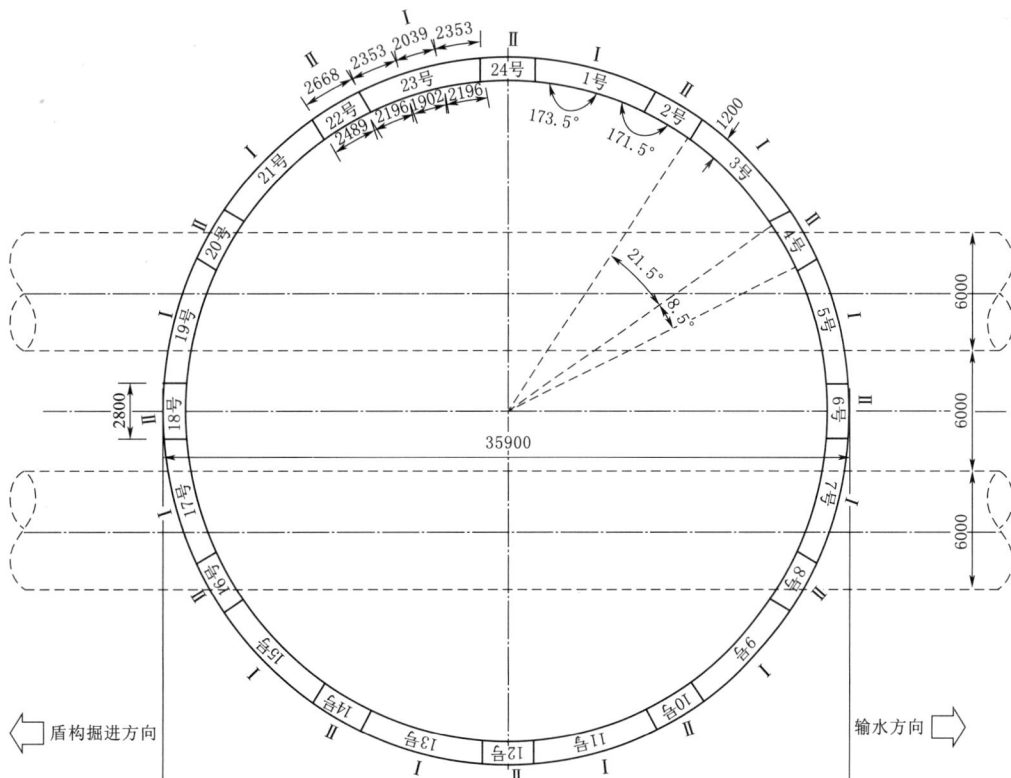

图 2.2-7　LG03 号竖井地下连续墙分幅示意图（单位：mm）

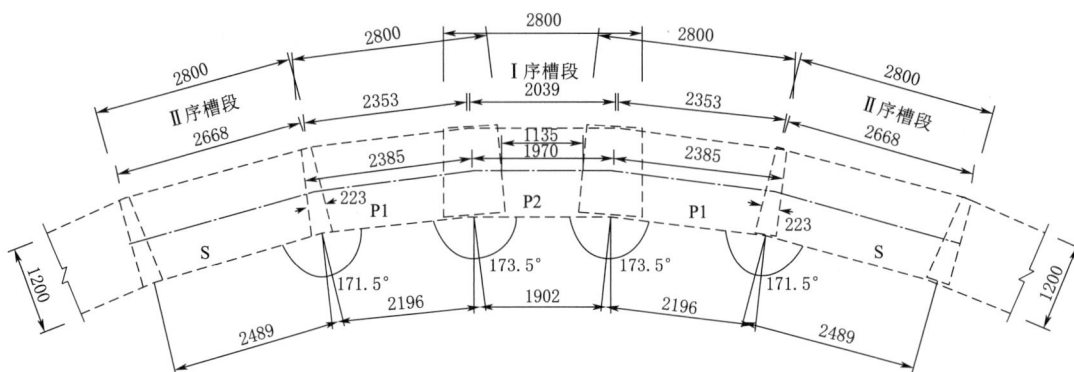

图 2.2 - 8 LG03 号竖井地下连续墙接头大样 (单位: mm)

6. 护壁泥浆制备

(1) 泥浆配置

本工程地下连续墙单幅槽段体积最大约为 $500m^3$, 泥浆循环池容量考虑满足两幅地下连续墙所需泥浆量, 布置两个制浆池, 总容量不小于 $1000m^3$。护壁泥浆采用性能指标优良的膨润土、$NaHCO_3$ 等外加剂和自来水作为原材料, 新配制泥浆泥浆比重为 $1.03 \sim 1.10$。新型复合钠基膨润土泥浆配比表见表 2.2 - 1。施工时通过试验确定泥浆配比, 泥浆性能指标表见表 2.2 - 2。

表 2.2 - 1 新型复合钠基膨润土泥浆配比表

膨润土品名	材料用量/kg				
	水	膨润土	CMC	$NaHCO_3$	其他外加剂
钠基膨润土	1000	$60 \sim 80$	$0.15 \sim 0.5$	$2.5 \sim 4$	适量

表 2.2 - 2 泥 浆 性 能 指 标 表

泥浆性能指标	新配制	循环泥浆	废弃泥浆	检验方法
比重/(g/cm^3)	$1.03 \sim 1.10$	<1.15	>1.35	比重法
黏度/s	$25 \sim 30$	<35	>60	漏斗法
含砂率/%	<4	<7	>11	洗砂瓶
pH 值	$8 \sim 9$	>8	>14	pH 试纸

泥浆制备设备包括磅秤、定量水箱、泥浆搅拌机、药剂贮液桶等。泥浆搅拌前先将水加至搅拌筒 1/3 后开动搅拌机。在给定量水箱不断加水的同时, 加入膨润土。搅拌 3min 后, 加入外加剂液继续搅拌。搅拌好的泥浆静置 24h 后使用, 储存在泥浆箱内。

(2) 泥浆循环

泥浆循环采用 3kW 型泥浆泵在泥浆池内循环, 7.5kW 型泥浆泵输送, 15kW 泥浆泵回收。为节约用浆及减少泥浆的排放量, 对浇灌混凝土时顶托出较好的泥浆进行回收, 对性能达不到重复使用要求而又不属废浆的泥浆, 经净化和机械处理后重复使用, 尽可能提高二次利用率, 减少废浆排放量, 防止泥浆污染。

泥浆使用一个循环之后, 利用泥水处理系统对泥浆进行净化并补充新制泥浆, 以提高泥浆的重复使用率。补充泥浆成分的方法是向净化泥浆中补充膨润土等, 使净化泥浆基本上恢复原有的护壁性能。泥浆生产循环工序见图 2.2 - 9。

铣槽机与除砂器之间铺设 $\Phi150mm$ 钢管进行供浆和回浆, 其余泥浆输送通道均采用 $\Phi50mm$ 皮

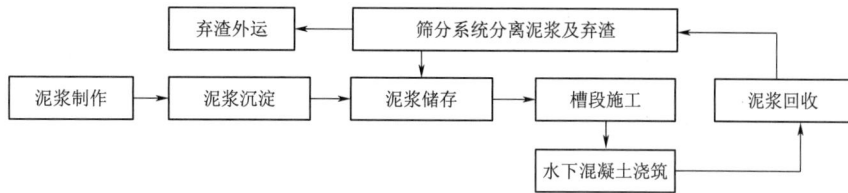

图 2.2-9 泥浆生产循环工序

管。铣槽机采用专用的泥浆处理系统器进行除砂作业，由于铣槽机的泥浆处理能力为 400m³/h，所以必须保证供浆池内有足量的泥浆时才可以进行铣槽。浇筑混凝土时，自孔口流出的泥浆一部分直接通过导墙槽回流至附近施工的槽中，一部分通过泥浆泵抽至泥浆筛分系统，用泥浆振动除砂器处理后，贮存在回浆池中备用，也可由回浆池内抽浆到造浆池内，调整后作为供浆池内新浆使用。多余泥浆采用泥浆泵抽到密闭的泥浆车运走。

（3）泥浆质量控制

1）制备泥浆前，先进行泥浆配合比试验，在施工过程中，严格按照试验确定的配合比施工。

2）配置好的泥浆存放 24h 以上，使膨润土充分水化后方可使用。

3）在施工过程中，每班检验泥浆性能频次不少于两次。各项指标须符合设计的泥浆质量标准。

4）及时处理、回收泥浆，确保循环泥浆的质量，提高泥浆重复利用率。

5）槽内泥浆面高于地下水位 0.5m 以上，且不低于导墙顶面 0.3m。同时，注意防止地表水流入槽内，破坏泥浆性能。

6）浇灌混凝土时，防止混凝土直接落入槽内泥浆内。混凝土面离导墙顶面 4~6m 范围内泥浆按废浆进行二次处理，最大限度减少废浆排放，控制回收利用率达 80% 以上。

7）泥浆的检测频率，泥浆检验时间、位置及试验项目表见表 2.2-3。

表 2.2-3　　　　　　　　　　　　泥浆检验时间、位置及试验项目表

序号	泥	浆	取样时间和次数	取样位置	试验项目
1	新鲜泥浆		搅拌泥浆达 100m³ 时取样一次，分为搅拌时和放 24h 后各取一次	搅拌机内及新鲜泥浆池内	稳定性、密度、黏度、含砂率、pH 值
2	供给到槽内的泥浆		在向槽段内供浆前	优质泥浆池内泥浆送入泵吸入口	稳定性、密度、黏度、含砂率、pH 值、含盐量
3	槽段内泥浆		每挖一个槽段，挖到中间深度和接近挖槽结束时，各取样一次	在槽内泥浆的上部受供给泥浆影响之处	稳定性、密度、黏度、含砂率、pH 值、含盐量
			在成槽后，钢筋笼放入后，混凝土浇灌前取样	槽内泥浆的上、中、下 3 个位置	稳定性、密度、黏度、含砂率、pH 值、含盐量
4	混凝土置换出泥浆	判断置换泥浆能否使用	开始浇混凝土时和混凝土浇灌数米内	向槽内送浆泵吸入口	pH 值、黏度、密度、含砂率
		再生处理	处理前、处理后	再生处理槽	pH 值、黏度、密度、含砂率
		再生调制的泥浆	调制前、调制后	调制前、调制后	pH 值、黏度、密度、含砂率

2.2.2　连续墙成槽施工

1.成槽设备及工艺

成槽工序是地下连续墙施工关键工序之一，持续时间占到槽段施工时间一半以上，既控制工

期，又影响施工质量。本工程地质条件复杂，成槽宽度、深度大，墙体嵌入弱风化泥质粉砂岩达28m 以上，岩石强度较高，成槽施工强度较大，工期紧。

地下连续墙常用施工设备有冲击式钻机、旋挖钻机、液压抓斗、双轮铣槽机等，根据本工程地层特性、成槽深度、垂直度控制、接头型式、成槽工效和质量要求等方面综合考虑，成槽施工采用"抓铣结合"施工工艺，上部土层及全风化岩层采用液压抓斗施工，成槽速度快，工效高；下部强～弱风化岩层采用双轮液压铣槽机施工，垂直度控制精度高，成槽质量好。每个竖井投入 1 台德国宝峨双轮铣槽机、1 台宝峨液压抓斗等配套设备进行成槽施工。双轮铣槽机见图 2.2-10，液压抓斗见图 2.2-11。

2. 成槽工艺控制

地下连续墙采用液压抓斗和双轮液压铣槽机配合施工，全风化以上土层采用液压抓斗成槽开挖，强风化岩层以下采用双轮液压铣槽机成槽施工。

图 2.2-10　双轮铣槽机

图 2.2-11　液压抓斗

（1）土层成槽施工

1）按槽段成槽划分，分幅施工，采用液压抓斗三抓成槽法开挖成槽，即每幅连续墙施工时，先抓两侧土体，后抓中心土体，防止抓斗两侧受力不均而影响槽壁垂直度，如此反复开挖直至强风化岩层标高为止。抓斗成槽流程见图 2.2-12。

2）挖槽施工前，先调整好液压抓斗的位置，液压抓斗的主钢丝绳必须与槽段的中心重合。液压抓斗挖掘时，做到稳、准、轻放、慢提，用全站仪双向监控钢丝绳、导杆的垂直度。挖完槽后用超声波测壁仪进行检测，确保成槽垂直度≤1/300。

3）挖槽时，不断向槽内注入新鲜泥浆，保持距泥浆面在导墙顶面以下 0.3m，高出地下水位0.5m 以上。随时检查泥浆质量，及时调整泥浆符合上述指标并满足特殊地层的要求。

4）雨天地下水位上升时，及时加大泥浆比重和黏度，雨量较大时暂停挖槽，封盖槽口。

5）在挖槽施工过程中，若发现槽内泥浆液面降低或浓度变稀，要立即查明是否因为地下水流入或泥浆随地下水流走所致，采取相应措施纠正，以确保挖槽继续正常进行。

6）液压抓斗与双轮铣槽机在两幅槽同时交叉施工，槽 2 开槽时间根据槽 1 铣槽进度，一般当槽 1 第二抓开始铣槽时槽 2 采用液压抓斗开槽。

（2）岩层成槽施工

1）岩层采用双轮铣槽机成槽施工，双轮铣槽机采用切割轮内的切齿切削岩石，使之与膨润土悬浮液相混合，利用切齿可以将岩石碴土切割成 70～80mm 或更小的碎块，利用紧挨切割轮的离心

（a）准备开挖的地下连续墙沟槽

（b）第一抓成槽

（c）第二抓成槽

（d）第三抓成槽

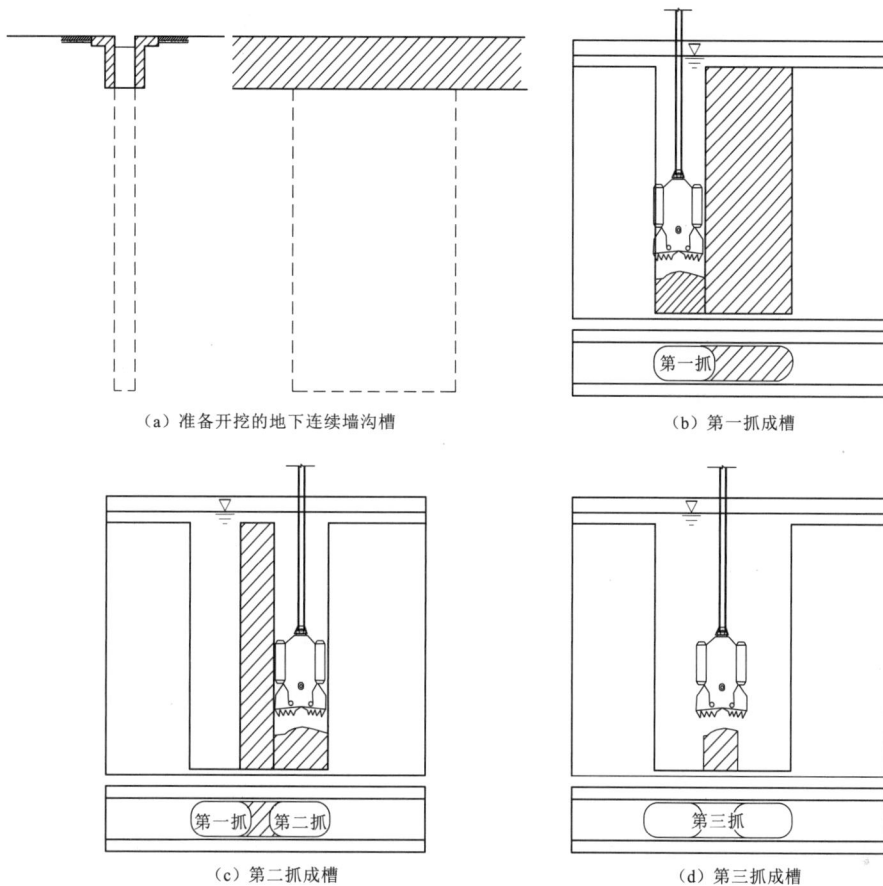

图 2.2-12 抓斗成槽流程

泵将碎块悬浮液一同抽吸出开挖槽，双轮铣槽机铣削施工示意图见图 2.2-13，双轮铣槽机泥浆循环示意图见图 2.2-14。离心泵不断把泥土和土液混合物抽出并送到泥浆筛分站，泥浆处理车间包括除砂器和砾石分离器，将泥土和杂质从泥浆中分离出来，利用泥浆给进泵将重新生成的泥浆液泵回开挖槽内，由此而形成一个封闭回路。

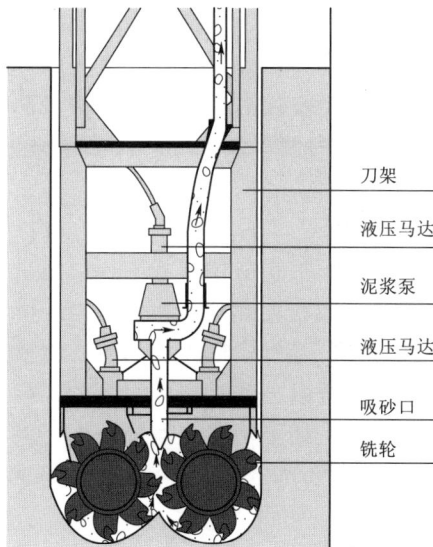

图 2.2-13 双轮铣槽机铣削施工示意图

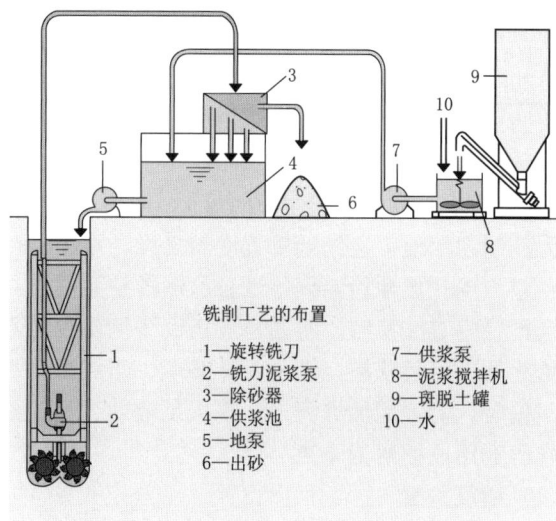

图 2.2-14 双轮铣槽机泥浆循环示意图

铣削工艺的布置

1—旋转铣刀　　　7—供浆泵
2—铣刀泥浆泵　　8—泥浆搅拌机
3—除砂器　　　　9—斑脱土罐
4—供浆池　　　　10—水
5—地泵
6—出砂

2）铣槽机成槽质量控制工序为：铣槽机开槽定位控制→垂直度控制→成槽速度控制。主要有以下措施：

①铣槽机开槽定位控制：在铣槽机放入导墙前，先将铣槽机的铣轮齿最外边对准导墙顶的槽段施工放样线，铣轮两侧平行连续墙导墙面，待铣轮垂直放入导墙槽中再用液压固定架固定铣槽机导向架，固定架固定在导墙顶，确保铣刀架上部不产生偏移，保证铣槽垂直。

②垂直度控制及纠偏：操作室操控平台电脑始终显示成槽的垂直度，保证成槽的垂直度在设计及有关规范以内，如有超出垂直度偏差的，可利用吊车对刀架单边吊放进行纠偏，直至修正到地下连续墙垂直度在允许范围之内。

③成槽速度控制：为保证成槽的垂直度，在开槽及铣槽机导向架深度内，进尺稍慢，保证开槽的垂直度；在进入岩层时，为防止同一铣刀范围内岩层高差较大，两边铣轮受力不同出现偏斜，要控制好进尺，保证成槽垂直度在设计及有关规范允许范围内。

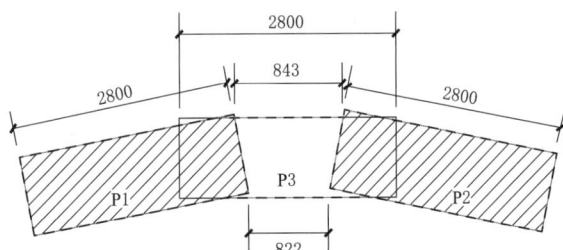

图 2.2-15 铣槽机 I 序槽槽
段施工示意图（单位：mm）

3）地下连续墙 I 序槽槽段长为 6.745m，采用三刀铣削，第一刀和第二刀长度为 2.8m，第三刀长度根据情况确定，在 0.5～2.0m 调整。铣槽机 I 序槽槽段施工示意图见图 2.2-15。II序槽槽段长为 2.8m，单刀铣削成槽。

（3）成槽垂直度控制技术

成槽垂直度是超深地下连续墙施工质量控制要点，垂直度偏差过大会导致钢筋笼下放刮碰槽壁引起坍塌、墙身侵入内衬结构线、相邻槽段墙身接头错位引起渗漏等问题，对墙体质量和后续竖井开挖及内衬结构施工造成影响。

1）开槽定位及槽位预处理。

①刀架校核：设备组装完成后，使用全站仪校核刀架垂直度。

②刀位测放：按设计槽段长度划分刀位，准确测放刀位线，在导墙顶做好标记和编号。

③定位开槽：设备就位后调整刀架姿态，两端刀位线处各设置一根横跨导墙的移动式导向界限杆，缓慢下放刀架入槽，慢速铣削，待刀架入槽深度满足纠偏系统使用时，采用正常速度铣削，确保开槽精准定位。

地下连续墙施工分 I、II 序跳槽施工，II 序槽开槽铣进时，由于两端 I 序槽混凝土龄期不同存在强度差异，且两幅槽墙身混凝土顶高程有偏差，左、右铣轮传动油压差异较大，极易引起刀架偏位，影响成槽垂直度控制。为解决 II 序槽开槽偏位的问题，在 I 序槽浇筑混凝土时，在槽段两端下设接头插板，准确预留 II 序槽开槽位。接头插板长 5m，宽 1.0m，内侧厚 0.35m，外侧厚 0.17m，采用厚度 12mm 钢板拼装焊接而成。接头插板结构示意图见图 2.2-16。

2）槽壁垂直度动态控制及纠偏。

为控制超深地下连续墙垂直度满足设计要求，除机械设备自带的垂直度控制系统外，还采用测斜仪和超声成孔成槽检测仪等设备检测槽壁垂直度，利用超声成孔成槽检测仪每隔 5～10m 槽深进行一次槽壁垂直度检测，将其与成槽设备测斜仪测量成果进行对比，及时作出纠偏响应，使槽壁垂直度始终处于可控状态，满足设计要求。当成槽垂直度超出设计值范围，而铣槽机本身的纠偏系统难以纠偏时，需采用加绑方木、汽车吊辅助、加装纠偏钢板等措施，加大设备可纠偏幅度，更好地适用软弱地层成槽纠偏施工。

（4）槽段检验

1）槽段检验的内容：平面位置、深度、垂直度。

2）槽段检验的工具及方法。

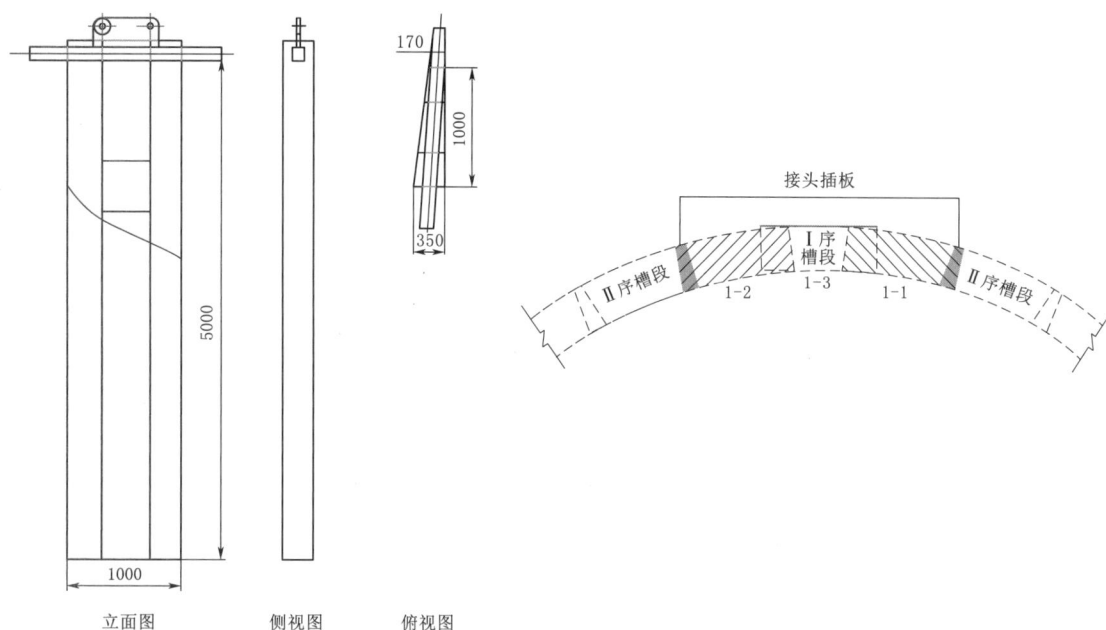

图 2.2-16 接头插板结构示意图（单位：mm）

a. 槽段平面位置偏差检测：

用测锤实测槽段两端的位置，两端实测位置线与该槽段分幅线之间的偏差即为槽段平面位置偏差。

b. 槽段深度检测：

用测锤实测槽段左、中、右三个位置的槽底深度，三个位置的平均深度即为该槽段的深度。槽深允许误差为+100mm。

c. 槽段壁面垂直度检测：

用超声波测壁仪器在槽段内左中右三个位置上分别扫描槽壁，扫描记录中槽壁面最大凸出量或凹进量（以导墙面为扫描基准面）与槽段深度之比即为槽壁垂直度，三个位置的平均值即为槽壁平均垂直度。

槽段垂直度的表示方法为：其中 X 为基坑开挖深度内壁面最大凹凸量，L 为地下连续墙深度。槽段垂直度要求 X/L 不大于 $1/300$。超声波检测测试见图 2.2-17。

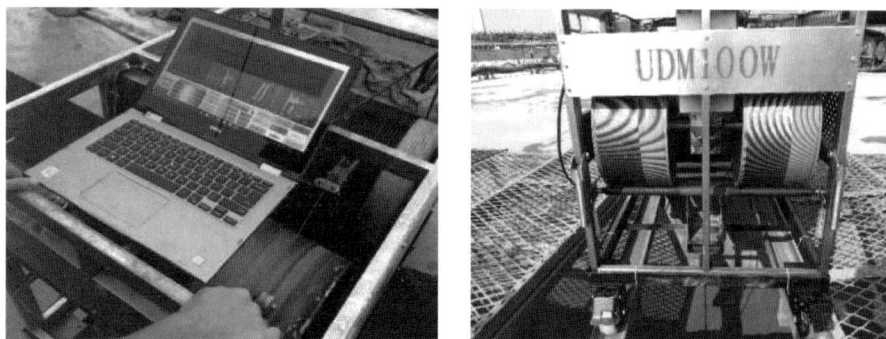

图 2.2-17 超声波检测测试

3. 槽段铣削接头施工

本工程地下连续墙采用双轮液压铣槽机成孔，Ⅰ、Ⅱ序槽段墙体连接采用铣削法，此法是在两个Ⅰ序槽段墙体之间留出比铣槽机长度略小的位置作为Ⅱ序槽孔，Ⅱ序槽段成槽施工时，同时将两端已浇筑混凝土的Ⅰ序槽段墙体的端部铣去约 10～20cm，形成锯齿状端面，后浇筑的Ⅱ序槽段混凝土与Ⅰ序槽段混凝土在接缝处形成良好的咬合作用。这种接缝的阻水性能和传力性能均优于平面接缝，是目前世界上最先进的一种地下连续墙接头形式。铣削接头施工示意图见图 2.2-18。

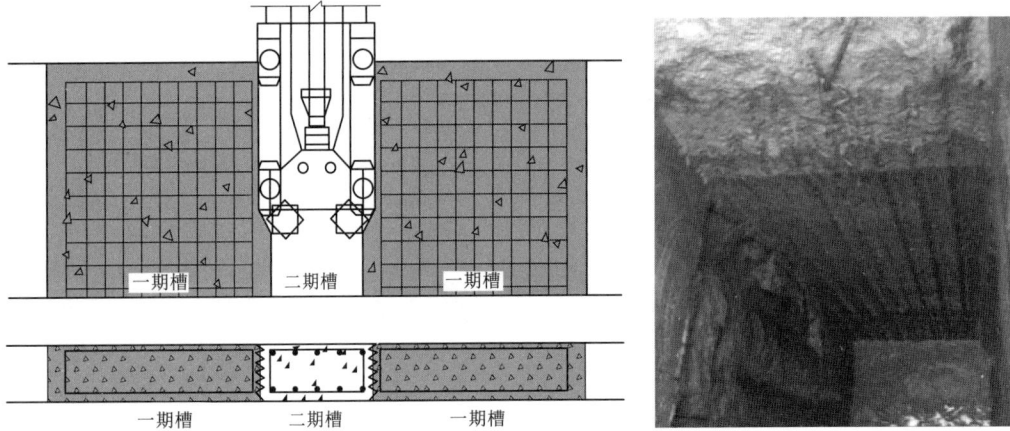

图 2.2-18　铣削接头施工示意图

采用铣削接头工艺施工的地下连续墙，相比现有的其他地下连续墙接头施工工艺具有施工深度大、垂直度好、成槽稳定、接缝牢固、抗渗性能优良等显著优势。

本工程地下连续墙Ⅰ、Ⅱ序槽段墙体套铣长度 22.3cm。LG03 号竖井地下连续墙铣削接头大样见图 2.2-19。

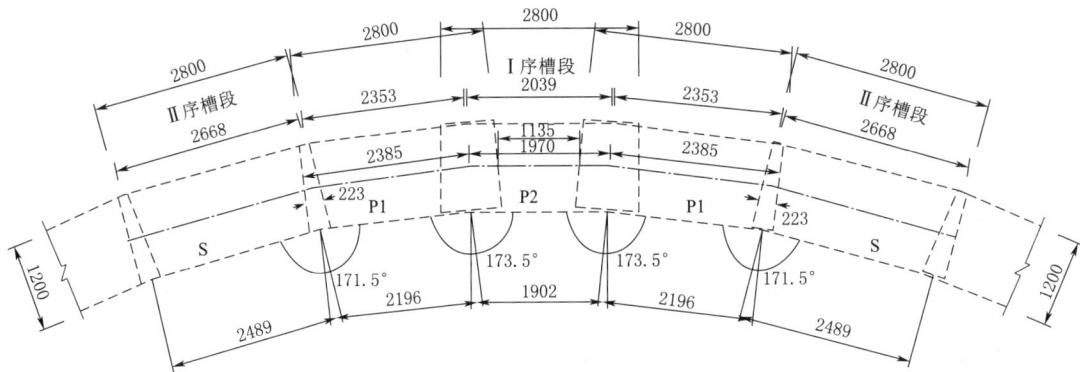

图 2.2-19　LG03 号竖井地下连续墙铣削接头大样（单位：mm）

4. 清槽与接头处理

（1）清槽与接头处理要求

槽段挖至设计高程后，及时检查槽位、槽深、槽宽和垂直度，检验合格后进行清槽处理。清槽就是挖槽结束后清除槽底淤积物，使其厚度不大于 100mm 的设计要求，槽孔内置换符合要求的新鲜泥浆，以保证混凝土浇筑，确保成墙质量。

接头处理采用刷壁或冲洗工艺，目的是清除Ⅰ序墙段混凝土接头面上的泥皮和淤积物，以满足规范要求，成槽施工到预定深度并完成泥浆置换后开始接头清刷，清刷后的结构不得夹泥。

（2）清槽施工工艺

槽段开挖至设计深度后进行清槽换浆，为避免泥浆中砂土沉积于槽底，影响后期混凝土浇筑质量，本项目采用铣槽机的反循环系统对槽底沉渣进行清除，其原理是利用液压马达驱动泥浆泵，通过铣轮中间的吸渣口将削掘出来的渣料与泥浆混合物一起抽排到地面上的泥浆筛分系统后台进行渣浆分离，随后将净化后的泥浆通过供浆管路输送至槽孔内，继续循环使用，直至清槽作业完成。泵吸法反循环洗槽清槽施工示意图见图 2.2-20。

本项目采用的泵吸法具有操作简便、工效高、清槽效果好等优点，施工时无须增设空气压缩机和供气及排渣管路等，利用设备自配卷管系统即可实现清槽作业。在清槽施工过程中，还需要对槽段 5m 以下位置的泥浆进行置换，保持液面的高度，避免出现塌孔现象。完成清槽工作后需要对槽身、槽底和泥浆性能进行检查，槽底 500mm 高度内的泥浆比重不大于1.15，沉渣厚度不大于 100mm。清槽验收合格后 4h 内应开始浇筑混凝土，否则在浇筑前应重新检验沉渣厚度，检验不合格时，进行二次清槽，间隔时间最迟不得大于 6h。

图 2.2-20 泵吸法反循环洗槽清槽施工示意图
1—铣槽机；2—泥浆泵；3—除砂装置；4—泥浆罐；5—供浆泵；
6—筛除的粘渣；7—补浆泵；8—泥浆搅拌机；
9—脚润土储料桶；10—水源

（3）接头处理工艺

目前地下连续墙接头处理大多采用刷壁器沿接缝面上下反复刷洗，以达到清理接缝夹泥的目的，但是存在刷壁质量较差、效率低、工序繁琐的不足，适用浅槽接缝的处理。对于本工程超深地下连续墙来说，由于竖井开挖深度大，接缝承受地下水压高，采用这种方法处理存在较大的渗漏风险。

针对刷壁器工艺中的缺陷和本工程地下连续墙防渗要求，研发了一种接头冲洗装置。接头冲洗装置及安装示意图见图 2.2-21。该装置由高压喷嘴、连接支座、水管分流器、高压管和高压泵组成，通过高压管将高压泵与水管分流器连接，水管分流器引导水流从高压喷嘴喷出，对接头进行冲洗。高压冲洗装置安装在机架下端，可以充分利用机架自重优势，遭遇槽壁障碍物时不易发生摆动，适用槽深亦不受限制，并对所有接头型式的地下连续墙均适用。实施过程利用已有设备资源，槽底清理与刷壁两工序同步进行，大大缩短了接缝清洗时间，显著降低了施工成本。

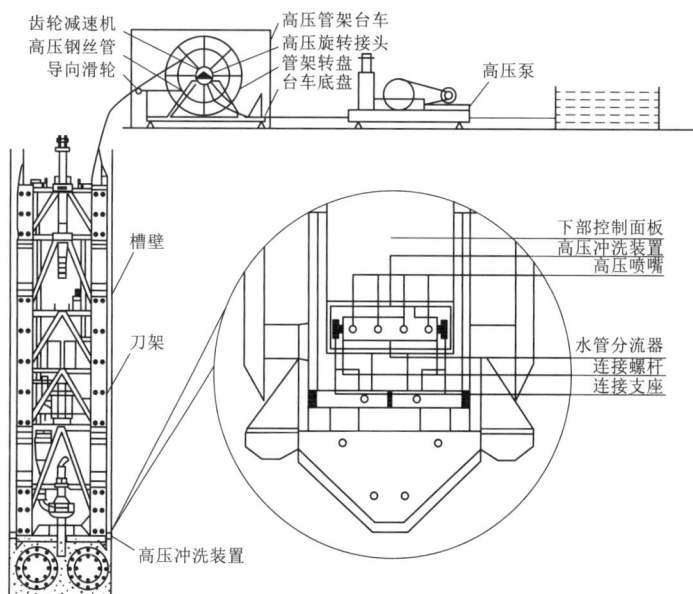

图 2.2-21 接头冲洗装置及安装示意图

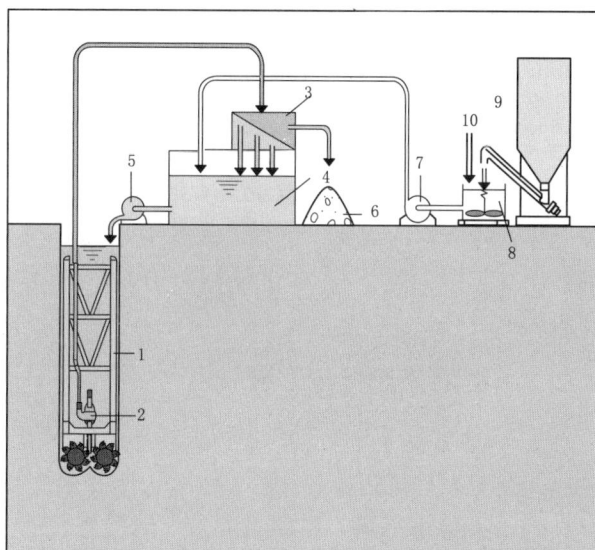

冲洗装置在泵送压力为 0.8～1.0MPa、流量为 45～75L/min 的工况条件下，槽底泥浆性能参数指标接近最优，接头冲洗效果最佳，形成的高压水流对地下墙体本身不会产生副作用。

竖井开挖后，地下连续墙接头混凝土咬合紧密，胶结良好，未出现夹泥、渗漏等情况。连续墙凿毛后接头处混凝土胶结照片见图 2.2-22，证明接头采用高压冲洗处理工艺的质量可靠。

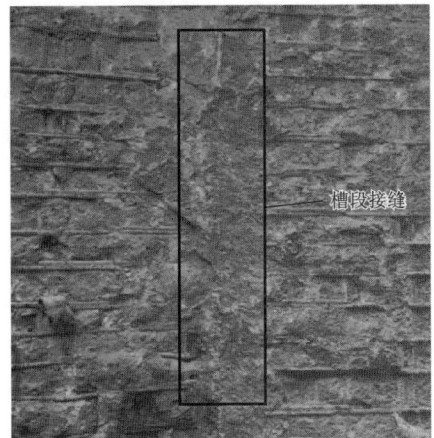

图 2.2-22　连续墙凿毛后接头处混凝土胶结照片

2.2.3　钢筋笼制作与吊装

1. 钢筋笼制作流程

钢筋笼制作流程如下：

铺设下层水平筋，焊接固定→焊制桁架及架力筋→铺设纵向筋、并焊接牢固→焊接底层保护层垫块→桁架及架力筋立起，焊接固定→吊点加固筋焊接→焊接上层纵向钢筋→焊接上层横向钢筋→焊接上层吊点筋→焊接附加筋及保护层垫块。

2. 钢筋笼制作平台

每个竖井场地内布置 1 个钢筋笼加工平台，尺寸为 80m×20m，平台采用 8 号槽钢制作，槽钢坐落在埋入地下并露出地表的混凝土墩上，由水平仪校准安放的槽钢面，焊接拼装平台，即平台面处于同一水平。槽钢按上横下纵叠加制作，槽钢间距 2m，为便于钢筋放样布置和绑扎，在平台上根据设计的钢筋间距、插筋、预埋件、及钢筋接驳器的位置画出控制标记，以保证钢筋笼和各种埋件的布设精度。在起吊钢筋笼时，检查笼与平台的挂靠件是否都已脱离，防止平台被外部因素，如车辆、挖机等机械的碰撞，而造成平台变形，影响钢筋笼的制作精度。

3. 钢筋笼制作

（1）非玻璃纤维筋槽段钢筋笼的制作

1）钢筋笼在胎架上制作成型，加工平台平整度要求小于 8mm。

2）钢筋笼主筋采用直螺纹套筒连接方式。接头严格按照相关标准施工。

3）钢筋笼节点 100% 焊接，桁架筋与主筋焊接牢固。

4）为了保证钢筋笼吊装安全，吊点位置的确定及吊环、吊具的安全性经过设计及验算，所有吊筋必须与纵向主筋焊接牢固，严格控制焊缝质量。钢筋笼制作允许偏差见表 2.2-4。

表 2.2-4	钢 筋 笼 制 作 允 许 偏 差			
项　目	允许偏差 /mm	检查频率		检 查 方 法
		范围	点数/个	
长度	±50	每幅	3	尺量
宽度	±20		3	尺量
厚度	−10		4	尺量
主筋间距	±10		4	在任何一个断面连续量取主筋间距（1m 范围内），取其平均值
分布筋间距	±20		4	
预埋件中心位置	±10		4	抽查
同一截面受拉钢筋接头截面积占钢筋总面积	≤50%			观察

5）地下连续墙钢筋笼在加工区集中加工成半成品配送至现场后，在场内专用平台上一次拼装成型，严格按设计加工制作纵向桁架钢筋和水平加强筋，按规范要求焊接固定主筋和分布筋，以提高钢筋笼整体刚度，在钢筋笼上端头加设 U 形固定吊环。

6）钢筋笼纵向应预留导管位置并上下贯通，钢筋笼底端应在 0.45m 范围内的厚度方向上做收口处理。

7）钢筋笼制作好后，根据本幅钢筋笼所用槽段的实测导墙顶面标高确定安装标高线，并在钢筋笼顶部吊环上用红油漆标示。

8）钢筋笼应设定位垫块，其深度方向间距 3～5m，每层设 2～3 块。

9）钢筋笼整体加工，分节吊装，第一节长度为 36～39m，第二节长度根据钢筋笼设计长度进行配筋。两节钢筋笼对接处使用自锁直螺纹套筒连接。钢筋笼对接采用力矩扳手紧固，扭矩应符合设计和规范要求，主筋以外钢筋采用焊接时，接头数量和搭接长度应符合设计要求。直螺纹接头安装时的最小拧紧扭矩值见表 2.2－5。

表 2.2－5　　　　　　　　　　　　直螺纹接头安装时的最小拧紧扭矩值

钢筋直径/mm	≤16	18～20	22～25	28～32	36～40
拧紧扭矩/(N·m)	100	200	260	320	360

（2）含玻璃纤维筋槽段钢筋笼的制作

盾构洞门处地下连续墙槽段含玻璃纤维筋，钢筋笼制作方法如下。

1）先在加工平台上做出水平筋定位线，铺设水平筋，然后放置主筋利用焊接钢筋段，绑扎玻璃纤维筋段利用 U 形卡连接玻璃纤维筋与主筋；安装桁架筋，其中纵向桁架通常布置；铺设上排主筋，并与水平桁架全数固定（焊接或绑扎）；利用 U 形卡连接玻璃纤维筋与钢筋；铺设水平筋，与主筋连接牢固。U 形卡与钢筋直接相适应，每根钢筋连接端头的 U 形卡数量不少于 3 个，搭接长度满足施工设计图纸要求。纤维筋与普通钢筋连接示意图见图 2.2－23。

图 2.2－23　纤维筋与普通钢筋连接示意图

2）U 形卡采用市场配套成品，符合现行国家标准 GB/T 5976《钢丝绳夹》的要求。玻璃纤维钢筋笼卡扣连接接头完成后，经验收合格后方可进入下一道工序的制作。

3）上端钢筋笼从压顶梁顶面起，往下至玻璃纤维筋顶端处，按照图纸要求（构件的各种钢筋型号、间距、根数与图纸要求一致）加工制作。加工制作时严格执行相关规范和设计图纸要求。

4）下端玻璃纤维筋与上下端钢筋笼的主筋连接采用U形卡连接，搭接长度1.6m，其他施工步骤及标准同非玻璃纤维筋段。

（3）玻璃纤维筋笼成品保护

1）对于进场玻璃纤维筋，检查是否有产品合格证，对照大样图严格检查成型纤维筋尺寸，合格后方可卸车。

2）玻璃纤维筋装卸和运输过程中应轻拿轻放，不应抛掷和撞击。

3）玻璃纤维筋应水平放置，避免暴晒，筋身端部不得沾染油污。

4）切割桁架钢筋过程中，注意保护玻璃纤维筋，不可火烤。

5）钢筋笼吊装过程前应检查内部残留松散钢筋头，防止起吊过程中滑落碰触玻璃纤维筋。

6）玻璃纤维段钢筋笼纵向和横向桁架筋采取加密处理，并增加与桁架筋连接的绑扎点。

7）第一幅玻璃纤维筋钢筋笼试吊，验证钢筋笼加固和吊装方法，首幅起吊离地50cm后，检查钢筋笼的变形情况，如变形过大，应调整吊点位置或加强桁架刚度。吊点应布置在普通钢筋之上，严禁将吊点固定在玻璃纤维筋上。

（4）预埋件安装

在地下连续墙开挖面一侧预埋内衬混凝土连接Φ25钢筋及直螺纹接驳器，直螺纹套筒端部用配套密封盖，内部填塞黄油，沿竖向桁架筋间距1m布置。

由于接驳器及预埋筋位置要求精度高，在钢筋笼制作过程中，根据导墙标高和吊筋长度，在纵向桁架筋上精准标识预埋件位置，水平分布筋可做适当微调。为确保预埋筋的精度和牢固，预埋筋采用焊接固定在钢筋笼内外侧分布筋上。

地下连续墙预埋件主要为声测管、测斜管、内衬预埋筋等，预埋件应根据图纸要求的位置、数量及型号进行预埋。

4．钢筋笼吊装

（1）各竖井钢筋笼吊装概况

本工程竖井地下连续墙钢筋笼长43～77m，重43～80t，采用两台履带吊机分两节吊装施工。各竖井钢筋笼吊装特性表见表2.2-6。

表2.2-6　　　　　　　　各竖井钢筋笼吊装特性表

竖井	钢筋笼长/m	上、下钢筋笼长/m	钢筋笼重/t	履带吊机选用
LG01号	48	26，22	47	250t+85t
LG02号	70	36，34	78	300t+100t
LG03号	77	39，38	80	400t+100t
LG04号	70	38，32	80	300t+130t
LG05号	68	38，30	78	300t+130t
GS01号	43	24，19	43	250t+85t
GS02号	64	36，28	76	300t+130t
GS03号	70	36，33	78	300t+130t
GS04号	63	36，27	75	300t+130t
GS08号	61	36，25	74	300t+130t

（2）钢筋笼吊点设置

吊点设置是钢筋网片能否安全整体起吊的关键，若吊点位置不准确，钢筋笼会产生较大的挠曲变形，使焊缝开裂，整体散架，无法起吊。

1）钢筋笼吊点设计原则。

结合本工程地下连续墙特点，吊点设计考虑以下原则：①主吊布置在钢筋笼上端部，以方便钢筋笼垂直入槽和钢筋笼分节吊装；②水平起吊到垂直阶段是最危险的工况，以此起吊阶段为计算工况；③吊装过程中不拆卸移动主吊吊具，钢筋笼垂直后副吊拆除，由主吊承担全部重量。

2）钢筋笼纵向吊点设置、验算。

以LG03号竖井地下连续墙钢筋笼为例进行吊点设计，Ⅰ序槽上下节钢筋笼纵向各布置5排吊点（两主三副），横向各布置4排吊点，单节钢筋笼总共有20个吊点；Ⅱ序槽上下节钢筋笼纵向布置5排吊点（两主三副），横向各布置2排吊点，单节共有10个吊点。

根据弯矩平衡原理，正负弯矩相等钢筋笼所受力矩变形最小。钢筋笼纵向吊点位置验算如下（以LG03号竖井单节最长钢筋笼39m为例），钢筋笼纵向受力弯矩示意图见图2.2-24。

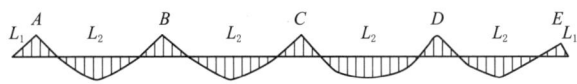

图2.2-24 钢筋笼纵向受力弯矩示意图

根据：$+M=-M$；

其中：$+M=(1/2)qL_1^2$；$-M=(1/8)qL_2^2-(1/2)qL_1^2$；$q$为分布荷载，$M$为弯矩。

故：$L_2=2.828L_1$，$2L_1+4L_2=H$（H为笼长）；得出：$2L_1+4L_2=39m$；即：$L_1=2.93m$，$L_2=8.29m$。

因此选A、B、C、D、E作为吊点时，钢筋笼起吊时的弯矩最小。在实际吊装过程中，根据吊装经验以及钢筋笼桁架分布特点，需要对各吊点位置进行适当调整，实际两排主吊点跨度为8m，副吊点三排两个跨度各为8m和10m，主副吊点中间跨度为11.2m，各吊均设置在钢筋笼桁架上。Ⅰ序槽钢筋笼吊点布置示意图见图2.2-25。

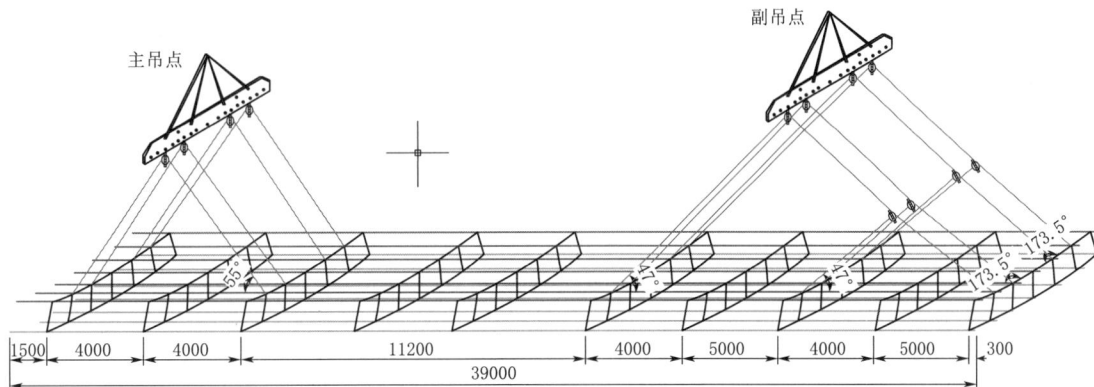

图2.2-25 Ⅰ序槽钢筋笼吊点布置示意图（单位：mm）

3）玻璃纤维筋钢筋笼段吊点设置。

玻璃纤维筋钢筋笼段吊点与常规Ⅰ序槽钢筋笼吊点布置基本一致，吊点不能设置在玻璃纤维筋上。玻璃纤维钢筋笼纵向和横向桁架筋采取加密处理，并增加与桁架筋连接的绑扎点。首幅玻璃纤维筋钢筋笼需进行试吊，验证钢筋笼加固和吊装方法，首幅起吊离地50cm后，检查钢筋笼的变形情况，如变形过大，应调整吊点位置或加强桁架刚度。

（3）钢筋笼吊装工艺

本工程地下连续墙钢筋笼最大长度77m，最大重量约80t，钢筋笼吊放选用1台300t和1台130t履带吊配合进行，分上、下两节吊装。

钢筋笼吊装施工工艺见图2.2-26。

1）钢筋笼吊装前检查。

①导管位置处不得布梅花筋、支撑筋，应确保导管位置的空间。

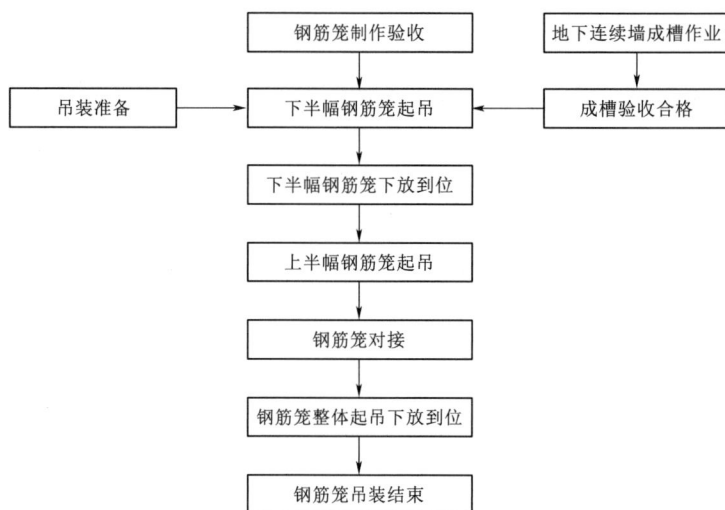

图 2.2-26　钢筋笼吊装施工工艺

②吊筋与桁架主筋焊接检查,单面焊≥10d,双面焊≥5d。

③吊点位置处 3 根分布筋与主筋交叉位置处焊接牢固,收口筋单面焊接长度≥10d。

④非吊点位置处的分布筋收口处应确保焊缝长度≥10d。

⑤在布置主筋与分布筋时应确保间距均匀。

⑥在钢筋笼起吊前,确保钢筋笼上无杂物、声测管或测斜管与钢筋笼固定牢固、保护层垫块与分布筋焊接牢固和预埋钢筋固定牢固,防止起吊过程出现物体打击。

⑦在钢筋笼制作过程中应确保预埋钢筋与纵向桁架筋保持一致,与上下层分布筋焊接牢固。

⑧在钢筋笼制作过程中应确保预埋钢筋水平间距与竖向桁架筋同列布置,竖向间距 1.0m,且避开逆作法内衬墙分仓部位。

⑨竖向钢筋桁架与主筋单面焊接,焊缝长度不小于 250mm。Ⅰ类、Ⅱ类竖向桁架筋交替布置,中心水平间距平均 1000mm,可适当调整位置。

⑩水平桁架短边与水平筋单面焊接,焊缝长不小于 250mm。Ⅰ类、Ⅱ类水平桁架筋交替布置,中心竖向间距平均 2000mm,如与主筋冲突可适当调整位置。

2) 钢筋笼起吊、下放至槽孔。

采用双机台吊进行吊装作业,空中回直。钢筋笼分为两次起吊,第一次起吊下半幅钢筋笼,地下连接墙下半幅钢筋笼吊装过程示意图见图 2.2-27。步骤如下。

①信号工指挥两台吊机转移到起吊位置,司索工进行吊具安装,吊具安装检查确认后,信号工指挥两台履带吊同时平吊。

②钢筋笼吊至离地面 0.1～0.2m,应检查钢筋笼是否平稳,确认无脱焊、变形等情况后,主履带吊起钩,起吊过程中信号工随时指挥副吊配合移动和起钩,始终保持钢筋笼尾部离地高度不少于 0.5m。

③钢筋笼吊起后,主吊向一侧旋转,副吊顺转至合适位置,让钢筋笼垂直于地面。司索工卸除钢筋笼上副吊起吊点的卸扣,然后远离起吊作业范围。地下连续墙下半节钢筋笼吊装过程示意图见图 2.2-28。

④下半幅钢筋笼吊装入槽,在顶部通过穿插方钢水平定位于导墙上地下连续墙下半节钢筋笼定位示意图见图 2.2-29。等待第二节钢筋笼吊装对接。

⑤上半幅钢筋笼起吊,与下节钢筋笼对接,整体起吊下放到位。

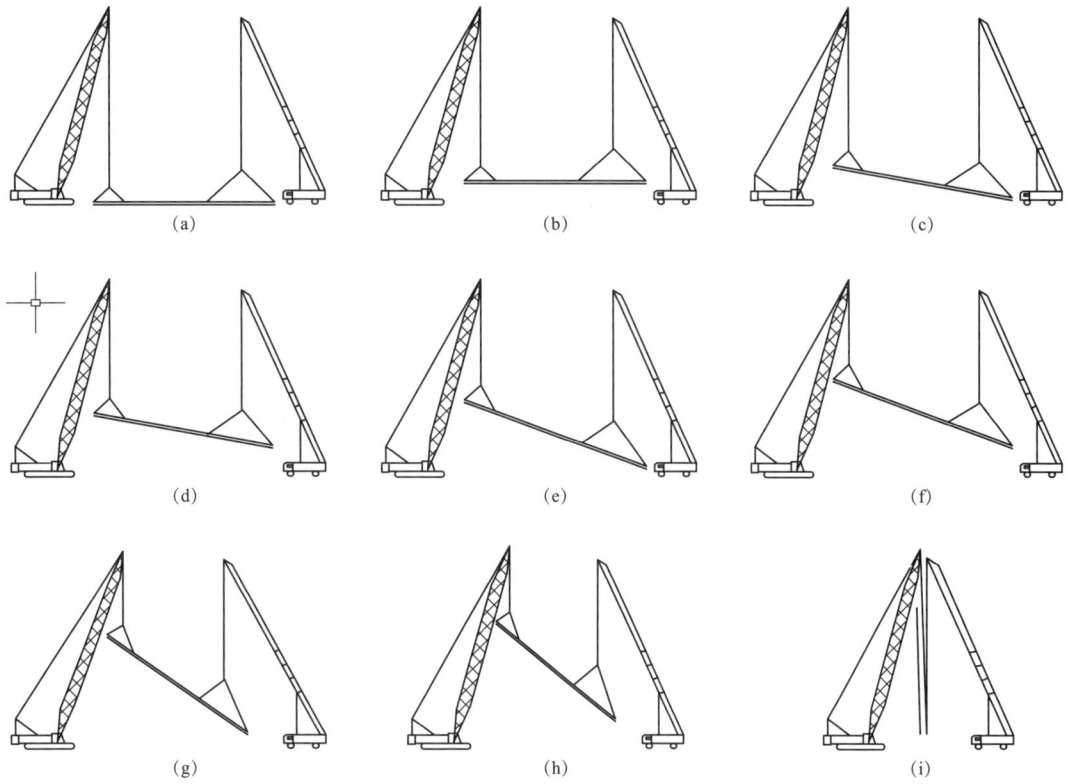

图 2.2-27 地下连续墙下半幅钢筋笼吊装过程示意图

图 2.2-28 地下连续墙下半节钢筋笼吊装过程示意图

钢筋笼对接完成后，钢筋笼吊装入槽，下放到第三排搁置点位置时，通过方钢定位于导墙上，将第三排吊点处的卸扣卸除并与第二排吊点处预留的钢丝绳连接后再将钢筋笼提起，取出方钢后继续下放至第二排搁置点处，第一排、第二排吊点以同样步骤，直至主吊将四根钢丝绳的卸扣安装在钢筋笼顶部 8 个吊环上，继续下放钢筋笼至设计标高，最后采用方钢定位于导墙上。地下连续墙钢筋笼下放固定照片见图 2.2 - 30。

图 2.2 - 29　地下连续墙下半节钢筋笼定位示意图　　图 2.2 - 30　地下连续墙钢筋下放固定照片

3）上、下节钢筋笼快速对接技术。

钢筋笼主筋连接是分节吊装施工的关键环节，传统方法有采用焊接法、直螺纹套筒连接法等。若采用焊接法作业时间长，槽壁有坍塌的风险，立焊质量较难保证，而采用直螺纹套筒连接法施工时，钢筋端头螺纹出露 1/2 套筒长度，削弱了驳接区域钢筋的连接强度，部分主筋上下端头存在轴线偏差，易造成钢筋无法对接。

为解决上述连接方法的不足，研制了一种自锁直螺纹套筒连接结构。钢筋自锁直螺纹套筒连接结构及实物图见图 2.2 - 31，能够实现钢筋笼快速装配对接，保证对接质量，其组成包括连接内套Ⅰ、连接内套Ⅱ、连接外套以及固定螺母，连接内套内、外侧均设有螺纹，连接外套内侧设有螺纹，连接外套将纵向筋两端头的连接内套相连，承受各种荷载。固定螺母用于防止连接外套松动而设置的固定件。

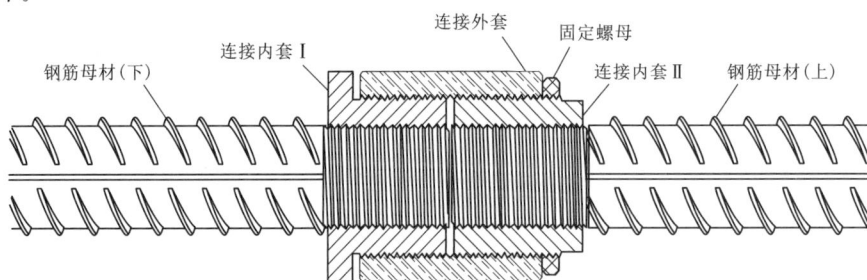

图 2.2 - 31　钢筋自锁直螺纹套筒连接结构及实物图

具体施工方法是在钢筋笼分节制作时，先将上、下笼驳接区域主筋使用自锁直螺纹套筒连接锁定，待笼成型制作完成后，将自锁直螺纹套筒解锁，而后再将固定螺母和连接外套先后旋入连接内套Ⅱ，使连接外套旋入后端面与连接内套Ⅱ旋入后端面齐平或略高。在上、下节钢筋笼主筋已滚轧好螺纹的一端，分别安装连接内套Ⅰ和连接内套Ⅱ，并加以紧固，而后将固定螺母和连接外套先后旋入连接内套Ⅱ；当连接外套旋入后端面与连接内套Ⅱ旋入后端面齐平时，将两个连接内套的旋入后端面紧贴、对齐，再使用连接外套连接内套Ⅰ，最后使用固定螺母锁定，完成钢筋连接操作。钢筋笼连接施工见图2.2-32。

图 2.2-32　钢筋笼连接施工

2.2.4　水下混凝土浇筑

1. 浇筑前的准备工作

（1）导管准备

水下混凝土采用直升导管法浇筑，在浇筑前需要提前准备好导管，导管采用加强型直径250mm、壁厚4mm的无缝钢管制作，接头处加焊三角形加劲板，以避免提升导管时法兰盘挂在钢筋笼上。导管标准管节长度为2m，底管长度为3m，并配备若干1.5m、1m及0.5m长的管节，导管拼接长度满足地下连续墙深度的要求，导管的相关性能要求如下。

1）检查每节导管有无明显孔洞，检查每节导管的密封圈情况。如缺少或破损不能使用，要及时拆除更换或添加。

2）导管对接应在平整的场地上进行，导管组装时，连接螺栓的螺帽应在上，与混凝土灌注时导管状态一致。

3）对导管两端安装封闭装置，封闭装置采用既有试压套。在试压封闭两端安装进水孔。安装时使两孔位于管道的正上方，以使注水时空气从孔中溢出。

4）根据规范要求，导管组装后轴线偏差不应大于孔深的0.5%，且不大于10cm。地下连续墙最长为78m，按孔深的0.5%计算为39cm，故本次导管最大允许偏差为10cm。

（2）导管水密性试验

导管连接完毕后，一端封闭并预留排气孔，自另一端安装水管向导管内注水。当导管内气体排净、充满70%的水后，将排气孔封闭。采用带压力表的空压机加压，向导管内施加压力，其试验压力 P 可按以下公式计算：

图 2.2-33　导管水密性试验

$$P = \gamma_c \cdot h_c - \gamma_w \cdot h_w;$$

$$P_1 = 1.3 \times 1000 \times 10 \times 78 = 1014000 \text{N/m}^2 = 1.014 \text{MPa};$$

$$P_2 = 1.3 \times (2340 \times 10 \times 78 - 1014 \times 10 \times 78) = 1344564 \text{N/m}^2 \approx 1.345 \text{MPa}.$$

选取1.345MPa作为水密性试验压力，达到试验压力稳压30min，导管壁及接头处未出现渗漏，即认为导管水密性试验合格。导管水密性试验见图2.2-33。

2. 水下混凝土浇筑控制要点

1）水下混凝土采用直升导管法浇筑，Ⅰ序槽布置2根导管，导管间距不大于4m，Ⅱ序槽布置1根导管，考虑槽深较大，导管管节优先选用法兰盘接头，其接头抗拔和密封性能优于快速接头。

2）地下连续墙混凝土采用 C30 W6 水下混凝土，应具有良好的和易性，混凝土坍落度为 180～220mm，扩散度为 45～55cm，在 3h 内无坍落度及扩散度损失，初凝时间为 8～10h。在浇筑前，按规范要求对混凝土进行试验。混凝土性能试验及浇筑混凝土，见图 2.2-34。

图 2.2-34　混凝土性能试验及浇筑混凝土

3）开始灌注时，导管底端到孔底的距离宜为 0.3～0.5m，为保证导管底端一次性埋入水下混凝土的深度，打开混凝土储料斗隔水栓的同时，加快混凝土罐车放料速度，增加首罐混凝土量，确保首罐混凝土能包裹导管底 1m 以上。

4）混凝土供应及灌注须连续进行，不得中断。间歇时间一般控制在 15min 内，特殊情况下不得超过 30min。

5）混凝土面均匀上升，上升速度不小于 2m/h。混凝土各处高差控制在 500mm 以内，随着混凝土灌注面的上升，适时提升和拆卸导管，导管底端埋入混凝土面以下 2～6m。

6）在水下混凝土灌注过程中，设专人测量导管埋深，填写好水下混凝土灌注记录表，混凝土浇筑完成后，保证混凝土灌注高度超设计高度 0.5～1.0m。

2.3　逆作法竖井施工技术

2.3.1　土石方开挖

1. 开挖施工总流程

竖井开挖施工流程见图 2.3-1，以 LG03 号竖井为例，竖井开挖顺序见图 2.3-2。

2. 开挖方法

（1）土方开挖

按照土方开挖分层深度不大于 5.0m 的设计要求，每层开挖深度控制在 4.5m 以内。

土方开挖采用 3 台挖机、2 台液压抓斗配合施工，20 台土方车辆进行出土。在竖井两端各配置一台液压抓斗配合出渣，井内设置三台挖机进行土方开挖。土方开挖工作机械布置图见图 2.3-3。

（2）石方开挖

岩石开挖深度每层控制在 4.5～8.6m，以 LG03 号竖井为例，竖井第 8～15 层为石方开挖。

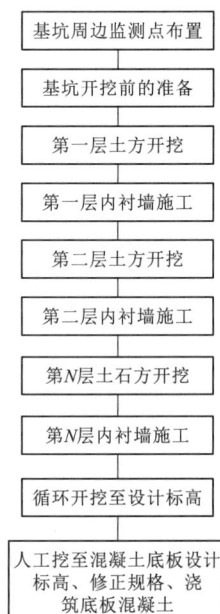

基坑周边监测点布置

基坑开挖前的准备

第一层土方开挖

第一层内衬墙施工

第二层土方开挖

第二层内衬墙施工

第 N 层土石方开挖

第 N 层内衬墙施工

循环开挖至设计标高

人工挖至混凝土底板设计标高、修正规格、浇筑底板混凝土

图 2.3-1　竖井开挖施工流程

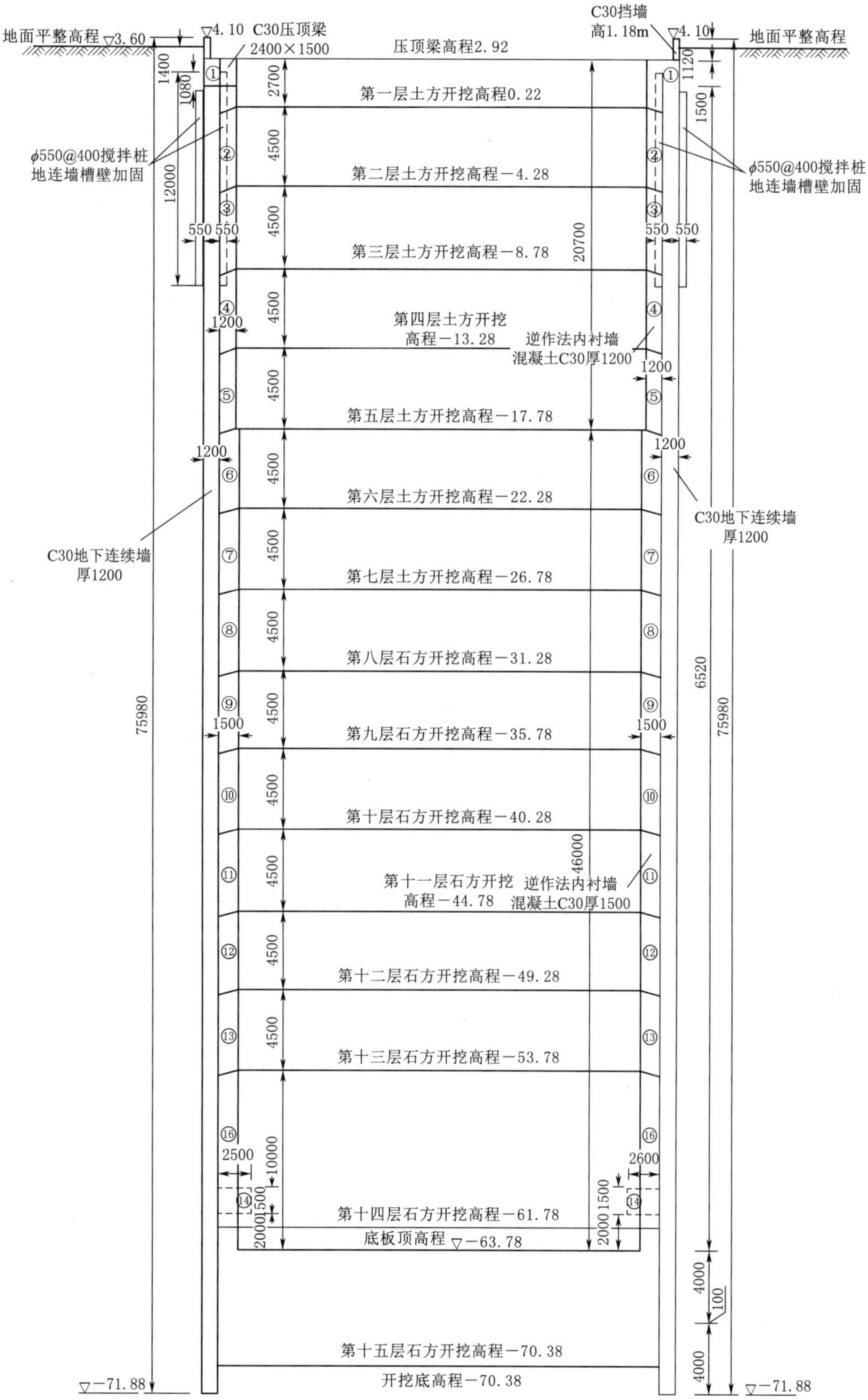

地面平整高程▽3.60

▽4.10 C30压顶梁 2400×1500

压顶梁高程2.92

C30挡墙 高1.18m

▽4.10

地面平整高程

1400
1080

①

2700

第一层土方开挖高程0.22

①
1120

1500

φ550@400搅拌桩 地连墙槽壁加固

②

4500

第二层土方开挖高程-4.28

②

φ550@400搅拌桩 地连墙槽壁加固

12000

550 550

③

4500

第三层土方开挖高程-8.78

20700

③

550 550

④
1200

4500

第四层土方开挖 高程-13.28

逆作法内衬墙 混凝土C30厚1200

④
1200

⑤

4500

第五层土方开挖高程-17.78

⑤

1200

⑥

4500

第六层土方开挖高程-22.28

1200

⑥

C30地下连续墙 厚1200

C30地下连续墙 厚1200

⑦

4500

第七层土方开挖高程-26.78

⑦

⑧

4500

第八层石方开挖高程-31.28

⑧

75980

⑨

4500

第九层石方开挖高程-35.78

⑨

1500

1500

⑩

4500

第十层石方开挖高程-40.28

⑩

6520

75980

⑪

4500

第十一层石方开挖 高程-44.78

逆作法内衬墙 混凝土C30厚1500

⑪

46000

⑫

4500

第十二层石方开挖高程-49.28

⑫

⑬

4500

第十三层石方开挖高程-53.78

⑬

⑯

10000

第十四层石方开挖高程-61.78

底板顶高程▽-63.78

⑯

2500

⑭
1500

2600

⑭
1500

2000

2000

第十五层石方开挖高程-70.38

4000
100

▽-71.88

开挖底高程-70.38

4000

▽-71.88

图2.3-2 LG03号竖井开挖顺序示意图（尺寸单位：mm，高程单位：m）

竖井石方开挖地面 2 台挖掘机，60t 龙门吊＋17m³ 渣斗出渣，地面两个临时渣池，挖机配合出土，15～20 辆土方车辆渣土运输（满足出土要求）。井内 2 台 PC350 挖机配 140 炮机破碎岩石、另外 2 台挖机配合出渣。每层石方开挖后及时施工内衬墙结构。竖井石方开挖工作机械布置图见图 2.3－4。

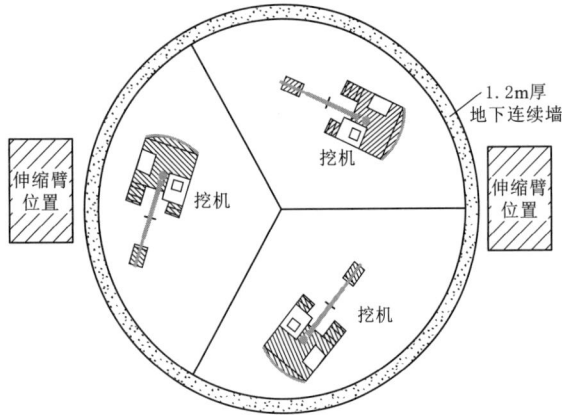

图 2.3－3　土方开挖工作机械布置图

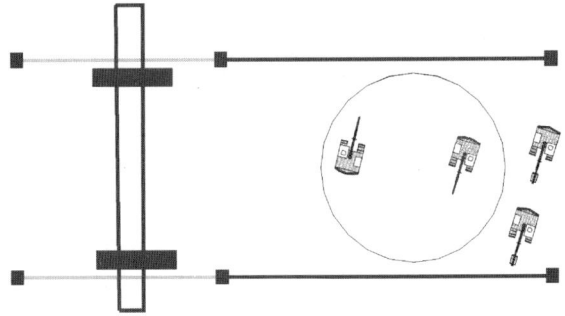

图 2.3－4　竖井石方开挖工作机械布置图

3. 基坑集、排水施工

（1）挡墙施工

为防止地面雨水、施工用水等流入盾构竖井，在盾构井压顶梁上设置挡墙，挡墙底位于压顶梁上，圆形布置，顶高程不得低于地面 500mm。竖井挡墙立面图见图 2.3－5。

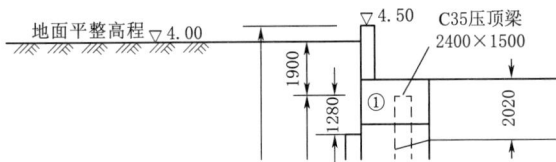

图 2.3－5　竖井挡墙立面图
（尺寸单位：mm，高程单位：m）

（2）集水井、排水沟设置

1）竖井基坑周围地面上设 300mm×300mm 的排水沟，与最近沉淀池相连接，排水沟及集水井内侧均采用砂浆抹面以防水下渗。

2）将地表水引至沉淀池后，经沉淀后及时抽排，最终进入市政污水管网。

3）在每层土的平台上修建一条 300mm×300mm 的横向截水沟，在沟的两端各设置一个 500mm×500mm×400mm（长×宽×高）的集水坑，随时将坑内的水抽排出坑外。

4）开挖时设置边坡的中间比两边略高，在边坡两边各设一排水沟，将水排入坑内积水坑中，及时用泵将水排出坑外。

5）在施工场地内设置沉淀池，对施工废水进行沉淀净化，对场地内运输道路进行洒水降尘。对施工中产生的废弃泥浆，在排入市政管网前先沉淀过滤，废弃泥浆使用专门的车辆运输，防止遗洒、污染路面。

6）基坑分层降水，每层土石方开挖到规定标高后，由四周向中间放坡，在中间设置一集水井，集水井中的水经水泵抽到地面排水沟，汇集到指定位置。

4. 竖井开挖质量控制措施

1）当支护结构构件强度达到开挖阶段的设计强度时，方可下挖基坑。

2）必须按照设计规定的施工顺序和开挖深度分层开挖。

3）开挖时，挖土机械不得碰撞或损害环梁、内衬及其连接件等构件，不得损害已施工的地下连续墙。

4）当基坑需降水时，须在降水后开挖地下水位以下的土方。

5）当开挖揭示的土层性状或地下水位情况与设计勘察资料明显不符，或出现异常现象、不明物体时，停止开挖，在采取相应处理措施后方可继续开挖。

6）挖至坑底时，应避免扰动基底持力层的原状结构。

7）对于软土地层基坑：当基坑开挖面上方的支撑，环梁未达到设计要求时，严禁向下超挖土方；基坑周边施工材料，设施或车辆荷载严禁超过设计要求的地面荷载限。

8）基坑周边施工超载按 35kPa 控制，盾构机吊装布置于端头洞门侧，地面超载按 70kPa 考虑。

2.3.2 内衬结构施工

1. 内衬结构概况

以 LG03 号竖井为例，竖井为外径 35.9m，内衬墙厚 1.2m（1.5m），衬砌后内直径分别为 31.1m 和 30.5m。

内衬墙标准层浇筑高度 4.5m，混凝土浇筑后墙体纵剖面呈平行四边形形状，斜边比例为 1∶4 或 1∶5（1.2m 厚内衬墙坡度 1∶4，1.5m 厚内衬墙坡度 1∶5）。钢筋为 HRB400 钢筋，钢筋规格有 Φ25、Φ20、Φ16、Φ12。在钢筋安装前凿出地下连续墙中的预埋钢套筒，每层标准层共与四道地下连续墙中的钢套筒连接，钢套筒间距 1.0m，采用 Φ25 钢筋与地下连续墙内的预埋钢套筒连接。

自竖向钢筋外边缘算起，内衬墙钢筋混凝土保护层厚度为 50mm。内衬墙上下层竖向钢筋连接采用焊接或机械连接，接头中点间距不得小于 750mm。内衬墙在预留钢筋时，较短预留钢筋不大于 300mm（其中与下层钢筋焊接长度不小于 10 倍的钢筋直径），较长预留钢筋不小于 1050mm（其中与下层钢筋焊接长度不小于 10 倍的钢筋直径），相邻预留钢筋长度差值不小于 550mm，且上层内衬墙的焊缝距离内衬墙斜面的距离不大于 100mm。上下两层钢筋采用焊接（或机械连接），焊缝长度不得小于 10 倍的钢筋直径。相邻两处焊缝交错布置，两焊缝距离不得小于 550mm。上下两层内衬墙大样图见图 2.3-6。

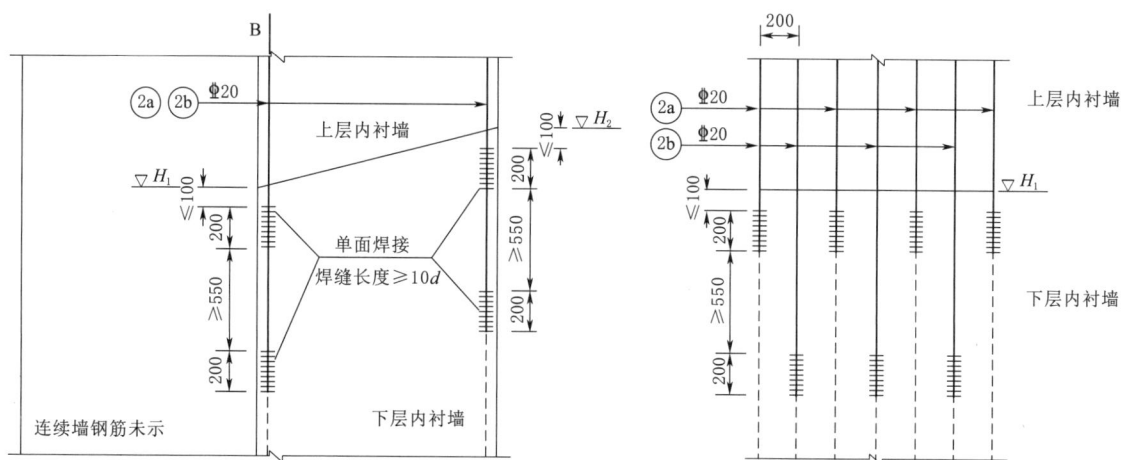

图 2.3-6 上下两层内衬墙大样图（单位：mm）

在上下两层内衬墙施工缝位置距离地下连续墙内侧边线 400mm 内设置一道止水铜片，对施工缝起到止水作用；在施工缝位置每隔 2m 设置一道注浆管，注浆填满铜片背后的空洞。每层混凝土浇筑时，应先对上层混凝土凿毛，使上下两层混凝土连接紧实。

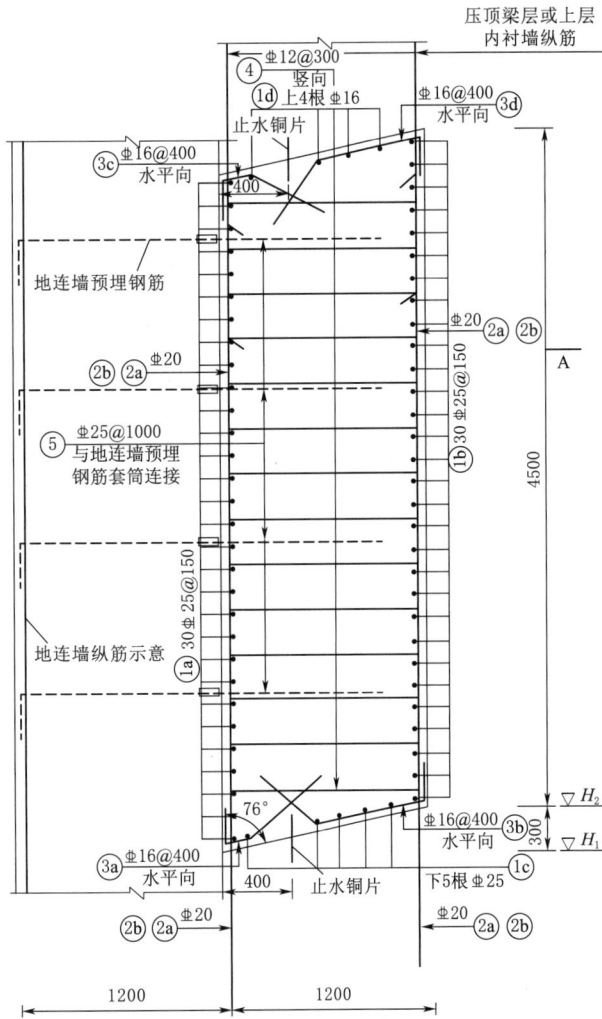

图 2.3-7　1.2m 内衬墙标准层配筋大样图（单位：mm）

2. 内衬墙标准层钢筋安装

（1）钢筋布置形式

内衬墙标准层挡土侧水平筋 1a 为 $\Phi 25@150$，基坑侧 1b 水平筋为 $\Phi 25@150$；上斜边 1d 为 $4\Phi 16$、下斜边 1c 为 $5\Phi 25$ 沿地下连续墙圆形对称布置。

挡土侧垂直筋 2a、2b 交错布置，每根长度均为 4700mm，2a 钢筋 $\Phi 20@400$，2b 钢筋 $\Phi 20@400$，2a、2b 两类钢筋交错布置，相邻两根 2a、2b 垂直筋的水平间距为 200mm。基坑侧垂直筋 2a、2b 交错布置，2a 钢筋 $\Phi 20@374$，2b 钢筋 $\Phi 20@374$，2a、2b 两类钢筋交错布置，相邻两根 2a、2b 垂直筋的水平间距为 187mm。

下层水平向 3a、3b 钢筋为 $\Phi 16@400$，上层水平向 3c、3d 钢筋为 $\Phi 16@400$。

拉钩为 $\Phi 12$ 垂直向间距 300mm，水平向间距 200mm 布置。

1.2m 内衬墙标准层钢筋大样图见图 2.3-7。

（2）竖向钢筋预留方式及止水铜片安装

在各结构层施工中，土方开挖至结构底标高后，在内衬结构底部，距离地下连续墙 1200mm 的范围设置一掏槽，掏槽深度约为 1m，为竖向钢筋预留和止水铜片提供安装空间。上层结构竖向钢筋按预留长度伸入掏槽内，在预留钢筋上包裹塑料薄膜，防止下一层土方开挖对预留钢筋造成污染，止水铜片固定后采用细砂对掏槽进行回填，回填高度约 900mm，然后铺设一层约 100mm 厚的水泥砂浆，坡度可为 1：4 或 1：5（1.2m 厚内衬墙坡度 1：4，1.5m 厚内衬墙坡度 1：5）。止水铜片安装示意图见图 2.3-8。

3. 内衬墙标准层模板安装

内衬墙标准层高度 4.5m，采用定制钢模板进行拼装，模板总体高度为 4.7m，受力结构采用钢桁架。

（1）竖井模板分块

钢模板分 3m×3m 和 3m×1.7m 两种规格，每种规格模板又根据功能分为标准块、斜口块和拆分块。两种规格模板除了高度以及窗口位置外结构型式一样，本节以 3m×3m 模板为例进行说明，3m×3m 模板结构，见图 2.3-9～图 2.3-13。

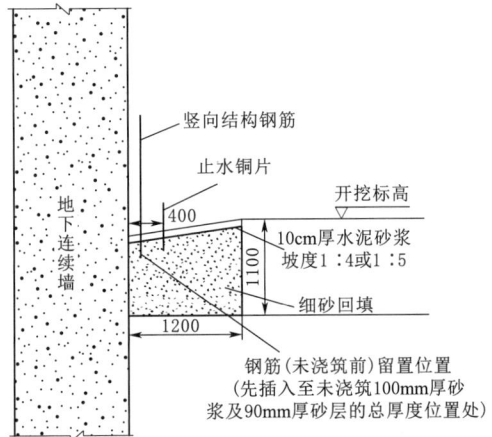

图 2.3-8　止水铜片安装示意图（单位：mm）

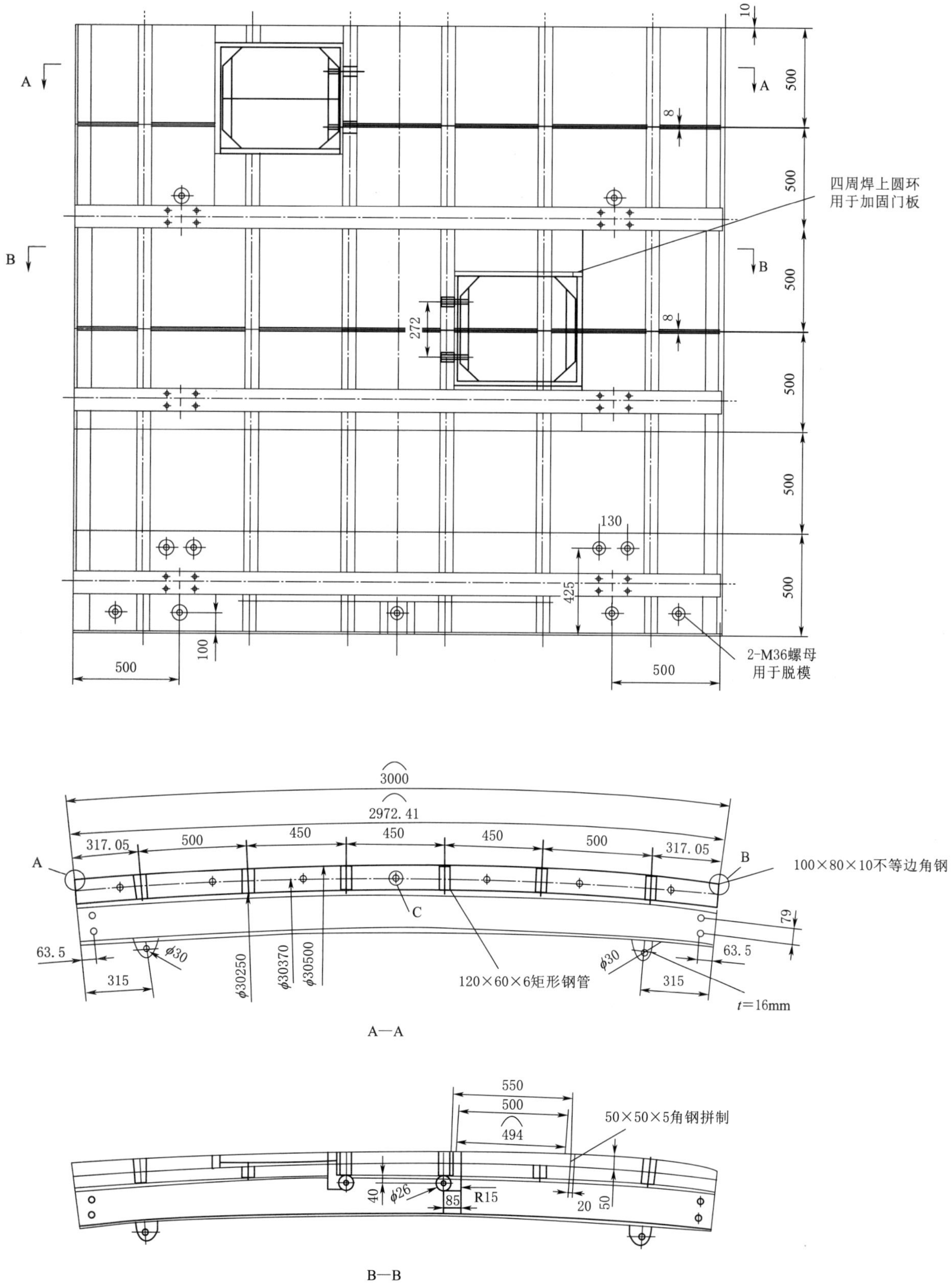

四周焊上圆环
用于加固门板

2-M36螺母
用于脱模

3000

2972.41

317.05　500　450　450　450　500　317.05

100×80×10不等边角钢

φ30250
φ30370
φ30500

120×60×6矩形钢管

φ30

315

63.5

79

63.5

315

φ30

$t=16\text{mm}$

A—A

550

500

494

50×50×5角钢拼制

φ26

85　R15

40

20
50

R15

B—B

图 2.3-9　3m 标准块（单位：mm）

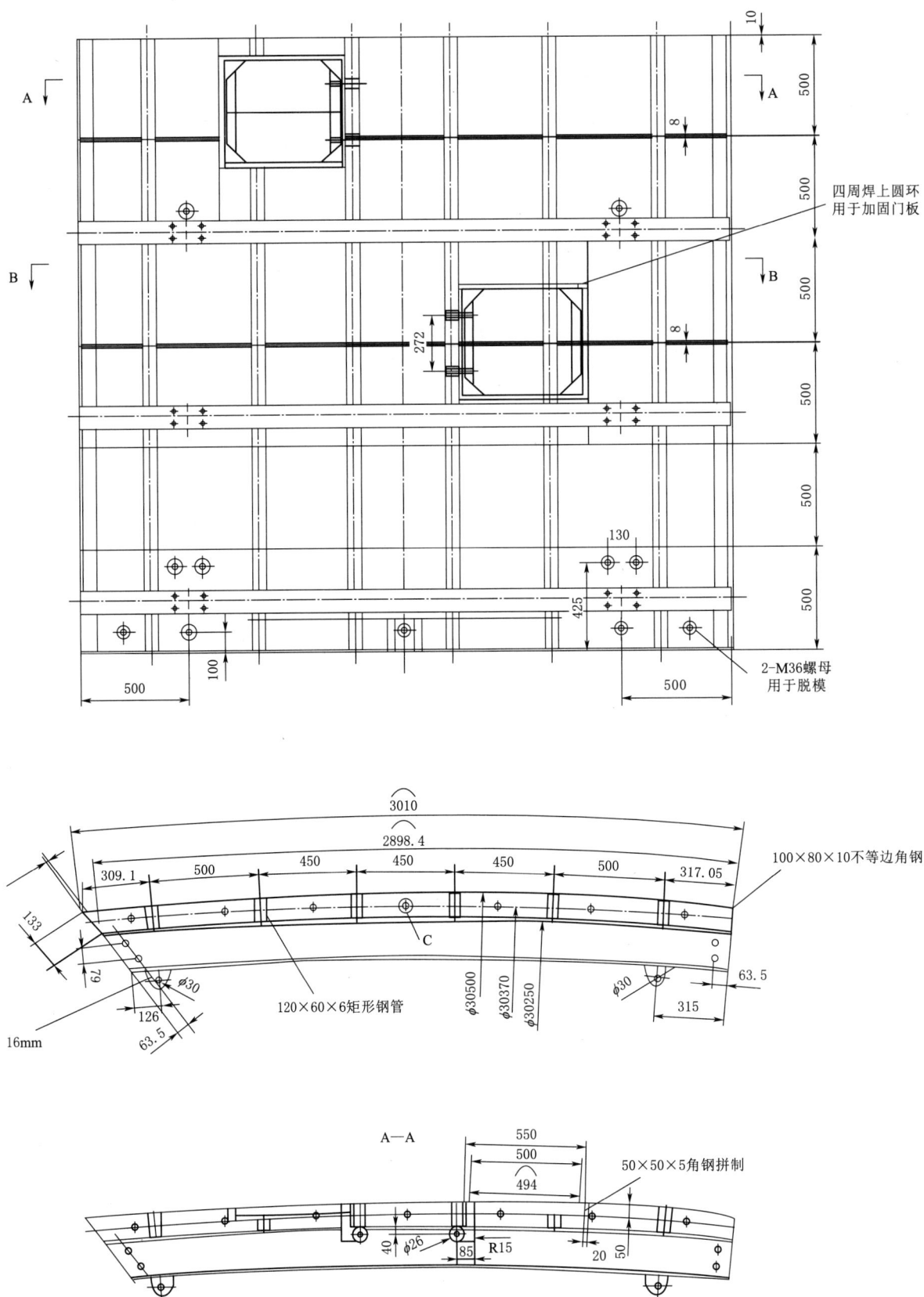

图 2.3-10　3m标准块（斜口块）（单位：mm）

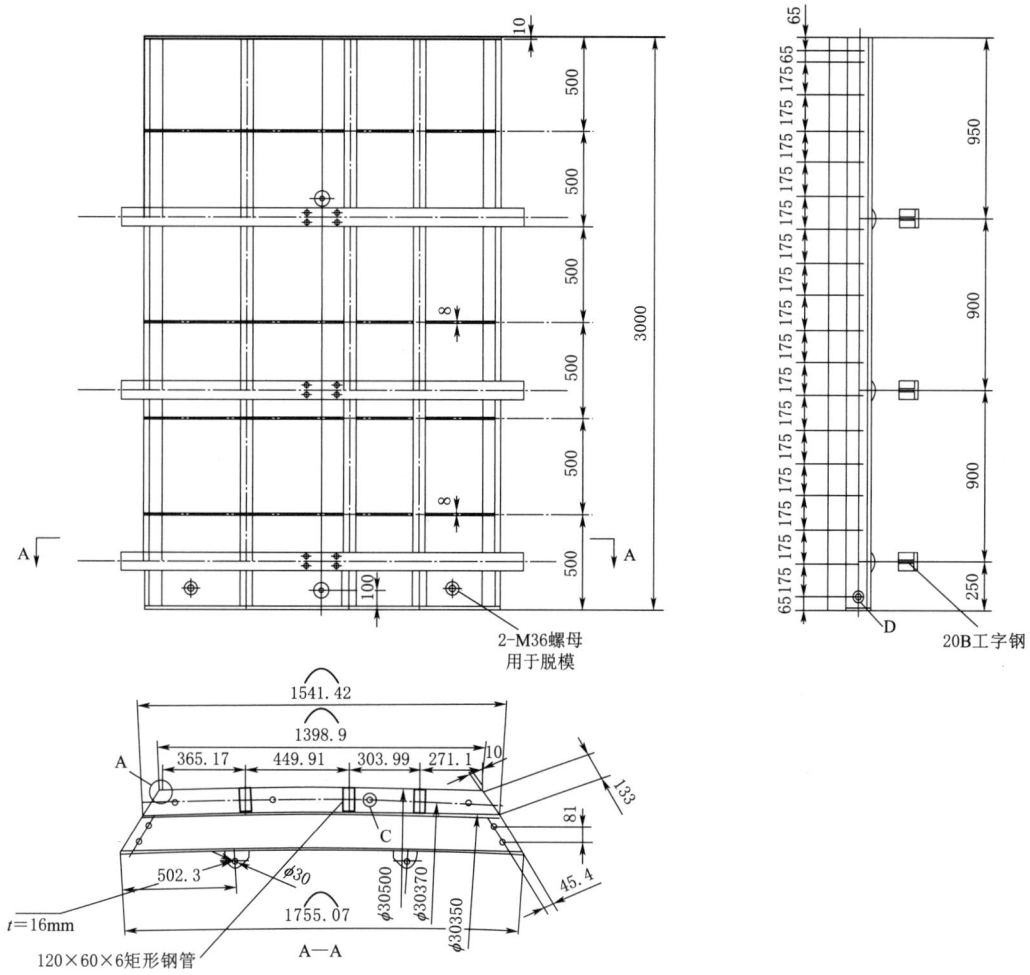

图 2.3-11 3m 拆分块（大）（单位：mm）

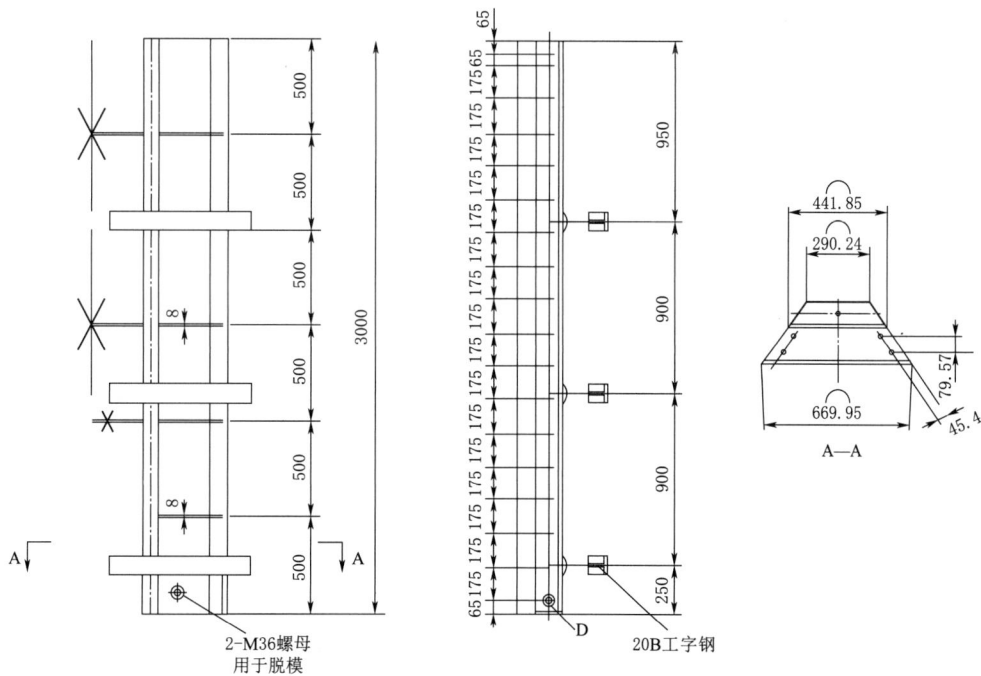

图 2.3-12 3m 拆分块（小）（单位：mm）

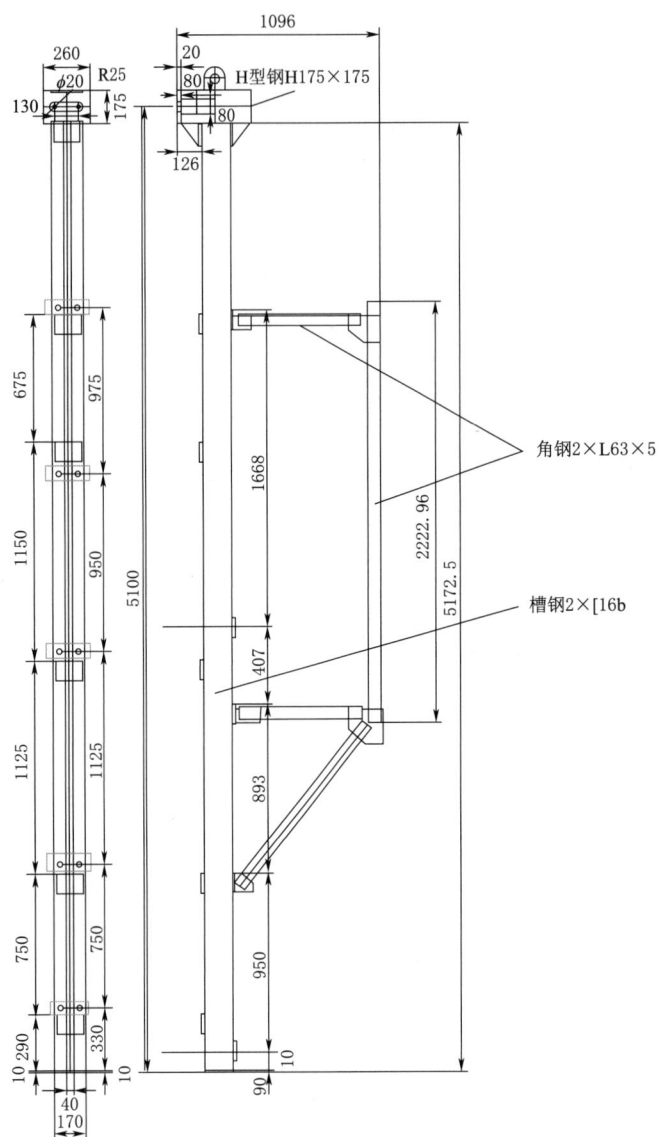

图 2.3-13　竖梁结构（单位：mm）

（2）竖井模板拼装

1）Φ31.1m 竖井模板组成。

3m 标准块、1.7m 标准块各 28 件；3m 斜口块、1.7m 斜口块各 4 件；3m 拆分块（大）、1.7m 拆分块（大）各 1 件；3m 拆分块（小）、1.7m 拆分块（小）各 1 件；竖梁 66 件。

2）Φ30.5m 竖井模板组成。

3m 标准块、1.7m 标准块各 27 件；3m 斜口块、1.7m 斜口块各 4 件；3m 拆分块（大）、1.7m 拆分块（大）各 2 件；竖梁 66 件。

3）模板拼装。

模板拼装之前在地面将每组 3.0m 与 1.7m 模板拼装好，再由龙门吊运输进行拼装，先拼装标准块，后拼装斜口块和拆分块。

模板标准块与标准块、标准块与斜口块、斜口块与拆分块均采用螺栓连接，标准块与标准块、标准块与斜口块之间使用连接板，连接板分别与相邻两模板搭接并采用 $t=10$mm 连接板，通过 4 个螺栓孔采用 M20×60 螺栓连接。模板分块连接示意图见图 2.3-14。标准块连接板长×宽=

230mm×149mm，螺栓孔之间的间距见图 2.3－15。竖梁采用 25b 槽钢双拼采用钢板对拉固定。共设 5 组螺栓，每组 4 个。

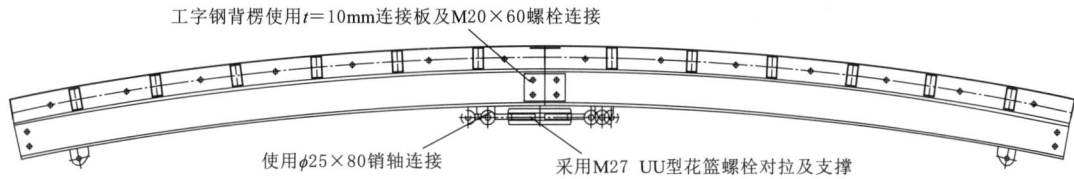

图 2.3－14 模板分块连接示意图

4）组装时，使用花篮螺栓对模板进行调整。模板连接调整示意图见图 2.3－16。

5）环形背楞使用钢板进行连接，每块标准模板对拉点有 7 个，竖梁对拉孔预埋倒锥形定位螺母，螺母与预埋钢筋焊接，模板底部及中部使用钢丝绳对拉。竖井钢模板钢连接件明细见表 2.3－1。竖井模板拼装效果示意图见图 2.3－17。

6）模板施工流程。

上层混凝土浇筑（待凝）→开挖、连续墙面凿毛→钢筋安装→拆除上层模板→安装下层模板。具体操作步骤如下。

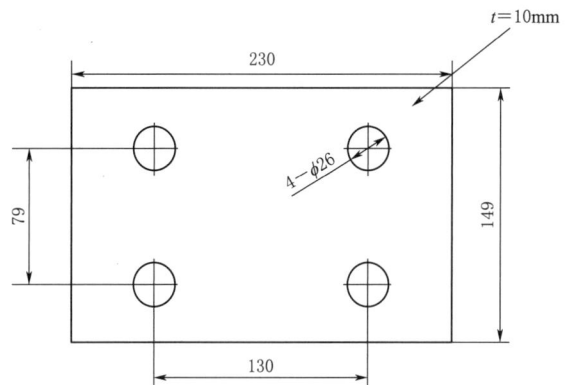

图 2.3－15 连接板大样（单位：mm）

①上层混凝土浇筑后不立即拆模，待凝，等下层模板安装时再拆除上层模板。

②下层开挖，对地下连续墙与内衬墙接触面凿毛。

③内衬墙钢筋绑扎，拆除上层模板及拼装下层模板。

④在拆除模板及拼装模板时利用龙门吊对模板进行垂直运输。

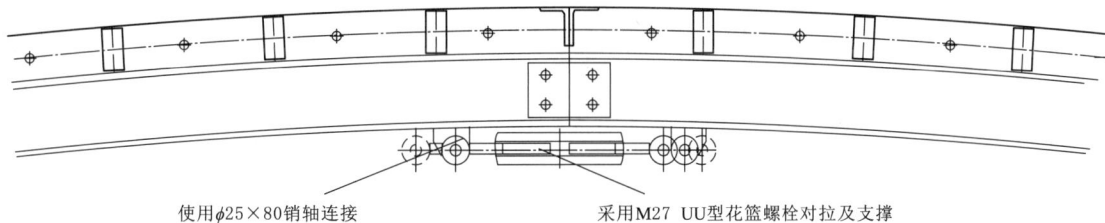

图 2.3－16 模板连接调整示意图

表 2.3－1 竖井钢模板钢连接件明细 单位：mm

序号	名　　称	规　格	等级	使　用　位　置	备　　注
1	外六角螺栓（全牙）	M20×70	8.8	工字钢环形背楞连接	配 1 平 1 弹 1 母
2	外六角螺栓（全牙）	M12×50	8.8	走道之间连接	
3	UU 型花篮螺栓	M27		工字钢环形背楞连接及调节	
4	销轴－B	Φ25×90		工字钢环形背楞连接及调节	
5	外六角螺栓（全牙）	M20×70	8.8	竖梁与环形背楞连接	配 1 平 1 弹 1 母
6	外六角螺栓（全牙）	M20×70	8.8	钢模板上下分块连接	配 1 平 1 弹 1 母
7	外六角螺栓（全牙）	M16×70	8.8	钢模板左右分块连接	配 1 平 1 弹 1 母
8	外六角螺栓（全牙）	M36×100	8.8	脱模用螺栓	配 1 平 1 母

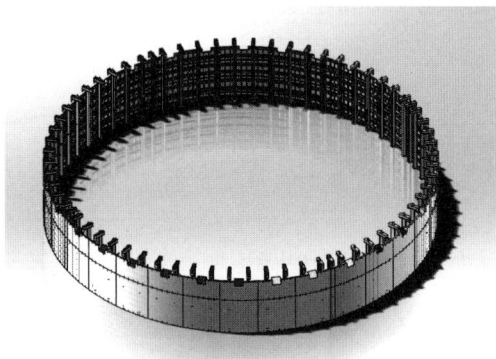

图 2.3-17　竖井模板拼装效果示意图

4. 内衬墙标准层混凝土浇筑

（1）混凝土浇筑

1）竖井内衬墙模板拼装完成后，采用天泵浇筑混凝土。从模板的混凝土浇筑口浇筑，混凝土浇筑口示意图见图 2.3-18，1.2m 内衬墙标准层混凝土方量 548m³，混凝土对称、分层浇筑，先从中间标准块开始，向两侧浇筑，混凝土浇筑顺序见图 2.3-19，分层厚度约为 400mm。

2）竖井内衬墙混凝土浇筑采用两台泵车对称浇筑的方式，以半圆为一辆混凝土浇筑作业区域，根据现场实际情况每台泵车选择两处适宜的支设点。

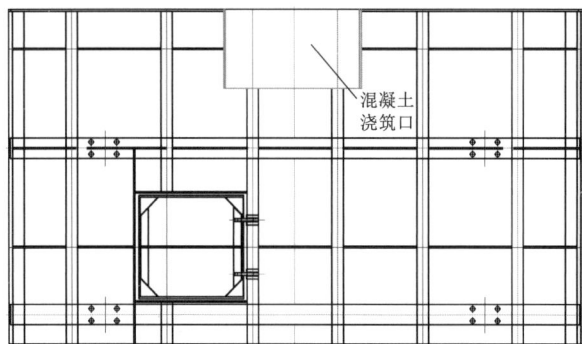

图 2.3-18　混凝土浇筑口示意图

图 2.3-19　混凝土浇筑顺序图

3）浇筑混凝土前，清除模板内的杂物和积水等。

4）分层浇筑混凝土，每层混凝土的浇筑厚度控制在 400mm 以内，浇筑上升速度控制在 0.4m/s 内。

5）采用插入式振捣器振捣，振捣时间约为 15～30s，以砂浆上浮和石下沉且不再出现气泡为止，表面出现薄层水泥浆，并有均匀的外观和水平面。

（2）混凝土养护

1）混凝土终凝且浇筑完毕后 12h 内浇水养护。

2）在浇水养护时间内，混凝土应保持湿润状态，开始浇水时，不得直接冲击混凝土表面。

3）混凝土养护时间不少于 7 天。

4）当混凝土达到设计强度的 80％时才能进行下一层土方开挖。

5. 内衬墙标准层模板拆除

混凝土浇筑完 24h 后才能拆模，拆模时注意内衬墙混凝土不受损坏。模板拆除时不应对内衬墙形成冲击荷载。拆除的模板及相关材料应集中堆放。

2.4　竖井结构施工技术

2.4.1　底板施工

竖井底板结构为倒梯形排水盲沟（沟内填充碎石：粗砂＝2∶1 的混合滤水料）＋C15 混凝土垫层（厚 10cm）＋C35W8 混凝土底板（厚 3.5m 以上）型式。底板结构主筋为直径 36mm、32mm 的 HRB400 螺纹钢，包括 2 排底层钢筋和 2 排面层钢筋，底筋与面筋之间采用直径 28mm 支撑筋固定。此外，底板结构内还需安装顺做法施工内衬墙及洞门墙的预埋筋。

底板施工流程：基坑开挖（至设计标高）→底板建基面清理→盲沟施工→10cm 垫层施工→钢筋绑扎→预埋件施工→混凝土浇筑→养护、等强。

1. 基础处理

1）开挖到位后对底板建基面进行清理，对连续墙面进行凿毛、冲洗。各个区域须达到标准（凿毛标准：混凝土施工缝面无乳皮，微露粗砂，有特殊要求的部位微露小石，尽可能减少对钢筋的扰动和破坏），凿除松散混凝土（高压风吹净）、清洗干净泥沙（高压水枪清洗）。

2）底板按照设计要求完成灌浆处理。

3）盲沟开挖到位，铺设一层土工布后回填砂石混合滤水料，回填完成后安装 PVC 排水套管，排水钢管待底板钢筋绑扎完成后插入 PVC 套管中。

4）在盲沟顶标高满铺一层土工布，并浇筑 10cm 厚 C15 混凝土垫层。

5）盲沟形状为倒梯形，上口宽 0.64m、下口宽 0.4m、深 0.4m，预埋排水管单根长度 3.3m、3.8m，埋入盲沟 20cm，共约布设 92 根。

6）底板设置临时排水沟引流至临时集水坑，集水坑处设置一台潜水泵（4kW，40m 扬程，抽排量 15m³/h）抽排至临时集水箱（4m×2m×2m）容量 16m³，水箱底部架设槽钢承台结构。水箱内设置一台潜水泵（30kW，80m 扬程，抽排量 80m³/h）抽排至井口场地排水区。

2. 底板钢筋施工

1）垫层施工完后，在垫层上弹出控制中心轴线及各种钢筋安装定位线，进行底板钢筋安装。

2）钢筋按图纸抽筋，根据下料单的尺寸下料、加工。底板底筋下面放垫块，保证底筋有足够的保护层；底、面筋之间采用 C28 抗剪及支撑钢筋（间距 500～1000mm），梅花形布置，C28 抗剪及支撑钢筋与钢筋焊接牢固。底板钢筋平、剖面布置见图 2.4−1。

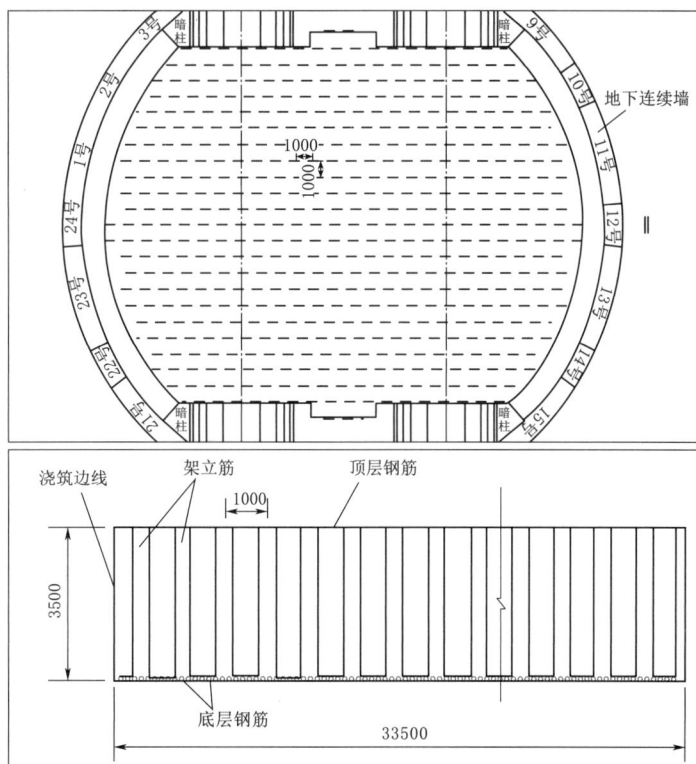

图 2.4−1 底板钢筋平、剖面布置图（单位：mm）

3．预埋件安装

（1）冷却水管

竖井底板混凝土冷却水管采用焊接钢管，规格为：内径 28.50mm，壁厚 2.60mm，外径 33.70mm。冷却水管蛇形布置，与钢筋绑扎工序同步作业，层间间距 0.75m，布置 4 层，安装长度约 3000m，冷却水管平面图见图 2.4－2。

（2）测温计安装

底板测温计在 4 个方向的断面（0°、90°、180°、270°方向）布设，每个断面沿圆心方向均匀布置 5 个点。测温计布置图见图 2.4－3。

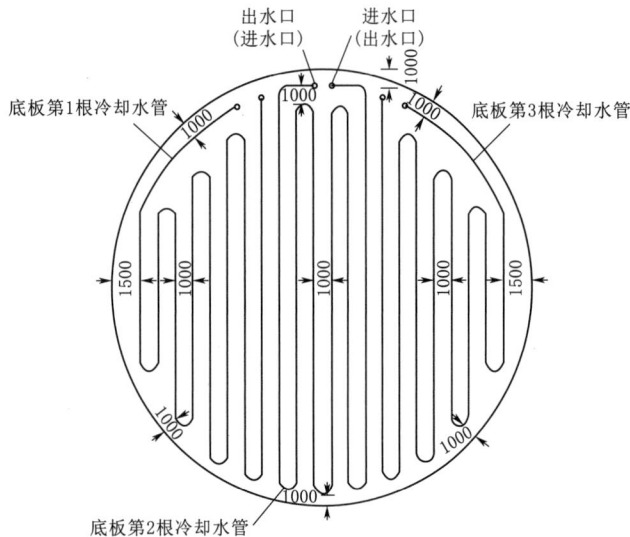

图 2.4－2　冷却水管平面图（单位：mm）　　　　图 2.4－3　测温计布置图

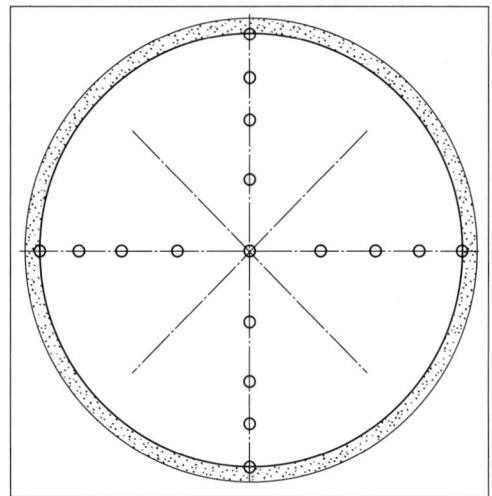

每个点设 3 支温度计，分别监测底板表面（距离顶板 0.05m）、中间（底板中心）、底部（距离底板地面 0.05m）的温度，共 57 支。通过测量底板混凝土内部温度掌握内外温差，及时动态调整冷却循环水流速和流量。

（3）其他预埋件安装

1）防雷接地。

底板施工前埋设 8 根 50×50×5 镀锌角钢作接地极，在底板浇筑前将 63×63×6 镀锌角钢与底板接地网焊接好。

2）预埋钢板。

在底板上预埋钢板，用以加固后续隧洞施工盾构始发钢套筒、反力架及其后支撑等。

4．底板混凝土浇筑

底板混凝土浇筑采用泵送 C35 混凝土，仓面设 2 台天泵，见图 2.4－4。

在浇筑前，对仓面进行洒水湿润，但不得积水。浇筑采用斜层法见图 2.4－5，施工时按照多层梯级推进铺料，斜层坡比 1:6（顶面 2m 宽为平层），铺料厚度 30～50cm，单层摊铺时间不超过 2h，浇筑分层坡度及厚度根据气温、混凝土凝结情况及混凝土供应情况动态调整。

2.4.2　设备层混凝土结构施工

设备层混凝土因浇筑层高及浇筑体积大，结合实际情况，可通过优化施工流程提高施工工效。以 LG04 号竖井为例，设备层位于标高－57.68～－47.18m，竖井底板底部至设备平台的高度均为 13m，竖井设备层混凝土实际浇筑高度为 13m。

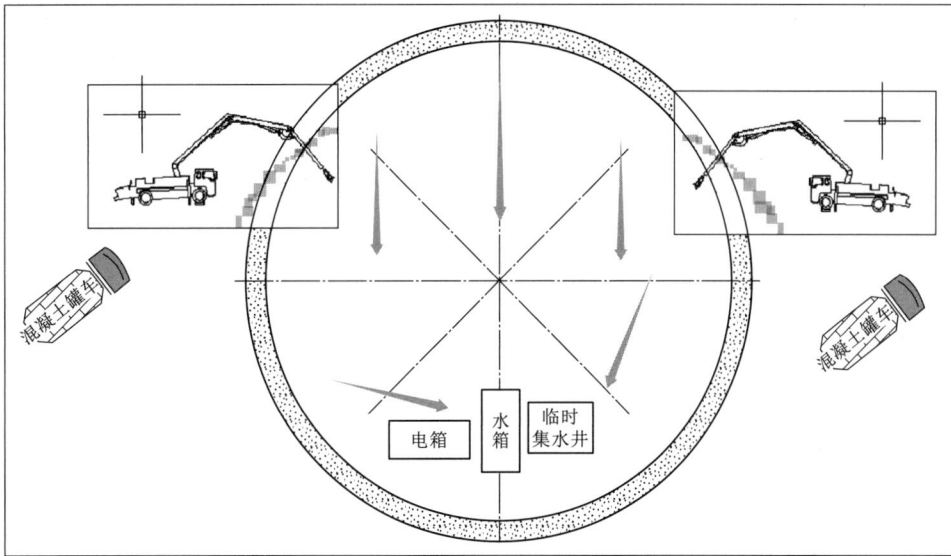

图 2.4-4 竖井底板混凝土浇筑场地布置示意图

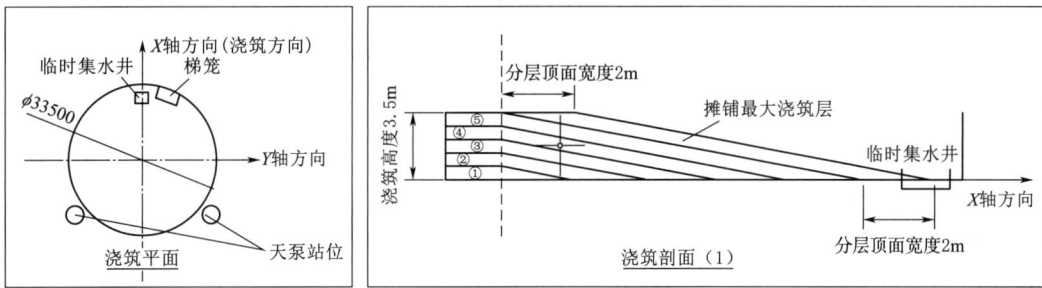

图 2.4-5 浇筑平、剖面示意图

为避免大体积混凝土结构出现裂缝，混凝土浇筑采用平层法。考虑施工质量及进度，混凝土水平施工缝间距为 3m，设备层分 4 层浇筑。浇筑时两侧结构整体高度一致，高差小于 0.3m，设备层混凝土浇筑每层间歇时间为 3d，确保前一层混凝土达到一定强度后再进行后一层混凝土浇筑。可根据现场实际施工情况对间歇时间进行调整。井内结构设备层混凝土浇筑分层示意图见图 2.4-6。

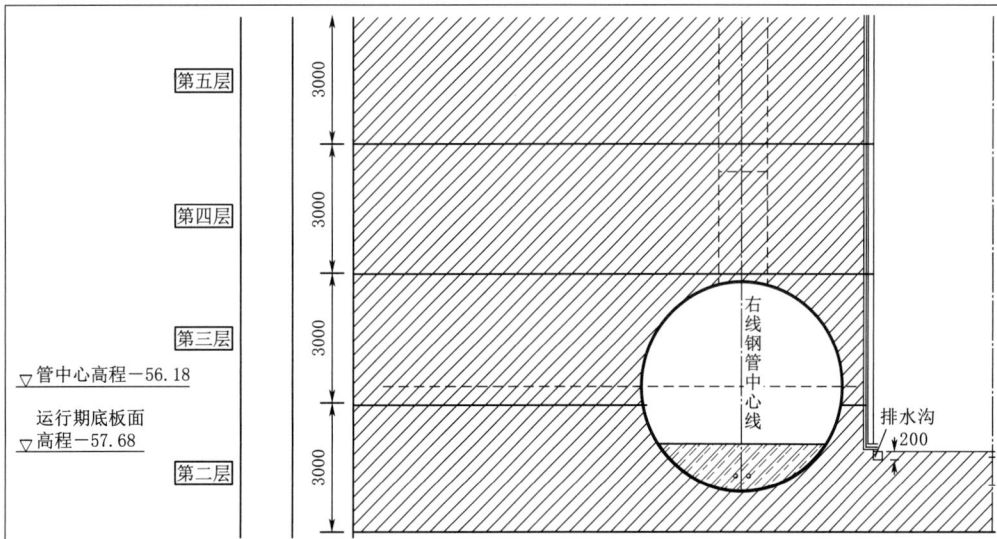

图 2.4-6 井内结构设备层混凝土浇筑分层示意图（尺寸单位：mm，高程单位：m）

井内钢管安装完成后，沿钢管及井壁搭设盘扣式脚手架，用作井内结构施工作业平台。为方便后续混凝土浇筑前施工脚手架的拆卸，采用 Φ60 盘扣式满堂脚手架。根据竖井底板至设备检修平台的高度，相应盘扣式脚手架部件规格：立杆规格为 Φ60×3.2mm，横杆规格为 Φ60×3.2mm；立杆选用 1.5m 的杆件，横杆选用 0.9m、1.2m 长的杆件；可调底座螺杆长度为 0.3m，可调托撑螺杆长度为 0.4m；竖向斜杆、水平斜杆规格均为 Φ60×3.2mm。

模板支撑架扫地杆，距地面高度小于或等于 350mm。立杆底部设置可调托座或固定底座，架体采用 Φ60×3.2mm，间距为 0.9m×0.9m×1.5m；立杆上端包括可调螺杆伸出顶层水平杆的长度不大于 650mm。根据每一层混凝土的高度进行模板搭设，设备层混凝土施工过程中只在井内中空位置设置模板，模板需进行受力计算，确保设备层大体积混凝土浇筑安全。设备层模板支架布置，见图 2.4 - 7。

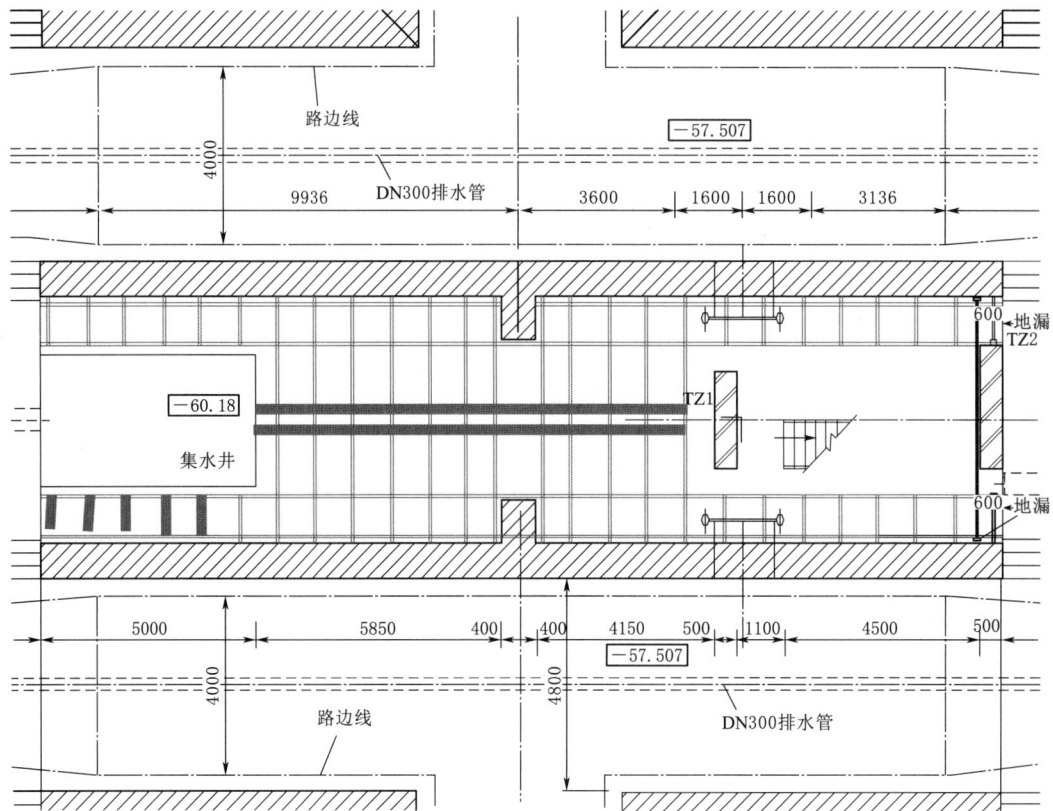

图 2.4 - 7　井内结构施工模板示意图（尺寸单位：mm，高程单位：m）

2.4.3　检修平台、楼梯及电梯混凝土结构施工

1. 检修平台混凝土施工

检修平台混凝土施工主要以检修管路外包混凝土施工和 40cm 混凝土板为主。以 LG04 号竖井为例，检修平台位于标高 -47.18m，转弯段外包混凝土尺寸 2.2m×2.2m×2.8m，支座尺寸 0.9m×0.9m×20.825m，在竖井设备安装完检修设备后，安装转弯段钢筋，混凝土模板立模及浇筑。

管路外包混凝土及支座模板采用 15mm 厚覆面木胶合板的轻型组合模板，其中对拉螺栓规格为 M14（Q235）。为保证支座等结构整体性，混凝土浇筑采用一次性浇筑完成，成型见图 2.4 - 8。

2. 楼梯及电梯混凝土施工

检修电梯及楼梯剪力墙采用现浇的方式，浇筑采用全断面分层施工方案，即把墙在高度方向分

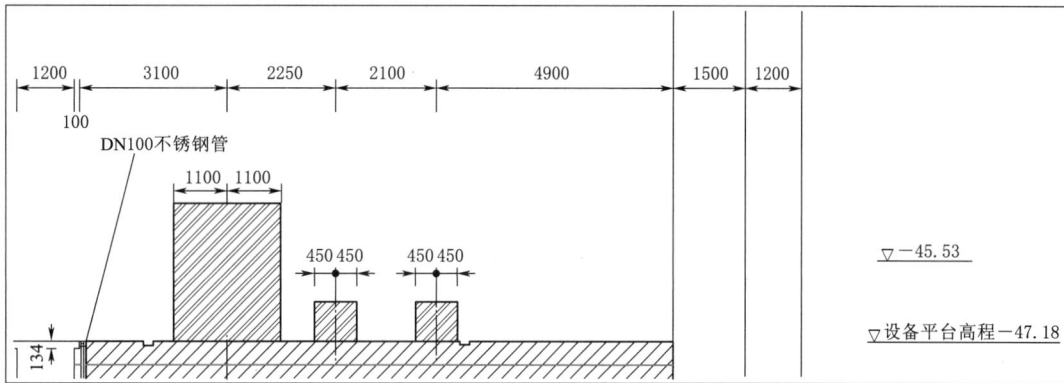

图 2.4-8　井内设备平台浇筑成型示意图（单位：mm）

成若干层，分层高度为 3m，搭设 Φ60 盘扣式施工脚手架。

模板采用 15mm 厚木模板，次楞采用 100mm×100mm 方木，间距 250mm，主楞采用双拼48mm 钢管，间距 600mm，采用 M14 止水对拉螺杆对拉，间距 600mm，架体采用 Φ60mm×32mm钢管，间距为 0.9m×1.5m×1.5m。

施工时两侧高度一致，高差不大于 0.5m，混凝土浇筑时间间隔不超过混凝土的初凝时间，浇注速度小于 1.5m/h。浇注时控制两侧对称泵料确保模板支撑结构对称受力，防止发生偏位。

2.4.4　结构柱及圈梁结构施工

1. 模板施工

竖井结构柱从地面开始施工，以 LG04 号竖井为例，竖井结构柱及圈梁模板搭设高度为 13.26m。

（1）结构柱模板设置

竖井结构柱模板采用 15mm 厚覆面木胶合板，边角处设置角模。次楞采用 60mm×80mm方木，间距 200mm 及 300mm，主楞采用双拼48mm 钢管，间距 600mm，采用 M14 对拉螺杆固定。支撑模板布置图见图 2.4-9。

（2）圈梁模板设置

竖井圈梁模板采用 15mm 厚覆面木胶合板，边角处设置角模。次楞采用 60mm×80mm 方

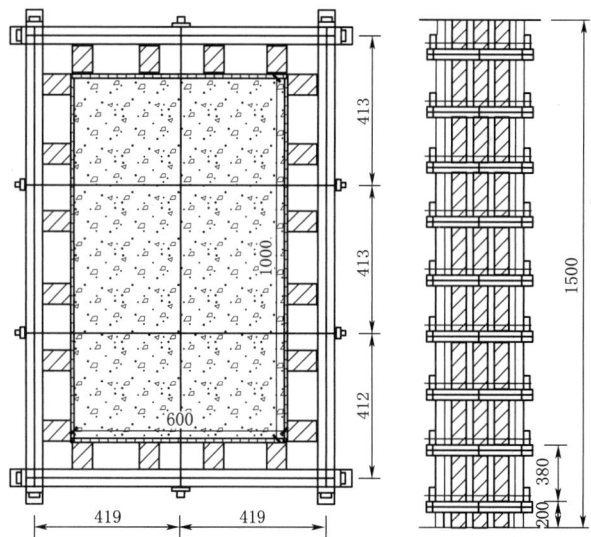

图 2.4-9　结构柱浇筑支撑模板布置图（单位：mm）

木，间距 200mm，主楞采用双拼 48mm×32mm 钢管，间距 600mm，通过可调托座和钢管与板立杆连接，采用 M14 对拉螺杆固定，对拉螺杆间距为 600mm。支撑模板布置见图 2.4-10。

2. 支撑脚手架施工

在每一层结构柱及圈梁结构施工前需搭设专用施工脚手架，对其结构钢筋及模板进行施工。因结构柱及圈梁结构施工按逐层进行，则在混凝土施工完成后，施工脚手架通过刚性拉杆与结构柱体进行拉结。在整个施工过程中不进行施工脚手架拆除，并作为在后期整体结构的施工脚手架。脚手架采用 Φ48×32mm 盘扣式脚手架，其布置见图 2.4-11、图 2.4-12。

3. 钢筋及预埋件施工

（1）钢筋安装

结构钢筋在加工区集中调直、焊接、弯制成型后，运至钢筋绑扎区进行绑扎，利用汽车吊配专

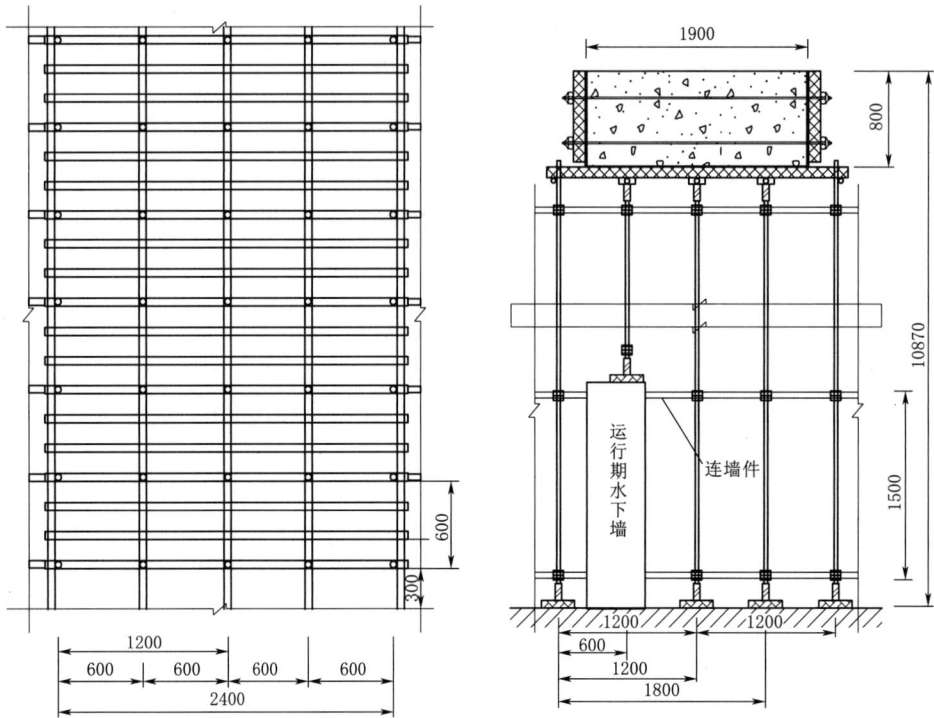

图 2.4-10　第一层圈梁浇筑支撑模板布置图（单位：mm）

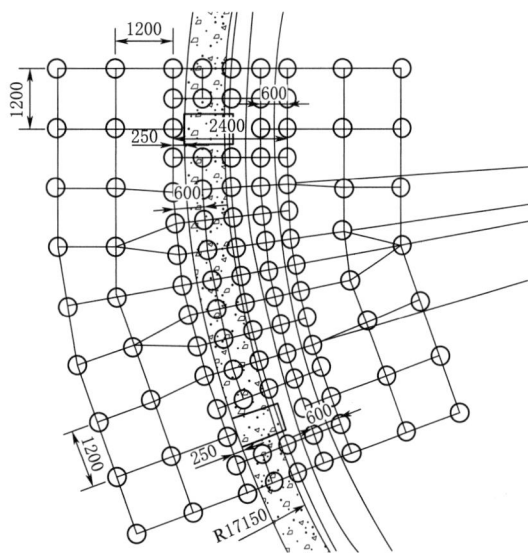

图 2.4-11　结构柱及圈梁结构支撑
体系平面图（单位：mm）

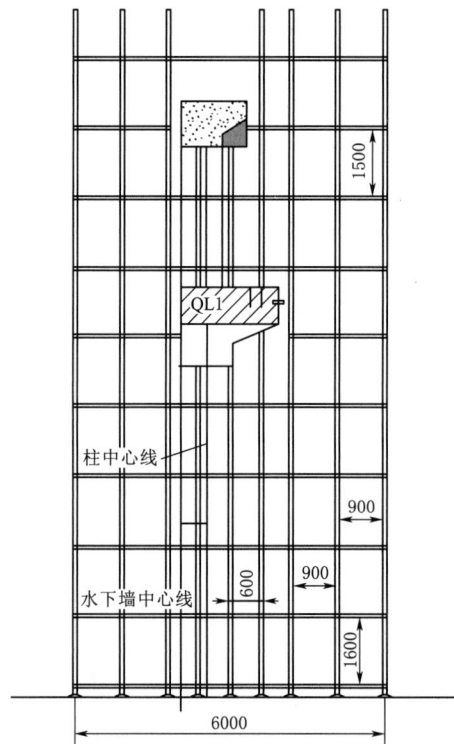

图 2.4-12　结构柱及圈梁结构支撑
体系立面图（单位：mm）

用吊架将钢筋整体吊放至钢筋堆放区。绑扎钢筋时，为了避免绑扎顺序不当而造成返工，需统筹安排、合理布置钢筋，使交错作业不相互干扰。钢筋保护层厚度采用专门制作的混凝土垫块控制。

（2）预埋件安装

为保证后期工程设备正常安装，结构柱及圈梁结构施工过程中需考虑相关轨道螺栓预埋件、吊车车挡预埋件及滑线预埋件等预埋件的设置。施工过程中对预埋件进行检查、定位及固定。见图 2.4-13。

4. 混凝土施工

结构柱及圈梁结构采用现浇方式，混凝土采用 60m 天泵浇筑。结构柱与圈梁混凝土分开浇筑。以 LG04 号竖井为例，浇筑分层见表 2.4-1。

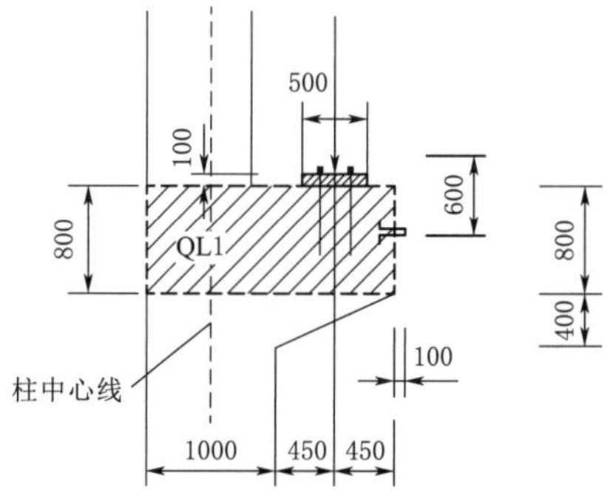

图 2.4-13　结构预埋件布置示意图

（单位：mm）

表 2.4-1　　LG04 号上部结构分层浇筑高度汇总表

序号	浇筑层数	上部结构浇筑高度/m
1	第一层	4.22
2	第二层	4.4
3	第三层	0.8
4	第四层	2.24
5	第五层	1

施工时注意结构整体高度一致，高差不要大于 0.3m，混凝土浇筑时间间隔不超过混凝土的初凝时间。根据模板支撑情况，浇注速度不大于 1.5m/h，防止因混凝土侧压力过大导致模块变形、跑模。浇注时严格控制两侧对称泵料确保模板支撑结构对称受力，防止发生偏位。

2.4.5　预制梁装配式施工

超深竖井操作层采用预应力 T 梁和屋盖层采用型钢 UHPC 组合梁的装配式施工新技术，解决了现浇施工存在井内支架搭设、拆除施工难度极大的难题，并缩短了工期，提高了施工效率，保证了施工质量。

1. 预制梁概况

（1）操作层混凝土预应力 T 梁

预应力 T 梁最长为 32.998m，最短为 5.202m。其结构为简支结构，裂缝控制等级为二级（一般要求不出现裂缝构件），截面采用短翼缘 T 形梁。以 LG04 号竖井为例，操作层共设 26 片 C50 预应力混凝土 T 梁（梁高 2.06m，梁宽 0.6m）。因操作层预应力 T 梁重量较大，最大跨度达到 32.998m，对吊装设备要求较高，吊装难度大。预应力 T 梁布置，操作层预应力 T 梁布置示意图见图 2.4-14。

（2）屋盖层型钢 UHPC 组合梁

型钢 UHPC 组合屋盖结构由水平布置的预制组合梁和外围环梁组成，水平布置的预制组合梁采用型钢 UHPC 组合结构，屋盖简支支撑于立柱顶端。

预制组合梁的主体钢结构为焊接型 H 钢结构梁，钢结构梁高度为 1.35m，宽度为 0.45m；外包 UHPC 钢筋混凝土，外包后梁高 1.5m，宽度为 0.6m。单个井盖一般为水平等间距设置 14 条组合结构梁，竖井最重的单条组合梁（L7）：梁高 1.5m，梁宽 0.6m，梁长 35.107m，重 39t，其布置示意见图 2.4-15。

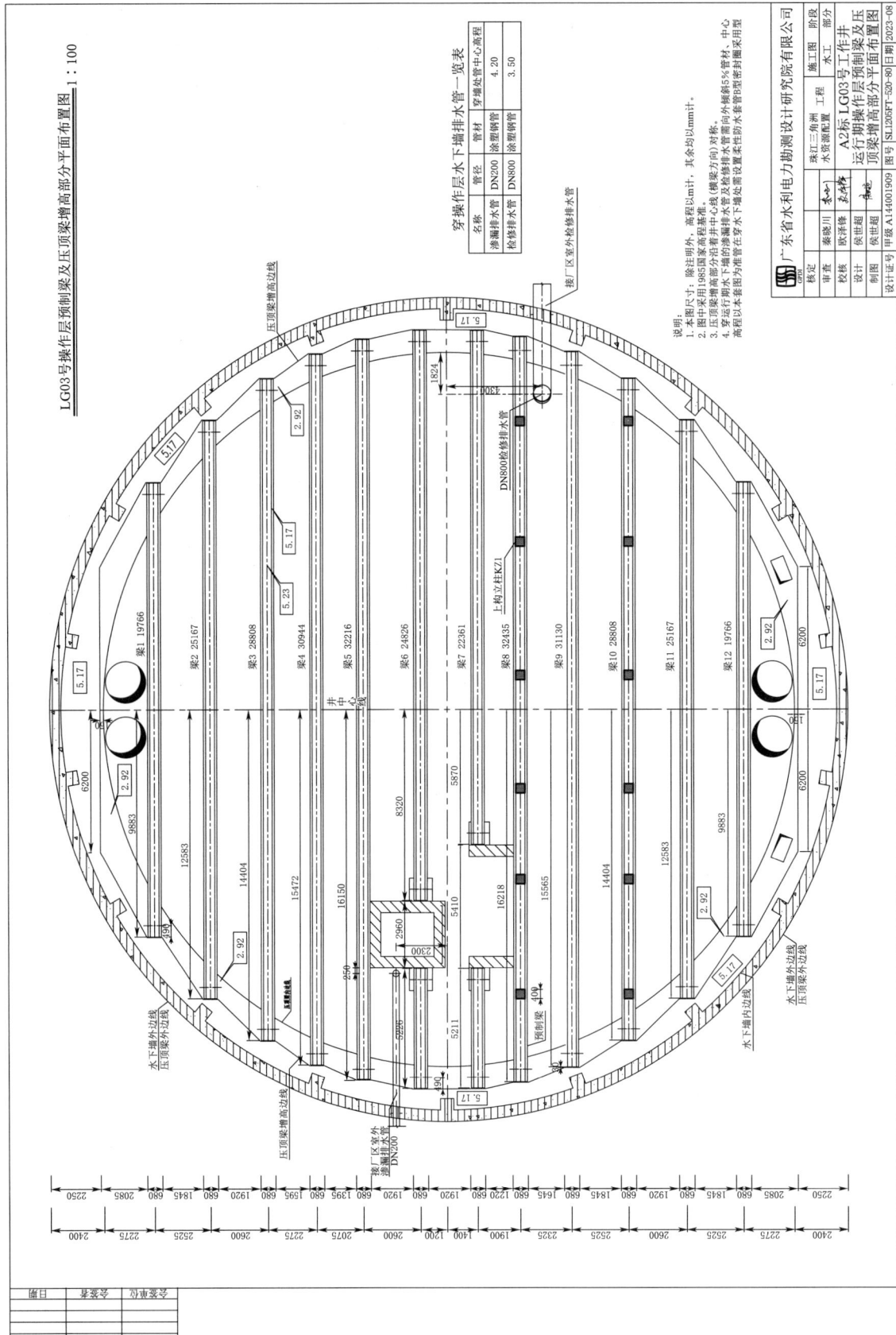

图 2.4-14 操作层预应力 T 梁布置示意图 (单位: mm)

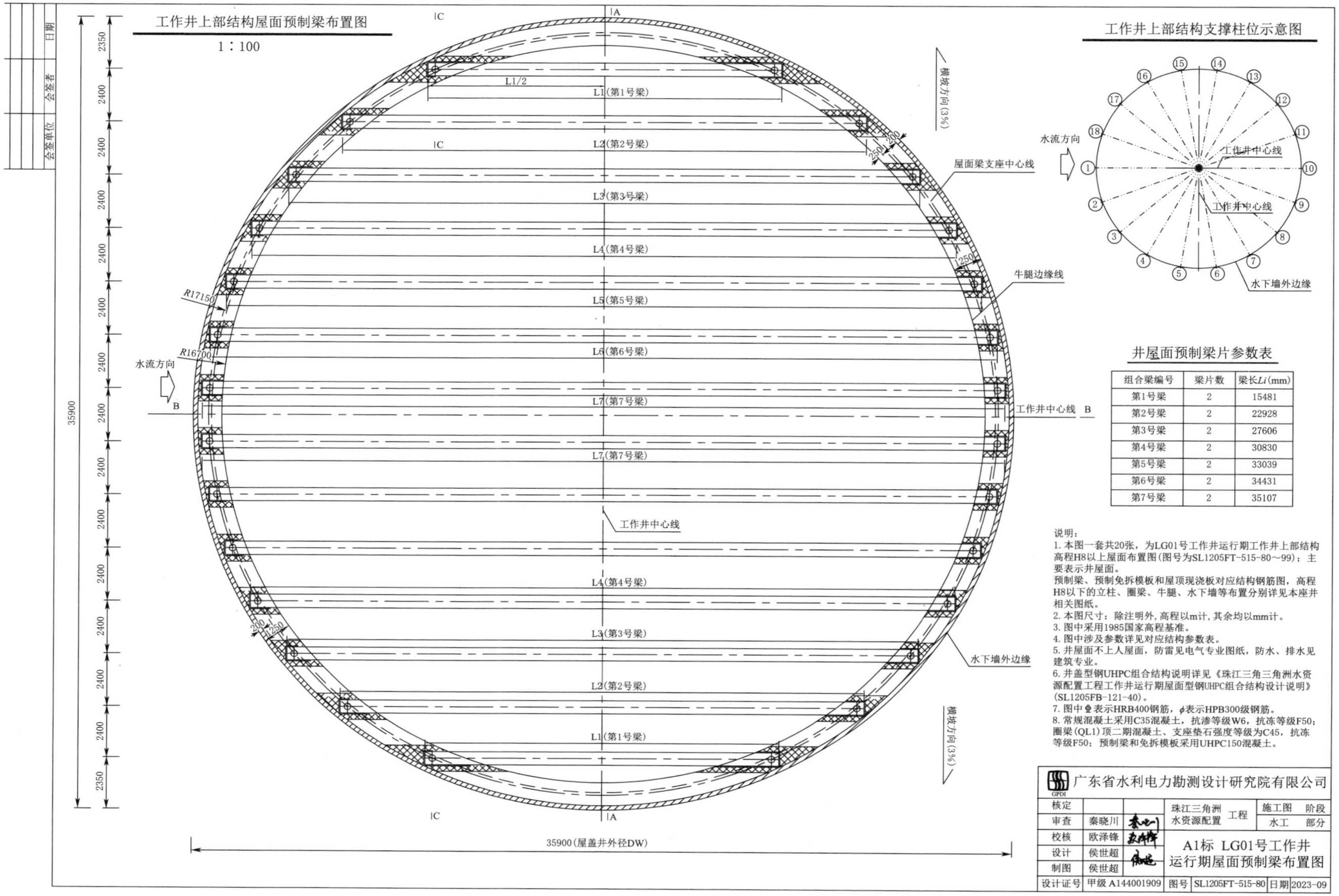

图 2.4-15 屋盖层型钢 UHPC 组合梁布置示意图（单位：mm）

2. 操作层混凝土预应力 T 梁施工

（1）施工工艺流程

预应力 T 梁在相应梁的支座完成后进行，先对其结构压顶梁加高，再施工梁支座及约束柱，完成后进行预应力 T 梁安装。预应力梁施工流程见图 2.4－16。

施工准备 → 测量放样 → 支座及两侧约束柱施工 → 预应力T梁吊装 → 梁安装完成后加固

图 2.4－16　预应力梁施工流程

（2）预应力 T 梁支座施工

1）支座垫石混凝土施工。

支座施工前清理压顶梁基面，保证垫石施工面干净整洁。清理完成后按设计提供的中桩坐标及水准点，进行放点并加密复测，同时对竖井压顶梁上的支座垫石的坐标及高程进行现场确认，确认与设计相符合后进行施工。其具体施工步骤如下。

①基面处理。

测量放点后进行划线，根据划线范围进行凿毛，并清理表面混凝土渣，保证支座垫石混凝土与压顶梁混凝土结合良好。

②钢筋制安。

按图纸要求进行钢筋制作和下料以及绑扎（具体参照压顶梁加高处钢筋处理），其中③号钢筋在压顶梁上按 200mm×200mm 的形状分布布置，同时进行植筋处理，植筋深度 160mm。见图 2.4－17。

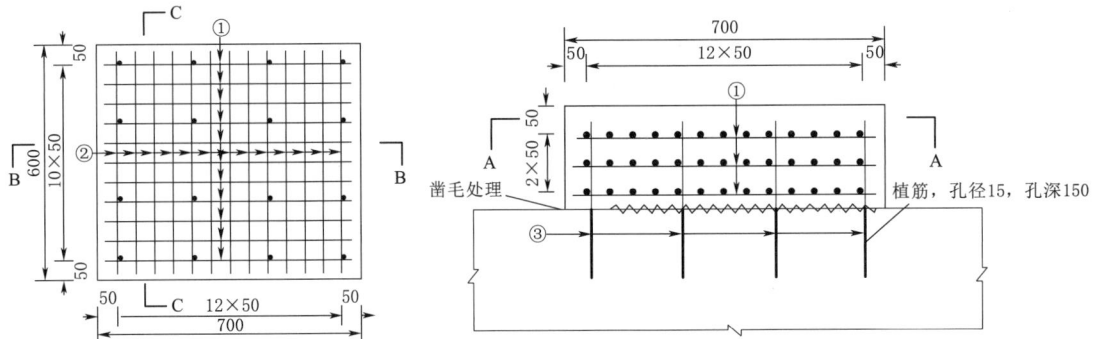

图 2.4－17　预应力 T 梁支座钢筋布置图（单位：mm）

③模板支护。

采用木模板在四周组合固定，加固采用钢丝绑扎的形式。在封模前，对支座垫石的预埋钢筋及上部结构所需要的预埋件进行检查，确保其位置应准确，垫石位置和尺寸偏差宜控制在 5mm 范围内。

④垫石混凝土浇筑。

混凝土为 C50 细石混凝土，采用 80t 汽车吊吊 1.5m³ 的料斗运输。T 梁底部垫石尺寸均为 700mm×600mm，高度不同，根据现场情况，在确定第一片梁后，以其为基准进行控制。混凝土使用 30 型插入式振捣器振捣，振捣过程中避免碰触支座的固定支架，以免引起支座位置的偏移。浇筑完成后，使用水准尺进行找平，收面处理，确保垫石顶面标高准确，表面平整。在平坡情况下，一片梁中两端的垫石和同一压顶梁的垫石，其顶面高程一致，相对高差应不超过 ±1.5mm，垫石绝对标高误差小于 5mm，同垫石上的四角高差应小于 0.5mm，避免支座发生偏歪、不均匀受力和脱空现象。

⑤拆模及养护。

混凝土浇筑完后，顶部用一层土工布覆盖。混凝土达到一定强度且不因拆模而损伤混凝土后，可拆除模板。拆模后侧面采用同样方法覆盖，进行洒水养护。

2）橡胶支座安装。

橡胶支座为板式，原材为氯丁橡胶，型号为GJZ400mm×450mm×99mm。橡胶支座采用定做成品，施工过程中对支座的储存、使用、送检及安装型号的匹配情况进行严格管理，进场前检查产品的合格证书中有关技术性能，如不符合设计要求时，不得使用。橡胶支座照片见图2.4-18。

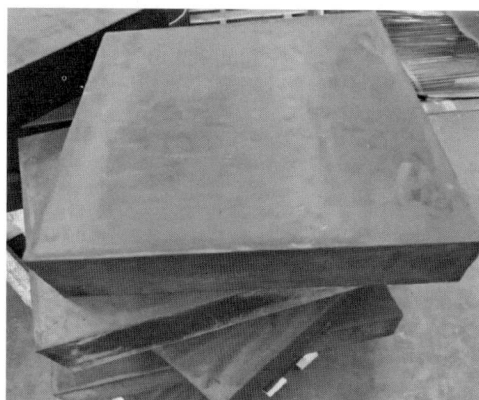

橡胶支座安装前由测量人员再次复核每块支座垫石的坐标及高程。将设计图上标明的支座中心位置标在支撑垫石及橡胶支座上，橡胶支座准确安放在支撑垫石上，

图 2.4-18 橡胶支座照片

要求支座中心线同支撑垫石中心线相重合；安装前还应将垫石处清理干净，并使其顶面标高符合设计要求，支座及垫石中心总高度为99mm+151mm。

橡胶支座要按设计位置和高程安装好，底部用环氧树脂水泥砂浆粘结牢固。见图2.4-19。

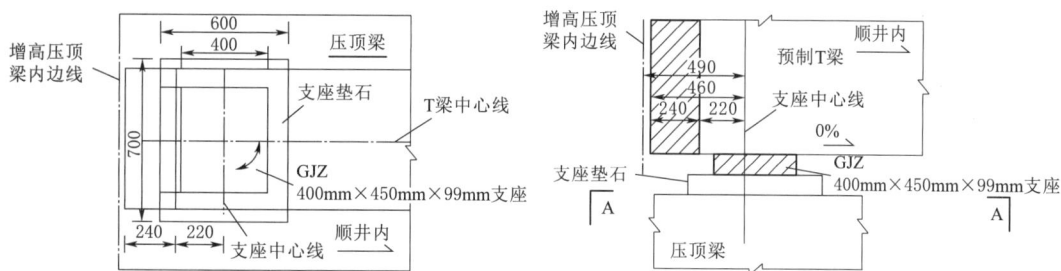

图 2.4-19 橡胶支座安装示意图（单位：mm）

橡胶支座安装具体要求如下。

①安装橡胶支座必须精心细致，支座按设计支承中心准确就位，梁底钢板与下钢板顶面尽可能保持平行平整可使支座上下面全部密贴。同一片梁的各个支座应置于同一平面上，避免出现支座偏心受压、不均匀支承及个别脱空现象。

②橡胶支座安装后，若发现问题需要调整时，可吊起梁端，在支座底面与下钢板之间涂一层环氧树脂砂浆来调节。

③与支座接触的梁板面不允许有损伤、拉毛现象，以免增大摩擦系数及损坏支座。

④在梁安装前做好支座保护，防止发生位移、变形等情况发生。

3）预应力T梁约束柱施工。

预应力T梁约束柱为C35钢筋混凝土结构，其布置见图2.4-20。整个结构施工过程主要包括结构钢筋制安、结构模板安装以及结构混凝土浇筑等施工步骤。

①基面处理。

与支座垫石一起进行测量放点后进行划线，并根据划线范围进行凿毛处理，并清理表面剩余混凝土颗粒，确保后期浇筑的预应力T梁约束柱与压顶梁紧密接触。

②钢筋制安。

按照图纸的要求进行对应结构钢筋制作及安装，结构部分钢筋需进行预埋，施工过程中需提前对其相应位置按照37倍钢筋直径的深度进行打孔植筋。T梁约束柱钢筋布置图见图2.4-21。

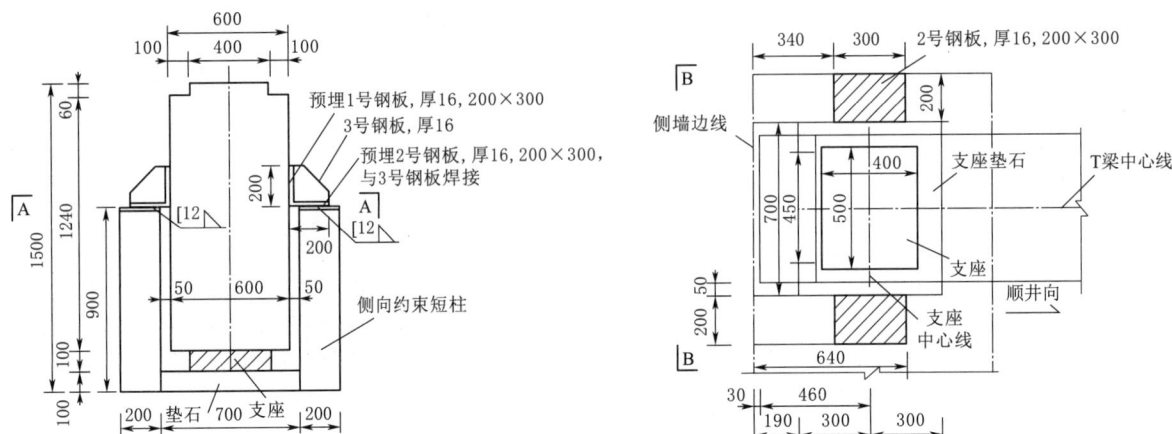

图 2.4-20　T 梁约束柱布置图（单位：mm）

③约束柱模板支护、混凝土浇筑和养护同前述"垫石混凝土施工"。

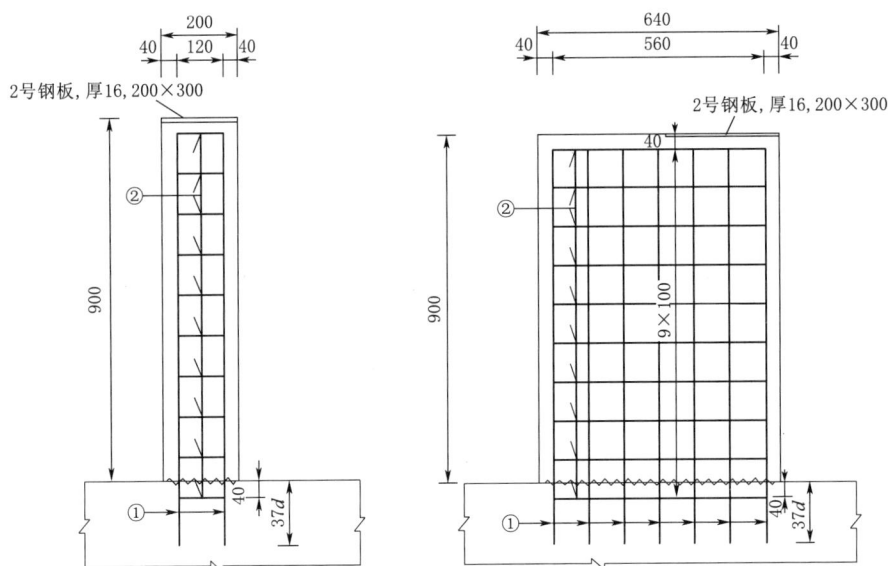

图 2.4-21　T 梁约束柱钢筋布置图（单位：mm）

（3）预应力 T 梁安装

1）吊装设备、吊具。

结合现场场地空间条件，预应力 T 梁吊装采用双机抬吊，选用 2 台徐工 300t 汽车吊进行吊装。

选用 6×37+1-Φ52 的纤维芯钢丝绳和 3 寸弓形卸扣，其中预应力 T 梁吊装两端各采用两根钢丝绳兜底吊装。

2）吊装方法。

预应力 T 梁吊装采用"双机跨外"两端兜底的方式，T 梁吊点距离梁端 1.5～2.0m。吊点设在支座中心线内侧 300mm 的范围内，与钢丝绳接触位置设置护梁铁瓦或橡皮垫。为保证预应力 T 梁精准安装，从两个不同位置进行对称式吊装，吊车吊臂不超过 31.4m，对应旋转半径不超过 24m，吊装施工经过安全验算满足要求。预应力 T 梁吊装布置图见图 2.4-22、图 2.4-23。

图 2.4-22 预应力 T 梁吊装布置图

图 2.4-23 预应力 T 梁吊装照片

3）吊装工艺。

从左到右架设 T 梁，先架设 1 号梁，然后依次架设 2 号、3～12 号梁，在施工中可根据现场实际情况调整。预应力 T 梁运输、起吊过程中，应注意保持梁体的横向稳定。架设后应采取横向临时支撑，及时焊接集翼缘板、横隔梁接缝钢筋等以增加梁体的稳定性和整体性。

具体吊装步骤为：

①300t 汽车吊进场后，在指定站位就位，四个支腿处用路基板或钢板垫好，挂好满车配重，起大臂后进行试转三圈，检查四个支腿下面地基是否有裂隙或下沉现象，如有立即处理。

②进行钢丝绳司索工作，钢丝绳和梁体接触面用护梁铁瓦或橡胶垫护垫垫好，有效保护钢丝绳和梁体受损。

③挂好钢丝绳后，由专业起重工指挥，发出起吊指令后缓慢起吊高 20cm，停下试吊 5min，检查四个支腿下面的地基是否有下沉或开裂现象，再检查钢丝绳是否有移位滑动的现象确认无误后方可继续起吊由指挥工指挥起臂、转台扒臂下钩就位等指令。同时已吊起的预应力 T 梁不得长久停滞在空中。

④吊装过程中两机应协调起吊和就位，起吊速度应平稳缓慢，确保预应力 T 梁空间位置保持稳定，不得忽快忽慢和突然制动，当回转未停稳前不得做反向动作。在吊装过程中，起重机每个动作前，应鸣笛示意，只宜进行一个动作，待前一动作结束后，再进行下一个动作。

⑤预应力 T 梁吊装到位后，检查梁体和支座的吻合度符合技术标准后，对预应力 T 梁进行加固处理，在梁身两侧安装三角支撑用于固定单片梁，避免梁安装完成后发生横向位移，三脚架使用钢板制成，与约束柱预埋钢板焊接，见图 2.4-24。检查 T 梁稳固后，方可进行摘绳继续进行下片梁的吊装。

3. 屋面层型钢组合梁施工

竖井天面层组合钢梁共计 14 条，单条最大长度为 35.107m，最重约 39t。屋面层型钢组合钢梁安装剖面示意图见图 2.4-25。

组合钢梁跨度较大，选用 200t 的汽车吊进行吊装，回转半径在 16m 范围内，最大起升高度为 31.2m，组合钢梁采用场外预制整体进场方式，具体吊装工艺同前述"操作层混凝土预应力 T 梁施工"。

图 2.4-24 预应力 T 梁安装固定示意图

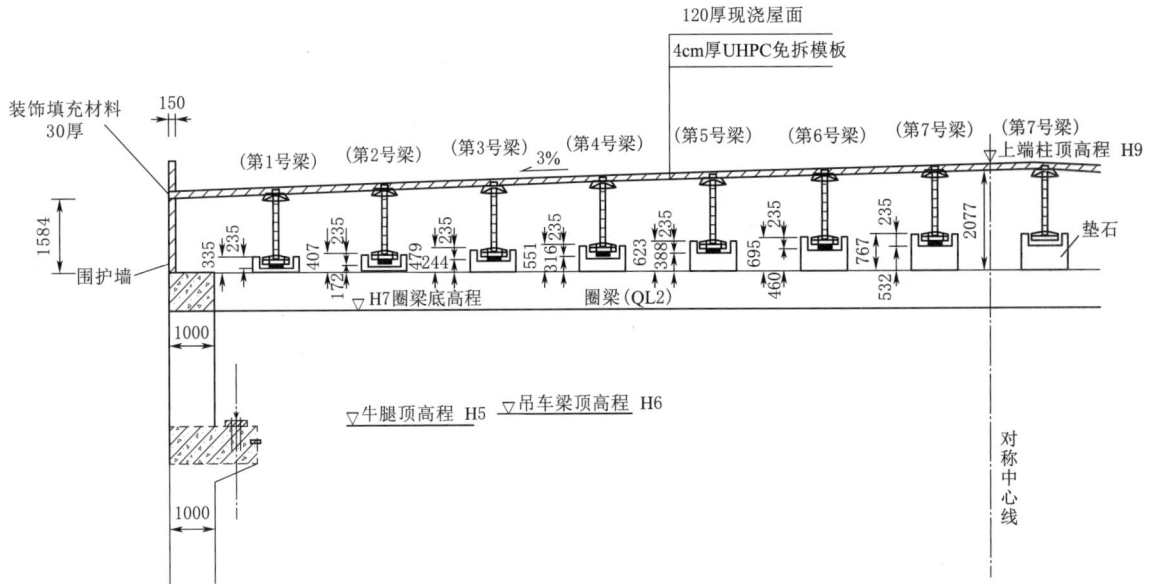

图 2.4 - 25　屋面层型钢组合梁安装剖面示意图（单位：mm）

2.4.6　楼板 UHPC 板施工

UHPC 板具有高强度、优异的耐久性、轻量化、绿色环保、防火性好的特点，本工程采用 UHPC 板作为楼板的免拆模板，结合操作层预制 T 梁和屋盖层型钢梁施工，实现超深竖井上部结构装配式施工新技术应用，便于运输和安装，能够取消敲模和拆模作业工序，降低高空作业风险，缩短工期，提高施工效率，保证施工质量。

1. 竖井楼板概况

竖井楼板分为两层，第一层为操作层楼板，第二层为屋面层楼板，均采用超高性能混凝（简称 UHPC，下同）板作为楼板底模。操作层楼板采用 6cmUHPC 免拆模板＋18cm 现浇板结构，屋面层楼板采用 4cmUHPC 免拆模板＋12cm 现浇板结构。预制 UHPC 免拆模板和现浇板按照单向板设计，预制模板采用分离式接缝。预制板间隙 5mm，板端与预制梁凹槽间隙 5mm，预制长宽及厚度偏差小于 5mm。见图 2.4 - 26、图 2.4 - 27。

2. UHPC 板安装施工工艺

操作层、屋面层预制梁架设完成后，安装 UHPC 板，UHPC 板采用高强混凝土加钢筋网片预制加工而成，板上设置吊环，便于吊装。

UHPC 板安装，采用先外后内、从两端向中间、对称施工、逐块安装的原则，在同一安装截面区域内，先安装异型块，后安装标准块，沿梁体方向进行安装，见图 2.4 - 28。安装完成后，进行操作层现浇板施工。

3. UHPC 板安装质量控制要点

1）预制板粗糙度要求不小于 4mm，糙面面积不小于结合面的 80%，以保证新老混的良好结合。

2）模板安装严防漏浆，模板周围采用高强止浆橡胶条止浆，无须另设置底模。

3）钢筋绑扎、安装时准确定位，必要时使用定位辅助措施进行定位，注意面板开口处加强钢筋绑扎。

4）混凝土浇筑采用平板振动器振捣，振捣完成后，梁顶用木抹子抹光。

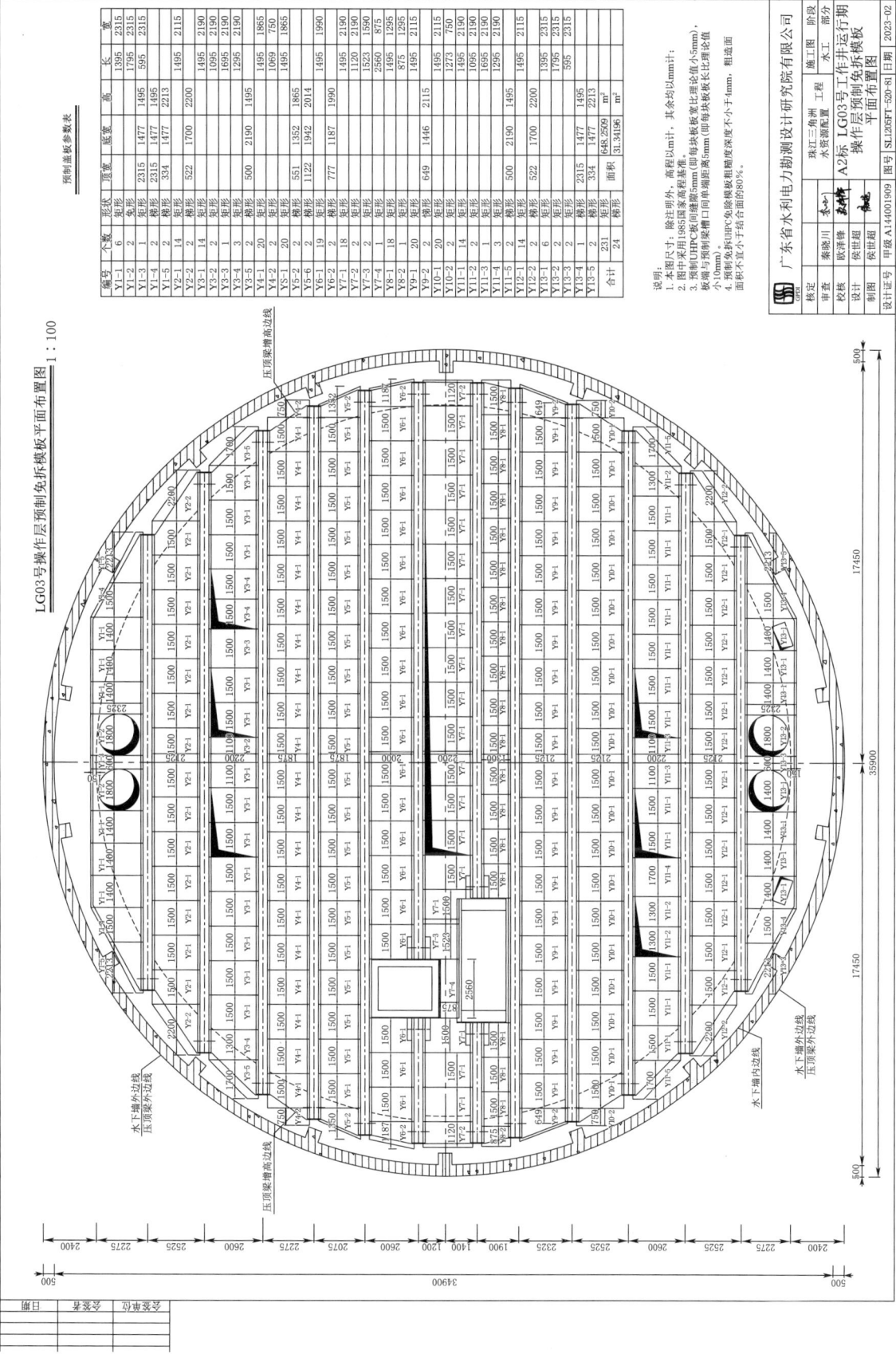

图2.4-26　操作层UHPC板布置示意图（单位：mm）

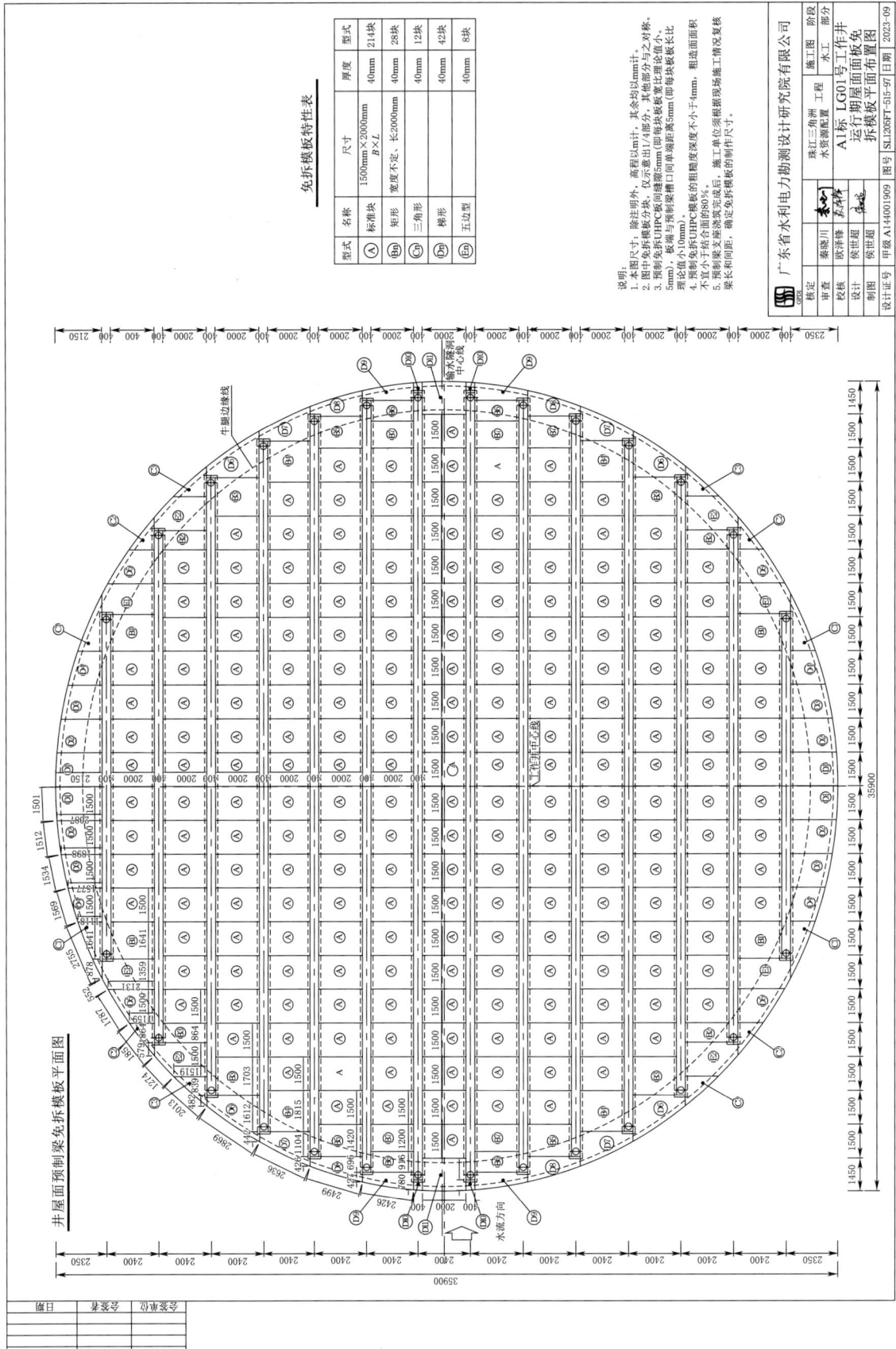

图 2.4 - 27　屋面层 UHPC 板布置示意图（单位：mm）

图 2.4-28 UHPC 板安装

5）湿接缝浇筑后，静置 12h，带模浇水养护，在常温下采用干净的无纺土工布覆盖并洒水养护，时间不少于 14d。气温低于 5℃时，不得浇水，养护时间延长，并采取保温措施。

第3章　复杂地质深埋隧洞盾构法
掘进关键技术

盾构法广泛应用于城市地铁、公路、铁路等隧道工程的施工，在水电站、水利工程等隧洞工程施工中也得到推广应用。虽然我国在盾构机制造及盾构法工程建造方面已经取得了举世瞩目的成就，但在工程实践中，盾构法施工仍然存在一系列技术难题需要攻克解决。比如：机械故障、保压问题导致工程透水及地面沉陷、卡机被困等，因此，导致的重大安全事故问题也屡见不鲜。在珠三角、长三角等近沿海地区，因地下空间资源紧缺，输水工程存在埋深大、线路长等特点，加上极其复杂的水文地质条件，盾构法施工仍然面临重大技术挑战，需要工程技术人员攻关解决。

本章以珠江三角洲水资源配置工程施工为例，系统介绍隧洞工程盾构法施工中面临的难题及其解决办法，以期为类似工程建设提供有益借鉴。

珠江三角洲水资源配置工程主要采用深埋盾构输水隧洞方式穿越珠三角核心城市群，深埋 40～60m，沿线穿越 105 处重要建（构）筑物，同时工程地处素有"地质博物馆"之称的珠三角，沿线穿越众多地下断层、破碎带等复杂地层，与常规地铁隧道相比，输水隧道有埋深大、水压高、距离长等特点。本章主要从盾构机选型、超深竖井狭小空间盾构始发、大埋深复杂地质盾构掘进、深埋盾构长距离下穿河流、复杂地质段开仓换刀、超深竖井盾构施工长距离连续出渣工艺及装备研制、渣土处理及资源化利用等关键技术进行了详细的介绍。

3.1　工程概况

3.1.1　工程规划布置

珠江三角洲水资源配置工程是国务院部署的 172 项重大水利工程之一，由输水干线（鲤鱼洲取水口至罗田水库）、深圳分干线（罗田水库至公明水库）、东莞分干线（罗田水库至松木山水库）和南沙支线（高新沙水库至黄阁水厂）组成，输水线路总长度 113.2km（图 3.1－1），总投资 354 亿元。该工程从珠江三角洲网河区西部的西江水系向东引水至珠江三角洲东部，主要供水目标是广州市南沙区、深圳市和东莞市的缺水地区。实施该工程可有效解决受水区城市经济发展的缺水矛盾，改变广州市南沙区从北江下游沙湾水道取水及深圳市、东莞市从东江取水的单一供水格局，提高供水安全性和应急备用保障能力，适当改善东江下游河道枯水期生态环境流量，对维护广州市南沙区、深圳及东莞市供水安全和经济社会可持续发展具有重要作用。

3.1.2　隧洞地质条件

1. 工程地质

区内第四系地层广泛分布，主要为珠江三角洲相沉积地层，根据沉积时代分为二个大层，全新世桂洲组（Q_4g），和下伏的更新世礼乐组（Q_3l），全新统和更新统分界标志为风化形成的花斑黏土层。此外，还有少量人工填土层（Q_s）及坡积层（Q^{dl}）。各层主要特征分述如下。

①人工填土层（Q_s）：主要为褐黄～土黄色黏土、含砂砾粉质黏土组成，局部含有少量淤质粉质黏土和砖瓦碎片，土质不均，较松软。分布在沿线表层，如房屋地基、公路、河堤、鱼塘埂、人

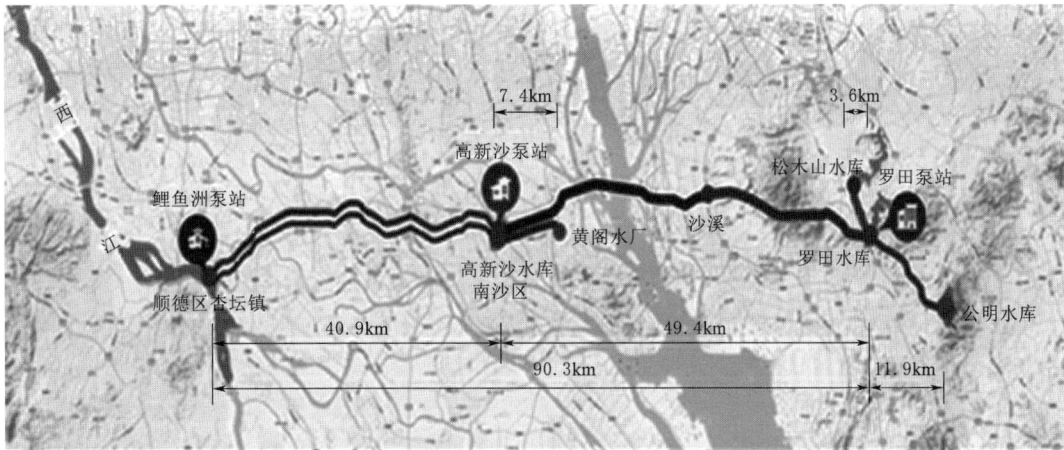

图 3.1-1 珠江三角洲水资源配置工程布置图

工造田等处。揭露厚度大多 1.0～3.0m，较薄。

②-1 黏性土层：土黄、浅黄、浅灰黄色黏土、粉质黏土，黏性较好，软～可塑状。该层钻孔揭露较少，沿线零星分布，钻孔揭露厚度为 0.8～5.0m，大多为 1.0～3.0m。本层埋深较浅，表层主要为软塑状，局部地势略高或比较接近山丘的中下部位呈可塑状。

②-2 淤泥层：灰、灰黑色淤泥质土、淤泥，局部含少量淤质粉细砂，含有少量贝壳，黏性好，流～软塑状。为海陆交互相，分布范围广且连续，揭露厚度为 0.5～15.3m，多为 4～10m。

②-3 淤泥质粉细砂，局部为中细砂、粉土、黏土薄层，松散状。为海陆交互相，北线分布广泛且连续，钻孔揭露厚度为 0.3～26m，多为 5～20m。

②-4 淤泥、淤泥质黏土、黏性土层：包含灰、灰黑色淤泥、淤泥质土，浅黄色黏土、灰黑色黏土、腐殖土，为海相～海陆交互相。其中淤质土层呈软塑状，夹含少量淤质粉细砂，局部含有大量贝壳，如顺德大良及南沙的高新沙一带。该层分布广泛且较连续，钻孔揭露厚度为 0.9～30.3m，多为 3～15m。

②-5 中细砂层：灰黄、灰色，含砾较少，含较多泥质、淤泥质，松散～稍密，局部分布较多粉细砂及粉质黏土、淤泥质土夹层。河流相冲积，在顺德地区分布广泛且连续，南沙地区零星分布。钻孔揭露厚度为 0.8～19.4m，个别钻孔未揭穿该层。

②-6 砾砂、中粗砂层：灰白色为主，含砾较多，砂质不均，局部夹泥，稍密～中密，为河流相冲积，顺德勒流镇、伦教镇分布较多，但不连续，钻孔揭露厚度为 2～12.8m。

②-7 砂卵石层：灰白色、黄褐色为主，不均匀，级配较好，砾质成分以中粗粒石英颗粒为主，中密～密实。为河流相冲积，根据本阶段钻孔揭露，该层在南沙榄核地区分布较多且连续，其余地区仅零星少量分布，钻孔揭露厚度为 0.5～9.4m。

③-1 黏土层：黄褐色、灰黄色花斑黏土，局部含铁质结核、少量砂粒，土质较均，黏性较好。以粉质黏土为主，为海退风化层，是全新统与更新统分界标志层。根据本阶段钻孔揭露，顺德地区分布稍多，但不连续、南沙局部零星分布。钻孔揭露厚度为 0.6～9.8m，多为 1～5m。

③-2 含有机质粉质黏土层：灰、灰黑、青灰色粉质黏土，局部含少量泥质粉细砂，含有少量贝壳，黏性好，可塑为主。该层分布较广且连续，钻孔揭露厚度为 0.6～26.9m。

③-3 中细砂层：浅黄、浅灰色中细砂，泥质细砂，稍～中密为主，局部为粉细砂及粉质黏土夹层，河流相。本层埋深较大，沿线皆有分布，但不连续，钻孔揭露厚度为 1.5～23.5m，多数钻孔未揭穿。

③-4 中粗砂、砾砂层：浅黄、浅灰色中粗砂、砾砂，泥质粗砂，稍密～中密，局部浅埋处松散，为河流相。本层多分布在勒流、伦教两镇，且较连续，其余地段零星分布，钻孔揭露厚度 0.5～16.2m。

③-5 砂卵石层：灰白色、黄褐色为主，不均匀，级配一般～较好，密实。砾质成分以中粗粒石英颗粒为主，局部含较多泥质，为河流相。本层多分布在顺德地区，较连续，其余地段零星出露，钻孔揭露厚度 1.1～20.2m。

④坡积层（Q^{dl}）：本段线路分布较少，主要分布于鲤鱼洲岛及大金山等山坡、残丘处。以粉质黏土、含砂砾粉质黏土等为主，黏性较好，多呈可塑状。钻孔揭露厚度 0.5～8.7m。

沿线基岩分布主要为白垩系下统百足山组（K_1b）泥质粉砂岩、砂岩、砂砾岩、泥岩等。砾岩砾石成分复杂，磨圆度、分选性差，胶结以泥质为主，局部为钙质，该层岩层产状倾角平缓，主要产状为 N20°～30°W/NE∠10°～15°，厚层状～巨厚层状。

根据钻探揭露和地表地质测绘以及地震波物探成果，线路上基岩按风化程度划分为（Ⅴ）全风化带、（Ⅳ）强风化带和（Ⅲ）弱风化带：

全风化带（Ⅴ）：白垩系百足山组（K_1b）地层岩石风化较透，呈粉质、砂质黏土状或黏土状，硬塑为主，表层可塑，揭露厚 0.5～35m，大多 5～15m，该层分布较连续，厚度变化较大。

强风化带（Ⅳ）：强风化岩体裂隙发育，岩质较软，岩芯多呈碎块状，完整性差。局部风化不均，夹有全风化土或弱风化岩块。

弱风化带（Ⅲ）：弱风化岩体裂隙较发育，岩质坚硬，钻孔岩芯多呈柱状，完整性较好。

工程区地质构造以断层为主。在三角洲平原区第四系覆盖层分布较广，断层多为掩埋基底断层，沿线丘陵山区植被发育，露头也较少，在一些采石场、公路边坡露头较好部位可见少量小断层。

2. 水文地质

地下水类型以孔隙性潜水为主，地表水与地下水互为补排，雨季主要以大气降水和河流、渠道补给地下水，枯水季地下水补向河流，勘察期间沿线地下水位普遍埋深较浅，多 1～3m，揭露高程约 0～2m，受潮汐影响较大。局部丘陵地带以基岩裂隙水为主，地下水主要受大气降雨补给，向沟谷排泄，地下水位随地形变化，一般埋深 4.0～10.0m，大多在强风化底部～弱风化带顶部。

根据钻孔揭露，②-3 淤质粉细砂层、②-5 细砂、泥质细砂层、②-6 中粗砂、砾砂层、②-7 砂卵石层以及③-3 细砂、泥质细砂层、③-4 砾砂层、③-5 砂卵石层等为主要含水层。其中②-6、②-7、③-4、③-5 层含水较丰富。

3.1.3 盾构隧洞结构设计

1. 交通洞隧洞结构设计

交通洞隧洞采用标准的盾构隧洞尺寸，采用外径 6.7m，内径 6.0m，厚 0.35m，环宽 1.5m 的预制钢筋混凝土管片，管片通过不锈钢螺栓连接。每环管片沿环向分为 6 块，采用 3+2+1 形式（3 块标准块，2 块连接块，1 块封顶块），每环管片的接缝连接包括 16 个环缝连接螺栓（M27）和 12 个纵缝连接螺栓（M27），管片均采用错缝拼装。隧洞管片的混凝土等级为 C55，抗渗等级 ≥W12。

2. 双线输水隧洞结构设计

双线输水隧洞采用标准的盾构隧洞尺寸，采用外径 6m，内径 5.4m，厚 0.3m，环宽 1.5m 的预制钢筋混凝土管片，管片通过不锈钢螺栓连接。每环管片沿环向分为 6 块，采用 3+2+1 形式（3 块标准块，2 块连接块，1 块封顶块），每环管片的接缝连接包括 16 根环缝连接螺栓（M27）和 12 根纵缝连接螺栓（M27），管片均采用错缝拼装。隧洞管片的混凝土等级为 C55，抗渗等级 ≥W12。

3. 单线输水隧洞结构设计

输水干线隧道管片采用外径为 8.3m，内径 7.5m，衬砌管片厚 0.4m，衬砌环宽 1.6m；管片为双面楔形通用环，楔形量为 46mm，每环管片由 7 块组成，分别为 4 块标准块（B_1、B_2、B_3、B_4）、2 块邻接块（L_1、L_2）和 1 块封顶块（F）。管片采用错缝拼装方式。单环管片纵向接缝连接采用 19 根 M30 螺栓相连，环向接缝连接采用 14 根 M30 螺栓相连，衬砌管片通过不锈钢螺栓连接，螺栓、螺母的机械性能等级均为 A4-70 级不锈钢材质。隧洞管片的混凝土等级为 C55，抗渗等级≥W12。

输水支线隧道管片采用外径为 4.1m，内径 3.5m，衬砌管片厚 0.3m，衬砌环宽 1.2m；管片为双面楔形通用环，楔形量为 28mm，每环管片由 6 块组成，分别为 3 块标准块（B_1、B_2、B_3）、2 块邻接块（L_1、L_2）和 1 块封顶块（F）。管片采用错缝拼装方式。管片纵向接缝连接采用 10 根 M27 螺栓相连，环向接缝连接采用 12 根 M27 螺栓相连，衬砌管片通过不锈钢螺栓连接，螺栓、螺母的机械性能等级均为 A4-70 级不锈钢材质。隧洞管片的混凝土等级为 C55，抗渗等级≥W12。

3.2 盾构机选型

盾构选型主要依据工程勘察报告、隧道设计、施工规范及相关标准，对盾构类型、驱动方式、功能要求、主要技术参数、辅助设备的配置等进行研究。

盾构选型从安全性、可靠性、适用性、先进性、经济性等方面综合考虑，所选择的机型应能尽量减少辅助施工并能保持开挖面稳定和适应围岩条件。

盾构选型时，主要根据盾构隧道的外径、长度、埋深、地质条件、围土岩性、土体的颗粒级配、地层硬稠度系数、土层渗透率及弃土容重等特征以及线路的曲率半径、沿线地形、地面及地下构筑物等环境条件，以及周围环境对地面变形的控制要求，结合掘进和衬砌等诸因素。

1. 根据地层的渗透系数进行选型

通常，当地层的渗透系数小于 10^{-7} m/s 时，可以选用土压平衡盾构；当地层的渗透系数在 10^{-7} m/s～10^{-4} m/s 时，既可以选用土压平衡盾构也可以选用泥水盾构；当地层的透水系数大于 10^{-4} m/s 时，宜选用泥水盾构。

根据地层渗透系数与盾构的机型的关系，若地层以各种级配富水的砂层、砂砾层为主时，宜选用泥水盾构；其他地层宜选用土压平衡盾构。盾构机的机型与渗透系数的关系见图 3.2-1。

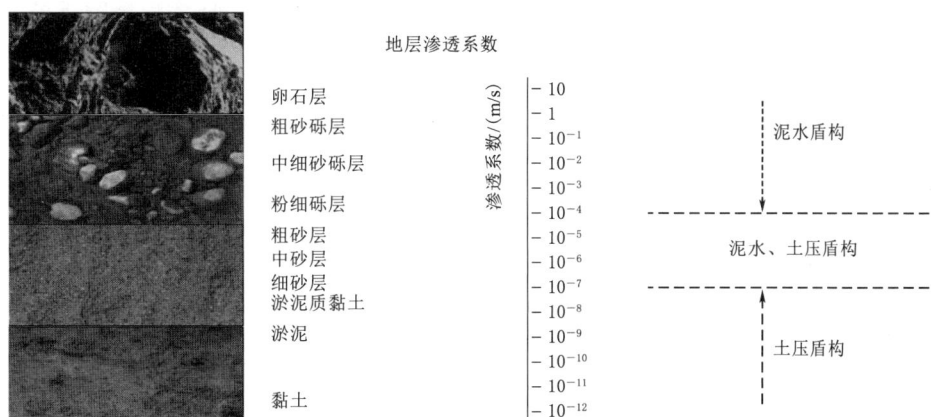

图 3.2-1 盾构机的机型与渗透系数的关系

2. 根据地层的颗粒级配进行选型

一般来说，细颗粒含量多，渣土易形成不透水的流塑体，容易充满土仓的每个部位，在土仓中可以建立压力平衡开挖面的土体。盾构机的机型与地层颗粒级配的关系见图 3.2-2，图中右边浅色区域为黏土、淤泥质土区，为土压平衡盾构适用的颗粒级配范围，左边的深色区域为砾石、粗砂区，为泥水盾构适用的颗粒级配范围。

灰色区域为粗砂、细砂区，既可使用泥水盾构，也可经土质改良后使用土压平衡盾构。

一般来说，当岩土中的粉粒和黏粒的总量达到40%以上时，通常会选用土压平衡盾构，相反的情况选择泥水盾构比较合适。粉粒的绝对大小通常以0.075mm为界。盾构机的机型与地层颗粒级配的关系见图3.2-2。

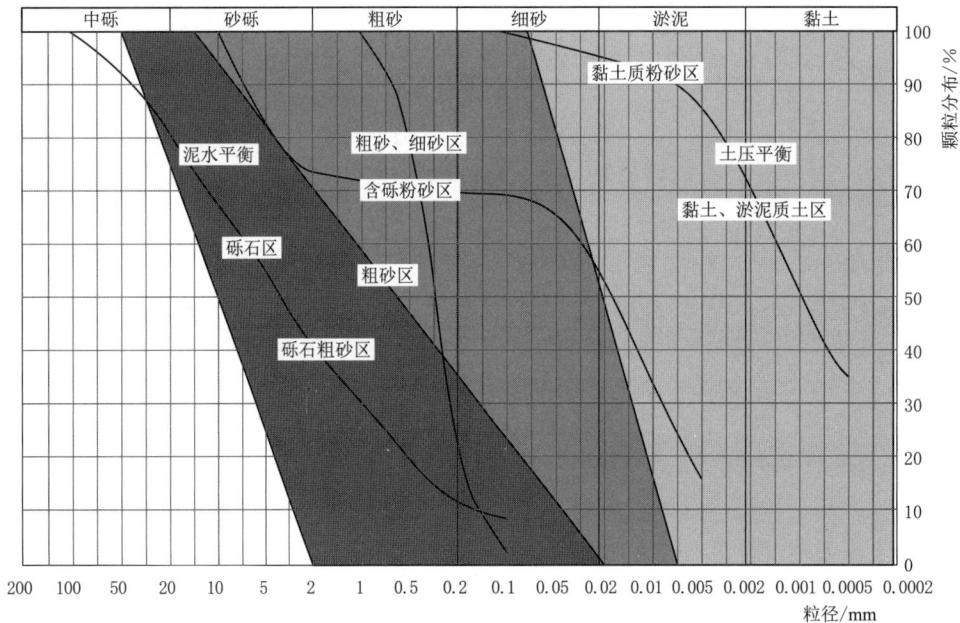

图 3.2-2　盾构机的机型与地层颗粒级配的关系

3.根据水压进行选型

当水压大于0.3MPa时，适宜采用泥水盾构。如果采用土压平衡盾构，螺旋输送机难以形成有效的土塞效应，在螺旋输送机排土闸门处易发生渣土喷涌现象，引起土仓中土压力下降，导致开挖面坍塌。

当水压大于0.3MPa时，如因地质原因需采用土压平衡盾构，则需增大螺旋输送机的长度，或采用泥水土压双模盾构机。

盾构选型在实际实施时，还需解决理论的合理性与实际的可能性之间的矛盾，必须考虑环保、地质和安全因素。

3.2.1　泥水平衡盾构选型及设计

1.泥水平衡盾构机工作原理及特点

泥水平衡盾构机是在机械式盾构机的刀盘后侧，设置一道封闭隔板。隔板与刀盘间的空间定名为泥水仓，把水、黏土及其添加剂混合制成的泥水，经输送管道压入泥水仓，待泥水充满整个泥水仓，并具有一定压力，形成泥水压力室。通过泥水的加压作用和压力保持机构，能够维持开挖工作面的稳定。盾构机推进时，旋转刀盘切削下来的土砂经搅拌装置搅拌后形成高浓度泥水，用流体输送方式送到地面泥水分离系统，将渣土、水分离后重新送回泥水仓。

泥水仓压力控制模式分为直接控制式和间接控制式。直接控制式，即通过进浆泵的转速或调节控制阀的开度进行控制开挖面的压力。间接控制式，即通过空气缓冲层的压力控制，间接控制开挖面的压力。间控式泥水平衡盾构机见图3.2-3，直控式泥水平衡盾构机见图3.2-4。

图 3.2-3　间控式泥水平衡盾构机

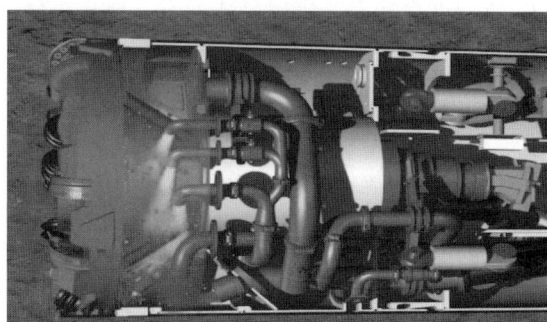

图 3.2-4　直控式泥水平衡盾构机

泥水平衡盾构有以下工作特点。

1）无需特殊渣土改良措施，循环泥浆系统能适应各种地质条件。

2）泥水传递速度快而且均匀，开挖面平衡土压力的控制精度高，对开挖面周边土体的干扰少，地面沉降量控制精度高。

3）利用泥浆在开挖面形成的泥膜抵抗水土压力，更适用于高水压地层。

4）使用泥浆泵与泥浆管路出渣，减少了运输车辆，出渣效率高且洞内施工环境良好。

5）切削面与土仓充满泥浆，对刀盘、刀具起到润滑冷却作用，刀盘、刀具磨损小，适合长距离施工。

6）刀盘驱动转动扭矩小，更适合大直径隧道施工。

7）适用于软弱的淤泥质黏土层、松散的砂土层、沙砾层、卵石层和硬土的互层等地层。特别适用于地层含水量大、上方有水体的穿江隧道。

8）施工地面需配置泥水分离站，占地面积大。

2. 适应性分析

以珠江三角洲水资源配置工程 SD02 号～SD01 号盾构区间和 GZ16 号～GZ17 号盾构区间为例。

其中 SD02 号～SD01 号盾构区间主要穿越大金山、顺番公路、三层民房、西江，穿越断裂带共 18 条。全线地质以弱风化泥质粉砂岩为主，单轴抗压强度 25～56MPa，穿越大金山段长度为 1260m，埋深为 47～120m。地层主要为弱风化砂砾岩、花岗岩，单轴抗压强度 70～162MPa。断层较多，已揭示存在 16 条，地质胶结性较差，呈碎石土状为主，陡倾角，为富水层，易形成渗水通道。穿越西江长度为 831m，穿越西江埋深为 36.1～49.5m 隧道洞身地质主要为泥质粉砂岩含砂岩，水深为 0～24.6m。弱风化砂岩单轴抗压强度为 56.7MPa、弱风化泥质粉砂岩（25.4MPa）夹层，岩层覆土深度大于 1 倍洞径。在穿越西江区域共有 2 处断裂带，LG0＋847 处埋深 41.9m，水深 3.4m、LG0＋791 处埋深 41.8m，水深 14.8m，断层角砾岩，硅质胶结，胶结较差，大倾角，岩芯破碎，呈块状，完整性差，易形成渗水通道。

其中 GZ16 号～GZ17 号盾构区间主要穿越西沥水道、马克村、S73 南沙港快速等，隧洞大部分穿行于冲积层内，局部含强风化或弱风化砾岩，冲积层主要为②-4 淤质土层、②-5 中细砂层、②-6 中粗砂层及③-2 含有机质粉质黏土层、③-3 含有中细砂层、③-4 中粗砂层等，强透水层为主，且地表水系发达、水量丰富，地下水埋藏较浅，围岩分类为 V 类；部分隧洞位于弱风化岩内，上覆岩层基本大于 1 倍洞径，以砂砾岩、泥质粉砂岩为主，局部有泥岩、泥质砂岩，该段洞身岩性较单一，岩石天然抗压强度为 25～91MPa 不等，岩质软硬差异较大，属于较软岩～坚硬岩，围岩分类以 Ⅳ 类为主。

针对弱风化泥质粉砂岩地层、复合地层、穿越建构筑物、大埋深高水压环境、长距离硬岩段、大埋深隧洞开仓换刀、盾构分体始发、地表沉降控制等特定要求，综合分析泥水平衡盾构机具备更好的适应性。

3.泥水盾构针对性设计

（1）刀盘结构设计

1）刀盘主体采用六辐条加面板的设计，布置肋板，辐条板和面板主结构采用高强度厚板，加强主体结构的结构强度和刚度，刀盘传递扭矩更加均匀，满足大扭矩需求。

2）较小的刀间距（75mm），大尺寸轴式滚刀（18in），45刃滚刀，合理布置刀具，中心滚刀采用TBM安装方式。针对较硬地层安装18in滚刀，提高开挖超硬岩的破岩能力和破岩效率。

3）合理的刀盘开口率（开口率32%），加大了中心区域中心开口率，刀盘背部搅拌棒设计4根主动搅拌棒，盾体隔板2根被动搅拌棒，主驱动土仓隔板1根冲刷搅拌棒，有效防止刀盘中心及面板结泥饼。

4）中心回转接头1路DN100泥浆通道，主驱动土仓隔板2路不同角度DN80泥浆冲刷，预留高压水冲洗接口，中心全覆盖冲刷，有效防止刀盘中心及面板结泥饼。

5）刀盘正面焊接复合耐磨板，边缘及过渡区域整加耐磨网格焊，外环焊接两道镶嵌合金保径刀（宽120mm），配置2个液压式磨损检测，提高刀盘耐磨性能和寿命，保护刀盘本体不受磨损。

6）合理的刀高差设计（滚刀与切刀刮刀高差57.5mm），刮刀背部焊接保护块；有利于更好地保护切刀和刮刀，提高刀具的抗冲击性。

7）滚刀和齿刀可互换，更好地适应地层的多样性。

（2）盾体设计

1）前盾采用带缓冲气垫仓直排模式，具备排渣效率高、可逆洗等多重优点，避免土仓内滞排风险，气压平衡控制，稳定开挖面，控制精度±0.1bar。

2）前中盾采用50mm的Q355C厚板，盾尾采用45mm的Q355C厚板，整体强度大幅提高，能适应不同工程地质及水文地质条件的需求。

3）中盾圆周方向设置10个超前注浆管，沿圆周方向布置，正面布置6个超前注浆孔，为超前钻探及超前加固提供有利条件。

4）盾尾布置2×4路注浆管路，靠上布置，每路注浆管均有单独的压力传感器，并设置有清洗口，确保注浆效率提升，减小管片上浮；并布置3×6路注脂管路，油脂分布更加均匀，有利于施工安全。

5）盾尾后部采用盾尾钢丝刷进行密封，盾尾刷之间的每个腔室内各设置多处油脂注入口，盾尾部设置有一道止浆板，可承受盾体外的水压和注浆压力，阻止砂浆流入开挖仓内。

6）主动铰接，铰接密封为2道"橡胶＋气囊"组合式密封。盾尾密封采用3道盾尾刷＋1道钢板束和止浆板，高承压、性能更可靠，密封压缩量可调，适应最小水平转弯半径达到200m。

（3）主驱动设计

1）主驱动选用电机驱动，安装7组，驱动功率为7×160kW，采用3m直径重型主轴承，具备轴向预紧功能，驱动配置功率高，在复合地层或扭矩载荷变化大的地层使用效果更优，可有效提高主驱动的吸震能力，保证了主驱动在高冲击地层的稳定性。

2）标称扭矩可达6150kN·m，脱困扭矩可达7270kN·m，可以满足不同地层下对高转速、大扭矩的需求，具有充足的扭矩储备。

3）内外密封均采用多道唇式的聚氨酯密封结构，不必消耗HBW油脂，油脂消耗成本低廉，承压能力达10bar。

（4）泥浆环流设计

配置有P0.1泵冲刷系统，主进、排浆大冲刷流量，增加主机段进、排浆流量，进浆冲刷能力提高，排浆管携渣能力提高，有效防止刀盘结泥饼，防止开挖仓底部滞排；中心回转接头 DN100 进浆冲刷针对刀盘中心背部冲刷，主驱动土仓隔板 2 路 DN50 不同角度泥浆冲刷，全覆盖冲刷刀盘中心背部，降低结泥饼概率；主驱动土仓隔板设计预留高压水冲冲洗接口，备用高压水冲洗接口可供水刀冲刷预防刀盘泥饼形成；盾体内排浆管路采用三基耐磨管，进浆及冲刷管路弯头堆焊耐磨层 5mm，极大地提高了管路耐磨性能。

（5）同步注浆系统设计

1）在盾尾布置 2×4 路注浆管路，靠上布置，可确保注浆充分，靠顶部注浆防止管片上浮。

2）注浆系统设计为同步单/双液注浆系统：单、双液在盾尾观察窗内进行混合，并配有二次双液补浆系统，可根据施工需要采取多种手段，可及时有效地控制地表沉降。

3）注浆管路具备清洗系统，注浆完成时，启动注浆管路清洗程序，对注浆管路进行冲洗，防止管路堵塞。

4）注浆系统配置两台柱塞泵作为同步注浆泵，注浆量可达 $2×10m^3/h$，采用压力或流量控制模式控制同步注浆量，注浆压力高，注浆量控制精准可靠。

（6）人舱设计

人仓设置一个主仓、一个副仓，主仓直接利用盾体上部分块集成，仓内设置加减压系统、通信系统及其他辅助系统；主副仓之间设置了互通仓门，两仓可联合使用。此类型人仓结构可满足连续不间断带压作业的需求，满足进仓和减压出仓作业，提高了气压作业的安全性。

人仓配置以下系统：加减压系统（内外双向控制）、压力实时监测和显示系统、通信系统（包括一套紧急通信系统）、消防系统、加热系统等。

（7）空气制冷系统设计

空气制冷系统由冷水机组、空冷器和冷水单位三个基本要素组成，设备制冷量可达 425kW，同时加大二次通风风机功率，提高供风能力，匹配制冷风量和风力需求，在制冷机正常工作情况下隧道工作区域内测温枪实测温度稳定在 25～28℃（正常掘进状态工作区域温度 28℃，非掘进状态 25℃），与同类工作环境下未使用制冷机的隧道施工相比至少相对降温 10～20℃，制冷效果明显。

3.2.2 土压平衡盾构选型及设计

1. 土压盾构工作原理及特点

一般说来，土压平衡技术（EPB 盾构）适合在含有足够的细颗粒软土地层里开挖隧道，开挖室和螺旋输送机里的混合土应呈现塑性。比较理想的颗粒尺寸的地层包括黏土、淤泥、砂以及砾石等，含有 25%～30% 的水分。根据实际的地质状况，采用土压平衡盾构，配备必要的渣土改良系统，充分改良渣土特性，以满足土压平衡盾构施工的需要。

土压平衡盾构的工作原理是通过控制土仓内已开挖渣土的压力（土仓压力），使之与刀盘前方的水土压力相平衡（水压+土压），达到控制地表沉降的目的，通过采取辅助措施可使地表沉降值 ±30mm 范围内。同时通过渣土改良使得渣土具有所要求的止水性、流动性与塑性，以便于土仓压力的控制及排土的目的。利用被开挖的渣土作为支承的方式可以更好地控制地表的沉降。开挖室里固体混合物（约占容积的 70% 以上）的巨大惯性可以阻止渣土量异常变化引起的压力变化。这种惯性能起到稳定压力变化的效果。

2. 适应性分析

以珠江三角洲水资源配置工程 SD03 号～SD02 号盾构区间、SD05 号～SD04 号盾构区间为例。

其中 LG02 号工作井～LG03 号工作井段区间盾构主要下穿宽约 264m 的甘竹溪，南二环高速，及鱼塘。该段隧道最大坡度 5‰，埋深 41.66～60.72m。隧道主要穿越地层为弱风化泥质粉砂岩、泥岩及钙质泥岩等，有五处区域性断裂的次生小断层。甘竹溪水深约 5.5m，隧洞埋深 42m，拱顶有约 21m 弱风化泥岩。盾构斜穿南二环高速约 120m，隧洞埋深约 60m，隧道洞身地层为泥质粉砂岩，拱顶泥质粉砂岩厚约 25 m。

其中，LG05 号~LG04 号盾构区间主要穿越龙州公路辅路、低层民房建筑，穿越断裂带共 3 条。全线地质以弱风化泥质粉砂岩为主，单轴抗压强度 11.2~38.6MPa。

结合以上盾构区间地质情况及盾构机选型依据，选用土压平衡盾构机。

3. 土压平衡盾构针对性设计

（1）刀盘结构设计

刀盘型式为复合式，开口率约 32%，采用优质 Q355C 高强度钢板和耐磨材料焊接，加强了刀盘体和刀具的耐磨设计，刀盘前部与支腿焊接成整体，正常工作环境下，刀盘整体强度和刚度满足弱风化泥质粉砂岩夹层等地层的掘进要求，不会出现刀盘过度变形及磨损。

采用了高寿命且耐冲击的优质性能的刀具，配置高可靠性滚刀（可换重型刀圈并加焊耐磨焊，最大破岩能力：重型滚刀 200MPa），滚刀与齿刀能够完全互换安装，所有可拆式刀具可以从刀盘背面进行更换。采用了大开口设计和锥形设计，能够使得破碎的较大石块和切削下的泥岩能够顺利进入土仓，避免了多次破碎带来的刀盘和刀具磨损以及刀盘结泥饼，刀盘设计具备磨损检测功能。

（2）盾体设计

1）前盾设置连接主驱动、螺旋输送机等的接口，前中盾设计为轴向一体，径向分块连接，连接件采用高强度螺栓，连接法兰面机通过加工来保证精度，法兰面之间通过圆形截面密封条密封。

2）前盾隔板与刀盘体之间形成一个密闭的土仓，通过控制土仓的压力来满足开挖面的稳定。隔板有预留接口，可以注入水、泡沫膨润土等添加剂，另外专门设计有开挖仓内维修所用的电气接盒、水气接盒。隔板上的若干被动搅拌棒以及刀盘上的主动搅拌棒一起搅拌土仓内渣土以及添加进的水、泡沫、膨润土等，使其充分混合均匀。刀盘保养和检修时，螺旋输送机叶片轴收回，防涌门关闭防止喷涌。

3）盾壳内设置同步注浆管道。每路注浆管均有单独的压力传感器，在盾尾壳体处均设计有两个的清洗口，意外堵塞可以用高压水进行清洗。

4）盾尾设置 4 道密封钢丝刷，在密封刷与管片外径形成的腔内注入密封油脂，防止盾壳隧道内水或砂浆进入盾构内，每一根设计有单独的压力传感器，盾尾部设置有一道止浆板，阻止砂浆流到开挖仓内。

（3）主驱动设计

1）配置变频电机驱动，变频系统内置水冷却系统，刀盘额定扭矩为 7260kN·m，脱困扭矩 8300kN·m，能够满足全断面硬岩、上软下硬复合地层和软岩地层对于刀盘扭矩的需求，具有足够的扭矩储备。

2）主轴承采用 3m 的进口大直径主轴承，具备轴向预紧功能可有效提高主驱动的吸震能力，轴承寿命大于 10000h，主驱动密封设计最大承压能力 10bar。

（4）渣土改良系统设计

土压平衡盾构配有两套渣土改良系统：泡沫系统和膨润土系统，两者在注入口共用一套输送管路。

1）泡沫系统用于对渣土进行改良提高渣土和易性，其主要由泡沫原液泵、高压水泵、电磁流量阀、泡沫发生器、压力传感器、电磁流量计等组成。6 路泡沫发生器，单管单泵，可单独控制流量。刀盘、螺旋输送机、隔板上分别布置有 6 个、8 个、2 个泡沫注入口，6 路流量单独连续可调，防堵、疏通效果好。电磁流量计采用电磁感应原理进行流量的测量，满足最大掘进速度下的渣土改良要求。

2）膨润土系统主要由软管泵、流量计、管路、控制阀等组成。膨润土输送泵采用活塞泵，不易结泥饼，输送畅通。通过流量计可以随时观察膨润土的泵送量，适时更改膨润土的输送量达到最佳的渣土改良效果。

（5）螺旋输送机设计

螺旋输送机内径为820mm，提高了螺旋输送机的排渣性能，设计最大排土能力424m³/h，满足盾构最大推进速度下的渣土输送，采用有轴式螺旋、双闸门结构形式。螺旋输送机安装角度为22°，固定在前盾底部套筒法兰上。

在掘进时，刀盘开挖的渣土掉落到土仓底部，通过螺旋输送机输送到皮带输送机上。螺旋输送机通过油缸的伸缩使螺旋轴与筒体形成相对运动，以此来处理堵塞现象；在筒体上设有5个检修门，必要时可以打开检修门来清理被卡在螺旋叶片间的渣土。前端节设计有120°可拆卸部分，用以保证螺旋机对于高磨损地层的适应性。螺旋机筒体上布置有注入口，可通过这些孔注入膨润土或泡沫来改善渣土的流动性。

（6）同步注浆系统设计

盾构机配有2台液压驱动的注浆泵，通过盾尾内置式的2×4+2根（其中6根备用）注浆管道将砂浆注入到开挖直径和管片外径之间的环形间隙。注浆压力可以调节，注浆泵泵送频率在可调范围内实现连续调整，并通过注浆同步监测系统监测其压力变化。控制室可以看到单个注浆点的注入量和注浆压力信息。同时注浆系统可在自动和手动两种模式下切换，随时可以储存和检索砂浆注入的操作数据。

（7）人仓设计

人仓设置一个主仓、一个副仓，主仓直接利用盾体上部分块集成，仓内设置加减压系统、通信系统及其他辅助系统；主副仓之间设置了互通仓门，两仓可联合使用。此类型人仓结构可满足连续不间断带压作业的需求，满足进仓和减压出仓作业，提高了气压作业的安全性。

人仓配置以下系统：加减压系统（内外双向控制）、压力实时监测和显示系统、通信系统（包括一套紧急通信系统）、消防系统、加热系统等。

（8）空气制冷系统设计

空气制冷系统由冷水机组、空冷器和冷水单位三个基本要素组成，设备制冷量可达425kW，同时加大二次通风风机功率，提高供风能力，匹配制冷风量和风力需求，在制冷机正常工作情况下隧道工作区域内测温枪实测温度稳定在25～28℃（正常掘进状态工作区域温度28℃，非掘进状态25℃），与同类工作环境下未使用制冷机的隧道施工相比至少相对降温10～20℃，制冷效果明显。

3.2.3 复合式泥水盾构选型及设计

1. 复合式泥水盾构工作原理及特点

复合式泥水平衡盾构机工作原理及特点与普通泥水盾构基本相同，配置气垫控制功能，可以有效地控制地表沉降，确保施工安全，其重要区别在于泥水出渣循环系统，增加了备用出渣系统，即排渣模式采用螺旋机＋破碎机模式，可有效对大渣块进行输送。

2. 适用性分析

以珠江三角洲水资源配置工程交通洞隧洞为例，其全长2134m，采用φ6980泥水平衡盾构施工，穿越西江长度达919m，隧道埋深为22.8～45.9m，水深为0～14.2m。隧道在西江段设两处半径300m的平曲线段，转弯长度为分别为600m、248m，纵向坡度为5%。从上到下地质依次为：淤泥、淤泥质粉细砂、淤泥质黏土、中细砂层，全～强～弱风化砂岩，含泥质粉砂岩、砂砾岩夹层，隧道洞身地质主要为弱风化砂岩，含泥质粉砂岩、砂砾岩夹层，穿越多处断层，岩体较破碎，存在渣土大块的情况。弱风化砂岩单轴抗压强度为56.7MPa、含砾岩（65.2MPa）、弱风化泥质粉砂岩（25.4MPa）夹层，岩层覆土深度基本大于一倍洞径。

根据上述工程背景，鲤鱼洲交通洞水压较高，地下水有和西江江水连通风险，经综合分析选用复合式泥水平衡盾构。

3. 复合式泥水盾构针对性设计

复合式泥水平衡盾构机在传统的日系直排式和欧系气垫式泥水盾构的基础上，增加更具针对性的技术配置，有效解决渣土滞排、复合/硬岩/断裂带地层掘进、地表沉降、高水压、大埋深等因素可能带来的问题。

（1）刀盘结构设计

刀盘类型选择适应复合地层的六辐条加强型，中心开口率较大，达到35%；加强型中心刀箱，整体加工而成；小刀间距（正面75mm）；整体刚度强度高，耐磨性强；仿形超挖；L型梁等针对性设计；在提高掘进效率、加强耐磨性、提高渣土流动性、防止结泥饼等方面优势突出，地质适应性强。

（2）盾体设计

1）前盾壳体厚度60mm，中盾壳体厚度50mm，尾盾壳体厚度50mm，尾盾材质为Q345B。盾体具有较强的强度和承压能力。

2）盾体斜向布置了8个超前注浆管，前盾正面布置了7个水平超前注浆孔。根据需要可进行超前地质加固。

3）盾尾顶部增设布置了2路注浆管，可直接对顶部区域注浆，减小管片上浮，利于地表沉降；周向布置了3×8＝24路油脂管，油脂分布更加均匀，有利于施工安全。

4）铰接型式设计为主动铰接，铰接密封采用2道聚氨酯密封＋1道紧急气囊密封的组合形式，密封压缩量可调，最小可满足250m曲线的转弯需求；尾刷采用4道钢丝刷＋1道钢板束结构形式，增强尾刷的承压能力。

（3）主驱动设计

1）主驱动选用电机驱动，安装7组，驱动功率为1400kW，主轴承采用三排圆柱滚子结构，驱动配置功率高，在复合地层或扭矩载荷变化大地层使用效果更优，在复合地层主轴承能承受较大轴向载荷及偏载。

2）最大工作扭矩为8871kN·m，脱困扭矩为10645kN·m，可以满足不同地层下对高转速、大扭矩的需求。

3）主驱动外密封采用2道聚氨酯型密封和1道VD密封，具有冷却水套系统和温度检测功能，内密封采用2道唇形密封。密封系统具有承受10bar高压力的能力，冷却水套可防止密封高温异常损坏。

（4）螺旋机设计

区间地层为复合地层，极有可能遇到大石块或者其他不明地层（如孤石、砾石、管桩、断裂带、锚索等），此时采用螺旋输送机进行采石，可以起到良好的效果，有效地解决排渣管道的滞排或磨损问题。

1）螺旋叶片外圆焊接高铬合金块，提高叶片的耐磨性。

2）筒体内部焊接耐磨复合钢板，提高了筒体的耐磨性。

3）螺旋机设计有5个观察窗，方便检修、安全可靠。

（5）泥水循环系统设计

本工程应用的复合式泥水平衡盾构机，具备气垫控制功能，可以有效控制地表沉降，确保施工安全，根据本区间地质分析，泥水循环系统需重点考虑以下问题：黏土地层刀盘泥饼滞排问题；砾岩、高水压地层高效出渣、排石、防堵问题；管路延伸文明施工。问题。

根据施工需求和地质情况，配置的复合式泥水平衡盾构机的泥水循环系统突出特点。见图3.2-5。

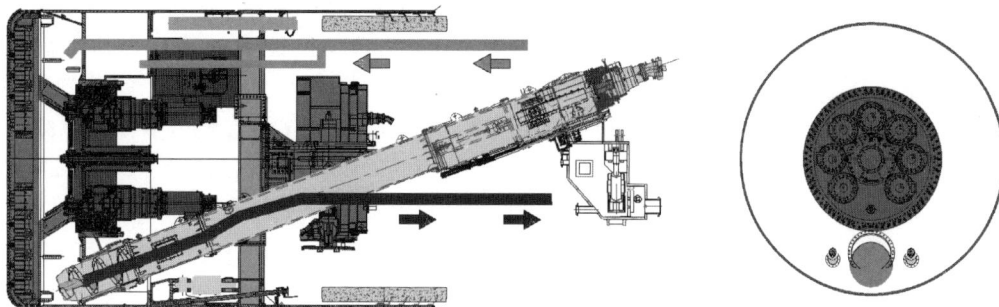

图3.2-5 泥水出渣方式—直排管

1) 主机端泥水管道排浆，简单且高效。

2) 具备反循环冲洗和掘进功能，逆冲洗大流量疏通泥水仓底部，防止滞排。

3) 主机段具备小循环功能，加快排渣速度，提高掘进效率。

4) 备用泥水循环系统出渣方式：

整机的针对性设计已满足使用要求的基础上，备用穿越西江段不可预知地段、若遇到未探明的非常特殊的地质条件下，比如断裂带、卵石和孤石群等地层，可启用备用出渣系统。见图3.2-6。

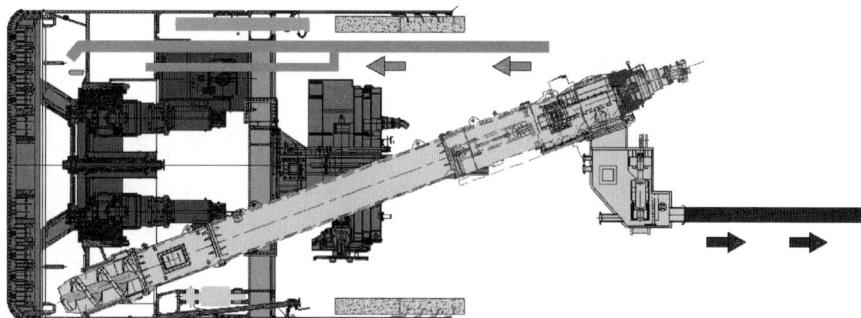

图3.2-6 备用泥水出渣模式——螺旋输送机＋破碎机

备用出渣系统的特点如下：

①在复合地层，比如断裂带、卵石和孤石群，采用螺旋输送机采石＋破碎机碎石＋管路进行出渣，可以有效解决地层出现大的渣块产生堵管滞排问题。同时，破碎机放置在螺旋机后部出渣口，与放置在土仓内相比，故障率低，且便于维修。

②在含大粒径渣石地层通过主机段螺旋输送机排渣，螺机具备采石功能，螺机出口安装破碎机，对大粒径渣石破碎，浆液稀释渣土，通过泥浆泵和管路输送至分离站；螺旋输送机泥水仓底部直接输送大粒径渣石，减少进仓采石概率；破碎机外置式安装在螺机出渣口，检修方便；泥浆泵、管路出渣效率高。

③螺旋输送机作为一个泥水盾构机出渣通道的一部分，与破碎机碎石＋管路结合进行出渣，与直排式泥浆管路出渣形式并联，在传统泥水盾构出渣方式的基础上，并联一个出渣通道，可有效地解决泥水盾构机针对断裂带、卵石和孤石等地层的堵管、滞排问题，提高泥水盾构机的地层适应性、出渣效率和安全性。

④两种出渣模式并联共存，两种模式之间，可实现快速切换，大幅提高地质适应性与掘进效率；同时提高泥水盾构机面对复杂地层的适应性，备用可采石＋破碎＋管路出渣的泥水出渣方式，

提高泥水盾构机面对未知复杂地层施工的安全性。

（6）针对黏土地层防刀盘泥饼滞排问题设计

①配置有 P0.1 泵冲刷系统，主机段小循环增大主进、排浆冲刷流量。

②增加主机段进、排浆流量，进浆冲刷能力提高，排浆管携渣能力提高，有效防止刀盘结泥饼，防止开挖仓底部滞排。

③中心回转接头进浆冲刷针对刀盘中心背部冲刷，主进浆冲刷针对刀盘牛腿冲刷；降低结泥饼概率。

④盾体隔板设计有备用高压冲刷水管口，可供水刀冲刷预防刀盘泥饼形成。

⑤配置专利技术的管路延伸零排放收浆系统。

管路延伸时，快速、高效回收泥浆，实现隧道内泥浆零排放、零污染。

（7）注浆系统设计

1）在盾尾顶部布置两路注浆管，注浆管路为 4 用 10 备，渗透性强地层可选择在拱顶注浆，防止沉降。

2）注浆系统设计为同步单/双液注浆系统：单、双液在盾尾观察窗内进行混合，并配有二次双液补浆系统，根据施工需要采取多种手段，可及时、有效地控制地表沉降。

3）注浆管路具备清洗系统，注浆完成时，启动注浆管路清洗程序，对注浆管路进行冲洗，防止管路堵塞。

4）注浆系统配置两台柱塞泵作为同步注浆泵，注浆量可达 24m³/h，采用压力或流量控制模式控制同步注浆量，注浆压力高，注浆量控制精准可靠。

（8）人仓设计

人仓由主、辅双仓并联结构组成，主仓与土仓隔板的法兰相连。主、辅仓通过中间的仓门可以快速实现人员进出，提高工作效率。人仓安装在盾体右侧，可实现快速、便捷地更换刀具或进行相关检查、维修等操作。主仓可容纳 3 人、辅仓可容纳 2 人，主、副仓内外各设一套加、减压手动阀，一个流量计。可以实现主、副仓各自的加减压，同时可根据需要实现换气。进、排气口处设置消音器，以减低内外环境的噪声。人仓内安装有声能电话，在带压条件下能正常工作通话，并可不间断照明。

3.3　超深竖井狭小空间盾构始发

3.3.1　反力架的选择

1. 改进型常规反力架

珠江三角洲水资源配置工程工作井为圆形竖井，围护结构采用地下连续墙，始发井内壁为逆作法内衬墙，最大深度达约 65m，衬砌后最小净空 22.5m。工作井空间狭小，盾构下井组装时始发托架长 12m，常规反力架受下部横梁影响一般只能安装在托架后部，为充分利用洞门内空间减少负环管片，对反力架结构进行改造，将普通反力架下部横梁上移至始发托架上部位置进行连接加固，以达到减少负环管片又不破坏始发托架的目的。

反力架提供盾构机推进时所需的反力，因此反力架具有足够的强度和刚度。反力架及支撑通过底板预埋件固定，以保证反力架的稳定性，反力架支撑设计原则主要有如下几个。

（1）分析各杆件的类型，计算出各杆件的临界荷载。

（2）对于反力架进行受力分析，确定出支撑点的最佳位置，使反力架整体变形最小。

（3）布置好支撑位置后，验算反力架工字钢的强度与刚度，保证其值在规范允许范围内。

（4）对支撑本身进行加固，形成一个桁架结构，使整个支撑可看成一个刚体，确保整体稳定性。

反力架的横向位置保证负环管片传递的盾构机推力准确作用在反力架上。安装反力架时，先用经纬仪双向校正两根立柱的垂直度，使其形成的平面与盾构机的推进轴线垂直。为了保证盾构机始发姿态，安装反力架和始发台架时，反力架左右偏差控制在±10mm，高程偏差控制在±5mm。始发台架水平轴线的垂直方向与反力架的夹角＜±2‰，盾构机姿态与设计轴线垂直偏差＜2‰，水平偏差＜3‰。见图3.3-1。

支撑体系采用 $\Phi609$ 无缝钢管，钢管壁厚16mm，设置四道斜撑及两道水平撑，水平撑增设支撑及系梁进行加固，加强反力体系整体性，设置两道水平撑主要是为了利用支撑下方空间，方便始发前期管片移运。见图3.3-2、图3.3-3。

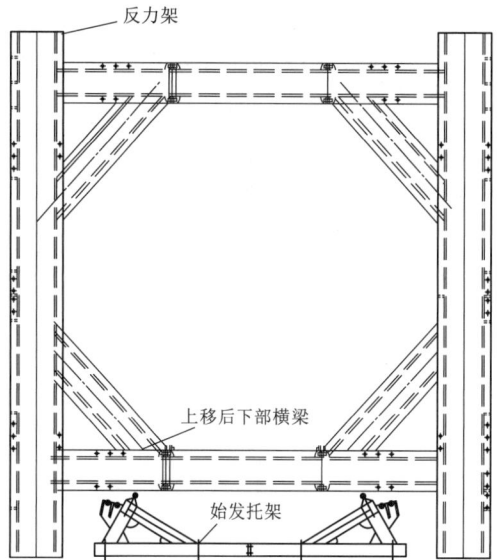

图3.3-1 反力架改造示意图

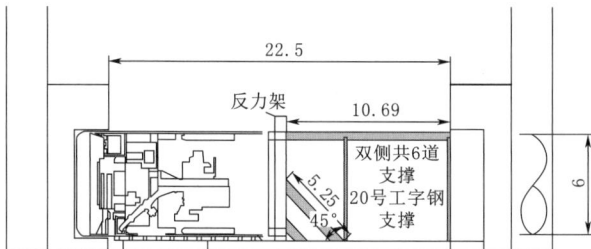

图3.3-2 盾构始发反力架剖面图（单位：m）

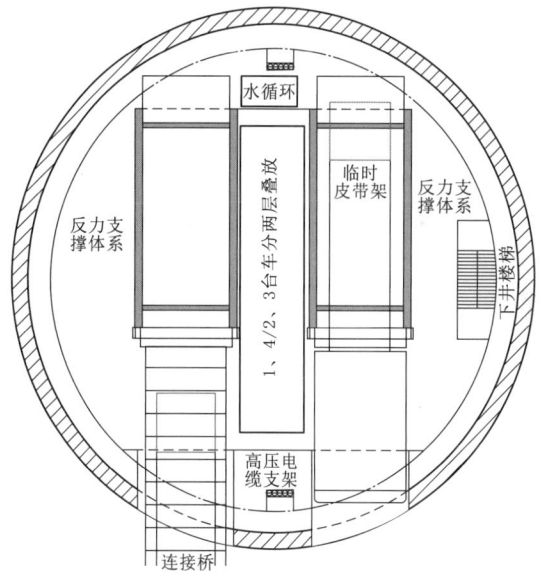

图3.3-3 盾构始发反力架支撑平面图

2. 移动式反力架

以珠江三角洲水资源配置工程GZ32号始发井为例，该工作井为圆形竖井结构，围护结构采用地下连续墙，始发井内壁为逆作法现浇混凝土衬砌，最大深度达66m，衬砌后最小净空为17.5m。工作井空间狭小，项目采用移动式反力架代替传统反力架进行盾构始发，提高了始发井空间利用率及始发效率，取消负环管片安装，避免因负环管片占据始发井大部分空间而导致的材料垂直吊运困难问题，降低了盾构始发风险，减少了盾构组装工作量和难度，节省负环管片的生产及盾构管路、油路和线路材料，从而节约了盾构始发成本，提高了施工功效，节省始发工期。

（1）移动式反力架结构

反力架的设计依据盾构机始发掘进反力支承的需要，按照盾构机掘进通千斤顶与反力架的支撑、反力架、反力架支撑的工作原理进行设计，设计的外形尺寸不影响盾构机各部件及隧道洞口空间，反力架结构合理，强度、刚度满足使用要求，加工方便，且单件便于运输，根据现场实际始发

图 3.3-4　移动式反力架三维图

需要，本标段投入使用的反力架为可以移动式反力架，反力架结构见图 3.3-4。

移动式反力架部件包括：托架、井字架框、背撑、传力环、临时防后退装置。

反力架架框和背撑固定在托架上，与托架间采用螺栓连接，根据盾构管片每节 1.2m 的循环进尺布置螺栓孔，传力环固定在架框上，盾构千斤顶支撑在传力环另一端，临时防后退装置将盾构机体与托架连接。反力架框由 Q235B 钢板组焊而成，盾构机组装完成后，在井口端头有安装反力架场地时，即可安装反力架。

反力架散件从存储场地运输到端头，做好左右、前后的标记，按左右顺序摆放，安装时，先将反力架下块、左块右块连接起来，成 U 字形，在井下安装。安装法兰面清理干净，连接时先对好插销，再上紧螺栓。当盾构主体与桥架连接后，将在反力架上块吊装下井组装，完成后对反力架进行加固处理。

根据结构特点，将反力架上、下部用 Φ450mm，壁厚 15mm 的 Q235 钢支撑支撑在托架底座上，与托架间采用螺栓连接，为协同反力架主体的螺栓孔，斜撑角度定为 38°。在盾构机下井前预先根据负环位置确定反力架及托架位置，由测量放样定位，为了保证盾构推进时反力架横向稳定，用型钢对反力架进行横向的固定。见图 3.3-5。

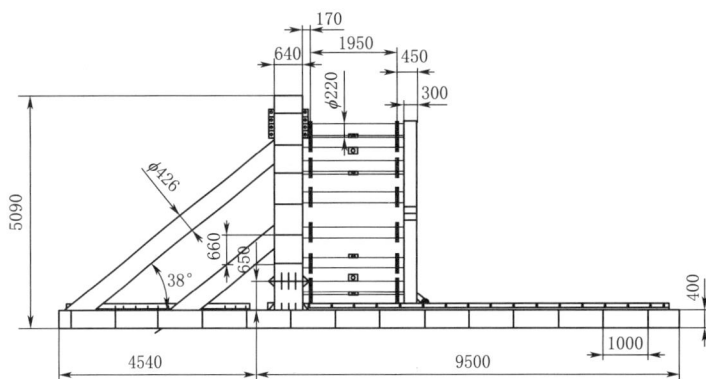

图 3.3-5　移动式反力架侧视图（单位：mm）

（2）移动式反力架工作原理

移动式反力架利用力的传递原理，始发在掘进状态下的盾构推力通过千斤顶与反力架的支撑、反力架、反力架支撑传递到托架上；在盾构停止掘进的状态下，将盾构后推力通过防后退装置，从盾体传递至托架、底板。

通过以上 2 项原理达到盾构掘进及停止掘进状态下多次循环移动反力架，从而完成移动式反力架盾构始发。

（3）控制要点

1）始发推进参数的设定。

①在反力架设备和前后支撑体系安装前，根据始发端头地质条件和盾构刀盘刀具形式、刀具配置情况进行分析，推算盾构掘进参数，如：总推力、刀盘扭矩、掘进速度、切口水压等。

②千斤顶推力：由于本次盾构始发是采用移动式反力架分体始发模式，为保证盾构反力后支撑

体系的稳定性,拟定始发主推千斤顶总推力不超过500t。

③掘进速度:为保护刀具的磨损量,掘进速度控制在6mm/min左右。

④刀盘转速:盾构刀盘在端头加固区内的转速控制在1.1r/min左右。

⑤刀盘扭矩:防止刀盘扭矩过大造成盾体旋转,刀盘扭矩控制在500kN·m以内。

⑥切口水压:在满足环流系统泥浆循环的情况下,切口水压拟定控制在300kPa左右,并根据橡胶止水帷幕漏水情况进行适当调整。

2)反力架、始发架整体稳定性的保证措施。

在反力架底部采用1组双拼型钢架在接收架上代替原有横梁,以完成反力架结构上的替代。

3)在反力架不受力状态下盾体后退保护措施:

在移动反力架时,反力架处于不受盾构推力状态,为防止盾构机因土仓压力作用而倒退,根据盾构切口水压,推算反力架在不受力状态下盾构机后退力的大小,制定盾构机防倒退装置,通过盾构后退力推算,在始发架上盾构机4点和7点位置各设置1台外部千斤顶,前端与盾体焊接的固定座连接,后端与始发架上固定座连接,使后退力通过始发架传递到底板上。

4)反力架前移措施。

盾构机每推进1个单元后需进行反力架的平移,在始发架两侧各铺设1条钢轨,反力架安装在轨道上方,前后用工字钢斜撑在钢轨上,盾构机掘进1个单元后,采用手拉葫芦水平拉动,沿轨道向前平行滑移。

3.3.2 始发空间布局

1. 盾构始发概况

始发井均为超深圆形竖井,外径35.9m。围护结构采用地下连续墙+内衬墙支护,基坑开挖采用地下连续墙垂直支护,盾构井内衬墙采用逆作法施工,地下连续墙厚1.2m,嵌入井底,逆作法内衬墙厚1.2~1.5m,衬砌后内直径分别为31.1m和30.5m,最大深度超过60m。

以珠江三角洲水资源配置工程SD02号工作井为例,竖井井下有效长度为22.5m,洞门深度为2.2m,为双线盾构始发工作井,采用两台海瑞克6320泥水平衡盾构,盾构全长108m,盾体长12.2m,后配套共6节台车及连接桥。

2. 方案比选

根据上述盾构机长度及井下空间尺寸,盾构机无法正常整体始发。但是在超深埋、高水压、小空间条件下盾构分体始发往往存在安全质量风险高、施工效率低、成本高等问题。

本项目针对以上问题,通过对端头设导洞整体始发与盾构分体始发两种始发方式对比分析见表3.3-1,选择更优的超深圆形竖井盾构始发方式。

表 3.3-1　　　　　　　　　　　　　始 发 方 式 对 比 表

方案	端头设导洞整体始发	盾构分体始发
方案简图	导洞整体始发方式示意图	分体始发方式示意图

续表

方案	端头设导洞整体始发	盾构分体始发
方案内容	工作井施工完成后，在工作井接收段施工约100m后导洞，以满足全部台车下井组装，实现整体始发，待始发掘进结束后采用素混凝土进行填充	将盾体在井下组装，全部或部分台车放置于地面，盾构主机与后配套通过延长管线的方式来实现掘进施工，待井下长度满足后配套下井组装时，拆除延长管线及负环后进行后配套台车连接实现正常掘进
安全性	工作井深达60m，水位高，后导洞施工需做好止水支护，存在透水淹没风险；岩层较硬开挖难度较大，如需爆破，需办理相关手续，施工风险较大；盾构始发共性风险	存在的风险主要为始发共性风险如洞门涌水涌砂、淹没等，通过采取相应措施可保证施工安全，相对而言安全性更高
施工效率	施工导洞需2.5个月工期，从组装始发到正常掘进需1月，始发工效较低	从组装始发到能正常掘进需2～2.5个月时间，相较于导洞整体始发工期上可节省1个月，工效较高
经济性	100m导洞施工需成本约500万元，施工成本高	分体始发成本主要在于延长管线及台车设备布置等，成本约300万元，施工成本相对较低
结论	针对超深圆形竖井施工特点，对两种始发方式进行对比分析，盾构分体始发在安全、工期、效率、经济方面均有优势，因此选择分体始发方式	

　　超深圆形竖井分体始发掘进施工要点主要涉及台车布置、管线延长、洞门密封、反力架设置、弧形掘进、出渣等方面，见表3.3-2～表3.3-6。通过两种方案进行对比分析，选择安全性高、经济性好、工效高的措施。

表3.3-2　　　　　　　　　　　　台车布置方式对比表

方案	全部台车布置于地面	主要设备台车叠放布置于井下
方案简图	 全部台车布置于地面示意图	 主要设备台车叠放布置于井下示意图
方案内容	将盾体在井下组装，全部台车放置于地面，盾构主机与后配套通过延长管线的方式来实现掘进施工，待井下长度满足后配套下井组装时，拆除延长管线及负环后进行后配套台车连接实现正常掘进	将主要设备两辆叠放台车放置于井下，在井下进行管线延长，待井下长度满足后配套下井组装时，拆除延长管线及负环后进行后配套台车连接实现正常掘进
安全性	工作井深达60m，从地面到井下管线延长需采用吊篮悬空施工，高处坠落风险较大；落差大易爆管导致液压油泄露或人员受伤	无需从地面到井下进行管线延长，叠放台车需进行加固，防止结构变形或倒塌事故，整体风险可控
施工效率	两台机吊装始发可连续进行，双机组装始发到正常掘进施工工期约2个月	第一台机吊装始发后，第二台机主机吊装不受影响，但需第一台机掘进到满足主要设备台车可进行连接后再行第二台机始发，从组装始发到能正常掘进需2.5个月时间
经济性	需从地面开始延长管线，管线成本约240万元，稳压泵及配套设施约50万元，需增加成本290万元	无需从地面开始延长管线及稳压设备，经济性好
结论	通过对比分析主要台车设备叠放布置于井下在安全性方面更好把控，有利于节省施工成本，施工工效可控性高。综合考虑，选择主要设备叠放布置于井下的方式	

表 3.3－3   **洞门密封设置方式对比表**

方案	钢套筒密闭始发	尾刷＋帘幕密封
方案内容	在盾构始发井内安装钢套筒，盾构机安装在钢套筒内，然后在钢套筒内填充回填物，通过钢套筒这个密闭的空间提供平衡掌子面的水土压力，盾构机在钢套筒内实现安全始发掘进	圆形竖井一般设置端头墙，洞门内空间较大（本项目达 3.5m），充分利用洞内空间，在洞门内设置两道尾刷，外部设置帘幕密封，同时在洞门墙内预埋管路，可填充油脂等止水材料，以实现安全始发
方案简图	钢套筒密闭始发示意图	尾刷＋帘幕密封示意图
安全性	安全系数高，能保证安全始发	通过设置三道密封并能及时补注止水材料，能保证始发安全
施工效率	工艺相对复杂，钢套筒组装调试需 5 天，施工时间相对较长	施工工艺简单，洞门帘幕安装需 1 天时间，洞门内尾刷安装可与盾体组装同步进行，施工效率高
经济性	一套钢套筒需成本约 120 万元，成本较高	尾刷及帘幕密封共 16 万元，成本低，经济性好
结论	通过对比分析尾刷＋帘幕密封能在保证安全的前提下，有更高的施工效率，经济性更好。综合考虑，选择主要尾刷＋帘幕密封的方式	

表 3.3－4   **反力架设置方式对比表**

方案	常规反力架	改造后反力架
方案内容	在始发托架后设置反力架，一般需要 7 环负环	反力架上移至托架上，仅需 4 环负环，充分利用洞内空间
方案简图	常规反力架示意图（单位：m）	改造后反力架示意图
安全性	稳固安装，受力合理，能保证始发安全	稳固安装，受力合理，能保证始发安全

续表

方案	常规反力架	改造后反力架
施工效率	需要拼装7环负环，但不要改造反力架，效率较高	仅需拼装4环负环，需提前进行反力架改造，可提高施工效率
经济性	7环负环管片约7万元，常规施工，经济性一般	节省3环负环，改造反力架需1万元，可节省2万元
结论	通过对比分析改造后反力架，经济性更好。综合考虑，选择改造后反力架的方式	

表3.3-5　　　　　　　　　弧形掌子面掘进方式对比表

方案	素混凝土填平后掘进	弧形面直接掘进
方案内容	圆形竖井洞门掌子面一般为弧形面，传统施工方法需对弧形面进行填充处理	通过优化掘进参数以及辅以监测措施，采取弧形面直接掘进的方式
安全性	填平后不存在偏载掘进的工况，安全性较高	通过参数控制可实现弧形面安全掘进
施工效率	需对掌子面填平后方可将盾体推入洞门，效率一般	弧形面不需处理，减少工序，效率较高
经济性	填充混凝土需成本约2万元	不填充可节省2万元施工成本
结论	通过对比分析不进行弧形掌子面填充，经济性更好。综合考虑，选择弧形面直接掘进的方式	

表3.3-6　　　　　　　　　始发出渣方式对比表

方案	螺旋机后加卷扬机及小泥斗出渣	增设小台车侧方大土斗出渣
方案内容	螺旋机后加卷扬机及4m³小泥斗出渣	设计一节4m长临时皮带机出土台车，将皮带机及出土口置于该台车上用于侧方和正下方的18m³大土斗出土
方案简图	盾构机简化示意图（单位：m）	侧方出土示意图
安全性	主要风险为吊装风险，安全性较好	可减少吊装次数，安全性好
施工效率	掘进一环需要吊装20斗，效率差	掘进一环需吊装4斗，效率相对较高
经济性	施工效率低，经济性差	施工效率高，经济性好
结论	通过对比分析增设小台车侧方大土斗出渣，施工效率高，经济性更好。综合考虑，选择增设小台车侧方大土斗出渣的方式	

通过以上方案对比，采用新型盾构分体始发技术，将主要设备台车在井下进行叠放布置，电缆分层布置于立体排架上，充分利用了井下空间，避免了从地面开始延长管线不经济、管线安装固定困难、有压管路压力不稳等困难，且双线盾构能同时组装始发，始发效率较大地提高。

3.3.3　盾构始发技术控制要点

1. 始发井端头加固

为提高洞门外土体的强度，控制地表沉降，防止端头坍塌，在盾构机进出工作井部位的地层进行加固是防止坍塌和控制地表沉降的关键措施。

始发井端头采用深孔高压固结注浆加固，加固厚度为 14.5m（盾构中心高程上、下分别为 9m、5m），加固宽度为 25m，加固长度为 12m。洞口岩体加固平面布置见图 3.3-6。

土体加固完成后根据设计图纸要求进行钻孔取芯以检查加固效果，检查内容包括加固土体强度、洞门处渗透性以及土体的均质性。端头土体加固检查方法和标准见表 3.3-7。垂直抽芯及水平探孔检测效果情况，附照片。

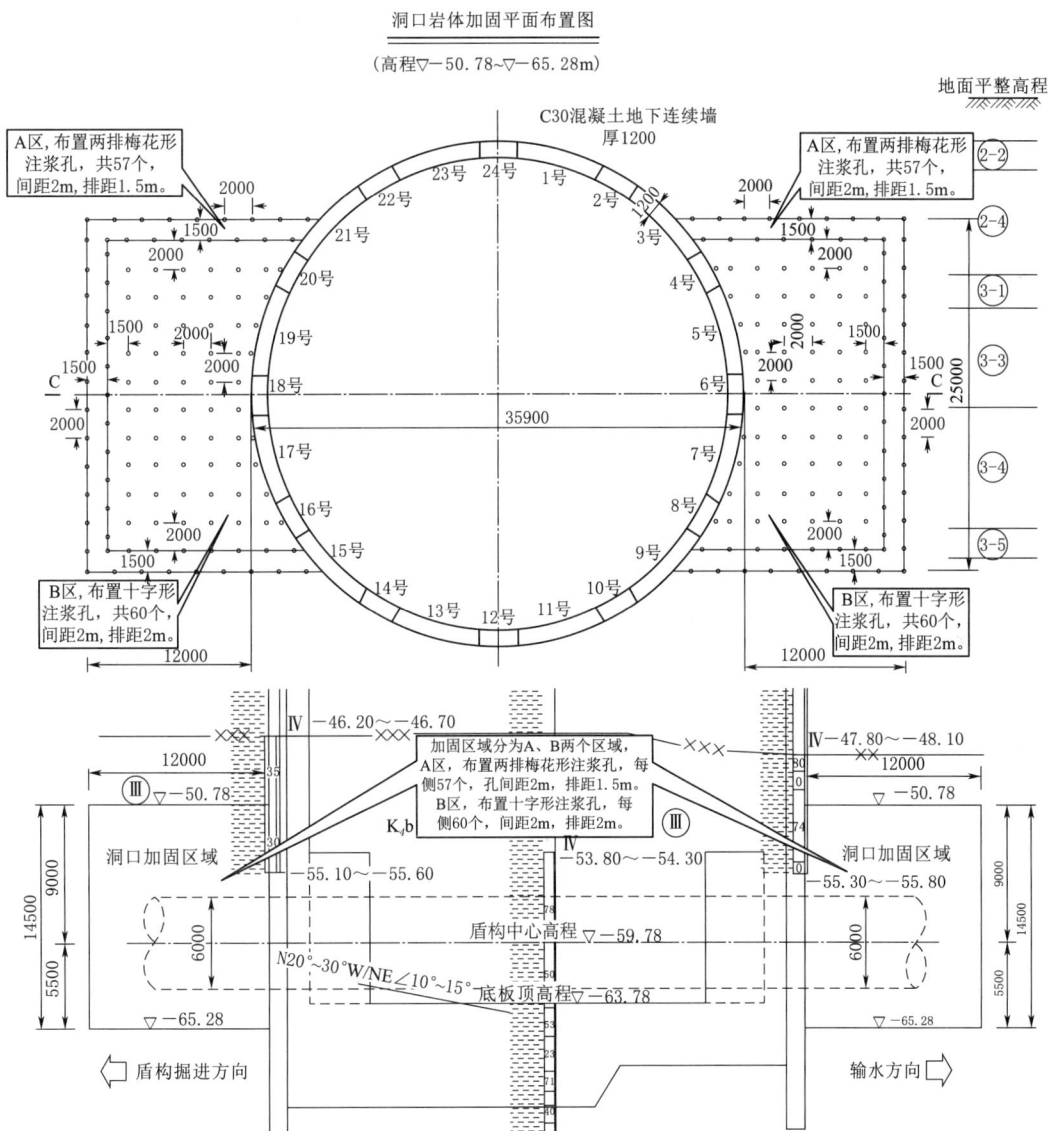

图 3.3-6　洞口岩体加固布置图（尺寸单位：mm，高程单位：m）

表 3.3-7　　　　　　　　　　　　　　　　　　端头土体加固检查方法和标准

编号	检查项目	标　准	检查方法	备　注
1	加固土体强度	无侧限抗压强度≥1.0MPa，渗透系数<1.0×10⁻⁵cm/s	钻孔取芯的数量不得小于总数的1%且不得少于5根	以检测报告为准
2	加固土体渗透性	无明显漏水，不得漏泥砂	在洞门范围上下左右及中心钻孔，检查其渗水量	钻孔要打穿地下连续墙，深度不小于2m
3	加固土体匀质性	加固体均匀	利用钻孔岩土芯样进行检查	现场判定

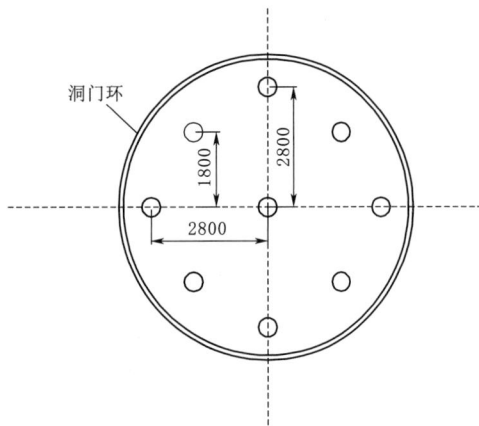

图 3.3-7 水平探孔布置图(单位:mm)

在盾构机安装完成准备始发之前,对洞门进行水平探孔,初步了解洞门内部地层情况及含水情况。洞门水平探孔共布置 9 个,呈米字形布置,每个探孔深度进入加固体不少于 4.5m,要求孔洞无流砂流泥、无明显线流等异常现象发生。水平探孔布置见图 3.3-7。

2. 洞门密封设计与安装

始发井埋深大、地下水头高,为确保盾构机安全始发,洞门设置两道防线,除采用传统帘幕止水外,在洞门钢环内增设两道尾刷,填满油脂,在洞门墙上预埋多个注入孔,始发掘进时可及时补充油脂或其他止水材料,见图 3.3-8。洞门内尾刷尺寸根据盾构外径及洞门钢环确认,确保尾刷与盾体四周密贴(例如:$\phi 6280$ 盾构,洞门钢环内直径为 6.6m,采用有效高度 350mm 尾刷)。注入孔为 1 寸钢管,注入孔外设置单向阀门,防止泥水倒流至注入管。

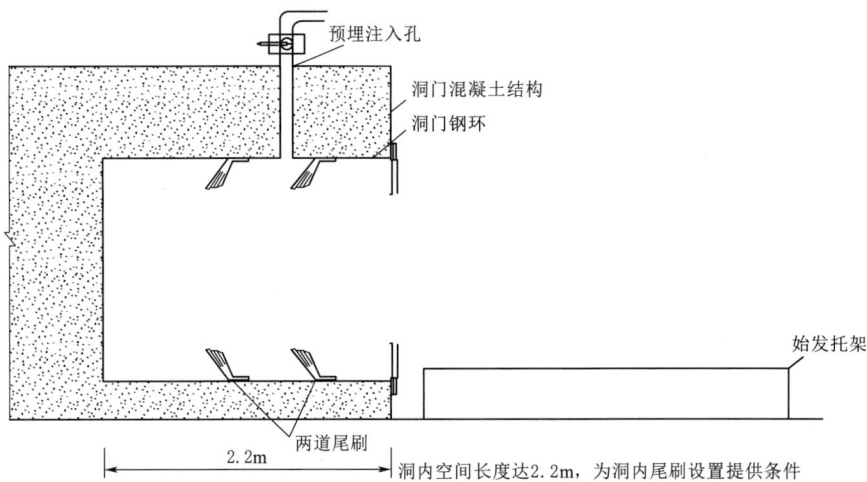

图 3.3-8 始发洞门止水装置安装图

3. 洞门破除

(1)洞门范围连续墙采用玻璃纤维筋作为主筋,不需要采用人工进行洞门的破除,检查洞门范围内是否存在外凸的钢筋、钢板等影响盾构机始发的障碍物,并且清除干净。

(2)弧形洞门破除验算分析:

盾构破除弧形连续墙为偏载掘进,根据盾构生产厂家提供设计参数显示刀盘、主轴承受力远大于刀具能承受的受力范围,而反力架及托架设计受力为 1200t 也远大于部分刀具所能承受的受力范围,因此掘进推力的控制范围为破岩刀具数量×单个刀具所能承受的受力值,每把滚刀能承受 315kN,在刚开始掘进时与连续墙接触的刀具数量为 5 把,随着掘进参与破岩刀具数量不断增加,下面以最开始参与破岩刀具 5 把进行验算:

$F=31.5t×5+500×0.3=307.5t$,(盾体+连接桥重量约 500t,与托架摩擦系数取 0.3)因此开始破除连续墙时的推力拟定为 307.5t。

在掘进时严格控制掘进贯入度,开始时控制在 2～3mm/min,并通过人仓对刀具进行观察,检查刀具是否损坏,如有损坏,应及时进行更换并调整参数。

3.4 盾构穿越大埋深不良地质施工关键技术

3.4.1 施工概况

以珠江三角洲水资源配置工程 SD02 号～SD01 号盾构区间掘进施工为例，该区间采用两台 φ6320 泥水平衡盾构机施工，隧洞穿越大金山，穿越长度为 1260m，最大埋深达 120m，地下水丰富，最高水头达 55m。地质主要为弱风化砂岩、弱风化砂砾岩、花岗岩，已揭示的断裂带 16 处，地层破碎，多为全风化状断层泥，且基本呈上软下硬、软硬不均分布，地质胶结性较差，呈碎石土状为主，陡倾角，为富水层，易形成渗水通道；最宽断裂带达 200m，断裂带总长达 708m，占大金山总长 56%。

3.4.2 整体措施

1. 穿越原则

（1）设备物资准备齐全、各工序流程衔接紧密，严格控制掘进参数。

（2）加强刀具管理做到勤检查勤换刀，避免在断裂带换刀。

（3）加大维护保养力度，特别是各密封件的保护，减少设备故障率。

2. 盾构功能针对性对策

（1）盾尾密封

配置进口 4 道盾尾刷。前部 2 道尾刷与盾壳采用螺栓连接，在经过长距离掘进需要更换时，缩短时间，降低风险。盾尾密封示意图见图 3.4-1。

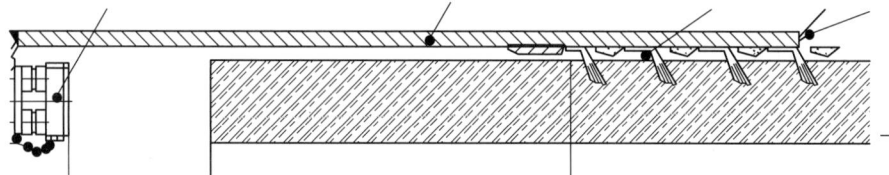

图 3.4-1 盾尾密封示意图

（2）主驱动密封

主驱动配置 4 道外密封，配置有压力补偿装置，掌子面压力在唇型密封中呈梯级递减，保证每道唇型密封不过载，保证主驱动密封可靠性、长效性。主驱动密封可以最大承受 10bar 的静水压，适应本项目中特殊地层高水压的安全掘进。

（3）主动铰接密封系统

主动铰接密封系统，采用双道唇形密封装置，气囊位于唇型密封底部，不与外界接触，保证了可靠性，同时，通过对密封腔加压来调节唇型密封压紧情况，可以密封不同水压（美国米德湖项目 17bar 盾构机，就是采用类似设计）。为本项目设计的主动铰接系统密封，可以承载 10bar 静水压，满足安全需要。

（4）刀盘设计

刀盘采用背部拆装滚刀的设计方案，方便刀具更换，提高了换刀作业的安全性。刀盘采用 6 主梁＋6 辅梁结构设计，整体开口率为 33%，开口在整个盘面均匀分布，中心部位设有面积足够的开口。刀具采用立体式布置方式，刀具配置 4 把双刃滚刀、34 把单刃滚刀、34 把刮刀和 12 把边刮刀。滚刀：用于硬岩掘进。中心采用 18 寸双刃滚刀，刀间距为 90mm，正面和周边滚刀采用 18 寸单刃滚刀，正面滚刀的间距为 80mm，滚刀刀高为 160mm。刀圈采用耐磨合金，提高耐磨性，减少换刀次数，有效保证长距离掘进。刀盘直径考虑刀盘外圈防磨板的磨损后仍能保证正确的开挖直径，因此刀盘外径设计比前盾外径大50mm。因此,刀盘开挖直径为$D_刀=6320mm$。刀盘示意图见图3.4-2。

图3.4-2 刀盘示意图(单位:mm)

(5)配置有开挖仓监视系统

在一定程度上可以监测刀具情况。开挖仓监控示意图见图3.4-3。

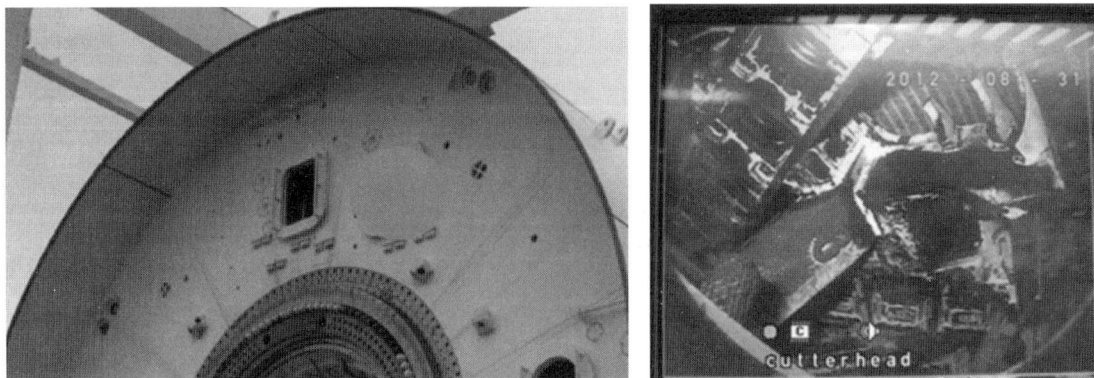

图3.4-3 开挖仓监控示意图

(6)针对滞排问题的设计

隧洞穿越大金山刀盘切削掌子面可能存在大块硬岩进入泥水仓内,极易卡在刀盘开孔或破碎机位置,堵在出渣口处,易造成仓内滞排堵仓。配置55kW的大碎石机,碎石机最大碎石粒径达到450mm,加大破碎机工作时间,确保大块渣土及时排出。

（7）超前钻探及注浆系统

掘进过程中如遇地质情况与地勘报告不符可采用超前钻系统进行确认，在盾构机盾体上预留了超前钻机钻探及注浆孔位，其中倾斜方向预留8个，水平方向预留4个。管片拼装机抓举头预留超前钻机安装位置，及相关管线预留。

3. 盾构掘进试验段

充分利用始发掘进100m进行试掘进，试验段主要目的：掌握盾构机性能，对下穿大金山拟定参数进行验证，根据试验情况对下穿时盾构参数进行调整，保证以最优掘进方式下穿大金山，提高效益、保证安全。盾构掘进试验段要求如下。

（1）收集盾构在该地层的各种施工参数，总结出适应盾构下穿段的最优盾构掘进参数。

（2）根据试掘进段情况适当调整换刀点及所用刀具，在保证安全的情况下尽量减少换刀次数提高掘进效率。

（3）根据盾构机性能调整盾构机掘进姿态，保证盾构机以最优的姿态穿越大金山。

4. 减少机械设备故障率

盾构机在穿越大金山前对所有设备进行彻底的检查和维修，穿越过程中加强设备保养与维护。

（1）为了准确地控制泥水压，穿越大金山前对泥水压力计进行检定，以确保盾构机以良好的状态顺利穿过大金山，穿越过程中适时检查。

（2）对盾构同步注浆管路进行清理，保证四条注浆管均可用。

（3）对注浆泵进行维修，保证注浆泵无漏浆无堵塞，对注浆压力传感器进行检修，保证注浆压力显示均正确。

（4）对水玻璃注入系统进行检修，保证水玻璃注入压力计显示准确，管路通畅。

（5）为了确保盾尾注浆时不漏浆或少漏浆，对盾尾油脂注入系统进行检查维修，检查油脂泵、油脂管路，确保油脂管路畅通，调整油脂注入压力，确保油脂注入量。

（6）为了防止因盾、尾积水影响管片拼装影响掘进效率，对隧道内排水排污系统进行全面的清理检查，准备足够的排水排污泵。

3.4.3 技术控制要点

1. 穿越大金山埋深大，地下水头高，对管片质量要求高，管片易上浮，影响隧道轴线或出现管片螺栓断裂、错台、漏水等质量问题。

技术措施如下。

（1）严格控制注浆量及注浆参数，确保注浆效果，以稳定管片。注浆压力应与切口水压相适应一般控制在1.1倍切口水压，注浆量控制在7m³左右。初凝时间控制在50s。

（2）做到注浆与掘进同步，严禁为赶进度而先掘进后注浆。

（3）及时检查注浆效果，有漏水时及时进行管片背后二次补浆。做好二次补浆，二次补浆需严格控制注浆压力，重在多点位补浆，补浆压力控制在0.5MPa以下。二次补浆采用水泥＋水玻璃双液浆。

（4）严格控制注浆配合比，保证浆液质量。

（5）严格管控管片拼装质量，每拼装一环对其螺栓进行检查，确保螺栓紧固。

（6）严格控制盾尾油脂注入量，防止盾尾漏浆，影响注浆效果。

（7）严格控制盾构机姿态，保证掘进姿态稍低于设计轴线，考虑管片上浮量，尽量确保管片轴线与设计隧道轴线一致。

（8）对成型隧道进行监测，掌握成型隧道姿态，做到及时发现问题、及时分析原因、及时处理。

（9）过大金山采用强度提高到 C60 管片并严格把控进场管片质量。

2. 最大埋深 120m，水位高、水压大，最高水位高达 55m，对盾构机密封要求高，尤其是盾尾密封。

技术措施如下。

（1）在盾构掘进时，加强油脂注入，保证注脂压力大于 16bar（一般 20～25bar），并适时采用手动模式补注一圈油脂。一般 3 环左右需用一桶油脂，在掘进过程中，根据盾尾密封实际情况随时调节注脂速度，对漏浆窜浆的部位加强油脂注入。

（2）加强地下水位监测，在通过最高水位地带前对盾尾刷进行检查，如有较大损坏则更换前两道尾刷。

（3）盾尾密封还与盾构机姿态有一定关系，盾构掘进尽量保持四周盾尾间隙均匀，减少管片对盾尾刷的挤压。

（4）在掘进过程中随时把残留在盾尾的渣土和异物清理干净，防止渣土和异物进入盾尾仓，损坏盾尾密封。

（5）严格控制注浆压力以及注浆配合比，尤其是水玻璃的注入量，保证水玻璃管路的畅通。

（6）盾尾往后 6 环左右对注浆效果及地下水情况进行检查，如发现地下水大或注浆不够饱满需停止掘进进行二次补浆工作，以减小后势来水对尾刷及注浆的影响，切忌因赶工而忽视。

（7）掘进过程中有专人进行盾尾巡视，发现有漏浆漏水现象及时进行处理，如针对漏浆漏水点位加大油脂注入量，调整注浆流量，水玻璃注入量等。

（8）严格控制盾尾油脂质量，采用优质盾尾油脂，对进场油脂质量进行检查，保证油脂质量合格。

3. 断裂带较多，共 16 处，断裂带处泥浆易泄漏，泥膜较难形成，断裂带岩层破碎，可能导致排渣困难。

技术措施如下。

（1）优质的泥膜是开挖面稳定的重要因素之一，高质量泥膜可以防止土仓内泥浆流失，维持开挖面泥水压力的稳定，从而保持开挖面稳定。而泥膜的形成质量与泥浆质量有很大关系，因此在掘进过程中调配高质量的泥浆，以确保形成优质泥膜。

1）泥浆的密度。

断裂带渗透性强，在掘进时，泥浆密度控制在 $1.1～1.2g/cm^3$，一方面有利于高质量泥膜形成，另一方面可以比较顺利带出开挖下来的砂土。

2）泥水的黏性。

泥水具有适当的黏性，以达到以下效果：防止泥水中的黏土、砂粒在土仓、气仓及泥浆管路的沉积保持开挖面稳定；提高黏性，增大阻力，增大携带渣土能力；掘进时泥浆黏度控制在 28～32S。

3）含砂量。

掘进时，保持泥浆中有适当的含砂量，以达到填充断裂带空隙的作用，但是含砂量太高容易使泥浆密度迅速增大，同时使泥浆黏度下降，使其携带渣土能力下降，不利于环流的运行，因此适当控制泥浆含砂量，随时做出适当调整，调配至满足密度要求，又满足黏度要求的优质泥浆。

（2）地面泥浆管理人员及时测取泥浆性能参数，及时对泥浆参数进行调整，并及时与掘进操作人员联系及时调整掘进参数。

（3）每环掘进根据进浆流量、出浆流量、泥浆比重、掘进时间对出渣量进行计算，严格控制出渣量，通过计算也可判断泥浆是否泄漏，做到适时调整掘进参数，同时保证切口水压稳定，每环统计做到心中有底。

（4）断裂带过盾尾后及时进行补浆工作，防止地下水通过断裂带渗水通道破坏注浆。

(5) 严格控制造浆材料质量。

(6) 在停止掘削时，泥浆循环系统继续循环 3～5min，确保送浆管里的泥渣被环流带出地面泥浆池，留在泥浆管里的泥浆液性能较好，不容易发生沉淀和堵塞，根据情况适时进行逆冲洗。

(7) 配置 55kW 的大碎石机，碎石机最大碎石粒径达到 450mm，加大破碎机工作时间，加强破碎机维护，确保大块渣土及时排出。

(8) 通过加密钻探或地质预报探明断裂带地层及地下水情况。

(9) 针对断裂带泥浆易泄漏的情况，在地面采用油脂桶等容器预存新浆，保证浆液能及时供应。

(10) 为了保证盾构安全穿越大金山断层破碎带，确保盾构在穿越破碎带施工中做到防渗、防沉和防卡壳，通过盾构掘进工作面泥水压力的控制及渣土量的管理，加强同步注浆及二次注浆措施，以实现盾构安全、慢速平稳通过断层破碎带。

4. 隧道洞身以弱风化砂砾岩为主，单轴抗压强度为 74MPa，局部存在花岗岩，长度约 480m，抗压强度达 130MPa，对刀具刀盘、盾体磨损较大，刀具因震动较大螺栓易松动脱落，易造成卡壳现象，特别是转弯处。

技术措施如下。

(1) 盾体采用倒锥型设计，刀盘开挖直径为 6320mm、前盾为 6290mm、中盾为 6280mm、尾盾为 6270mm，有效减少盾体磨损及卡壳现象。

(2) 严格控制掘进参数，尽量保证匀速掘进，推力控制在 1600～2300t，速度控制在 15～25mm/min，刀盘转速控制在 1.5～2.5r/min，刀盘力矩控制在 2000～3000kN·m。

(3) 刀具更换时严格控制刀具安装质量，安装后需对刀具螺栓进行检查，避免掘进过程中刀具脱落现象，在转弯处需适当增多检查刀具次数，边缘滚刀磨损达到 5～8mm 需更换。

(4) 严格控制泥浆质量，可有效保证泥浆对刀具的润滑作用，减少刀具磨损和偏磨，保证泥浆的携渣能力避免滞排现象，减少土仓内渣石含量，有效减少渣石对刀具的二次磨损。

(5) 利用连接土仓的泥浆管路对刀具进行冲洗，控制好泥浆质量，降低结泥饼裹刀具的可能性，保证刀具能正常转动，防止偏磨。

(6) 补浆时严格控制注浆压力、注浆量，并观察土仓压力变化，防止浆液进入土仓裹住刀具。

(7) 采用破岩能力好的刀具，刀具进场时对刀具进行检查，把握好进场质量检验关，对提前进场刀具采取保护措施，避免生锈，腐蚀。

(8) 合理选择换刀地点并做好相应的准备工作。

3.5 深埋盾构长距离下穿水道施工关键技术

3.5.1 施工概况

以珠江三角洲水资源配置工程交通洞隧洞为例，该区间全长 2134m，采用 φ6980 泥水平衡盾构施工，穿越西江长度达 919m，隧道埋深为 45.9～22.8m，水深为 0～14.2m。隧道在西江段设两处半径 300m 的平曲线段，JT1+594～JT2+194 转弯长度为 600m，JT0+854～JT1+102 转弯长度为 248m，纵向坡度为 5%。从上到下地质依次为：淤泥、淤泥质粉细砂、淤泥质黏土、中细砂层、全～强～弱风化砂岩、含泥质粉砂岩、砂砾岩夹层，隧道洞身地质主要为弱风化砂岩、含泥质粉砂岩、砂砾岩夹层，局部存在断裂带。弱风化砂岩单轴抗压强度为 56.7MPa、含砾岩（65.2MPa）、弱风化泥质粉砂岩（25.4MPa）夹层，岩层覆土深度基本大于 1 倍洞径。具体详见图 3.5-1 交通洞隧道穿越西江平面图。

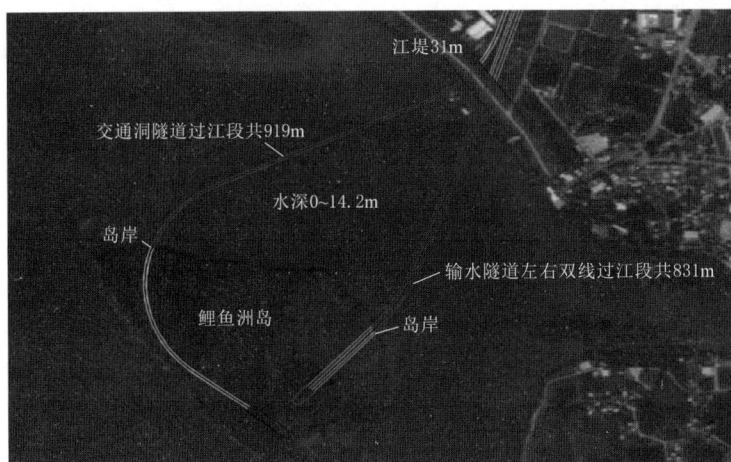

图 3.5－1　穿越西江平面图

3.5.2　技术控制要点

1. 水压大，对盾构设备要求高，尤其是盾构机密封，盾尾易漏水漏浆。

技术措施如下。

（1）盾构机配置 4 道盾尾刷，在过江前对盾尾仓进行全面检查，必要时击穿管片吊装孔，逐步打入油脂更换出盾尾仓内原有油脂，或更换前两道尾刷，在易受损的下部增设油脂管。在盾构掘进时，加强油脂注入，保证注脂压力大于 16bar，并适时采用手动模式补注一圈油脂。一般 3 环左右需用一桶油脂，在掘进过程中，根据盾尾密封实际情况随时调节注脂速度。

（2）盾尾密封效果与切口泥水压力和江面潮水的升降有一定关系，因此，要加强江面水位监测，当外界压力增大时，可能导致密封局部出现漏浆漏水等不良后果，每次切口水压调节或者涨潮时，加强盾尾的观察，一旦出现泄漏立即采取措施，加强油脂注入并检查尾刷受损情况。

（3）盾尾密封还与盾构机姿态有一定关系，盾构掘进尽量保持四周盾尾间隙均匀，减少管片对盾尾刷的挤压。

（4）在掘进过程中随时把残留在盾尾的渣土和异物清理干净，防止渣土和异物进入盾尾仓，损坏盾尾密封。

（5）严格控制注浆压力以及注浆配合比，尤其是水玻璃的注入量，保证水玻璃管路的畅通。

（6）盾尾往后 6 环左右对注浆效果及地下水情况进行检查，如发现地下水大或注浆不够饱满停止掘进进行二次补浆工作，以减小后势来水对尾刷及注浆的影响，切忌因赶工而忽视。

（7）严格控制盾尾油脂质量，采用优质盾尾油脂，对进场油脂质量进行检查，保证油脂质量合格。

2. 隧道洞身以弱风化砂岩为主，单轴抗压强度为最大达 56.7MPa，砂岩对刀具磨损较大，需江底换刀。

技术措施如下。

（1）过江前对刀具进行全面评估与检查，如需更换则采取相应换刀措施进行刀具更换，以减少过江段换刀次数。

（2）严格控制掘进参数，尽量保证匀速掘进，推力控制在 1600～2000t，速度控制在 15～20mm/min，刀盘转速控制在 2～3r/min，刀盘力矩控制在 1000～2500kN·m。

（3）刀具更换时严格控制刀具安装质量，安装后对刀具螺栓进行检查，避免掘进过程中刀具脱落现象，对仓内掉落刀具或配件进行清理，防止损坏新装刀具。

（4）严格控制泥浆质量，可有效保证泥浆对刀具的润滑作用，减少刀具磨损和偏磨，保证泥浆的携渣能力避免滞排现象,减少土仓内渣石含量有效减少渣石对刀具的二次磨损。

(5)利用连接土仓的泥浆管路对刀具进行冲洗,控制好泥浆质量,降低结泥饼裹刀具的可能性,保证刀具能正常转动,防止偏磨。

(6)补浆时严格控制注浆压力、注浆量,并观察土仓压力变化,防止浆液进入土仓裹住刀具。

(7)采用破岩能力好的刀具,刀具进场时须对刀具进行检查,把握好进场质量检验关,对提前进场刀具采取保护措施,避免生锈,腐蚀。

(8)合理选择换刀地点及换刀方式。

3. 断裂带较多,交通洞隧道3处,输水隧道2处,断裂带处泥浆易泄漏,泥膜较难形成,断裂带岩层破碎易遇孤石,可能导致排渣困难,掘进时江水易与掌子面联通,导致掘进困难,江底坍塌,泥浆污染水体。

技术措施如下。

(1)优质的泥膜是开挖面稳定的重要因素之一,高质量泥膜可以防止土仓内泥浆流失,维持开挖面泥水压力的稳定,从而保持开挖面稳定。而泥膜的形成质量与泥浆质量有很大关系,因此在掘进过程中调配高质量的泥浆,以确保形成优质泥膜。

①泥浆的密度。

断裂带渗透性强,在掘进时,泥浆密度控制在1.15g/cm³左右,既有利于高质量泥膜形成,又可以比较顺利地带出开挖下来的砂土。

②泥浆的黏性。

泥浆必须具有适当的黏性,防止泥水中的黏土、砂粒在土仓、气仓及泥浆管路的沉积,保持开挖面稳定;提高黏性,增大携带渣土能力;掘进时泥浆黏度控制在20~23s之间,弱风化泥质粉砂岩有较强的造浆能力,防止结泥饼。

(2)地面泥浆管理人员须及时测取泥浆性能参数,及时对泥浆参数进行调整,及时与掘进操作人员联系及时调整掘进参数。

(3)每环掘进需根据进浆流量、出浆流量、泥浆比重、掘进时间对出渣量进行计算,严格控制出渣量,通过计算亦可判断泥浆是否泄漏,做到适时调整掘进参数,同时保证切口水压稳定,每环统计做到心中有底。

(4)断裂带位置有可能遇到孤石,在穿越断裂带时需加强掘进参数的管理,重点关注的参数有推力、刀盘力矩,如参数波动变大则需及时调整掘进参数采用高刀盘转数小推力进行掘进,此方法能有效将孤石进行切削磨碎。交通洞隧道在过断裂带时利用本台盾构机的优势,采用螺旋机+外置破碎机+泥浆管路进行排渣,有效将大块石头排出土仓。

(5)断裂带过盾尾后及时进行补浆工作,防止地下水通过断裂带渗水通道破坏注浆。

(6)严格控制造浆材料质量,做好材料质量检验。

4. 地下水头高,易导致管片浮动,影响隧道轴线或出现管片螺栓断裂,错台、漏水等质量问题。

技术措施如下。

(1)做好同步注浆,严禁掘进未结束而停止注浆,注浆压力应与切口水压相适应一般控制在1.1倍切口水压,交通洞隧道6980泥水盾构注浆量控制在8m³左右,LG01号~LG02号盾构区间6320泥水盾构注浆量控制在7m³左右。

(2)每隔20环在盾尾3-5环施作一次止水环,有效阻止后方来水。及时对同步注浆效果进行检查,在注浆孔检查发现有注浆不够饱满时需进行二次补浆,填充间隙,二次补浆需严格控制注浆压力,重在多点位补浆。二次补强注浆采用双液浆,双液浆配比:水泥浆液水灰比为0.8:1(质量比),水泥浆液:水玻璃溶液=10:1(体积比)。

(3)按时对隧道轴线进行测量,发现偏差及时调整并查清原因。

（4）管片拼装前对止水条进行检查保证止水条完好无损，拼装时注意止水条的保护。

（5）管片拼装时管片螺栓必须拧紧，脱出盾尾后进行复紧。盾尾有泥沙时必须清理干净后进行拼装避免螺栓安装困难。

（6）严格控制管片质量，严格落实管片验收程序，严禁使用强度不够、未达龄期等不合格管片。

5. 河底监测困难，如有冒泡、沉降坍塌往往不能及时发现。

技术措施如下。

（1）利用无人机巡视、人员观察、望远镜瞭望，发现异常情况及时采取措施。

（2）严格控制出土量，每环根据进浆量、出浆量、进浆比重、出浆比重、掘进时间进行出土量计算，交通洞 6980 盾构出土控制在每环 57m³ 左右。施工过程中加强各环出土量统计对比分析，严格控制排土量。

6. 交通洞隧道西江段转弯半径小纵向坡度大，管片易出现错台破损现象，同时隧道通视条件差，盾构测量导向困难。

技术措施如下。

（1）选用误差较小的测量仪器，按时对测量仪器进行检测校核，多进行人工测量复核，小曲率半径施工段增加测量频率，严防隧洞轴线超限。

（2）小曲线段推进速度控制在 20mm/min 以下，保持盾构掘进的平稳，防止出现较大的跑偏，也可减小推力和扭矩，及时检查盾构刀具，保证开挖洞径，以利盾构转弯。

（3）盾构出现轴线偏差需要纠偏时，采取少量多次进行，避免蛇形掘进。

（4）保证管片选型正确，严格控制推进油缸、铰接油缸的行程差及盾尾间隙。

（5）及时进行管片背后注浆，注浆饱满密实，缩短浆液凝结时间。

（6）根据设计图纸隧洞最小转弯半径为 300m，转弯长度 600m，管片外径为 6700mm，管片单环长度为 1500mm，通过计算确定管片楔形量为 48mm。

7. 初期地质勘探间距大，地质水文不确定性强，盾构施工风险大。

技术措施如下。

（1）穿越前进行地质补充勘探，如 TSP 超前地质预报，江面钻孔补勘。

（2）施工中严密监测掘进参数变化情况，每环均有专人对筛分渣样进行记录并分析有无变化之处。

3.6　开仓换刀关键技术

3.6.1　大埋深复杂地质段常压开仓换刀关键技术

以珠江三角洲水资源配置工程 SD02 号～SD01 号盾构区间为例，该段盾构隧洞穿越大金山，大金山位于西江"泥湾门"区域断层影响范围，受地表环境、埋深影响，以目前的勘探技术完全查明地层断裂带发育情况、影响宽度是较困难的，综合大金山段地勘资料、实际出渣、开仓检查、掘进参数等情况，确定此段部分断裂带影响范围、上软下硬洞段长度均比合同文件有所扩大，双线累计影响范围为 1381.5m。如何保证成型隧洞安全质量的同时，又确保开仓换刀安全，是工程师急需解决的难题。

1. 施工概况

原计划大金山段换刀 26 次，为减少被动换刀，遵循"勤开仓、勤检查、勤换刀"的原则。实际换刀 57 次，超过计划 31 次。平均约 40m 换刀一次，共换刀 805 把滚刀，报废率高达 37%。根据统计大金山段换刀时间占比达到 38.6%。进行一次 5bar 带压换刀，耗时长达 54d。56 次常压换刀，其中 7 次进行超前加固。换刀情况图见图 3.6－1。

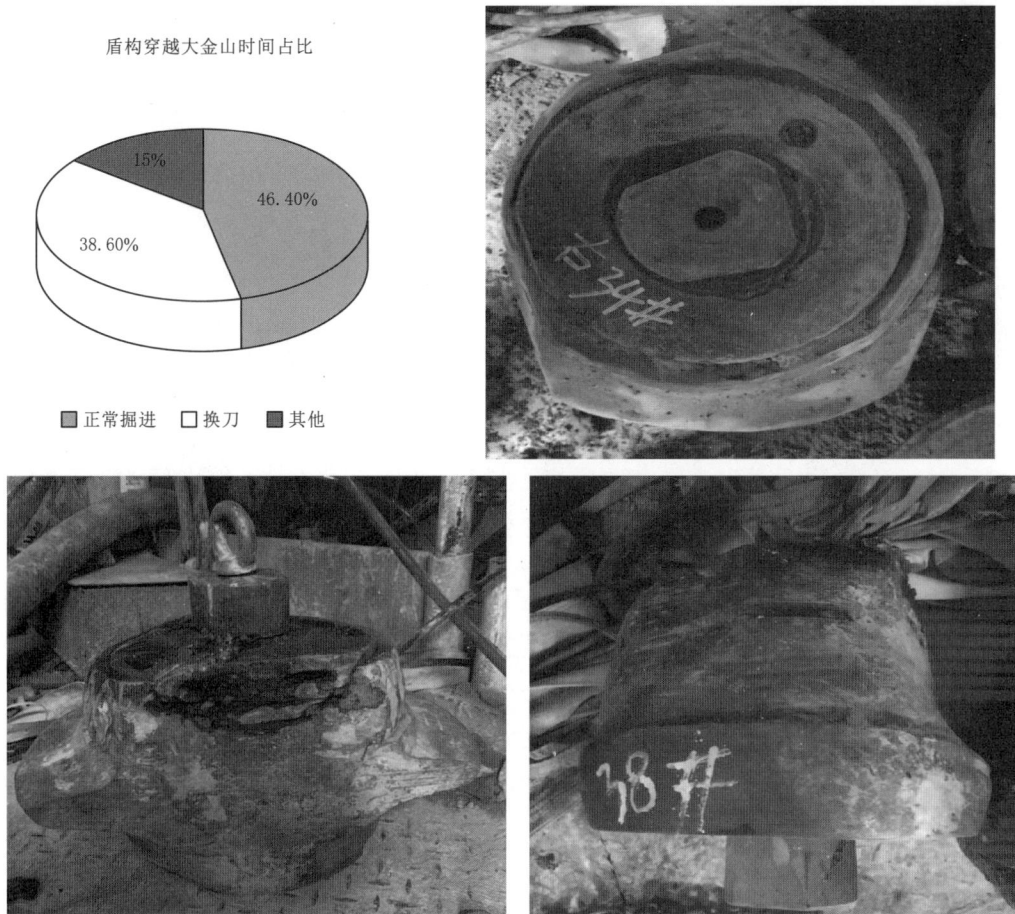

盾构穿越大金山时间占比

■ 正常掘进 □ 换刀 ■ 其他

图 3.6-1 换刀情况图

2. 刀具优化措施

上软下硬等复杂地质刀具损耗大（前期 10～20 环换一次刀），通过试刀（邀请 10 家刀具厂商进行试刀，选择性价比高的厂商），对刀具磨损形式进行分析，对刀具设计优化（30～40 环换一次刀）。另外通过调整边缘 6 把滚刀 U 形楔块厚度，优化刀具安装结构，提高了刀具利用率，也减少换刀次数。刀具参数优化见表 3.6-1，刀具测量工具见图 3.6-2。

表 3.6-1 刀 具 参 数 优 化 表

一般刀具参数				调整后刀具参数			
启动扭矩 /(N·m)	刀圈硬度 /HRC	刀刃宽 /mm	轴承密封	启动扭矩	刀圈硬度 /HRC	刀刃宽 /mm	轴承密封
25～30	56～58	22	普通国产密封	中心刀 25N·m；正面刀 25～30N·m；边缘刀 35～40N·m	59～60	25	瑞典"特瑞堡"密封系统

3. 断裂带超前预注浆加固常压开仓换刀

受地表环境影响，遇掌子面顶部 1～2m 为破碎带的情况采用洞内超前加固常压开仓换刀。针对超前加固易裹刀盘、加固效果难保证，项目从 4 个方面进行了改进，效果良好。一共进行 7 次超前加固，注浆总量达 2000m³，聚氨酯使用 875 桶，钻孔总长度达 1007m。加固地质最复杂一次，反复施做 3 次加固才成功，耗时 22d。超前注浆加固技术对比见表 3.6-2，超前加固示意图见图 3.6-3，微型摄

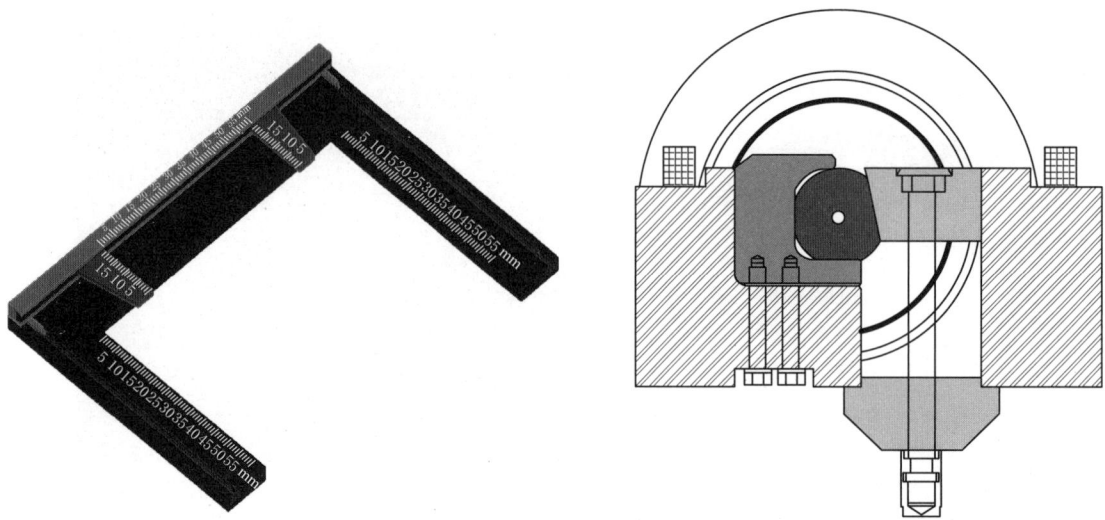

图 3.6 - 2　刀具测量工具

像头观察及加固效果见图 3.6 - 4。

表 3.6 - 2　　　　　　　　　　　　　超前注浆加固技术对比表

传统形式				本技术			
泥浆置换	钻孔深度/m	封孔防裹材料及形式	加固效果判断	泥浆置换	钻孔深度/m	封孔防裹材料及形式	加固效果判断
普通泥浆黏度在 23s 左右	10~14	在盾体外侧注聚氨酯	降压开仓判断	优质泥浆黏度在 50s 左右	16~18	在盾构上方及中孔位置注磷酸水玻璃，盾体外侧注聚氨酯辅助	降压、微型摄像头开仓判断

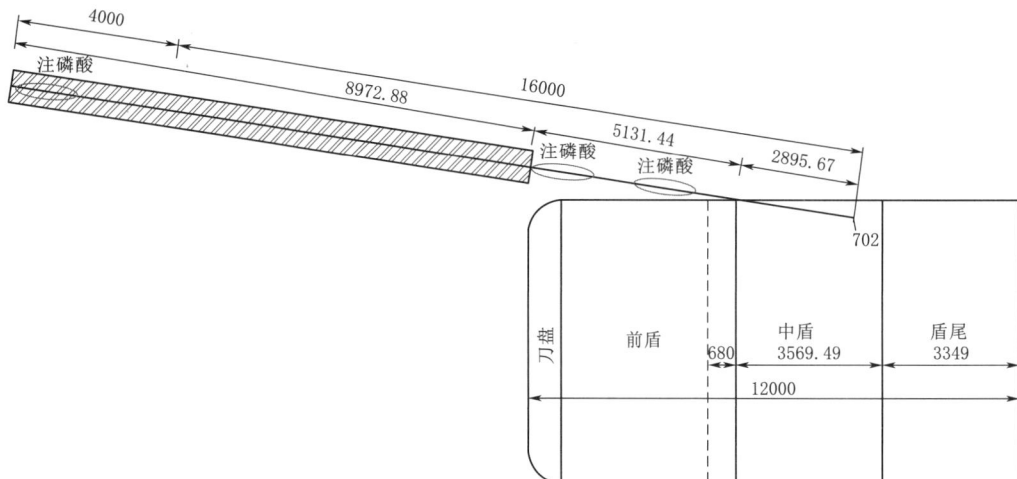

图 3.6 - 3　超前加固示意图（单位：mm）

4. 主要措施

（1）施工准备：盾尾往后 3~5 环施作双液浆止水环，盾体外侧注聚氨酯，起到止水封堵作用，仓内渣土采用黏度 50s 以上浓泥浆置换，根据水土压力保持仓压稳定，同时在拼装机位置搭设操作平台。

（2）注浆材料

根据工程需求，超前预注浆加固需要保证加固强度和凝结时间，因此采用水泥浆-水玻璃双液浆。注浆材料基本参数要求见表 3.6 - 3。

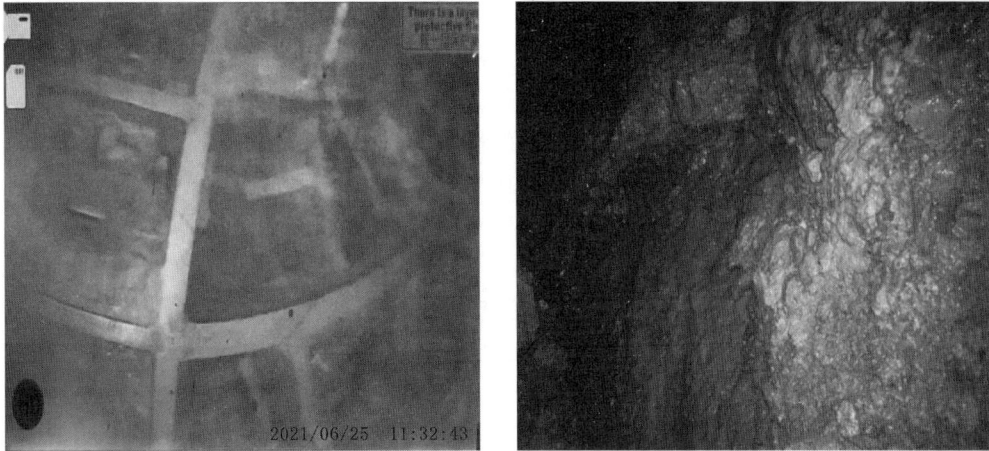

图 3.6 - 4 微型摄像头观察及加固效果图

表 3.6 - 3 注浆材料基本参数要求

类别	参 数					
水泥	等级	比表面积 /(m²/kg)	初凝时间 /min	终凝时间 /min	3d 强度 /MPa	28d 强度 /MPa
	P·O42.5R	≥300	≥45	≥600	≥17	≥42.5
水玻璃	波美度/°Bé		模数		密度/(g/L)	
	≥38		2.2~2.5		1.38（20℃）	

为了获取合适配比的双液浆，首先在实验室内进行了水泥浆-水玻璃的配比实验。实验中采用两组水泥浆液，其中一组水泥浆液容重为 1250kg/m³，（配比为：水泥 375kg/m³：水 825kg/m³），另一组水泥浆液容重 1540kg/m³（配比为：水泥 800kg/m³：水 700kg/m³），水玻璃按原液、水玻掺水方式以不同配比加入。不同配比浆液，注浆材料配比实验记录见表 3.6 - 4。

为保证加固效果，在满足浆液工作性的前提下尽量加大水泥用量，选择使用第 4 组配比，初凝时间 23s，终凝时间 1min24s，1d 强度 3.1MPa。

表 3.6 - 4 注浆材料配比实验记录

序号	水泥浆容重 /(kg/m³)	水泥浆： 水玻璃	水玻璃： 水	初凝时间 /s	终凝时间 /s	1d 强度 /MPa
1	1250	1:1	—	72	240	
2		1:1	1:1	64	1437	—
3		1:1	1:2	49	>3600	
4	1540	1:1	1:1	23	84	3.1
5		1:1	1:2	32	563	2.1

（3）封孔防裹材料

在钻孔孔深达到要求后，需要注入封孔止水材料，为防裹盾体。本工程中采用磷酸水玻璃双液浆作为封孔止水材料。其中，主要材料磷酸为三元中强酸，不易挥发，无强腐蚀性，属于较为安全的酸。

为达到最佳封孔止水效果，预先对磷酸-水玻璃双液浆的配比进行实验。在实验中，选用浓度

图 3.6-5　不同配比的磷酸-
水玻璃双液浆凝结效果

为 85％的磷酸和波美度 38.5Be 的水玻璃，按磷酸占比不同加入，随着磷酸含量的增加，开始絮凝和结块的时间越来越短，但是磷酸掺量过大，结块后为冰渣状，整体性差。磷酸掺量为 50％时，浆液为果冻状，整体性好，故选用水玻璃（水玻璃：水＝1：1）：磷酸＝1：1 的配比见图 3.6-5。

（4）泥浆置换

为了减少浆液串入，严防仓内结泥饼，需要在超前预注浆加固前进行泥浆置换。在泥浆置换前对倒数 3～5 环施作止水环及盾体外侧注聚氨酯。止水环施作采用水泥浆-水玻璃双液浆进行，采用 P.C42.5 普通硅酸盐水泥和 38.5Be 波美度的水玻璃，水泥浆水灰比为 1：1；水泥浆与水玻璃的配比为 1：1（体积比），注浆压力控制在 0.5～1MPa。止水环施作 24h 后，用钢筋插入注浆孔，无外流水即合格。

在钻孔注浆前采用钠基膨润土、纤维素通过剪切泵剪切配制黏度在 50s 以上浓泥浆，置换过程中，加强泥浆黏度及泥浆质量检查，确保置换后泥浆质量达标。

（5）钻孔及注浆施工

钻孔设备采用钻注一体机，盾构机盾尾位置处共设 8 个超前注入孔，下部受空间限制，超前注浆设备架设困难，因此选用上部 4 个超前孔进行钻孔注浆。盾构超前注入孔在钻孔过程中一次性成孔，孔径 50mm，孔深 16～20m，角度 8°。

钻进过程切记严控钻进压力、速度，遇较硬岩层须严防卡钻、掉钻等，根据钻进情况判断岩层情况、地下水情况，实时调整钻进参数。

注浆过程采用后退式注浆法，严格控制注浆参数，现场浆液配制采用 0.8m³ 桶（350kg 水泥/0.8m³ 注浆液），注入终止压力控制在 1.5～3MPa，现场根据仓压进行调节，仓压不超过 0.55MPa。

（6）效果判断

根据同等条件养护情况，一般在 24h 后强度能达到 3.1MPa 左右，满足强度要求，因此在注浆完成后 24h 后进行降压尝试，判断掌子面稳定及来水情况，降压分为 3 级，每级观察时间为 15～20min，观察期间仓压不上涨或上涨不超过 0.05MPa，当仓压降到零不再上涨时，打开仓壁排水阀，进一步确认来水情况。

在降压成功后，为进一步保证开仓安全，在开仓门前，对仓内情况采用微型摄像头进行确认，转动刀盘尽量观察仔细，对加固效果进行确认，观察到仓内情况稳定，确认安全后实施下一步。

（7）开仓换刀

开仓检查清理换刀：开仓检查掌子面稳定、来水、环境情况，确认安全可控后，检查刀盘，清理刀箱，更换刀具。

3.6.2　大埋深复杂地质段带压开仓换刀关键技术

1. 施工概况

SD02 号～SD01 号盾构区间采用泥水盾构，下穿大金山距离长达 1260m，隧洞底埋深 63～136m，主要以弱风化角砾岩、砂砾岩为主，平均单轴抗压强度 74MPa；局部为弱风化花岗岩，平均单轴抗压强度为 130MPa。大金山地质环境复杂，已勘测盾构需穿越断裂带多达 20 条，N15°～20°W/NE∠70°～80°走向，与盾构隧洞近 90°相交，对隧洞围岩稳定比较有利，围岩分类Ⅲ类为主，局部Ⅱ类和Ⅴ类，围岩稳定性一般，局部极不稳定性。隧洞藏于地下水位之下，最大水头差约为68.9m，断裂带存在高压涌水危险。盾构穿越大金山剖面图见图3.6-6。

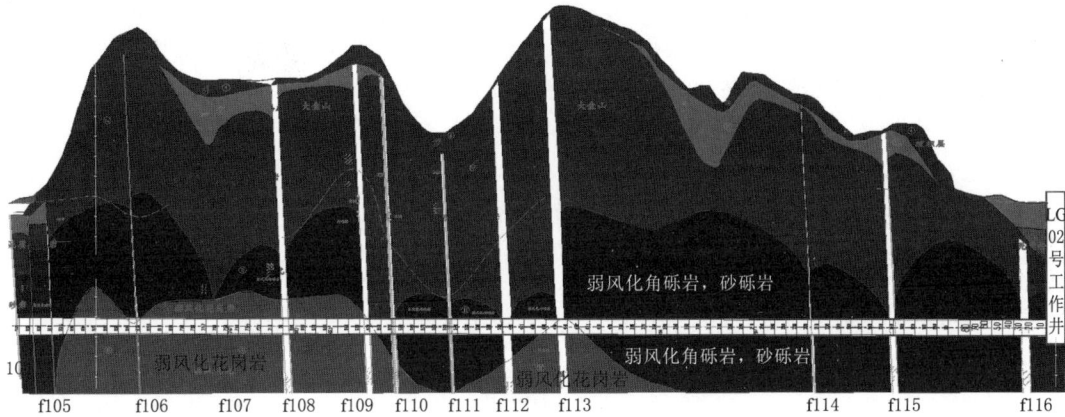

图3.6-6 盾构穿越大金山剖面图

2. 盾构开仓位置情况

输水隧洞右线盾构掘进至136环，泥浆黏度达到25s左右，推进推力超过3400t，刀盘力矩800kN·m，推进速度只有1mm/min。左线盾构掘进至第134环，掘进推力3400t，刀盘力矩800kN·m，速度5mm/min。判定盾构进入F115富水断裂带。此处地下水丰富，覆土深度为73.1m，水位高48.3m，盾构拱顶以上地层为断层破碎带，断层泥，全风化状，岩芯呈砾质土夹砾块状，下部为弱风化砂砾岩。

3. 泥水盾构带压开仓施工方法

基于断裂带地质环境下泥水盾构带压开仓施工方法：施工准备（止水环施作、泥膜材料制作、超前注浆）→浆液置换→建立泥膜（压力设定、分级加压）→换气排浆→效果检查。

（1）施工准备

1）止水环施作。

向脱出盾尾后的2~10环管片外侧注入双液浆（配比根据试验而定）形成封闭止水环，阻止后方来水。

止水效果检查：通过打开注浆头观察水流情况无线性流水证明止水效果满足要求。

2）泥膜材料制作。

根据试验配比制作泥膜材料。以衡盾泥为例：

①衡盾泥分为袋装A组（改性膨润土）和桶装B组（增黏剂）。衡盾泥A液配比为改性膨润土：水=1：2（浆体）；A液比B组=15：1。

②为方便衡盾泥的制作，将剪切泵（星三角启动）固定到管片运输车，对管路进行焊接改装，对移动砂浆罐里的衡盾泥制备材料进行充分循环剪切。

3）地面封堵。

开仓前排查开仓位置及附近地质勘查钻孔，存在一个地质补勘孔，已进行封堵密封，无漏气现象。开仓过程中随时检查地面是否存在漏气情况，发现漏气较大时，须进行双液注浆封堵。

4）超前注浆。

为了确保开仓安全采取超前注浆对刀盘前上方土体进行加固。其主要目的是为了密实盾构施工区域刀盘前上方土体，尽可能减小土体透水性，使其形成一个半圆形密闭壳体，提高盾构刀盘前上方土体整体稳定性。

利用盾构上部2个Φ78mm超前注浆孔进行注浆（11点位、1点位），在刀盘上部形成加固体，采取超前16m范围进行WSS法化学注浆加固，注浆浆液为双液浆，采用注浆压力结合注浆量双重控制，其中以泥水仓压力控制为主。注浆前泥水仓保压到5bar。

5）衡盾泥配置。

在开挖面形成泥膜对防止气体泄漏和维持开挖面土体稳定是气压开仓的关键因素。根据地层的地质条件和掘进要求，选用适当黏度的衡盾泥浆体配比：

①衡盾泥分为袋装A组（改性膨润土）和桶装B组（增黏剂）。衡盾泥A液配比为改性膨润土：水＝1：2（浆体）；A液比B组＝15：1。

②为方便衡盾泥的制作，将剪切泵（星三角启动）固定到管片运输车，对管路进行焊接改装，对移动砂浆罐里的衡盾泥制备材料进行充分循环剪切。衡盾泥配置参数见表3.6-5，其效果图见图3.6-7。

表 3.6-5　　　　　　　　　　衡 盾 泥 配 置 参 数 表

项　　目	技 术 指 标	备　　注
观察时间/min	15～45	
浆体黏度/(dPa·s)	未增粘前浆体黏度：10～90	
	增粘后浆体黏度：350～600	
漏斗黏度/s	22.0～48.0（建议使用立式搅拌桶时使用）	
增粘后浆体载荷能力/(kg/cm^2)	≥1.5	
比重/(g/cm^3)	1.2～1.3	
失水率/%	29.4～47（在恒温30°）	
附着率/级	1～7（在恒温40℃）	

图 3.6-7　衡盾泥效果图

（2）浆液置换

①衡盾泥现场配置。

在衡盾泥置拌过程对A组分、B组分和水的用量严格按比例控制，每次拌浆2m^3，首先向移动罐内加入2m^{3}水，水量通过接到水管上的水表控制；然后通过剪切泵加入25袋衡盾泥干粉（40kg/袋），充分搅拌30min；最后将配置好的A液抽到固定砂浆罐内，按照A液：B液＝15：1的比例通过自吸泵加入B液，充分搅拌10～15min，观察浆液情况，如符合标准进行前仓置换。

②衡盾泥前仓注入及置换。

施工准备工作完成后进行浆液置换，将原开挖仓浆液置换成泥膜护壁材料。施工作业人员高压进仓关闭前闸门，使开挖仓封闭，使用注浆泵将注浆管接入前仓预留 6 点和 10 点位置超前注浆管，开始注入前仓，衡盾泥注入点位见图 3.6-8。原前仓浆液由顶部平衡管放出至污水箱，注入时观察前仓顶部压力，及时调整注浆泵频率和放浆口球阀开闭大小，控制注入时顶部压力不要波动过大。待顶部放出浆液和注入的衡盾泥基本一样时，标准为将放出的浆液用自来水清洗，无杂质洗出，置换完成。衡盾泥置换平面图见图 3.6-9。

图 3.6-8 衡盾泥注入点位

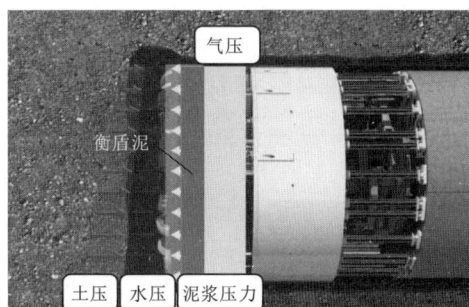

图 3.6-9 衡盾泥置换平面图

（3）泥膜建立

1）当隧道埋深大时可根据太沙基理论计算土压力，从而确定泥水仓压力，可做适当修正。加压强度为当前地层中泥水仓压力的 1.2～2.0 倍，具体情况根据加压时情况及地面的监测情况适当调整。

2）分 5 级加压，通过少量多次的注入泥浆进行加压，每级 0.2bar。一级 4.95～5.15bar，二级 5.15～5.35bar，三级 5.35～5.55bar，四级 5.55～5.75bar，五级 5.75～5.95bar，前 4 级要求动态稳压 2h，最后一级要求稳压 6h。在稳压过程中，如果压力在规定稳压时间内未降到开始加压值，则表示该段分级加压成功。

3）四级减压完成后，回缩铰接刀盘后退 6cm 左右，以确保膨润土在掌子面位置形成泥墙，保证掌子面的稳定，进行第五级减压。

4）每班缓慢转动刀盘 2 次，转速 0.1～0.5r/min，以确保掌子面位置行成泥墙，最后一级加压时尽可能不转动刀盘。

5）五级减压合格后进行保压实验，保压 6h，在保压过程中，注浆罐中保留适当的泥浆，控制室内安排不间断的观察。泥浆进行过一定的渗透后，压力会有一定的下降，此时通过注浆系统继续向仓内补浆，直至液面和压力恢复到最大允许压力。压力变化值 20～30min 记录一次，保压全过程压力变化应小于 0.5bar。当出现大于 0.5bar 时必须重新施做泥膜，泥膜施做完成后，再次进行保压试验，直至保压在稳定的范围内。右线带压开仓泥膜情况统计见表 3.6-6。

表 3.6-6　　　　　　　　　　右线带压开仓泥膜情况统计表

带压开仓第一次建泥膜情况统计（开仓前施作泥膜）					
施工日期（月-日）	工序	加压前泥水仓压力/bar	加压后泥水仓压力/bar	注入量/m³	保压时间/min	次数/次
12-27—12-29	置换泥浆	4.64	4.98	84	—	—
12-29	一级建泥膜	4.95	5.15	4	128	2
12-29	二级建泥膜	5.15	5.35	2.5	123	2
12-29—12-30	三级建泥膜	5.35	5.55	8	125	6
12-03	四级建泥膜	5.55	5.75	7.5	122	7
12-31—01-04	五级建泥膜	5.75	5.95	12	200	39

续表

施工日期 （月-日）	工序	加压前泥水 仓压力/bar	加压后泥水 仓压力/bar	注入量 /m³	保压时间 /min	次数/次
01-13—01-17	置换泥浆	4.74	4.95	183	/	/
01-18	一级建泥膜	4.95	5.15	0.5	120	1
01-18	二级建泥膜	5.15	5.35	0.5	120	1
01-18	三级建泥膜	5.35	5.55	3.1	126	10
01-18	四级建泥膜	5.55	5.75	1.5	120	7
01-18—01-19	五级建泥膜	5.75	5.95	3.6	360	18

6）泥膜制作注意事项。

①泥膜的泥浆采用衡盾泥，每次置换出来的泥浆须用清理过的内燃机车土斗装好，准备好水泵，以备修复泥膜时能重复使用。

②在制造泥膜的过程中，每一个步骤均要进行详细的数据记录，包括泥浆的浓度、注入量、泥水仓内的压力变化以及地面冒气、冒浆等情况。

③在地面安排专人监控地面冒气及冒浆的情况，及时与当班盾构司机进行沟通。

④在泥水仓泥浆升压和降压过程中，需缓慢注入泥浆或排出泥浆，使泥水仓压力缓慢变化，切勿使泥水仓压力大起大落，防止扰动隧顶地层。

（4）泥膜检验

通过6h的保压和持续补浆，泥膜已经形成一定规模。形成的泥膜是否能够提供带压作业时的围护作用，需要通过泥膜检验来做初步的判断。

1）减压检验。

通过排浆逐步将泥水仓压力回调至工作压力4.95bar，液面随之降低，开始观察2h，如发现泥水仓压力有逐渐上升的趋势，说明外围压力大于设定的泥水仓压力，需要增大工作压力。如泥水仓压力变化范围小于0.05bar，则进入换气排浆的阶段。打开自动保压系统设定为设计值，将泥水仓渣土排出约1/3，观察泥水仓压力变化，同时安排人员检查刀盘上方附近是否有漏气情况，若泥水仓压力保持2h没有变化，继续排土至2/3，若泥水仓压力保持2h没有变化或不发生大的波动时（压力变化值<0.05bar），则表明掌子面气密性合格，反之则不合格。

2）空压机参数检验。

空压机运行压力区间6～8bar，达到8bar后，空压机停止运行，空载运作；压力降到6bar后，空压机就加载运行，在保压过程中反复加压，空载时间越长，说明泥水仓封闭性越好，反之，泥水仓漏气较多。

3）供气检验。

若供气量小于供气能力的10%，开挖仓气压保持2h无变化和无大的波动时，表明保压试验合格。在气压开仓过程中，若漏气量大于供气量的50%，应停止气压作业，重新采用泥浆置换修复泥膜，直至保压试验合格。

4）综合检验。

根据通过衡盾泥渣土置换、分级加压、浆气置换过程中具体泄压时间、补注量的详细记录情况，综合分析，并确定是否具备开仓条件。

（5）换气排浆

开启保压系统，缓慢将泥浆排出，整个过程平稳缓慢进行，避免出现浆液排出过快造成上部欠压的情况出现。出渣压力按照第一级加压时工作压力来设置，出渣过程中压力变化不得超过

0.05bar，出渣压力按照每次开仓时预设压力来设置，打开3、9点或下部排浆孔进行排浆，先将泥水仓内渣土排出1/3，停机30min观察泥水仓的气压及地表沉降情况，如果压力稳定（加气量正常），地表无沉降和气体泄漏，继续再将泥水仓内渣土出至刀盘1/2的位置，再次停机30min观察泥水仓和地表变化情况，在所有数值变化正常时，将渣土排出2/3停机，在此过程中应注意保压系统气压补充能力是否能与出渣同步。考虑排浆管路渣土若出空，泥水仓与外界形成通道，影响保压效果，因此，排浆管路内渣土不出空。

启动加气系统后，立即通过仓室的排浆口（球形阀）排出膨润土，保持仓室内压力恒定。分步骤对仓室内的压力进行控制，以达到设定的进仓压力值。

（6）效果检查

1）气体检测：为确保作业人员进仓后的安全，开仓前必须对仓内的空气质量做气体检测，确定合格后方可进一步施工。

2）进仓判断标准：换气排浆完成后，在保压系统开启的情况下能够保压6h以上，并满足空压机加压时间小于其待机时间的10%，则认为泥膜护壁完成。对浆液置换、分级加压、地表监测数据、换浆排气过程中的具体泄压时间、泥膜护壁材料的注入量的详细记录进行综合分析和反馈，以确定是否具备进仓条件。

（7）进仓作业

1）超高压带压进仓作业内容及要求见表3.6-7。

表3.6-7　　　　　　　　　　　带压进仓作业内容及要求

序号	作业环节	内 容	要 求
1	作业准备	人员、设备、材料、工程条件、后勤保障相关工作	确认相关准备工作已完成，作业过程中实时对地表沉降情况进行监测。建立泥膜，对泥膜质量进行初步判定
2	置换气体	对仓内气体进行置换	对仓内气体成分进行检测，如CO、CO_2、CH_4、H_2S等有害气体含量超标，应继续进行通风置换直至合格
3	检查人员进仓	检查人员对刀具刀盘等异常情况进行检查	人员加压应由专业操仓人员按照国家标准进行操作。打开仓门后，对仓内气体进行二次检测，如检测不合格，应关闭仓门，检查人员出仓并置换仓内空气。检测合格后，由专业队伍人员对刀盘结泥饼、刀具磨损情况进行检查并记录，并对掌子面稳定情况、泥膜建立情况进行检查
4	作业人员、材料、工具进仓	作业人员、材料、工具进仓	作业人员应对材料、工具进行核对并转运至人员仓。作业人员应履行进仓签字确认程序。人员仓应由专业操仓人员按照国家标准进行操作
5	作业实施	根据方案、交底内容实施作业	作业人员按照方案、交底中明确的作业内容、流程、标准实施作业。在作业过程中，实时关注掌子面稳定情况和有毒有害气体检测情况，存在异常情况，应停止作业，立即出仓。作业人员在压力环境下的工作时间应符合国家标准规定
6	作业人员出仓	作业人员出仓	人员仓由专业操仓人员操作。作业人员应将所更换的旧刀具携带同步出仓。减压出仓期间，应将本仓工作完成情况及时向仓外人员进行反馈，以便提前安排下仓作业内容。作业人员出仓后，应做好与下仓人员交接工作
7	作业效果判定	按照方案和交底内容对工作效果进行判定	检查人员按照作业的目的和标准对换刀点位、螺栓紧固效果、障碍物处理等作业效果进行检查，如未达到作业预期效果应继续实施
8	清仓、关闭仓门	作业人员清仓并关闭仓门	作业人员进仓对仓内工具、工装、材料进行清点核对并携带出仓，同时按照交底要求关闭仓门，人员出仓后，做好恢复掘进准备
9	泥浆置换气体	刀具更换完成进行泥浆保压	要求保证掌子面稳定，准备磨刀

2）进仓人员工作时间及减压时间规定。

泥水仓内作业采用轮班制，根据工作压力选择合适的工作时间（一个工作时间45min减压时间

166min），工作人员每个工作时间为1班，每班6人，其中仓内2人作业，泥水仓门口有1个人。仓外有监督1人、医生1人、机电1人（8h一班）。作业人员在泥水仓内作业一个工作时间后通过出闸程序离开主仓。下一班人员按照入闸流程进入泥水仓作业。极大地保证了带压换刀的安全性。

（8）带压开仓总结

本次断裂带下超高压（5bar）带压开仓换刀共进行了57仓，其间进行了一次泥膜修复，更换边缘滚刀10把，在保证安全的前提下顺利完成了本次超高难度换刀。根据对换刀过程的分析和总结，得到以下结论：

1）充分意识到前期准备工作的重要性，在常规地层加固难以实现的情况下采用超前注浆加固密室刀盘前方土体，增加掌子面稳定性，为超高压带压开仓提供了坚实的基础。

2）提出的衡盾泥配置方案采用衡盾泥A液配比为改性膨润土∶水＝1∶2（浆体）；A液比B组＝15∶1的配合比，配制出适当黏度的浆液体。分级减压形成高质量的泥膜是本次超高压带压开仓成功的关键。

3.6.3 液氮冷冻盾构开仓关键技术

目前，国内外盾构施工中采用冻结法在不良地质条件下进行始发、接收、开仓等已屡见不鲜，其中最广泛采用的是较为经济的盐水冻结法。如今随着城市的高速发展，盾构施工埋深越来越大，但是针对大埋深不良地质下冻结法开仓的却史无前例。

以往成功案例经验存在一定局限性。首先埋深上过大，冻结壁厚度也得相应提高，但是提高多少没有一个准确的经验值参考；其次，采用液氮冻结法，需要从地面进行钻孔，钻孔精度难以保证；再有，以往经验中开仓条件判定无法满足当前工况，局限性较为明显。

1. 概况

本工程经综合考虑，选择采用液氮冻结开仓技术，在超大埋深不良地质的工况下，采用盐水冻结法冻结切口环加以辅助。

（1）盾构机埋深高达53.93m，且处于富水不良地质段，在如此工况下进行开仓，国内外均无先例。埋深越大，相应的水压、土压越大，风险性也呈直线上升。而且进行液氮冻结钻孔时，深度太大，垂直度的精确性控制难度大，存在一定误差，冻结壁的厚度无法保证。

（2）因所处地质及埋深在以往没有先例，且冻结管布设时精准度控制难，所以判定开仓的时机按传统方法去实施存在一定风险性，无法直接设定快捷有效的判定条件。

（3）开仓后安全、快捷清理冻土是其中的一个重要环节。

2. 关键技术

（1）超大埋深冻结设计

本次研究设计冻结壁范围为：刀盘前方1.8m、后方0.6m、左右两侧3m、刀盘上部3m，刀盘下部0.85m，盾体两侧和刀盘前方冻结范围钻孔深度至隧底以下1m。液氮冻结孔排间距0.8m，孔间距0.6m，单孔深度达54m，是迄今为止国内最深的液氮冻结深度。考虑单孔垂直度偏差为0.3m，为保证最不利情况下终孔间距为1.2m，所以孔间距为0.6m。盾构切口环采用盐水冻结进行辅助。冻结范围剖面图见图3.6-10。

在此设计参数下，积极冻结6天，冻结壁可以交圈，成功完成仓内浆气置换，说明冻结孔排间距与孔间距设计合理。液氮冻结现场见图3.6-11，测温系统见图3.6-12。

（2）开仓时机判定

通过传统的冻结壁交圈条件判定，因为埋深较以往案例大太多，局限性较为明显，所以首次减压开仓未成功。由此立即研究调整了冻结壁交圈时机判定方法，需多个参数联合进行判定。

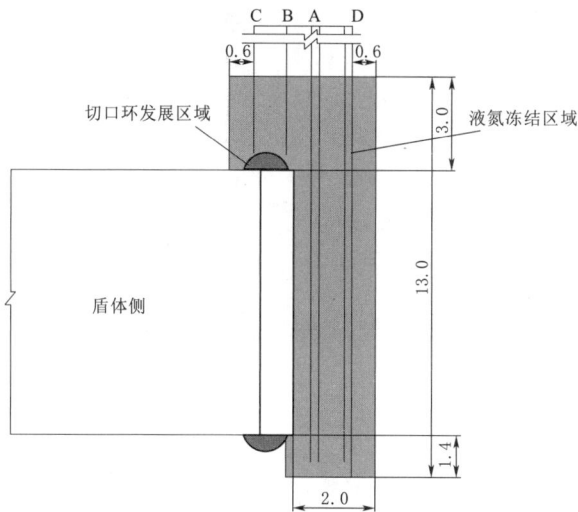

图 3.6-10 冻结范围剖面图（单位：m）

图 3.6-11 液氮冻结现场

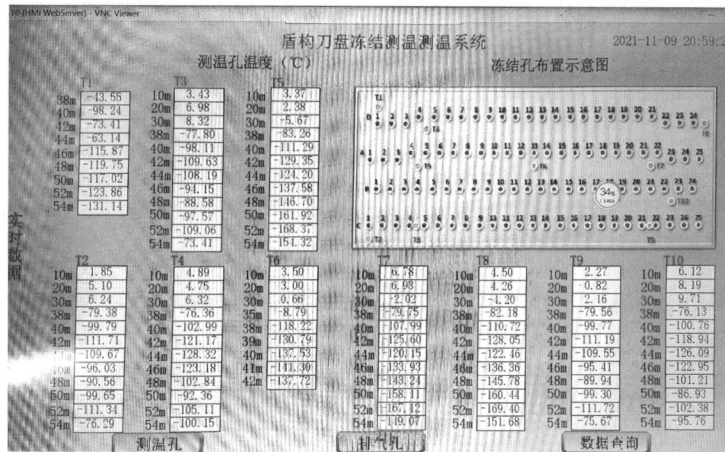

图 3.6-12 测温系统

1）测温孔温度，特别是靠近刀盘前方的测温孔温度，根据测温孔离刀盘的距离及测点温度判断。

2）分析仓压上升曲线，见图 3.6-13 仓压区间变化曲线。

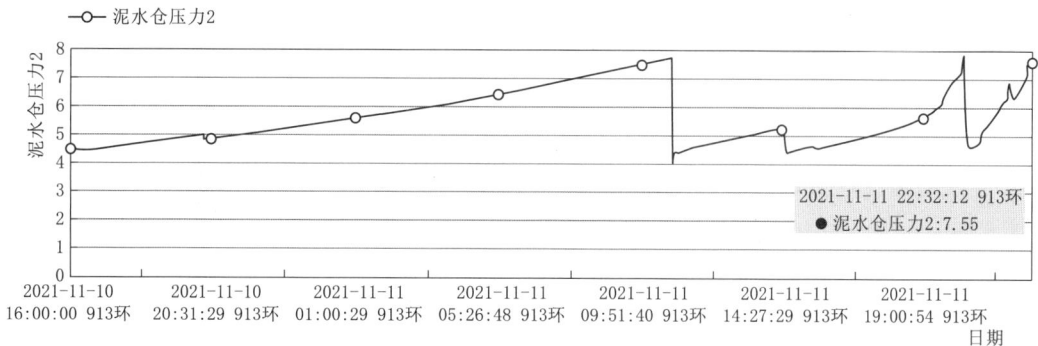

图 3.6-13 仓压区间变化曲线

3）测量仓内介质温度，详见图 3.6-14 仓内介质温度测量。

4）仓内卸压，冻结壁交圈以后，可分级卸压，逐步使仓内压力达到 0bar。

5）开仓后观察仓内情况，一般冻结壁呈"锅底"状，详见图 3.6-15 冻结壁实际照片。

图 3.6-14　仓内介质温度测量　　　　图 3.6-15　冻结壁实际照片

（3）总结出效率最高的冻土清理方案

通过尝试各类冻土清理方案，最终发现效率最高的方案为：风镐凿除表面冻土，高压盐水清理刀箱。清理冻土见图 3.6-16，更换刀具见图 3.6-17。

图 3.6-16　清理冻土　　　　　　　　图 3.6-17　更换刀具

3.7　深埋盾构施工高效出渣关键技术

3.7.1　工程背景

以 SD03 号～SD02 号盾构区间为例，该区间单线全长 2.9km，盾构机由 SD03 号工作井始发，SD02 号工作井接收。其中 SD03 号工作井为全线最深的工作井，深度为 73.98m，有效直径为 30.5m，隧洞埋深 52～70m，采用两台 ϕ6280 土压平衡盾构机施工，工作井渣料垂直运输高度为 74m，水平运输长度为 2.9km，单线渣土运输总量约 12.6 万 m³。对于土压平衡盾构施工而言，隧洞埋深和单线掘进里程的增加导致渣料运输成了一项重难点。

土压平衡盾构渣土运输方式目前主要采用螺旋输送机、皮带输送机、轨道渣土车组成的水平运输系统及龙门吊、抓斗组成的垂直运输系统。随着隧道不断掘进，传统轨道渣土车往返时间增加，渣土运输能力不足导致盾构机停机等待，制约盾构掘进效率。

为提高盾构推进速度，适应盾构长距离、大运量的发展需求，提出了与盾构推进同步延伸的皮带输送机渣土运输方案，该方案具有适应性强、安全性好等特点，在国内外多项工程得到应用。

3.7.2　超深竖井盾构施工长距离连续出渣工艺及装备研制

超深竖井盾构长距离渣料运输施工过程中，渣料运输量大，运输工效要求高。受工作井深度与空间制约，垂直运输面临盾构始发阶段出渣难度大、皮带机安装位置受限、垂直皮带支撑结构易变形、垂直皮带轴承更换困难、垂直皮带运输时易掉渣、卸渣不彻底等施工技术难题；水平运输因隧洞出渣距离长、转弯段较多，导致转弯段皮带受力不均易磨损、侧翻等问题，因此需要研究超深竖井长距离盾构不同阶段出渣工艺及连续出渣装备。

1. 不同阶段出渣工艺

（1）盾构始发阶段

盾构始发阶段采取侧方溜槽＋龙门吊垂直运输的出渣工艺，通过设计一节 4m 长临时皮带机出土台车，将皮带机及出土口置于该台车上用于侧方和正下方的大土斗出土，龙门吊垂直运输，相较于采用 2 方斗在螺旋机后方接渣工效提高 5 倍以上，有效地解决了超深圆形始发竖井有效空间有限、盾构始发阶段无法正常编组列车出渣和常规龙门吊出渣效率低等施工难题，大幅度提高了超深竖井盾构始发阶段出渣效率。盾构始发阶段侧方出土示意图见图 3.7－1。

（2）盾构掘进阶段

在盾构正常掘进阶段，根据以往施工经验采用龙门吊＋电机车出渣工艺每循环渣料的垂直运输时间平均为 60min，仅满足每小时 1 环渣土运输量，长距离运输单环用时会更长，难以满足项目盾构正常掘进出渣需求。

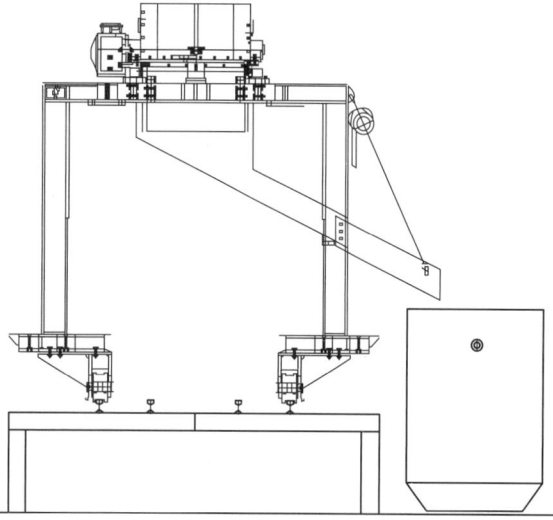

图 3.7－1 盾构始发阶段侧方出土示意图

因此，在盾构正常掘进阶段采取水平皮带机＋垂直皮带运输的出渣工艺，即在始发竖井内空间满足皮带机安装前，采用电机车＋龙门吊垂直运输出渣工艺临时过渡性出渣，待始发竖井及隧洞内满足皮带机安装条件好则采取水平皮带机＋垂直皮带机连续出渣工艺。盾构正常掘进阶段水平＋垂直皮带机连续出土示意图见图 3.7－2。

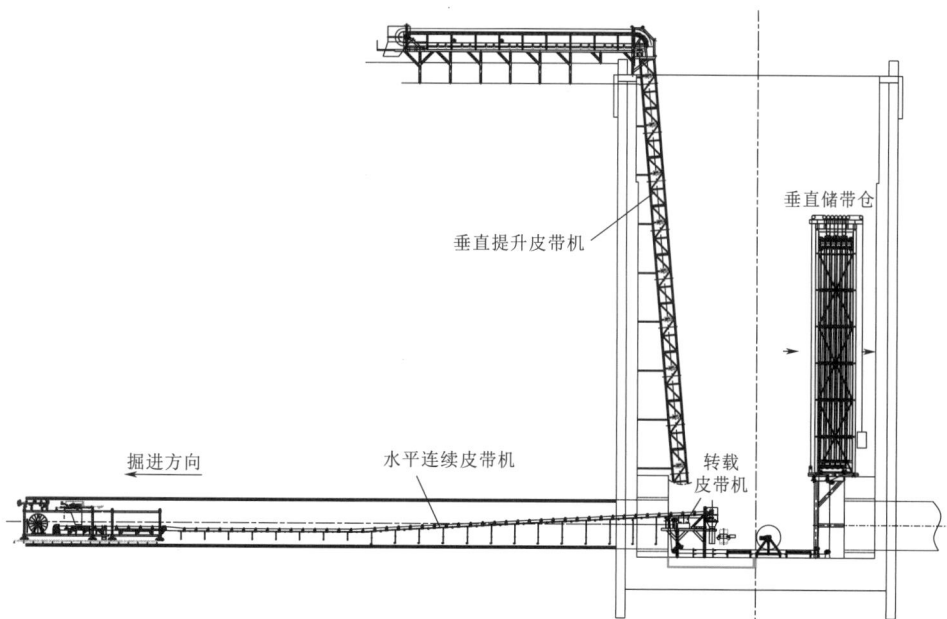

图 3.7－2 盾构正常掘进阶段水平＋垂直皮带机连续出土示意图

2. 垂直运输装备的研制

(1) 垂直出渣设备技术参数设定

本工程隧洞采用 $\phi6280$ 土压平衡盾构施工，管片环宽 1.5m，穿越地层主要为弱风化泥质粉砂岩，经计算单环出渣量为（理论方量乘以松散系数）$46.46 \times 1.4 = 65m^3$，根据渣料密度计算单方渣料为 $2.7m^3/t \times 65 = 175.5t/$环，垂直皮带机需满足最小提升重量 351t（双线需求量）；提升高度按照 74m 计算，为保障运输效率，运行速度需控制在 $0 \sim 2.8m/s$，通过查阅文献资料得知，在上述提升重量与提升速度的前提下电机功率需不小于 250kW。为保障双线隧洞渣料垂直运输的可靠性，对垂直皮带机的相关技术参数进行设定。垂直提升皮带机基本技术参数表见表 3.7-1。

表 3.7-1　　　　　　　　　　　　　垂直提升皮带机基本技术参数表

项　目	数　值	项　目	数　值
输送物料	同连续皮带机	电机功率/kW	250
带宽/mm	1400	胶带型号	ST1250
带速/(m/s)	0～2.8	传动滚筒直径/mm	1300
运量/(t/h)	640	凸弧段托轮直径/mm	194
机长/m	48	机尾滚筒直径/mm	1000
提升高度/m	74		

(2) 垂直出渣设备研究

垂直皮带机出渣过程中，地面水平卸料段易发生黏料，渣土无法完全从胶带上掉落下来，部分渣土粘附在胶带上，导致现场渣土大量堆积，严重影响皮带机出渣能力。为此，对垂直皮带运输机提升卸料设备进行研究，通过设计驱动机构、牵引胶带和可旋转渣斗，施工时渣斗随牵引胶带沿出渣路径运行，并在自身重力作用下渣斗开口朝上；在井口地面设有翻转导轨，井口出渣时翻转导轨被构造成翻转部能够与翻转导轨对接并且翻转导轨能够对翻转部施加力以使渣斗翻转至开口朝下，确保了垂直皮带机出渣能力，实现了超深竖井盾构渣料连续稳定高效运输。垂直皮带运输机提升卸料结构设计见图 3.7-3。

图 3.7-3　垂直皮带运输机提升卸料结构设计

垂直皮带机在与地面水平皮带机转渣过程中，由于渣斗内无法在一瞬间完全掉落，导致渣斗转载后斗内还存在一定渣土，降低了出渣率，为提高该处的出渣率，在原设计垂直皮带地面水平段长 20m 的基础上，加长垂直皮带地面水平段长度到 25m，延长渣斗与水平皮带的搭接长度，增设一套拍打器，以进一步提高出渣率。

为保证垂直皮带机连续出渣顺畅，往往需要对垂直皮带机进行定期检查，并对其老旧、磨损的轴承进行更换，尤其是较易磨损的凸弧段轴承。更换时利用千斤顶将凸弧段轴承逐个撬起，全部拆卸后进行磨损轴承的更换，轴承更换完毕再将其全部安装回垂直皮带机凸弧段。为避免垂直皮带轴承更换困难的问题，通过在垂直皮带机凸弧段上设置滑轨和滑块，当需要更换轴承时，将滑块滑动至待更换的轴承下方，千斤顶设置在滑块上，利用滑块作为着力点，通过千斤顶的伸缩将轴承顶起即可进行拆卸更换。垂直皮带运输及凸弧段更换结构见图3.7-4。

图3.7-4 垂直皮带运输及凸弧段更换结构

3. 水平运输装备研制

根据计算出的单环渣料量与单环渣料重量，水平皮带机带宽不小于700mm，运输重量需满足175.5t，运行速度按照最长2.9km计算需控制在0～3m/s，根据上述要求查表得知电机功率不小于200kW。根据盾构掘进渣料运输需求，保障水平渣料运输量，满足盾构掘进需求，对水平皮带机的相关技术参数进行设定。见表3.7-2。

表3.7-2　　　　　　　　　　　　连续皮带机基本技术参数表

项　目	数　值	项　目	数　值
输送物料	渣石	提升高度/m	-3
渣石密度/(t/m³)	2.7	胶带每卷长度/m	500
渣石粒度/mm	0～250	电机功率/kW	200
带宽/mm	710	胶带型号	ST800
带速/(m/s)	0～3	传动滚筒直径/mm	800
运量/(t/h)	300	托辊直径/mm	108
总机长/m	2413		

为了满足盾构长距离水平皮带机出渣能力，特别是长距离盾构隧洞经常会遇到转弯段，水平皮带机在转弯段时，容易因受力不均，造成皮带破损、侧翻等问题，因此对水平皮带机转弯段的设计进行了一系列优化，在胶制基带内设至少两层大模量承载层，位于中间两层的大模量承载层间设有小模量抗拉层，增强胶带抗拉耐磨性能，解决了皮带在转弯段因受力不均导致皮带磨损、侧翻等问题，延长皮带使用寿命。双模胶带结构图见图3.7-5。

3.7.3 深埋长距离隧洞皮带机高效安装技术

项目盾构始发井与接收井共用，工作井深度为73.98m，有效直径为30.5m，区间最大掘进长度为2.9km，在此工况下既要满足盾构渣料连续运输设备的安装又不能影响另一区间盾构接收，对

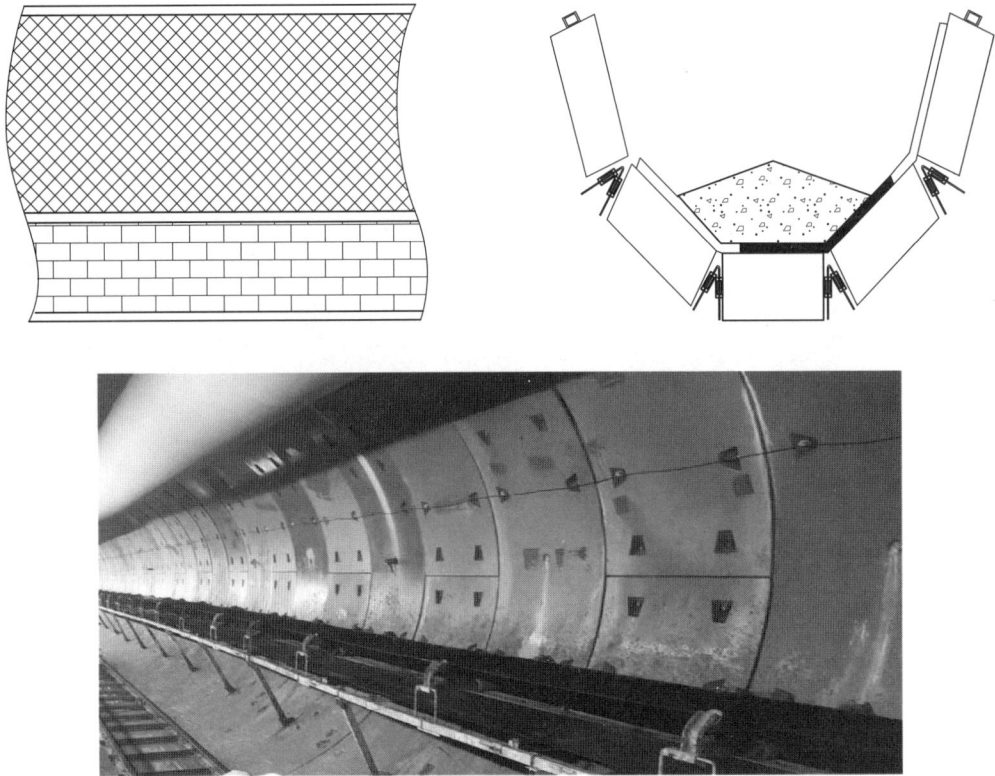

图 3.7 - 5　双模胶带结构图

井内空间布局要求高，如储带仓、转载皮带的布置；另外在超长隧洞盾构渣料水平运输施工过程中，水平皮带需根据盾构进尺进行延伸，过程中易出现定位不精准，影响延伸进度及运行稳定，因此需要对超深埋长距离隧洞皮带机高效安装技术开展研究。

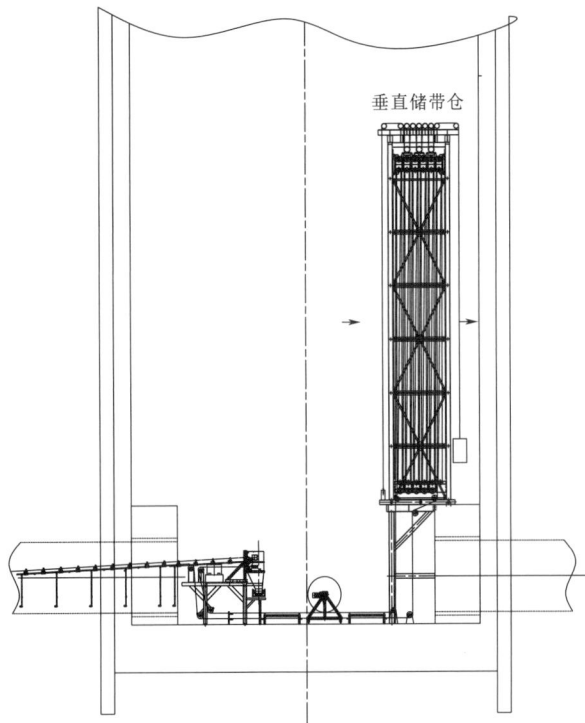

1. 盾构工作井空间布局优化

（1）储带仓设计优化

储带仓现场垂直布置见图 3.7 - 6。

常规储带仓一般布置于隧洞内，需盾构掘进 120 环左右才可安装皮带出渣系统，此工艺制约了盾构始发段的掘进工效，并不利于后期维保，本项目为节省工期，提高盾构掘进工效，后期便于维护，把储带仓以垂直布置的形式布置于井内端头墙位置，盾构仅需掘进 60 环完成分体始发后即可安装皮带出渣系统。

另外，本项目工作井为盾构始发井与接收井共用井，如本盾构区间后于另一盾构区间贯通，则会影响另一盾构区间的接收工作，为不影响另一区间贯通接收工作且无需拆除本区间储带仓及转载皮带，考虑将垂直储带仓支撑结构设计成城门形且转载皮带尽量靠

图 3.7 - 6　储带仓现场垂直布置图

近掘进端，预留中间盾构贯通空间及出洞吊装解体空间，减少盾构接受与储带仓之间的影响。

（2）转载皮带安装优化

由于工作井可用空间有限，而盾构掘进所需的辅助设备较多，同时为尽量减小转载皮带高度，对转载皮带设计进行改进，通过设计下沉基坑并尽量靠近洞口位置，为其他盾构掘进辅助设施提供安置空间，还可减小水平皮带与转载皮带之间高度差，减小出洞段坡度，降低皮带掉渣可能性。

2. 皮带机安装

（1）安装简介

施工准备（检查是否具备安装条件）→安装连续皮带机机尾部分→设备基础检查验收→标注基准点（中心标点和标高点）→安装垂直提升皮带机井底部分→安装垂直提升皮带机垂直段→安装连续皮带机垂直储带仓及拉紧装置→安装垂直皮带机胶带→安装连续皮带机机头及机身→安装转载皮带机→安装皮带机上下托辊→安装连续皮带机胶带并硫化接头→整机试运转→鉴定验收。

（2）垂直皮带机安装

1）垂直提升皮带机垂直段包括框架、中间部分、支撑架、上下托辊组、挡辊等。

2）工作井垂直皮带机安装角度为 85°，中间垂直段每 4.5m 一节，安装时先在地面将每节组装完成。利用汽车吊和龙门吊吊装下井安装。机身框架吊装时，吊起一端缓慢地放置在井筒中，按输送机中心线找正，然后进行固定（上部单元整体吊装就位后与下部的单元采用螺栓连接固定）。固定后的框架中心线与输送机中心线在允许误差范围之内。

3）竖向框架的安装沿竖井井壁进行，需要吊篮辅助安装，根据测量给出的胶带中心线及每组框架基础位置（中心及标高），调整后采用 U 形螺栓固定，同时将竖向框架通过斜拉撑（3m 一道）与洞壁预埋板焊接成一体。

框架安装：根据测量给出的胶带中心线及每组框架基础位置（中心及标高），合格后就地安装。

4）安装标准如下。

①中间框架垂直度公差不得超过 0.3%。

②机架中心线与输送机纵向中心线对称度不得超过 3/1000。

③输送机各机架的中心线沿输送机中心线方向直线度不得大于 1mm。

5）垂直皮带机架体安装完成后，开始进行胶带的安装，胶带安装时，汽车吊及龙门吊配合吊装下井。

胶带吊装到位后开始安装托辊，施工人员通过垂直皮带机机架自带的爬梯，上到检修平台上安装托辊，而后进行改向轮、压带轮的安装，最后通过尾架上的螺旋拉紧装置将胶带拉紧，整个胶带安装完成。

（3）储带仓及张紧车安装

1）安装前，按图纸要求先将储带转向架、储带仓框架（每节 3t）在地面分别组装。

2）复测洞壁上垂直储带仓基础尺寸是否与到货设备安装尺寸相符，如不相符，应更改至图纸尺寸。

3）首先将底部支撑架安装到图示位置，调整后固定。固定后，支撑架上表面与地面的平行度误差小于 0.5mm，此误差越小越好。

4）垂直储带仓 4.5m 一节，共 7 节。首先安装最下面一节，其余部分每节在地面组装成一个单元，进行顺次安装。

5）安装时，将最下面一节储带仓与底部支撑机架进行安装，调整位置，使其符合图纸要求，架体 4 个立柱的上部连接平面（与标准节连接的螺栓孔处）的高度差为 2mm，架体中心线与水平面的垂直度误差小于 2‰。固定完成后，方可进行后续安装工作。

6）每安装一层单元架体，均应保证架体与水平面的垂直度误差小于 3‰，且整体安装后与水平面的垂直度误差不大于 3‰。张紧车的轮距误差不大于 3mm，每根导轨的直线度误差不大于 1‰，两侧导轨间的规矩误差不大于 5mm，两侧导轨与机架中心线的平行度误差不大于 2‰，相联结导轨面的高差不大于 0.5mm，相联结导轨的接缝宽度不大于 3mm。

7）在储带仓架体的适当位置（按图纸要求）安装限位开关，并固定。

8）安装张紧装置和重锤装置，具体做法如下。

①将张紧装置安装在基础上，调整后固定。

②将重锤装置的重锤放置在基础的适当位置，然后将导轨架安装在基础上，上端与储带仓机架连接，调整后固定。将限位开关安装在导轨架的适当位置（按图纸要求）后固定。

③安装张紧用钢丝绳。将钢丝绳缠绕在张紧绞车上后，然后顺序将钢丝绳通过滑轮组，顺序与张紧车、转向架、重锤装置连接，并在端部与重锤固定。

④钢丝绳在缠绕后，不得与滑轮之外的部件相触碰，各滑轮应转动灵活，无卡阻现象。

⑤钢丝绳在张紧绞车上缠绕时不得出现乱圈现象。

⑥储带仓部分完成后，进行测试，测试时通过卷扬机起吊张紧车，调整导轨，张紧车应移动平稳，无卡阻现象，车轮与导轨的间距不大于 5mm；滑轮组应转动灵活；钢丝绳自然顺直。连续皮带机垂直储带仓及拉紧装置见图 3.7-7。

（4）连续皮带机头安装

连续墙皮带机机头架主要由底部平台架及顶部平台架两部分组成，优先用龙门吊吊装底部平台架下井定位安装，注意调整平台架的标高满足设计要求，并与顶板预埋件焊接牢固。底部平台架的侧面与储带仓采用一根 H 桁架焊接相连，顶部平台架的滑轮在地面组装完成，整体吊装下井，定位并加固，顶部平台架与底部平台架通过螺栓连接，机头段安装完成。

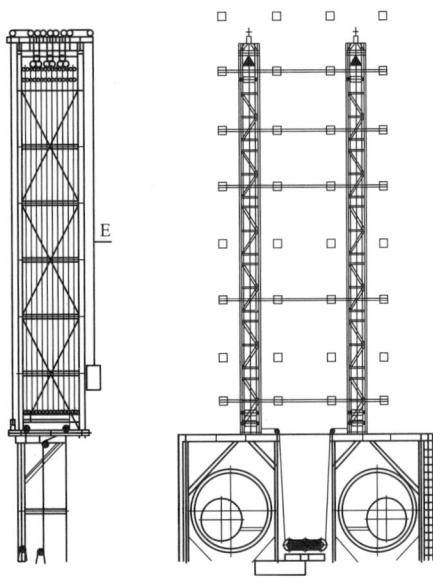

图 3.7-7　连续皮带机垂直储带仓及拉紧装置

机头连接段安装主要包括支撑 H 架安装和托辊架以及托辊安装，先安装 H 桁架作为托辊加的支撑立柱，再安装托辊架及托辊。机头段安装断面示意图见图 3.7-8。

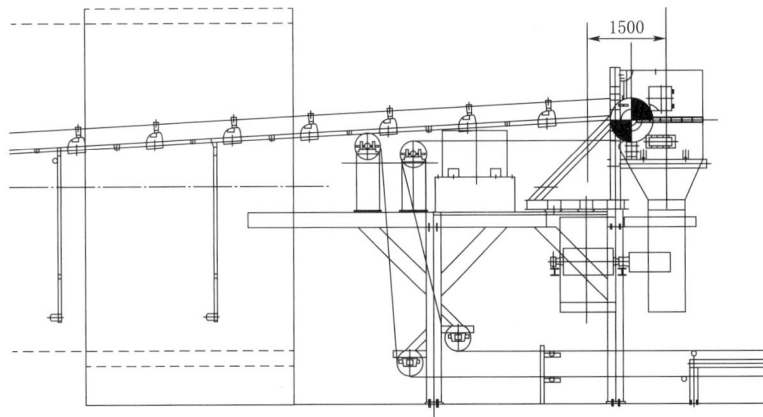

图 3.7-8　机头段安装断面示意图（单位：mm）

（5）连续皮带机安装

连续皮带机身部分包括门式框架、上下托辊组、中间架、支撑架等。先将各部件用龙门吊吊装至井底，电瓶车运输到位。根据现场情况，人工将三角支撑架安装于管片上，每隔 3m 安装一个，通过管片螺栓固定；然后安装中间架、安装门式框架及上下托辊组。

过渡段包含连续皮带机延伸段与斜坡过渡段安装，由于隧道口机头部分标高高于正常延伸段的胶带的标高，故设计有缓坡过渡段，缓坡过渡段水平投影长度约为 34m。

正常延伸段安装时，安装内容包括三角支架安装、托辊架安装、托辊安装三项工作，先安装三角支架，三角支架每隔 3m 安装一个，通过管片螺栓固定。再安装纵梁，再安装托辊组。皮带机正常延伸段安装横纵断面示意图见图 3.7-9。

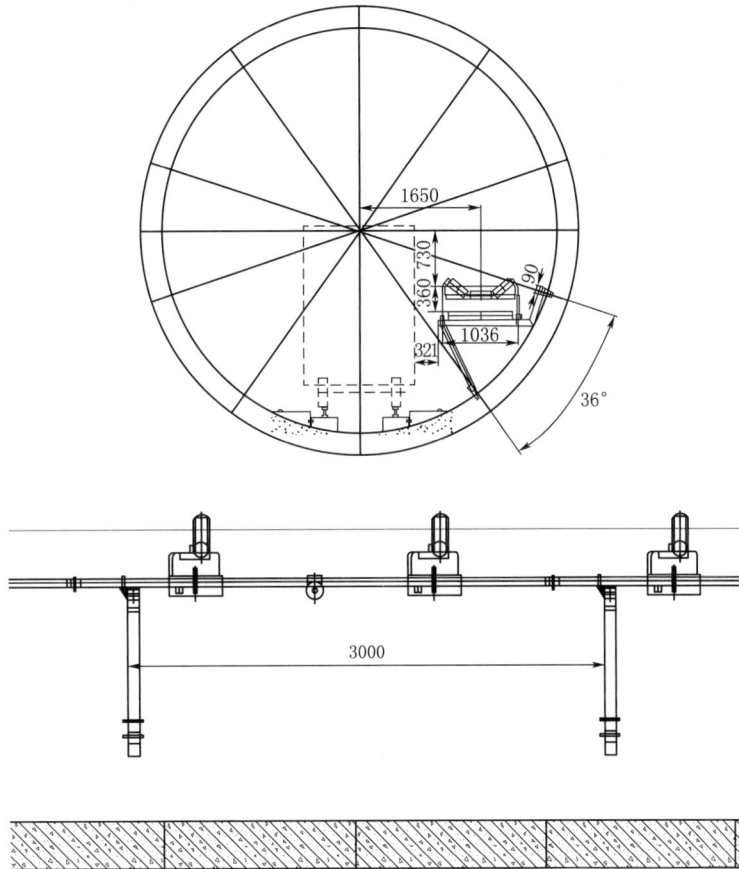

图 3.7-9　皮带机正常延伸段安装横纵断面示意图（单位：mm）

机身与管片的连接采用特制的连接座，两个连接座分别与固定管片的螺栓相连，然后通过螺栓固定机身支撑架。

（6）电气系统安装

按照电气原理图、配线图、电气总图和有关技术文件，进行电气系统的安装；安装前应检查各电器元件是否完好，安装方法和位置符合相关规定。

1）预埋件的制作与安装及电缆走向。

①预埋件的制作与预埋是安装的前期工作。其包括电缆支（桥）架及控制箱、配电箱等预埋件的制作与安装。

②电缆走向于预埋支（桥）架上，在支架处扎紧。电缆安装时先把电缆托运到安装处，利用人工将其拉直，再运用各种备用楼梯将其按段放于支架上。

2）电气控制及保护安装。

①为使带式输送机输送线安全生产、正常运行，预防机电设备的损坏，保护操作人员的安全，便于集中控制和提高自动化水平，设置了电气控制及综合安全保护装置。

②电气控制及综合安全保护装置能在带式输送机整个运行过程中进行控制、并能对出现的故障进行自动监测、报警。除具有一般的顺序启动、顺序停车，断路、短路、过载、过流、欠电压、缺相、接地和拉紧、制动信号、测温信号等项保护及声、光报警指示以外，还配备了以下保护装置：防跑偏、打滑、紧急事故拉绳开关、纵向撕裂等保护装置。这些装置部应通过电控连接到控制室，具有通信、程序启动、连锁和集中控制等功能。指示器灵敏、可靠。

（7）安装安全措施

1）对吊装作业区域应设置警戒线，并专人值守，防止非工作人员进入，安装上下通道主要通过工作井施工电梯、工作井上下梯笼。

2）起重吊装严格按批准的吊装方案进行吊装作业，除遵从机械本身的技术操作规程外，还应遵从《起重机械安全规程》的有关规定，操作人员须经专门培训，持证上岗。

3）起重作业时不得将生产性建筑物等做锚点，同时也不得利用场区管道、管架和机械设备等做锚点；钢丝绳吊索直接捆绑结构件起吊时，吊索与结构件棱角间应采用胶皮保护，防止结构件棱角割伤钢丝绳。

4）焊接作业时要注意防火，在多人作业场所或交叉作业场所要设置防护盖板。

5）涉及高空作业及特种作业严格按照相关要求执行。

6）在安装作业吊装前项目部应组织项目安全管理人员进行安全检查及吊装条件检查，排除隐患，安装作业中亦进行安全检查，发现问题，及时整改。

7）对安装作业工人严格进行三级教育和考核，特殊工种要保证100％持证上岗。

8）各单项工程实施前，实施"三级"交底，保证安全防护超前于施工生产。班组生产中严格执行班前、班中、班后"三检"制度，及时排除各种隐患。

（8）质量保障措施

大型运转输送设备在安装时对其基础的处理和安装十分重要。好的基础对于皮带机的正常运行起至关重要的作用。对于设备基础的检查和验收应以土建单位为主，会同设计、安装和监理单位，共同进行并做好记录。

在设备基础检查和验收过程中应遵循以下几条要点。

1）首先在皮带机设备基础检查验收中，对各部分的尺寸检查和核对应以设备安装蓝图为准。

2）根据土建提供的基础图纸，对基础的表面状况、外形尺寸、标高、纵横中心线，特别是预埋地脚螺栓的间距和铅垂度进行复核测量，其地脚螺栓和各个中心线的距离误差应在±5mm。

3）皮带机的基础必须是坚固的钢筋混凝土，混凝土标号应满足设计要求，基础的底面积和体积应满足设计要求。

4）设备基础应该是施工完毕、养护期完成后，强度达到设计要求，已拆除全部模板。设备基础表面和地脚螺栓的油污、碎石、泥土、积水等均应清理干净。预埋地脚螺栓的螺纹和螺母应保护完好。

5）现场部件的焊接施工应符合 JB/T 5000.3—2007 重型机械通用技术条件要求，焊缝外形：外形应均匀，焊道与焊道、焊道与基本金属之间过渡平滑，焊渣和飞溅物清除干净。表面气孔：焊缝每 50mm 长度焊缝内允许直径≤0.4t，且≤3mm，气孔 2 个；气孔间距≤6 倍孔径。咬边：咬边深度≤0.1t，且≤1mm。注：t 为连接处较薄的板厚。

6）焊后不准撞砸接头，不准往刚焊完的钢材上浇水，低温下应采取缓冷措施。不准随意在焊缝外母材上引弧。各种构件校正好之后方可施焊，并不得随意移动垫铁和卡具，以防造成构件尺寸偏差。隐蔽部位的焊缝必须办理完隐蔽验收手续后，方可进行下道隐蔽工序。低温焊接不准立即清渣，应等焊缝降温后进行。

7）尺寸超出允许偏差：对焊缝长宽、宽度、厚度不足，中心线偏移，弯折等偏差，应严格控制焊接部位的相对位置尺寸，合格后方准焊接，焊接时精心操作。焊缝裂纹：为防止裂纹产生，应选择适合的焊接工艺参数和施焊程序，避免用大电流，不要突然熄火，焊缝接头应搭10~15mm，焊接中不允许搬动、敲击焊件。表面气孔：焊条按规定的温度和时间进行烘焙，焊接区域必须清理干净，焊接过程中选择适当的焊接电流，降低焊接速度，使熔池中的气体完全逸出。焊缝夹渣：多层施焊应层层将焊渣清除干净，操作中应运条正确，弧长适当。注意熔渣的流动方向，采用碱性焊条时，需使熔渣留在熔渣后面。

（9）皮带机试运转分为单机空载、空载联动、重载试验3个部分，在皮带机系统联合调试前，须分别对连续皮带机、垂直皮带机、转载皮带机独立进行调试，合格后方可进行联合调试。

3.7.4 皮带机连续出渣系统稳定运行保障技术

皮带机长距离连续出渣施工过程中，随着皮带出渣工作量不断加大，皮带机容易发生皮带变形、跑偏、卡机等一系列故障，迫使出渣中断，影响盾构掘进施工。因此需要开展皮带机张紧车、垂直皮带变形监测及防变形装置研究，以保障皮带机连续出渣系统稳定运行。

1. 皮带张紧车结构改进

常规储带仓张紧装置普遍采用张紧车，张紧车设置在运行轨道上，通过液压油缸或卷扬机对张紧车进行牵引使张紧车在运行轨道上移动，通过张紧车的移动来调节皮带。然而在皮带机运行过程中，张紧车容易因受力不均或运行轨道间的间隙过大而导致跑偏卡死的现象，为解决这类问题，利用卷扬机牵引钢丝绳对储带仓皮带进行收紧，张紧车在主体结构轨道上滑动来调节皮带，通过设置辅助加强滑轮及挡滚来控制张紧车的移动轨迹，避免了张紧车因受力不均或运行轨道间隙过大导致跑偏卡死现象，减少皮带出渣故障。改进后的张紧车见图3.7-10。

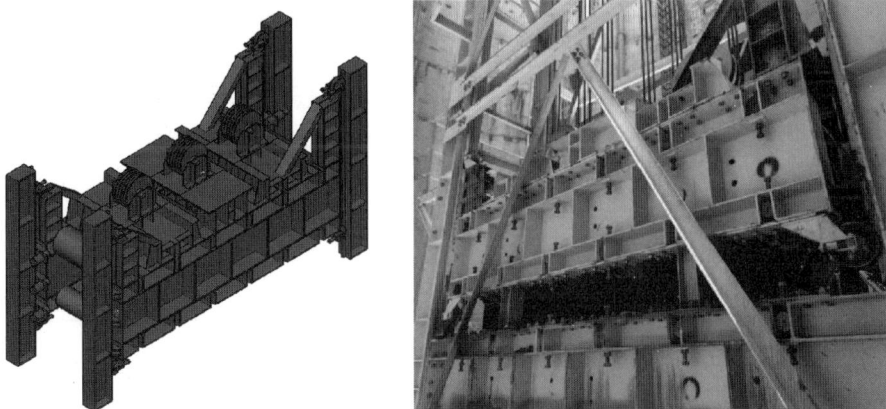

图3.7-10 改进后的张紧车

2. 垂直皮带机监测及防变形装置研制

垂直皮带地面与井下转角处支撑结构受长期动载作用容易导致结构发生变形，此外，皮带在运行过程中可能出现跑偏结构受力不均，也易导致结构发生变形。当结构发生变形往往不能及时发现，这可能导致整个垂直皮带发生坍塌事故。通过增大垂直皮带转角托辊滚轮面积保证托辊更为均匀受力，并在托辊轴承外侧增设挡板防止托辊滚轮移位，进一步防止偏心受力，有效防止了垂直皮带结构变形；并在皮带转角处设速度检测仪，一旦发生结构发生变形，速度检测仪失速，设备会紧急停止，系统会发出警报信号提醒操作人员及时采取措施处理，实现了对皮带运行状态的实时监测。垂直皮带机监测及防变形装置见图3.7-11。

图 3.7-11　垂直皮带机监测及防变形装置

3.8　渣土处理及资源化利用技术

"绿水青山就是金山银山",为落实"四节一环保"的环保施工目标,做好渣土再生利用是现代引调水工程建设的必然要求。

在发达国家,建筑垃圾已作为资源得到再利用,节省了天然资源,保护了环境,经济、环境、社会效益显著。在我国,建筑垃圾处置方式还是以填埋堆放为主,据不完全统计,建筑垃圾资源化利用率不足1%,主要的产品形式为再生砖。环顾全球,其他国家在发展过程中也都遇到过建筑垃圾带来的问题,其中一些国家对建筑垃圾的管理政策有过很成功的尝试,德国通过垃圾再生工厂加工约1150万 m^3 再生骨料,建造17.5万套住房;美国每年有1亿t废弃混凝土被加工成骨料用于工程建设;荷兰70%的建筑垃圾可以被循环再利用。

珠江三角洲水资源配置工程在渣土有效利用方面进行了多途径探索,取得了良好的成效,可为类似工程提供有益参考借鉴。

3.8.1　筛分砂石骨料的回填利用

珠江三角洲水资源配置工程盾构隧洞主要以砂岩、粉砂岩、泥岩等地层,石英含量相对较高。泥水平衡盾构可通过泥浆处理系统对渣料进行分级筛分,将砂石骨料、泥土及浆液进行分离。通过渣土的筛分将途中的石料、砂料进行有效地分离,并可以用于本工程临时工程以及其他建筑、道路工程用石、用砂。盾构分离后剩余泥浆通过压滤系统进行泥水分离,分离出的尾渣土制成泥饼,其含水率不大于30%,可采用市政建筑工程的路基回填,分离出的水可用于清洁路面、冲洗设备等。渣土砂石筛分示意图见图3.8-1,泥土压滤脱水示意图见图3.8-2。

图 3.8-1　渣土砂石筛分示意图

图 3.8-2　泥土压滤脱水示意图

3.8.2 黏土砂土筛分回填利用

根据《建筑地基与基础施工手册（第二版）》（以下简称《手册》），土的工程地质分类是指在建筑施工中，按土石坚硬程度、施工开挖的难易将土石划分为 8 类，分别是松软土、普通土、坚土、砂砾坚土、软石、次坚石、坚石、特坚石。二类土特指普通土，应满足以下要求。二类土的分类标准和要求见表 3.8 - 1。

表 3.8 - 1 二类土的分类标准和要求

土的分类	土的级别	土 的 名 称	坚实系数 f	密度/(kg/m³)	开挖方法及工具
二类土（普通土）	Ⅱ	粉质黏土；潮湿的黄土；夹有碎石、卵石的砂；粉质混卵（碎）石；种植土、填土	0.6~0.8	1100~1600	用锹、锄头挖掘，少许用镐翻松

根据《手册》的要求，满足填方的土料含水率必须小于 23％以下。同时由于盾构泥浆处理后的土主要是黏土和砂土，为了增加它的坚实系数 f，还需掺兑建筑废弃物的破碎细骨料。

本工程盾构隧洞开挖渣土经固化处理后，满足渣料运输、弃置及堆放的水土保持、环境保护和地方收纳要求，可作为回填土、黏土及粉质黏土，可适用于市区以下路基填筑。此类渣土可采用土质固化剂和水泥、石灰等结合料按一定比例均匀掺配而形成路面基层混合料，同时该种材料可达到半刚性材料要求，满足录用技术指标要求。将开挖渣土制作成复合稳定土，不仅减少渣土外运、处理和路基填筑用土的费用，也可节约砂土、砂石等自然资源，使渣土变废为宝，节省了大量建设资金和土地资源，具有良好的经济效益和社会效益。

3.8.3 筛分细泥土颗粒制浆利用

珠江三角洲水资源配置工程多采用泥水平衡盾构，线路范围多为弱风化泥质粉砂岩、砂砾岩及粉砂质泥岩，多地质断层，对泥浆的需求较大。盾构渣土通过泥水筛分系统将直径大于 0.074mm 的砂石颗粒分级进行筛分处理，直径小于 0.02mm 泥土颗粒通过制浆系统直接用于盾构机泥浆的制作，同时 0.02~0.074mm 土颗粒通过振动筛落至渣场，通过运渣车运至弃渣场或者渣土综合利用场进行处理。

同时，考虑泥水平衡对泥浆需求量较大，通过临时渣场的渣土处理设备将盾构渣土筛分出的泥土运至泥水盾构施工制浆现场用于泥浆的制备。

3.8.4 泥饼烧结制砖利用

为实现最大限度地利用盾构渣土，结合环保要求，可将盾构分离出的泥饼用于烧结制品主要原料。利用盾构隧洞渣土制砖既解决了自然堆放渣土可能产生的污染环境、土地浪费等问题，也有利于推广高品质的新型墙材，推动绿色建设。

根据市场调查，本工程制砖主要用于排水沟、围墙砌筑、人行铺道等方面，根据制砖工艺，主要介绍以水泥、砂、渣土、泥为主要原料的免烧砖生产方法。

1. 水泥、砂免烧砖

（1）原料

砂：盾构泥浆回收处理后破碎生产出来的不符合砂石骨料市场标准的砂用来制砖。水泥：一般用普通硅酸盐水泥作为胶结料，若采用矿渣水泥或粉煤灰水泥，较普通硅酸盐水泥则应提高掺入量。

（2）生产工艺

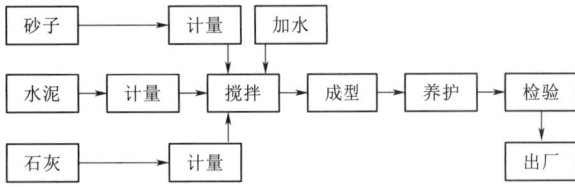

图 3.8-3 工艺流程

工艺流程见图 3.8-3。

2. 水泥、渣土或泥免烧砖

（1）原材料：渣土、泥：盾构泥渣通过分离回收处理后压榨出来的泥送至制砖车间作为原料。水泥：一般用普通硅酸盐水泥作为胶结料，若采用矿渣水泥或粉煤灰水泥，较普通硅酸盐水泥则应提高掺入量。机制砖流程示意图见图 3.8-4，机制砖生产车间见图 3.8-5，机制成的砖见图 3.8-6。

（2）配方：渣土/泥（％）60～70；水泥（％）12～28；添加剂（％）0.5～1.5。

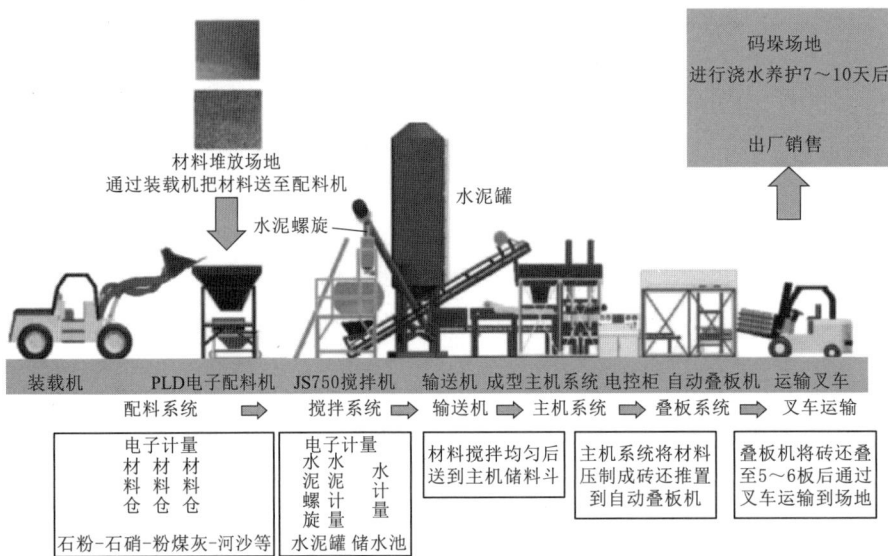

图 3.8-4 机制砖流程示意图

图 3.8-5 机制砖生产车间

图 3.8-6 机制成的砖

第4章 TBM 法隧洞掘进关键技术

4.1 TBM 概述

4.1.1 我国 TBM 发展现状

TBM 是隧道掘进机英文"Tunnel Boring Machine"的缩写，通常定义 TBM 是指全断面岩石隧道掘进机，是以岩石地层为掘进对象，它与盾构的主要区别是不具备泥水压、土压等维护掌子面稳定的功能。隧道掘进机包含盾构和 TBM。在欧洲，盾构也称为 TBM。在我国和日本，习惯上将用于软土地层的隧道掘进机称为盾构，用于岩石地层的隧道掘进机称为 TBM。

全断面岩石掘进机（TBM），是集隧道掘进、出渣、拼装隧道衬砌、导向纠偏功能于一体，广泛应用于城市轨道交通、地下综合管廊、铁路及公路隧道工程、引水隧洞工程及军事防护工程施工的特大型专用工程设备。全断面隧道掘进机具有安全、快速、高效、不受气候影响、有利于环境保护和降低劳动强度等特点，可实现绿色施工，且安全保障程度高，成为隧道施工的主流技术和发展方向。美国罗宾斯公司在 1952 年开始生产第一台掘进机。20 世纪 70 年代以后，掘进机有了较快的发展。

21 世纪是地下空间的世纪，随着国民经济的快速发展，我国城市化进程不断加快，今后相当长的时期内，国内的城市地铁隧道、水工隧道、越江隧道、铁路隧道、公路隧道、市政管道等隧道工程将需要大量的隧道掘进机。我国全断面隧道掘进机技术，在经历了完全进口、联合制造、自主制造到走出国门领先世界。目前，我国已经成为全断面隧道掘进机最大的制造国和最大的市场。

我国在全断面隧道掘进机（TBM）制造领域已取得显著成就，拥有多家领先的制造商和一系列高性能的 TBM 型号。铁建重工：位列全球全断面隧道掘进机制造商 5 强榜首，拥有从 0.5m 到 23m 直径全覆盖的产品线，形成了包括水平、竖井、斜井 3 种掘进方向的 9 大系列、130 余类产品。其产品在国内市场占有率达到 90% 以上，全球市场份额接近 70%。由铁建重工和中水十四局联合打造的"高原明珠号"，直径 10.23m 敞开式 TBM 硬岩掘进机，整机长度约 185m，总重约 2300t，于 2022 年 10 月 12 日在川藏铁路始发，在高海拔、高地应力、超硬岩等极端工况下施工。应用于深惠城际铁路施工建设国产最大直径双护盾 TBM：开挖直径 9.13m，总长约 120m，总重约 1500t。中铁装备：作为国内掘进机行业的开拓者和领先者，中铁装备在超大直径岩石隧道掘进机（TBM）研发方面取得了实质性突破，应用于云南省滇中引水工程的"云岭号"直径 9.83m，长约 220m，重约 2050t。国产首台高原高寒大直径硬岩掘进机"雪域先锋号"，直径 10.33m，在青藏高原路网建设中发挥了重要作用。直径 15.08m 全球最大直径单护盾全断面硬岩掘进机"高加索号"，在格鲁吉亚高加索山中的长距离、大埋深隧道施工中表现出色。此外，中铁装备的产品已出口至新加坡、韩国、意大利、澳大利亚、巴西等 32 个国家和地区。中交天和：也是国内重要的隧道掘进机制造商之一，参与了多个国内外重大隧道工程的建设。上海隧道：同样在隧道掘进机领域具有显著影响力，其产品和技术在国内外市场均得到广泛应用。

中国隧道掘进机制造技术水平已处在世界领先水平，并且在多元化发展、智能化提升以及国际化布局方面取得巨大成就。多元化发展：中国隧道掘进机技术正朝着多元化方向发展，不仅能够适应不同地质条件，还能满足不同工程需求。例如，铁建重工的产品涵盖了从软土到硬岩等多种地质条件，实现了从小型到大型的全面覆盖。智能化提升：随着信息技术的快速发展，中国隧道掘进机技术也在不断向智能化方向迈进。通过引入 5G、大数据、人工智能等现代新型信息技术，研究开发可感—可掘—可控的智能装备与施工技术体系，提高隧道掘进机施工中对风险和质量的管控能力。自主创新能力增强：经过多年的努力，中国隧道掘进机行业已经打破了国外技术的垄断，实现了从技术到市场全面主导的历史性转变。特别是在超大直径岩石隧道掘进机的研发方面，中国已经走在了世界前列。国际化布局：中国隧道掘进机制造商不仅在国内市场占据主导地位，还积极拓展国际市场，产品已出口至全球多个国家和地区。中国隧道掘进机技术已得到国际社会广泛认可和信赖。

4.1.2　TBM 类型

全断面岩石掘进机（TBM）按照结构形式可分为敞开式 TBM 和护盾式 TBM，护盾式 TBM 又分为单护盾 TBM 与双护盾 TBM。

敞开式 TBM 常用于硬岩、较硬岩，岩石相对完整且能够自稳的地层，不良地层采用辅助工法措施也能顺利通过。敞开式 TBM 配置合适的辅助支护设备如钢拱架安装器和喷锚系统，可以根据不同地质采取灵活有效的支护手段。敞开式 TBM 由于其护盾较短，且可以沿径向收缩，在应对围岩变形或者收敛风险上具有优势。敞开式 TBM 工作时需要将支撑靴板撑紧洞壁围岩，以提供掘进机前进时的反力和刀盘转动时的反扭矩，因此适用于围岩整体较完整、岩体抗压强度较高地层。如果岩层破碎，提供掘进机前进的反力和反扭矩不足，容易影响掘进速度，严重时会造成掘进机扭转。敞开式 TBM 锚喷支护完成后，必要时还要进行二次衬砌，对工期影响大。敞开式 TBM 见图 4.1-1。

单护盾 TBM 以管片衬砌作为初期或永久性支护，主要适用于软岩，岩石较破碎但是能够自稳的地层，依靠管片提供反推力，掘进和管片安装顺次进行，成洞速度较慢。单护盾 TBM 由于采用连续的管片支护，其在软弱及破碎围岩中支护速度快，施工效率高，在短距离软岩浅埋隧道中具有明显优势。在围岩完整性相对较好的地层中，单护盾 TBM 施工中由于掘进与安装管片不能同时进行，施工效率相比双护盾较低。单护盾 TBM 见图 4.1-2。

图 4.1-1　敞开式 TBM 　　　　　　　　　图 4.1-2　单护盾 TBM

双护盾 TBM 以管片衬砌作为初期或永久性支护，适用于软岩和硬岩地层，岩石完整或者破碎，需要具备自稳能力。围岩良好地层利用靴板提供反推力，不良围岩地段依靠管片提供反推力。TBM 掘进和管片安装可以同步进行，配合连续出渣设备，成洞速度较快，在长距离输水隧道应用较多。双护盾 TBM 可采用双护盾和单护盾两种工作模式，当围岩条件好时，采用双护盾模式——掘进与管片安装同步进行；围岩条件差时，可采用单护盾模式。双护盾 TBM 的结构复杂，制造和维护成本较高。双护盾 TBM 的设备尺寸较大，需要较大的施工空间，对于一些空间受限的隧道可能

不太适用。另外，由于双护盾 TBM 具有较长的护盾，在高应力围岩地层施工过程中容易卡盾。双护盾 TBM 见图 4.1-3。

双护盾 TBM 包括两种掘进模式：在良好岩石条件下，使用撑靴支撑完成掘进，称为双护盾掘进模式；在较差围岩条件下，使用辅推油缸支撑完成掘进，称为单护盾掘进模式。在"双护盾掘进模式"下，前盾和刀盘使用主推油缸推进，将撑靴支撑在开挖洞壁上以提供推进反力和扭矩，刀盘的推力和扭矩均不传递到管片环上。在支撑盾后侧，利用尾盾的保护，使用管片拼装机完成钢筋混凝土预制管片的衬砌。在一个掘进行程结束时，利用主推油缸和辅推油缸协作完成换步。双护盾的掘进流程见图 4.1-4。

图 4.1-3 双护盾 TBM

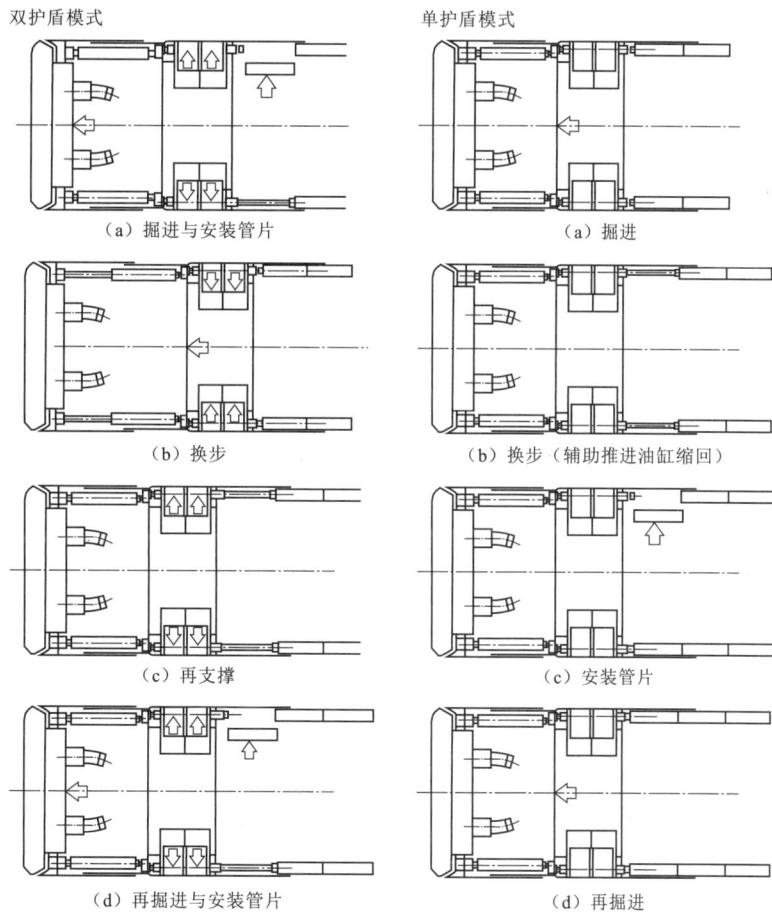

图 4.1-4 双护盾的掘进流程图

4.1.3 TBM 法隧洞掘进关键技术问题

TBM 工法虽然是隧道掘进常采用的成熟工法，但在施工中常发生设备故障、效率不达预期、安全事故、洞内卡机甚至直接报废等现象，带来重大经济损失、工期严重滞后乃至工程被迫改线等重大问题。因此，结合工程实际情况研究解决好 TBM 工法施工中的关键技术，发挥好重大装备功效，长期以来一直是工程技术人员面临的重要技术问题。

1. 设备寿命和可靠性

TBM 设备的购置、运输、组装以及解体等费用较高，这些固定成本在短隧道中难以分摊，导致成本上升。随着掘进距离的增加，这些固定成本可以逐渐被更多的米数所分摊，从而降低施工成本。因而在长距离隧洞施工中，采用 TBM 工法具有较明显的优势。

TBM 主要部件有一定的使用寿命，掘进里程越长设备发生故障的概率越大，设备关键部件出现故障将严重影响工程进度和工程效益。一般规划隧洞长度时，需综合考虑设备使用寿命，且应预留一定余地，以确保工程能够在设备使用寿命范围内完成。根据现有技术，TBM 的主轴承和主驱动组件的寿命一般大于 15000h，累计掘进隧道可达 20～25km。据统计，TBM 在寿命周期内的整体设备完好率在 70%～90%，这表明设备在施工过程中的性能相对稳定，但仍需考虑故障发生的可能性及其对掘进的影响。

TBM 关键部件出现故障损害时，一般采用开挖竖井、开挖迂回导洞或扩大洞方式进行维修更换。上述处理方式存在费用高、效率低的问题，对工程工期影响较大。因此，研究解决洞内 TBM 大部件可控成本高效更换技术非常必要，这将使得 TBM 掘进更长隧洞成为可能。

2. 地质适应性

TBM 法与钻爆法相比，有许多显而易见的优点，但也存在地质适应性差、施工成本高的问题。目前还没有能够适应任何地质条件的"万能掘进机"，TBM 只能做到适应大部分或绝大部分地层。在地质情况复杂段采用 TBM 进行施工，常常会因不良地质使得掘进变得困难，严重时会发生卡机情况。国内外有很多工程案例，因不良工程地质原因造成 TBM 在掘进过程中发生卡机，甚至出现被迫提前拆卸的情况。这不仅仅会严重影响施工进度，还会威胁到 TBM 设备和施工人员的安全。

TBM 设备庞大，对地质条件适应性没有钻爆法灵活，在没有预警的情况下遇到不良地质，TBM 掘进将遭到机器被卡、被埋等灾难性后果。为此，必须根据 TBM 自身特点和工程地质条件采取相应的预防措施，以保证 TBM 安全、顺利地通过不良地质地段。主要应对措施有：一是加强 TBM 的技术研发和创新，提高其对复杂地质条件的适应能力；二是在施工前进行详细的地质勘查和评估，制定针对性的施工方案；三是加强施工过程中的监测和预警工作，及时发现并处理潜在问题；四是采用与其他工法相结合，如 TBM 法与钻爆法相结合。

3. 连续高效出渣

皮带机出渣系统能够实现连续不断的渣土运输，大幅提高了隧洞掘进出渣的效率，因而皮带机出渣系统广泛应用于长距离隧道工程施工。在超长隧洞施工中，如何确保皮带机出渣系统连续高效出渣是发挥好掘进机功效和作业安全的重要保障。传统的皮带机系统在长距离运输中容易出现故障，影响施工效率。因此，研究更加智能化的超长皮带机出渣技术以保障各段皮带协调联动和灵敏控制，研究更加高效的皮带更换、回收技术实现高效率出渣，是工程技术人员长期致力于解决的问题。

4. 刀具磨损

在硬岩掘进过程中，TBM 刀具磨损是一个突出的问题。高强度硬岩对刀具的磨损大，刀具更换频繁，不仅增加施工成本，还影响到施工进度。科学合理的刀具布置及掘进参数控制是 TBM 硬岩掘进需要重点研究解决的关键技术问题。

在硬岩掘进中，TBM 掘进机刀盘要承受较大推力，为取得好的破碎效果，需要对刀具的布置型式进行研究，通过对隧洞岩石强度综合分析以及滚刀破岩机理确定合理的滚刀间距、刀具型式、滚刀直径、滚刀启动扭矩及单刀承载力等，为硬岩掘进创造好的设备性能条件。研究岩石力学性质与刀具磨损关系，根据刀具磨耗规律制定刀具更换标准，预测刀具更换时机，减少刀具检查更换频次。

TBM 主要掘进参数为刀盘推力、扭矩、转速和贯入度。掘进参数与围岩性质密切相关，各参数合理匹配才能发挥最大效益。在硬岩掘进中需要较大的推力才能保证刀具的贯入度，达到破岩效果，但过大的推力造成掘进机扭矩增大，长时间、大推力、大扭矩会影响刀具及主轴承的使用寿命；刀盘转速过小影响掘进速度，刀盘转速过快容易对刀盘产生振动冲击，加快刀具磨损。根据岩石力学性质（强度、完整性、石英含量等），科学控制掘进参数，减少刀具非正常损耗，对掘进机的掘进效率及控制成本具有重要意义。

5. TBM 安全高效空推步进

在超长隧洞施工中，存在采用盾构法、TBM 法、矿山法等多工法组合施工的情况，存在TBM、盾构在已开挖好的隧洞中空推步进的问题。如何解决好超大重量 TBM 安全、高效空推步进或在变洞径条件空推步进的问题，是超长隧洞 TBM 工法施工需要解决的重要问题。

4.1.4　TBM 工法施工实践

1. 敞开式 TBM 在桂中治旱引水工程中的应用

广西桂中治旱乐滩水库引水灌区北干一标隧道全长达 23.756km，其中 TBM 施工段隧洞长度为11.891km，两侧矿山法施工段分别为 1.039km、10.826km，开挖洞径 Φ5.94m。工程位于广西桂中石灰岩地区，选用 Φ5.94m 敞开式 TBM 进行施工，工程地质条件复杂，岩溶发育，地下水丰富，溶洞、地下暗河、断层破碎带等不良地质，给 TBM 施工带来了极大的安全风险，施工难度大，在此之前，国内尚无在岩溶地区采用敞开式 TBM 施工隧洞成功贯通的先例。针对超长复杂地质隧洞安全高效施工技术难题，开展了攻关研究和工程实践并取得了一系列关键技术成果。

复杂溶岩地区单头掘进近 12km，成功实现了掘进机倒退 9.2m，提出了隧洞内有限空间 TBM主轴承大齿圈等大部件高效更换新技术，研发了 TBM 刀盘洞内拆除及其在掌子面定位加固和精准复位安装关键技术，仅用 50d 便解决了 TBM 大齿圈的更换难题，为延长 TBM 单头掘进距离提供了重要技术依据。

针对敞开式 TBM 自身存在的缺陷（侧护盾存在缺口），为实现复杂地质条件下 TBM 安全高效掘进施工，研发了防坍塌装置、新型拱架安装器、降低喷射混凝土回弹率装置等，实现了不良地质围岩安全快速加固，研发了 TBM 盾体接收装置，实现了 TBM 安全高效空推步进。

为克服传统急停控制系统抗干扰能力差、稳定性差、响应速度慢、易发生延迟动作、遗漏动作等问题，研发了超长距离皮带输送机急停控制系统，实现了多段皮带机同步高效作业。研发出主动轮皮带顶紧装置和皮带回收装置，实现了超长皮带不停机更换和快速回收等技术难题，解决了13km 隧洞掘进高效出渣的技术难题。大齿圈洞内更换见图 4.1-5。

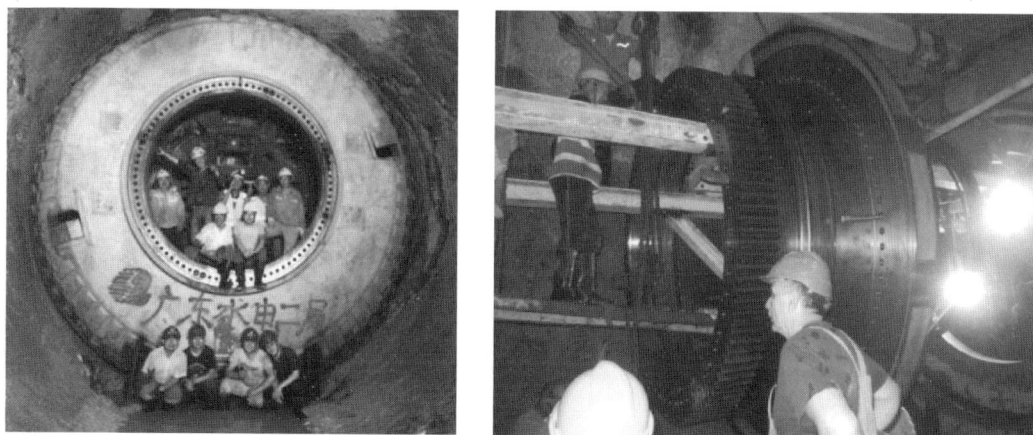

图 4.1-5　大齿圈洞内更换

2. 双护盾 TBM 在关埠引水工程中的应用

榕江关埠引水工程输水隧洞长约 27.055km，其中采用 TBM 工法隧洞长 24.588km，隧洞施工使用 3 台全新的双护盾 TBM 掘进，开挖直径 5.06m。工程输水隧洞埋深一般为 130～200m，最小埋深约 20m，最大埋深约 360m。隧洞围岩大部分为弱分化～微风化花岗岩，围岩坚硬完整、岩石强度高（最高强度达 190～210MPa），TBM 在该种围岩条件下掘进施工，刀具磨损消耗大，须经常换刀；刀盘及主轴承受力较大，影响 TBM 刀盘结构安全及主轴承的使用寿命。

项目针对 TBM 硬岩刀具优化布置进行研究，将刀盘由原设计的 17 寸滚刀变更为 19 寸滚刀，在原设计 33 把滚刀基础上增加 2 把滚刀，平均刀间距减小为 71mm，提高了刀盘的掘进效率。工程平均月进尺达到了 600m，月最高进尺达到 693m，证明该刀盘选型适用于隧洞围岩，刀盘选型合理。

图 4.1-6　榕江关埠项目硬岩刀盘布置

针对硬岩掘进参数控制，对掘进参数进行统计分析，得到了掘进参数的分布和变化规律，分析了掘进参数与影响因素之间的映射关系和影响原因，同时研究掘进参数与掘进速度之间的相关性，分析了主要掘进参数和交互项变化趋势可能存在的原因，为后续硬岩掘进参数的优化、刀具磨损预测奠定了理论基础。

为了提高变洞径隧洞中 TBM 步进效率，研发了 TBM 变洞径空推步进方法，优化了 TBM 空推步进施工工艺，使设备承重轮能够适应变洞径结构断面，实现了 TBM 长距离高效空推步进。榕江关埠项目硬岩刀盘布置见图 4.1-6。

4.2　TBM 现场组装

1. TBM 进场运输

TBM 在工厂组装调试完成后，需要运输到工地现场，并进行洞外组装。TBM 是一种大型的成套流水线施工机械装备，运输时采用整机解体的方式进行，其整机解体后的大件，如刀盘、机头架、主梁等由于质量和体积比较大，对运输方式及其道路、桥梁和隧道的通过能力都有相应的要求。

2. TBM 组装场地布置

榕江关埠引水工程考虑施工现场场地情况，将 TBM 的组装场地设在隧洞始发洞口，由于洞口位于地表下 12～20m 处，采用放坡开挖后进洞。场地开挖基础面承载力满足吊装要求并采用钢筋混凝土进行硬化。

现场组装场地要求满足整机组装场地需求。采取从前到后、先主机再后配套的组装方式，所有主机部件预先依次存放在组装区域，各主机部件预先按照设计的尺寸位置放置，便于组装。

根据工程施工特点及场地地形地貌，TBM 在距离始发洞口 10m 的场地组装。根据主机和后配套总长为 320m。将洞内混凝土轨道床延伸至洞外（延伸 35m），以保证主机能全部放入混凝土轨道床内进行组装。在隧洞始发洞口紧邻混凝土轨道床旁边修建主机及后配套组装场地，长×宽为 120m×25m。

整个组装工作分为主机组装和后配套组装两部分，在不同的区域同步进行。TBM 组装场地设备布置见图 4.2-1。

3. TBM 组装

组装前用 250t 汽车吊将主机和后配套组装所需的部件按组装的先后顺序摆放，采用汽车吊直接吊装，主要利用 250t 汽车吊组装 TBM 主机，并利用一辆 90t 汽车吊辅助组装。主机主要部件组

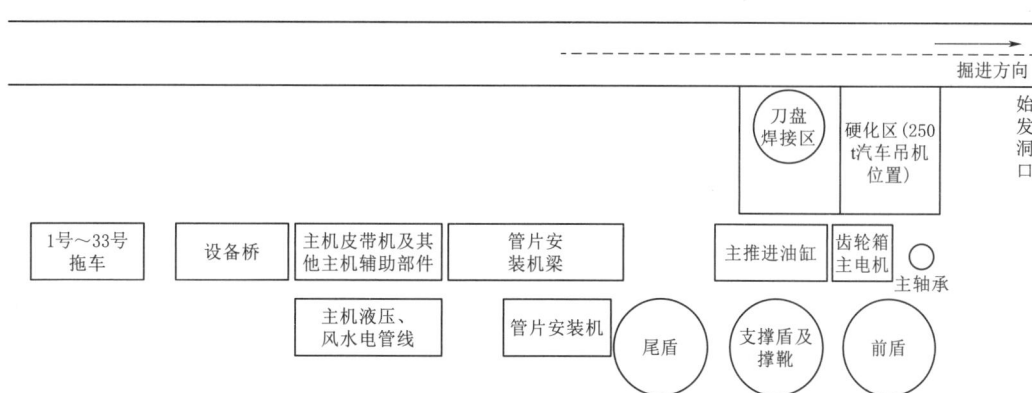

图 4.2-1 TBM 组装场地设备布置图

装分区域同步进行，利用洞外混凝土轨道床结构做组装基座。

1）护盾盾体。

盾体从刀盘后缘呈锥形分布，包括前盾、支撑盾、尾盾 3 个部分，盾体之间利用螺栓连结。

2）刀盘。

在 TBM 组装开始前，刀盘分两块运输到工地后，分块吊装放好后，再焊接成整体。尾盾将半圆形先组装好后，另一半吊装好后焊接成一个整体之后，利用 250t 汽车吊进行吊装，并与前盾采用高强度螺栓进行连接。

图 4.2-2 TBM 组装完成图

3）后配套组装。

在进行主机组装的同时，利用已经加工好的槽钢钢枕及钢轨进行铺轨。铺轨完成后，进行后配套的组装。为保证后配套快速组装，采用 90t 汽车吊组装，从最后一节台车开始，以 1 节台车为一个单元，按台车门架拼装→放置到轨线上→相关辅助设备、液压管路安装→台车后移→开始下 1 节拖车组装的顺序进行。后配套组装好了以后，利用 25t 内燃机车向前牵引至指定位置，利用吊车将设备桥先与主机进行连接，再与后配套连接。TBM 组装完成见图 4.2-2。

4.3 TBM 大部件洞内更换技术

广西桂中治旱乐滩水库引水灌区北干一标段窑瓦—六浪隧洞 TBM 施工段，采用一台全新美国罗宾斯公司生产敞开式 $\Phi 5940$ 隧洞掘进机掘进。在隧洞掘进至 4128m 时，因主驱动大齿圈润滑喷油管脱落至齿轮啮合处，导致大齿圈因受外力作用出现崩齿损伤（图 4.3-1），必须要进行主驱动大齿圈更换。根据以往国内案例，隧洞内 TBM 大部件更换往往采用的是开挖竖井或开挖迂回导洞和扩大洞的方式进行更换，传统思路更换费用非常高、效率低同时也受 TBM 埋深条件限制。本项目研究采用的隧洞内 TBM 主驱动大齿圈更换技术及工艺，经济、高效地解决了

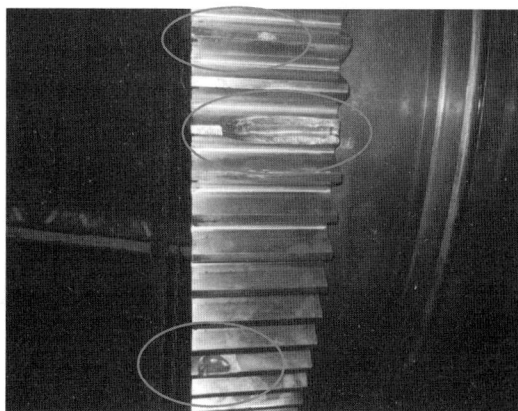

图 4.3-1 TBM 大齿圈崩齿损伤

TBM 受损主驱动大齿圈更换的技术难题。该成功案例为 TBM 大部件洞内经济、高效更换提供了新思路，对延长 TBM 单头掘进距离提供了重要的技术依据。

TBM 主驱动大齿圈隧洞内更换主要要解决好的技术难题：一是要解决刀盘洞内拆除、刀盘在掌子面上定位加固、刀盘与盾体精准复位等技术难题；二是要解决 TBM 盾体后退为更换大齿圈提供作业空间的技术难题；三是要解决大部件洞内运输和大部件临时存放空间等难题。在实施过程中，项目组攻坚克难、大胆创新、思路巧妙，安全、经济、高效地解决了这一难题。

4.3.1　工艺流程

TBM 洞内大部件更换施工工艺流程，施工工艺流程图见图 4.3-2。

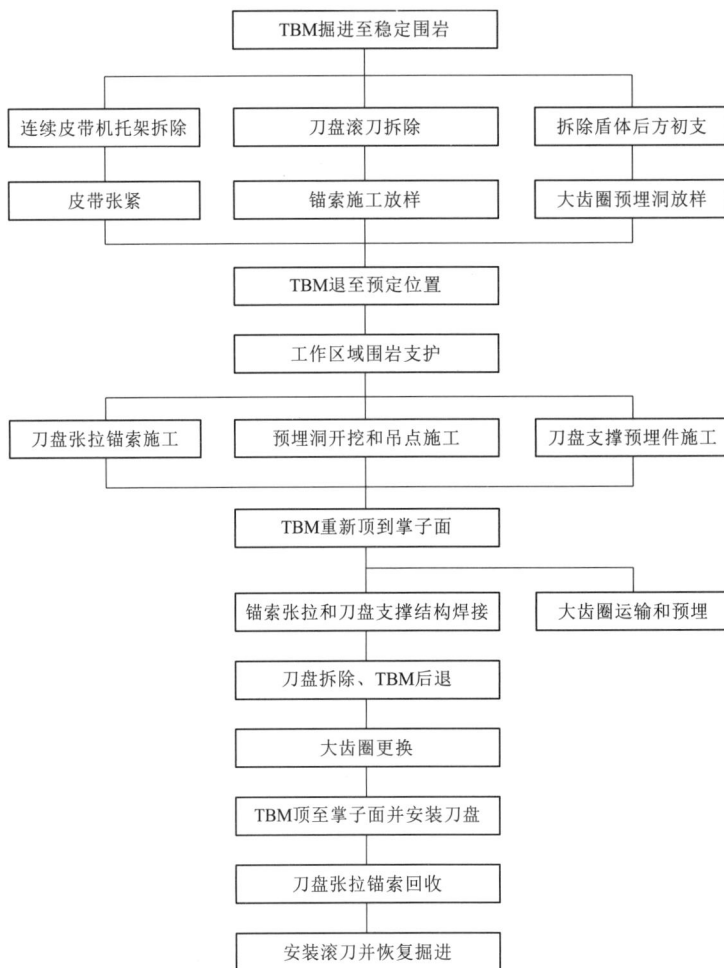

图 4.3-2　施工工艺流程图

4.3.2　TBM 大部件洞内更换技术

1. 停机地点选择

洞内更换 TBM 大齿圈需拆卸固定刀盘，TBM 刀盘重量约 70t，刀盘通过预应力锚索锚固在掌子面，为保证刀盘在整个更换过程中安全稳固，选定的停机更换地点围岩等级在 Ⅲ 类以上。TBM 掘进至预定地点，停止掘进后进行盾体后退，后退前先将已安装完成的钢拱架和钢筋网片拆除和锚杆头外露部分切除，保证盾体后退空间。

2. 前期准备工作

(1) 皮带机托架拆除

根据 TBM 后退距离，将 8 号台车段已安装的隧洞连续皮带机托架及托辊拆除，托架和托辊在拆除的同时进行皮带张紧。TBM 后退并拆除部分皮带机托架和托辊见图 4.3-3。

(2) 刀盘拆卸准备工作

刀盘将通过锚索张拉固定在掌子面上，为了增加刀盘与掌子面的贴合面积，将刀盘上已安装的滚刀全部拆除。结合刀盘结构、受力点及刀箱

图 4.3-3　TBM 后退并拆除部分皮带机托架和托辊

位置，锚索张拉时刀盘受力点选定为 6 号~8 号刀箱、5 号~7 号刀箱、9 号刀箱、10 号刀箱、19 号刀箱、20 号刀箱、21 号刀箱、22 号刀箱共 8 个点，滚刀拆除后根据选定的刀箱号位置进行锚索施工放样。刀盘结构示意图见图 4.3-4，刀盘固定用锚索及钢支撑位置示意图见图 4.3-5。

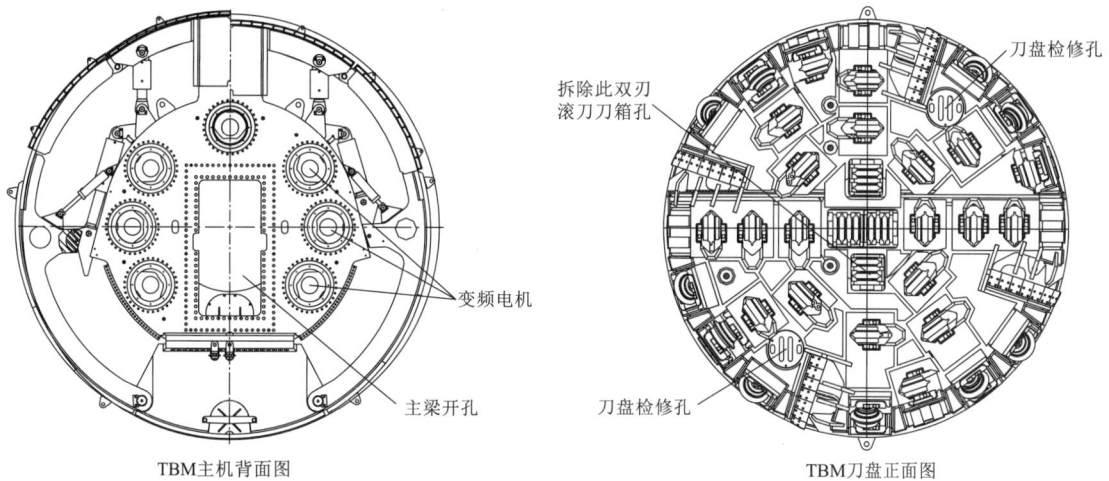

图 4.3-4　刀盘结构示意图

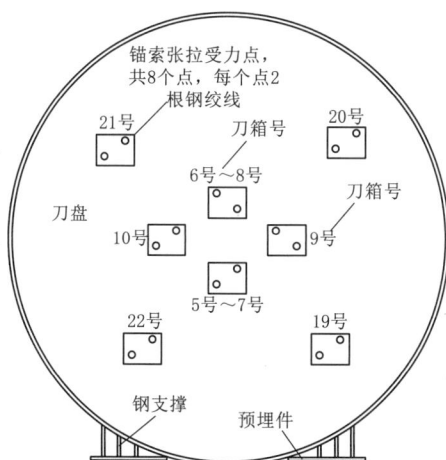

图 4.3-5　刀盘固定用锚索及钢支撑位置示意图

为了使刀盘和盾体分离后不向下滑动，刀盘拆除前，在刀盘底部两边与洞壁之间焊接钢结构支撑。钢结构支撑与洞壁连接处采用预埋钢板，然后采用焊接方式连接。为了预埋件预埋尺寸精确，在刀盘未拆除之前进行预埋件施工放样。

(3) 锚索施工

TBM 后退至预定位置后，开始掌子面预应力锚索及刀盘支撑预埋件施工，刀盘张拉锚索设计为预应力水平可回收锚索共 8 个孔（图 4.3-5），采用 $\Phi15.2$mm（1×7）无粘结钢绞线，极限抗拉强度为 1860MPa（270级），每孔设计 2 束钢绞线，钻孔深度 5m，锚孔直径 $\Phi130$mm，设计张拉力为 200kN，单束钢绞线设计张拉力为 100kN。

(4) 大齿圈存放旁洞施工

大齿圈直径为 $\Phi2459$mm，厚度为 235mm，根据大齿圈尺寸，大齿圈旁洞选定在 TBM 掘进方向的盾体右下

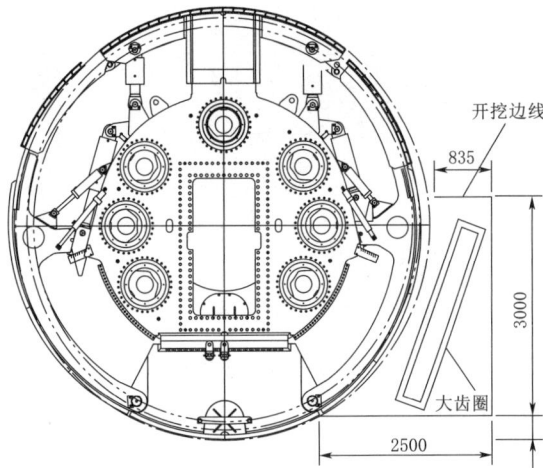

图4.3-6　大齿圈旁洞开挖位置尺寸图

角（图4.3-6），为了缩短TBM后退距离，大齿圈旁洞紧挨TBM盾体之后（图4.3-8）。在TBM第一次后退前进行大齿圈旁洞施工放样，根据机头架与护盾分缝位置确定旁洞标高，利用喷漆标记开挖范围，旁洞具体位置及开挖尺寸见图4.3-6～图4.3-8。待TBM后退至预定位置后开始旁洞区域围岩支护施工，为下步工序安全作保障。支护形式为系统锚杆 $\Phi18@900mm×900mm$，$L=1800mm$，拱顶120度挂 $\Phi8@150mm×150mm$ 钢筋网。锚杆布置图见图4.3-7，大齿圈在预埋进旁洞的过程中需要设置吊点，根据大齿圈尺寸和重量，采用锚杆作为吊点，锚杆规格为 $\Phi25$，$L=3000mm$，共布置5根。

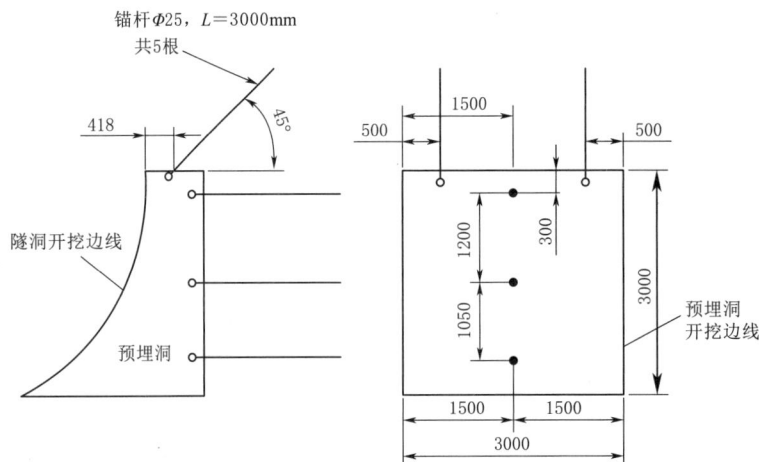

图4.3-7　大齿圈吊点布置图（单位：mm）

3. TBM 盾体后退

前序工作完成后，将TBM盾体退至预定位置（后退距离约9.2m），为工作区域围岩支护施工、刀盘张拉锚索施工、刀盘支撑预埋件施工腾出施工空间，TBM退至预定位置见图4.3-9。

4. 掌子面及旁洞施工

具体施工内容见"4.3.2中的2.前期准备工作"。

5. 刀盘固定

刀盘采用定值可回收锚索（锚索可在更换完成后回收，不会影响后续掘进）将刀盘固定于掌子面，结合底部钢支撑及掌子面预埋钢板，确保刀盘拆除前后不发生移位、变形，以便刀盘后续安装时能通过调整盾体姿态快速精准对接，提高安装效率。

（1）锚索张拉施工

锚索施工、刀盘支撑预埋件施工、大齿圈旁洞施工完成后，将TBM重新顶到掌子面，便可进行锚索张拉施工、大齿圈运输和预埋施工。

锚固段达到设计强度80%后才能进行张拉。正式张拉前先对锚固体进行2次预张拉，预张拉荷载为设计荷载的0.1倍。当锚头发生微小的偏心时需要用楔形板来进行调整。

锚索的张拉应力分四级施加，分别为设计拉力的0.1、0.5、1.0、1.1逐级增加至超张荷载。前3级荷载稳定时间为5min，最后一级荷载为15min。并分别记录每级荷载的伸长量。

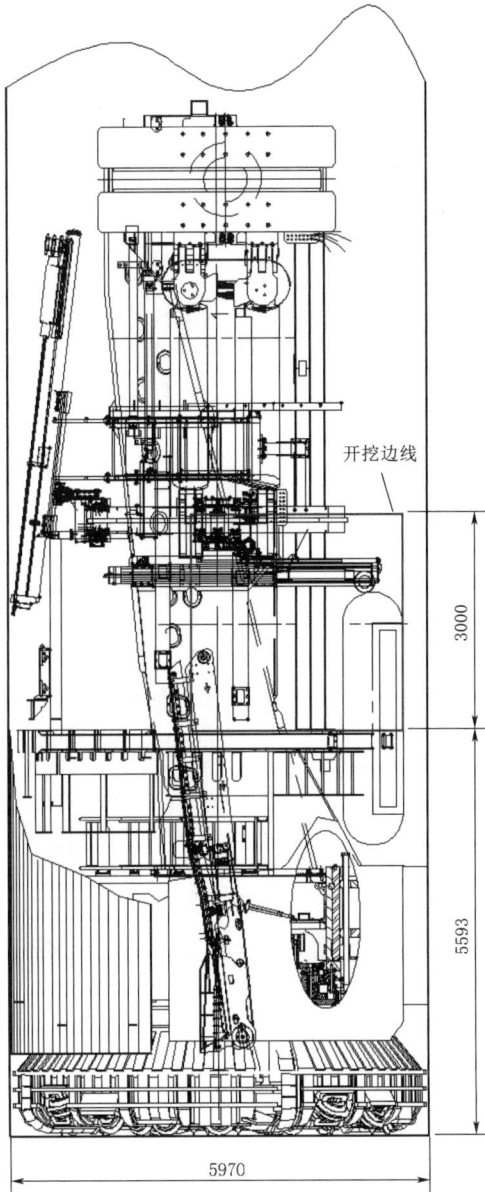

图 4.3-8 大齿圈旁洞开挖位置（单位：mm）

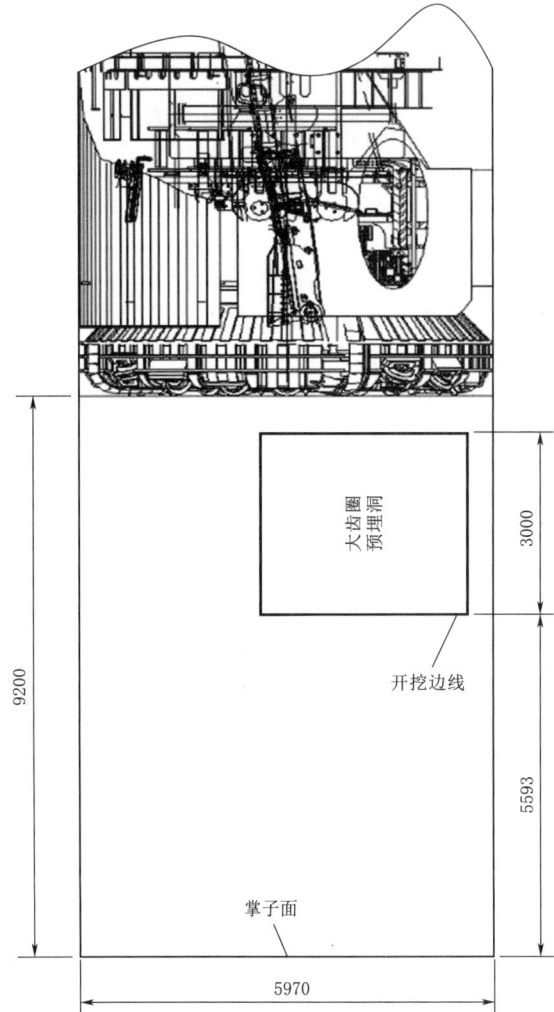

图 4.3-9 TBM退至预定位置（单位：mm）

预应力索的拉力锁定值不小于设计拉力值。预应力索锁定后48h内，若发现损失超过10％，应进行补张拉。实际张拉过程中有2根锚索预应力损失超过10％，通过补张拉后达到设计值。张拉到位后锁定，机械切割多余钢绞线，严禁电割、氧割，锚头钢绞线外余≥10cm以防滑脱。采用锚索固定刀盘见图4.3-10。

（2）底部钢支撑施工

现场根据实际尺寸，用厚30mm钢板现场加工支撑结构，支撑结构与预埋钢板和刀盘的连接采用焊接形式。

（3）实施效果

综合采取上述措施，将刀盘用可回收预应力锚索和钢支撑结构固定在掌子面上，刀盘与盾体分离后，实现了无位移的预期效果，为后期顺利安装复位奠定了基础。刀盘固定在掌子面见图4.3-11。

图 4.3-10　采用锚索固定刀盘

6. 大齿圈运输

根据隧洞净空、TBM 台车净空及大齿圈尺寸，利用平板车，通过工装，将新大齿圈斜置于平板车上，缓慢将大齿圈运输至洞内 TBM 第 2 节桥架末端。大齿圈平板车水平运输见图 4.3-12。

图 4.3-11　刀盘固定在掌子面

图 4.3-12　大齿圈平板车水平运输

TBM 桥架段和主梁段净空变小，平板车无法进入。在 TBM 第 2 节桥架末端开始，利用 TBM 上的行走吊机把大齿圈往盾体方向转移。通过 TBM 后撑脚时，将后撑脚收缩到最大行程并将大齿圈平放便可通过，利用旁洞上设置的吊点，将新大齿圈吊入旁洞等待更换。大齿圈水平运输见图 4.3-13，新大齿圈移入旁洞见图 4.3-14。

图 4.3-13　大齿圈水平运输

图 4.3-14　新大齿圈移入旁洞

7. 刀盘拆除 TBM 后退

（1）拆除刀盘

拆除刀盘前，再次确定刀盘固定锚索张拉预应力索的拉力锁定值不小于设计拉力值，确定无误后，通过螺栓张拉器拆除刀盘螺栓。刀盘通过固定锚索和支撑结构固定后，和盾体分离，达到了刀盘无位移的预期效果。

（2）TBM 盾体及台车退至预定位置

刀盘螺栓全部拆除后，通过后退 TBM 盾体，将刀盘与盾体分离。刀盘与盾体分离后，将 TBM 盾体后退至预定位置，为大齿圈更换提供工作空间，TBM 盾体后退至预定位置示意图见图 4.3-15。

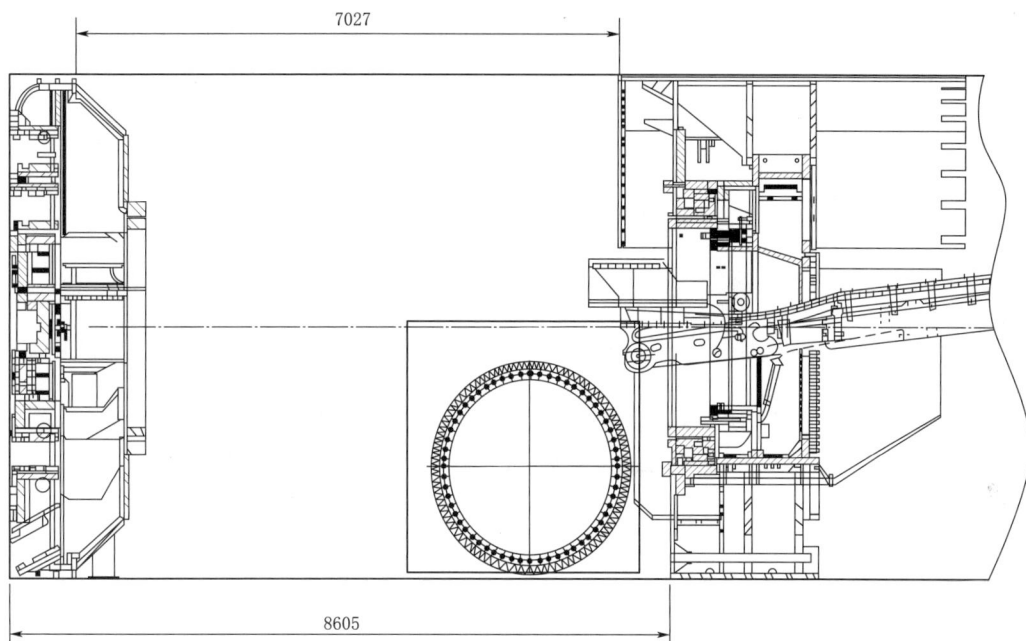

图 4.3-15　TBM 盾体后退至预定位置示意图（单位：mm）

8. 大齿圈更换

（1）辅助工装安装

①在刀盘和顶护盾之间安装吊机梁。

②拆除主梁皮带机上料斗并反置于刀盘后部。

③拆除主轴承内外密封压板。

④拆除料斗其他部件以便运送小车通过。

⑤拆除旧齿圈上半部的螺栓。

⑥用三颗齿圈螺栓把小车固定在刀盘转接件上，人力拧紧螺母并打密封胶，注意螺母不能拧死，以便使用液压千斤顶时螺母有足够的余量。

⑦以小车位置为准，在刀盘和料斗吊耳之间安装好行走梁 2 和行走梁 1。

⑧使用位于支撑架底部的调整千斤顶，和通过垫片调节右端料斗吊耳鞍座，使得行走梁贴紧行走小车轮。

⑨用液压千斤顶顶起刀盘转接件，直到转接件完全脱离三颗齿圈螺栓的支撑。

顶起刀盘转接件千斤顶型号为 RC-50 和参考压力为 125bar（即 12.5MPa）。大齿圈拆装工装及运送小车具体部件见图 4.3-16 和图 4.3-17。

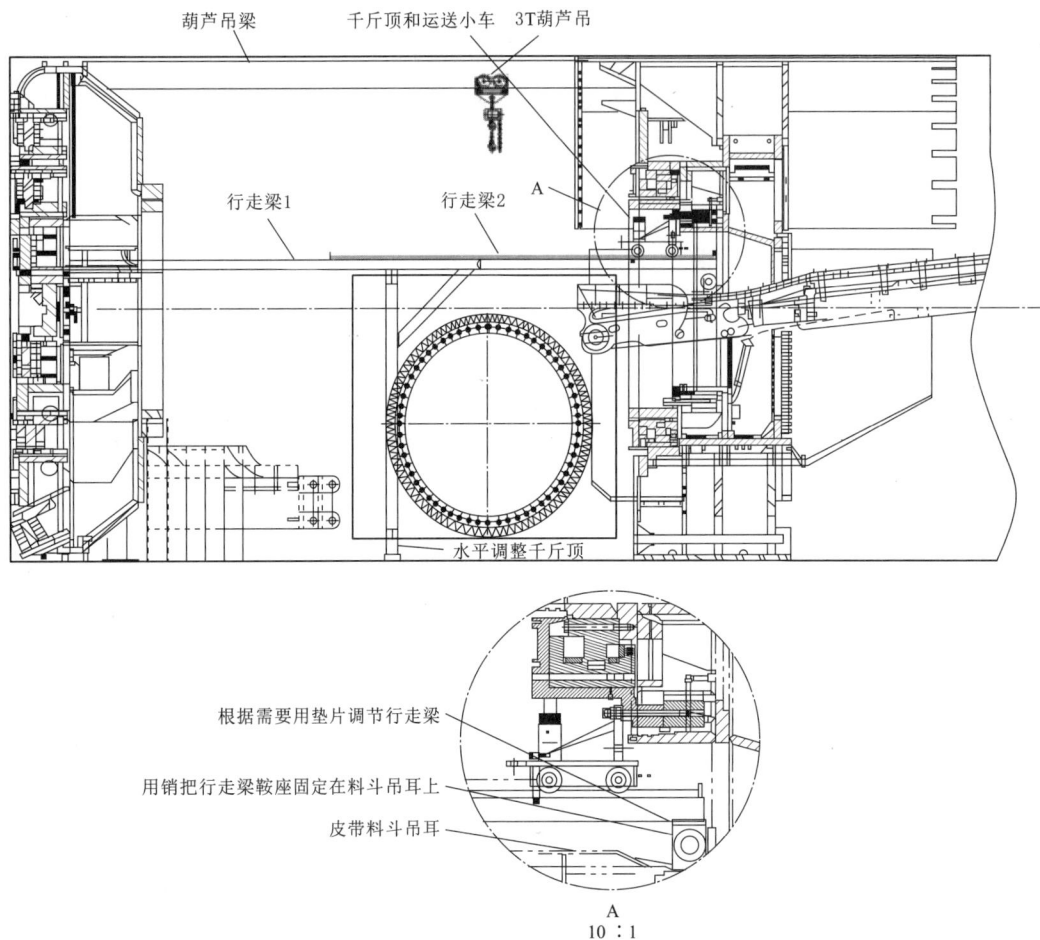

葫芦吊梁   千斤顶和运送小车 3T葫芦吊

行走梁1   行走梁2   A

水平调整千斤顶

根据需要用垫片调节行走梁

用销把行走梁鞍座固定在料斗吊耳上

皮带料斗吊耳

A
10：1

图 4.3 - 16 大齿圈折装工装部件图

图 4.3 - 17 大齿圈运送小车安装
（行走梁）

（2）大齿圈拆装

大齿圈拆装示意图见图 4.3 - 18，具体步骤如下。

①拆除转接件和旧大齿圈的剩余连接螺栓并取出销轴。

②拆除主轴承内外密封圈（图 4.3 - 19）。

③旧大齿圈拆除后（图 4.3 - 20）用运送小车将旧大齿圈运送至行走梁 1 上并拆除行走梁 2。

④用葫芦吊卸下旧大齿圈并放置于地上。

⑤用葫芦吊吊起新大齿圈，用 3 颗大齿圈螺栓连接到小车上。

⑥安装行走梁 2 并用运送小车将新大齿圈运送至安装位（图 4.3 - 21）。

⑦安装大齿圈和刀盘转接件的下部螺栓。

⑧拆除运送小车。

⑨大齿圈剩下螺栓安装。

⑩安装主轴承内外密封。

⑪装回主梁皮带机料斗顶部件。

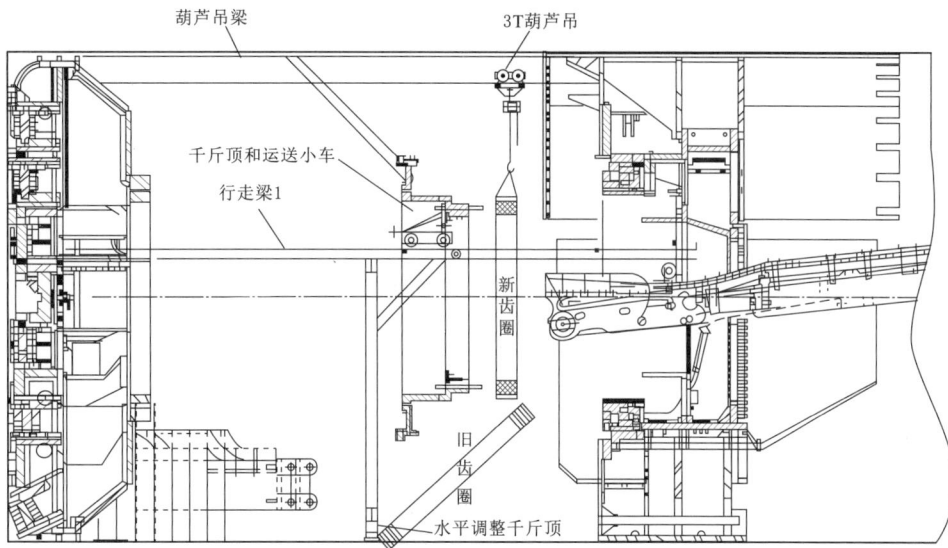

葫芦吊梁　　　　　　3T葫芦吊

千斤顶和运送小车

行走梁1

新齿圈

旧齿圈

水平调整千斤顶

图 4.3-18　大齿圈拆装示意图

图 4.3-19　主轴承密封圈拆除

图 4.3-20　旧大齿圈拆除

⑫旧大齿圈放回旁洞中（图 4.3-22）。

图 4.3-21　新大齿圈安装

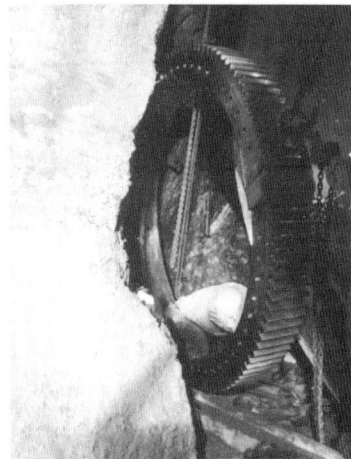

图 4.3-22　旧大齿圈放回旁洞

⑬拆除行走梁 1 和行走梁 2。

⑭装回主梁皮带机料斗。

⑮拆除葫芦吊和葫芦吊梁。

⑯大齿圈安装工作完毕，清理工作区域。

9. 刀盘安装

大齿圈安装完成后，将 TBM 盾体往前移至刀盘安装位置，在刀盘螺栓孔对位时，如果盾体有移位，可通过 TBM 撑靴对 TBM 盾体进行微调，确保刀盘螺栓孔位置精确。螺栓孔对准后，安装全部刀盘螺栓，刀盘螺栓拉紧操作，严格按照设备技术操作规程操作，分两次进行张拉紧固。此次刀盘安装达到了设备技术要求。

10. 恢复掘进

刀盘安装完成后，用液压油缸回收锚索，拆除刀盘支撑结构，安装刀盘滚刀，安装连续皮带托架及托辊，清理工作场地，TBM 恢复掘进。

4.3.3　结论

本项目研究采用的《隧洞内 TBM 主驱动大齿圈更换技术》更换受损 TBM 主驱动大齿圈，取得了预期的效果。技术方案的成功实施寻找到洞内更换 TBM 大齿圈的经济高效的新方法，同时为解决洞内 TBM 易损大部件经济高效更换提供了新思路。隧洞内 TBM 大部件安全高效更换技术为延长 TBM 单头掘进距离提供了重要技术依据，具有推广应用价值。

4.4　超长皮带机出渣技术

广西桂中治旱工程北干一标 TBM 施工采取连续皮带机出渣方案，TBM 掘进石渣经 TBM 主机 1 号、2 号皮带机转料至后配套 3 号皮带机，后配套皮带机转渣至主洞 4 号连续皮带机，在主洞出口组装场地转渣至固定皮带机，将石渣转至洞口临时弃渣场，再通过自卸汽车转运至弃渣场。正在运行（出渣）中的洞内连续皮带机见图 4.4 - 1，连续皮带机出渣系统见图 4.4 - 2。

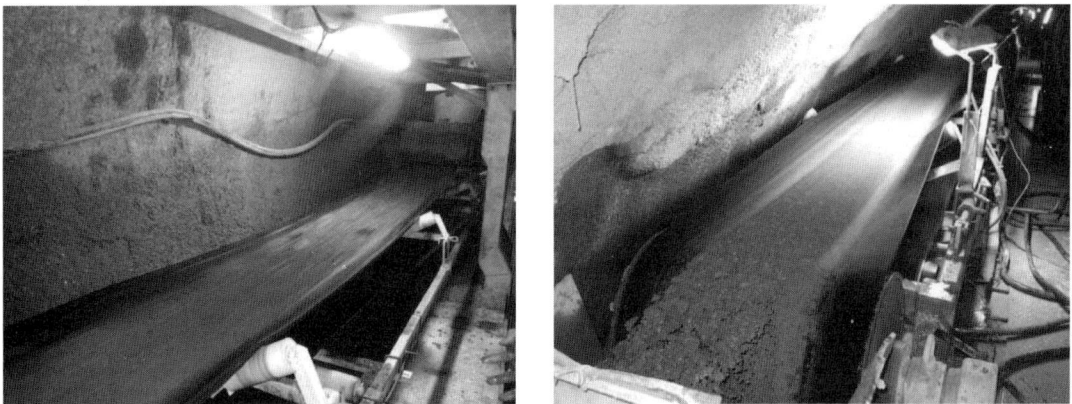

图 4.4 - 1　正在运行（出渣）中的洞内连续皮带机

4.4.1　超长皮带机

连续皮带机由主驱动、首尾驱动、皮带储存仓、机架、皮带机移动尾部、胶带、控制装置、张紧装置、硫化台、沿线紧急拉线开关等组成。

图 4.4-2 连续皮带机出渣系统

连续皮带机机架用来支撑槽形托辊和平托辊，机架安放在隧洞左侧，采用三脚架支撑在洞壁上。随着 TBM 向前推进，在后配套尾部连续皮带机延伸作业处延伸安装皮带架和托辊。洞内连续皮带机布置见图 4.4-3。

皮带储存仓由带导轨的机架、带多层滚筒的移动小车、张紧装置等组成，皮带通过相距一定距离的两个含多层滚筒的移动小车来回缠绕，可存储不低于 600m 长的皮带；通过操纵与小车用钢丝绳连接的卷扬机，张紧皮带；TBM 掘进带动后配套上的移动尾部向前延伸（图 4.4-4），皮带仓的两滚筒小车相向而行，不断趋近，从而释放皮带仓内存储的皮带（图 4.4-5 和图 4.4-6）。一次存储的皮

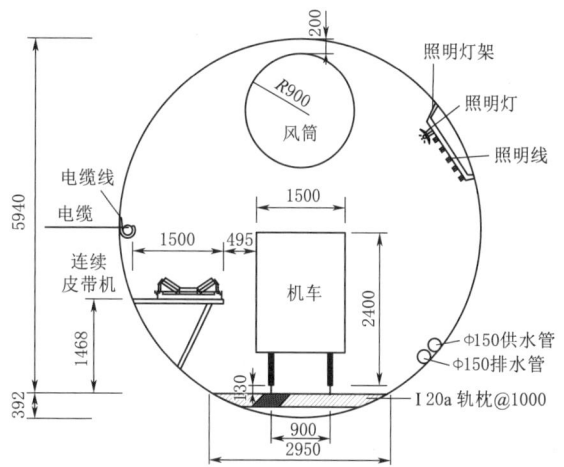

图 4.4-3 洞内连续皮带机布置图（单位：mm）

带可使 TBM 掘进储存长度一半左右，通过硫化台硫化连接后将另一卷皮带再存入皮带储存仓。

图 4.4-4 连续皮带机移动尾部延伸安装示意图

图 4.4-5 皮带储存仓和主驱动示意图

皮带采用钢丝绳皮带，硫化采用双头硫化，约 10h 完成；皮带机主驱动采用变频驱动，可以降低启动时皮带机的冲击；为了协调各驱动装置和启动时皮带自动张紧调节，连续皮带机由 PLC 控制，主 PLC 设置在皮带机主驱动装置处，可控制皮带机的启动和停止，另外，控制系统与 TBM 控制也有接口，可由 TBM 操作手控制皮带机顺序启动和停车。

4.4.2 皮带机运行安全控制

皮带机系统采用 PLC 控制，皮带机控制系统和 TBM 控制系统相互连接，如果皮带输送系统没

图 4.4-6　连续皮带机储存仓和主驱动实物图

有启动或出现故障，TBM 将不能启动掘进或因皮带机紧急故障 TBM 可以实现紧急停止掘进；

皮带机出渣系统具有调速、调向、自动清理、刮渣、防跑偏、防滑等功能，具有故障自动诊断、显示和报警功能。皮带系统设计有速度传感器、跑偏传感器、溢流传感器、安全应急拉线开关、皮带防夹装置、本地安全控制装置、监控摄像系统等安全监控装置，任何故障或紧急事故都可紧急停止皮带机运行，能有效确保系统设备和人员安全。

皮带机沿线均安装有紧急拉线开关。洞口固定皮带机主驱动设有逆止装置，防止皮带反转。皮带机出渣系统与 TBM 控制室连接，具有控制室远程控制功能和安全连锁功能。

1. 皮带机与 TBM 连锁方案

连续皮带及洞口皮带系统采用通讯总线协议，与 TBM 相匹配。TBM 为带式输送系统设置 I/O 及 ID，带式输送系统也为 TBM 设置了一个 I/O 及 ID。通过光缆通讯线将这两个接口连接在一起。TBM 的 CCU 将把带式输送系统相关联的信息及指令传输给带式输送系统的 CCU，带式输送系统的 CCU 将按自己的控制系统动作，对 TBM 做出正确的反应。反之，带式输送系统的 CCU 将把 TBM 相关联的信息及指令传输给带式输送系统的 CCU，TBM 系统的 CCU 将按自己的控制系统动作，对带式输送系统做出正确的反应。

皮带机与 TBM 连锁方案主要有以下情况：

（1）TBM 开始：一般是反方向动作，即：洞口皮带机启动（延秒）→洞内连续皮带机启动（延秒）→TBM 皮带机（靠近 TBM）启动（延秒）→TBM 启动。在 TBM 启动前保证整条皮带机系统是排空的。

（2）TBM 停机（包括正常停机或故障停机）：TBM 停机→TBM 皮带机停机（延秒）→洞内连续皮带机停机（延秒）→洞口固定皮带机停机（延秒）、（放空皮带后）。避免 TBM 或上游皮带给下游皮带输送超载岩渣。

（3）皮带机开始：执行的程序和以上叙述的第（1）点 TBM 开始的程序一样。

（4）皮带机正常停机：执行的程序和以上叙述的第（2）点 TBM 停机（包括正常停机或故障停机）的程序一样。

（5）皮带机故障停机：皮带机系统和 TBM 系统同时停机。等故障排除后复位，按正常程序启动。

（6）超载限制：当 TBM 掘进速度过大或遇到掌子面塌方等情况导致输送给皮带机的岩渣量超过皮带机最大的输送能力，皮带机会传输给 TBM 一个指令，使 TBM 自动减速，控制出渣量。

（7）维修和维护：当 TBM 需要空转调试和停机维护时，可以断开与带式输送系统的连接。反之，当带式输送系统需要空转调试和停机维护，也可以暂时切断与 TBM 的连接。双方可独立调试、运行和维护。

2. 超长皮带机急停控制系统

隧洞内超远距离皮带输送机因为工作线路长，正常运行过程中，确保能在发现安全隐患后能第一时间停机是避免造成重大设备事故（输送带撕裂、大面积支架塌落）的有效手段。目前在超长距离皮带输送机急停系统应用上，主要基于其他现场及安装总线进行设计，存在以下不足：①传输距离超过 5000m 后抗干扰能力差。②稳定性不能满足远距离设备正常运行需要。③对长距离隧道施工湿热环境适应性差。④应用成本高。⑤控制回路电路设计烦琐、响应速度慢，易发生延迟动作、遗漏动作。

本皮带输送机急停控制系统采用基于 CC－LINK 现场总线技术和光纤中继器实现超远距离通讯传输，实现传输距离能超过 20000m，并具有良好的稳定性和故障点定位能力，同时可实时监测每个开关点的开闭情况（图 4.4－7 和图 4.4－8）。能实现单个（每 100m 安装一个）急停开关工作状态可视化监测，能实现中控柜对单位急停开关的监测、投入及旁路切换，能实现急停系统的稳定运行。本皮带输送机急停控制系统的特定的控制回路响应速度更快，动作精准度更好，有效地解决了延迟动作、遗漏动作的问题。皮带输送机急停控制系统线路及软件界面见图 4.4－9。

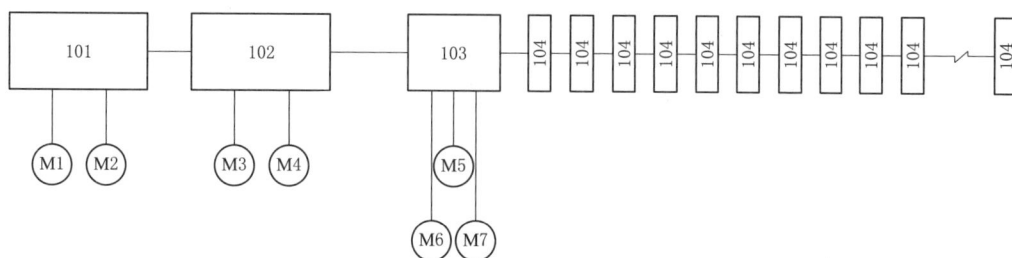

图 4.4－7 皮带输送机急停控制系统 CC－LINK 通信框架图

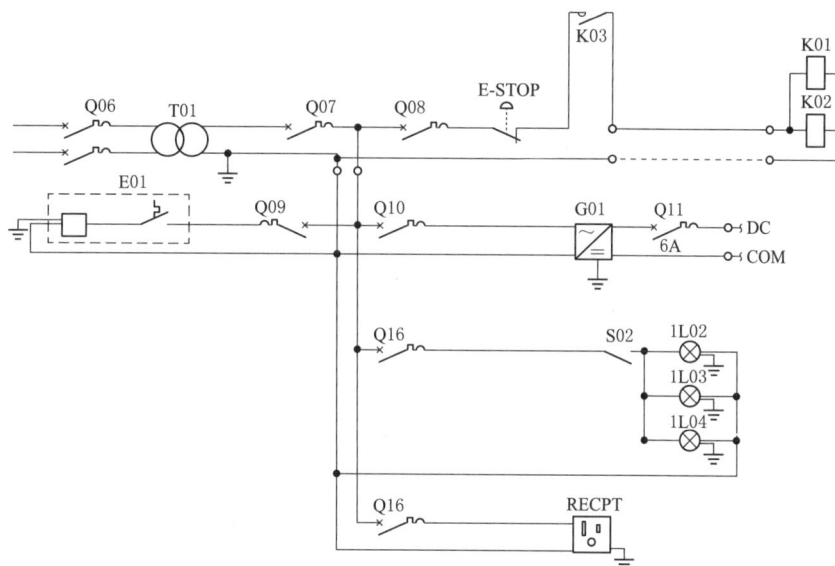

图 4.4－8 控制回路系统

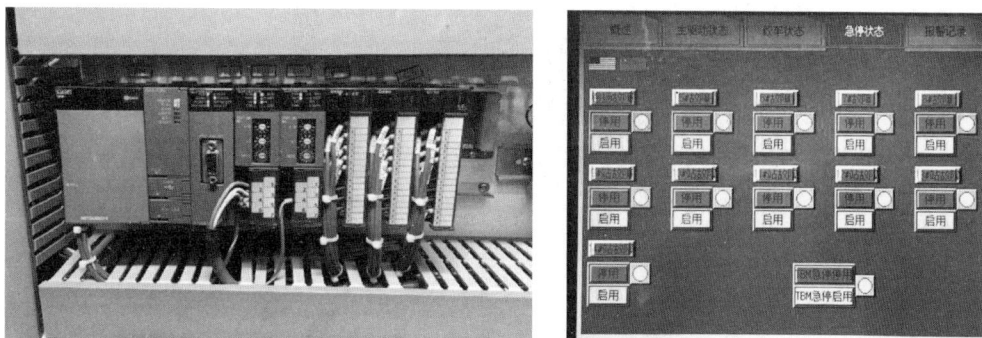

图 4.4－9 皮带输送机急停控制系统线路及软件界面

4.4.3　输送皮带快速回收技术

当采用连续皮带出渣的 TBM 设备完成隧洞掘进贯通后，需要将连续皮带拆除回收，由于连续皮带敷设于整段隧洞内，一般连续皮带长度高达以数公里计、皮带本身重量大、位于狭窄的隧洞内且敷设具有一定高度，如采用人工在洞内分段切断拆除、洞内卷筒运输至洞外或将拆除的皮带平铺在机车上运至洞外再卷筒的方式，效率低下且拆除难度相当大，因此连续皮带的回收是隧洞掘进完工后一大难题。通过设计一套回收皮带装置结合原连续皮带主驱动回收连续皮带，以类似于连续皮带正常工作状态的驱动速度，通过设计的回收装置以同等的速度将皮带予以回收，解决了连续皮带回收问题，具有效率高、回收皮带打包规整、安全系数高等优点。

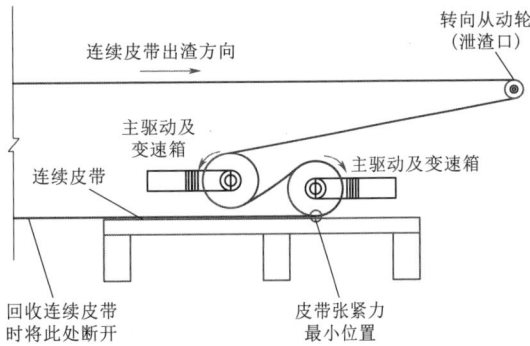

图 4.4 - 10　连续皮带主驱动结构示意图

连续皮带回收装置的原理和思路：连续皮带通过主驱动驱动将隧洞开挖渣土连续不断地输送出洞外，在皮带空转时，主驱动克服皮带本身重量和皮带与皮带辊筒（包含皮带架上的上层辊筒、下层辊筒和从动轮）之间的摩擦力即可实现皮带传动。通过对连续皮带主驱动结构分析，皮带穿越第二个主驱动轮后最下方皮带与主驱动轮的接触点皮带张紧力为最小点，见图 4.4 - 10。

在回收皮带时，可将主驱动结构与皮带仓之间的连续皮带断开，设置一套与主驱动相同转速的回收装置（即设计的回收装置的回收速度与主驱动通过自身动力回收皮带的速度相同），同时在皮带张紧力最小位置设置一顶紧装置，增加皮带与主驱动的摩擦力，防止回收过程皮带与主驱动之间打滑，使主驱动驱动轮与连续皮带有足够的摩擦力驱动，将隧洞内的连续皮带收回。

（1）顶紧装置

该装置由 S 扣、加长托辊、全牙螺杆、螺母等零部件组成，利用主驱动基座结构将以上零部件组合设计成一套定紧装置，具体设计见图 4.4 - 11～图 4.4 - 13。

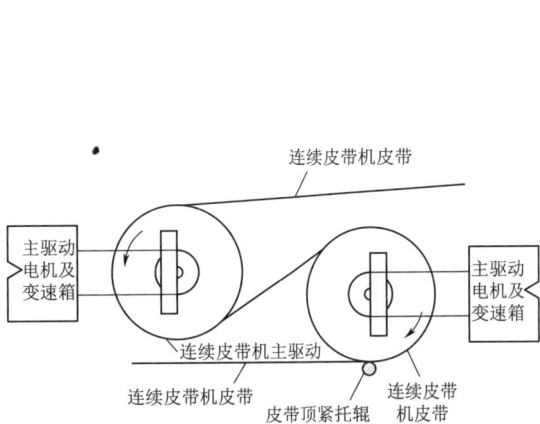

图 4.4 - 11　皮带与主驱动张紧装置纵断面图

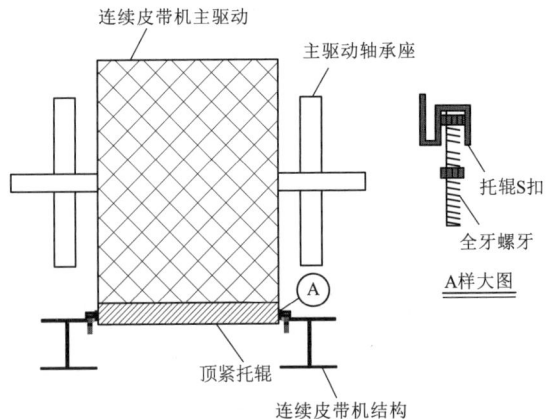

图 4.4 - 12　皮带与主驱动张紧装置横断面图

（2）回收装置

连续皮带回收装置由回收装置基座、液压泵站、驱动马达、回收皮带辊筒、辊筒轴（含传动齿轮）、防偏杆（两支，前后各一支）等组成。具体设计见图 4.4 - 14 和图 4.4 - 15。

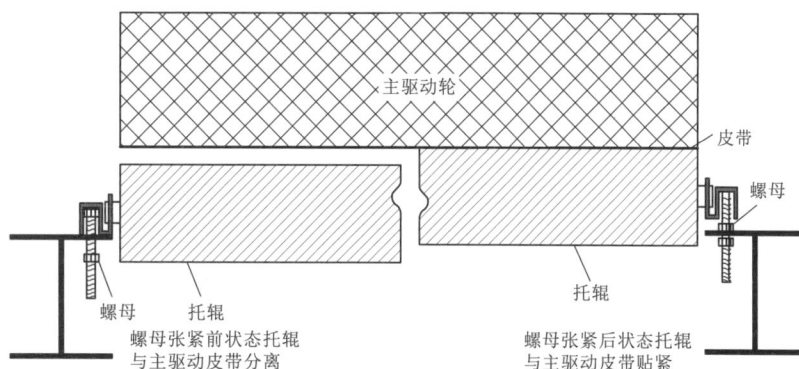

图 4.4-13 皮带与主驱动张紧状态示意图

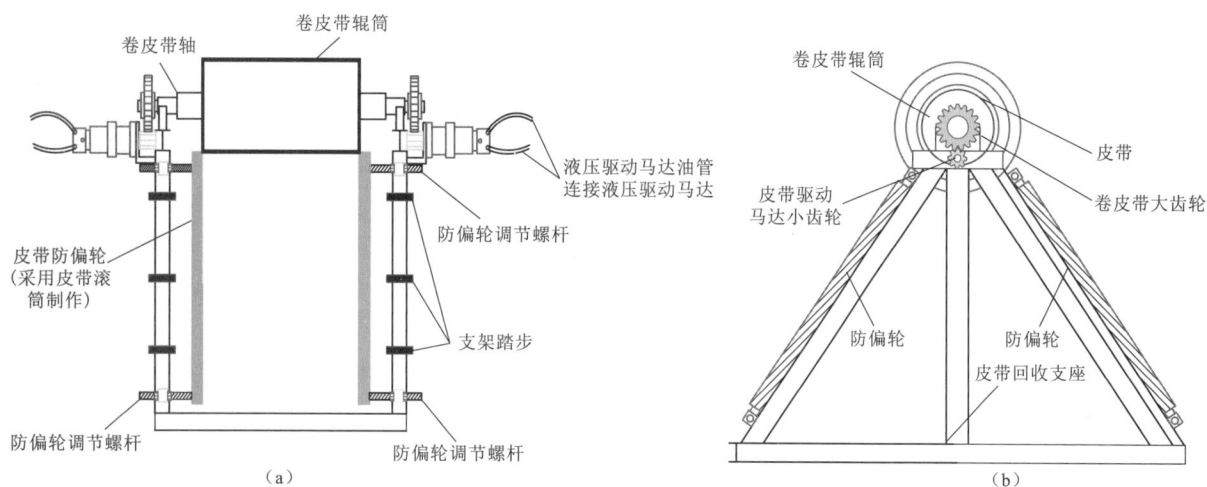

（a）

（b）

图 4.4-14 连续皮带回收装置断面示意图

图 4.4-15 连续皮带回收装置实物图

采用连续皮带回收装置回收皮带操作步骤如下。

1）驱动主驱动电机，将连续皮带多个接头其中的一个接头传送至皮带断开位置，断开皮带接头。

2）将第二个主驱动驱动轮下方皮带用顶紧装置顶紧，增加皮带与主驱动的摩擦力。

3）回收装置就位。将回收装置置于皮带储存仓和主驱动结构中间合适位置，回收装置的卷皮带辊筒中心与主驱动中心保持在一条直线上，确保回收的皮带按照直线传动回收。

4）皮带头固定。将主驱动方向出来的皮带接头从卷皮带辊筒下方穿过，采用自攻螺丝（多个）反向固定在辊筒上。

5）启动主驱动电机，连续皮带通过主驱动传动输送出来一小段皮带后，启动回收装置液压泵站，以与主驱动输送皮带相同的速度回收皮带，在回收前期，需调节防偏轮螺杆，确保回收的皮带整个断面平整，直至下一个皮带接头位置（500m/卷），在此位置断开皮带，至此，一卷皮带回收完毕。采用该装置回收一卷 500m 长的皮带耗时约 60min。

6）将回收装置连同已经回收的一卷皮带采用现场布置的行吊吊出，将另一回收装置置入，进行下一循环回收皮带操作。

4.5　不良地质 TBM 安全高效掘进技术

TBM 法与钻爆法相比，有许多显而易见的优点，但也存在对地质适应性差、施工成本高等问题。目前还没有能够适应任何地质条件的"万能掘进机"，TBM 只能做到适应大部分或绝大部分地层。在地质情况复杂段采用 TBM 进行施工，常常会因不良地质情况使掘进变得困难，严重时会发生卡机情况。国内外有很多工程案例，因不良工程地质原因造成 TBM 在掘进过程中发生卡机，甚至出现被迫提前拆卸的情况。这不仅仅会严重影响施工进度，拖延施工工期，还会威胁到 TBM 设备和施工人员的安全。

TBM 设备庞大，对地质条件适应性没有钻爆法灵活，在没有预警的情况下遇到不良地质，TBM 掘进将遭到机器被卡、被埋等灾难性后果。为此，必须根据 TBM 自身特点和工程地质条件采取相应的预防措施，以保证 TBM 安全、顺利地通过不良地质地段。

4.5.1　超前地质预报技术

隧道工程实际上就是地质工程，在隧道施工过程中，由于开挖而诱发的各类地质灾害具有不可选择性、复杂性及突发性，常常成为制约隧道修建的主要因素。因此，隧道施工特别是采用 TBM 等重大装备在复杂地质条件下的施工，进行超前地质预报是非常重要的前提保障。依据准确可靠的超前地质预报，查清前方地质构造和地下水情况，以及时采取必要处置措施，安全稳妥地通过不良地质区域，避免损失。

1. 超前地质预报原理

隧道地质预报分为地质方法和地球物理方法，地质方法包括地质素描、超前地质钻孔等，适合短距离预报。地球物理方法应用的是地球物理知识，即通常说的物探方法，主要有地震法和电阻率法。

隧道地质超前预报关心的主要地质问题包括不良构造带、地下水分布、岩体工程类别、溶洞等问题，特别是对于含水断裂带、含水溶洞、含水松散体等不良地质对象的预报。地球物理指出不同地质对象表现的物理特性是各不相同的。岩体的构造特征、围岩的完整度、破碎状态等主要表现在力学性状的差异上，而含水性主要表现在导电率、介电常数等电磁特性的差异上。但受隧道内的观测空间、反射波孔径较小的限制，目前应用的任何一种物探方法都很难涵盖岩体在力学性状和含水性状上的差异变化。地震方法主要探测隧道前方围岩的岩性、构造、结构特征等与力学性状有关的地质要素，对断裂带、破碎带敏感，对围岩的含水性不敏感，不能预报含水地段，电阻率法用于探测围岩的电阻率分布，对围岩含水性敏感，可通过探测电性的变化预报围岩的富水地段，发现引发地质工程病害的含水破碎构造。

目前的隧道超前预报技术仍以反射地震法为主，因为地震法具有探测深度大、分辨率高、图像直观、操作方便等优点。较少使用电阻率法。但需要指出的是：为取得完美预报结果，在隧道超前地质预报工作中应强调采用地震方法与电阻率方法相结合，物探与地质研究相结合，以提高超前预报的可靠性。

2. 超前地质预报技术

目前国内外应用的隧道超前预报技术有陆地声呐、地震反射"负视速度法"、HSP 水平声波剖面法、TSP（Tunnel Seismic Prediction）、TGP（Tunnel Geologic Prediction）、TRT（Tunnel Refector Tomography）和 TST（Tunnel Seismic Tomography）等，这些技术都属于反射波地震预报技术。科研工作者对目前流行的超前预报方法从理论上进行了分析，指出这些技术多数存在着严重的技术缺陷，并对不能区分不同方向回波、不能确定围岩波速、不能正确进行纵横波分离等 3 个普遍存在的问题进行了重点分析。

首先，目前应用的超前预报技术包括 TSP、TGP 和 TRT 等对观测到的不同方向的回波不加区别，完全当成前方回波进行偏移成像处理，这势必造成虚报和误报，给超前预报带来巨大风险。在进行超前预报时应首先滤除上下、左右的侧向波和隧道面波、直达波，只保留掌子面前方的回波，才能保证超前预报的真实性和可靠性。

其次，TSP、TGP 技术采用的是一维观测方式，得到的只是零偏移距数据。零偏移距数据在理论上是无法确定掌子面前方围岩速度分布的。TRT 技术虽然采用空间观测系统，但没有波速分析功能，在偏移图像处理中需要人为设定围岩波速参数，这一做法缺乏客观性，在构造复杂地区将导致预报位置较大偏差。

最后，TSP、TGP 技术在纵横波分离时简单地将轴向分量取为纵波，横向分量取为横波，这一做法不符合波动传播的基本理论，得不到真正的纵波和横波。正确的做法是首先必须进行方向滤波，滤除侧向传播的回波，仅保留前方回波，然后才可以依据波的极化方向，提取相应的记录分量，将纵横波进行分离。

上述分析可以看出，在构造复杂地区、浅埋隧道、海底隧道和煤矿等侧向反射强烈的地区，超前预报技术误报的概率很大，必须认真解决。目前只有 TST 超前预报技术率先解决了上述 3 个难题。因此，对于广西桂中治旱 TBM 隧洞这样地质条件复杂，岩溶发育的地段的超前预报选用了 TST 技术。

TST（Tunnel Seismic Tomography）是隧道散射地震 CT 成像技术的简称，是地震波法的一种。当地震波在传播中遇到岩性变化较大（如物理特征和岩石类别的变化、断层带、破碎区的出现）的波阻抗界面时，就会产生散射，散射能量的一部分会被检波器接收到，应用方向滤波技术滤除原始信号中侧面和上下地层的反射波，仅保留掌子面前方回波，然后通过分析散射信号走时和各段围岩的波速，对数据进行分析，偏移成像处理，得到掌子面前方地质异常体出现的位置和规模，TST 观测系统装置见图 4.5-1。

TST 技术的观测方式是依据围岩波速分析和波场方向滤波的技术要求设计的，其观测系统的接收与激发装置布置在隧道两侧围岩中，两侧壁检波器间的横向距离应尽量大，因此检波器和炮点均在半圆位置打孔。

TST 资料处理采用速度扫描、偏移成像、构造

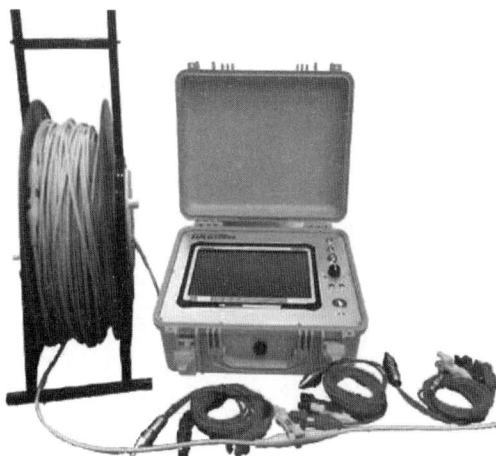

图 4.5-1　TST 观测系统装置

方向分析、反射面反演成像等多种成像方法。其提供的预报结果包含地质构造偏移图像和围岩波速分布两部分，相互印证，便于地质构造分析和围岩类别划分等综合地质解释。

电阻率成像方法作为隧道围岩含水预报的有效方法，其提供的电导率剖面能很好地反映地下水的赋存状态，富水位置。在多个隧道项目取得了很好的效果。

广西桂中治旱乐滩水库引水灌区工程 TBM 隧道工程采用 TST 隧道超前地质预报与电阻率法结合的隧道超前地质预报技术。

4.5.2　超前地质预报技术应用

1. 项目概况

广西桂中治旱乐滩水库引水灌区北干渠一标段全长 29.44km，其中 TBM 施工隧洞长 16.4km，圆形断面，洞径为 5.94m，隧道埋深一般为 150～400m。

TBM 隧道工区岩溶发育，水文地质条件复杂，沿线遇区域性断层带、涌水、塌方等问题。围岩以灰岩为主，矿物成分主要为方解石及其他碳酸盐矿物，还混有其他一些杂质，强度普遍偏低，岩层受构造影响强烈，褶皱、断裂、节理裂隙比较发育，夹层易充填泥水，加之该区域岩溶发育位置地下水类型以碳酸盐岩溶水为主，水量丰富，地下水位常年高于洞底 10～100m，沿线发育的多条断层与地下水、地表水形成密切的联系，工程地质情况复杂，易形成隧道涌水、突水、突泥等地质灾害，需要在隧道施工期进行超前地质预报，查明可能存在的灾害源，保证 TBM 安全顺利施工。

根据目前国内隧道超前预报技术发展状况，工程引进 TST 超前预报技术进行超前地质预报，在探明隧道施工阶段掌子面前方特殊地质影响带、软弱岩层分布、地下水的分布、涌泥、溶洞等情况之后，根据实际情况判定不良地质的分布位置、状况、大小及对施工的可能影响程度，及时调整 TBM 掘进参数。对于利用该技术探测到的疑似涌水段及设计地勘资料显示的富水层，则通过电阻率法探测电性的变化预报围岩的富水地段加以验证。

TBM 隧洞施工段掘进至 B22＋672.50 里程时，掌子面出现涌水，水体浑浊；施工至 B22＋671 里程时，掌子面出现两个涌水洞，水体浑浊且流量较大，伴有大量砂、卵石涌出，粒径 0.3～3cm，次圆状。B22＋671 掌子面围岩及涌水孔见图 4.5-2。而设计提供的隧道地质剖面图并未显示该洞段有些特殊地质状况。

（a）掌子面裂隙发育　　　　　　　　　　　　（b）开挖面涌水

图 4.5-2　B22＋671 掌子面围岩及涌水孔

为探明掌子面后方地质情况，特别是地下水分布情况，确保 TBM 顺利通过该洞段，对 B22＋671～B22＋571 洞段进行综合超前地质预报。利用 TST 探测岩溶发育区、风化带以及断层、破碎带等，对于含水层则采用电阻率法探测地下水具体区域，两者相互印证。

2. TST 法地质预报

（1）TST 系统布置

TST 其观测系统的接收与激发装置布置在隧道两侧围岩中（图 4.5－3），两侧壁检波器间的横向距离应尽量大，纵向排列的长度大于 2～3 个波长，检波器的间距小于 1/4 波长。超前预报中使用的地震主频在 100～300Hz 范围，围岩波数在 2.0～5.0km/s 之间，地震波长为 20～40m。据此，并结合 TBM 现场施工实际情况，TST 隧道地质超前预报观测系统见图 4.5－4。8 个检波器，间距 3.0m，埋深 1.8～2.0m，位置见 S1～S8；震源 8 个，每侧 4 个，间距 12m，埋深 1.8～2.0m，位置见 P1～P8；采用电火花震源释放地震波触发采集器。

图 4.5－3 TST 观测系统接收与激发装置布置

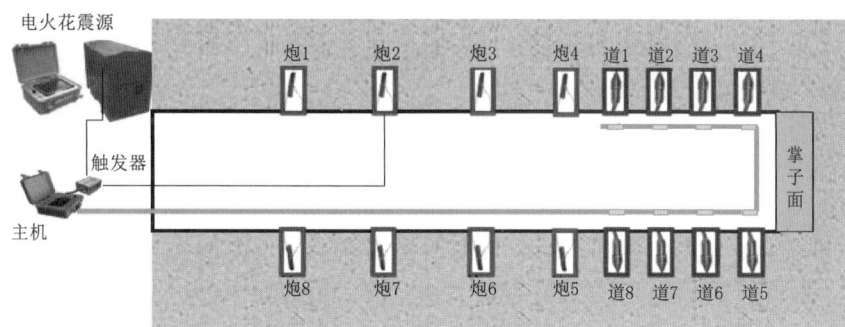

（a）TST 系统硬件组成

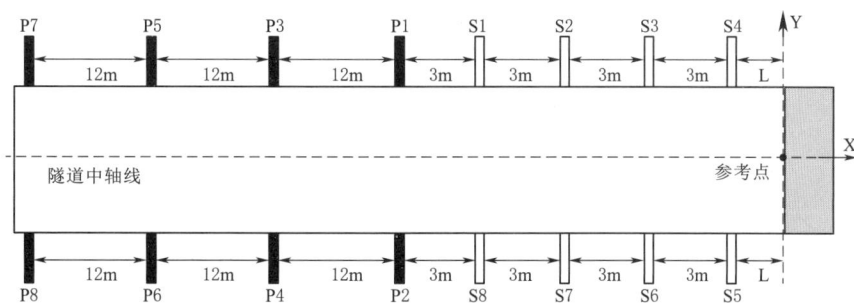

（b）TST 激发与接收方式

图 4.5－4 TST 隧道地质超前预报观测系统

（2）TST 预报结果

本次探测结束共得到 8 个有效文件，64 道地震记录。B22＋671～B22＋571 洞段的地震资料，经过数据预处理、地震波场的方向滤波和分离，结合该段的地质资料进行速度扫描后得到地质体的偏移图像和围岩波速分布情况见图 4.5－5。

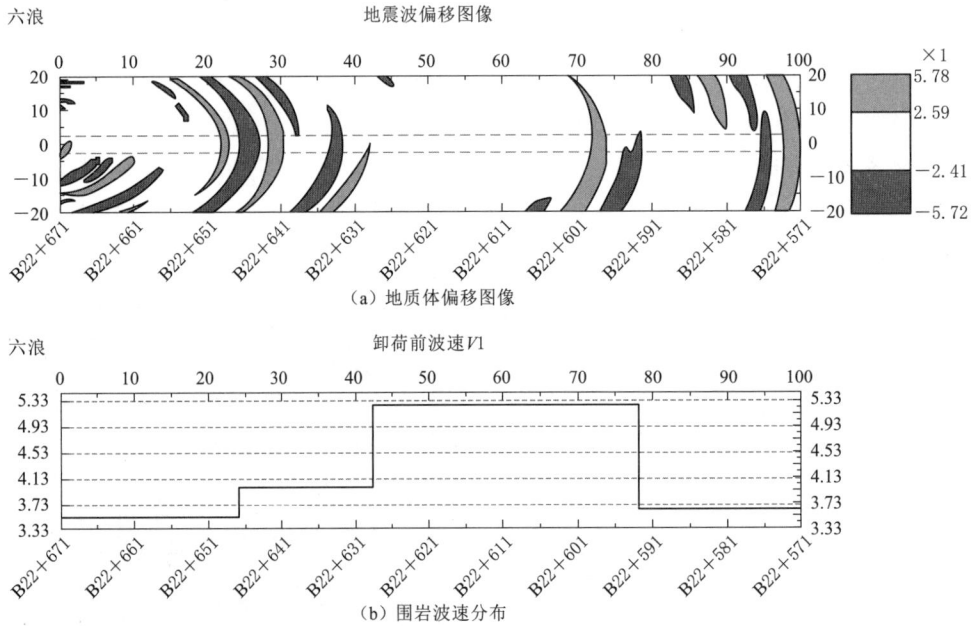

（a）地质体偏移图像

（b）围岩波速分布

图 4.5－5　B22＋671～B22＋571 段地质体偏移图像和围岩波速分布

偏移图像用红蓝表示软硬岩体界面。横坐标为隧道里程，纵坐标为隧道横向距离。蓝色条纹表示负的波速异常，波速由高到低，岩体由硬变软的界面，红色表示正的波速异常，波速由低变高、岩体由软变硬的界面。

围岩速度分布反应岩体力学性状的分布。图中横坐标表示里程，纵坐标表示围岩波速值。波速高表示围岩完整、弹性模量高；波速低表示岩体破碎，弹性模量低。波速图像与地质构造图像有很好的对应性。

由图 4.5－5 可以看到：在 B22＋671～B22＋646、B22＋646～B22＋631 和 B22＋591～B22＋571 区域内偏移图像红蓝条纹发育明显，且在围岩速度分布图中相应位置也出现了相对低速。

3．电阻率法地质预报

（1）三维电阻率探测原理和方法

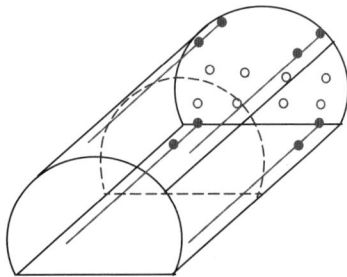

图 4.5－6　三维电法超前探测示意图

本次使用的是三维电阻率探测方法，它是电法勘探的一个重要分支，以围岩和含水地质构造的电性参数差异为物理基础，根据施加电场作用下围岩传导电流的分布规律，推断探测区域电阻率的分布情况和地质情况。通过在掌子面布置一定数量的电极。三维电法超前探测示意图见图 4.5－6。按照一定的序列，自动供入直流电，测量两个电极间的电势差，从而计算出视电阻率剖面。通过对视电阻率剖面进行反演计算，得到探测区域围岩电阻率剖面，对含水构造表现为低阻，对完整围岩表现为高阻，从而达到对探测区域地质情况探测的目的。

三维电法测线布置为在掌子面刀盘上布置 8 个测量电极，在 TBM 护盾的后边墙布置供电电极环，每环电极 4 个，共 2 环，共计 8 个电极。采用 1 条多芯电缆与供电与测量电极系连接，同时设计1根单芯电缆连接电极 B 与 N，电缆连接到探测仪器。

（2）三维电法探测结果

本次探测的激发极化三维成像见图 4.5-7、图 4.5-8，其中 X 方向表示竖直方向，Y 方向表示掌子面宽度方向，Z 方向表示开挖方向，坐标原点为掌子面中心位置，反演区域为 Y（-9m，9m）、X（-9m，9m），掌子面坐标为 Y（-3m，3m）、X（-3m，3m），图中掌子面洞径范围外部分仅供参考，三维电法预报结果如下。

1）B22+671～B22+656 段落：三维反演图像中掌子面范围内电阻率值较低，在掌子面右侧出现低阻区域，主要集中在右侧的中部及上部；掌子面左侧电阻率相对较高，再结合地质分析，推断掌子面右侧中部及上部围岩局部破碎，可能发育溶洞或地下暗河支管道，开挖易出现股状涌水。

2）B22+656～B22+641 段落：三维反演图像中该段落低电阻区域向左侧延伸，主要集中在掌子面左侧区域，结合地质情况，可推断该段围岩较破碎，局部可能发育溶洞或暗河支管道，开挖易出现涌水或流水。

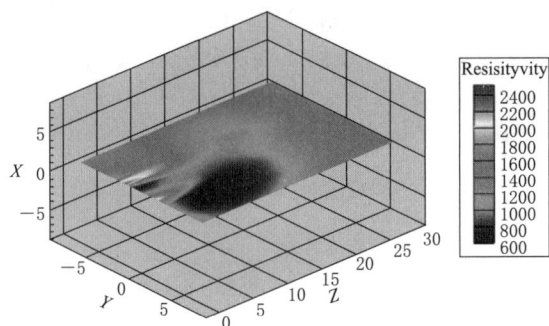

图 4.5-7 三维成像图

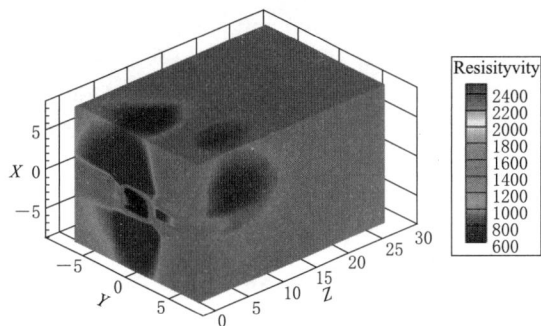

图 4.5-8 三维成像 X=1.5m 切片图

4. TST 与电阻率法联合探测分析

（1）现场探测结果的地质解释

综合 TST、电阻率法预报成果图并结合地质资料分析，可得出如下预报结果：

第 1 段（B22+671～B22+646）：该段围岩波速较低，纵波为 3300～3500m/s，围岩偏软。围岩裂隙稍发育，完整性和稳定性较差，工程类别Ⅲ～Ⅳ类，掌子面右侧为断裂破碎带，疑为破碎带和溶洞，地下水较多；

第 2 段（B22+646～B22+631）：该段围岩波速稍高，围岩稍硬。结构面和裂隙较发育，岩体会呈现破碎情况或溶洞等不良地质体，地下水较多，完整性和稳定性较差，工程类别Ⅲ类；

第 3 段（B22+631～B22+591）：该段围岩波速较高，纵波为 5000m/s，围岩较硬。围岩结构面和裂隙稍发育，完整性和稳定性较好，工程类别Ⅲ类；

第 4 段（B22+591～B22+571）：围岩波速较低，岩体裂隙发育，稳定性和完整性较差，最后约 10m 会出现破碎状态。

地下水集中分布在 B22+671～B22+641 段掌子面右侧中部及上部。

（2）建议采取的施工措施

根据 TST、电阻率法资料和解释原则，本次探测掌子面前方 100m 范围内未发现大型不良地质构造，岩体结构较完整，局部节理裂隙发育，富含基岩裂隙水，含水量丰富，尤其在 B22+671～B22+646 和 B22+591～B22+571 段较为明显，发生涌水、塌方导致 TBM 卡机可能性较大。

施工中要注意控制地下水对隧道施工的影响，加强预先支护，防止隧洞大面积渗水，从而引发岩层掉块坍塌事故发生。对富水层（B22+671～B22+646），掘进前应采用回填注浆方式进行预先处理；通过破碎带时，采用慢掘进，拱架支护方式，及时喷锚支护，减少岩层暴露时间，防止坍塌，各施工工序尽量衔接紧密。

（3）开挖验证

后经开挖证实，洞身围岩与设计地勘图提供的Ⅲ类围岩有一定差别，实际 B22+671～B22+646 段岩体较破碎、溶洞发育，且有多处涌水，见图 4.5-9。后经回填注浆已封堵，浆脉可见。此次超前地质预报结果与实际开挖情况基本吻合，隧道施工依据预报结果及建议方案进展顺利，已于 2016 年 3 月 12 日顺利通过该地段。

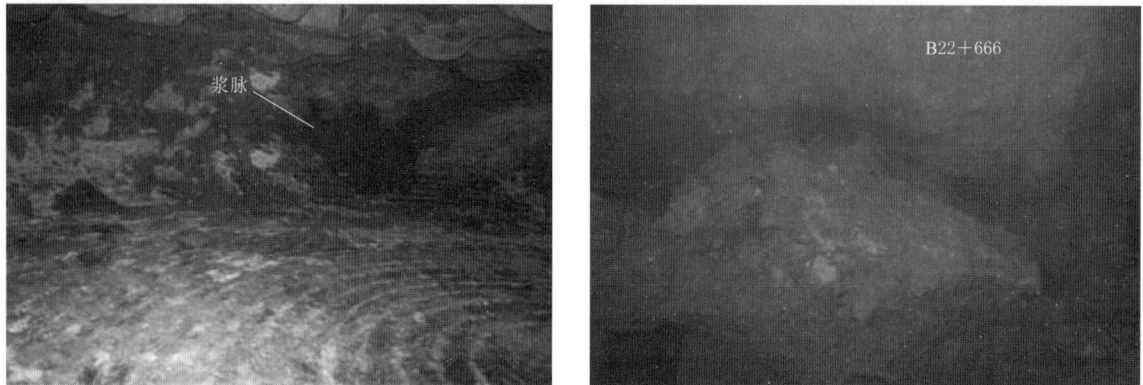

图 4.5-9　B22+671～B22+646 开挖图

通过在广西桂中治旱工程 TBM 隧道采用 TST 和电阻率法相结合的综合探测方法，基本查明了预报范围内的地质情况，探明了掌子面前方不良地质体的分布范围和规模，推断出了地下水的分布状况，对及时采取相应措施通过不良区域，提供了科学的指导信息，确保了隧洞的施工安全。

在 TBM 隧道施工中，超前地质预报的准确性直接关系到工程的建设成本和质量安全，要取得可靠的超前地质预报效果必须采用综合方法，发挥综合预报的长处，地质预报的解释才能更加合理、可靠。

4.5.3　TBM 遇断层破碎带处置技术

断层破碎带尤其是规模较大的断层带是绝大部分岩石隧道地下开挖都会遇到的不良工程地质条件。当隧洞位于区域地下水位线以下时，地下水会不同程度地降低围岩强度和稳定性，恶化围岩的工程地质条件，对掘进过程产生不良影响。断层破碎带掘进过程中的涌水经常会导致围岩失稳、塌方，甚至淹没隧洞，危及洞内施工人员和设备的安全。因此，如何安全、顺利地通过断层破碎带并避免塌方和突水等工程事故发生，往往成为影响施工安全和工期的重要因素。

为使 TBM 能够安全、顺利地通过断层破碎带，一定要进行深入的地面地质调查和高密度电法等地球物理探测或超前钻探等对断层破碎带的位置、规模作出合理的预测，并及早采取对策。

（1）如果断层破碎带规模较小，则可以不进行预处理，采用低转速、大扭矩、小推力、快速掘进的方法直接掘进通过，尽可能不停机或减少停机时间，以防 TBM 刀盘被卡。

（2）如果断层破碎带规模较大，当采用直接掘进方法无法通过时，则可对刀盘前方破碎带进行预处理（如注浆预加固等），然后再缓慢掘进通过。

本项目通过增加预防坍塌装置、拱架安装装置、喷射混凝土低回弹率装置等，提高敞开式 TBM 设备自身性能来应对一般不良地层的掘进风险，取得良好效果。

1. 不良地质防坍塌治理

应用开敞式 TBM 掘进遇到软弱地层时，常规方法一般采用对 TBM 前方软弱地层进行超前加固，加固经检测安全后再掘进通过。因常规加固方法耗时长、效率低、成本高、施工难度大，不能充分发挥 TBM 设备掘进效率高的优势。为克服上述技术问题而设计一种防坍塌装置，该装置采用一定强度和刚度的弧形钢板将两侧侧护盾延长（封闭侧护盾缺口）超出拱架安装器位置，将拱架安装器置于延长侧护盾内（原拱架安装器位于侧护盾后部），在延长的侧护盾保护下，工人可以预先安全地（因拱顶 120°范围有 Mcnally 密排钢筋网支护）在延长的盾尾内进行拱架安装，TBM 往前推进时，已安装的钢拱架自动脱出盾尾，与拱顶 120°Mcnally 支护系统同时作用，达到预防坍塌的目的。装置与 TBM 设备盾体连接结合，对发生塌方的范围予以同步支撑，无需超前或临时加固，便可达到预防坍塌的目的，因此即使在软弱地层，也可确保 TBM 正常掘进。见图 4.5 - 10 和图 4.5 - 11。

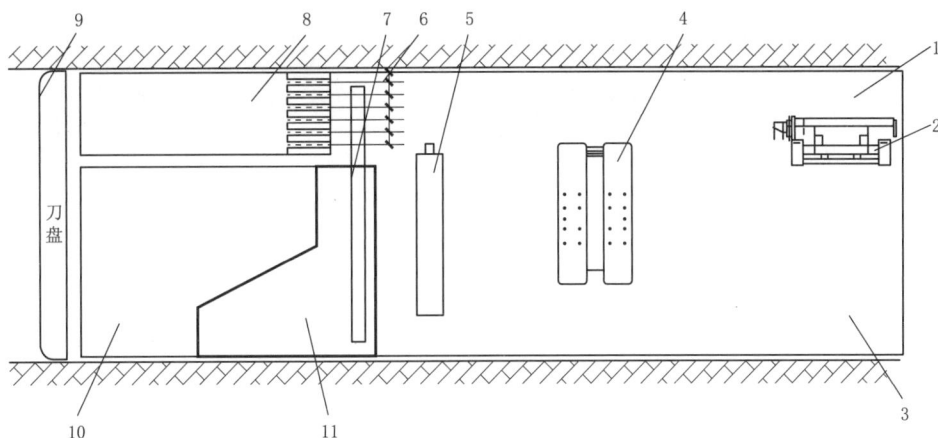

图 4.5 - 10　防坍塌的装置结构示意图
1—盾机壳体；2—喷锚机；3—围岩；4—大撑靴；5—锚杆机；6—钢筋网；
7—拱架安装器；8—顶护盾；9—刀盘；10—侧护盾；11—防坍塌装置

图 4.5 - 11　防坍塌的装置实物图（侧护盾加长）

2. 支撑拱架高效安装

TBM 原配备的拱架安装器（图 4.5 - 12），该安装架结构相对简单，实际操作时，小车将拱架抬升脱出滑槽时，分块拱架由于重力作用向下变形，且整榀拱架仅三处撑紧点，撑紧点少且撑紧力较小，难以将拱架撑紧洞壁（图 4.5 - 13），不能保证拱架安装质量，所需人员较多，安装难度大，安装效率低，同时，该设备在进行标准块安装时，存在操作不便的问题。本项目设计一种改进型卷扬机牵引式拱架安装器，以克服所存在的上述技术问题。改进型卷扬机牵引式拱架安装器（图 4.5 - 14、图 4.5 - 15）：针对原卷扬机牵引形式拱架安装器撑紧力不足的特点加以改进，在拱架滑槽上均布增加撑紧油缸，省掉拱架底部撑紧油缸系统，提高了撑紧力，实现减少人员投入快速安装的目的，且各撑紧点设独立控制液压管路，单独控制，方便调整拱架安装误差，提高自动化安装程度。安装改进型拱架安装器后见图 4.5-16。

图 4.5-12　原拱架安装器

图 4.5-13　未安装改进型拱架安装器前

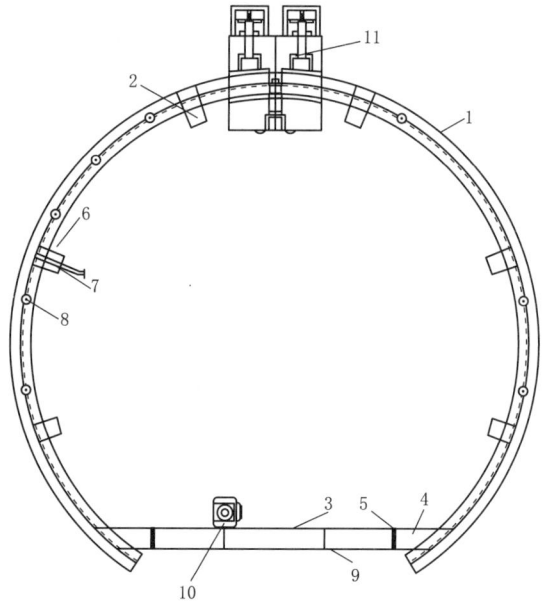

图 4.5-14　改进型卷扬机牵引式拱架安装器的结构示意图

1—支撑架本体；2—支撑架支腿；3—一号支撑架横梁；
4—二号支撑架横梁；5—横梁连接板；2~6——一号
油缸支撑座；7—二号油缸支撑座；8—托辊；
9—横梁加强板；10—卷扬机；11—固定机构

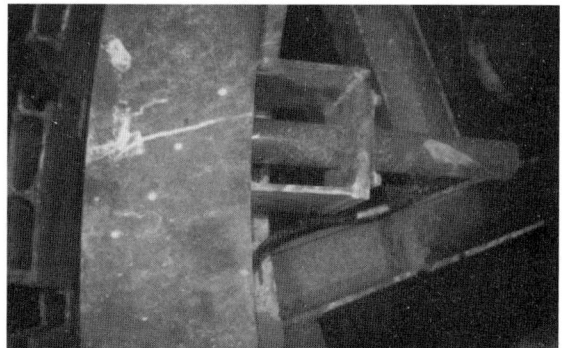

图 4.5-15　改进型拱架安装器实物图

3. 降低喷射混凝土回弹率

TBM 掘进完成后一般采用喷射混凝土对围岩进行支护，以达到围岩的稳定。实际施工中，喷射混凝土以一定距离和角度以一定速度喷向围岩时，部分浆体遇围岩发生回弹，散落在隧洞内，不仅造成浪费，还需花费较多的人力清理，增加了喷射混凝土的施工成本。设计一种降低回填喷射混凝土回弹率的装置（图 4.5-17、图 4.5-18）解决以上技术问题。在钢拱架上设置 PVC 耐力板、横档和强力电磁铁组合结构，并通过 PVC 耐力板、

图 4.5-16 安装改进型拱架安装器后

横档和强力电磁铁的协同作用，形成一密闭腔，从而在具体施工时，将喷射出来的混凝土混合料营造一个相对封闭的环境，喷射回弹料自动收集在封闭的环境内，将混凝土拌合料在封闭的环境内喷射成型，这样就可以有效地降低回填喷射混凝土的回弹率。

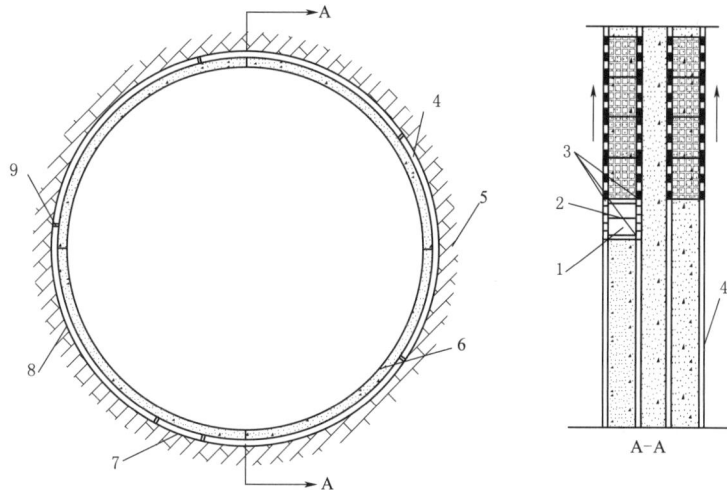

图 4.5-17 降低回填喷射混凝土的回弹率的装置的结构示意图
1—PVC 耐力板；2—横档；3—强力磁铁；4—钢拱架；5—围岩；6—二衬钢筋混凝土；
7—楔形块拱架；8—标准块拱架；9—拱架分块螺栓

图 4.5-18 降低回填喷射混凝土的回弹率的装置的结构示意图

4.5.4　TBM 遇岩溶突水灾害处置技术

TBM 采用全断面掘进，机身将开挖断面完全封堵，通常只能进不能退，在岩溶发育地区施工时对溶洞预测和处理就成为一个大难题。如果处理不当，会出现初支开裂下沉，甚至导致机头下沉、陷落，大规模溶洞突水淹没隧道等恶性事故的发生。

掘进过程中遇到溶洞时 TBM 操作系统有关参数会显示出不正常，因此要时刻注意各参数的变化。为避免机头下沉、陷落等恶性事故，掘进前应利用超前钻、地质雷达等设备对前方地段开展超前地质预报工作，查明溶洞的分布、规模及含水、充填情况，防患于未然。当掘进至溶洞边缘时，可通过检修孔查明溶洞的具体发育情况，并采取相应的处理措施。

（1）对于区域地下水位线以上规模较小的溶洞，如果对 TBM 掘进影响不大，则可不予处理继续掘进；待 TBM 通过后，在初支背后打孔对溶洞回填豆砾石，并进行固结灌浆加固。

（2）对于隧洞下方规模较大的溶洞，如果溶洞被充填，可以先对溶洞进行超前注浆加固，待 TBM 通过后，通过打孔对溶洞段进行后期高压固结灌浆。如果溶洞无充填或仅部分充填，则可以用豆砾石、砌石、混凝土等材料进行回填并压浆加固，待 TBM 通过后，通过钻孔对溶洞段进行后期高压固结灌浆。

（3）对于隧洞上方规模较大的溶洞，如果溶洞被充填，可利用 TBM 自身携带的超前钻探设备和灌浆设备对溶洞进行全洞周超前注浆处理，以防止 TBM 经过时溶洞充填物塌落；待 TBM 通过后，通过钻孔对溶洞段进行高压固结灌浆并施设锚杆。如果溶洞无充填或仅部分充填，则可以采用锚杆加槽钢的半环形钢支撑，用豆砾石、砌石、混凝土等材料进行封堵、回填并压浆加固。

（4）对于含水量较大的溶洞，在掘进前要利用超前钻打排水孔进行排水，并做好排水系统，保证排水畅通；掘进过程中要加强对涌水量的监测，避免灾难性突水将隧洞淹没。

长距离石灰岩 TBM 隧洞施工中，岩溶涌水处理一直是困扰 TBM 掘进的难题，发生大涌水造成 TBM 设备被淹无法继续掘进，如昆明掌鸠河引水隧洞被迫改用钻爆法施工，不少学者一直在研究寻找 TBM 隧洞岩溶大涌水有效的防治施工技术，传统 TBM 施工应对大涌水处置方法主要有两种：一是利用 TBM 主机配备的超前钻机钻孔注入水泥浆、聚氨酯化学浆液等材料进行封堵，但此注浆方法局限于 TBM 刀盘拱顶 120°的有限范围，不能全断面实施钻孔注浆处理，封堵效果有限；二是针对涌水突泥洞段采用旁洞法绕到刀盘前面进行处理，此方法工期长，费用高，施工难度较大。本工程通过 TBM 后退一定距离，通过刀盘检修通道进到掌子面，对前方涌水洞段实施全断面超前注浆处理，这种处置方法效果好，可实现 TBM 安全、快速通过涌水洞段。工程不良地质溶洞见图 4.5-19。

图 4.5-19　本工程 TBM 隧洞中
不良地质溶洞

1. 全断面超前注浆

为解决 TBM 超前钻机钻孔注浆范围有限的问题，在 TBM 设计制造阶段进行了优化设计，通过 TBM 支撑系统和推进系统相互配合使 TBM 整机具备后退功能，创造出掌子面超前钻孔注浆作业空间，施工人员、小型钻孔设备（电动潜孔钻机）从 TBM 主梁开孔和刀盘检修孔进入刀盘前方，在掌子面和刀盘之间搭设施工平台，实现对掌子面前方涌水洞段进行全断面超前钻孔注浆封堵处理。

（1）TBM 后退前先将影响范围内已经安装好的钢拱架、钢筋网和露出围岩的锚杆头拆除，并对盾体上方围岩及盾尾拆除支护部分的围岩的稳定性进行判断和加固：对于稳定性好的 Ⅱ、Ⅲ 类围岩，只需将钢筋网和露出围岩的锚杆头割除，不需进行围岩加固；对于稳定性较差的 Ⅳ 类围岩，护盾拱顶120°围岩采用注浆小导管超前加固（利用 TBM 超前钻机钻孔），盾尾后5.0m 拱顶120°围岩采用径向固结灌浆加固（利用 TBM 锚杆钻机钻孔）。盾体围岩加固后，TBM 退后5.0m，为掌子面超前注浆创造安全的作业空间，见图4.5-20。

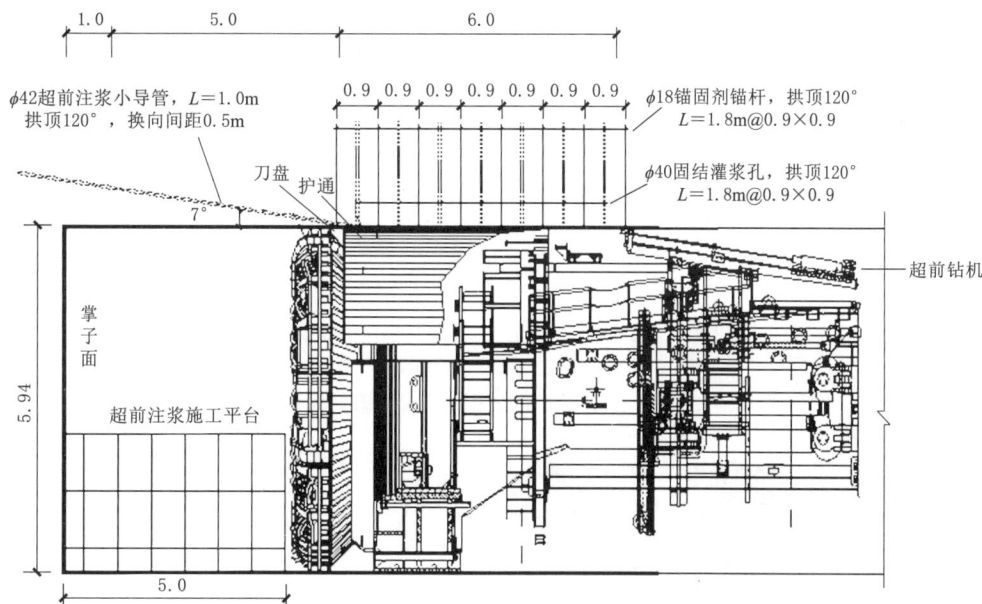

图 4.5-20 作业面拱顶围岩加固图（单位：m）

（2）施工人员从 TBM 主机中间主梁皮带下端开孔进入刀盘渣料仓内，再通过刀盘检修孔进入刀盘与掌子面之间5.0m 空间内。拆除刀盘中心部位两把19英寸双刃滚刀，拆解后的电动潜孔钻机、钻杆、钢管、风管、水管、送浆管、电缆等材料从刀箱孔运进洞内组装。采用钢管搭设施工平台，注浆泵、空气压缩机利用 TBM 后配套现有设备及管路连接到作业面。

（3）掌子面超前注浆孔分内外两圈布设，孔径Φ76mm，孔深10m。掌子面超前注浆孔平面布置图见图4.5-21。注浆孔位置、间距根据岩溶涌水洞段实际

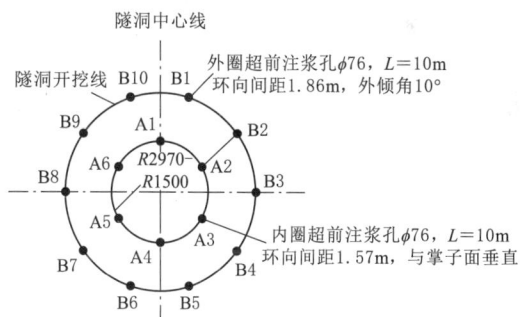

图 4.5-21 掌子面超前注浆孔平面布置图

情况进行调整。超前钻孔注浆施工段长为10m，对于岩溶发育较长的洞段，分若干段进行注浆处理和掘进，即完成第一段灌浆后，TBM 往前掘进7m，再退后5m 进行第二段灌浆，灌浆段之间搭接长度3m，如此循环至 TBM 完全掘进通过涌水洞段为止。超前注浆施工段纵剖面布置见图4.5-22。

注浆孔采用电动潜孔钻机成孔，按先内圈后外圈、从下至上进行钻孔注浆作业，每圈孔分Ⅰ、Ⅱ两序进行钻孔注浆作业，采用孔口封闭全孔一次注浆的方法，逐孔施工。注浆目的是封堵涌水通道，直接采用0.5∶1浓水泥浆灌注，灌浆压力控制在0.3～0.5MPa，根据注浆孔揭露的空腔率控制注浆量，注浆量至少充填3倍洞径范围的溶腔（按20%空腔计算总的注浆量为约200m³，平均每孔约注15m³）。如遇吃浆量大的注浆孔，采用水灰比为0.5∶1水泥浆＋1%、3%、5%水玻璃的双浆液进行灌注，水玻璃的掺入量视涌水量和吃浆量情况逐级加浓；如有2m 以上溶腔的注浆孔，直接采用0.5∶1∶1的水泥砂浆灌注。注浆过程中持浆量特别大时采用限量、间歇灌注等措施，每次灌注方量控制在15m³左右，当灌浆段在最大设计压力下，注入率小于1L/min 后，继续灌注30min，结束灌浆。溶洞涌水洞段超前注浆封堵处理见图4.5-23。

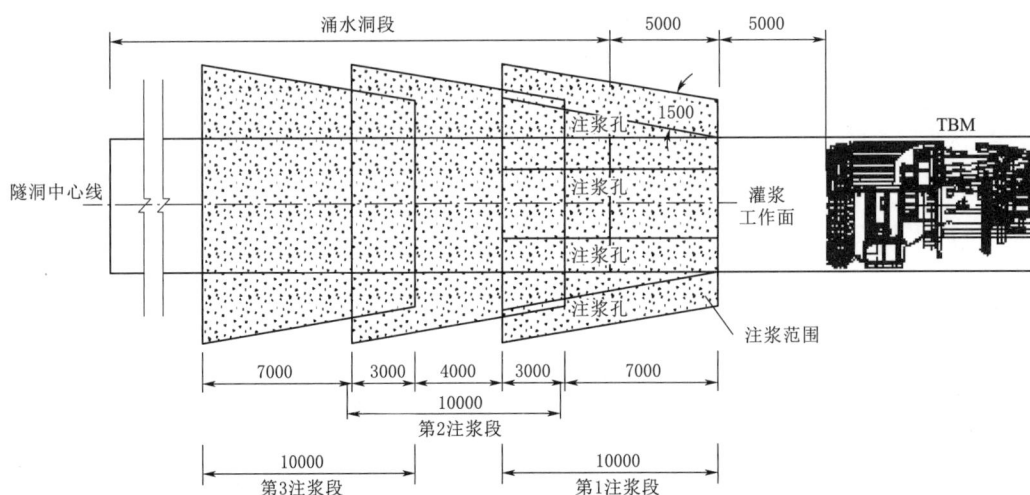

图 4.5-22　超前注浆施工段纵剖面布置图（单位：mm）

图 4.5-23　溶洞涌水洞段超前注浆封堵处理

2. 实施效果

2016 年 2 月 15 日至 2016 年 3 月 20 日，对涌水洞段进行超前注浆封堵、检查孔施工、TBM 掘进，历时 34 天。

涌水洞段分 3 个施工段进行钻孔注浆，总注浆量 296.6m³，其中纯水泥浆液 286.6m³，砂浆 10m³。注浆完成后，按注浆段分 3 次钻孔取芯检查注浆效果，三层岩溶空腔均有水泥浆完全充填，结石芯样完整，与腔壁胶结紧密，探孔内无渗漏水。TBM 掘进揭露侧墙、拱顶溶腔内水泥浆充填密实，无渗漏水，围岩干燥、稳定（图 4.5-24），取得了很好的封堵与固结效果，TBM 掘进顺利通过。

图 4.5-24　溶腔超前注浆充填后效果照片

4.5.5　结论

桂中治旱工程北干渠 TBM 隧洞岩溶涌水洞段施工实践证明，通过预防坍塌装置、拱架安装装置、喷射混凝土降低回弹率装置，实现了断层破碎带及围岩坍塌不良地质条件 TBM 安全高效掘进，有效防范坍塌、卡机等事故。在 TBM 掘进岩溶涌水洞段前，通过 TBM 整机退后 5.0m 距离，利用在刀盘与掌子面之间的作业空间，对涌水洞段实施全断面分段超前注入水泥浆（或砂浆）封堵处理，技术可靠、简单易行、施工快速、封堵效果好，TBM 安全、快速、经济地通过了较长、大涌水地下暗河分布带。该工程施工实践为后续 TBM 过岩溶洞段及断层破碎带等不良地质提供了相关处置经验，可为类似工程提供有益的借鉴。

4.6　TBM 安全高效空推步进技术

4.6.1　TBM 空推步进装置

在超长隧洞施工中，存在采用 TBM 法、矿山法组合施工的情况，存在 TBM 在已开挖好的隧洞中空推步进的问题（图 4.6-1）。目前国内空推步进技术需根据 TBM 掘进机结构设计特点，设计一套小行程推进装置（新增液压泵站、加装推进油缸等），依靠推进装置实现 TBM 的空推步进。该方法成本高，步进效率低（每行程40～60cm）。

桂中治旱工程北干渠 TBM 隧洞贯通后需要通过约 1km 长矿山法隧洞后进行解体转运。本工程实践中，依据敞开式隧道掘进机结构设计特点，对空推步进工艺进行改进。TBM 空推步进之前，在刀盘盾体上设计一套钢结构组成的接收架，并与刀盘盾体紧密焊接贴合，从而改变掘进机刀盘盾体顶撑面结构形状，使刀盘盾

图 4.6-1　TBM 在钻爆法隧道段空推步进

体顶撑结构形状与隧洞二衬结构形状保持一致（图 4.6-2、图 4.6-3）。空推步进时通过 PLC 控制箱修改 TBM 掘进 PLC 程序，即在不转动刀盘的情况下，TBM 可往前推进，直接利用 TBM 设备的掘进功能，将改造完成的 TBM 刀盘盾体撑紧在隧洞的洞壁上，利用 TBM 设备行程油缸收缩/伸长（每循环推进最大达 1.8m/行程），达到快速空推步进的目的，且由于该方法无需新增液压泵站、无需再新增推进油缸以及无需牵引装置，大大地降低了施工成本，该方法相当于将 TBM 空推步进工艺通过一套简易接收架结构和改造刀盘盾体结构形状，转换为 TBM 正常的掘进模式，达到了快速空推步进目的。

传统空推方法存在成本高，步进效率低的问题，同时，由于圆形盾体与步进平底钢筋混凝土地面接触面极小，产生的压强较大，TBM 盾体重量（约 400t）在空推步进过程容易压裂隧洞底板混凝土，也容易压坏钢筋混凝土衬砌。本 TBM 盾体用配套接收架及安装方法（图 4.6-4、图 4.6-5）。通过在 TBM 设备下方增设了接收架，接收架与盾体形成整体后增加了与钢筋混凝土底板的接触面积，推进过程可保证隧洞底板混凝土不至于压裂；且由于圆形盾体与步进平底钢筋混凝土地面接触面极小，TBM 盾体在空推步进过程容易发生翻转，易发生事故，该接收架的结构设计不会发生步进过程盾体翻转问题，确保空推步进过程顺利。

4.6.2　变洞径 TBM 空推步进

榕江关埠引水项目第一段 6.3km 贯通后，需要空推步进 1036m 后进行二次始发掘进，因设备

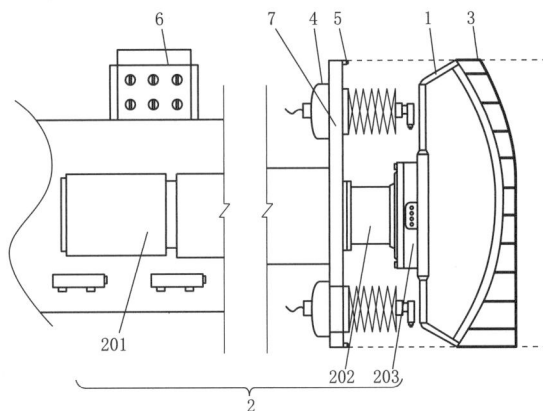

图 4.6-2　刀盘盾体侧面接收架整体结构图

1—刀盘盾体；2—推进机构；3—接收架；4—焊接机构；
5—激光切割头；6—PLC控制箱；7—转盘；201—液压缸；
202—转轴；203—联轴器

图 4.6-3　刀盘盾体侧面接收架
整体结构图

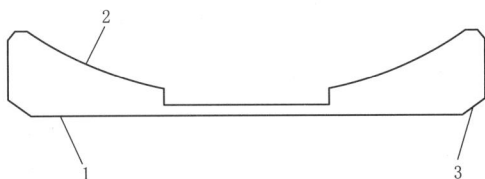

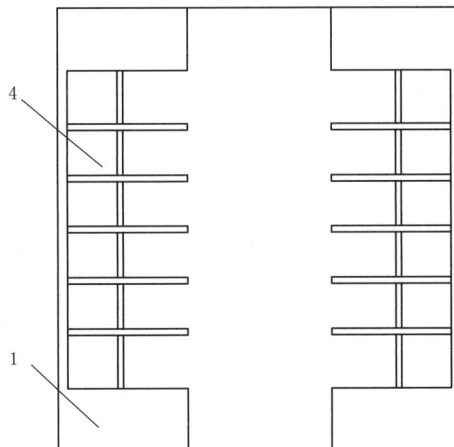

图 4.6-4　盾体底部接收架结构正俯视示意图
1—接收架；2—二号弧面；3—支撑斜切槽；4—安装槽腔

图 4.6-5　盾体底部接收架结构实物图

配套的承重轮仅适配用 $\Phi 4300$ 洞径，空推段为洞径 $\Phi 5360$ 成型隧洞，为了解决变洞径断面高差问题，需要多次重复在设备配套承重轮下垫设工字钢。它不仅影响到隧洞工程的安全性和结构的安全，还大大降低了提高 TBM 设备的空推效率，增加工作量。

为了解决上述技术问题，发明了一种 TBM 空推步进方法，将配套承重轮结构改变，内置可伸缩油缸，通过油缸伸缩以适应隧洞断面尺寸变化；该空推步进方法，优化了 TBM 空推步进施工工艺，通过调整承重轮内置油缸行程，使得在施工过程中，能够适应各种洞径尺寸的变化，从而避免了洞径发生变化时，需要在承重轮下方铺设工字钢来补偿洞径变化的高差，通过该发明，减小了劳动强度，提高空推步进施工效率。

本空推段在洞径变大的情况下,撑靴不能撑住围岩,这样就不能提供反力使其向前步进,在使用管片来提供反力前提下,会造成较大的经济成本,经过研究发现,使用预制块提供反力,可以极大的节约成本。

1. 承重轮改进

TBM贯通后,清理掌子面渣土以及刀盘上渣土,拆除刀盘上滚刀。向前推进使刀盘坐落于空推段轨道上,直至1号连接桥前转向轮到达空推段,临时加固后,进行连接桥承重轮制作,制作完成后拆除前转向轮临时支撑装置,使承重轮坐落于空推段混凝土面圆弧上。完成后继续向前推进,直至后1号连接桥后转向轮到达空推段处,临时加固后,进行连接桥承重轮制作,制作完成后拆除后转向轮临时支撑装置,使承重轮坐落于空推段混凝土面圆弧上。完成后再次继续向前推进,使2号连接桥具有足够空间位置后,在此进行连接桥承重轮制作,使承重轮坐落于混凝土面圆弧上。空推步进示意图见图4.6-6。

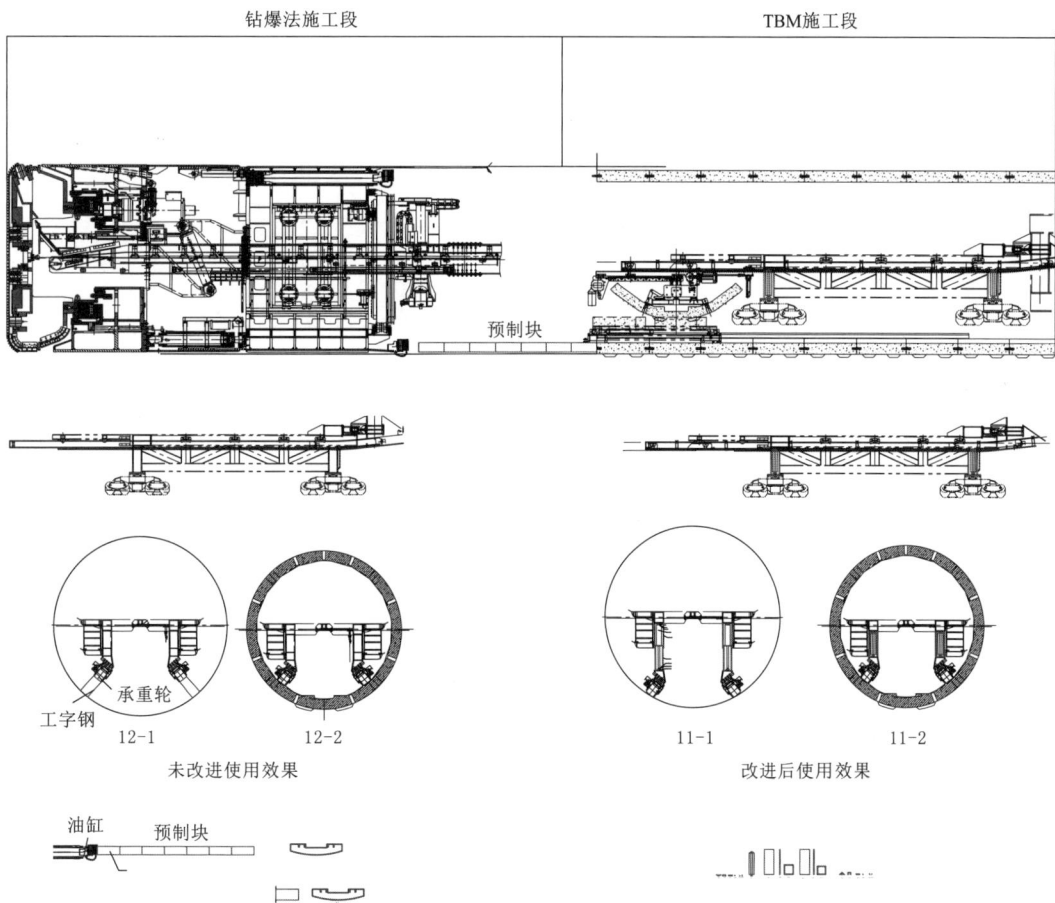

图4.6-6 空推步进示意图

在空推步进过程中,具体的施工形式如下所述。

(1)在空推步进过程中,当在TBM二衬施工段时,油缸伸出至适宜的位置,在液压锁的作用下,使承重轮保持在该位置,在洞径为Φ5360二衬洞径内行走。空推段支承大样图见图4.6-7。

(2)当在TBM施工段时,油缸回收至最短位置,并在液压锁的作用下,使承重轮保持在该位置,在Φ4300管片内行走。掘进段支承大样图见图4.6-8。

2. 底部预制块

底部传力部件采用预制钢筋混凝土块。仰拱块配筋主筋采用HRB400级钢筋,保护层厚度为

50mm；仰拱块混凝土强度等级为 C30，为长方形，设计外形尺寸 2000mm×700mm；预埋螺母采用聚酰胺材料，每片 4 颗；采用 M22×135 钢螺栓，产品等级为 C 级，性能等级为 8.8 级。仰拱预制块结构图见图 4.6-9。

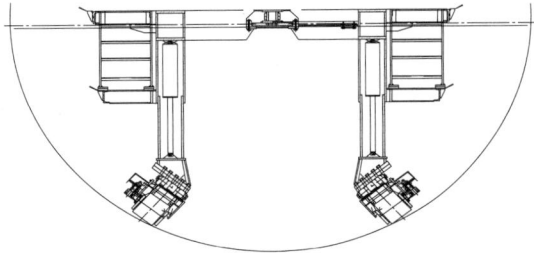

图 4.6-7　空推段支承大样图　　　　　　　图 4.6-8　掘进段支承大样图

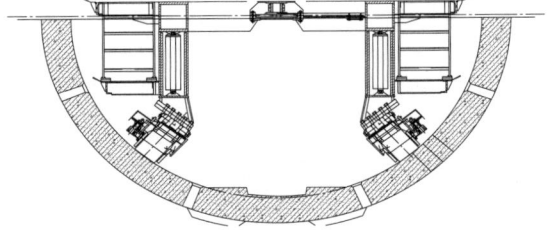

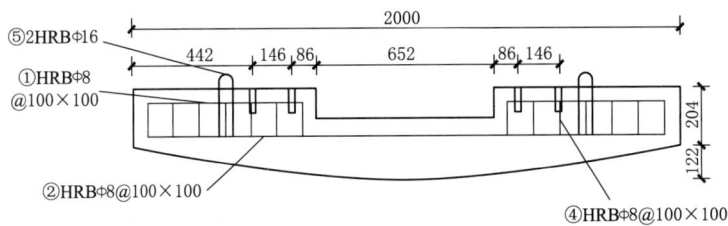

图 4.6-9　仰拱预制块结构图（单位：mm）

3. 空推步进

TBM 贯通后，仅用底部 4 号、5 号、6 号、7 号四组辅推油缸进行空推工作，利用仰拱块提供推进所需反力，具体实施的工作为：

（1）利用底部 4 号、5 号、6 号、7 号四组辅助油缸向前推进，当前进 900mm 后，连同随动管片回收油缸；

（2）用吊机将仰拱块吊运至指定位置，并放置稳定；

（3）伸出辅推油缸，向前推进；

（4）仰拱块间用 Φ25 的钢筋焊接连接。

在空推步进过程中，按照（1）→（2）→（3）循环进行，每循环步进 700mm，仰拱块间需用 Φ25 的钢筋连接成整体，施工中，对底部应清理干净，仰拱块放置牢固，高度保持一致，轨道安装孔位中心线在一条直线上，在仰拱块吊运过程中，检查吊索具及起重设备，对不符合要求的相关部件及时更换，确保施工安全。空推步进见图 4.6-10。

4.6.3　结论

桂中治旱工程 TBM 空推过矿山段，研发了 TBM 盾体接收装置和相关操作方法，实现了 TBM 安全高效空推步进。相较于传统方法，该方法空推步进效率大大提高，解决了以往 TBM 空推技术成本高，步进效率低等问题。

榕江关埠引水项目研发了 TBM 变洞径隧洞空推步进方法，优化了 TBM 空推步进施工工艺，通过调整承重轮内置油缸行程，使得在施工过程中，能够适应各种洞径尺寸的变化，通过该发明，减小了劳动强度，提高空推步进施工效率。利用预制块代替拼装管片提供反力，极大地节约了施工成本。

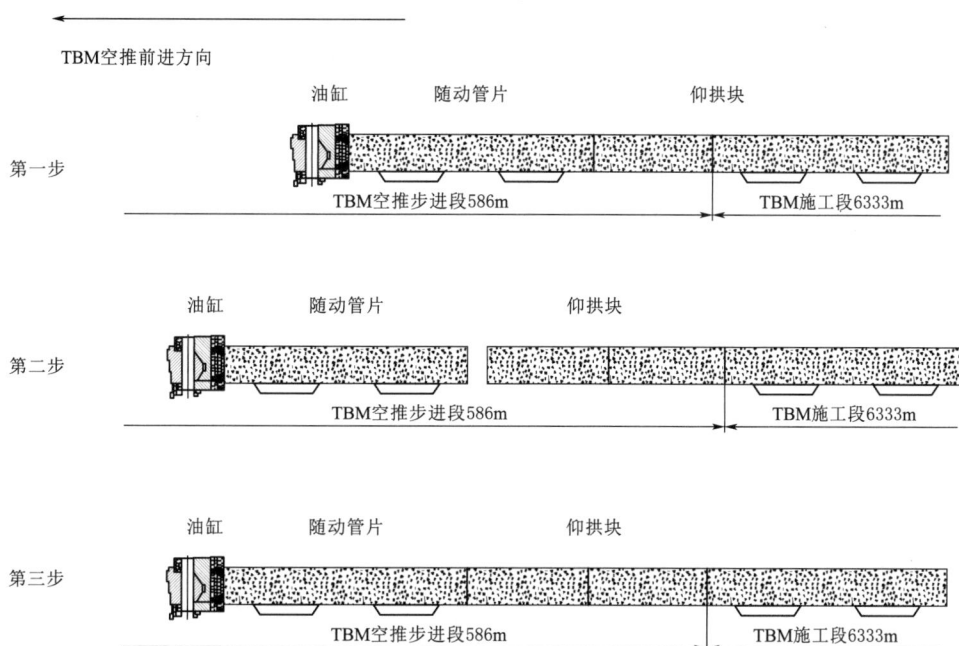

图 4.6-10 空推步进图

4.7 长隧洞 TBM 掘进精准贯通技术

1. 概况

广西来宾桂中治旱一期工程北干一标段是桂中治旱一期工程控制性标段，线路最长、任务最重、进场最晚、工期最紧、技术难度最大，长达 11.89km 的 TBM 隧洞贯通。针对这种超长隧洞，沿线地质水文条件复杂，洞内作业环境不利。如何才能保证 TBM 隧洞精准贯通，贯通测量的精度至关重要。

现行标准 GB 50026—2021《工程测量规范》只对两洞口间相向开挖长度小于 10km 的隧洞贯通精度进行了相关要求；最新的 SL 52—2015《水利水电工程施工测量规范》是国内首个对长度超过 20km 的隧洞做出明确精度要求的规范，其对于相向开挖长度小于 50km 的隧洞进行了贯通测量容许极限值的规定。

随着测量新方法、新技术广泛应用于工程实践，传统的隧洞洞外平面控制测量方法（三角网、三角锁等）已经逐渐被 GNSS 布网方式代替，洞外平面控制测量的控制点点数大大减少，使得洞外控制测量误差引起的贯通误差也相应减小。在严格控制洞外控制测量精度的前提下，洞内控制测量对于隧洞的准确贯通起着决定性的作用。当隧洞贯通距离过长时，就需要使用陀螺仪在洞内导线控制网中加测陀螺边。随着技术的进步，陀螺仪的精度也得到了进一步提高，完全能满足现代长大隧洞对于导线边加测陀螺方位角的精度要求。

2. 地面控制布测及横向贯通误差影响值分析

对超长 TBM 隧道，采用 6 台 GNSS 双频接收机（标称精度由于 3mm＋0.5ppm）进行观测，同一隧洞进、出洞口的控制点必须进行至少一次的同步观测，其他控制点间距离较短的基线应当观测。根据广播星历采用中海达 HGO 软件进行基线解算，采用 CosaGPS 进行网平差和贯通误差影响预计，经三维无约束平差，检验网的内部符合精度，未发现异常点，经二维约束平差后最弱点精度优于 3mm。通过选定多组进、出洞控制点评定其对贯通误差的影响值，横向误差影响值最小可达到 2.47cm。

3. 洞内导线布测及横向贯通误差影响值分析

LL01、LL02 组成了隧洞出口施工控制网，以 LL01、LL02 为施工控制导线洞外起始边，洞内平面控制测量沿隧道两侧布设交叉双导线，用于隧道贯通测量和施工放样。洞内导线点采用在隧洞壁两侧距洞底高约 1.4m 处安装强制对中盘，导线平均长 622m，独立测量两次。

本 TBM 隧洞最长区间段为直线，长度约为 11.89km，导线边长取 622m，导线平差后测角中误差 $m_\beta = \pm 0.7''$，计算出隧洞最大横向贯通误差预计：

上述结果是按支导线方式计算，而实际施工中采用交叉双导线形成闭合环网方案，其精度会提高约 $\sqrt{2}/2$ 倍，有一定的安全余量，可以满足规范 SL 378—2007《水工建筑物地下开挖工程施工规范》中的技术规范要求。

4. 陀螺仪定向测量

鉴于该隧道较长，随着隧道的掘进，每 3km 左右增设一条陀螺定向边，在隧道 4km、7.4km、10km 和 12km 处布设四条陀螺定向边。

陀螺定向采用 BTJ-5 型陀螺全站仪进行施测，以位于 TBM 隧洞进口的 LL01、LL02 作为基准边。经实测，陀螺定向边中误差可达到 2.2″，与导线测量方位角差值在 ±10″ 内，为洞内导向测量提供了较好的检核条件。

对于一般的加测陀螺边定向导线而言，当在洞内导线上面加测了 i 条陀螺定向边后，导线的横向误差可以由下式估算：

$$M_q^2 = \frac{m_\beta^2}{\rho^2} s^2 i \times \left[\frac{k(k-1)(2k-1)}{6} + k^2 \omega^2 - \frac{k^2(k-1+2\varphi^2)}{4} \right] + \frac{m_\beta^2}{\rho^2} s^2 (n-ik)$$
$$+ \frac{m_\beta^2}{\rho^2} s^2 \frac{(n-ik)(n-ik+1)[2(n-ik)+1]}{6}$$

式中：m_β 为导线角度测量中误差；$\omega = \frac{m_a}{m_\beta}$，$m_a$ 为陀螺定向边测角中误差；i 为陀螺定向边数量；s 为导线平均边长；n 为导线变数；k 为方向符合导线边数。当洞内导线为直伸型导线时，导线终点的横向误差 M_q 即为横向贯通误差。加测陀螺边后的横向贯通误差估值为 87mm。

5. 贯通测量

贯通测量采用导线测量的方式，贯通面的方位角 $\alpha_u = 16°46'56''$在贯通面上布设一个点 E，分别由洞内的 DJ41～DJ43 边和洞外 BS01～BS03 边测向该点，可分别得到一个坐标，分别记为 E_1 和 E_2，分别测得坐标后计算的 E_1 和 E_2 的方位为 $\alpha_{E1E2} = 74°37'49''$，横向贯通误差为 47mm，纵向贯通误差为 74mm。

6. 贯通误差分析

洞内导线网采用导线环进行测设，故上述洞内导线对横向贯通误差影响值预计结果应当除以 $\sqrt{2}$，作为洞内控制测量对横向贯通误差影响值。根据上述对于横向贯通误差的预计有，当洞内不加测陀螺定向边时的横向贯通误差预计结果为 77.8mm，当洞内增加陀螺定向边时的横向贯通误差预计结果为 65mm，实际的横向贯通误差结果为 $M = 47$mm。

由此可见，实际的贯通误差均小于预测的结果，当采用等边直伸型导线或者导线环形式的导线对横向贯通误差影响值进行预计时预计的结果偏于保守，适当增加陀螺定向边可以明显改善贯通误差，同时陀螺定向边增加了洞内导线的检核条件，这在一定程度上给予测量人员以信心，保障隧洞的顺利贯通。从数据来看，地面控制网对于横向贯通误差影响值的占比较低，工作的重点应当放在洞内导线的质量控制上面。

7.结论

桂中治旱一期工程北干一标 TBM 隧洞是广西水利建设史上首次在溶岩地区采用 TBM 工法施工的隧洞，也是本公司首次在超长隧洞测量中加测陀螺仪定向边，有效地改善了洞内导线网的测量精度，提高了隧洞贯通精准度，确保了隧洞按设计要求精确贯通。随着国家基础建设飞速发展，大量的城市地铁隧道、水工隧道、越江隧道、铁路隧道、公路隧道、市政管道等隧道工程都离不开高精度贯通测量技术。本项目超长隧洞精准贯通测量技术可为类似工程提供参考。

4.8 超高强度硬岩 TBM 掘进关键技术

高强度岩石掘进大大增加刀具的损耗，对施工工期及成本控制带来挑战。科学的刀具布置及掘进参数控制对硬岩掘进成本控制将起到至关重要的作用。

刀盘作为 TBM 的重要部件，其重要性不言而喻。刀盘设计不仅要考虑刀盘直径、滚刀间距、刀具形式、滚刀直径、滚刀启动扭矩及单刀承载力，还要根据具体的围岩地质条件、现场情况等进行综合考虑。

TBM 掘进机主要掘进参数有刀盘推力、扭矩、转速和贯入度。掘进参数与围岩性质密切相关，各参数合理匹配才能发挥最大效益。在硬岩掘进中需要较大的推力才能保证刀具的贯入度，达到破岩效果，但过大的推力造成掘进机扭矩增大，长时间大推力大扭矩会影响刀具及主轴承的使用寿命；刀盘转速过小影响掘进速度，刀盘转速过快容易对刀盘产生振动冲击，加快了刀具磨损。根据岩石力学性质（强度、完整性、石英含量等），选择合理的掘进参数，减少刀具非正常损耗，对掘进机的掘进效率及控制成本具有重要意义。

4.8.1 TBM 选型

榕江关埠引水工程 TBM 施工段均以花岗岩为主，Ⅱ、Ⅲ类围岩总占比超过 85％，岩石完整性好，存在高岩石强度、高石英含量、穿越断层破碎带、局部不稳定洞段等不利因素，且 TBM 掘进距离长，成洞直径小。因此，为实现本工程 TBM 快速破岩，安全高效掘进，顺利通过不良地质段，综合考虑工期要求，工程掘进设备采用双护盾 TBM。

围岩的适应性方面：双护盾 TBM 具有两种掘进模式，既能适应硬岩，也能适应软岩。针对榕江关埠引水工程 3 条 TBM 掘进段的工程地质情况，Ⅱ、Ⅲ类围岩占比超过 85％，甚至超过 95％，围岩的完整性好，且埋深普遍在 300m 以下，在应对硬岩上，双护盾 TBM（图 4.8－1）均具备水平撑靴功能，推进力储备足，对硬岩围岩适应性强。

支护及时性方面：双护盾 TBM 采用预制混凝土管片支护，支护操作紧接护盾作业，且开挖和支护可以同步进行，成洞效率高，支护及时性强。

节省工期方面：双护盾 TBM 采用预制混凝土管片完成永久支护，且支护和开挖同步进行，大大节省工期。

综上所述，针对榕江关埠引水工程地质条件等实际情况，双护盾 TBM 既能发挥围岩条件好时的连续快速掘进，也能在围岩条件不好时保持较高的掘进速度，确保工期内完成掘进；支护方式单一、高效、安全可靠；洞内作业环境大大改善，作业强度大大降低，本工程选用双护盾 TBM 具有明显优势。

图 4.8－1 双护盾 TBM

4.8.2　刀盘结构形式

刀盘按照结构形式分为 3 种：辐条式、复合式、TBM 硬岩刀盘。

辐条式刀盘特点：对刀盘刀具磨损较大，渣土改良较困难，不利于保持土压平衡。辐条式刀盘结构特点为：辐条式大开口（70%～75%），易于进渣和控制土压平衡，减小刀具磨损。辐条式刀具布置：刀盘中心为中心鱼尾刀，切削刀分层布置、加大合金尺寸以及合金数量以加强其耐冲击及耐磨性能。

复合式刀盘特点：针对硬岩地层和卵石地层具有较强的破岩能力。复合式刀盘结构：辐条＋面板，面板易于稳定支撑掌子面。复合式刀具布置：刀盘中心为中心双联滚刀＋单刃滚刀＋刮刀＋边刮刀；滚刀主要起破岩作用，刮刀和边刮刀主要带动渣土流动。

TBM 硬岩刀盘特点：针对极硬岩地层具有较强的破岩能力。TBM 硬岩刀盘结构：面板分块焊接，能充分地破碎岩石，面板能防止过多坍塌，有利于掌子面的稳定，开口率过小，刀盘底部容易积渣，极易造成滚刀的二次磨损，直接影响掘进速率和滚刀的破岩量，开口率过大，影响刀盘布刀，且较大的岩渣会对损坏主机皮带。TBM 硬岩刀盘刀具布置：刀盘中心为中心双联滚刀＋单刃滚刀＋TBM 铲斗齿；滚刀起破碎岩石的作用，TBM 铲斗齿用于清除边缘部分开挖岩渣，防止岩渣沉积，确保开挖直径，防止刀盘边缘的间接磨损。

刀盘作为 TBM 最主要的部件之一，是刀具破岩安装载体。在设备掘进施工过程中，地质条件变化很大，刀盘会受到各种原因承担非正常产生各种力，所以对刀盘结构有特别高的要求。刀盘的结构设计包含了很多方面，例如刀具的布置、盘体结构拓扑参数、出渣系数设计、分布形式及支撑结构等方面的内容。滚刀在工作中受到 3 个方向的力：正向力、滚动力、侧向力。

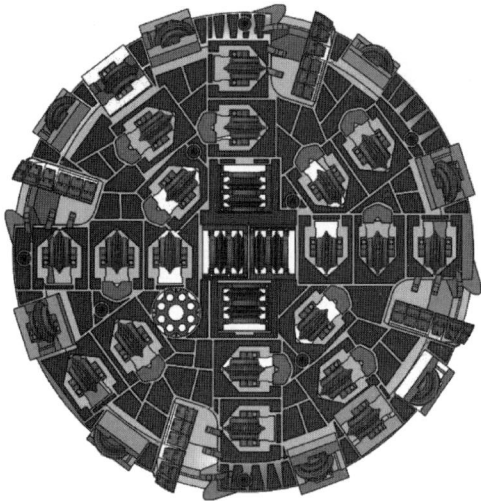

图 4.8-2　TBM 刀盘布置图

本项目 TBM 设备刀盘选用尺寸 $\Phi5060\times1860$，分 2 块进行安装，耐磨板护板材质为 GP5060＋HARDOX450＋硬质合金块，采用形式为 TBM 硬岩刀盘。刀具布置采取 17in 双联刀和 19in 单刃滚刀以及 TBM 铲斗齿形式，滚刀主要作用于破碎岩石，TBM 铲斗齿用于清除边缘部分开挖岩渣，防止岩渣沉积，确保开挖直径，防止刀盘边缘间接磨损。滚刀最大承载力为 311kN，滚刀间距为 750mm，刀盘采取六边形蜂窝状型式，刀盘开口率为 7.5%，溜渣槽为 6 个，最大允许推力为 10500kN。这种形式的刀盘，既能保持结构强度，又能保持有较快的出渣速度。TBM 刀盘布置见图 4.8-2。

本项目 TBM 设备硬岩刀盘主要由厚钢板焊接而成，面板分块焊接，能充分地破碎岩石，面板能防止过多坍塌，有利于掌子面的稳定，开口率过小，刀盘底部容易积渣，极易造成滚刀二次磨损，直接影响掘进速率和滚刀的破岩量，开口率过大，影响刀盘布置，并且较大岩渣会损坏主机皮带。

4.8.3　刀具选择

1. 盘形滚刀破岩机理

盘形滚刀破岩机理直接影响到受力分析。目前，TBM 盘形滚刀的破岩机理有 3 种不同的理论：一是由楔块作用引起剪切破坏；二是岩体在滚刀楔块作用下产生径向裂纹，裂纹扩张到岩体表面进行破坏，或有相邻裂纹交错引起的岩石破碎；三是滚刀楔入并滚压岩石时，岩石破坏属几种机理的结合，有裂纹扩展拉伸破坏、剪切破坏及挤压破坏。

上述 3 种情况是假设岩石在理想的状态下，不存在裂隙、孤石等多种不利因素。在实际施工过程中，围岩的变化是非常复杂的，在 TBM 掘进过程中，应不断对参数进行调整，从而来应对各种不利因素，例如孤石、上软下硬、裂隙、掌子面渗水、残余应力，等等。因此，用一种理论对滚刀破岩讨论是不合理的。

在设备掘进过程中，刀盘上布置盘形滚刀，掘进过程中，推进油缸将整个刀盘压向隧道掌子面，同时旋转刀盘，刀具在刀盘旋转的带动下，在与岩石接触的摩擦力作用下同时产生滚动，刀盘上的刀具会在掌子面上形成按刀间距排列的同心圆轨迹。该过程中，刀圈刃部切入岩石，使岩石破裂产生横向裂纹，相邻刀位的刀具压裂岩石产生的横向裂纹互相影响并相互交叉，形成片状的剥落岩碴。在刀盘的旋转推进过程中，整个掌子面的岩石不断地破裂剥落，被刀盘碴斗收集后通过输送机构带出洞外，隧道掘进机得以不断地向前推进。在滚刀破岩的过程中，切削力、刀间距、贯入度、岩石力学性能及其相互关系直接硬岩破岩效果，是刀盘设计与选用的重要依据。刀盘破岩示意图见图 4.8－3。

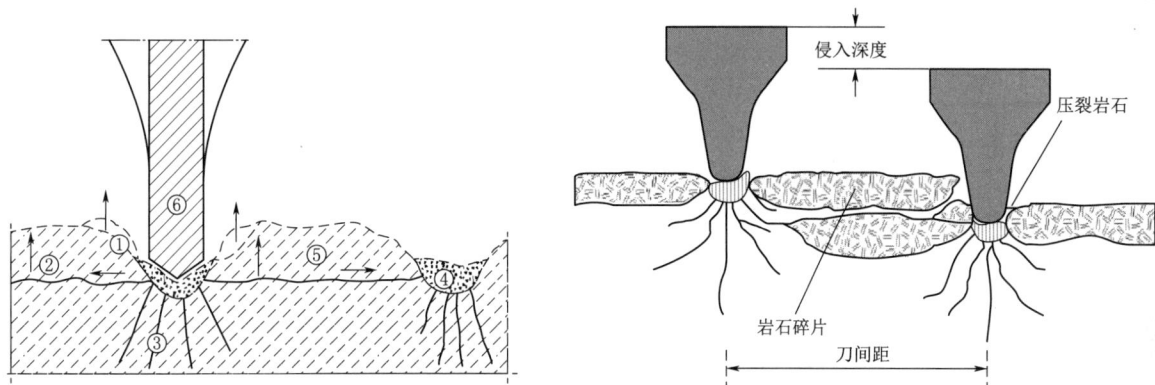

图 4.8－3　刀盘破岩示意图

2. 滚刀的选用

1961 年至今滚刀发展历史中，形式有单刃、双刃、多刃 3 种形式，根据刀刃外径尺寸大小，又分成 8in、11in、12in、13in、14in、15.5in、16.25in、17in、19in、20in 多种尺寸，在实际应用工作中，17in、19in 应用比较广泛。在随后的发展中，罗宾斯所研发的盘形滚刀直径越来越大，性能越来越好，对比 19in 滚刀、20in 滚刀在额定载荷不变的情况下提高了有效磨损量，大大提高了滚刀的使用寿命，缩短了换刀时间，在很大程度上降低了施工成本。不同尺寸滚刀对比见图 4.8－4。

在一定的围岩强度条件下，刀具贯入度（刀盘每转推进的深度或滚刀切入岩石的深度）越大，刀具需要的推力也越大。滚刀推力由掘进机主机推进油缸提供，经由盾体结构、主驱动装置和刀盘传递到滚刀上，通过对掘进机的总体设计，滚刀需要的推力一般都能够得到满足。在获得需要的推力以及具体的围岩性质条件下，滚刀能够切入岩石的深度由滚刀轴承承载力的大小和滚压接触面积的多少来决定。在贯入度相同时，19in 滚刀与岩体的滚压接触面积比 17in 滚刀的大。19in 滚刀与岩体的滚压接触面积增大了，但轴承

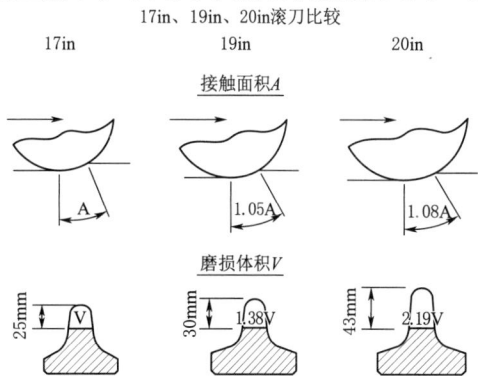

图 4.8－4　不同尺寸滚刀对比

承载力的增长更大，因此在相等的岩石强度条件下，19in 滚刀能够实现更大的贯入度。当 19in 滚刀对岩石的压强更大从而贯入度也更大时，相同的滚压行程，19in 滚刀的磨耗程度比 17in 滚刀更大。工程实例表明，采用 19in 滚刀掘进获得的弃碴块径比 17in 滚刀的要大，说明 19in 滚刀在破碎量相同时需要的破碎功或碎块表面能比 17in 滚刀的要小，这对减少刀具磨损有利。简单的比较是 2 种规格刀具刀圈可磨损金属量的比较，设 17in 和 19in 滚刀的材料和热处理工艺相同，刀刃的宽度相同，在岩面上滚压时的磨耗程度相同，滚刀由新刀磨损到需要更换时的允许磨损刀高相同，由于 19in 滚刀直径大，允许磨去的刀圈金属体积更大，比 17in 滚刀使用的时间更长。如果 19in 滚刀允许磨损的刀高量更多，则实际上更耐磨。2 种刀具刀刃磨损的计算宽度均为 20mm，磨损的刀高为 25mm，则可磨损的刀圈体积为

$$17in 滚刀 \ V = (R^2 - R'^2) \times \pi \times b = (21.62^2 - 19.12^2) \times \pi \times 2.0 = 639cm^3$$
$$19in 滚刀 \ V = (R^2 - R'^2) \times \pi \times b = (24.12^2 - 21.62^2) \times \pi \times 2.0 = 718cm^3$$

$(718 - 639) \div 718 = 0.11 = 11\%$，因此 19in 刀比 17in 刀磨损体积多 11%。

实际上通常 19in 允许磨损的刀高为 30mm，则 19in 滚刀 $V = (R^2 - R'^2) \times \pi \times b = (24.12^2 - 21.12^2) \times \pi \times 2.0 = 852cm^3$，$(852 - 639) \div 852 = 0.25 = 25\%$，因此 19in 刀比 17in 刀磨损体积多 25%。如果按上述计算，当贯入度相同时，19in 滚刀比 17in 滚刀使用时间长 11%～25%。但这样的比较由于涉及的方面过于复杂，难以获得量化的数据。实际应用中，对比 19in 滚刀在额定载荷不变的情况下比 17in 滚刀提高了 58% 有效磨损量，大大提高了滚刀的使用寿命。

盘形滚刀装刀形式分为前装式和背装式，前装式刀具安装时需要人员进入刀盘与掌子面之间进行作业，为了保证施工人员的安全，前装式只有在地质条件较好的条件下使用，背装式刀具换刀作业在刀盘的背面进行，能够较好地保证人员的安全。

表 4.8 - 1　本项目 TBM 滚刀安装数量及承受荷载

特　　性	17in	19in
额定载荷/kN	250	311
径向额定载荷/kN	326	432
额定比值/%	77	72

设备刀盘滚刀安装形式采取背装式，对滚刀的拆装可在土仓内进行。在滚刀尺寸与数量选取中，刀具的尺寸和设备最大允许推力也是主要考虑因素（见表 4.8 - 1），例如：

$$K \times 311 \geqslant FV$$

式中：K 为刀具数量；FV 为最大允许推力 10500kN；"311" 为 19in 滚刀额定载荷（kN）。

$$K \times 311 \geqslant 10500 \qquad K \geqslant 33.7（把）$$

综合考虑，本项目设备选用直径为 19in 滚刀 27 把，17in 滚刀 8 把（4 把中心双刃滚刀）。

4.8.4　刀具布置

1. 刀间距选择

刀盘刀间距的选择要充分考虑岩石的物理力学性质、刀盘直径、刀具尺寸以及 TBM 的设计参数等很多方面，合理的设计可以大大提高开挖效率，降低开挖能耗，减小刀具磨损。刀具与岩石的破碎状态见图 4.8 - 5。

2. 最小破碎比能原则

TBM 掘进时，掌子面围岩以大块片状岩碴的形式剥落时是设计理想状态，此时 TBM 掘进消耗功率也最低。如果刀间距过大，滚刀滚压岩石后产生的裂纹无法交汇，只有在滚刀重复切割后（并非一次切削）才能脱落，那么这样的破岩方式即使有大片岩碴也必定会伴随着大量岩粉存在；如果刀间距过小，小于岩石裂纹扩展长度，那么会有大量小块岩碴脱落；因此，刀间距设计的理想状态应该是：相邻滚刀在一次顺序切割之后就能有适当的岩碴剥落，岩石小颗粒或岩粉的数量越少越好。即最小破碎比能原则：滚刀切削产生单位体积破碎的岩碴时，所需消耗的能量最小。

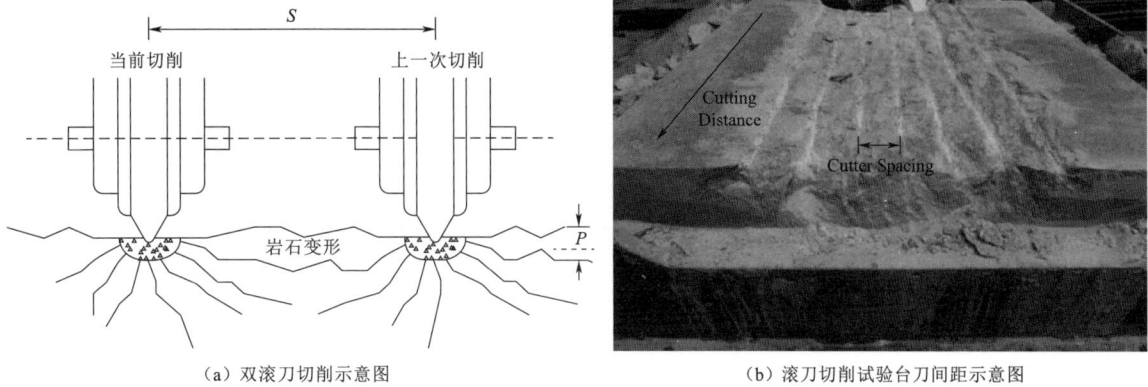

（a）双滚刀切削示意图　　　　　　　　　　（b）滚刀切削试验台刀间距示意图

图 4.8-5　刀具与岩石的破碎状态

以美国科罗拉多矿院 CSM 模型为理论基础，给出最小破碎比能计算过程如下，常截面滚刀垂直推力和滚动力分别见式（4.8-1）和式（4.8-2）

$$F_n = C \frac{\phi RT}{1+\psi} \sqrt[3]{\sigma_c^2 \sigma_t \frac{S}{\phi \sqrt{RT}}} \cos \frac{\phi}{2} \qquad (4.8-1)$$

$$F_r = C \frac{\phi RT}{1+\psi} \sqrt[3]{\sigma_c^2 \sigma_t \frac{S}{\phi \sqrt{RT}}} \sin \frac{\phi}{2} \qquad (4.8-2)$$

式中：R 为盘形滚刀半径，mm；h 为盘形滚刀贯入度，mm/rev；S 为相邻滚刀间距，mm；σ_c 为岩石单轴抗压强度，kPa；σ_t 为岩石抗拉强度，kPa；T 为滚刀刃端宽度，mm；Ψ 为刀尖压力分布系数，无量纲，取 $-0.2\sim0.2$；C 为无量纲系数，取值为 2.12；φ 为滚刀刃与岩石接触角，$\varphi = \arccos\left(\dfrac{R-H}{R}\right)$。

破碎比能为切削单位体积岩石所消耗的能量，以它评价刀间距的优劣，见式（4.8-3）

$$E_s = \frac{E}{V} = \frac{F_t h + 2\pi T_q}{\pi R_t^2 h} \qquad (4.8-3)$$

其中　　　　　　　　$F_t = nF_n \qquad T_q = F_r \sum_{i=1}^{n} r_i \approx 0.6 n F_r R_t$

将式（4.8-1）和式（4.8-2）代入式（4.8-3）中得到破碎比能公式，见式（4.8-4）

$$E_s = \frac{nC \dfrac{\phi RT}{1+\psi} \sqrt[3]{\sigma_c^2 \sigma_t \dfrac{S}{\phi \sqrt{RT}}} \left(\cos \dfrac{\phi}{2} h + 1.2\pi \sin \dfrac{\phi}{2} R_t\right)}{\pi R_t^2 h} \qquad (4.8-4)$$

从上述公式可以看出：岩石裂纹扩展能力与滚刀贯入度密切相关，最优刀间距是否合理必须与刀盘贯入度（切深）综合考虑。这也是目前绝大多数学者研究刀间距与贯入度比值。

3. 单滚刀破岩推力及贯入度计算

关于滚刀破岩机理的研究，国内外学者大多都把压入强度（与抗压强度有差别）作为媒介，将推力 F_n 和贯入度 p 建立联系，总体而言是压入强度＝压力/接触面积的等式关系。这一理论公式优势在于有明确的物理意义，也有大量试验数据能够证明其成立，公开发表的多组侵深试验数据都有此类结果：推力大小与侵入深度存在近似线性关系，见图 4.8-6，因此利用此线性关系推导侵深与压力之间的计算关系。见图 4.8-7。

在近似线性的曲线中，可以发现岩石有阶跃破碎的特性，即外力达到某一临界值时，岩石侵入深度突然增大，在此过程中产生岩块的破碎。TBM 滚刀的破岩力在发生阶跃破碎时，也就是岩石

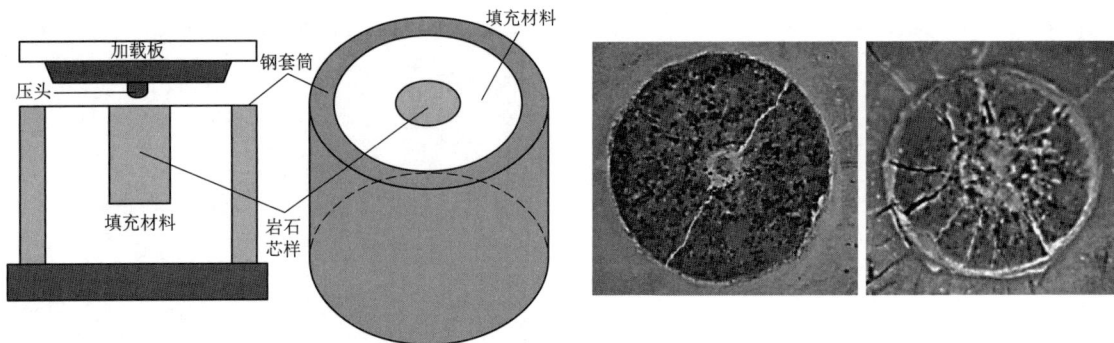

图 4.8-6　压头侵入岩石试验

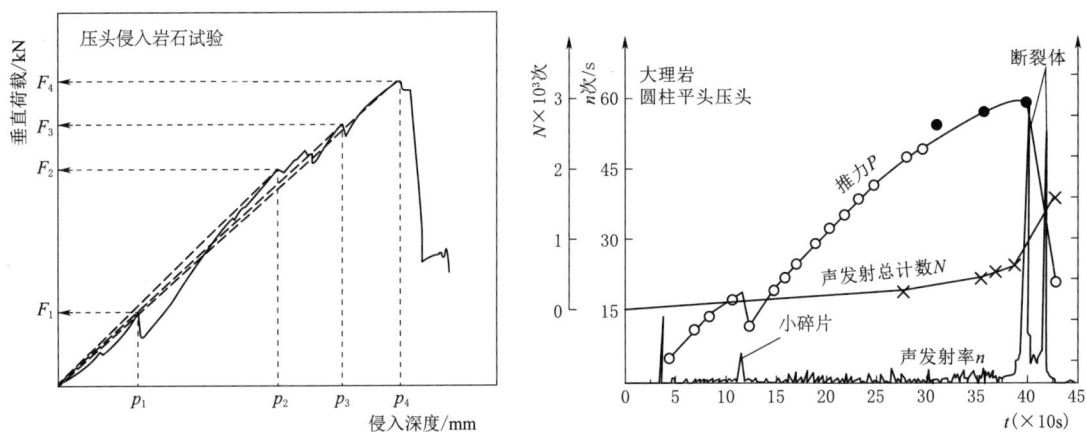

图 4.8-7　压头侵入岩石试验压力与侵深关系曲线

碎块进出破碎坑卸载前达到最大值。

假设 1：岩石阶跃破碎前，推力与侵深存在线性关系；F_n 和 p 都达到最大值，由于刀具下方存在岩石密实核，卸载时密实核崩碎成岩石粉末，贯入度 p 的数值略微偏小 1～2mm，在工程可接受范围内。常截面滚刀与岩石的接触面积随着侵入深度的增大而增大，这与简单的压头侵入不同，滚刀侵入岩石深度增加后，一方面，两者接触弧线长度增加，另一方面，由于滚刀刃角的存在，接触面积也在增加。滚刀贯入与岩石接触示意图见图 4.8-8。

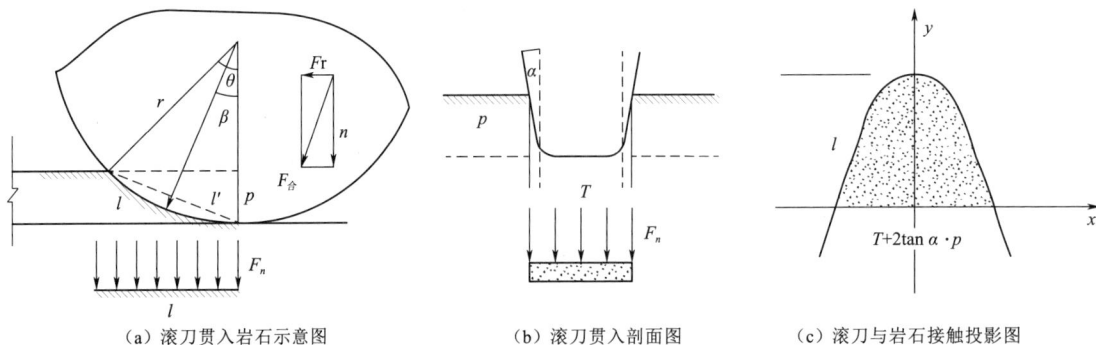

（a）滚刀贯入岩石示意图　　　　（b）滚刀贯入剖面图　　　　（c）滚刀与岩石接触投影图

图 4.8-8　滚刀贯入与岩石接触示意图

17in 滚刀半径为 216mm，而相对于贯入度 p 一般是 4～15mm，因此滚刀与岩石接触弧度角很小，一般小于 10°。此时，滚刀的滚动力数值很小，滚刀合力几乎等于垂直推力。

假设 2：滚刀合力值等于滚刀推力值，滚刀合力垂直均匀地分布在长度 l 的弧面上，弧线 l 长度近似等于 l' 的长度，滚刀与岩石接触面投影为抛物线形状，计算接触面积：

$$l \sim l' = \sqrt{r^2 - (r-p)^2 + p^2} = \sqrt{2rp}$$

抛物线最大接触宽度 $= T + 2\tan\alpha p$

抛物线方程：

$$y = -\frac{4l}{(T + 2\tan\alpha p)^2}x^2 + l$$

接触面积：

$$S = 2\int_0^{T/2+\tan\alpha p}\left[-\frac{4l}{(T + 2\tan\alpha p)^2}x^2 + l\right]\mathrm{d}x = \frac{2}{3}l(T + 2\tan\alpha p)$$

$$= \frac{2}{3}\sqrt{2rp}(T + 2\tan\alpha p)$$

从上述接触面积的计算结果得出，滚刀与岩石接触面积大小与滚刀半径 r、滚刀刃宽 T 和滚刀刃角等因素相关。

根据东北大学岩石破碎研究室研究表明，滚刀压入岩石强度与岩石自身抗压强度存在比例关系：

$$k_d = \frac{\sigma_n}{\sigma_c}$$

式中：σ_n 为岩石压入强度；σ_c 为岩石抗压强度。k_d 取值为 $2 \sim 2.5$。因此，滚刀推力与贯入度之间的关系如下

$$F_n = \frac{2}{3}\sigma_n\sqrt{2rp}\ (T + 2\tan\alpha p) = k_d\sigma_c\frac{2}{3}\sqrt{2rp}\ (T + 2\tan\alpha p)$$

TBM 施工中，主司机会根据设备状态和围岩状态确定转速和贯入度大小，让滚刀推力（设备总推力或是油缸系统压力）和设备振动保持在合理范围内。岩石抗压强度分别在 50MPa、60MPa、70MPa、80MPa、90MPa、100MPa、120MPa、150MPa 时，贯入度从 3mm 变化到 12mm 时的滚刀推力见表 4.8-2、图 4.8-9。

表 4.8-2 中计算结果滚刀推力＞311kN，即超出滚刀自身额定载荷范围时，TBM 主司机须根据总推力和设备振动状态选择合适的贯入度和转速。

表 4.8-2 岩石抗压强度、贯入度与滚刀推力计算值的相关性

贯入度	滚刀推力计算值/kN						
	60MPa	70MPa	80MPa	90MPa	100MPa	120MP	150MPa
3.0	70.8	82.6	94.5	106.3	118.1	141.7	177.1
4.0	83.3	97.2	111.0	124.9	138.8	166.6	208.2
5.0	94.8	110.6	126.4	142.1	157.9	189.5	236.9
6.0	105.6	123.2	140.8	158.4n	176.0	211.2	264.0
7.0	116.0	135.4	154.7	174.1	193.4	232.1	290.1
8.0	126.1	147.2	168.2	189.2	210.2	252.3	315.4
9.0	136.0	158.7	181.3	204.0	226.7	272.0	340.0
10.0	145.7	170.0	194.3	218.6	242.8	291.4	364.3
11.0	155.3	181.2	207.0	232.9	258.8	310.5	388.2
12.0	164.7	192.2	219.6	247.1	274.6	329.5	411.8

注 19in 滚刀刀圈半径：241mm；刃宽：20mm；刃角/2：10°；压入强度系数：2.2。

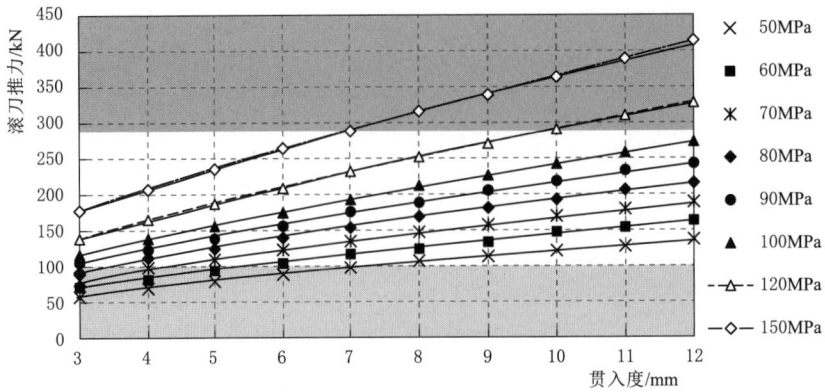

图 4.8-9　滚刀推力与贯入度关系曲线

4. 刀间距确定原理

压头下方岩石破碎形成的破碎坑呈漏斗状，不同的岩石具有不同破碎角，该顶角角度变化范围一般是 120°~150°。它反映了在岩石破坏过程中裂纹扩张能力，一般情况下，脆性岩石破碎角较大，见图 4.8-10。《岩石破碎学》已发表的不同岩石的破碎角试验数据见表 4.8-3。

表 4.8-3　　　　　　　　　　不同岩石的破碎角

岩石	黏土页岩	石灰岩	软砂岩	硬砂岩	大理岩	玄武岩	辉绿岩	花岗岩	石英岩
破碎角 ψ/(°)	128	116	130	144	130	146	126	140	150

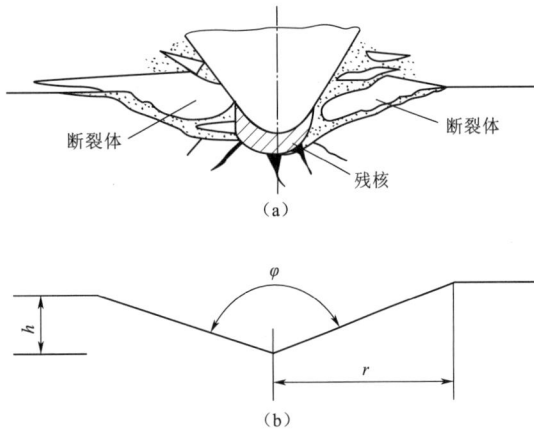

图 4.8-10　压入过程中岩石破碎角

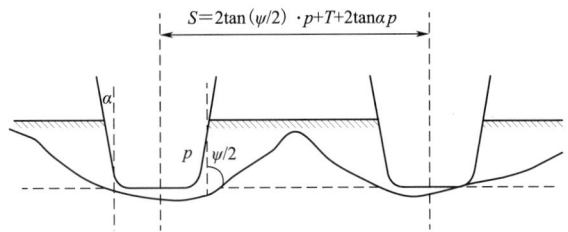

图 4.8-11　滚刀刀间距与贯入度示意图

两把滚刀产生的岩石破碎裂纹可以相互贯通时，刀间距处于最优状态。根据图 4.8-11 几何关系，刀间距计算公式为

$$S = 2\tan\frac{\psi}{2}p + T + 2\tan\alpha p$$

当两把滚刀顺序切割时，第一把滚刀切槽已经为第二把滚刀创造出自由面，在此环境下，裂纹扩展能力得到增强。可引入裂纹扩展系数 $n=1.5$ 来描述此现象。

$$S = 2n\tan\frac{\psi}{2}p + T + 2\tan\alpha p = T + \left(3\tan\frac{\psi}{2} + 2\tan\alpha\right)p$$

以 19in 滚刀切割三组破碎角 130°、140°和 150°为例，计算不同贯入度下的刀间距，得出以下曲线图（图 4.8-12）。得出平均刀间距与贯入度之比 S/P 约为 9.0、10.0 和 13。

通过以上计算，可根据推力与贯入度计算曲线和刀间距与贯入度计算曲线，以 TBM 设备处

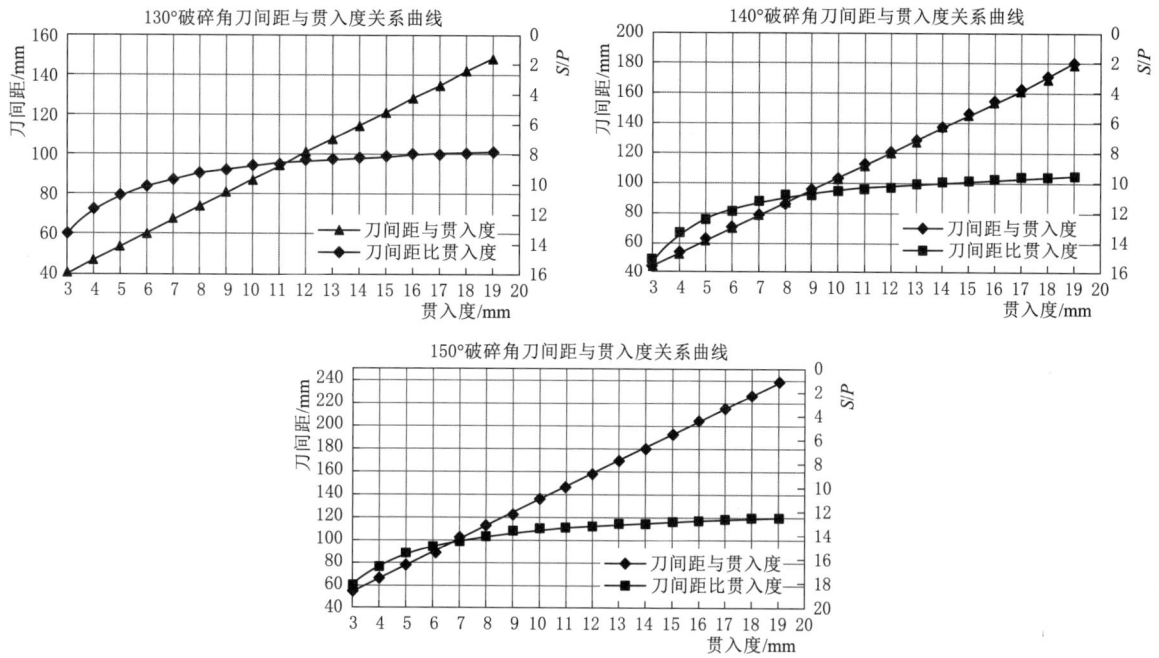

图 4.8-12　刀间距与贯入度关系曲线

于优良状态下的贯入速度查找对于围岩参数下的刀间距，作为刀盘设计的参考值。

5. 榕江关埠项目 TBM 刀间距选择

隧道地质情况以花岗岩为主，且岩石强度以花岗岩的为最高，岩石的抗压强度和抗拉强度之比反映了岩石自身的脆断性，与岩石在破碎过程中裂纹扩展的能力相关，一般认为岩石脆性越大，其破碎角越大，脆性越小，破碎角越小。

TBM 刀盘刀间距布置就以上述理论作为依据，通过推力与贯入度计算和刀间距和贯入度的计算得出以下曲线，见图 4.8-13 和图 4.8-14。

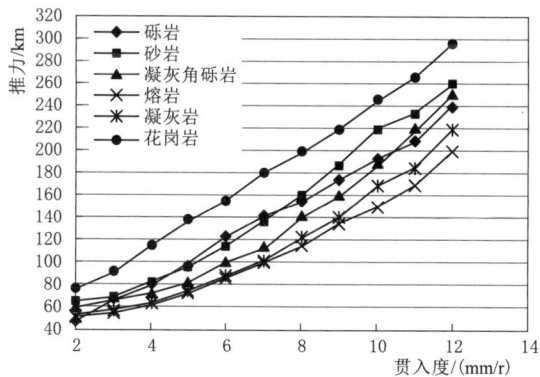

图 4.8-13　推力和贯入度关系曲线

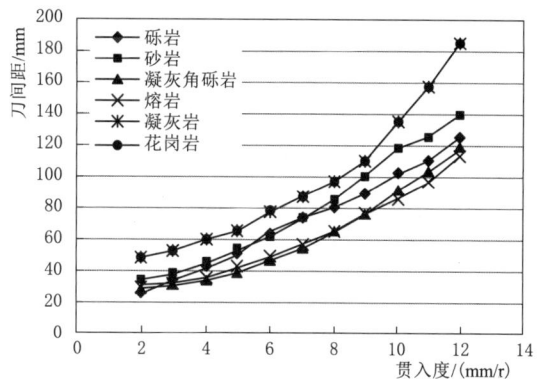

图 4.8-14　刀间距和贯入度关系曲线

根据曲线，滚刀切削砾岩、砂岩、凝灰角砾岩、熔岩、凝灰岩、花岗岩时，滚刀推力在 140～180kN 区间范围内时，滚刀贯入度为 8～12mm/r。保证 TBM 在最快掘进速度状态下所对应的刀间距作为设计刀间距。根据图曲线，兼顾各类围岩的百分比综合考虑，贯入度 8～12mm/r 时，选取合适刀间距，S 选取 75～79mm 为宜，设计取平均刀间距为 75mm。刀盘滚刀数量计算可知：

$$N = D/2S$$

式中：N 为滚刀数量；D 为刀盘直径；S 为刀间距。

根据公式代入相应值（$D=4960\text{mm}$；$S=75\text{mm}$）计算：

$$N=D/2S=4960/2\times75=33.06（把）$$

榕江关埠 TBM 设备刀盘设计初期，经过与设备厂家沟通，考虑地质围岩以花岗岩为主，局部岩石单轴抗压强度可达到 210MPa，因此增加 2 把滚刀，实际配置为 35 把滚刀，滚刀的平均间距约为 71mm。滚刀在刀盘上采取同心圆布置法，同时考虑以下两点：一是刀具在刀盘上布置，尽量使刀盘受力均匀，且不受径向载荷的影响；二是在设备掘进过程中，滚刀上产生的力对刀盘产生的倾覆力矩代数和趋于无穷小。滚刀间距布置见图 4.8-15。

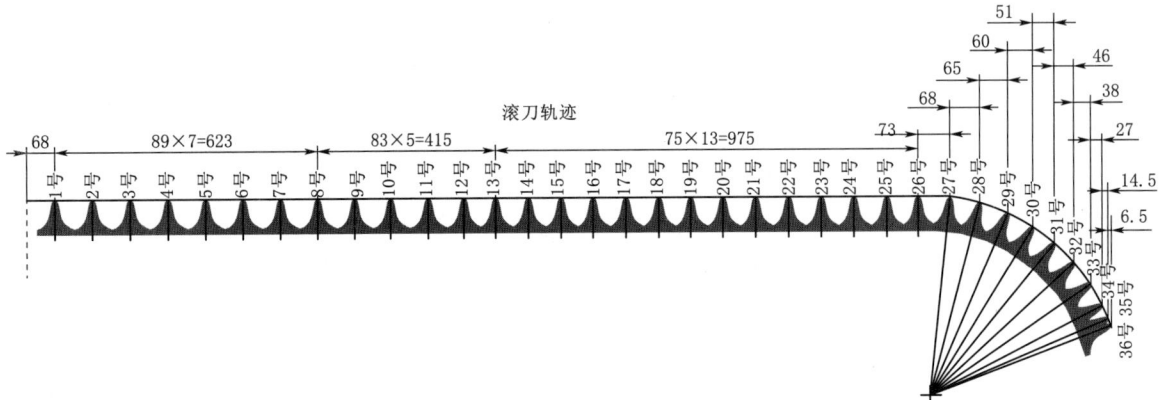

图 4.8-15　滚刀间距布置图

4.8.5　TBM 掘进参数控制

TBM 在掘进过程中，主要的掘进参数为掘进速度、贯入度、刀盘转速、刀盘扭矩、总推力。每个参数都会受到诸多外界因素的控制和影响，而且影响因素不是单一的，各影响因素之间会出现交叉和相互重叠，因此针对掘进参数的影响分析，既要首先深入了解各项主要掘进参数的变化规律和基本走势，还得明确 TBM 掘进参数和其他影响因素之间的关系。TBM 掘进起始桩号为 SD26+711，掘进至桩号 SD20+393 后进入矿山法空推段，通过对 6.3km 连续掘进数据进行统计分析，取得超高硬岩工况 TBM 高效掘进的科学掘进参数。

1. 掘进速度

根据数据统计分析，该区段 TBM 掘进速度最大值 65mm/min，最小值 16.5mm/min，平均值为 51mm/min。

掘进速度在整体走向上呈现小范围波动局部不间断细微变化，掘进速度在整体走势上存在明显趋势，依照整体走势平滑过渡，无奇异点和尖峰数据应为理想状态走势，掘进速度较快时表明岩性较软，走势相对平滑才能体现掘进参数设置合理。掘进速度偏低，表明该区段岩石硬度较大，应加大推力以辅助破岩。掘进速度基本符合正态分布，掘进速度最大值 65mm/min，最小值 16.5mm/min，平均值为 51mm/min。45～61mm/min 掘进速度占大多数，表明了区间内 45～61mm/min 掘进速度设定相对较优，可以减少甚至避免极端值的出现。掘进速度-时间变化曲线图见图 4.8-16，掘进速度统计直方图见图 4.8-17。

影响掘进速度的因素是多方面的，图中低速异常值较少，集中在 8 月 30 日—9 月 3 日，判断此时并未发挥出 TBM 的正常性能，与参数设定较低有关，也可能局部岩石强度较高，未及时提高参数设定以适应岩层变化。而高速状态下分布均匀且异常突出的量较小，可能在于岩层不稳，由于岩层整体硬度较高，夹杂部分较软，致使参数设定没有及时转变，贯入度和刀盘转速瞬时增加，掘进速度短时间变大，但这种非正常状态的高速运行会降低 TBM 的使用寿命，不如平稳运行好。

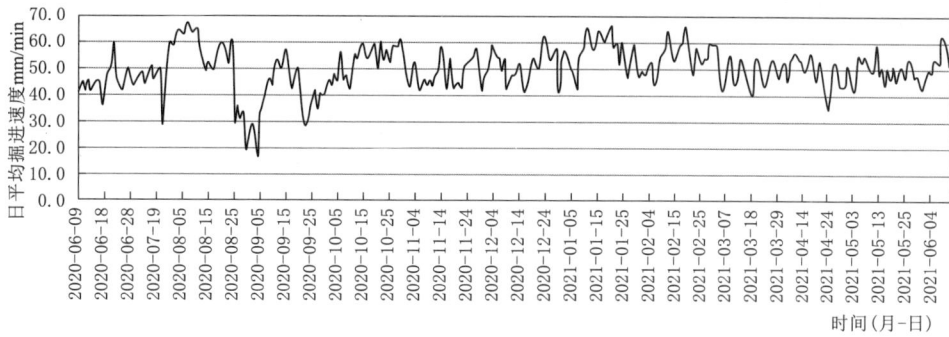

图 4.8-16 掘进速度-时间变化曲线图

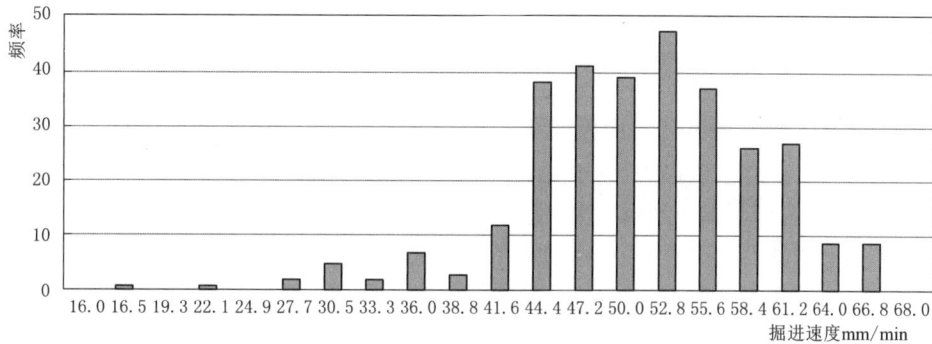

图 4.8-17 掘进速度统计直方图

2. 贯入度

通过对 6.3km 连续区间的刀盘贯入度数据进行统计分析，可以得到贯入度沿区间纵向的变化规律。掘进速度最大值为 17.2mm/min，最小值为 1.5mm/min，平均值为 5.9mm/min。

贯入度的波动范围整体上相对较小，个别区段变化较大，由于岩层强度变化不够清晰，未能及时调整总推力的数值以适应当前岩层特性，2021 年 2 月 18 日数据呈尖峰状。贯入度呈现正态分布，贯入度的均值为 5.9，中位数为 6.7，方差为 2.3，取值范围介于 2.4～17.2。

贯入度为被动值，受总推力和当前掘进岩性的双重影响，由于总推力和岩性的不稳定，造成贯入度的波动，贯入度数据统计呈现完美的正态分布，贯入度在 5.0～8.0mm/rev 集中度好，表明该区段贯入度选择合理。由于总推力总体取值 600～800t 居多，可以适当提高推力增加贯入度以提高掘进速度。见图 4.8-18 和图 4.8-19。

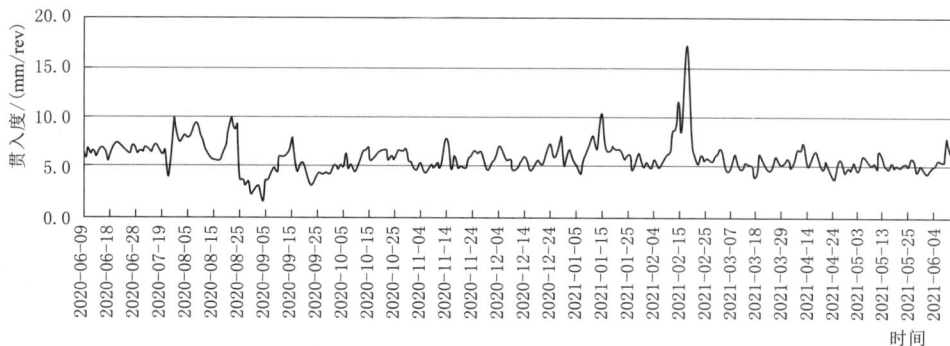

图 4.8-18 贯入度-时间变化曲线图

3. 刀盘转速

通过对 6.3km 连续区间的刀盘转速数据进行统计分析，可以得到贯入度沿区间纵向的变化

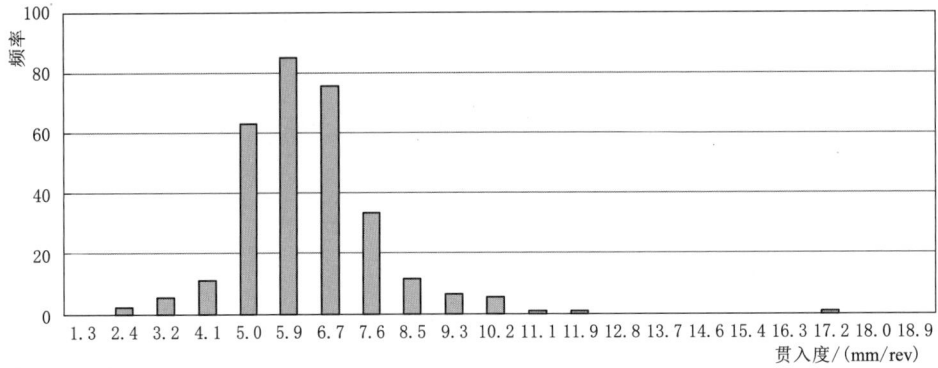

图 4.8-19　贯入度统计直方图

规律。

刀盘转速整体设置较为稳定，整体走势波动性不大，局部出现断崖式下跌，说明该段遇到的岩石强度突然提高。整体上来说，刀盘扭矩分布比较集中，刀盘转速平均值为 8.8r/min，中位数为 9.0，方差为 1.1，取值范围为 3.5～9.7r/min。

刀盘转速主要集中在 8～10r/min，刀盘转速控制在此范围内不会对扭转驱动系统造成太大的压力，进洞初始，设备处于试掘进阶段，刀盘转速维持较低转速，针对硬岩并不合适，尤其在围岩性质发生持续微小变化的情况下，刀盘转速的调整需要考虑驱动系统的总功率的数值。刀盘转速统计说明针对硬岩宜采用高转速，刀盘转速设定在 8～10r/min 是合适的。见图 4.8-20 和图 4.8-21。

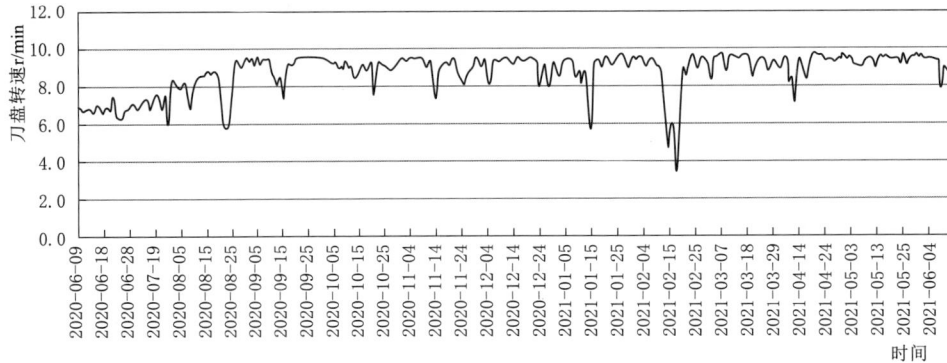

图 4.8-20　刀盘转速-时间变化曲线图

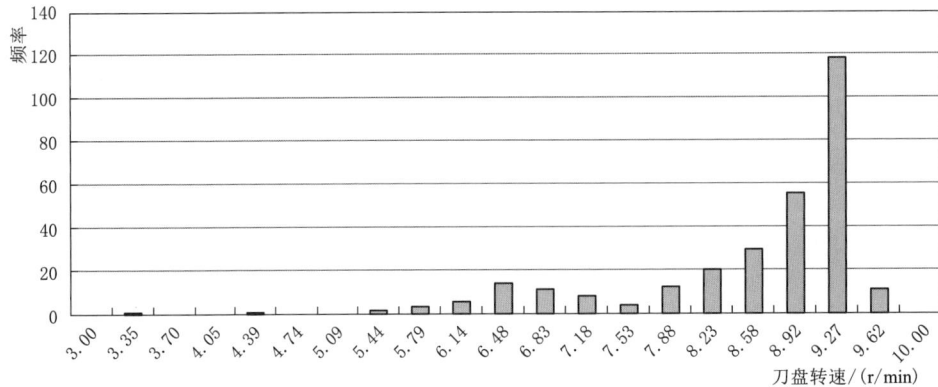

图 4.8-21　刀盘转速统计直方图

4. 刀盘扭矩

通过对 6.3km 连续区间的刀盘转速数据进行统计分析，可以得到贯入度沿区间纵向的变化规律。

刀盘扭矩一直处于变化中，刀盘扭矩完全具备被动值的特点，和实际相符，受其他参数的变化影响极大，总体趋势明显，数值呈现平稳且少量下跌的波动性。刀盘扭矩基本符合正态分布，刀盘扭矩的均值为 782kN·m，中位数为 686kN·m，取值范围为 254～1031kN·m。

由于刀盘扭矩是被动值，受刀盘转速和当前掘进岩层的双重影响，由于刀盘转速的变化和岩层地质的复杂性，造成刀盘扭矩波动性大，刀盘扭矩的范围取在 800～900kN·m 较好，刀盘扭矩与贯入度和刀盘转速设置均有关系，刀盘扭矩与刀盘转速的乘积为扭转电机的总功率，总功率不会像刀盘扭矩一样波动幅度太大，在刀盘扭矩波动频率、幅度较大的区间刀盘转速理论上也会出现小范围失稳现象。刀盘扭矩-时间变化曲线图见图 4.8-22，刀盘扭矩统计直方图见图 4.8-23。

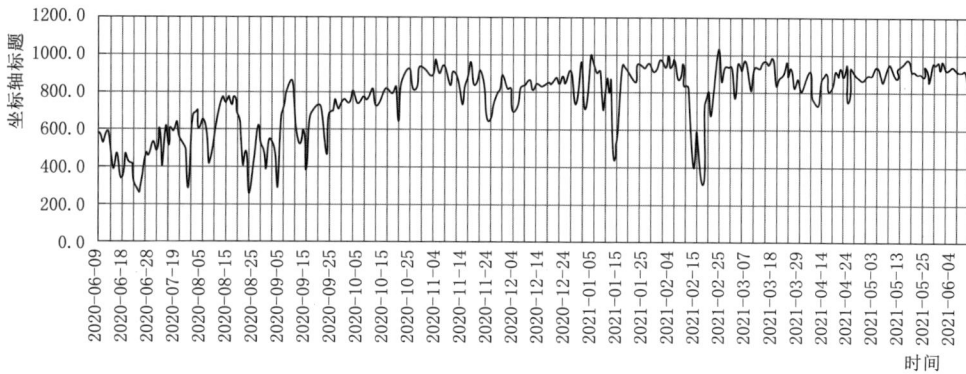

图 4.8-22　刀盘扭矩-时间变化曲线图

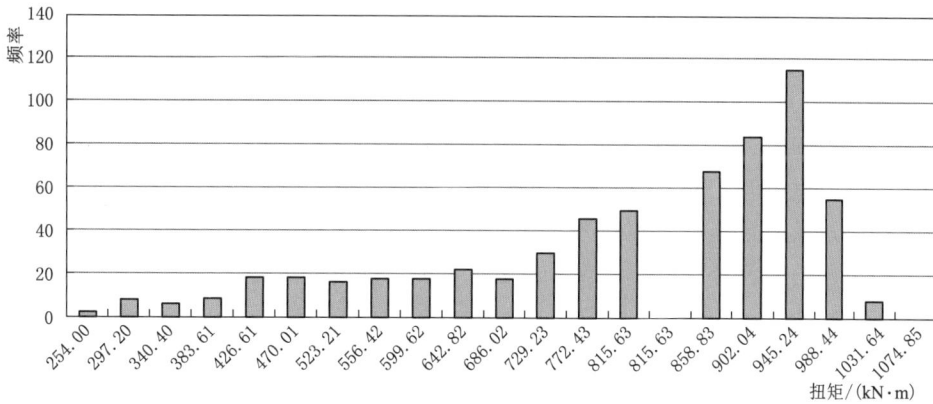

图 4.8-23　刀盘扭矩统计直方图

5. 总推力

对 6.3km 连续区间的总推力进行统计分析，可以得到总推力沿区间纵向的变化规律和整体分布情况，总推力虽然波动性极大，但能明显看出具有上限值，绝大多数的总推力数值在 10000kN 之下，突变情况较多，总推力分布较为集中，过大的情况较少，没有明显走势图，可以推断总推力设置值集中到上限值偏下的范围内。总推力的均值为 6890kN，中位数为 6262kN，取值范围为 409～10003kN。刀盘推力-时间变化曲线图见图 4.8-24，刀盘推力统计直方图见图 4.8-25。

在一定范围内，岩体的总体性质变化不大，偶尔遇到极少量较软的岩体部分，在接合处总推力发生突变，总推力一直处于较高的水平，判断岩层硬度较高且相对稳定，随着刀盘的磨损量增多，

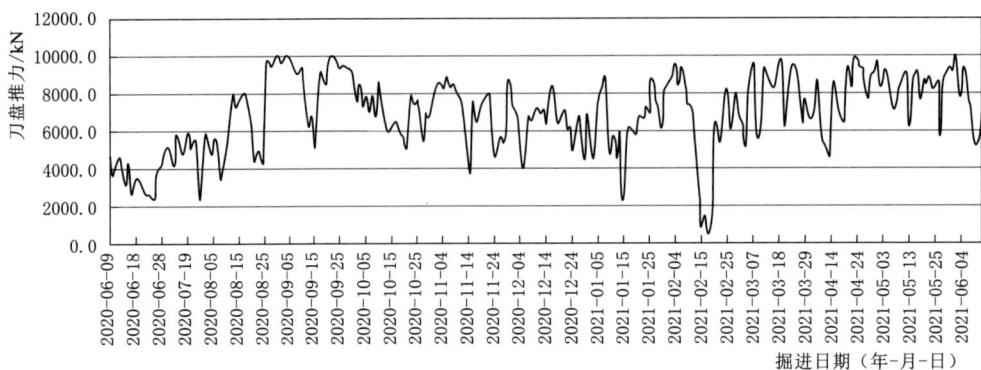

图 4.8-24　刀盘推力-时间变化曲线图

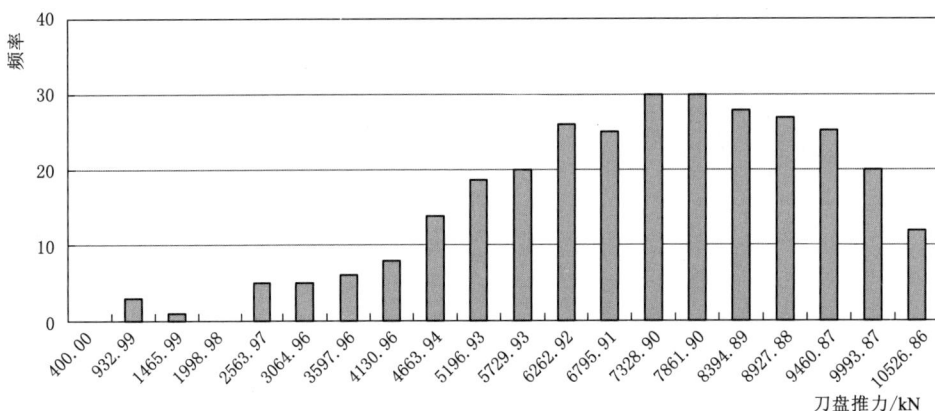

图 4.8-25　刀盘推力统计直方图

为了保持相同的贯入度，理论上总推力应逐渐变大，说明此段时间内磨损量变化不大，这种情况下推力总体接近额定值，很多异常值可以避免，以此来提高掘进过程的连贯性。

6. 掘进参数相关性分析

根据掘进参数分析可知，TBM 的掘进参数之间存在相关性，会受到相互影响，结合实际掘进过程中采集到的掘进参数数据，对各掘进参数与掘进速度之间的拟合关系进行讨论，完成掘进速度与其他掘进参数之间的定性分析，指出在当前施工数据中掘进参数存在的相关性，为后续同类施工提供指导。

（1）总推力与掘进速度的关系

图 4.8-26 为掘进速度与总推力相关性分析图，从图中可以看出，掘进速度与总推力之间的分布范围较广，线性关系不明显，推力在 2000～6000kN 大致呈正相关，推力在 6000～10000kN 呈负相关，表明在岩石强度较低时，推力增大对掘进速度有提升，岩石强度较大时，增大推力反而制约速度提升。

（2）扭矩与掘进速度的关系

图 4.8-27 为掘进速度与扭矩相关性分析图，从图中可以看出，掘进速度与扭矩呈线性关系，掘进速度在 40～60mm/min 和扭矩在 800～1000kN·m 数据较为集中。

（3）刀盘转速与掘进速度的关系

图 4.8-28 为掘进速度与刀盘转速相关性分析图，由图中可知，掘进速度与刀盘转速分布范围较广，线性关系不明显，掘进速度在 40～60mm/min 和刀盘围速在 8～10r/min 数据较为集中。

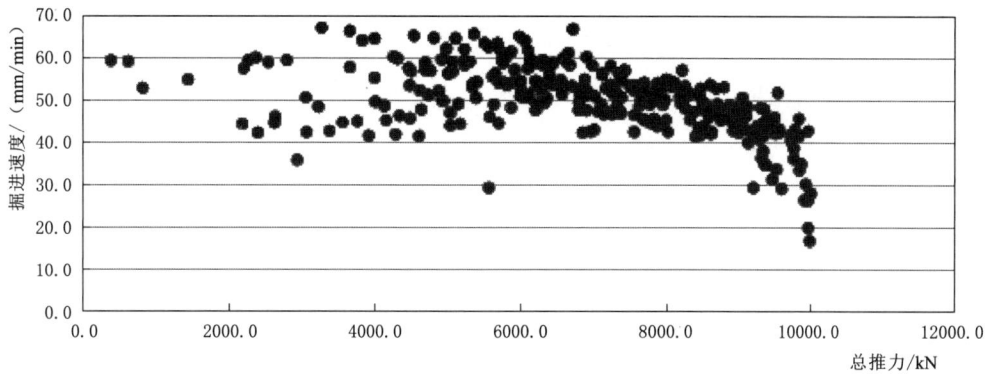

图 4.8-26　掘进速度与总推力相关性分析图

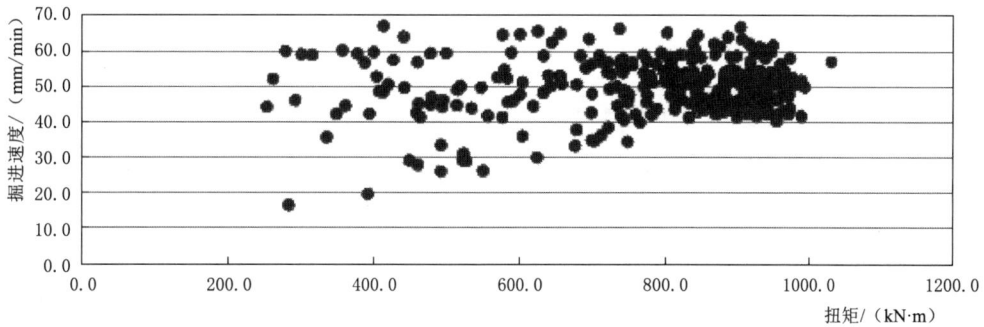

图 4.8-27　掘进速度与扭矩相关性分析图

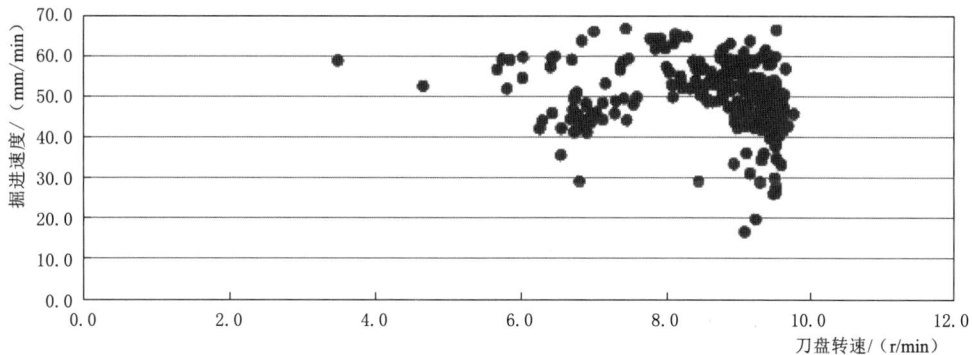

图 4.8-28　掘进速度与刀盘转速相关性分析图

7. 总贯入度指数

刀盘贯入度既与刀盘推力有关，也与岩石强度有关，为了准确地分析掘进速度与掘进参数的关系，我们引入总贯入度指数 TPI，即总推力与贯入度的比值定义为 TPI，它在实际意中指的是岩石的易掘性，即固有地质参数对掘进的影响，不因地质参数而波动。

总贯入度指数是固有值，不会受到其他掘进参数的影响，整体变化情况代表了原始岩石硬度、掘进的难易程度，波动情况剧烈的区间可能岩层的硬度变化较大，在较长的掘进区段内，可以根据此波动程度粗略判断出岩性的变化情况，与地质勘探中得到的岩层数据相互验证。

掘进速度与 TPI 之间的相关性分析见图 4.8-29，从图中可以看出，掘进速度和交互相之间的相关性较高，拟合度良好，能够生成较好的回归拟合模型，掘进速度和 TPI 之间整体走势和二次曲线、双曲线走势类似。

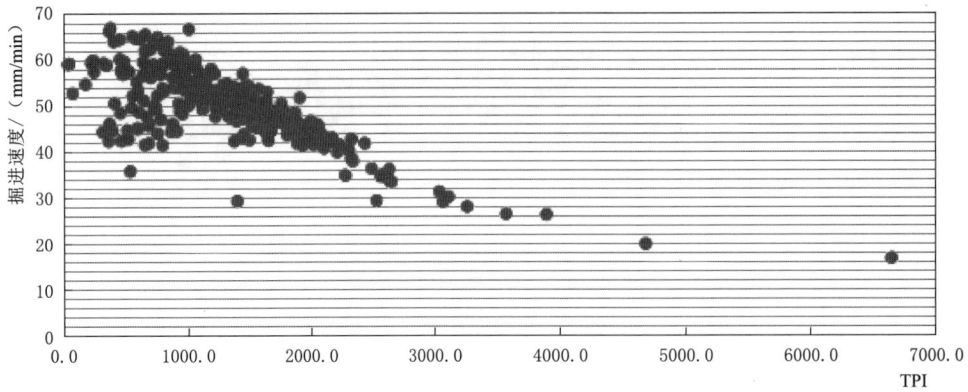

图 4.8-29　掘进速度与 TPI 相关性分析

4.8.6　结论

　　榕江关埠引水工程输水隧洞施工区域围岩以弱风化～微风分花岗岩为主，围岩坚硬完整、岩石强度高、石英含量高（围岩最高可达 190～210MPa）。针对本项目花岗岩强度高的实际情况，与设备厂家沟通将刀盘由原设计 33 把滚刀增加为 35 把滚刀，平均刀间距减小为 71mm，提高了刀盘的掘进效率。在以弱风化～微风化花岗岩为主的围岩中，当推力保持在 8500kN 以上时，围岩贯入度能保持在 4～5m，速度能保持在 35～45mm/min；在以全风化～强风化花岗岩为主的围岩中，当推力保持在 4000～6000kN 时，贯入度能保持在 6～8mm，速度能保持在 75mm/min 之间，在项目实施过程中，平均月进尺达到了 600m，月最高进尺达到 693m，实践证明，该刀盘选型适用于隧洞围岩，刀盘选型合理。通过对前期大量的掘进参数的统计分析，得到了掘进参数的分布变化规律，分析了掘进参数与影响因素之间的映射关系和影响原因，同时研究掘进参数与掘进速度之间的相关性，分析了主要掘进参数和交互相变化趋势可能存在的原因，为类似工程 TBM 掘进参数的科学控制提供了数据支持和有益参考借鉴。

第5章 盾构隧洞内衬预应力混凝土结构施工关键技术

现代引调水工程旨在解决水资源时空分布不均和水资源科学利用，具有涉及面广、影响因素众多、工程结构复杂、工程规模庞大等特点。国内外已建引调水工程中涉及高压输水盾构隧洞工程的案例较少，缺乏深埋高压输水盾构隧洞复合衬砌设计施工方面的经验。

珠三角水资源配置工程作为国务院部署的全国重大水利工程之一，是广东历史上投资规模最大、输水线路最长、受水区域最广的现代引调水工程。它是世界上输水压力最大的盾构隧洞引调水工程，其最大输水压力达 1.3MPa，工程设计和施工面临前所未有的巨大挑战。

本章以珠三角水资源配置工程为例，系统介绍盾构隧洞内衬预应力混凝土结构施工关键技术，主要包括盾构隧洞施工技术重难点分析、内衬预应力混凝土结构 1∶1 原型试验、内衬预应力混凝土结构施工技术、后张法预应力环锚索张拉技术等。

5.1 工程概述

5.1.1 输水隧洞典型结构形式

珠三角水资源配置工程输水隧洞最大坡度为 0.34%，最小转弯半径为 450m，采用标准盾构隧洞尺寸，外衬采用预制钢筋混凝土管片，外径为 8.3m，内径为 7.5m，衬砌管片厚 0.4m，衬砌环宽 1.6m，衬砌管片通过不锈钢螺栓连接。内衬采用现浇后张无粘结预应力混凝土结构，采用 C50W12F50 预应力混凝土，一级配，厚度为 0.55m。

预应力混凝土内衬标准分段长度为 11.84m，伸缩缝宽 30mm，缝内设止水带。每段左右交错布置锚具槽，预应力锚索间距 0.5m。采用高强度低松弛单丝涂覆环氧涂层预应力钢绞线 IECS15.2—1860-GB/T 25823—2010，均为双层双圈布置，HM15-8 环锚体系锚固，张拉控制应力 σ_{con}=1395MPa，张拉千斤顶和偏转器摩擦损失不大于 9%σ_{con}。每个锚具槽钢绞线共 8 根，分两层（内层、外层）布置，每层 4 根，每根环绕两圈。锚具槽采用无收缩微膨胀 C50 混凝土，膨胀量控制在 $2.0\pm0.2\times10^{-4}$，对回填混凝土进行单独配合比试验以确保回填混凝土浇筑质量。

输水隧洞预应力混凝土衬砌标准分段及断面示意图见图 5.1-1。

5.1.2 盾构隧洞内衬预应力混凝土结构施工重难点

1. 1∶1 原型试验验证工程建造关键技术

珠江三角洲水资源配置工程中隧洞深埋于地下 40~60m，面临高内外水压力和地质条件复杂多变的挑战，工程需穿越深层地下空间，涉及多条断裂带和蚀变岩带，极大增加了衬砌设计和施工的复杂性和难度。由于高水压输水隧洞工作环境和设计施工机理错综复杂，开展原位试验难度较大，收集结构和应力状态信息较难。因此，洞外模拟试验成为探究工程设计可靠性、施工关键技术和工艺参数的重要手段。

长距离、高水压和大流量输水隧洞若出现工程质量问题，将影响供水保障安全，更有甚者将影响管路沿线周边生产生活安全。为验证和优化隧洞复合衬砌结构设计，积累隧洞复合衬砌施工经验，

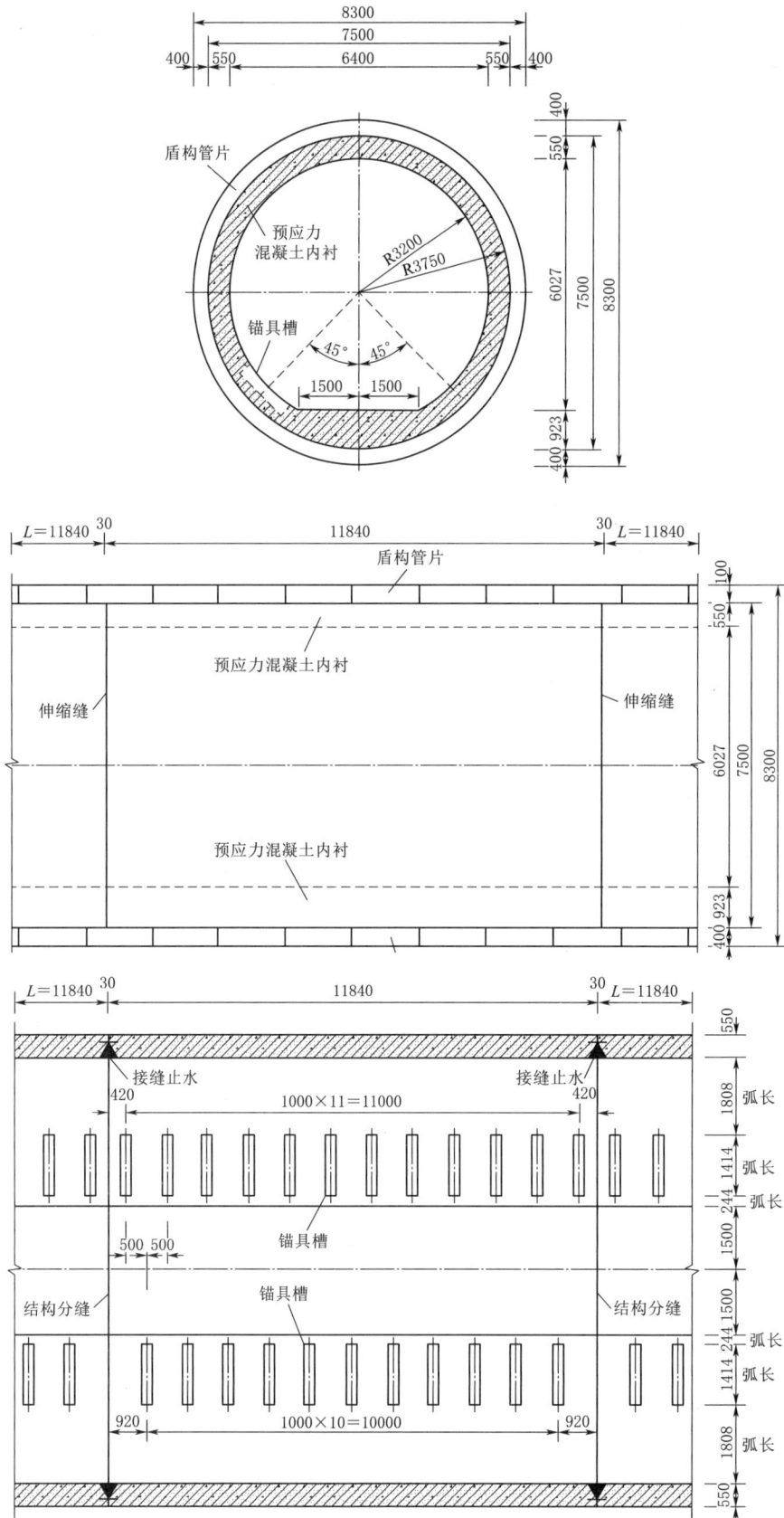

图 5.1－1　输水隧洞预应力混凝土衬砌标准分段及断面示意图（单位：mm）

揭示施工过程中可能出现的未预见问题，以确保施工技术实际可行和结构性能可靠，开展隧洞预应力混凝土衬砌原型试验就显得十分必要。

2. 输水隧洞高水压运行对内衬结构的高质量要求

在输水盾构隧洞工程中，特别是高内水压工况下，预应力内衬结构的质量控制是确保工程长期安全稳定运行的关键。

高水压工况对内衬结构的各项性能提出了更严苛的要求，内衬结构必须具备足够的抗压能力以承受内水压产生的轴向力和径向力，防止结构破坏。高水压作用下，结构内部的微裂纹和孔隙会进一步扩展并被水充满，导致强度下降。混凝土的施工质量作为影响隧洞内衬结构安全的重要因素，是隧洞结构长期稳定运行的基础，对混凝土施工质量进行严格控制是隧洞内衬结构设计和施工中的重要任务。

隧洞采用一次成型浇筑，衬砌厚度为 55cm，隧洞内衬结构薄，钢筋密，混凝土振捣难度大。合适的振捣设备和方法、振捣时间及特殊部位的振捣处理是保障混凝土浇筑密实，无蜂窝麻面，确保衬砌混凝土结构密实性和耐久性的关键。

薄壁高强约束条件下的内衬混凝土结构，施工期结构易产生裂缝，有些是贯穿性裂缝。在高内水压作业下，裂缝尤其是贯穿性裂缝，对结构耐久性以及工程渗漏带来的次生灾害等将产生非常不利的影响。因此，解决好薄壁高强约束内衬混凝土结构的裂缝问题是工程建设的关键技术问题。

3. 线性工程多工序交叉作业的高效施工

在珠江三角洲水资源配置工程施工中，隧洞复合衬砌施工组织面临着一系列挑战，这些挑战主要源于工程所处的复杂地质条件、有限作业空间以及施工工序的多样性和相互依赖性。线性工程多工序交叉作业高效率施工是确保项目按期完工和早日见效的关键。

隧洞中有限的施工空间限制了大型施工机械的使用和人员的作业范围，同时，施工过程还面临着干扰多及长距离作业所带来的挑战。各种不同需求的作业台车需在狭窄空间内进行协调高效作业。因此，优秀的台车设计及合理的施工组织是实现线性工程多工序交叉作业高效施工的关键。

工程中隧洞井内垂直运输距离约为 60m，洞内水平运输距离约为 3.4km，内衬混凝土面临高落差垂直向下运输和长距离水平运输等难题，需要确保衬砌混凝土运输过程中保持良好的工作性能，避免分层离析、坍落度损失过快过大等问题，以保证内衬混凝土运输质量，实现衬砌混凝土优质高效施工。

内衬混凝土采用输送加压泵送入仓，传统混凝土泵送入仓需频繁拆、接泵送管，泵送不连续，且容易造成泵送管堵塞，清管耗力费时，严重影响施工进度和混凝土内衬质量，造成大量混凝土浪费。优化内衬混凝土泵送入仓工艺是实现优质高效施工的重要技术手段。

4. 洞内双层环向钢筋及预应力环锚的高精度施工

隧洞内双层环向钢筋与预应力环锚的高精施工技术作为预应力衬砌施工关键技术之一，对于确保结构安全至关重要。洞内狭小空间对双层环向钢筋的精确定位安装带来了困难，如何解决环向钢筋高精度快速安装是保障优质高效施工的关键。此外，输水盾构隧洞预应力内衬预埋件多，预应力锚索张拉预留槽结构复杂，锚索施工难度较大、技术要求高。无粘结预应力环锚索定位不准确可能导致张拉力不均，引起结构内部应力集中，进而影响结构的稳定性和承载能力。无粘结预应力环锚的张拉有严格的施工程序和工艺参数要求，施工要求高、难度大。预应力环锚是高内水压工况条件下内衬结构长期安全稳定运行的保障。

5. 锚具槽无收缩回填体施工

预应力锚束张拉锚固后需进行锚具槽回填，以保护环锚及钢绞线不被侵蚀。锚具槽回填体对于衬砌结构而言是个后浇带，后浇带施工常出现混凝土回填体收缩产生界面裂缝等问题。因锚具槽后浇带担负着环锚及钢绞线的保护作用，所以解决后浇带回填体混凝土体积稳定性及浇筑质量，控制收缩裂缝的产生至关重要。

5.2　盾构法内衬预应力混凝土结构1∶1原型试验

本节介绍了引调水工程盾构隧洞内衬预应力混凝土结构原型试验。主要对关键技术参数和施工工艺进行试验验证，做好主体工程施工样板引路，确保工程质量满足工程百年健康稳定运行需要。

5.2.1　试验概述

1. 试验目的

考虑到隧洞埋深、沿线地质条件变化复杂等建设工况，为保证工程在施工、运行、检修等各种工况荷载作用下均满足设计要求，提高工程使用寿命，开展预应力混凝土衬砌原型试验。重点对高水压输水隧洞预应力混凝土衬砌结构设计、施工质量控制及检测等关键技术进行研究，优化工程结构设计，改进施工工艺，为保障工程安全建设和施工质量提供技术支撑。预应力混凝土衬砌原型试验采用1∶1原型洞外施工，通过开展现场原型试验研究，积累管道预应力筋布设、定位、锚具槽成型、衬砌混凝土浇筑、预应力张拉、锚具槽封堵等工程施工经验，改进和完善施工工艺和施工方法。

2. 试验模型设计

试验隧洞模型尺寸按1∶1复刻，原型试验模型见图5.2-1。其中预应力内衬内径为6.4m，衬砌厚度均为550mm，混凝土等级为C50，总长度为9.96m，由三段预应力内衬＋两条止水缝组成（预应力内衬节段1、节段3长度分别为2550mm，节段2长度为4800mm，止水缝宽度为30mm），各节段特性表见表5.2-1。

表5.2-1　　　　　　　　　　原型试验预应力内衬各节段特性表

	节段1	节段2	节段3
长度/m	2.55	4.80	2.55
内衬厚度/mm	550	550	550
受力体系	分开受力	联合受力	联合受力
钢绞线布置	8ϕ17.8@500 双层双圈	8ϕ15.2@500 双层双圈	8ϕ15.2@500 双层双圈
钢绞线防腐	单丝涂覆环氧涂层	单丝涂覆环氧涂层	镀锌钢绞线
内衬混凝土等级	C50 混凝土	C50 混凝土	C50 混凝土＋C50 自密实混凝土

洞外原型横断图和衬砌内表面展开图见图5.2-1～图5.2-3。锚具槽中心间距500mm，左、右两侧45°位置交替布置，钢绞线采用双层双圈环形布置，直径包括8×ϕ17.8和8×ϕ15.2两种，钢绞线防腐分单丝涂覆环氧涂层和镀锌两种，钢绞线张拉控制应力σ_{con}＝0.75fptk。

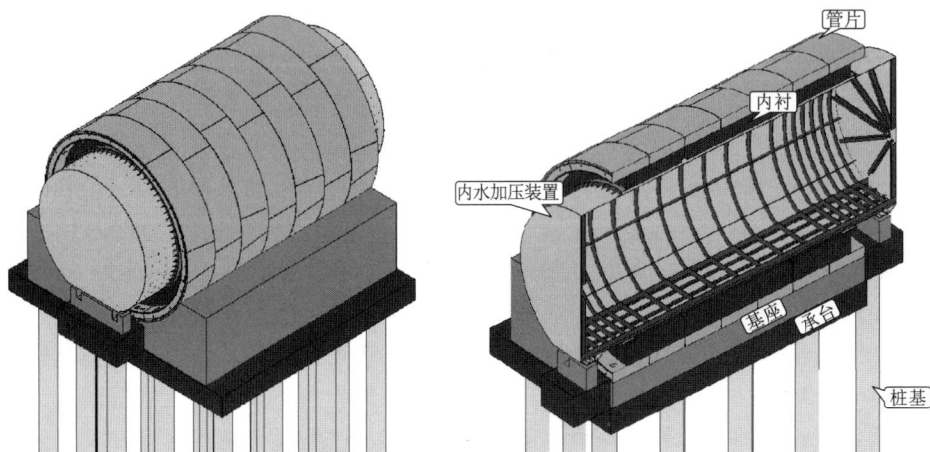

图5.2-1　原型试验模型示意图

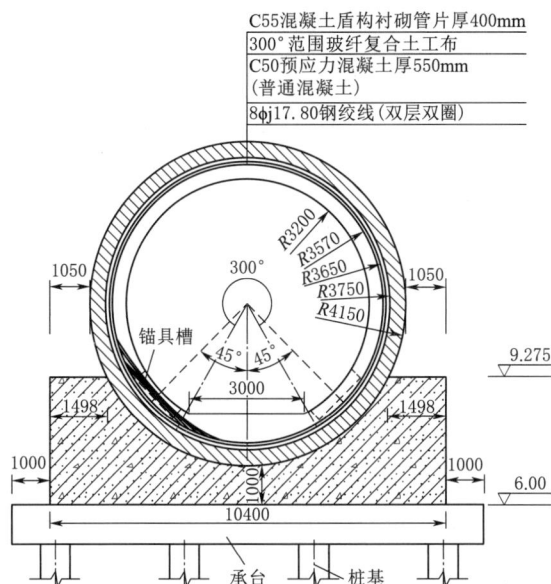

图 5.2-2 洞外原型横断面（尺寸单位：mm，高程单位：m）

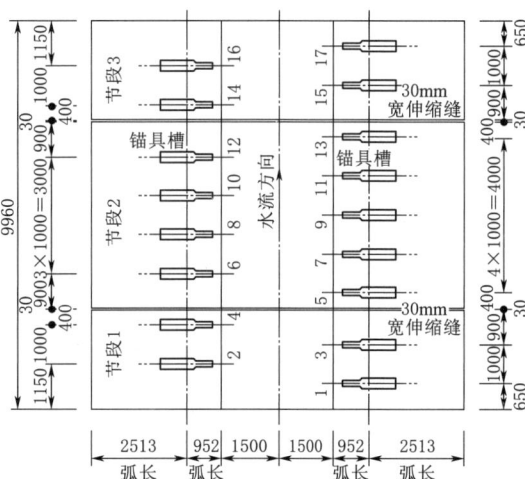

图 5.2-3 衬砌内表面展开图（单位：mm）

5.2.2 试验工艺流程

根据试验结构模型设计，原型试验主要包括试验模型基座承台、弧形基座、管片拼装、衬砌结构体系施工、混凝土浇筑施工、环锚预应力体系施工等内容。试验工艺流程见图 5.2-4。

1. 试验场地

预应力混凝土衬砌 1：1 原型洞外试验场地位于高新沙水库北面水文化科普展示内，场地占地面积约 3000m²。以正式试验场为轴线，在试验场地中划分出 30m×8m 的钢模台车组装区及 10m×8m 的钢筋台车组装场。

原型试验场地基础采用钻孔灌注桩及承台基础，桩径 800mm，桩长大于 30m，桩端进入强风化岩层大于 1.6m。桩基布置平面图见图 5.2-5、图 5.2-6。

2. 管片弧形基座施工及管片拼装

管片弧形基座结构施工：管片弧形基座尺寸为长 11.2m，宽 10.4m，厚 3.725m，延中轴线向两侧 3.702m 为弧面段，混凝土标号为 C30，所采用钢筋为 HRB400，直径为 22mm、14mm，弧形基座模板采用 1220×2440×10mm 细木工板加工制作。管片基座钢筋布置剖面见图 5.2-7、试验模型剖面见图 5.2-8。

管片拼装：管片共计 7 环，每环 7 片。衬砌环由封顶块（F），2 个连接块（L_1、L_2）和 4 个标准块（B_1、B_2、B_3、B_4）组成，衬砌环向分 7 块见图 5.2-9。管片采用强度等级为 C55 钢筋混凝土，抗渗

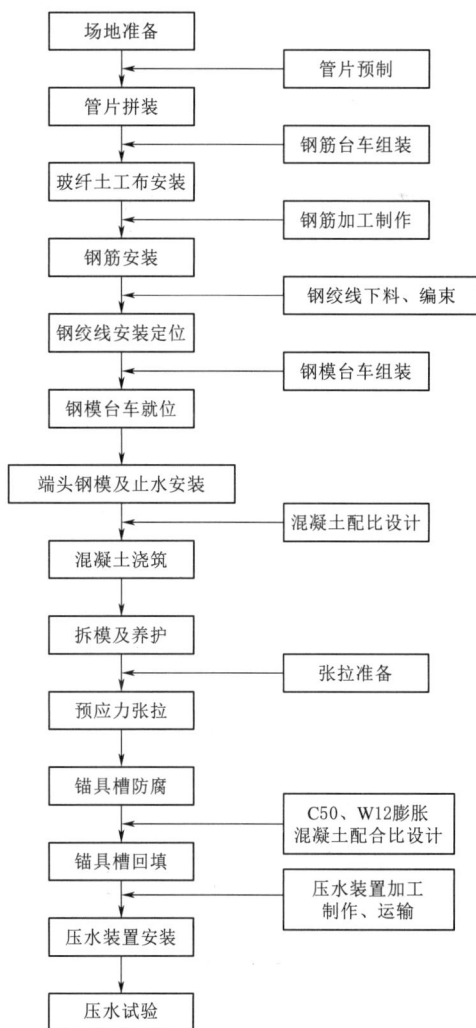

图 5.2-4 试验工艺流程

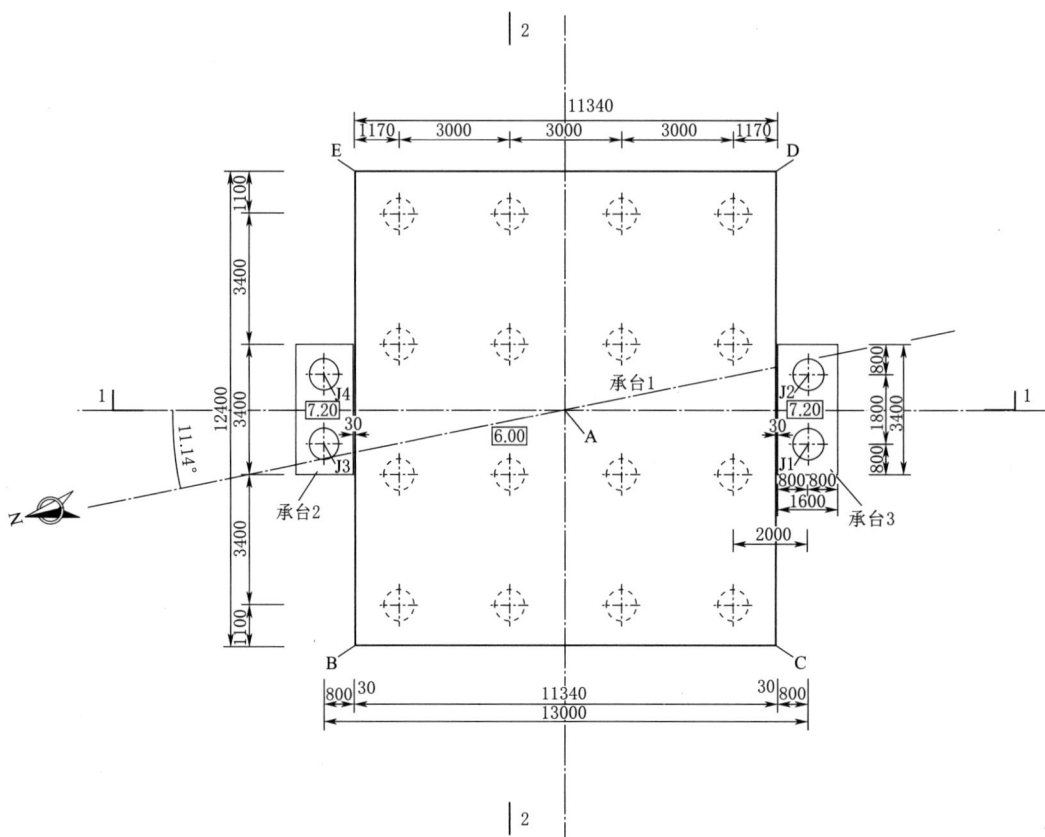

图 5.2-5　桩基布置平面图（单位：mm）

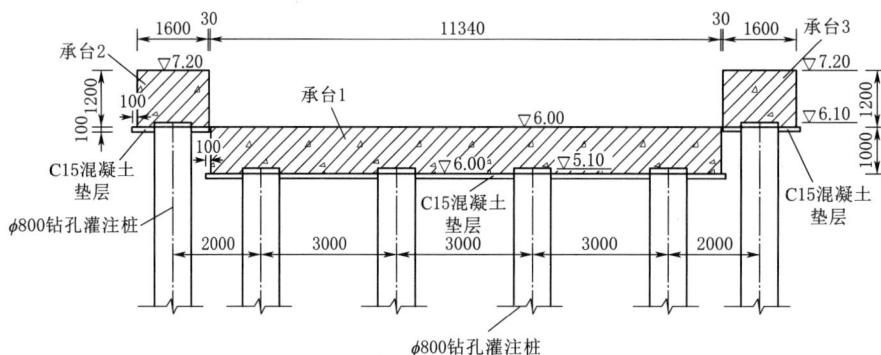

图 5.2-6　桩基布置 1-1 剖面图（尺寸单位：mm，高程单位：m）

等级 W12，控制裂缝宽度不超过 0.2mm，采用错缝拼装，楔形量 46mm；钢筋采用 HPB300 级、HRB400 级钢材。管片环、纵缝均采用 M30 不锈钢螺栓连接，其中每环纵缝采用 14 根 M30 螺栓，环缝采用 19 根 M30 螺栓连接，每环管片共计螺栓 33 根，螺栓、螺母的机械性能等级为 A4-70 级，全部为不锈钢。

　　管片按吊装顺序进行吊装，按错缝拼装原则逐步拼装到位。施工时先安装各环半圆底部四块管片，并在场地内利用自主设计的弧形支架，将上部三片管片提前拼装成整体，然后通过专用吊具进行整体提升并吊装至各环对应位置。纵向管片拼装时，先进行环与环螺栓连接，再通过手动葫芦将纵缝压紧。具体安装顺序为沿纵环向每环安装定位后再依次安装下一环。每安装一块管片，立即将管片纵环向连接螺栓插入连接，并用风动扳手紧固。

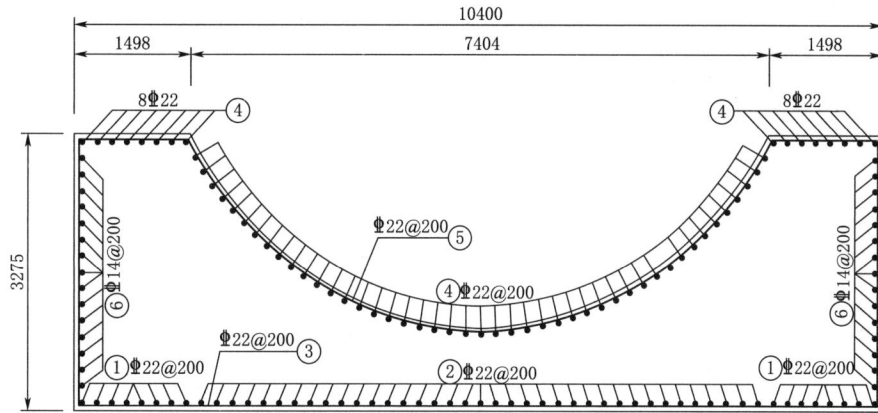

图 5.2-7 管片基座钢筋布置剖面图（单位：mm）

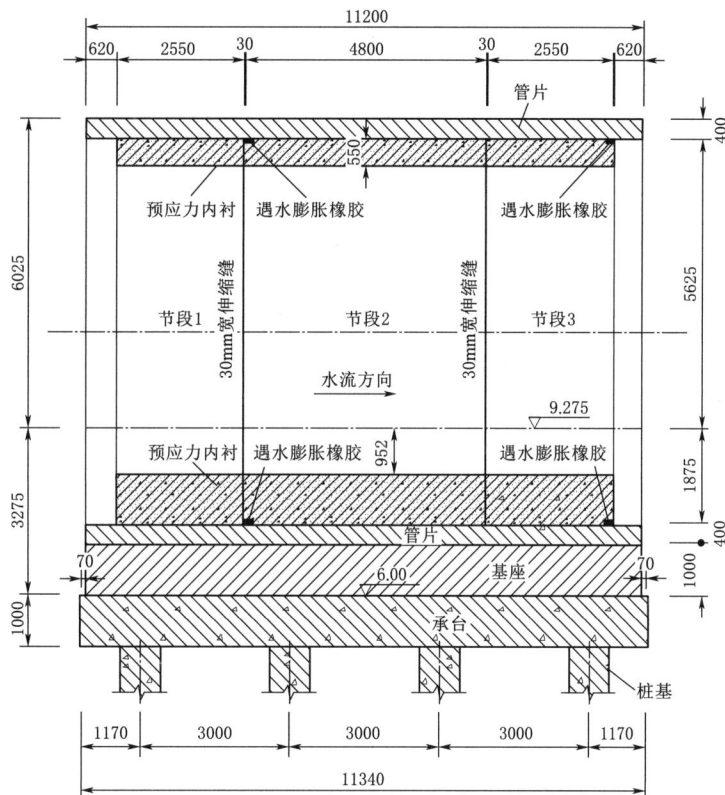

图 5.2-8 试验模型剖面图（单位：mm）

单块管片吊点采用管片连接螺栓加工制作而成的专用吊具，提前将该吊具拧进管片螺栓孔作为吊点。每块管片设置两个吊点，采用钢丝绳和布带进行起吊。单环管片拼装完成后，在管片外弧采用同半径圆弧钢板及模拟围岩压力所布置钢绞线进行包裹，确保管片安装过程的精度，并防止被衬砌混凝土浇筑过程中产生的侧向压力影响管片整体连接失稳。

单环管片拼装完成后（图 5.2-10），在管片外弧采用同半径圆弧钢板及模拟围岩压力所布置钢绞线进行包裹，确保管片安装过程的精度，并防止被衬砌混凝土浇筑过程中产生的侧向压力影响管片整体连接失稳。

3. 内衬结构施工

（1）玻纤土工布安装

在节段1的预应力混凝土衬砌和管片衬砌间顶部300°圆心角范围布置玻纤复合土工布，玻纤复

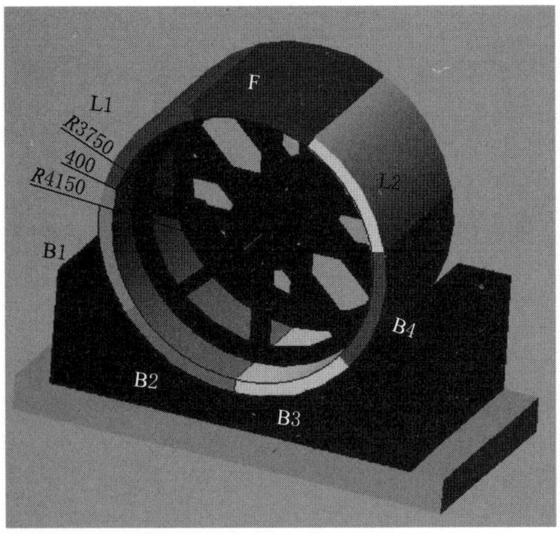

图 5.2 - 9　单环管片拼装示意图

图 5.2 - 10　管片拼装完成实物图

合土工布由两层 300g/cm² 的土工布和中间玻璃纤维土工格栅组成（图 5.2 - 11）。玻纤土工布敷设在管片内侧面上，采用粘贴剂粘贴固定，施工时保证粘贴牢靠，平整无缺。

（2）衬砌环向钢筋安装

预应力混凝土衬砌内外层环向钢筋采用 C20 螺纹钢@167mm，纵向分布筋布置采用 15×7＝105C14，外环钢筋为整圈闭环，单圈长 23.2m，内环钢筋为非整圈闭环，单圈长为 18.6m，内外层钢筋设计保护层厚度均为 50mm。钢筋环向布置断面图见图 5.2 - 12，钢筋纵向布置剖面图见图 5.2 - 13。由于未规定设计的接头形式，在节段 1 和节段 3 分别采用冷压和焊接两种接头形式进行对比分析试验。各节段设计参数表见表 5.2 - 2。

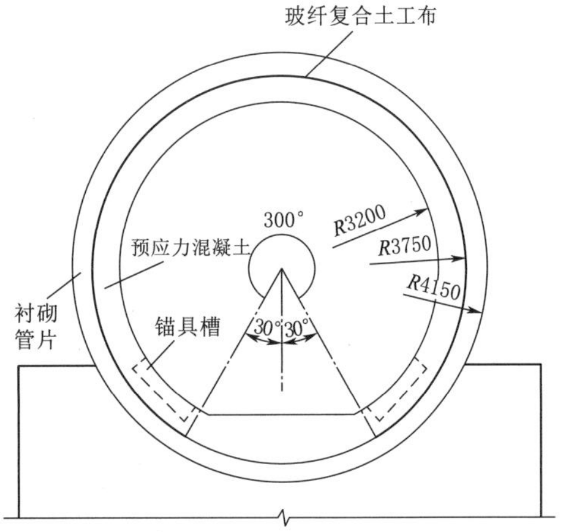

图 5.2 - 11　玻纤土工布布设示意（单位：mm）

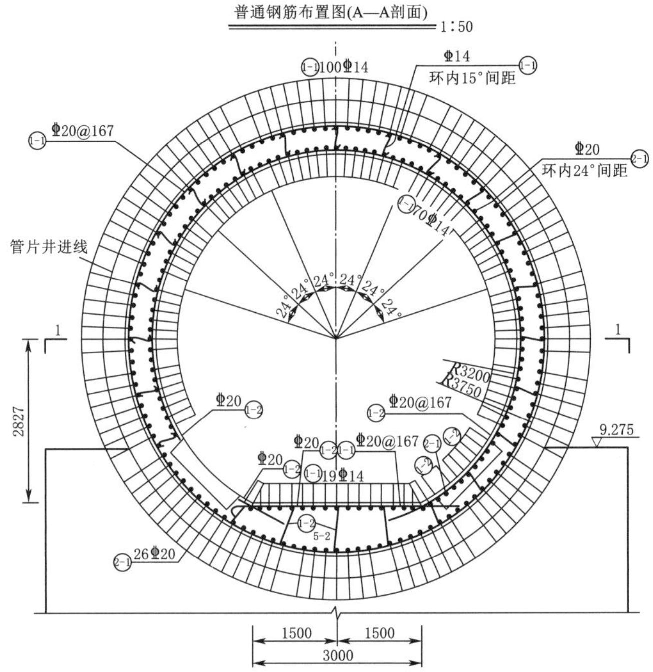

图 5.2 - 12　钢筋环向布置断面图（单位：mm）

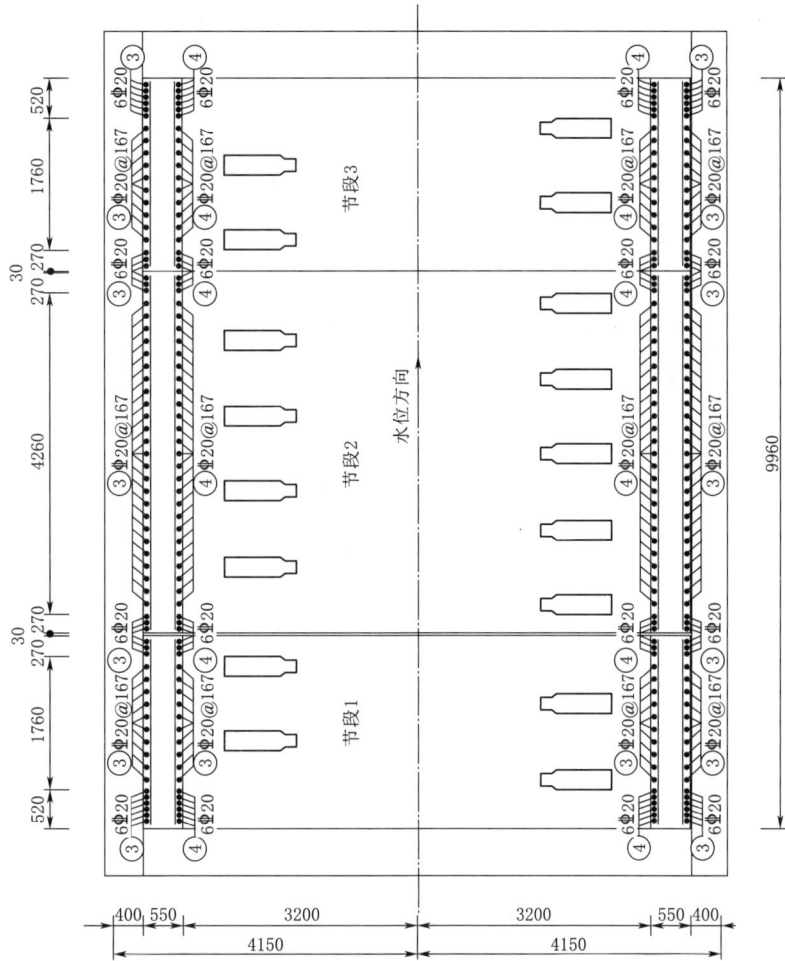

图 5.2-13 钢筋纵向布置剖面图（单位：mm）

表 5.2-2   各 节 段 设 计 参 数 表

技术指标	节段 1	节段 2	节段 3
长度/m	2.55	4.80	2.55
内衬厚度/mm	550	550	550
受力体系	分开受力	联合受力	联合受力
钢绞线布置	8φ17.8@500 双层双圈	8φ15.2@500 双层双圈	8φ15.2@500 双层双圈
钢绞线防腐	单丝涂覆环氧涂层	单丝涂覆环氧涂层	镀锌钢绞线
内衬混凝土等级	C50 混凝土	C50 混凝土	C50 混凝土＋C50 自密实混凝土
钢筋接头型式	冷挤压接头	视节段 1 和节段 3 效果，择优选取	焊接接头

由于冷挤压设备底座过高，冷挤压接头不适用，环向钢筋接头采用直螺纹机械连接（正反丝）和单面搭接焊。环向钢筋接头分布情况见图 5.2-14。

（3）钢模台车架设定位

试验衬砌台车采用全圆针梁式钢模台车进行衬砌浇筑施工。试验用钢模台车主要技术指标及相关参数见表 5.2-3。

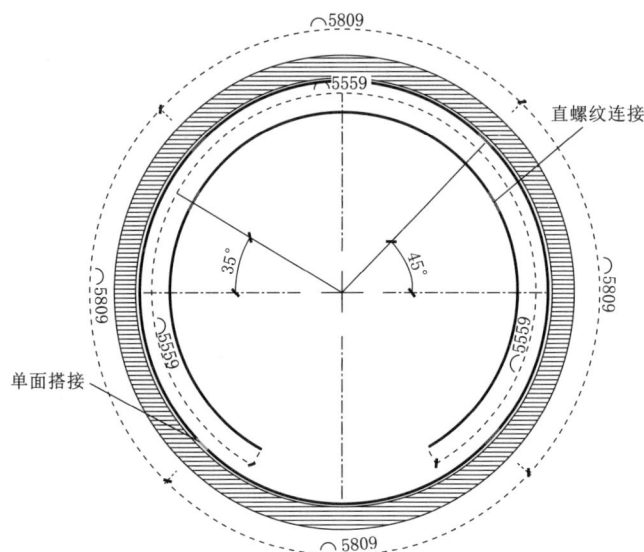

图 5.2-14　环向钢筋接头分布情况（单位：mm）

表 5.2-3　　　　　　　　　　　　钢模台车主要技术指标及相关参数

主要技术指标	相关技术参数	主要技术指标	相关技术参数
台车衬砌直径/m	6.4	模板厚度/mm	10
内衬厚度/mm	550	正常脱模间距/mm	不小于 250
最大坡度/%	3.008	行走方式	前期轨行式，后期针梁与模板步进式行走
针梁支腿间距/m	26	驱动方式	电动卷扬机和链条
单次行走长度/m	11.2		

针梁针梁式钢模台车拼装、行走、定位：针梁两端支腿千斤顶收起，确保抗浮千斤顶与最大浮托力平衡，以便开仓浇筑混凝土。门架与针梁之间安装有行走机构，两者均配备支腿以实现支撑，通过牵引机构和支腿实现门架与针梁相互往复行走、步进，且行走顺畅、不卡顿，当行驶至施工面时可拆掉钢轮，按照门架与针梁步进式行走。

针梁前后两端横移机构设计可左右、上下移动的支腿，前后两端支腿间距26m左右，模板前后端设计可升降支腿，用于针梁与门架步进式行走。横移机构支腿支撑钢筋断面时需将支腿放置位置钢筋提前散开，为支腿提供足够放置空间。

自动浇筑系统：配置有混凝土高效入仓浇筑系统。台车左右两边分两层窗口浇筑，每层共有三个浇筑窗口，顶部四个浇筑窗口，每条泵管完成浇筑后利用高压气、海绵球清洗干净，配置地泵至浇筑系统管路即可连通浇筑窗口。

模板系统：模板共8环，每一环共7块模板组成，底模开14个窗口，用于人工抹面及透气，两个窗口之间为便于打开设计成V字，并配备2个手拉葫芦用于翻关窗口，顶部脱模模板分开位置配置密封胶条，胶条由螺栓及胶水固定在模板上，防止漏浆。

堵头安设：成形方盒在定位之前通过螺栓固定在堵头板上，待台车定位完成后，先安装下部堵头钢模板，再按照上部堵头钢模板，中部埋设止水带，利用支撑钢管、支撑丝杆固定安装好的钢堵头板，随后安装木模板，并用木模板夹具固定，完成台车端头封堵施工。

混凝土灌注：混凝土灌注时需左右对称分层施工，两侧混凝土平行灌注，在临近衬砌工作面处布设浮放道岔，形成双线条件，以便停放输送泵、混凝土输送车、牵引机车。振捣采用插入式振捣器与高频低幅附着式振捣器配合进行；灌注作业按相关规定及细则执行。

振捣系统：台车共配备 32 个附着式振捣器，1.5kW/个，按照图纸布置，220V 电压驱动，由施工人员自行启停。

模板抗浮技术：台车在洞外施工时利用台车两端的拉锚悬梁和锚索将台车固定在底部混凝土基座上，防止洞外施工时台车上浮。台车在洞里施工时利用模板系统两端抗浮丝杆支撑固定于开挖隧道断面，防止台车浇筑时发生位移（纵向位移和径向位移）。

封顶工艺：在模板拱顶开设 4 个圆形送料孔，孔直径为 Φ125mm。配置 3 个灌满检查装置，通过 RPC 混凝土管伸到最顶上，每个位置灌满时发出灌满报警，浇筑完成后撤去相应线路。

拱顶灌浆工艺：拱顶 120°范围按隧洞纵向布置 4 排灌浆孔，间距 3m，每排设 3 个预留孔，以拱顶中线左右对称分布。每节段衬砌模板安装前预埋直径 55mm 的 RPC 混凝土管，拱顶中线预埋的 RPC 混凝土管可充当浇筑排气管。

衬砌混凝土养护达到设计强度后进行拱顶脱空灌浆施工，灌浆按节段 1～3 依次进行，先从拱顶两侧预留孔进行灌浆，后进行拱顶中部灌浆。节段 2 和节段 3 在完成预应力张拉后，对盾构管片衬砌与预应力衬砌之间的间隙进行灌浆，灌浆孔布置在隧洞顶拱中心角 90°范围内，灌浆孔排距为 3m，每排为 3 孔。水泥采用 42.5 普通硅酸盐水泥，浆液水灰比 1：1.2～1：1.5，注浆压力采用 0.3MPa。

（4）伸缩缝止水施工

隧洞预应力混凝土衬砌中所有永久变形缝均需设置止水，在原型试验在各节段伸缩缝设置两道止水结构。具体实施为分别在环向衬砌内侧 25cm 位置布设一道环向止水铜片（宽度 460mm，厚度 1.2mm），以及环向衬砌外侧 10cm 位置布设一道后置式 GB 复合橡胶止水带（宽度 260mm，厚度 12mm），环向衬砌混凝土浇筑时提前安装好环向止水铜片及橡胶止水带的压板定位螺杆等装置，待拆模后再安装橡胶止水带和不锈钢压板，最后采用丙乳砂浆进行回填。

伸缩缝设计宽度为 30mm，采用 30mm 聚乙烯嵌缝板进行填缝，伸缩缝两侧预应力混凝土内表面 230mm 范围内涂刷一层 1mm 厚聚脲防水涂层。

（5）端头模板设计

端头模板按针梁钢模台车设计图纸生产配套，成型方盒在定位之前通过螺栓固定在端头板上，台车定位完后安装下部端头钢模板和中埋止水钢板及橡胶止水带定位螺栓，再安装上部端头钢模，通过钢管和丝杆对钢模进行加固定位，最后安装止水铜片上部木模板，并用木模板夹具加固定位。木模板上沿与管片内弧面间采用 1cm 厚软质橡胶条顶紧，若木模板与管片接触面还存在不严密的局部部位，则采用密封胶在端头模板外侧进行发泡填充，确保木模板与管片内弧面间密实不漏浆。

衬砌结构体系施工完成示意图见图 5.2-15。

4. 内衬结构混凝土浇筑

（1）混凝土配合比设计

试验主要混凝土标号有三种，分别为 C50W12 混凝土、C50W12 自密实混凝土和锚具槽回填用 C50W12 无收缩混凝土。

（2）混凝土拌制运输

原型试验混凝土采用自建拌和站集中拌制，采用混凝土搅拌运输车进行运输，运输距离在 15km 内，运输时长约 50min。混凝土到达试验场地后采用车载泵进行加压泵送入仓。

图 5.2-15 衬砌结构体系施工完成示意图

（3）混凝土泵送入仓

结合本次原型试验三个节段的浇筑施工情况，进行多次总结分析，混凝土的泵送入仓工艺是整个预应力混凝土衬砌施工的关键所在，其严密关系着衬砌结构的整体质量。混凝土采用车载泵加压泵送入仓，泵管采用主管＋Y 型三通管＋溜筒和溜槽实现两侧拱腰以下侧窗对称布料，顶部采用钢模台车顶部预留浇筑入料口进行入仓，入料口按 3m 间距布置。浇筑过程采用分层布料及振捣，每层浇筑厚度小于 0.5m，混凝土浇筑上升速度不超过 1.5m/h，混凝土入仓必须组织顺畅，浇筑过程必须保证连续，避免因停歇时间过长而产生"冷缝"。

当混凝土浇筑至作业窗口以下 50cm 时，应清理干净窗口周围杂物及浆液，窗口关闭后，在窗口周围间隙处采用双面胶粘贴方式进行止浆。

（4）混凝土振捣

采用附着式和插入式结合的方式进行振捣，拱顶 120°采用气动附着式振捣器，按纵向及环向间距 1.5m 进行布置，拱腰及底板采用插入式高频振动棒，另外窗口范围增加气动附着式振捣器，且窗口内部插捣需配备临时照明。

（5）混凝土脱模及养护

模板就位前认真打磨干净并涂刷长效脱模剂，按 1d 龄期进行脱模，且严格按要求采用自动喷淋养护台车进行 14d 保湿养护。

（6）混凝土浇筑及质量控制

因试验段长度有限，为充分验证不同施工工况及工艺对施工质量的影响，总体分三步实施。

钢筋、预应力设备及监测设备采用分节段安装到位，利用钢模台车按照节段 1→节段 3→节段 2 的顺序进行浇筑混凝土，每节段浇筑采用不同的施工工艺进行施工。

为保证拱顶混凝土浇筑密实性，在拱顶部位采用定点浇筑方法。利用钢模台车拱顶中线上预留的圆形浇筑口，沿纵向按浇筑顺序逐孔通过加压输送混凝土。压力控制在 0.3～0.5MPa。

第一步：节段 1 施工（底部一次浇筑到位，采用附着式高频振捣设备振捣，底部不进行人工收面；顶部采用普通泵送混凝土）

进行全段钢筋、预应力设备及监测设备安装的同时，在试验段上游端利用汽车吊进行钢模台车现场组装，并利用台车自动移位功能，穿过试验段向下游端移位，直至台车模板下游端到达节段 1 和节段 2 之间伸缩缝处。

模拟台车洞内通过钢筋绑扎段，验证其通过性。台车移动至预定位置后，保持脱模状态，模板收缩至最大油缸行程，进行洞内涂抹脱模剂操作模拟，验证油缸行程是否满足操作需求。随后台车进行限位固定，安装内层止水和外层止水预埋板，架设端头模板。

底板混凝土利用搅拌运输车运输至现场，由混凝土泵通过底板中心线左右两个工作窗泵送入仓。一次填筑至底板顶部，利用高频大振幅附壁式振捣器振捣。

侧环混凝土先利用混凝土泵送至自动分料器，按照左右同步上升原则通过工作窗入仓。两侧高差控制在 0.5m 之内，根据上升高度开启不同高度的高频大振幅附壁式振捣器振捣。

顶拱混凝土浇筑时，台车顶部设 3 根 RPC 管，分别为回填灌浆预留孔，进料管，排气管。排气管内端头采用缺口设计，尽量贴近顶部管片。当排气管有浆液流出，且脱空监测指示灯均已亮起即为填满，停止混凝土入仓，进行封孔处理，待混凝土初凝后终凝前将进料管和排气管道拔出。全环采用普通泵送混凝土。

第二步：节段 3 施工（采用底部分两次浇筑到位，增加插入式振捣，底部采用人工收面；顶部采用自密实混凝土）

节段 1 混凝土达到拆模标准后，利用模板台车液压油缸收缩进行脱模。对节段 1 混凝土浇筑质量进行评定，同时对台车状况进行检查。台车通过移位功能，向下游方向移动，直至模板上游端头到达节段2和节段3之间的伸缩缝，以模拟洞内跳仓浇筑的过程。在模板处于脱模状态下进行脱模剂涂抹及限位固定，并利用油缸使模板达到支模状态，最后安装端头模板。

利用搅拌运输车将底板混凝土运输至现场，由混凝土泵通过底板中心线左右两排工作窗泵送入仓。分两层浇筑，第一层混凝土浇筑至距离底模板约0.2m，通过工作窗口采用插入时振捣器振捣。关闭底板工作窗口，支设高出底板约0.1m排气管道。第二层混凝土通过侧模板底部的工作窗口入仓，观察底板排气管内混凝土面表面上升高度，当混凝土开始溢出时停止入仓，利用底板附壁式振捣器进行振捣。待混凝土初凝后终凝前将排气管道移除，表面抹平。

侧拱部位混凝土先利用混凝土泵送至自动分料器，按照左右均衡上升的原则通过工作窗入仓，两侧高差控制在0.5m之内。混凝土浇筑按0.5m一层进行浇筑，每层混凝土浇筑后通过工作窗口利用插入式振捣器进行振捣，锚具槽底部、止水带附近利用附壁式振捣器加强振捣。振捣设备设为低频、小振幅挡位。

顶拱混凝土利用台车顶部的两根预埋的RPC管进仓，其中一根管道为进料管，一根为排气管，排气管内端头采用缺口设计，尽量贴近顶部管片。当排气管有浆液流出，且脱空监测指示灯均已亮起即为填满，继续保持混凝土入仓压力，人工敲击侧模，开启隧洞顶部低频附壁式振捣器，继续浇筑约30s后进行封孔处理。顶部混凝土采用自密实混凝土，不进行振捣。

第三步：节段2施工

台车移位后开始进行节段2施工。本节段混凝土浇筑工艺从第一、第二步实施效果评定结果择优选取，设计暂定为普通泵送混凝土。

为优化浇筑施工方案提供验证，节段1衬砌浇筑施工采用传统混凝土施工工艺，节段3衬砌浇筑施工采用传统混凝土和顶部120°自密实混凝土相结合的工艺。待节段1和节段3施工完成后，再确定中间4.80m节段2衬砌的浇筑工艺，即节段2待定。

5.预应力环锚体系施工

(1)预应力钢绞线定位安装

根据设计实施方案选用三种不同材料，分别为高强低松弛无粘结1860MPa级17.8单丝涂覆环氧钢绞线（1×7）、高强低松弛无粘结1860MPa级15.2单丝涂覆环氧钢绞线（1×7）及高强低松弛无粘结1860MPa级15.2镀锌钢绞线（1×7），根据检验结果选择质量和性能更优的钢绞线和锚具进行本次试验。

钢绞线采用双层双圈布置，定位支架安装完成后进行钢绞线定位安装，采用人工逐根穿索，安装过程中钢绞线避免与钢筋产生拖拽摩擦。钢绞线定位采用"王"字形定位支架与外层纵向钢筋进行焊接固定，且定位筋两侧增加活动限位筋防止钢绞线滑脱，拱顶及拱腰180°以上范围和180°以下范围按"王"字形定位支架筋颠倒使用（图5.2-16），王字形定位支架按环向弧长间距1.96m、角度30°布置，用塑料扎带绑扎固定钢绞线，安装前进行测量放样确保钢绞线安装精度。

钢绞线穿束过程中，先安装固定端和张拉端定位板，定位板位置分别在张拉槽锚固端和张拉端，定位板长宽与锚板一致，厚度为10mm，孔径为22mm，孔位排布与锚板孔一致，孔口倒角以避免穿束时损伤钢绞线PE。

预应力环锚由圆形锚索、渐近线锚索以及平直线锚索三部分组成。圆环形锚索是通过横向定位钢筋安装于外层钢筋内侧，其环向及纵向的测量定位主要是在外层主筋上埋置安装标志，锚具槽与外层钢筋之间的渐近线锚索主要是通过预设按渐近线分布的钢支架实现测量定位。锚具槽内平直线锚索的测量定位是标定锚具槽两侧端模上的锚索穿孔位置。

钢绞线环锚安装时必须与控制标志相对应，检验无误后用钢丝或扎丝固定于钢筋上，环锚应铺设曲线平滑，不得存在错位或交叉。内外圈环锚所在平面应垂直于轴线，其角度偏差不超过0.15°。

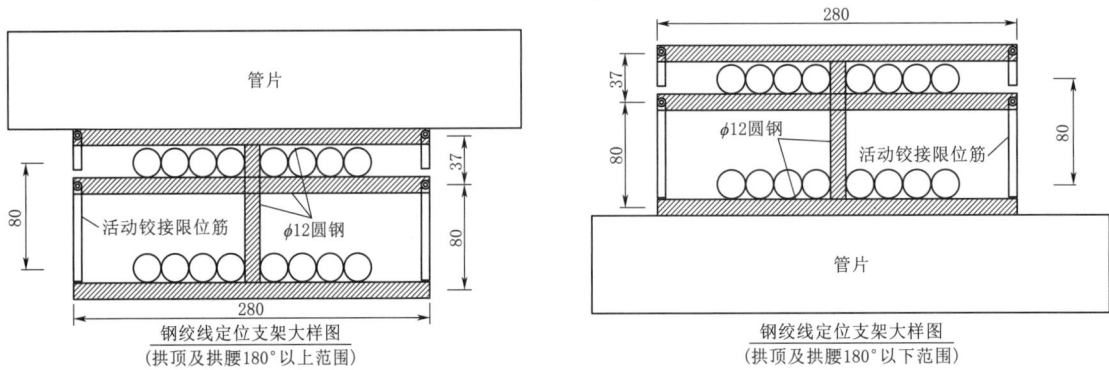

图 5.2-16　锚索王字定位支架大样图

（2）锚具槽定位及安装

原型试验采用韧性纤维混凝土（UHTCC）预制免拆模板，锚具槽尺寸：长×宽×中心高＝1400mm×250mm×230mm，为内大外小的倒置漏斗形，即"口窄底宽"形式。倒置漏斗型为锚具槽两侧面倾斜，张拉端、锚固端和底面呈直角，模板板厚 20mm，内侧采用毛面模板成形，外侧面处理为深 3mm、宽 20mm、间距 20mm 的键槽，进而增强新旧混凝土的粘结力。免拆模板的设计避免了传统凿毛等表面处理工序，显著提升了施工效率。模板由多个板块通过卡口连接组装而成。免拆锚具槽结构示意图及实物图见图 5.2-17。

图 5.2-17　免拆锚具槽结构示意图及实物图

锚具槽定位采用 L30×4 角钢焊接成限位卡槽，支腿钢筋（Z_1、Z_2、D_1 和 D_3）与限位卡槽角钢应提前焊接。支架按照设计位置定位后，为防止锚具槽支架移位，将 D_2 钢筋与衬砌外层钢筋网焊接连接，同时 D_2 与对应支腿（Z_1 或 Z_2）紧靠焊接连接。锚具槽定位示意图见图 5.2-18。

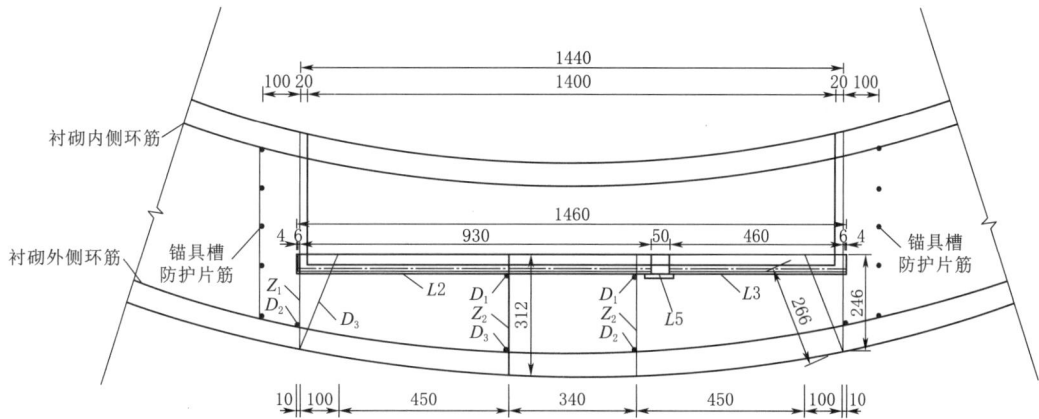

图 5.2-18　锚具槽定位示意图（单位：mm）

钢绞线安装完成后，锚具槽在钢绞线的基础上进行安装。其中底板插筋用于定位并安装锚具槽的侧向模板，并根据锚具尺寸要求制作并安装锚具槽两端环锚穿孔模板，接着连接端头模板与侧向模板，并内置撑杆以防变形，后环锚穿槽并固定，预留至设计长度后切除多余部分，最后安装锚具槽弧形顶模，并在浇筑混凝土前用棉絮密封填充，浇筑后立即清洗锚具槽。

（3）预应力环锚索张拉

预应力张拉需待混凝土强度达到 100% 设计要求，混凝土强度以同条件试块抗压强度检测结果与实体回弹数据结合分析为准。

具备张拉条件后开始对钢绞线工作段进行 PE 皮剥除抽拉，抽拉达到标准长度安装防腐件、工作锚具，夹片及张拉机具然后进行验收，确保锚具、限位板、偏转器、延长筒、千斤顶、夹片安装无偏差，完成锚具组建验收工作后开始张拉作业，后依次拆除张拉机具，切割张拉端多余钢绞线、安装防腐密封件、锚具槽回填。

预应力张拉工艺流程见图 5.2-19。

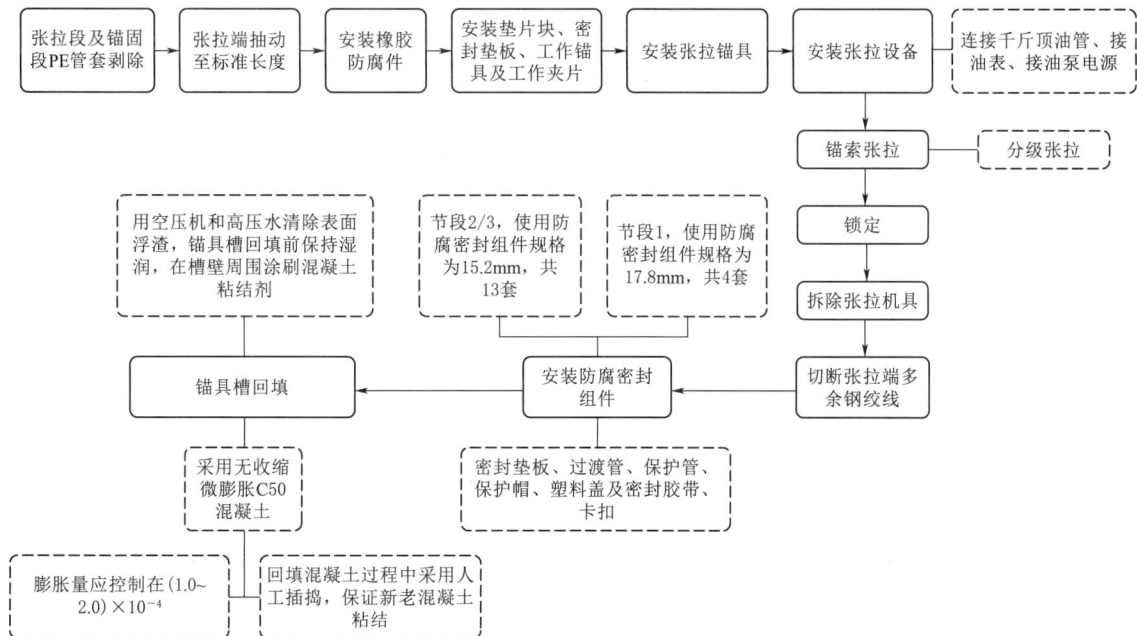

图 5.2-19　预应力张拉工艺流程

正式张拉前，先对钢绞线工作段进行 PE 皮剥除（张拉端保留 250mm，锚固端保留 950mm），再逐根采用手动千斤顶将张拉段长度抽拉至组建张拉机具所需长度（1650mm）。钢绞线使用工具刀进行人工环切剥皮，为确保抽拉长度精准，提前在锚具槽内标出工作锚具位置及锚固端钢绞线工作位置。抽拉示意图见图 5.2 - 20。

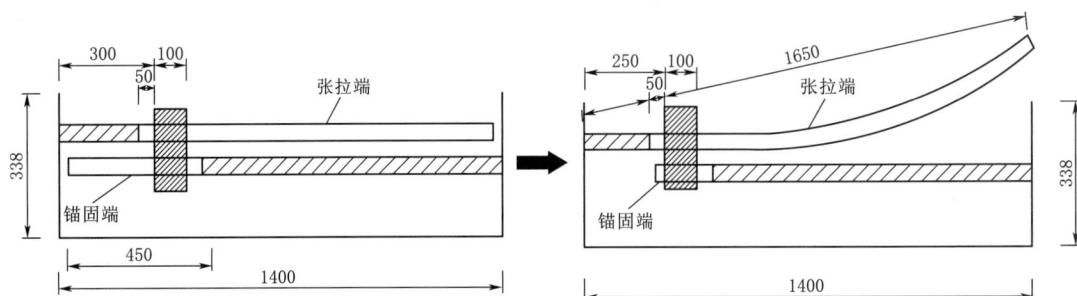

图 5.2 - 20　单根钢绞线工作段剥皮抽拉示意图（单位：mm）

张拉开始前，先安装张拉端、锚固端的防腐件（密封保护管、密封钢垫板、密封橡胶管）。防腐件安装并经检查正确后，将张拉端钢绞线穿入工作锚具中部锥孔，再将锚固端钢绞线按与张拉端钢绞线对应关系对半分成两部分，反向穿入工作锚具两侧锥孔。钢绞线穿入锚具时采用专用定位隔离梳分隔穿入。固定端钢绞线在工作锚具外出露不少于 3cm。锚具组建示意图见图 5.2 - 21。

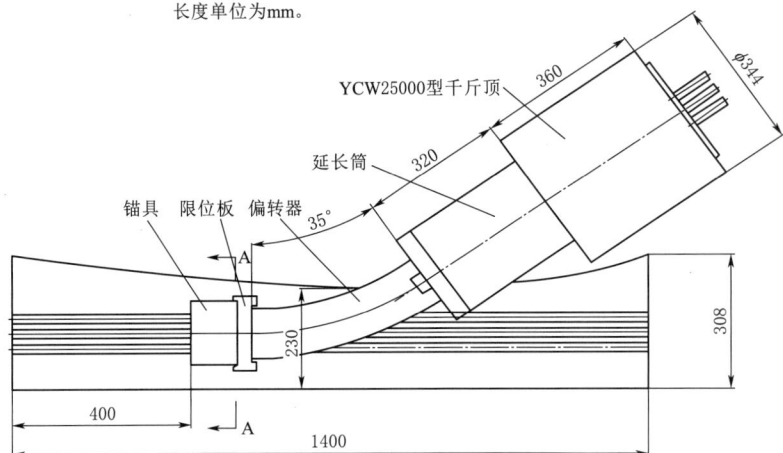

图 5.2 - 21　锚具组建示意图（单位：mm）

准备工作完成以后，张拉端依次将限位板、1 号偏转器、2 号偏转器、1 号过渡块、延长筒、2 号过渡块及千斤顶穿入钢绞线中，利用葫芦将张拉锚具调整至适当工作位置，再将工具锚板及夹片穿入钢绞线，最后用敲打器将工具夹片将锚具敲紧以固定锚具。

环锚衬砌浇筑段长度为 11.84m，共有锚具槽 23 个。根据原型试验张拉施工成果，标准节段张拉时同样应保证任何两个相邻锚具槽所受张拉力差值不得大于 50% 荷载设计值，严格按张拉顺序进行。

分级张拉：试验环锚张拉应力设计值为 0.75fptk（fptk 为预应力锚索强度标准值，即 1860MPa），若有特殊要求，可提高 0.05fptk。8 根绞线同时张拉达到 0.75fptk 时，千斤顶最大张拉力为 $F = 1562.4kN$（φ15.2 绞线）。张拉荷载采用以应力标准为主、以伸长值校核为辅的控制方法，张拉时保持匀速加载。

环锚张拉分为 6 级匀速加压，先采用 8 根锚索整体张拉预紧；预张拉荷载为设计张拉力的 15%。使偏转器各接口紧密贴合后，再按分级张拉表进行整体智能张拉。根据原型试验张拉结果，ϕ15.2 钢绞线环锚衬砌智能张拉加载分级表见表 5.2-4。试验张拉过程中每级荷载达到预定值后稳定 5min，进行下一级加载，最后一级张拉荷载稳定 10min；每级荷载施加后测量每级荷载下钢绞线的伸长值。锚具锁定后测量回缩量，实测回缩量不应大于 5mm。

表 5.2-4   **ϕ15.2 钢绞线环锚衬砌智能张拉加载分级表**

荷载级别	荷载百分比 /%	荷载值 /kN	泵站油表示值/MPa		稳压时间 /min	原型试验阶段 2 实测 伸长值范围/mm
			2012	2019		
1	15	234.36	5.91	5.97	5	34.8～37.2
2	25	390.6	9.31	9.36	5	69.5～74.4
3	50	781.2	17.81	17.84	5	139.0～148.8
4	75	1171.8	26.31	26.33	5	196.0～208.8
5	100	1562.4	34.81	34.81	5	265.9～280.2
6	103	1609.3	35.83	35.83	10	279～294

注 伸长量控制值可设定为 280mm，伸长量允许偏差为 ±6%。

（4）钢绞线切除

张拉完成后，将张拉端多余钢绞线切除，并按要求组装橡胶保护管及塑料套，钢绞线切除采用切割机进行人工切除，采用 3mm 厚钢板作保护隔板，将待切除段钢绞线与受张段钢绞线隔开，避免因人工切割失误损伤受张段工作钢绞线。

6. 锚固体系防腐

锚具槽内预应力锚固体系的混凝土覆盖层较薄（约 80mm）而输水隧洞长期在高压水压力状态下运行，环锚及相关锚具的防腐极其重要。为避免施工材料对输水隧洞水质潜在的污染，防腐时选用环氧类材料替代传统防腐润滑脂。

预应力锚固体系采用的防腐主要组件包括：密封垫板、保护帽、过渡管、保护管、塑料盖以及密封胶带等。防腐体系需经过水密性试验合格后，方可投入使用。张拉完成后，防腐组件采用人工方式安装，安装完成后进行验收，确保钢绞线密封性。

7. 槽口微膨胀混凝土回填

锚具槽回填采用 C50W12 无收缩混凝土，膨胀量控制在 $(1.0～1.5)\times10^{-4}$。为确保回填混凝土浇筑质量，必须对回填混凝土进行单独的配合比试验。回填混凝土前，将槽内普通钢筋绑接连成整体，用高压水清除表面覆渣。锚具槽回填前保持湿润，在槽壁周围涂刷混凝土粘结剂，以保证新老混凝土接合良好。回填混凝土仔细捣实，以保证新老混凝土粘结，外露的回填混凝土表面必须抹平，并立即进行 21d 湿养护。

8. 内衬预应力混凝土结构内表面防腐

底层为水性渗透型防水材料，面层为无溶剂环氧液体涂料，干膜厚度不小于 $400\mu m$。

涂层施工前需对混凝土表面进行处理，对有如麻面、蜂窝等混凝土缺陷进行修补，修补完成后清除混凝土表面碎屑及不牢附着物，用洗涤剂或汽油等溶剂清除混凝土表面油污，最后用水冲洗。验收合格且混凝土龄期达到 28d 后方可进行涂层施工。

涂刷前，根据涂料品种选择合适的稀释剂对涂料黏度进行调配，调配完成后一次开始各道的涂刷。涂刷时应从垂直面从上至下，再过渡到平面，以获得均一涂层。每道涂层施工完毕后需等到表干后方可涂刷下一道涂料。干膜厚度需达到设计的严格要求才可以。

5.2.3　台车的研制

预应力混凝土衬砌施工共需研制三类作业台车：钢筋台车、钢模台车、综合作业台车。作业台车参数特性见表 5.2 - 5。

表 5.2 - 5　　　　　　　　　　　　　　作业台车参数特性表

序号	名称	类型	规格参数	适用范围	备注
1	钢筋台车	全圆形、针梁步进式	①针梁长度：28.97m； ②针梁支腿间距：27.05m； ③平台长度：11.84m	①钢筋定位安装； ②钢绞线定位安装； ③止水铜片定位安装	配可伸缩平台、钢绞线穿束辅助装置
2	钢模台车	全圆型、针梁步进式	①针梁长度：31.30m； ②针梁支腿间距：28.30m； ③模板被覆长度：11.84m； ④成型直径：6.4m	①模板定位安装； ②混凝土浇筑	配附着式气动振动器
3	综合作业台车	门架型、电动轮式	①台车长度：2.0m； ②门架净高：2.7m，净宽：2.9m； ③设计承重荷载：2t	①混凝土养护； ②回填灌浆； ③预应力张拉； ④止水缝施工； ⑤混凝土防腐	配洒水雾炮、回填灌浆机、手动葫芦挂设支架

图 5.2 - 22　台车步进式＋自落式轨道行走系统

1. 钢筋安装台车优化设计

钢筋安装台车作为一种专用于隧洞衬砌钢筋安装的高效施工台车，具有运输、定位、安装钢筋的功能。针对台车行走效率低、干扰大，支腿设计不合理及辅助伸缩支架过于笨重等问题，对钢筋台车结构进行了一系列优化。

（1）台车行走模式

原设计方案采用台车步进式＋自落式轨道行走系统（图 5.2 - 22），每次行走就位需进行至少 4 次换腿支撑，每次行进最多 4m，行进就位复杂，需多人配合，且存在一定安全风险。台车就位后底部支腿占用施工作业面，严重影响钢筋及钢绞线安装施工。改为针梁式行走系统，一次行走到位，行走长度大于 12m。台车行走系统改进示意图见图 5.2 - 23。

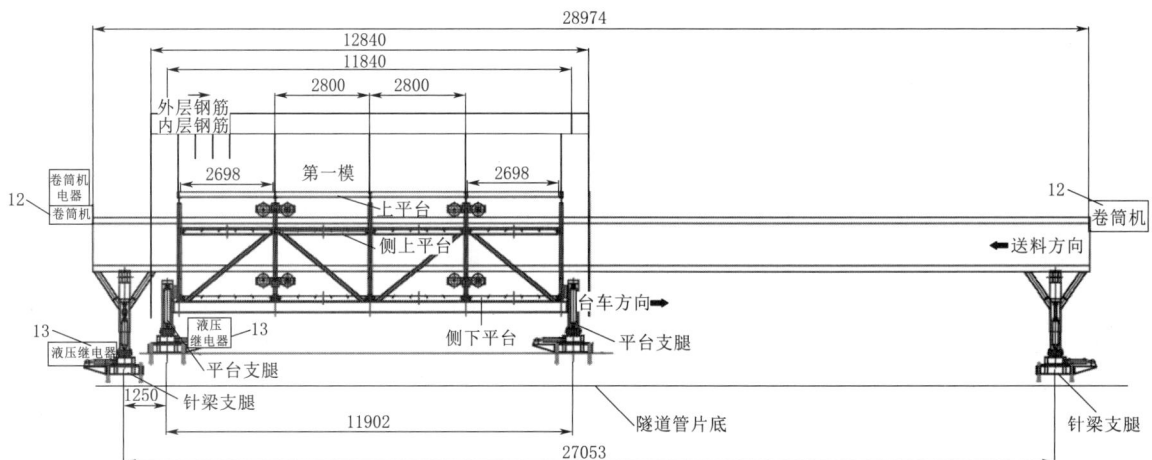

图 5.2 - 23　台车行走系统改进示意图（单位：mm）

（2）台车底部支腿

原设计弧形底托式支腿设计不合理，行走支撑为枕木组合拼装结构，其平面面积较大，需人工重复搬运，费时费工，严重影响钢筋、钢绞线等工序施工。台车弧形底托式支腿见图5.2-24。

改进措施：优化台车支腿设计，改进多点分散式、钢柱式支腿，其尺寸应与钢筋、钢绞线安装间隔尺寸相适应，可安置于钢筋空格内，避免影响钢筋、钢绞线工序施工；钢柱式支腿配装液压油缸或机械丝杆可实现伸缩、稳固就位。底部支腿结构改进示意图见图5.2-25。

图5.2-24 台车弧形底托式支腿

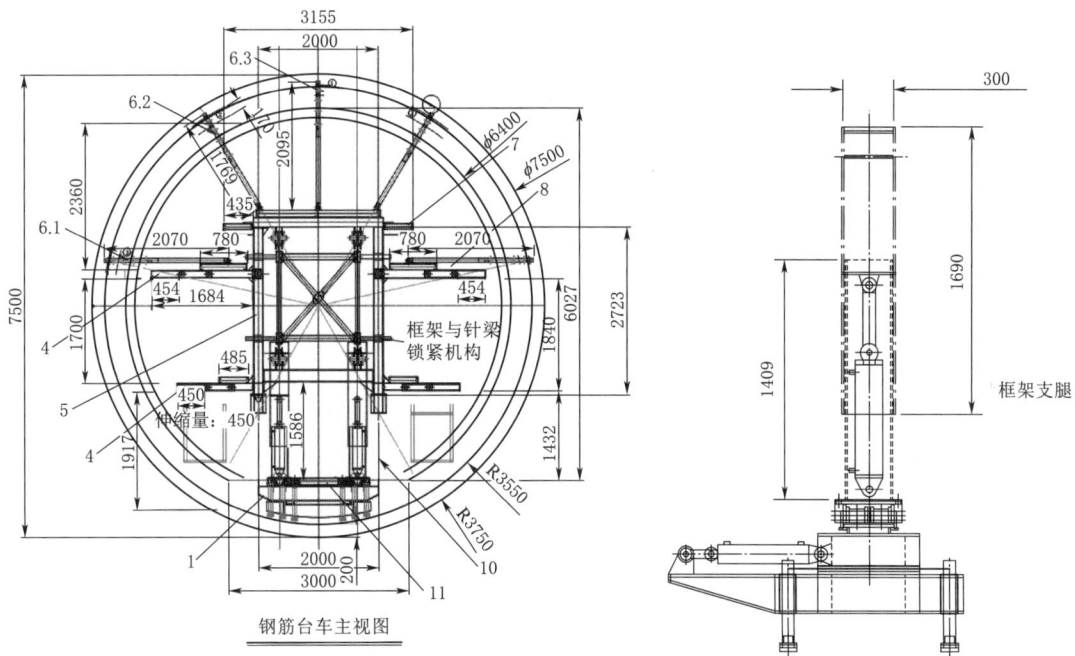

图5.2-25 底部支腿结构改进示意图（单位：mm）

（3）钢筋及钢绞线辅助伸缩支架

针对钢筋及钢绞线辅助伸缩支架设计用料太过笨重，伸缩使用不便等问题，通过改进辅助支架结构，对辅助支架进行轻量化设计，伸缩限位采用无级尺寸设计。辅助伸缩支架见图5.2-26，钢绞线支撑管示意图见图5.2-27。

2. 针梁台车优化设计

通过开展原型试验，针对台车浇筑系统适用性差、布料系统效率低等问题，对钢模台车结构进行了一系列改进。

（1）浇筑系统：现配装自动浇筑管路系统设计复杂，见图5.2-28。实际可操作性、适用性较差，需要重新设计泵管管路系统。

改进措施：优化为"Y形三通管"形式，实

图5.2-26 辅助伸缩支架

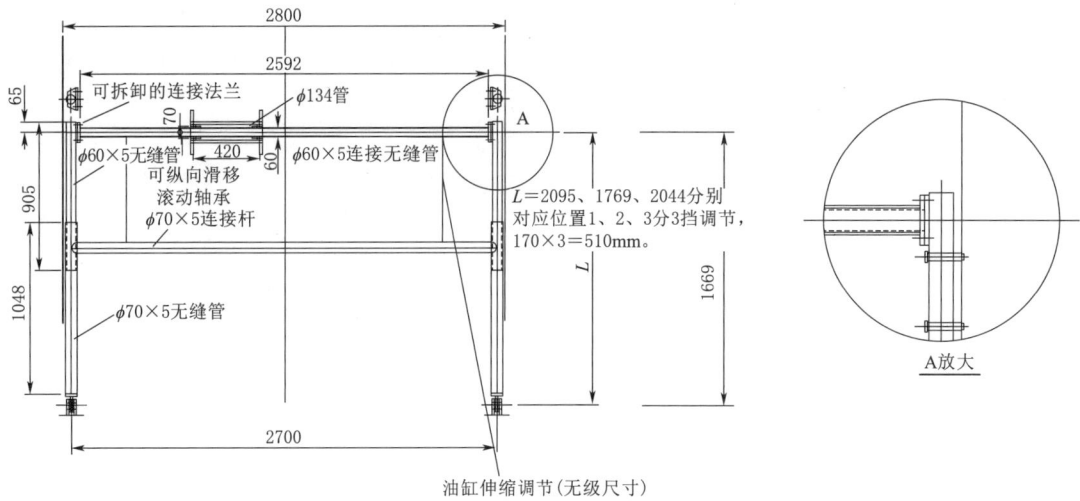

图 5.2-27 钢绞线支撑管示意图（单位：mm）

图 5.2-28 现配装自动浇筑管路系统

现左右两侧同时下料、无需切换，通过配装混凝土截止阀，实现浇筑窗口切换快速灵活。台车上垂直布料采用纵向摆动溜筒设计，在溜筒内增加缓降板避免浇筑间歇时间过长，常备 1 套备用管路。改良后泵管管路系统示意图见图 5.2-29。

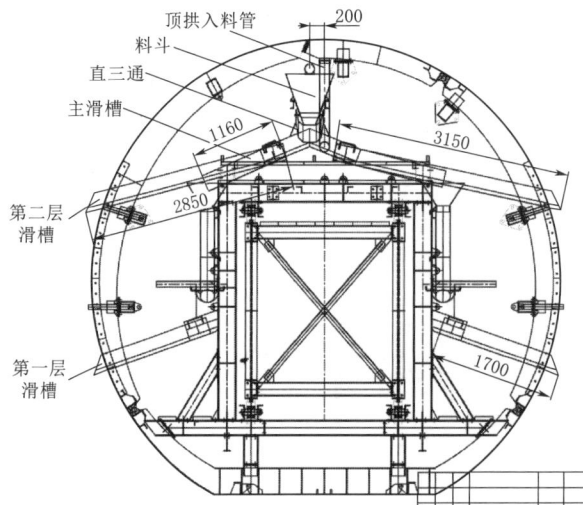

图 5.2-29（一） 改良后泵管管路系统示意图（单位：mm）

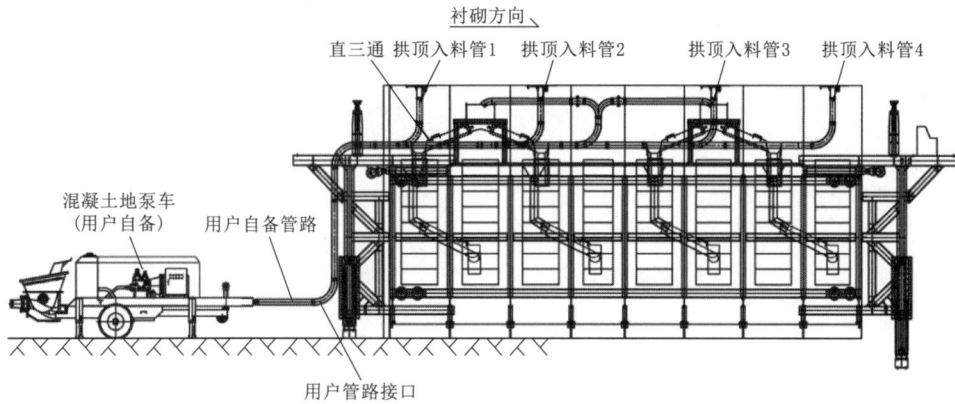

图 5.2-29（二） 改良后泵管管路系统示意图

图 5.2-30 模板收缩实物图

（2）模板系统脱模收缩后（图 5.2-30），由于背后空间较小，不利于模板面清理、脱模机涂抹等作业。

改进措施：系统考虑模板打磨清理作业工序，增加模板打磨清理措施。模板收缩改进示意图见图 5.2-31。

（3）弧形底托式支腿设计不合理（图 5.2-32），其平面面积较大，需人工重复搬运，且严重影响钢筋、钢绞线工序施工。

改进措施：优化台车支腿设计，改进多点分散式、钢柱式支腿，其尺寸应与钢筋、钢绞线安装间隔尺寸相适应，可安置于钢筋空格内，避免影响钢筋、钢绞线工序施工；钢柱式支腿配装液压油缸或机械丝杆可实现伸缩、稳固就位（图 5.2-33）。

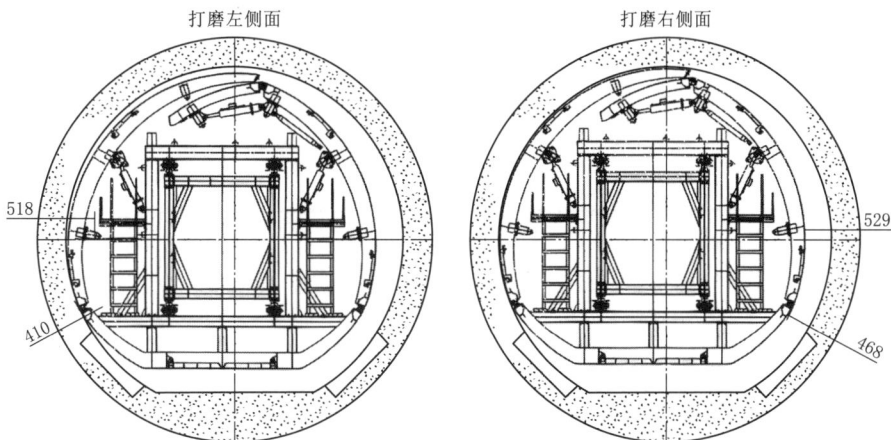

图 5.2-31 模板收缩改进示意图（单位：mm）

（4）底板大窗口单块模板尺寸重量较大，且操作空间狭窄，难以按原计划打开进行人工收面。原有底部模板开窗图见图 5.2-34。

改进措施：减少底板大窗口单块模板尺寸重量（单块尺寸为 1000mm×620mm，人工拼装加固），便于浇筑时人工拼装就位。底部模板改进示意图见图 5.2-35。

图 5.2 - 32　弧形底托式支腿

图 5.2 - 33　钢柱式支腿

图 5.2 - 34　原有底部模板开窗图

（5）重新考虑模板混凝土浇筑入仓/振捣窗口设计，重新考虑侧腰部及拱顶部混凝土入仓振捣工艺。现有振捣器布置见图 5.2 - 36。

改进措施：拱顶 120°范围采用气动附着式振捣器；拱顶 120°以下范围采用插入式高频振捣器，且窗口范围增加气动附着式振捣器进行二次复振。振捣器布置示意图见图 5.2 - 37。

（6）当前台车拱顶部位模板拼装连接设计为斜口加连接搭板形式，容易因两端混凝土成型误差（向内侵限）造成拱顶模板顶撑不到位（图 5.2 - 38），模板拼装精度要求过高。

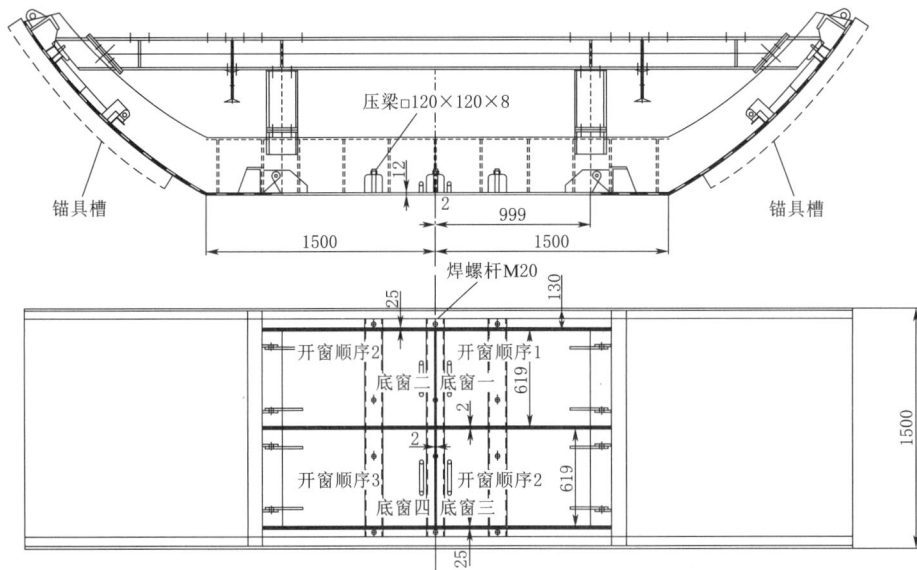

图 5.2 - 35　底部模板改进示意图（单位：mm）

改进措施：优化为单纯斜口设计，采用橡胶垫衔接嵌缝，废除连接搭板，简化拼装设计，搭接改进示意图见图 5.2 - 39。

3. 综合作业台车优化设计

综合作业台车作为一种承担多项施工作业任务的多功能设备，可以显著提升隧洞施工的机械化

图 5.2-36 现有振捣器布置图

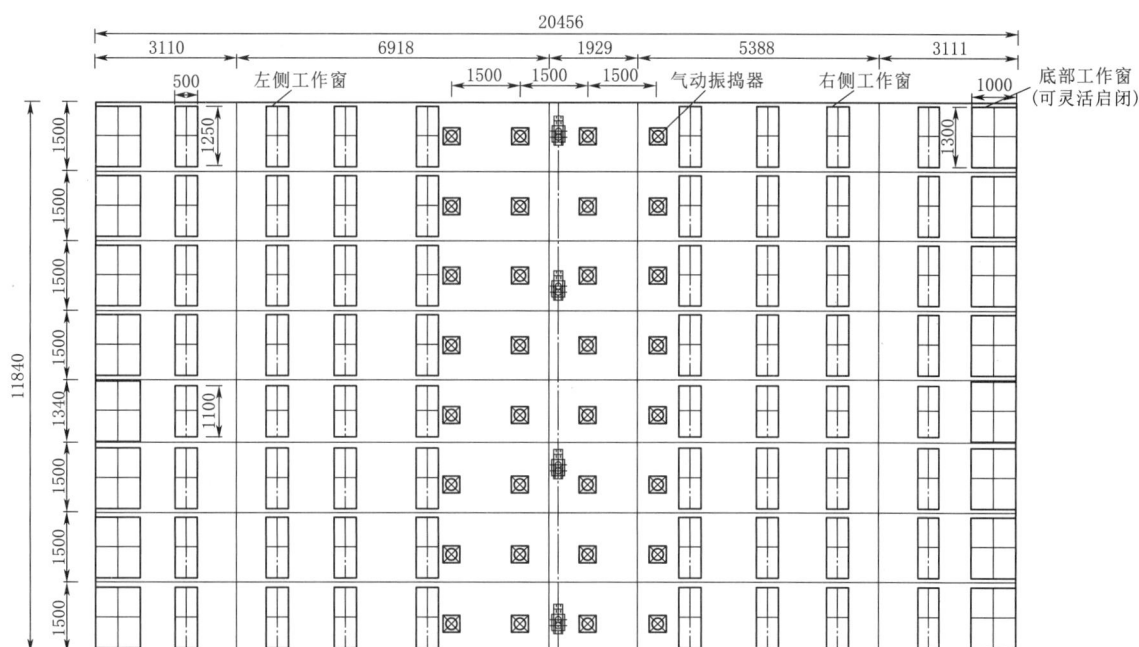

图 5.2-37 振捣器布置示意图（单位：mm）

图 5.2-38 现有模板拼接图

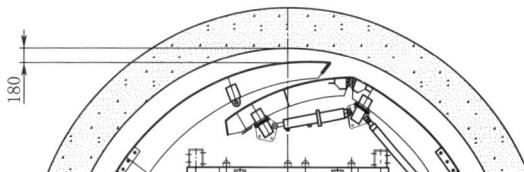

图 5.2-39 搭接改进示意图（单位：mm）

和自动化水平。为满足混凝土养护、回填灌浆、止水缝施工、预应力张拉及混凝土表面防腐施工作业，需按照各工序流水化作业顺序，布置多台套作业台车，实现多工作面多工序同步作业，可提高施工效率且有利于安全文明施工。其纵向长 2.4～6.0m，高 5.4m，横向跨度 2.9m，三层作业平台，中部净空高度 2.8m，不影响中部运输通行。台车底部配备行走胶轮，可人工操控微型电机驱动行驶。综合作业台车主视图见图 5.2-40。

5.2.4　1∶1 模型试验总结

　　盾构隧洞内衬预应力混凝土结构 1∶1 原型试验旨在对施工技术、结构性能及长期稳定性进行全面评估（工程设计单位、科研单位在 1∶1 原型试验取得成果不在本专著中叙述）。本模型试验验证了预应力混凝土内衬在实际工程条件下的实用性和可靠度。通过开展现场原型试验研究，论证了环向钢筋及预应力锚索的布设和定位、台车优化设计、衬砌混凝土浇筑、锚具槽成型、预应力张拉等技术参数和施工工艺，取得了一系列指导主体工程施工的试验研究成果。

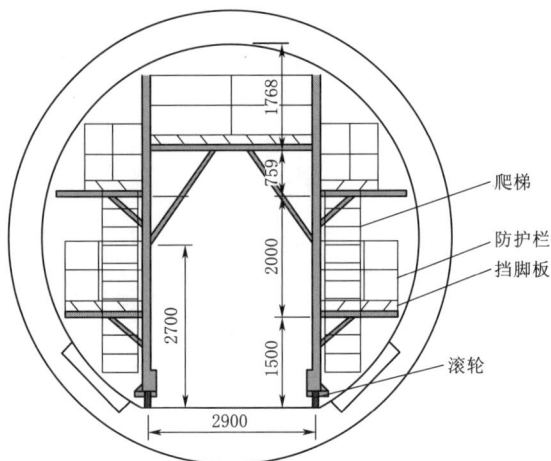

图 5.2-40　综合作业台车主视图（单位：mm）

　　（1）完善了环向钢筋及预应力环锚索的布设及其定位工艺方法，解决了环向钢筋及预应力环锚索高精施工关键技术，形成了先进施工工法，为结构安全提供了强有力的保障。

　　（2）对台车行走机构、底部支腿、伸缩支架、浇筑系统等结构形式进行了优化设计，新研制的台车能够适应不同的地质条件和施工环境，增强了台车的工程适应性和可靠性，对提升施工质量和效率发挥了关键作用。

　　（3）采用韧性纤维混凝土预制免拆模板，有效提高了锚具槽的成型质量和精度，避免了后期凿毛等表面处理工艺，提高了施工效率，为预应力环锚索的张拉提供了条件。

　　（4）通过混凝土配合比优化、高落差长距离运输、泵送入仓、多方式振捣、脱模养护、表面防护、拱顶防脱空等工艺措施的试验研究，形成了成套高效衬砌混凝土浇筑工法，确保了衬砌混凝土的浇筑质量。

　　（5）通过优化张拉顺序、完善施工流程、明确钢绞线剥皮及抽拉长度、改良锚固体系防腐等措施，确定了预应力环锚索张拉技术指标和施工工法，为保障工程质量提供了支撑。

　　（6）基于 1∶1 原型试验，制定了复合衬砌结构优质高效流水作业工法，解决了工程施工组织管理的一大难题，为工程优质高效建设奠定了技术基础。

　　综上，通过现场原型试验，论证了一系列技术参数和工艺措施，为高水压输水隧洞预应力混凝土衬砌的设计与施工提供了技术支撑，且为类似工程建设提供有益的借鉴。

5.3　内衬预应力混凝土模板台车设计及施工

　　本节主要介绍内衬预应力混凝土针梁式模板台车设计、安装及拆卸作业。

5.3.1　针梁台车设计

　　针梁台车作为现代隧洞施工中不可或缺的施工设备之一，具有降低施工成本，提高隧洞衬砌施工效率的关键作用。其主要由模板总成、针梁总成、梁框（门架）总成、水平和垂直对中调整机构、卷扬牵引机构、抗浮装置、液压系统、电气系统等组成，台车正视图和侧视图见图 5.3-1 和图 5.3-2。

　　钢模及附件：钢模直径 6.4m，全长 11.84m，分 8 节拼接而成。混凝土衬砌厚 0.55m，浇筑混凝土时模板左右两侧均衡上升。每节钢模由一块顶模、一块左侧边模、一块右侧边模和一块底模组成一个圆形（底部为 3m 宽平直段）。边模与底模采用铰轴连接，顶模与边模一侧采用铰轴连接加丝杆和螺栓固定，用螺栓将各节钢模连成一个整体，在底模上设有矩形门架（梁框），针梁穿在梁框中并承受钢模自重和浇筑混凝土过程中产生的上托力和侧压力。

底模和边模的相应位置均设有窗口，用作混凝土泵管入仓口和伸入软轴振捣器振捣用，顶模设有3个混凝土泵管连接口。在模板的相应位置设有预埋注浆管口，注浆口作为后续工序注浆和浇筑顶拱混凝土时排气用。

针梁及支承装置：针梁全长31.3m，由3段组成，最大支承跨距达29.3m，采用工字形板梁结构，梁高度为2.2m，两工字梁中心距2m，两工字梁之间采用可拆卸小片桁架连接。针梁主要供模板定位、承载、脱模和移动之用，承受垂直荷载。当模板两侧混凝土浇筑出现高差时，针梁需承受侧向荷载，通过侧向支承液压油缸及丝杆传递至边墙基础。

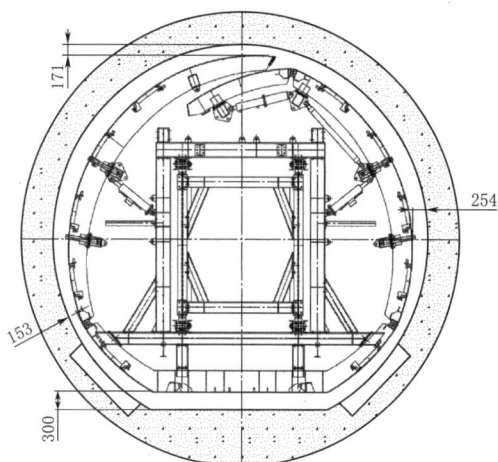

图5.3-1 台车正视图（单位：mm）

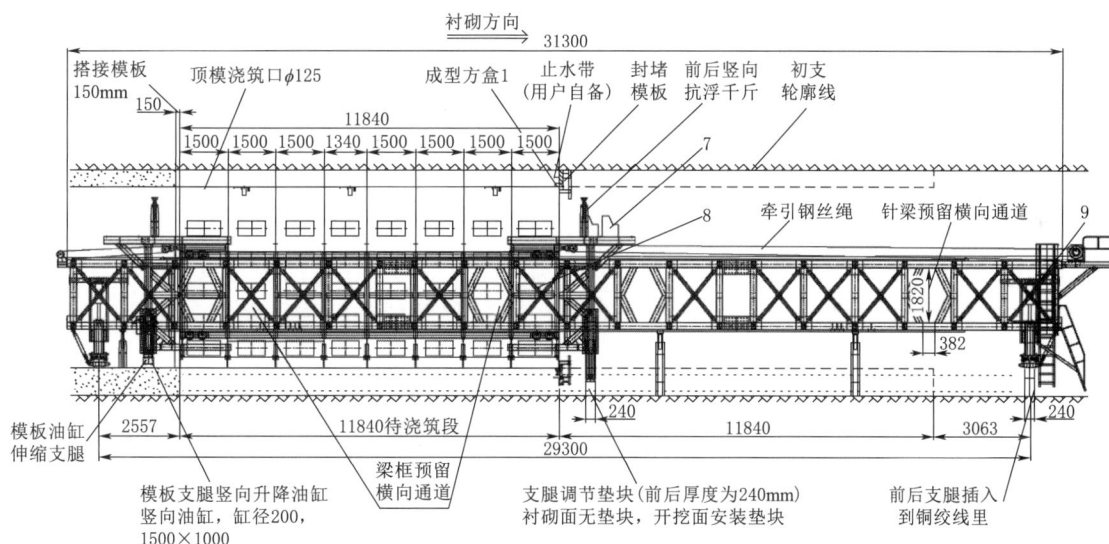

图5.3-2 台车侧视图（单位：mm）

针梁两端设有可升降和左右移动的支承装置，以此作支承针梁钢模调整中心位置以及底模脱模之用。针梁支承装置不仅承受较大的垂直压力，还需要承受隧洞坡降水平推力。

抗浮丝杆：模板两端各设两个抗浮丝杆，支承在门架上方并用螺栓与门架连接，实现同步移动。主要任务是当门架承受由模板传递来的上托力时，通过抗浮机械丝杆传递到顶拱基础上去。

操作平台：门架顶部两端设置操作平台，该平台放置电控柜、液压泵站、气动振捣器控制柜、电焊机等小型机具。

牵引装置：针梁内设有电动的针梁模板牵引装置，牵引模板和针梁相对运动，完成导步前进的任务。隧道钢模台车制作完成后将台车各部件运至工作井井口附近，便于龙门吊吊装。

5.3.2 针梁台车安装及拆卸

1. 针梁台车定位安装

针梁台车定位顺序：钢筋、钢绞线等工序完成→通过针梁与模板之间的步进式牵引机构行进至施工位置→通过针梁、模板行走系统前后定位→通过支腿上下、左右定位。再按照脱模顺序反向步骤操作，即完成台车定位。

2. 针梁台车拆卸

衬砌钢模台车转场时需进行拆卸、运输，具体拆卸顺序为：清理台车上的杂物→拆卸液压构件→拆卸顶模→拆卸边模→拆卸平移机构→拆卸针梁→拆卸门架、立柱→拆卸走行机构。

边模拆除：拆除紧靠边模的支撑纵梁后拆除边模，边模和纵梁的拆除均利用倒链。倒链一头挂在顶模上，另一头挂在边模上，每块边模均挂两个倒链，将边模拉起少许后，人工拔出顶模与边模的连接铁销。断开顶模与边模连接并慢慢放下，后将边模暂靠在隧道衬砌面上，待龙门架拆除后即可取出边模。

拆除顶模：隧道台车共有八块顶模，由于条件限制，只能在台车一侧作业，顶模拆除用小吊车作业。通过顶模与门架纵梁间约 1m 的空隙，吊车臂伸进顶模底板中心，轻轻顶起顶模，使其与纵梁分离后，吊车臂慢慢收回，将第一块顶模托出门架。

为防止顶模在吊装作业过程中脱离，用角钢焊接一个铁销槽，在顶模底板上开一个 $\phi 30$ 铁销孔。通过铁销将顶模与钢丝绳紧紧固定在一起后，拆除第二块顶模，利用倒链沿着门架顶纵梁，将顶模拖至第一块顶模位置，依次拆除剩余四块顶模。为防止出现偏压现象，将其他几块顶模通过倒链均匀分布在门架顶纵梁上。

针梁拆除：门架中部有三段针梁，利用门架和手拉葫芦在台车内将矩形针梁拆解成两片，人工将两片针梁抬起脱离液压泵并放在门架上。利用倒链将针梁向外拖，当针梁外露门架 4m 时，用钢丝绳将针梁片挂在吊机吊钩上，利用吊机慢慢回收使针梁脱离门架，回收过程中要保持针梁顶面在同一个平面上，以此类推，分别拆除剩余两段针梁。

门架拆除：门架为框架结构，门架之间利用支撑横梁连接成整体，拆除第一个门架时，首先利用钢丝绳将门架顶梁中心绑紧，起到防护作用，然后拆除第一与第二之间的横向支撑，以及门架两侧边梁与底部纵梁之间的螺挂连接，吊车吊起第一个门架并慢慢后退，使门架逐个分离，按序拆除。

5.3.3 针梁台车井下安装

台车井下拼装区域示意图见图 5.3-3。井底两侧洞门墙间距 17.5m，将一阶段盾构掘进施工所建井底运输平台作为拼装区域，拼装平台面距工作井底板面高 1.15m，与隧洞洞底位于同一平面，平台上共有 4 条轨道，最外侧两轨道上安装长 12m，宽 4m 的轨道平板拖车。

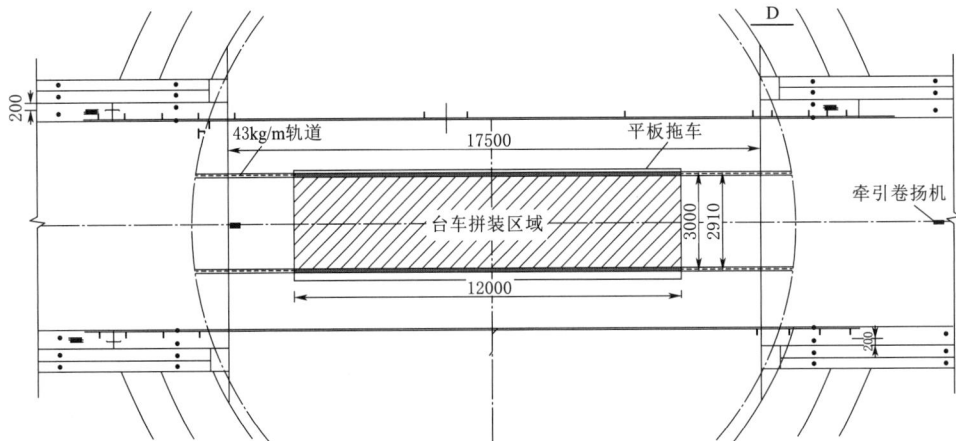

图 5.3-3 台车井下拼装区域示意图（单位：mm）

1. 安装工艺流程

安装轨道平板拖车→吊装底模→安装横梁连接柱→安装模板加固横梁→安装底部两根行走轮轨道→安装门架斜撑→吊装模板支腿→安装顶部两根轮轨道→吊装侧模、顶模→安装模板连接横梁→吊装针梁片→安装抗浮丝杆→铺设走台板→安装堵头板加固环→平板拖车向洞内移动→组装针梁支腿并吊装在针梁上→安装成形方盒及堵头板→吊装中间针梁→平板拖车向洞外移动→吊装后端针梁→安装钢丝绳、电气、液压等小部件。

2. 底模安装

工作井底部拼装平台上安装两条长 17.5m、间距 2.91m 的 43kg/m 轨道,用龙门吊将长 12m 的平板拖车分段吊装在轨道上,再用龙门吊将 8t 起重设备吊装到井底安装平台上,起重设备用于台车井下零件的吊装。

底模使用龙门吊吊装,按安装顺序依次将 8 块底模吊在平板拖车上并保持水平,使底模中心与动轴线重合并带上螺栓后全部紧固,吊装过程中平板拖车轮处于抱死状态,底模吊装见图 5.3-4。整体调整单元底模间错位及错台不超过 2mm。

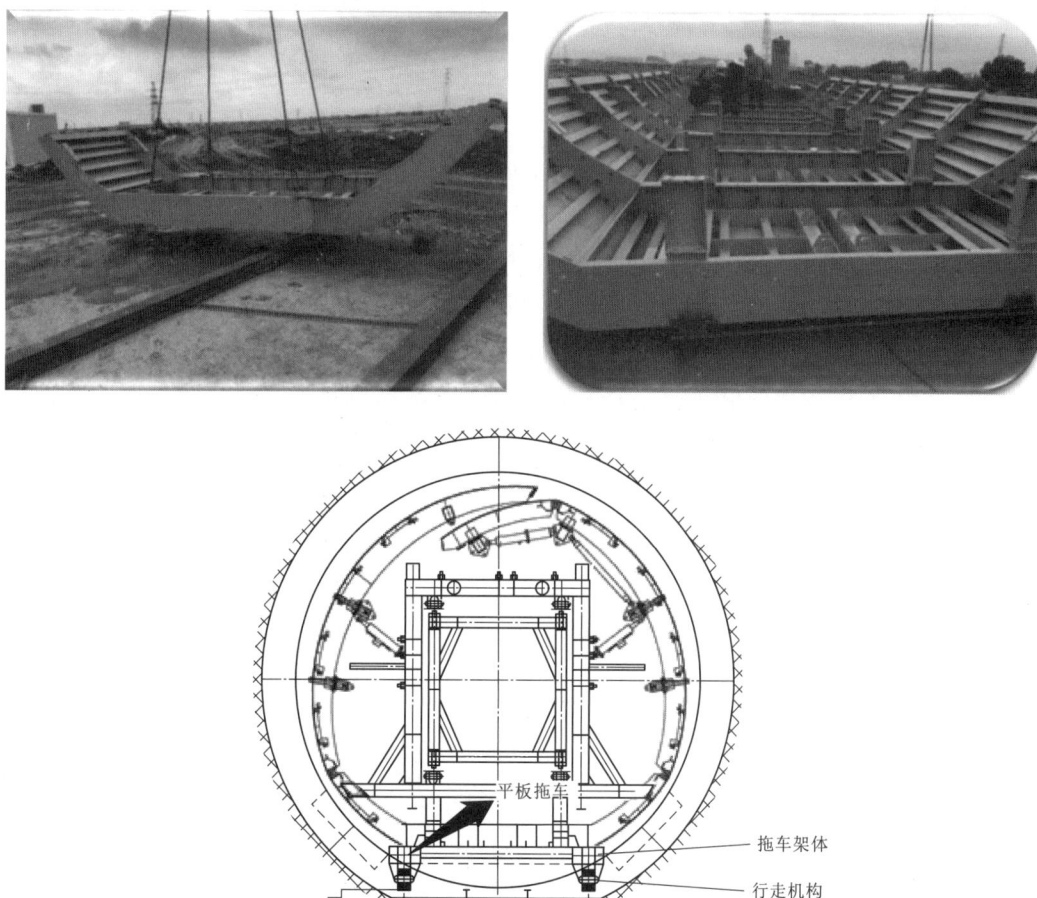

图 5.3-4 底模吊装

底模各梁安装:依次吊装底模纵梁、立柱及边纵梁,再依次吊装底模横梁及其连系梁。由于底模在自由状态时弹性解除,底模圆弧张角扩大。因此,吊装横梁时用倒链和钢丝绳拉紧底模两侧边梁,缩小圆弧张角,使两个边纵梁内跨度略大于横梁 1~2cm。螺栓连接边纵梁与横梁,松紧倒链调整底模弦长及弦高,将立柱与纵梁、横梁螺栓连接。调整各横梁水平度(前后端横梁水平度≤0.5mm/m),测量各连接梁间的间隙,微松倒链,用薄铁皮塞实各间隙(消除制造误差对横梁水平度及底模弧度的影响）。再次拉紧倒链，紧固各梁连接螺栓，底模加固横梁见图 5.3-5。

3. 门架连接横梁安装

底模拼装结束后，安装底部两根行走轮轨道。并将顶部的两根行走轮轨道放到加固横梁上。台车底部行走轮轨道见图 5.3-6。在地面将门架的 3 个组件拼成一个整体，不拧紧螺栓。

图 5.3-5　底模加固横梁

图 5.3-6　台车底部行走轮轨道

利用龙门吊将门架吊装在横梁上，带上螺栓，不紧固。安装门架时，横梁与立柱、立柱与门架纵梁及各联系梁和斜拉杆的连接必须牢固，各固定螺栓必须拧紧。行走轮中心应与轨道中心重合，误差小于 5mm，整个门架安装后，找准纵梁的中心线，其对角线长度误差小于 20mm。先安装门架斜撑、连接横梁、顶部走台支撑角钢、斜拉角钢，吊装模板支腿，再安装顶部两根轮轨道，吊装侧模及顶模，带上螺栓，最后安装模板连接横梁。安装模板前，需将模板连接梁提前放置在门架与模板之间。台车门架吊装见图 5.3-7。

4. 顶模与边模安装

边模安装：安装边模之前，将支撑纵梁吊移至龙门架外侧与开挖轮廓线之间，支撑纵梁两侧各挂一个倒链，倒链另一侧挂在顶模上，将纵梁拉升起来并暂绑于龙门架，待边模安装完毕后，再将纵梁移至边模上固定。

安装边模时，利用吊车将边模吊起竖放在龙门架外侧围岩周壁上，后移动隧道台车至竖向边模位置上，并将倒链头挂在顶楼上，另一边挂边模上，两侧各挂一倒链，两个人拉动倒链将边模慢慢吊起。边模到位后，3 人穿铁销，将边模与顶模连接到一起，两人在下面辅助移动边模直至安装到位，边模要两边均衡安装，调整其合缝小于 2mm、错台小于 1mm，紧固全部螺栓。台车边模安装见图 5.3-8。

图 5.3-7　台车门架吊装

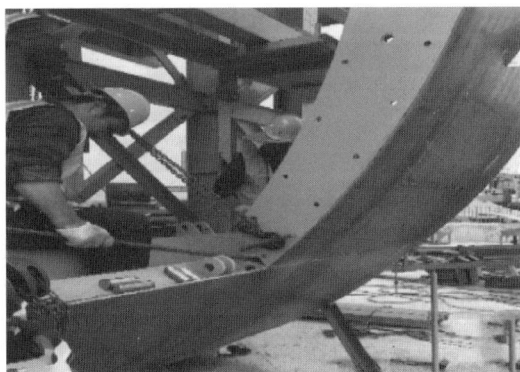

图 5.3-8　台车边模安装

顶模安装：安装顶部模板前，先安装顶部纵梁，将顶模横梁利用挖掘机吊放在龙门架上，以便纵梁安放到位后将横梁可以与纵梁连接起来。利用吊车将纵梁吊起至门架顶部，吊车臂向前伸，将纵梁穿插进门架顶部，为保证一次安装到位，利用吊车臂压住纵梁顶面，使其在吊车臂提升过程中保持平衡。

顶部模板每块重约 2t，是钢模台车安装过程中的难点，主要利用吊车在顶部模板的底面顶起安装到位。吊装前，利用铁销将吊车臂与顶部模板的底面连接牢固，不允许模板与挂钩之间有错动现象，慢慢升起吊车臂，起吊至纵梁顶部，安放在纵梁上，在模板两侧各安装一个倒链，慢慢将顶模拉移到位。

紧接着吊装 4 个模板支腿，在地面上将 32 台附着式平板振捣器安装在顶模背面，按安装顺序编码，吊车吊运后端顶模单元块至安装高度以上，汽吊退回原处。上部台架搭设安装平台，螺栓连接后端顶模与上部台架长短立柱。依次吊装其他顶模。螺栓连接顶模左右边侧与上部台架各横梁，其弦长、弦高、横梁水平度调整同底模。台车顶模安装见图 5.3-9。

5. 针梁安装

钢模台车针梁分 3 段安装，在门架安装完成后，第一段针梁在底模各横梁上安装导轨，分别吊起针梁的两个下弦杆（上下弦杆均贴焊导轨）放于各自纵向拖轮上，从其前后螺栓孔校

图 5.3-9 台车顶模安装

正两条对角线相等。紧接着分别吊起两个上弦杆并暂放于底模横梁中间，依次吊装针梁的立柱、上弦杆、上下横梁、纵横向剪刀撑，将完成安装的第一节针梁向前推送。安装过程中，针梁悬臂梁时铺设走道板，以便安装和保障安全。由于拼装平台长度有限，在首段针梁安装完成后，利用卷扬机牵引平板车向前移动，在隧洞地面上组装拖车轨道平台架，平台架上放置拖车轨道，平板拖车继续在轨道行驶，直到腾出足够位置后再安装后续两段针梁，安装方式与首段保持一致。螺栓连接各节针梁，调整上下弦杆的直线度、跨度后，进行针梁整体螺栓加固。针梁片吊装见图 5.3-10，台车针梁安装见图 5.3-11。

图 5.3-10 针梁片吊装

6. 台车操作平台安装

梁框横梁前后端吊装 4 个顶模顶升油缸，其余梁框横梁两侧各放千斤顶。调整 4 个顶升油缸

1.安装模板及门架部分，同时安装中间节针梁　　　　　　2.安装第1节端头节针梁

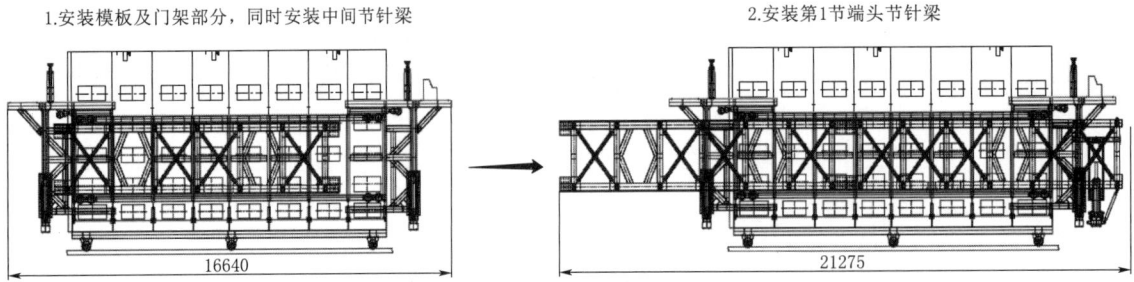

16640　　　　　　　　　　　　　21275

图 5.3-11　台车针梁安装（单位：mm）

活塞面平面度≤0.5mm。以活塞面为基准，分别挂两条水平控制线，调整各千斤顶的水平度。吊起上部台架纵梁安放在纵向活塞面上，再将上部台架横梁安装在纵梁下表面。纵梁横铺走道板，将上部台架的长短立柱、连系梁吊运至走道板上，进行人工安装。然后安装台车堵头板加固环及针梁支腿，并将其组装在针梁上。台车操作平台吊装见图 5.3-12，台车堵头板安装见图5.3-13。

图 5.3-12　台车操作平台吊装

图 5.3-13　台车堵头板安装

7. 系统安装

针梁液压操纵系统：在地面上将液压设备及牵引设备安装在操纵平台上，整体吊装下井，在针梁前端安装动力配电柜及其线路。人工压缩底座顶升油腔至尽头，排除废污油，使其容积为零。液压系统进油路接通零容积油腔，操纵换向阀使零容积油腔充油，带含杂质的污油从压缩油腔排尽时关闭换向阀。回油油路接通压缩油腔。针梁平移油缸充油排油步骤同顶升油缸。

台车牵引系统：使液压马达进油口为开口端，接通动力电源，操纵换向阀，使开口端溢油，溢出净油后油路连接液压马达进油口开口端；同理，使液压马达出油口为开口端，重复上述操作。在针梁两端、梁框前后端横梁上安装牵引滑轮，将牵引绳一端用卡扣固定在抗浮平台横梁耳环上，按牵引关系缠绕牵引滑轮和液压马达卷扬机，最后用卡扣将牵引绳末端固定在后端梁框横梁耳环上。牵引绳首尾段应放松 3～5m 的缓冲时间。

5.4　内衬预应力混凝土结构施工及质量控制

本节主要介绍内衬预应力混凝土结构施工工艺流程、多台车协同作业、施工中物料的运输及各工序施工工艺。

5.4.1　施工工艺流程

预应力内衬采用后张法无粘结预应力混凝土内衬结构，主要施工工序包括钢筋绑扎、钢绞线安装、混凝土浇筑、拱顶回填灌浆、预应力张拉及锚具槽回填等。主要施工工艺流程图见图5.4-1。

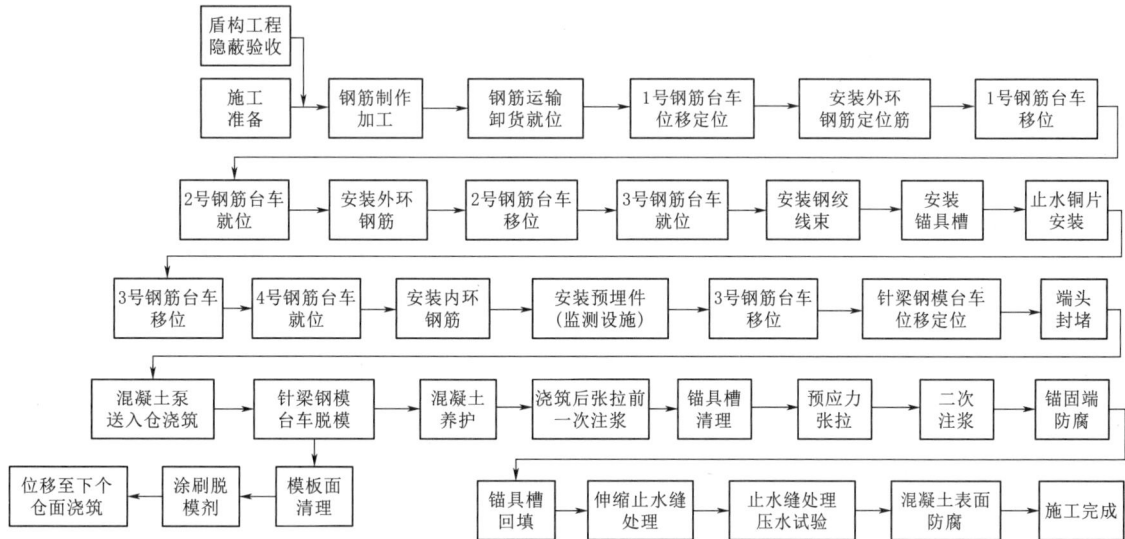

图5.4-1　主要施工工艺流程图

5.4.2　多台车协同高效作业

工程项目为多工作井共用区间，面临施工干扰因素多及长距离作业等挑战。针对长隧洞多工作面流水作业施工中，存在多台车作业相互干扰、物料供应难以保障等问题，针对上述问题，通过多台车组队调度、工序衔接优化、合理制定物料供应计划及保证措施等手段形成流水作业，实现超长深埋隧洞多台车同步衬砌安全优质高效施工，创造了内衬预应力混凝土单线最快纪录60仓/月（720m）。下面以GS02号～GS03号区间为例说明多台车施工工艺。

整体施工组织（见图5.4-2）：GS02号～GS03号区间先从GS03号工作井往GS02号方向施工，布置5台钢筋台车形成流水备仓。区间备仓超前一段距离后，混凝土浇筑采用4台模板台车往GS02号方向施工。

备仓：5台钢筋台车下井就位方式见图5.4-3。第1台钢筋台车施工外层定位筋，第2台钢筋台车施工外层钢筋安装和定位支架安装，第3台和第4台钢筋台车施工钢绞线穿束及锚具槽安装，第5台钢筋台车施工内层及行车道钢筋。

浇筑施工：第一台模板台车下井先就位第283仓，在第二台模板台车下井组装时间内浇筑施工完成第283仓和第282仓。第二台模板台车组装完成后就位第281仓，第一台模板台车就位第278仓，在第三台模板台车下井组装时间内浇筑施工完成第281仓、第280仓、第278仓、第277仓。第三台模板台车组装完成后就位第279仓，第二台模板台车就位第274仓，第一台模板台车就位第271仓，在第四台模板台车下井组装时间内浇筑施工完成第279仓、第276仓、第274仓、第273仓、第271仓、第270仓。第四台模板台车组装完成后就位第284仓，第三台模板台车就位第269仓，第二台模板台车就位第266仓，第一台模板台车就位第263仓，分别打3仓，即本次浇筑第284仓、第275仓、第272仓、第269～261仓。浇筑施工完成这12仓后，开始按大循环模式就位，分别浇筑4仓，前期4台模板台车一个大循环需要8d，大循环后行走12仓，走一仓需要4h，一共需要48h，即一个大循环共要10d。后期工艺优化后月进尺最高达到60仓。GS02号～GS03号区

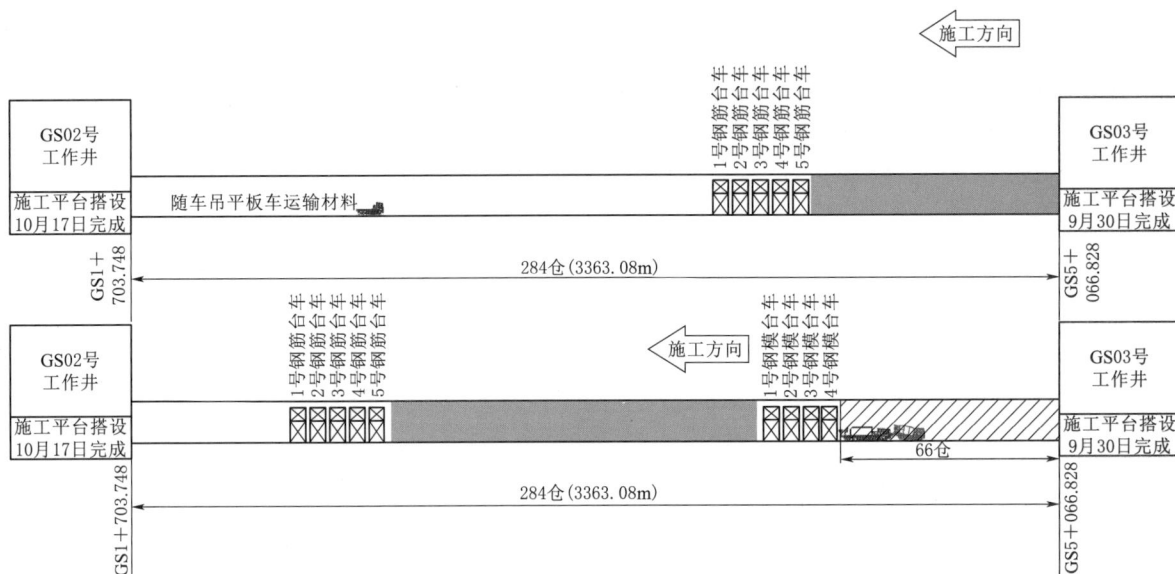

图 5.4 - 2　GS02 号～GS03 号区间整体施工组织

间 4 台模板台车施工方式示意图见图 5.4 - 4。

5.4.3　物料运输

物料运输主要包含钢筋、钢绞线及混凝土等各工序施工所需的材料物资或设备工具等，分为工作井内垂直运输及隧洞内水平运输。各种材料及设备、工具先经由地面运输至工作井周边下料场地或吊装作业区域，然后分别经过工作井垂直运输及隧洞水平运输至工作面。

1. 工作井垂直运输

混凝土垂直输送采用 ϕ219mm（壁厚 8mm）抗分离缓降溜管，沿工作井内衬混凝土壁面垂直布置，每间隔 6m 左右布置抗分离缓降段，避免因垂直落差过大而导致混凝土离析。上、下部均设集中接料斗，混凝土经垂直溜送下井，底部采用双头搅拌运输车接料，沿途设置一定数量气动弧门实现开关、放料控制。

除混凝土以外的其他材料或设备工具等均采用各工作井配置的龙门吊，垂直吊装下井，底部专用轨道式平板运输车接料。

2. 隧洞水平运输

各区间预应力内衬混凝土施工均采用单向推进浇筑方案，其一端作为钢筋、钢绞线工作面，另一端作为混凝土浇筑工作面，单方向依次逐仓浇筑推进，两个工序、工作面互不干扰。

即各工作井内衬区间，一端作为钢筋、钢绞线施工工序水平运输路线，另一端作为混凝土工序水平运输路线。钢筋、钢绞线运输采用轮胎式平板随车吊，混凝土运输车采用双头搅拌运输车。混凝土双头搅拌运输车见图 5.4 - 5。

5.4.4　钢筋与预应力钢绞线安装

1. 钢筋制安

预应力混凝土衬砌内外层环向钢筋均采用 ϕ18 螺纹钢，2 根 150mm 间距与 2 根 100mm 间距间隔布置。内外环钢筋均为整圈闭环设计，外层单圈长 23.2m，内层单圈长为 18.6m，钢筋强度等级为 HRB400，内外层钢筋设计保护层厚度均为 50mm。内外层纵向分布筋采用 ϕ16 螺纹钢，外层间距为 192mm，内层间距为 172mm。预应力衬砌普通钢筋布置见图 5.4 - 6。

内层及行车道钢筋安装

钢绞线穿束及锚具槽安装

外层钢筋安装和定位支架安装

完成外层定位筋

第253仓　　　　　第254仓　　　　第283仓　　　第284仓

GS03号工作井

GS5+066.828　　12318　　GS5+079.146
　　　　　　　　　　　17500

第1台钢筋台车

第2台钢筋台车

第251仓　　第252仓　　第253仓　　第254仓　　第283仓　第284仓

GS03号工作井

第1台钢筋台车　　第2台钢筋台车　　第3台钢筋台车

第249仓　第250仓　第251仓　第252仓　第253仓　第254仓　第283仓　第284仓

GS03号工作井

第1台钢筋台车　　第2台钢筋台车　第3台钢筋台车　　第4台钢筋台车

第247仓　第248仓　第249仓　第250仓　第251仓　第252仓　第253仓　第254仓　第283仓　第284仓

GS03号工作井

第1台钢筋台车　　第2台钢筋台车　第3台钢筋台车　　第4台钢筋台车　　第5台钢筋台车

第245仓　第246仓　第247仓　第248仓　第249仓　第250仓　第251仓　第252仓　第253仓　第254仓　第283仓　第284仓

GS03号工作井

第1台钢筋台车　　第2台钢筋台车　第3台钢筋台车　　第4台钢筋台车　　第5台钢筋台车

第243仓　第244仓　第245仓　第246仓　第247仓　第248仓　第249仓　第250仓　第251仓　第252仓　第253仓　第254仓　第283仓第284仓

GS03号工作井

进入下一循环

第1台钢筋台车　　第2台钢筋台车　第3台钢筋台车　　第4台钢筋台车　　第5台钢筋台车

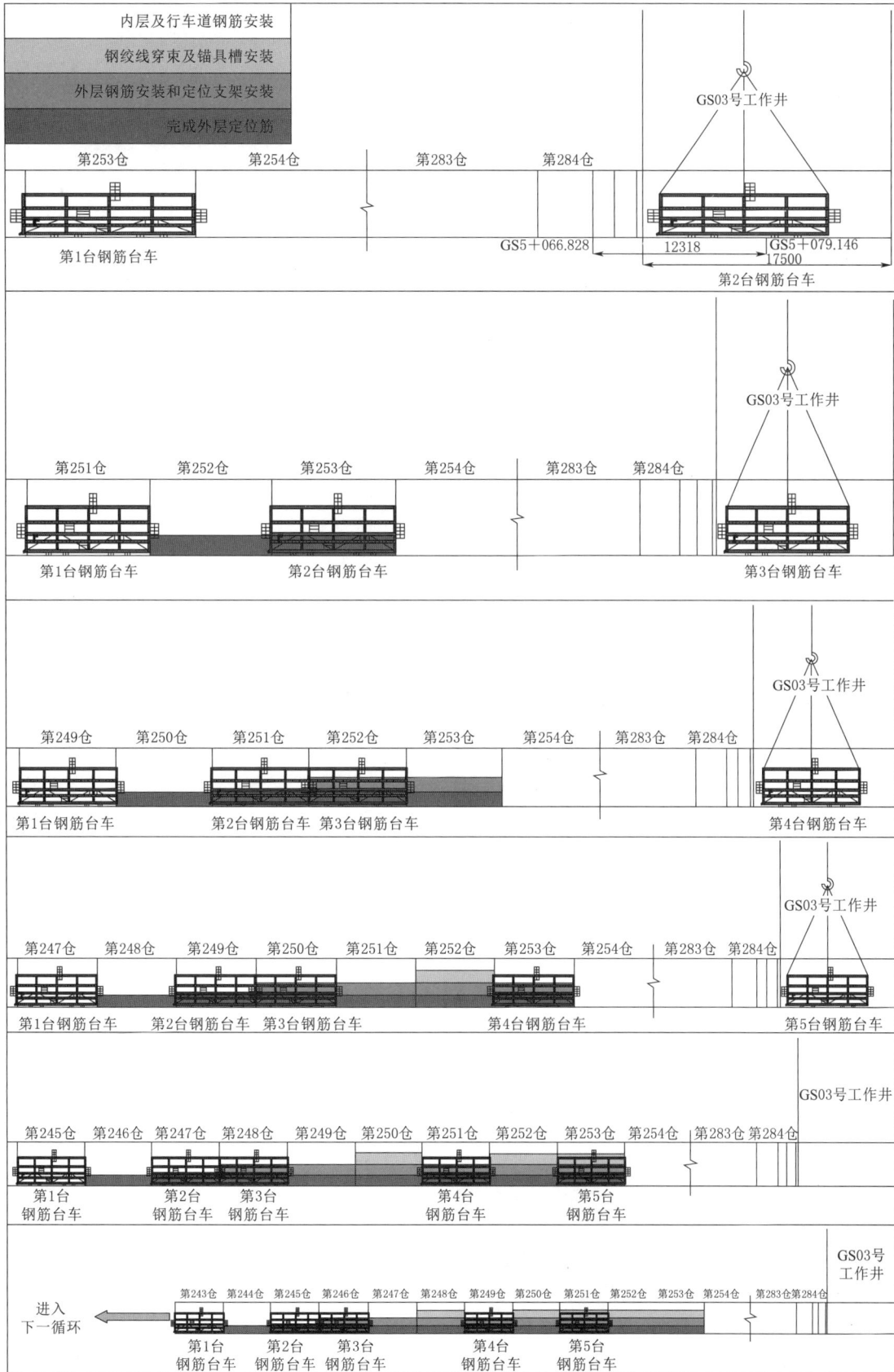

图 5.4-3　GS02 号～GS03 号区间前 5 台钢筋台车下井顺序示意图

第281仓 第282仓 第283仓 第284仓 GS03号工作井

GS5+066.828 GS5+079.146

12318 17500 9565.53

第一台模板台车组装完成后就位第283仓位置
每一仓从就位到浇筑再到拆模用时3天。
第二台下井组装时间内可以浇筑第283仓和第282仓

第二台模板台车下井组装需要6天

第277仓 第278仓 第279仓 第280仓 第281仓 第282仓 第283仓 第284仓 GS03号工作井

第一台模板台车浇筑完283、282后就位第278仓位置
每一仓从就位到浇筑再到拆模用时3天。
第三台下井组装时间内可以浇筑第278仓和第277仓

第二台模板台车组装完成后就位第281仓位置
每一仓从就位到浇筑再到拆模用时3天。
第三台下井组装时间内可以浇筑第281仓和第280仓

第三台模板台车
下井组装需要6天

第270仓 第271仓 第272仓 第273仓 第274仓 第275仓 第276仓 第277仓 第278仓 第279仓 第280仓 第281仓 第282仓 第283仓 第284仓 GS03号工作井

第一台模板台车浇筑完278、
277仓后就位第271仓位置
每一仓从就位到浇筑再到
拆模用时3天。
第四台下井组装时间内可以浇筑
第271仓和第270仓

第二台模板台车浇筑完281、
238仓后就位第273仓位置
每一仓从就位到浇筑再到
拆模用时3天。
第四台下井组装时间内可以浇筑
第274仓和第273仓

第三台模板台车浇筑完成后
每一仓从就位到浇筑再到
拆模用时3天。
第四台下井车组装时间内可以浇筑
第279仓和第276仓

第四台模板台车
下井组装需要6天

第261仓 第262仓 第263仓 第264仓 第265仓 第266仓 第267仓 第268仓 第269仓 第270仓 第271仓 第272仓 第273仓 第274仓 第275仓 第276仓 第277仓 第278仓 第279仓 第280仓 第281仓 第282仓 第283仓 第284仓 GS03号工作井

第一台模板台车浇筑完成
第271仓和第270仓后
就位第263仓位置
每一仓从就位到浇筑
再到拆模用时3天
浇筑第263仓、第262仓
和第261仓

第二台模板台车浇筑完成
第274仓和第273仓后
就位第266仓位置
每一仓从就位到浇筑
再到拆模用时3天
浇筑第266仓、第265仓
和第264仓

第三台模板台车浇筑完成
第279仓和第276仓后
就位第269仓位置
每一仓从就位到浇筑
再到拆模用时3天
浇筑第269仓、第268仓
和第267仓

256678

第四台模板台车组装完成后
就位第284仓位置
每一仓从就位到浇筑再到
拆模用时3天
浇筑第284仓、第275仓
和第272仓

进入
下一循环

台车行走时间

第245仓 第246仓 第247仓 第248仓 第249仓 第250仓 第251仓 第252仓 第253仓 第254仓 第255仓 第256仓 第257仓 第258仓 第259仓 第260仓

第一台模板台车浇筑完成
第263仓后就位
第248仓位置
每一仓从就位到浇筑拆模
用时3天
浇筑第248仓~第245仓
总共用时12天

第二台模板台车浇筑完成
第266仓~264仓后就位
第252仓位置
每一仓从就位到浇筑拆模
再用时3天
浇筑第252仓~249仓
总共用时12天

第三台模板台车浇筑完成
第269仓后就位
第256仓位置
每一仓从就位到浇筑
再到走用时3天
浇筑第256仓~253仓
总共用时12天

162515

第四台模板台车浇筑完成
284、275、272仓后，就位
第256仓位置
每一仓从就位到浇筑
再到走仓用时3天
浇筑第256仓~253仓
总共用时12天

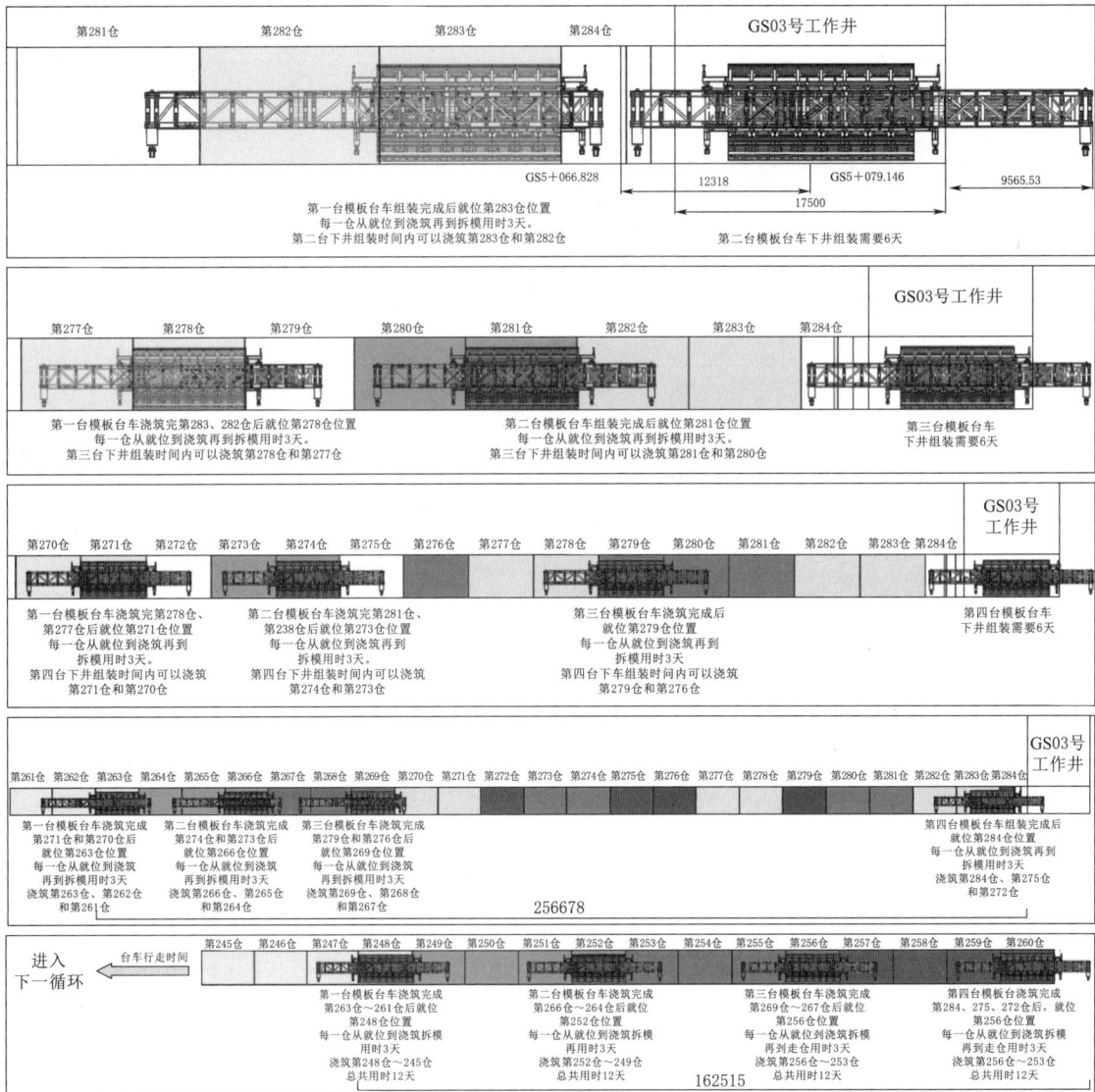

图 5.4-4 GS02 号~GS03 号区间 4 台模板台车施工方式示意图

图 5.4-5 混凝土双头搅拌运输车

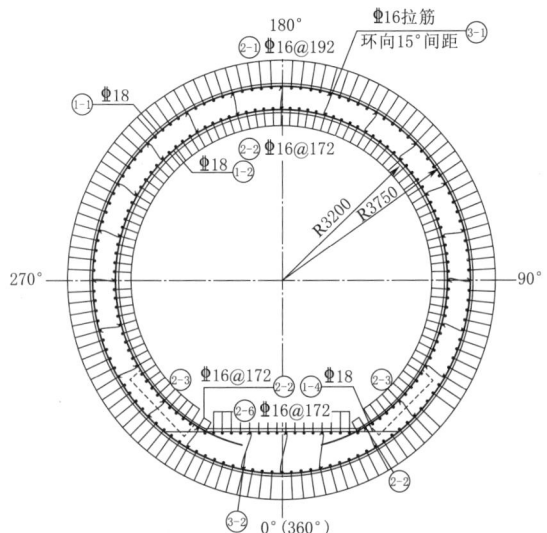

图 5.4-6 预应力衬砌普通钢筋布置图（单位：mm）

钢筋制安施工工艺流程图见图 5.4-7。

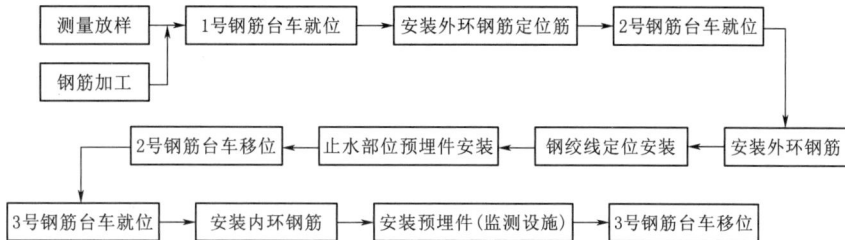

图 5.4-7 钢筋制安施工工艺流程图

钢筋配料加工流程图见图 5.4-8。

钢筋表面洁净无损伤，不使用带有颗粒状或片状老锈的钢筋。根据图纸开具钢筋加工配料单交钢筋加工厂集中加工制作。批量加工前先进行翻样，确保环向钢筋长度和弧度满足要求，经检查合格后再分批加工。根据混凝土浇筑单元，严格按图纸要求进行加工，统筹兼顾，合理配料、断料。钢筋加工成型后，经专职质检人员检查、验收，确保符合设计要求，再挂上具有使用部位、钢筋品种、规格、尺寸、数量及编号标志的标牌，分类堆放整齐。检验合格的丝头通过在其端头加戴保护帽或用套筒拧紧实现保护作用。

环向钢筋接头主要采用直螺纹机械连接（正反丝）和单面搭接焊，考虑方便焊接操作，搭接焊位置布置在侧墙位置，避免布置于拱顶位置。环向钢筋连接接头分布示意图见图 5.4-9。焊接部位做成使钢筋平直的弯头，再进行手工电弧焊，接头施焊后立即清除焊渣。

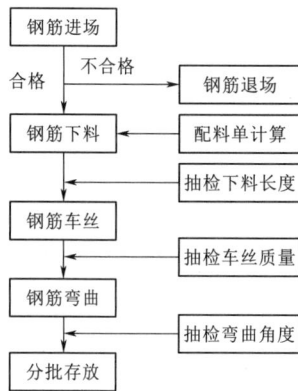

图 5.4-8 钢筋配料加工流程图

为确保钢筋绑扎的整体稳定，钢筋正式绑扎安装前，进行定位骨架安装。定位钢筋与管片螺栓焊接固定，作为外环钢筋的安装骨架定位钢筋，纵向钢筋骨架按环向间距约 1.86m（弧长）一道设置。钢筋定位骨架布置示意图见图 5.4-10。

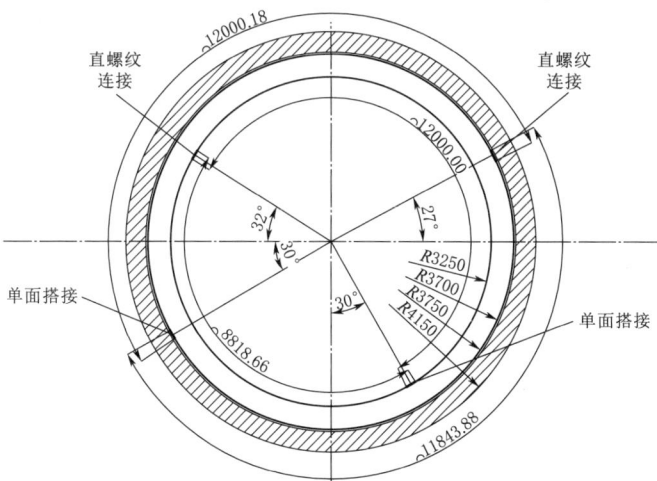

图 5.4-9 环向钢筋连接接头分布示意图（单位：mm）

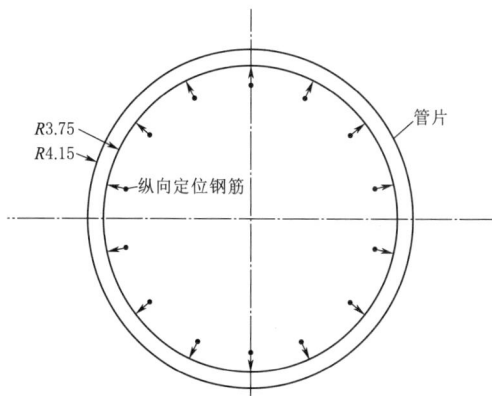

图 5.4-10 钢筋定位骨架布置示意图（单位：mm）

钢筋焊接前根据施工条件进行试焊，合格后正式施焊，钢筋接头搭接采用单面焊，单面焊缝的长度不应小于 $10d$（d 为钢筋直径）。

钢筋的安装尺寸严格根据钢筋设计图纸进行施工，安装误差主筋间距小于±10mm、两层钢筋间距小于±5mm、箍筋间距小于+20mm。钢筋的安装和焊接严格按照设计及规范要求进行，主筋绑扎的搭接长度大于 $30d$（d 为钢筋直径），两个接头的错开距离大于 1.0m，接头率小于 50%，焊接的搭接长度大于 $10d$，接头错开距离和接头率与前面保持一致，绑扎必须牢固且焊接焊缝必须饱满。严格控制钢筋焊接质量、保护层厚度，将钢筋固定牢靠。

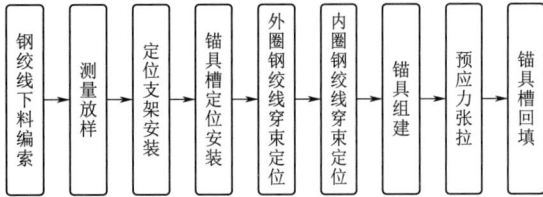

图 5.4 - 11　钢绞线安装工艺流程图

2. 预应力钢绞线安装

预应力钢绞线安装工艺流程图见图 5.4 - 11。

钢绞线采用高强低松弛无粘结钢绞线 $1 \times 7 - 15.2 - 1860$，锚索外圈单根钢绞线下料长度为 47.25m（54.3kg），内圈单根下料长度为 46.85m（53.9kg）。钢绞线出厂时，外装 PE 皮进行颜色区分，分别为红色、黑色、黄色、蓝色。钢绞线采用双层双圈布置，人工逐根穿索。

钢绞线定位采用光圆钢筋制作成的"井"字形支架，与外层纵向钢筋进行焊接固定。支架 1 和支架 2 与纵向定位钢筋连接固定，支架 2 设置于衬砌下半圆环范围，且仅在锚具槽相对位置的下半圆环设置，支架 3 与锚具槽定位支架两端竖向钢筋 z1 焊接，形成一体化定位装置，支架 4 支腿与外层钢筋网牢固焊接。定位支架大样图见图 5.4 - 12。

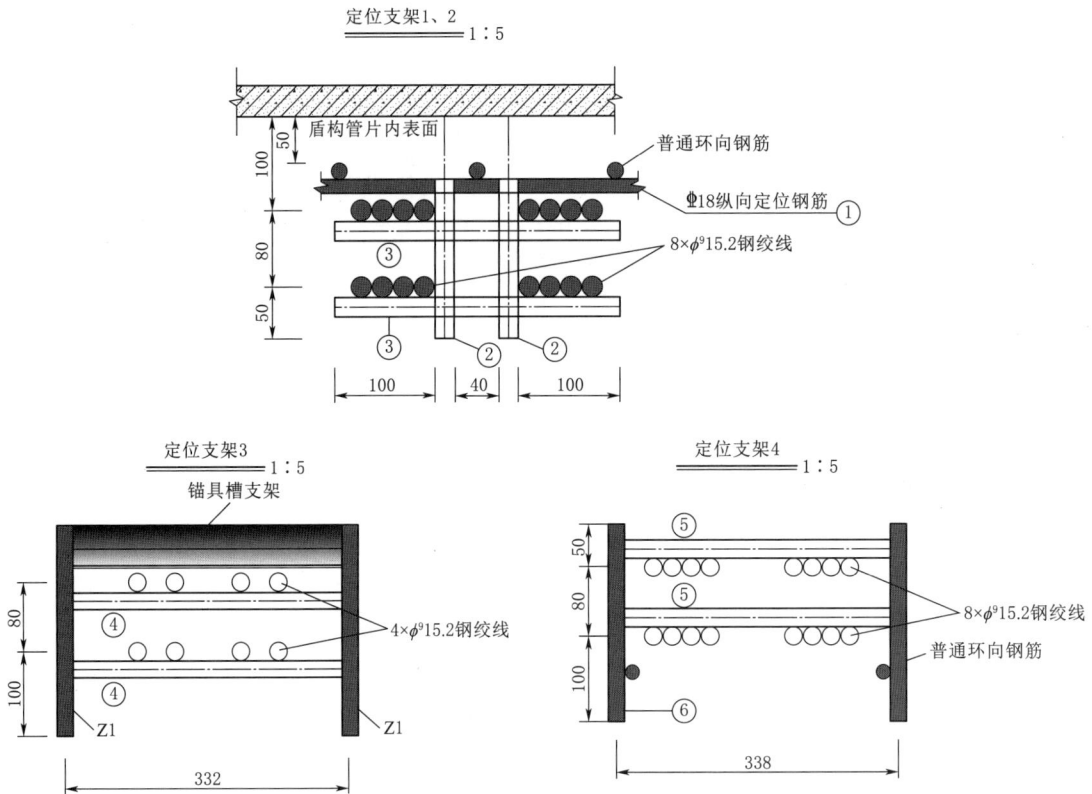

图 5.4 - 12　定位支架大样图（单位：mm）

钢绞线与定位支架钢筋之间用轧带绑扎牢固，轧带不含有对钢绞线产生腐蚀成分，同时绑扎时不能破坏钢绞线 PE 护套。钢绞线转向锚具槽的曲率变化点处，钢绞线应与相邻钢绞线绑扎，安装前进行测量放样确保钢绞线安装精度。

"井"字形定位支架按外层环向布置，钢绞线定位筋布置示意图见图 5.4 - 13。

钢绞线定位支架1、2布置图　1:100

钢绞线定位支架3、4布置图　1:100

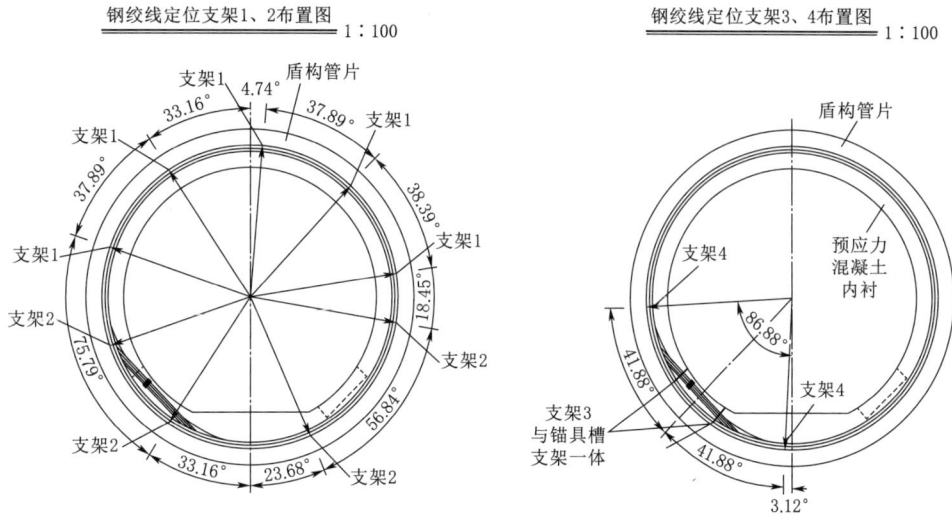

图 5.4－13　钢绞线定位筋布置示意图

　　无粘结钢绞线采用双层双圈布置，环锚锚板锚固端和张拉端各设 8 个锚孔，内层 4 根无粘结钢绞线从锚固端起始沿内层圆周环绕 2 圈后进入内层张拉端，外层 4 根无粘结钢绞线从锚固端起始沿外层圆周环绕 2 圈后进入外层张拉端，无粘结钢绞线锚固端与张拉端的包角为 2×360°。锚具槽中心间距为 500mm，90°交替布置。预应力钢绞线布置图见图 5.4－14。

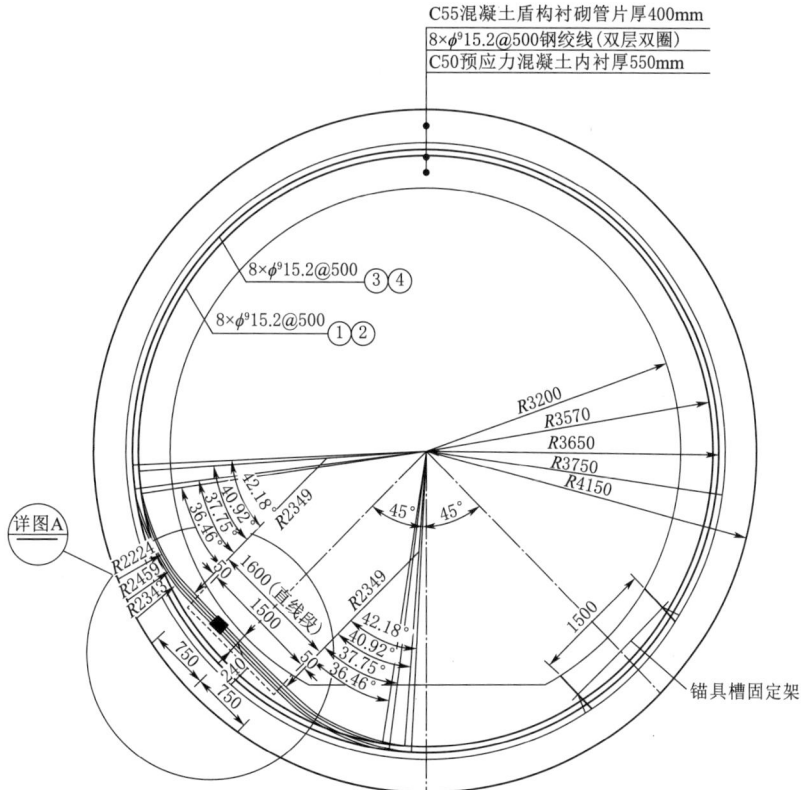

图 5.4－14　预应力钢绞线布置图（单位：mm）

　　环锚断面图见图 5.4－15。孔位为 4 排 4 列布置，靠外两列为锚固端，靠内两列为张拉端，下面两排为外圈钢绞线，上面两排为内圈钢绞线。穿束过程中，先安装固定端和张拉端定位板（临时安装固定），定位板位置分别在张拉槽的锚固端和张拉端，定位板长宽与锚板一致，厚度 10mm，孔径 22mm，孔位排布与锚板孔一致，孔口倒角以避免穿束时损伤钢绞线 PE。

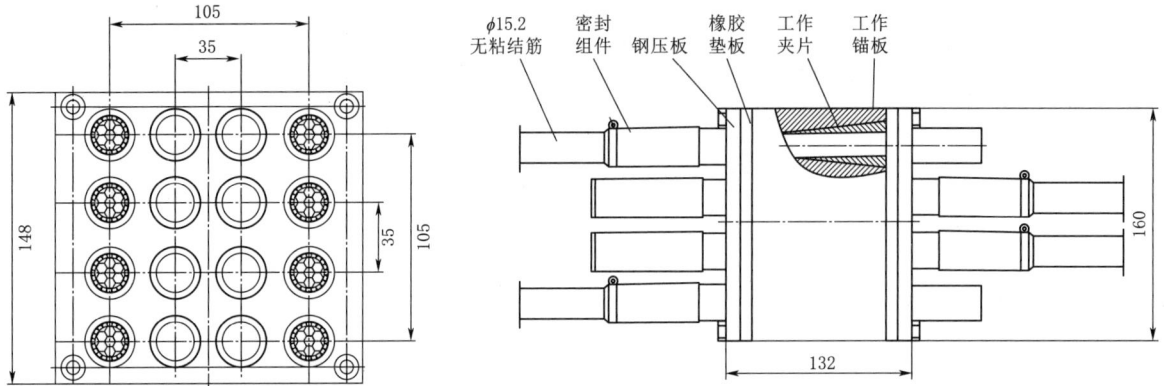

图 5.4-15 环锚断面图（单位：mm）

张拉槽位置点、隧洞拱顶中心线等点放线标记在钢筋网上，从张拉端穿入牵引绳从锚固端穿出，连接牵引头和待穿钢绞线张拉端，将钢绞线牵引至绞线标识点与钢筋网上标识点重合，再进行绑扎固定，绑扎从锚固端往张拉端方向沿圆周线每 1.5～2m 绑扎一个点。

预应力环锚主要由圆形锚索、渐近线锚索以及平直线锚索三部分组成。圆环形锚索通过横向定位钢筋安装于外层钢筋内侧，通过在外层主筋上埋置安装标志进行其环向及纵向的测量定位；锚具槽与外层钢筋之间的渐近线锚索主要是通过预设置按渐近线分布的钢支架实现测量定位；锚具槽内平直线锚索的测量定位是标定锚具槽两侧端模上的锚索穿孔位置。

钢绞线环锚安装时与控制标志相对应，用钢丝或扎丝固定于钢筋上，环锚铺设曲线保持平滑，无错位或交叉。内外圈环锚所在平面垂直于轴线，其角度偏差小于 0.15°。锚安装控制点及误差允许表见表 5.4-1。

表 5.4-1 锚安装控制点及误差允许表

环锚位置	控制点/个	测量项目	方向	允许误差值/mm
圆环形锚索	16	半径	轴向	±10
		桩号	纵向	±10
渐进线锚索	10	半径	轴向	±10
		桩号	纵向	±10
		角度	环向	±21'05″
平直线锚索	2	桩号	纵向	±5

不使用 PE 套管有破损的环锚，在环锚绑扎时确保其受力合适，防止环锚 PE 套管产生刻痕、压纹或破裂的问题，保证钢绞线摩擦性能以及防腐措施符合要求。

每道环锚经严格检查后进行下一道施工，预应力环锚定位及安装检查程序框图见图 5.4-16。

5.4.5 锚具槽施工

1. 免拆锚具槽模板安装

锚具槽免拆模板采用韧性纤维混凝土（UHTCC）预制成形，模板尺寸为：长×宽×高＝1540mm×312mm×335mm，锚具槽为长方体形式，锚具槽两侧面倾斜，张拉端、锚固端和底面呈一定倾斜角；模板板厚 20mm。内侧毛面，外侧面处理为深 3mm、宽 20mm、间距 20mm 的键槽，以增强新旧混凝土的粘结。模板免拆除，避免了后期凿毛等表面处理作业，施工效率高；模板各

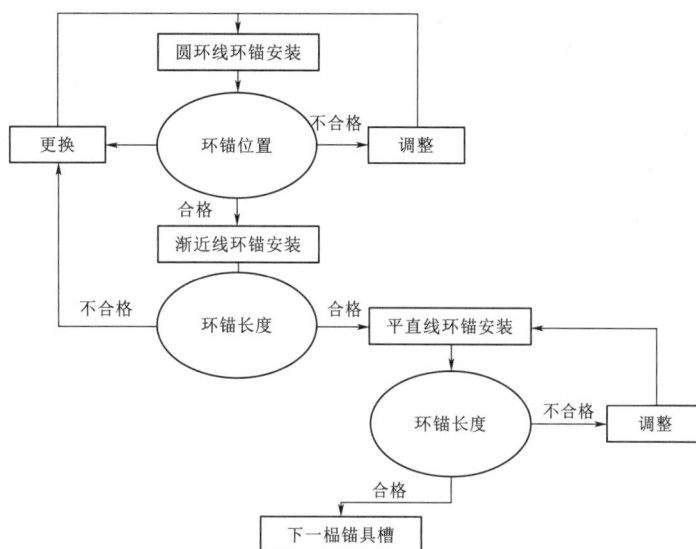

图 5.4 - 16　预应力环锚定位及安装检查程序框图

板块采用卡口方式组装而成。免拆锚具槽侧模板示意图见图 5.4 - 17，免拆锚具槽底模板示意图见图 5.4 - 18，免拆锚具槽端模板示意图见图 5.4 - 19，免拆锚具槽三维示意图见图 5.4 - 20，锚具槽定位支架大样图见图 5.4 - 21。

图 5.4 - 17　免拆锚具槽侧模板示意图

图 5.4 - 18　免拆锚具槽底模板示意图

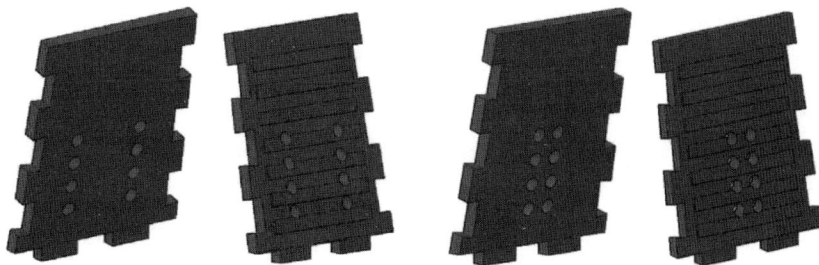

图 5.4 - 19　免拆锚具槽端模板示意图

图 5.4-20　免拆锚具槽三维示意图

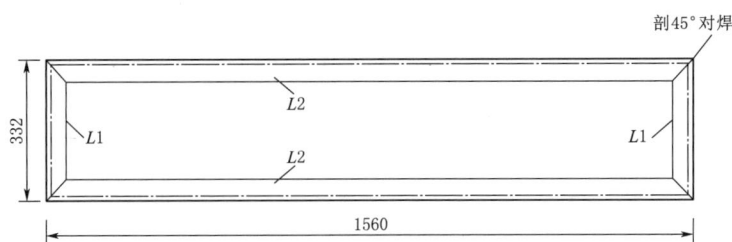

图 5.4-21　锚具槽定位支架大样图（单位：mm）

锚具槽定位采用 L50×4 角钢焊接成限位卡槽。支腿钢筋（Z_1、Z_2、D_1 和 D_3）与限位卡槽角钢应提前焊接。支架按照设计位置定位后，为防止锚具槽支架移位，将 D_2 钢筋与衬砌外层钢筋网焊接连接，同时 D_2 与对应支腿（Z_1 或 Z_2）紧靠焊接连接。锚具槽定位示意图见图 5.4-22。

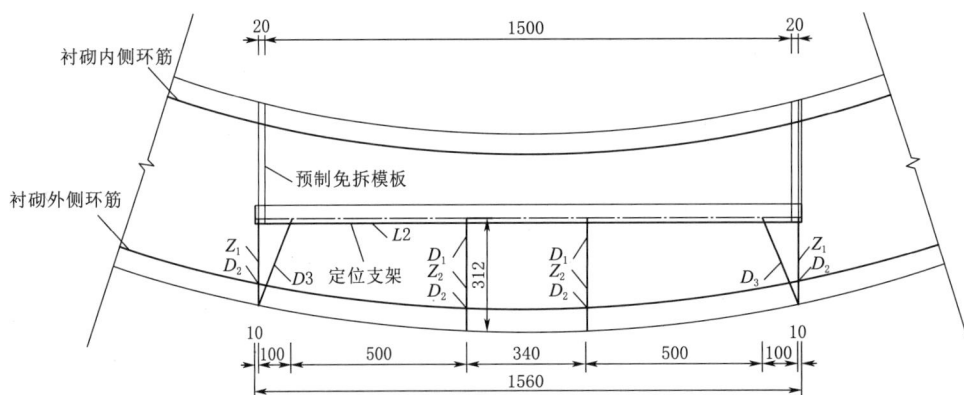

图 5.4-22　锚具槽定位示意图（单位：mm）

钢绞线安装完成后，进行锚具槽安装。主要工序如下。

（1）利用底板插筋定位锚具槽侧向模板并安装。

（2）锚具槽两端头模板按锚具尺寸要求制作环锚穿孔。

（3）联结锚具槽端头模板和侧向模板，设置内部撑杆以防锚具槽变形。

（4）环锚穿槽并固定，预留环锚至设计长度，切除多余环锚。

（5）制作安装锚具槽弧形顶模，锚具槽在密封将内部用棉絮填满，浇筑完混凝土后及时对锚具槽进行清洗。

2. 锚具槽回填施工

锚具槽回填采用 C50W12 无收缩混凝土，膨胀量应严格控制在（2.0±0.2）×10⁻⁴。混凝土配合比为水泥∶粉煤灰∶膨胀剂∶细骨料∶粗骨料 5～20mm∶水∶减水剂＝339∶42∶37∶734∶1150∶142∶5.02（kg/m³），水泥为 P·O52.5 水泥，粉煤灰为 Ⅱ 级粉煤灰，石子骨料粒径为 5～20mm，减水剂为聚羧酸系高效减水剂。在施工期间，根据具体要求和条件变化对配合比进行适当调整和优化，以满足工程质量和耐久性的要求，定期对混凝土的性能进行检测和评估，确保其满足设计和使用标准。

锚具槽回填时，盖板采用定制模板。模板材质为 3mm 厚不锈钢板，以提高其耐久性和抗腐蚀性，模板整体尺寸为 1.6m×0.4m，分两部分以便于操作和安装，上半部分模板预先开设了 15cm×15cm 开口以便于入料，采用铁丝穿过模板后利用内部钢绞线加钢管进行箍紧，以提供足够的支撑力和模板的抗变形能力。模板见图 5.4-23、图 5.4-24。

锚具槽回填施工工序如下。

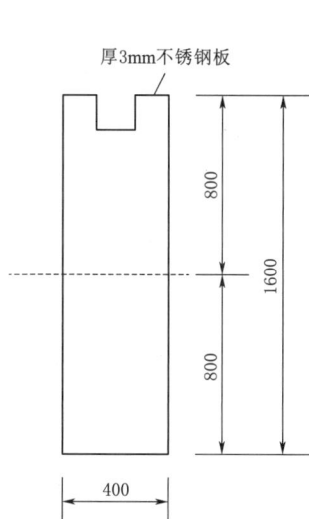

图 5.4-23 定型模板示意图（单位：mm）　　图 5.4-24 模板制安示意图

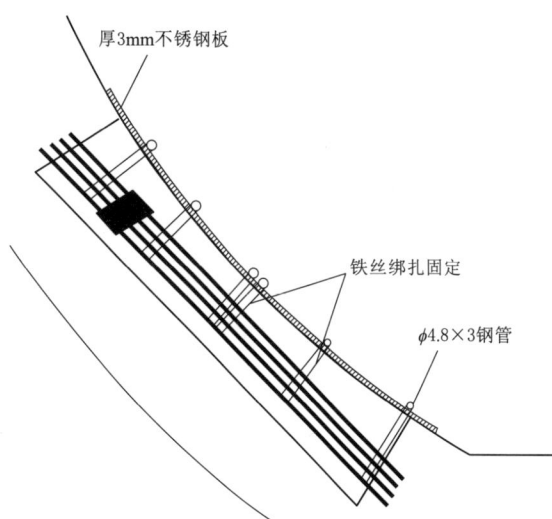

锚具槽清理：先人工进行槽内杂物清理，再用土工布对油脂污染位置进行擦拭，最后用高压水和高压风清理槽内及锚具钢绞线附着浮尘、杂物等，清理至槽内无附着杂质，无积水状态，整体外观干净整洁。

涂抹界面剂：界面剂为双组分环氧界面剂，依据使用说明进行混合拌制，一次配置小于 2kg，搅拌均匀后使用。使用毛刷按照 $350g/m^2$、厚度均匀、表面有光泽的标准将锚具槽内部涂刷完成。

模板安装：界面剂涂抹后进行模板的安装加固工作，先对锚具槽下半部分位置的模板安装加固，锚具槽模板通过铁线穿过模板后和钢绞线及钢管箍紧，四周贴上双面胶使模板与墙面贴合，浇筑完下半部分后进行上半部分的模板安装加固，加固方式同样采取铁线穿过模板后和钢绞线及钢管箍紧。

回填混凝土浇筑：每次按单仓浇筑量约 $3m^3$ 拌制，在拌和站拌制，纯拌制时间大于 75s，拌制完成后由皮带机水平运输至料斗，再经溜管垂直运输至井底，最后由双向搅拌车水平运输至施工地点。控制放料速度，缓慢放料，浇筑过程连贯顺畅，间歇时间不宜过长，采用 $\varPhi30$ 软轴振动器进行插捣，插捣时间 10~15s，振捣至混凝土不再显著下沉、不再出现气泡时插捣停止，分层插捣时插入下层 5cm。

等强拆模抹面：浇筑完成后等强 4h 混凝土表面初凝后，进行拆模抹面处理，抹面至表面光滑平顺，感官效果好，拆模时注意成品保护。

养护：待混凝土抹面完表面凝固后覆盖土工布进行洒水养护。

5.4.6 内衬结构混凝土施工

混凝土施工是复合衬砌施工中至关重要的一环，包含混凝土的制备、运输、浇筑、养护等多个环节，确保混凝土施工质量是工程质量控制的关键。

1. 混凝土配合比优化设计

双层复合衬砌结构由于结构形式单薄、复杂，高性能混凝土衬砌施工时水化反应剧烈、热量早期集中释放、弹性模量大和体积变形大等特点，温控难度大，容易产生温度裂缝。

为解决复合衬砌高性能混凝土温控防裂难题，对原材料、混凝土拌合物、硬化混凝土性能进行试验研究，通过优化粉煤灰、矿渣掺量，在满足混凝土设计性能指标和施工性能要求的基础上，配制绝热温升低的混凝土配合比。

2. 混凝土运输

隧洞预应力衬砌混凝土分井内垂直运输及洞内运输。混凝土工作井内垂直输送采用抗分离缓降溜管，沿工作井内衬混凝土壁面垂直布置，上下部均设集中接料斗，混凝土经垂直溜送下井。工作井及隧洞内混凝土运输采用双头搅拌运输车运输至浇筑工作面，工作面布置混凝土输送泵泵送入仓。

3. 混凝土浇筑

采用混凝土输送加压泵送入仓，最大泵送距离控制在 200m 以内。混凝土入仓采用主管＋多通管＋溜筒或溜槽形式，可实现"多窗同步接管、左右同时送料、分层分段浇筑、连续均衡上升、全仓一次成型"，顶部采用钢模台车顶部预留浇筑入料口进行入仓，入料口按 3m 间距布置。

浇筑过程采用分层布料及振捣，每层浇筑厚度小于 0.5m，混凝土浇筑上升速度小于 1.5m/h，混凝土入仓保持组织顺畅，浇筑过程保证连续，避免因停歇时间过长而产生"冷缝"。

混凝土浇筑至作业窗口以下 50cm 时，清理干净窗口周围杂物及浆液。窗口关闭后，在窗口周圈间隙处用双面胶止浆。当混凝土浇筑进入封顶阶段时，顶沿中心线左右两侧对称、均匀地浇筑，以免混凝土对模板产生过高的偏压力引起模板变形。当浇筑超过隧洞顶拱后，用一台泵由中间下料逐渐退至浇筑段端口，并时刻观察拱顶监测设备是否提示浇满。

确保混凝土能被泵送压力压入仓号所有凹凸面内并填满整个顶拱，封拱时可采用封拱器将混凝土压入仓号的所有凹面内并填满整个顶拱，使混凝土与外衬管片紧密结合。在顶部预留排气管以保证空气能够顺利排出，当发现有水泥砂浆自排气管中流出时，即说明仓内混凝土已经完全充满，停止浇筑，疏通排气管和撤出泵送管。

图 5.4 - 25　附着式振捣器布置实物图

4. 混凝土振捣

采用附着式和插入式结合的方式进行振捣，侧墙、拱腰及拱顶采用气动附着式振捣器为主，按平均纵横间距 1.5m 进行布置，底板采用插入式高频振动棒，侧墙及拱腰位置浇筑窗口布置插入式振捣棒进行辅助平仓及边缘角落部位振捣工作，且窗口内部插捣需配备带防护罩的临时照明，便于直接观察。附着式振捣器布置实物图见图 5.4 - 25，附着式振捣器布置图见图 5.4 - 26。

5. 脱模养护

钢模台车脱模工艺流程图见图 5.4 - 27。

混凝土浇筑完，达到设计规定强度后脱模，脱模时穿行架与预脱模的模板连接后，按先收侧模，再收顶模，最后收底模的程序进行脱模。脱模后使用雾炮机喷水养护，养护期为 28d。

6. 混凝土结构表面涂层施工

为提高预应力混凝土结构耐久性，降低维护成本，增强防护性能，对预应力混凝土表面进行防腐涂层涂装处理。

拱腰以上区域采用无溶剂环氧液体涂料，最小厚度 400μm，而底板以上、腰线以下区域采用聚合物水泥防水砂浆（500μm）加无溶剂环氧面漆（400μm）的复合涂层。

表面防护施工工艺主要包括如下内容。

基面预处理：先使用高压水枪将混凝土基面进行冲洗，充分暴露基面情况，随后采用电动钢丝刷和角磨机开展打磨，清除表面的浮浆层及疏松混凝土、泥浆等附着物，并用清洗剂和清水清除油脂污染至中性。处理完成后使用高压水枪二次冲洗混凝土表面，并用抹布擦干或者自然晾干。

缺陷处理：混凝土表面蜂窝、孔洞、气孔等缺陷问题，待混凝土基面预处理完成后用聚合物体水泥防水砂浆进行修补。表面错台采用角磨机人工磨平，打磨后使用目测及靠尺水平测量，可根据实际情况决定使用聚合物体水泥防水砂浆进行修补。

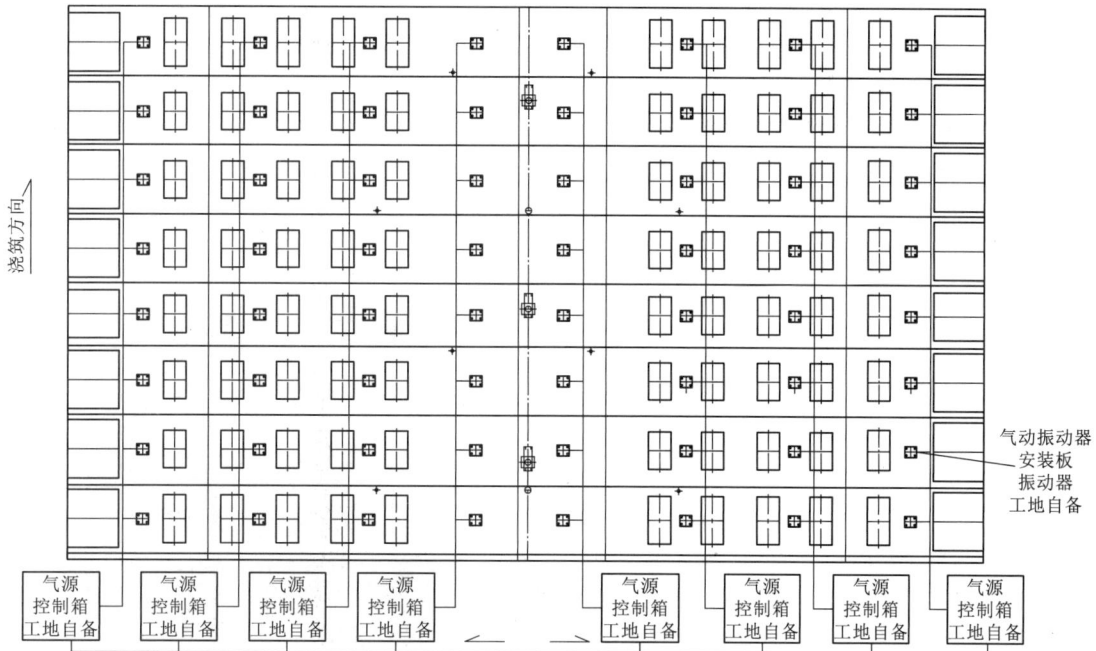

图 5.4-26 附着式振捣器布置图

拱腰以下防水砂浆层喷装：基面处理完成后开展聚合物水泥防水砂浆喷装施工，用专用搅拌枪进行现场搅拌。搅拌时间 6min，一次搅拌量在半小时内使用完毕。待表面指触干燥后采用喷雾进行防水砂浆层的养护，养护温度高于 5℃，潮湿养护 7d 后自然养护至 28d。

防护涂层施工：精确控制涂料用量、涂布厚度、面积、时间和施工温度，确保涂层质量和耐久性。预涂环节需特别注意边角和缝隙的覆盖，以增强涂料渗透和防止气泡。采用高压无气喷涂技术，一次性成型，使用湿膜厚度仪监测，保证 400μm 的设计厚度。

C50 混凝土表面的硬度和密实性较高，涂膜的干燥和固化速度相对较慢，需充分考虑干燥时间和环境温度等因素，以确保涂膜的质量和耐久性。涂装完成后应设置隔离区域，避免已完工涂层被工人践踏、正常运输时材料及设备划伤或其他损伤，养护时间达到要求后组织专人对外观和干膜厚度进行质量检测。

预应力混凝土表面防护是一个多步骤、系统化的施工过程，每一步都对涂层的质量和耐久性起着决定性作用。预应力混凝土表面防护工艺可以有效提高预应力混凝土结构耐久性，保证工程安全性和降低了长期维护成本，符合可持续发展的要求。

图 5.4-27 钢模台车脱模工艺流程图

7. 衬砌拱顶防脱空技术

隧洞衬砌脱空问题一直是施工中的通病，尤其是拱顶部位衬砌混凝土经常出现空洞，造成质量问题。传统的拱顶混凝土监测方法往往是台车端头模板封闭后，会采用安插管、设置拱顶预留孔溢浆及按泵车油压力表压力等方法确定混凝土是否灌满。这些方法均存在一定的人为或机械误差，无法科学、准确、直观地判断出隧道衬砌混凝土否被灌满。

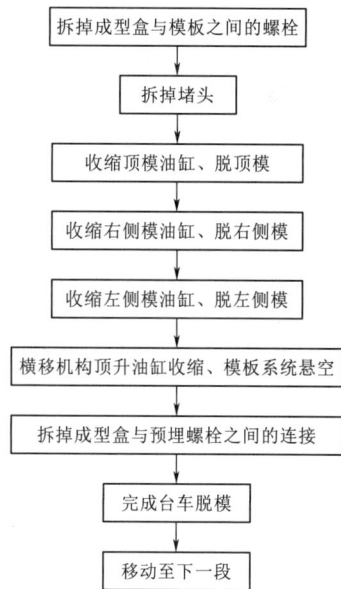

为解决上述问题，对衬砌台车进行改造优化。通过在注浆管中安装智能预警器对拱顶冲过程进行监控，将观察拱顶混凝土溢浆转化为更加清晰的灯光信号及声音信号，实现更精准判断。进一步利用音视频技术对混凝土灌注进行监控，有效监控衬砌混凝土浇筑过程，保证混凝土浇筑质量。

智能监控预警系统由预警器、混凝土压力监控系统、混凝土压力显示系统等组成。注浆施工时以 RPC 管为探测电极载体，将探测电极触点固定在 RPC 管顶端十字溢流槽上，形成冲顶混凝土预警器。当内衬混凝土接触到金属感应端头时，报警灯亮起蜂鸣器发出声响，实现对衬砌混凝土冲顶的有效监控。智能预警系统见图 5.4－28。

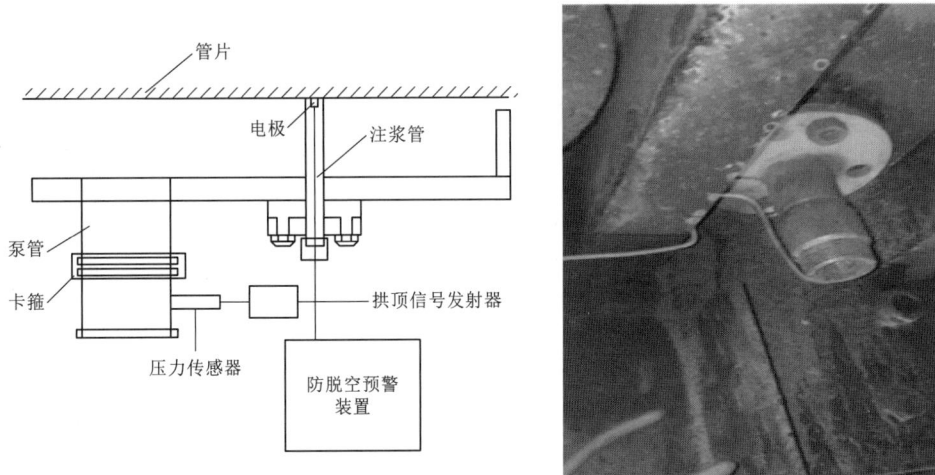

图 5.4－28　智能预警系统

混凝土浇筑监控系统内置监控成像传感系统由三个独立的摄像头组成，分别为主摄像头、左摄像头和右摄像头。其中主摄像头用于拍摄沿隧道纵向方向混凝土浇筑情况，左、右摄像头用于监测左侧和右侧模板附近混凝土浇筑情况。另外设置的高度探测器可检测端头衬砌混凝土实际厚度以及浇筑过程中实时厚度。显示控制系统实时显示三个摄像头的监控视画面、混凝土衬砌的实际厚度、浇筑过程中的混凝土实时厚度等信息，见图5.4－29。

图 5.4－29　智能预警显示控制系统

5.4.7　预应力环锚索的张拉

考虑到隧洞高内外水压力和地质条件复杂多变等特点，预应力环锚索张拉采用后张法以提高内衬预应力混凝土结构承载能力和安全稳定性。后张法预应力张拉是一种先浇筑混凝土，待混凝土达到设计强度后，再通过张拉预应力锚索以施加预应力的施工技术，以提升结构承载力和有效控制结构裂缝。

1. 张拉要求

混凝土达到100％设计强度且养护14d后进行预应力张拉施工。张拉以应力控制为主，伸长值校核为辅，当伸长值偏差超±6％时暂停作业。锚具槽拉力差控制在50％左右，位置偏差限于6mm内。严格按照图纸要求顺序进行张拉，确保张拉力与钢绞线中心线重合。张拉前需清除作业区障碍，张拉后采用机械切割多余筋，切断后露出锚具夹片外的长度不宜小于预应力筋直径1.5倍，且不应小于30mm。钢绞线张拉完毕后立即对切割端及锚具进行防腐处理，采用连续全封闭的防腐蚀体系，使无粘结预应力锚固系统处于全封闭保护状态。

钢绞线张拉控制应力 $\sigma_{con}=0.75fptk=1395MPa$，张拉偏转器摩擦损失值小于 $9\%\sigma_{con}$。钢绞线张拉保持匀速加载，加载速度按无粘结筋应力增加 $100MPa/min$ 的速度。预应力钢绞线正式张拉前进行预张拉，张拉应力应控制在 $0.15\sigma_{con}$。为减小钢绞线预应力损失，要求进行超张拉，超张拉的张拉程序从应力为零开始张拉至 $1.03\sigma_{con}$，满足伸长要求时进行锚固。伸长值控制满足：$0.94L$（理论伸长值）$\leqslant\Delta L$（实测值）$\leqslant1.06L$（理论伸长值）。

2. 张拉顺序

考虑到浇筑衬砌段边界附件的混凝土结构相对薄弱，环锚衬砌从中间位置锚具槽开始张拉。采用一套智能张拉设备从1序→11序→12序→13序→23序（0％～50％拉力值），24序→34序→35序→46序（50％～103％拉力值）；为防止环锚衬砌斜截面产生较大的剪应力，张拉时保证任意两个相邻锚具槽所受张拉力差值控制在50％左右的荷载设计，张拉作业顺序示意图见图5.4-30。

衬砌预应力张拉施工顺序图 ——— 1:50

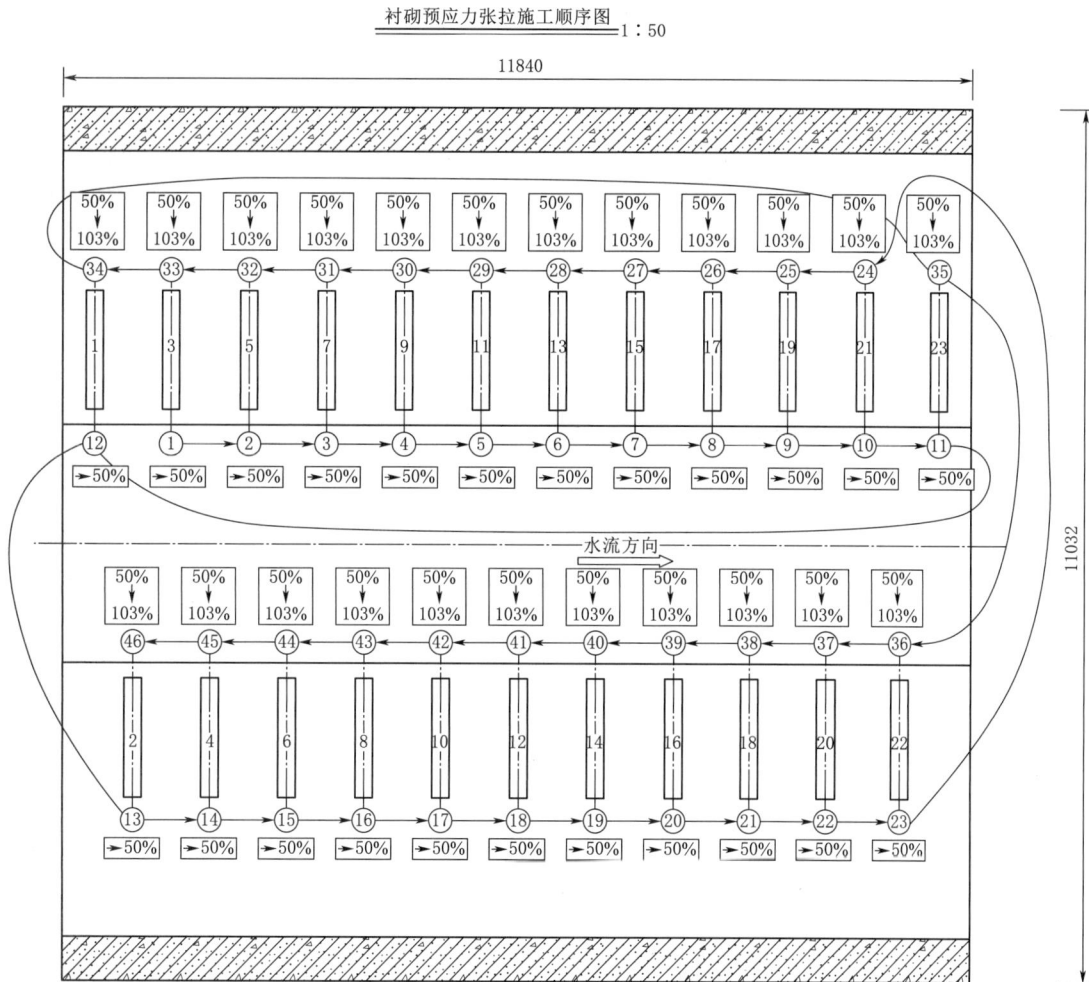

图5.4-30 张拉作业顺序示意图

3. 张拉施工工艺流程

钢绞线张拉施工工艺流程图见图5.4-31。

4. 钢绞线剥皮及抽拉

正式张拉前，使用工具刀对钢绞线工作段PE皮进行环切剥除（张拉端保留250mm，锚固端保

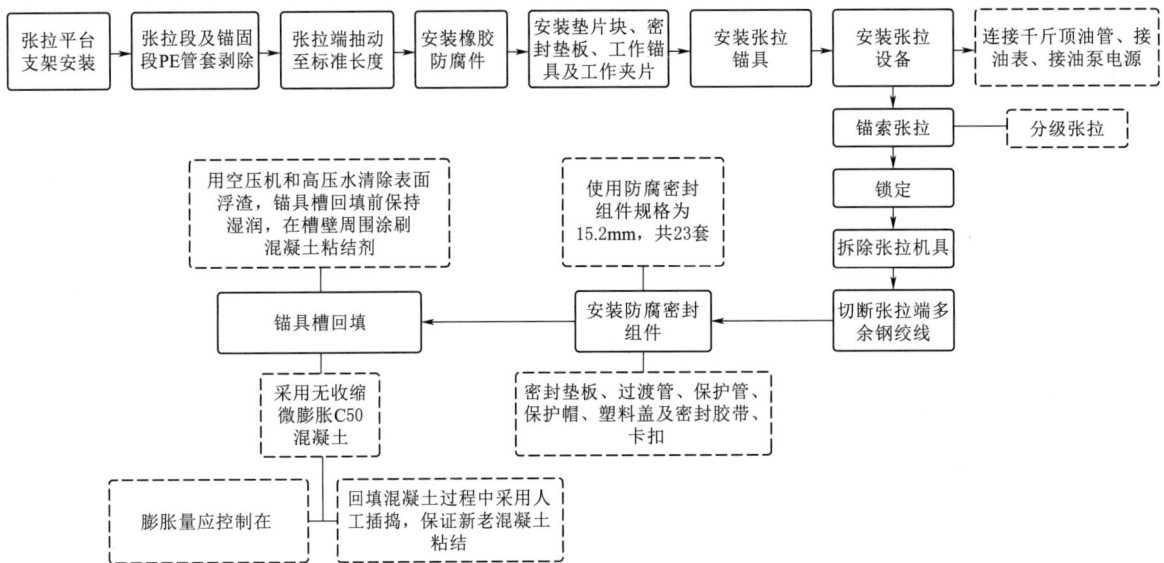

图 5.4-31　张拉施工工艺流程图

留 950mm），再逐根采用手动千斤顶将张拉段长度抽拉至组建张拉机具所需长度（1650mm）。为确保抽拉长度精准，提前在锚具槽内标出工作锚具位置及锚固端钢绞线工作位置。单根钢绞线工作段剥皮抽拉示意图见图 5.4-32。

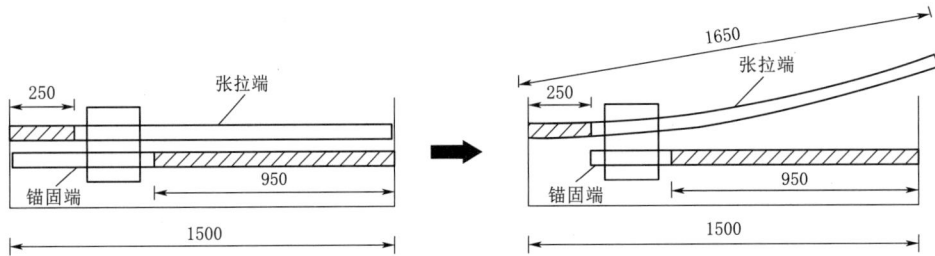

图 5.4-32　单根钢绞线工作段剥皮抽拉示意图（单位：mm）

5. 锚具组装

锚具组建顺序图见图 5.4-33。对钢绞线束工作锚具进行检查，使表面和锥孔内部干净无杂物。锚具定位于距主动张拉端喇叭管口 30cm 处，保证锚具在锚具槽内有足够的滑移空间。

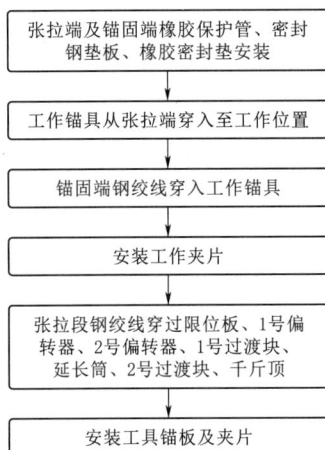

图 5.4-33　锚具组建顺序图

6. 分级张拉

钢绞线张拉应力设计值为 0.75fptk（fptk 为预应力钢绞线强度标准值，即 1860MPa），若有特殊要求，可提高 0.05fptk。8 根绞线同时张拉达到 0.75fptk 时，千斤顶最大张拉力分别为 $F=$ 1562.4kN（15.2 绞线）。张拉荷载采用以应力标准为主、以伸长值校核为辅的控制方法，张拉时保持匀速加载。

钢绞线张拉计划分为 6 级匀速加压，先采用 8 根钢绞线整体张拉预紧，预张拉荷载为设计张拉力的 15%。偏转器各接口紧密贴合后，再按分级张拉表分 5 级进行整体智能张拉。张拉过程中每级荷载达到预定值后稳定 5min 再进行下一级加载，最后一级张拉荷载稳定 10min；每级荷载施加后应测量每级荷载下钢绞线的伸长值。锚具锁定后应测量回缩量，实测回缩量不应大于 5mm。

7. 智能张拉及传输

张拉过程中，利用智能张拉设备内置计算机系统和光纤将参数实时上传到系统后台数据库，实现施工数据的远程监控与管理。用户可登录系统在线查看当前拉伸数据，并查询已完成的拉伸数据，从而实现施工监管控制一体化。

张拉程序编制和输入依据为设计方案和施工组织设计，所需数据涉及节段号、索号、索长、钢绞线规格型号、设计张拉力（自动转换成张拉油压）、张拉分级、每级理论伸长值、理论夹片回缩量、各数值的规范允许误差范围等。工程数据采集主要为张拉力、张拉伸长值、锚固回缩量等，数据可实时通过无线网络进行传输，所有数据可远程调用，确保数据的实时性和可追溯性，提高了施工管理的现代化水平。

8. 锚固体系防腐

预应力锚固体系采用的防腐主要组件包括密封钢垫板、保护帽、过渡管、保护管、塑料盖以及密封胶带等。防腐体系需进行水密性试验，合格后方可投入使用。密封防腐组件效果图见图 5.4 - 34。

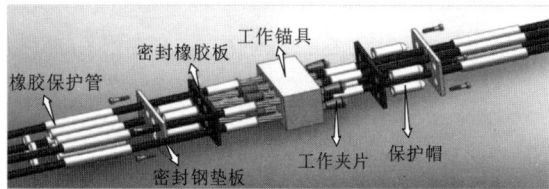

图 5.4 - 34　密封防腐组件效果图

严格按照预应力锚固体系防腐组件装配图，依次将保护管、钢夹管、密封垫板、过渡管穿入钢绞线，并按照设计要求切除多余钢绞线，检查预留防腐保护管长度是否满足密封要求。剥除 PE 套管的钢绞线表面均匀涂抹防腐涂料，套上防腐保护管和过渡管。预应力锚固体系防腐组件安装完成后，组件表面及接缝处涂抹防腐环氧树脂。

5.4.8　伸缩缝止水结构施工

为保证输水隧洞结构安全，有效控制内衬结构开裂，输水隧洞每间隔 12m 设置伸缩缝。伸缩缝是一种为应对收缩变形而设置的结构缝，其止水防渗效果事关工程的安全稳定运行。特别是高内外水压和复杂地质条件结构变形大的工况下，伸缩缝止水的设计和施工异常重要，它事关工程安全稳定运行。

1. 伸缩缝止水结构

伸缩缝止水布置大样图见图 5.4 - 35。每道缝设置两层止水，靠管片侧 25cm 处安装一道 460mm 宽、1.2mm 厚的环向止水铜片，在衬砌迎水面一侧 10cm 处设置一道 260mm 宽、12mm 厚的后置式 GB 复合橡胶止水带。衬砌混凝土浇筑时前预埋定位螺栓套，拆模后安装橡胶止水带及不锈钢压板，并采用丙乳砂浆回填，止水缝完成面刮涂 460mm 宽、厚度 2mm 防水聚脲涂层。

2. 施工工艺流程

伸缩缝止水施工工艺图见图 5.4 - 36。

3. 止水铜片安装

止水铜片是一种广泛应用于地下工程领域的高效可靠的密封材料，一般选用高纯度、耐蚀性强的紫铜材料。止水铜片布置在靠管片侧 25cm 位置，宽度为 460mm，厚度为 1.2mm，单环全长 21.9m。止水铜片定位模板采用 2mm 厚定型钢模板，模板上端宽 200mm，定位止水铜片两侧，模板下端长 250mm，中间定位铜"鼻子"，两侧用 ϕ14 钢筋支撑模板，下端与纵向钢筋焊接。双层止水布置示意图见图 5.4 - 37，止水铜片定位安装图见图 5.4 - 38。

止水铜片分 4 段定型加工生产，3 块弧段（5.65m）加 1 块平直（3.15m+2×0.91m），在仓面钢筋台车上进行原位焊接，止水铜片焊接采用双面搭接焊，搭接接头长 2cm，即每段加工长度增加 4cm。止水铜片接头分布断面图见图 5.4 - 39。

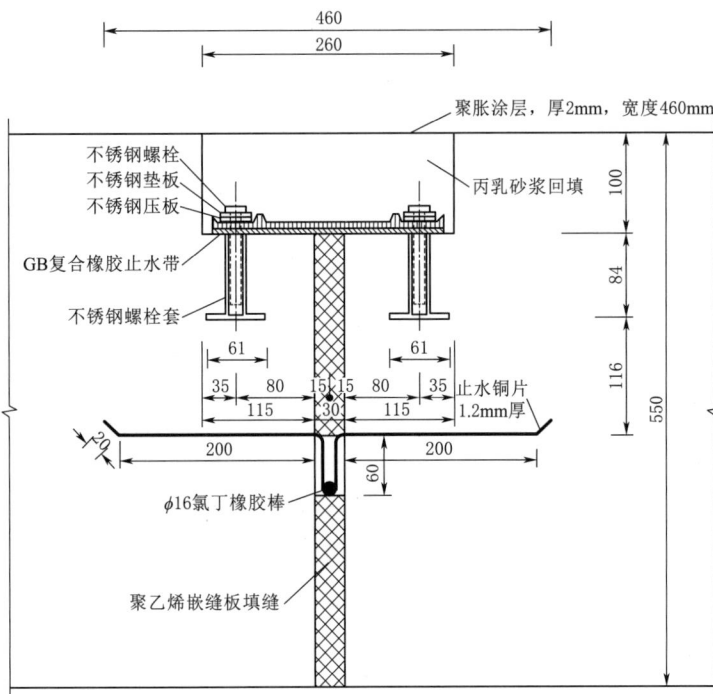

图 5.4-35　伸缩缝止水布置大样图（单位：mm）

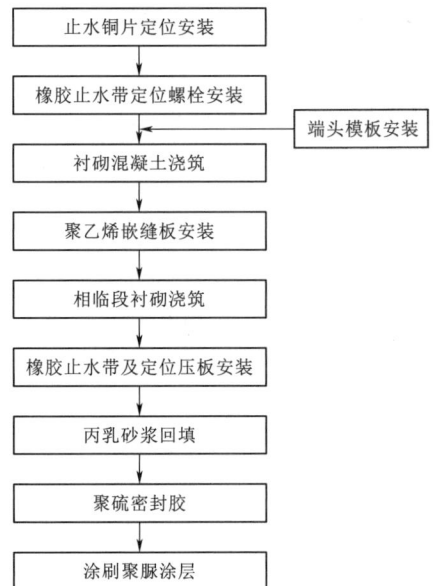

图 5.4-36　伸缩缝止水施工工艺图

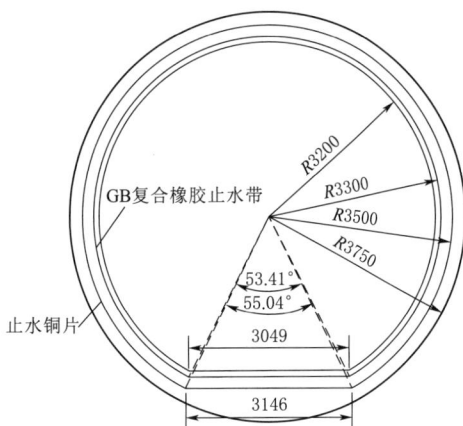

图 5.4-37　双层止水布置示意图
（单位：mm）

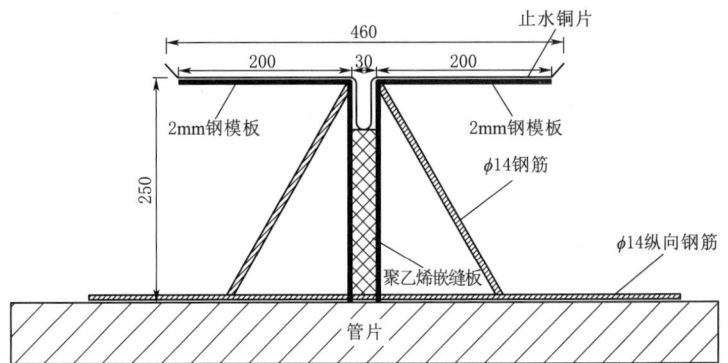

图 5.4-38　止水铜片定位安装图（单位：mm）

4. 橡胶止水带定位螺栓安装

橡胶止水带是确保伸缩缝止水在高内水条件下保持良好密封性能的关键要素，采用高弹性、耐老化的橡胶材料。先制作 5mm 厚的定位钢板，根据橡胶止水带定位螺栓预埋位置在钢板上钻孔。安装过程中，将相邻的定位螺栓固定于钢板，依据现场控制点和轴线，安装并调整螺栓位置及标高，接着使用钢筋架将螺栓与钢筋网连接固定。安装完成后，拆除定位钢板，用土工布包裹螺栓套以防混凝土堵塞。

5. 聚乙烯嵌缝板安装

聚乙烯嵌缝板是一种用于接缝填充，防止水分渗透，提高伸缩缝密封性的半硬质闭孔泡沫材料。衬砌混凝土浇筑后，止水铜片上下端安装 30mm 厚的聚乙烯嵌缝板，单环面积为 12.8m²。嵌缝板分两层安装，第一层位于管片至止水铜片"鼻子"底部，高度 190mm，嵌缝板切割成 1m 长圆弧状；第二层位于止水铜片迎水面，高度170mm，居中安装，用专用胶粘结固定于混凝土。

6. GB复合橡胶止水带安装

为确保隧洞防水性能和结构安全，止水缝设计采用12mm厚的后置式GB复合橡胶止水带，该止水带由GB止水板和橡胶止水带组成，是一种复合材料止水产品。GB复合橡胶止水带大样图见图5.4-40。施工前对预留槽口两侧缝面进行凿毛处理，后将GB复合橡胶止水带准确定位并打孔，从槽口底部平直段中间开始，由两侧向上铺设，并用M14不锈钢螺栓（A4-70级）配合不锈钢压板、垫板固定。安装后进行扭矩测试，确保扭矩达到140N·m。

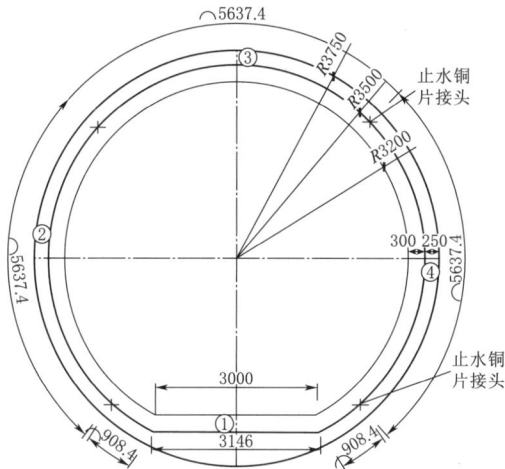

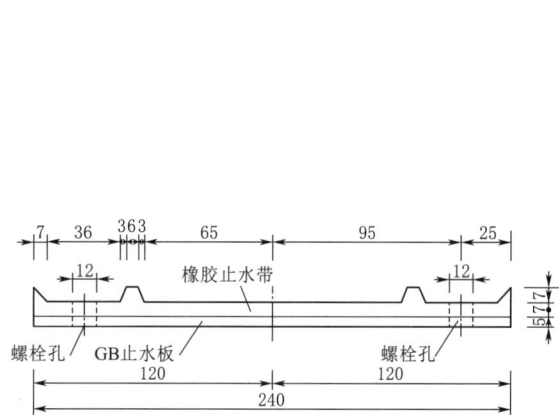

图5.4-39 止水铜片接头分布断面图（单位：mm）　　图5.4-40 GB复合橡胶止水带大样图（单位：mm）

7. 丙乳砂浆回填

丙乳砂浆作为一种常用的伸缩缝填充材料，无毒无害，具有优异的粘结性能和卓越的抗渗性能。GB复合橡胶止水带安装完成后，按设计要求采用单组分丙乳砂浆进行回填施工。丙乳砂浆直接掺水拌制，回填采用3～5遍分层刮涂方式，每层厚度小于3cm。丙乳砂浆施工工艺如下。

（1）基面处理：清理槽内混凝土面，用大功率风筒吹净伸缩缝处，总处理宽度26cm，确保基面无杂物、粉尘、油污，凿毛两侧并清理干净，洒水湿润。

（2）拌制砂浆：按100kg丙乳砂浆骨料配15kg水的比例，将骨料和水放入搅拌机，搅拌2～3min至黏稠状后使用。

（3）分层刮涂：从两侧向中间，由低至高人工刮涂，底部平直段3层，拱腰部位4层，拱顶部位5层，每层间隔6小时，单次刮涂厚度小于3cm，表面压光找平，确保与混凝土面无错台。丙乳砂浆分层刮涂示意图见图5.4-41。

（4）养护：刮涂完成后，覆盖薄膜并喷洒水雾养护7d，丙乳砂浆养护见图5.4-42。

8. 聚脲涂层施工

聚脲涂层作为一种新型高性能防护材料，具有绿色环保、快速固化、力学性能和耐久性能优异，施工高效等特点，能有效提高伸缩缝的防水性能。

聚脲涂层施工工艺如下。

（1）缝面清理：使用钢丝刷清理伸缩缝及两侧各10cm宽的混凝土基面，总宽度46cm。用高压水枪冲洗并用吹风机吹干，确保基面无杂物、粉尘、油污，必要时使用烤枪进行干燥处理。

（2）基液涂刷：在清理好的伸缩缝的宽度范围内使用滚筒或排刷均匀涂刷环氧基液，要求涂刷部位均匀，无漏涂、无堆积，增强粘结强度和封闭潮气。

（3）环氧中涂：将拌好的修复材料用抹刀涂抹于已涂基液的基面上，连续同向摊铺，注意压实排气，确保涂层厚度1.5mm。涂抹后压实找平，压实提浆，间隔2h后再次抹光。

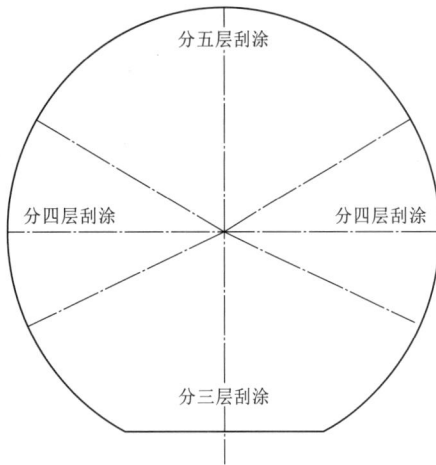

图 5.4-41　丙乳砂浆分层刮涂示意图

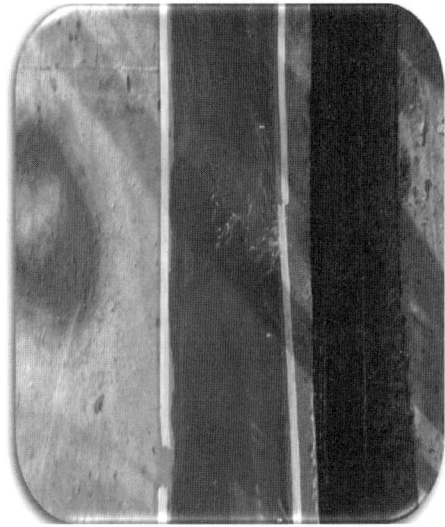

图 5.4-42　丙乳砂浆养护

（4）聚脲涂层：待环氧中涂终凝后，涂刷界面剂以增强附着力并阻隔潮气，预防聚脲涂层缺陷。待表干后用塑料刮板均匀刮涂单组分聚脲，每次厚度 0.4～0.6mm，分 4～5 次完成。待下层涂层表干后再涂上层，间隔小于 24h，直至总厚度达 2mm。

第6章 盾构隧洞内衬钢管施工关键技术

输水盾构隧洞内衬钢管结构是一种较为常用的复合衬砌结构型式，主要针对深埋于地底、施工环境较差等工况。对于深埋复杂地质超长输水隧洞工程，内衬钢管施工主要存在深埋大直径输水内衬钢管长效防腐蚀技术、洞内狭小空间大直径钢管运输安装、安装环缝全位置高质量高效率焊接等关键技术难题。

1. 深埋大直径输水内衬钢管长效防腐蚀技术

输水内衬钢管的涂层耐久性要求达到50年以上，对涂层性能要求极高，采用常规液体环氧涂料无法满足要求，在珠江三角洲水资源配置工程中采用熔结环氧粉末涂层内防腐、环氧聚合物改性水泥砂浆外防腐、环氧液体涂料内补口及阴极保护外补口加强防护的综合长效防腐体系。

熔结环氧粉末喷涂工艺在石油管道上（管径通常在1m以下）的应用较为成熟，钢管直径较小，结构简单，采用预热炉或中频线圈外壁加热能迅速升温，达到粉末喷涂稳定要求；而珠江三角洲水资源配置工程内衬钢管内径4.8m，且外壁设有加劲环，现有工艺和设备面临用电负荷大、中频电源功率要求高、加劲环处温差较大、涂层厚度难以控制等问题，对加热设备的精准温控和喷涂工艺精准控制要求较高。4m以上大直径钢管内壁采用熔结环氧粉末喷涂工艺在国内外尚无先例，带加劲环的大直径钢管使用熔结环氧粉末涂层工艺在国际上更是没有应用先例，也无现成的装备，研发一套适用于大直径钢管熔结环氧粉末内喷涂设备及涂装工艺，不仅是保障工程内衬钢管防腐质量的技术需要，也是促进行业技术发展的需要。

2. 长距离输水隧洞内衬钢管安全高效运输安装技术

输水隧洞内衬钢管是复合衬砌结构的核心部位，其施工质量直接决定了引水工程的使用寿命。珠江三角洲水资源配置工程内衬钢管外壁与隧洞内壁间隙仅有154mm，外加劲环与隧洞壁监测仪器最小间隙仅有50mm，受隧洞狭小作业空间限制，大直径钢管在隧洞内运输、组对安装等作业严重受限，极易与洞壁、仪器、硅芯管等发生碰撞，造成不可修复的损坏。

此外，为保障安装环缝焊接质量，钢管间的组对间隙、组对错边误差精度要求极高，安装环缝钢管错边量不超过板厚的10%~15%，钢管组对间隙仅为2~4mm。在此工况下，组对安装难度极大，对钢管组对安装工艺有着非常高的技术要求。

因此，如何实现狭小作业空间大直径内衬钢管安全高效运输和精准组对安装是钢管衬砌施工的关键技术难题。

3. 大直径内衬钢管单面焊双面成形全位置优质高效自动焊接技术

输水隧洞内衬钢管安装环缝的焊接通常采用CO_2气体保护焊进行内外交替焊接。该焊接工艺虽然比较成熟，但劳动强度大、效率低，对焊工的技能水平要求极高，焊缝质量受焊工精神状态影响较大。珠江三角洲水资源配置工程内衬钢管安装缝焊接对焊缝质量要求较高，采用人工焊接很难满足质量要求，且安装缝只能通过单面焊双面成形全位置焊接完成。

通过研发智能焊接机器人，建立全位置自动焊接工艺库，提高大直径钢管安装现场焊接机械化和自动化的水平，形成一套适用于大直径内衬钢管内环缝单面焊双面成形全位置自动焊接技术，对保障钢管焊缝质量，提升焊接工作效率具有重要意义。

本章以珠江三角洲水资源配置工程为例，系统介绍了盾构隧洞内衬钢管复合衬砌施工关键技术，主要包括大直径内衬钢管制造、钢管长效耐腐蚀涂层涂装、长距离智能运输、狭小空间精准组对安装、全位置单面焊双面成形自动焊接等技术。

6.1　工程概况

珠江三角洲水资源配置工程采用全封闭深层地下输水方式，输水隧洞位于地下40～60m处，最大输水压力1.3MPa，输水管道需要承受巨大的外水压力和内水压力。为了解决内外水压力大的问题，采用分离式受力结构设计，将盾构管片和内衬结构分为两部分，形成分离式受力方式，即盾构管片用于抵抗外压、内衬结构用于抵抗内压。隧洞全线内衬施工150km，包含钢管内衬87km、预应力混凝土内衬35km、普通混凝土内衬28km，其中内衬钢管复合衬砌线路较长，盾构管片外径6.0m，内径5.4m；内衬钢管内径为4.8m，壁厚20～26mm，外壁设有10道加劲环，外设加劲环高度120mm，每段长度为12m，钢管与管片间填充自密实混凝土，钢管复合衬砌断面图见图6.1-1。

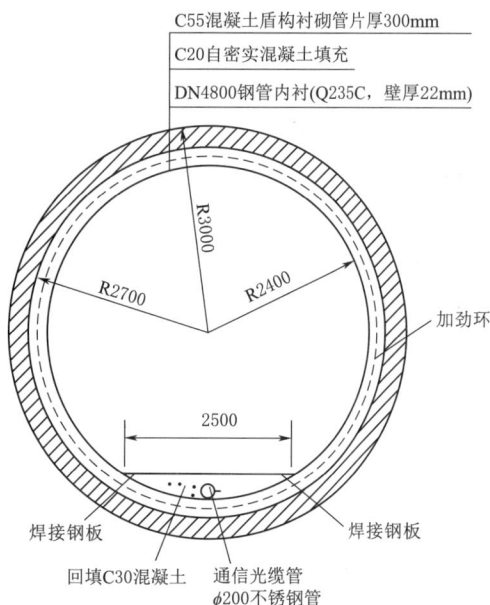

C55混凝土盾构衬砌管片厚300mm
C20自密实混凝土填充
DN4800钢管内衬(Q235C，壁厚22mm)
加劲环
R3000
R2700　R2400
2500
焊接钢板　　焊接钢板
回填C30混凝土　通信光缆管
ϕ200不锈钢管

图6.1-1　钢管复合衬砌断面图（单位：mm）

钢管运输安装作业空间极其狭窄，钢管外壁与隧洞内壁理论间隙仅约154mm，隧洞设有转弯半径为394m的大弯段、5%的大坡度，在运输过程中钢管外加劲环与隧洞壁监测仪器最小间隙仅有50mm，运输过程中钢管极易与隧洞壁和仪器发生碰撞，钢管在隧洞内组对安装作业严重受限，运输及安装难度极大。

钢管防腐性能要求极高，内衬钢管的涂层耐久性要求达到50年，如果采用普通的液体环氧涂料，通常防腐年限在20年以下，不能满足涂层耐久性要求。根据工程技术文件要求，内衬钢管内壁采用熔结环氧粉末涂层，涂层厚度为450μm，性能要求共17项，涂层指标要求非常苛刻，对加热设备的精准温控和喷涂工艺精准控制的要求极高。

6.2　大直径内衬钢管高精度制造技术

6.2.1　制作工艺流程及要求

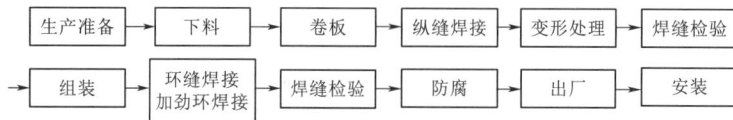

1. 制作工艺流程

生产准备 → 下料 → 卷板 → 纵缝焊接 → 变形处理 → 焊缝检验

组装 → 环缝焊接加劲环焊接 → 焊缝检验 → 防腐 → 出厂 → 安装

2. 通用制造要求

（1）焊接总体要求

①焊接人员要求：焊接人员经过专业培训，其施焊位置不得超过合格证上规定的施焊位置。

②焊接设备要求：焊接设备处于完好状态，各表计量要求灵敏。

③焊接工艺评定：对于不能由原焊接工艺评定覆盖的焊接工艺必须进行焊接工艺评定，评定合

格后方可执行该焊接工艺。在制造车间施焊的钢管纵缝和环缝采用埋弧焊，加劲环与钢管的焊缝采用埋弧焊或二氧化碳气体保护焊，加劲环对接、注浆孔加强板的焊接采用二氧化碳气体保护焊。

④焊接材料的保管和烘焙严格按操作规程及焊材说明书要求进行操作。

⑤焊缝坡口的形状和尺寸与设计图纸的要求一致。切割的质量必须达到相关标准，坡口表面使用砂轮进行磨平处理。

⑥定位焊要求：钢管纵向和环向焊缝的定位焊位于外部，加劲环等部件的安装定位焊工艺要求与正式焊缝相同。

⑦在焊接工卡具时，引弧和熄弧点位于工卡具上。工卡具的拆除使用氧气乙炔进行切割，确保不损伤母材。切割后，需用砂轮将表面磨平，仔细检查是否存在微小裂纹。

⑧当焊缝局部间隙超过5mm，但其长度不超过焊缝总长度的15%时，在坡口两侧进行堆焊处理，修磨以恢复原坡口尺寸。焊接工艺应与原焊缝工艺保持一致。在进行堆焊时，严禁在间隙内填充金属材料。

⑨在进行埋弧焊时，焊缝的两端需要安装引弧板和熄弧板。这些板的焊接和拆除要求与工卡具的焊接和拆除相同。

⑩Ⅰ、Ⅱ类拼接焊缝坡口开设要求：对于板厚12mm以下，采用Ⅰ形坡口，间隙3～4mm；12mm$<\delta\leqslant$30mm钢板采用V形坡口，对口错边量不大于1mm，间隙0～2mm；$\delta>$30mm钢板采用X形坡口，对口错边量不大于1mm，间隙0～2mm；坡口两侧20mm范围内均应使用砂轮机打磨出金属本色，去除浮锈及杂物。焊接方法采用埋弧自动焊，先焊一面，然后反面碳弧气刨清根并打磨，再施焊另一面。根据焊缝高度进行分层多道焊接，多次翻边，尽量减少焊接变形。多层焊的层间接头应错开。每条焊缝一次性连续完成焊接，如果因为某些原因需要中断焊接，需要采取防止裂纹产生的措施。在重新开始焊接之前，将表面清理干净，确认没有裂纹后，再按照原来的工艺继续进行焊接。

⑪焊接完成后，焊工进行自检。对于Ⅰ类和Ⅱ类焊缝，在焊缝附近打上焊工代号的钢印，做好相应的记录。焊接完成后，焊工进行自检。做好编号和记录，同时焊工在记录上签字。

（2）焊缝检验

①所有焊缝均进行外观检查，外观质量符合规范及图纸相关规定。

②所有Ⅰ、Ⅱ类焊缝严格按规范及图纸技术要求进行无损探伤。如发现有超标缺陷时，在其延伸方向或可疑部位作补充检查；如补充检查不合格，则应对该条焊缝进行全部检查。

（3）焊缝返修与处理

对于超出规定范围的焊接变形部位和不合格的焊缝，根据规范中的要求逐项进行处理，直到满足标准后才能进行下一步工序。

（4）工艺流程与焊接工艺

钢管的加工、组装和焊接工序按照预先编制好的工艺流程和焊接工艺进行。在制造过程中，随时进行检测，严格控制焊接变形和焊缝质量。同时，根据实际操作情况对工艺流程和焊接工艺进行调整。对于超出规定范围的焊接变形部位和不合格的焊缝，必须根据规范中的要求逐项进行处理，直到满足标准后才能进行下一步工序。

6.2.2　钢材下料和坡口加工

1. 下料工序要求

（1）依据设计图，单节拼接用管为3m宽，在排料时单节钢管由一块无拼接钢板卷制而成，且与相邻管节的纵缝距离大于300mm。

（2）下料前仔细核验板材牌号、炉批号、规格、钢板外观及尺寸大小并做好记录与记号，及时填写下料检验记录表，确保每一管节原材料的可追溯性，每张板切割前应进行模拟切割走刀，避免切割错误，造成浪费。

（3）板材切割后及时测量其切割尺寸（长、宽、对角线长度），与设计要求相比，其长度偏差不超过2mm，宽度偏差不超过1mm，对角线长度偏差不超过3mm。

（4）切割好的板材应堆放于指定位置，堆叠高度不允许超过2m。切割废料应堆放于废品材料堆放区，统一处理。

（5）加劲环、注浆孔加强板下料的要求与钢管下料相同。加劲环的零件采用钢板下料时，做好零件半径、长度等检查；加劲环采用板条弯卷时，下料时要检查板条的宽度，清除板条上的铁渣等杂污物。见图6.2-1。

2. 坡口加工要求

纵、环焊缝的坡口制备是焊接质量的关键，严格按照作业指导书中规定的尺寸规格进行精确切割。在使用半自动气割小车进行坡口切割时，采用单人单机的操作模式，确保操作者能够时刻监控小车的行进轨迹和切割角度，保障坡口制备的高合格率。同时，为了确保焊接质量，采用角磨机对坡口侧表面进行打磨，彻底去除20mm范围内的铁锈和氧化皮。见图6.2-2。

图6.2-1　钢板下料图

图6.2-2　钢板开坡口图

6.2.3　卷圆、回圆和加劲环卷制

1. 单节钢管卷圆

（1）卷圆前应复核下料后的测量尺寸，清理钢板表面已剥离的氧化皮和其他杂物。做好管道内壁与外壁的圆度样板，样板弦长不得小于1m，样板与管道内壁的允许间隙不允许超过2mm。

（2）卷制时注意缓慢增加卷制压力，逐步增大钢板曲率，直至达到预设参数。

（3）卷制时，及时测量管体管壁与样板的偏差，测量管节周长，及时调整，不得用金属锤直接敲击钢板。

（4）卷制至钢板围拢成管形时，用电焊间隔点焊在管壁外侧用以固定；点焊前应控制其错边量不超过2mm，对接间隙不超过2mm；点焊后，再次卷圆，确保圆度满足要求，及时做好卷圆工序管节内径尺寸、外径周长、椭圆度等数据。

2. 加劲环卷圆

加劲环采用弯卷加工时，其加工要求与单节钢管加工卷圆相同。每个加劲环分为4～8等分；卷制后用样板检查其圆度、平直度等。

3. 单节钢管回圆

管节完成纵缝焊接后，在组对装配前须矫正回圆，特别是针对纵缝位置，利用卷板机对管节进行回圆处理，用内外样板进行比样检测，确保管节任何位置与样板偏差均不超过 2mm。及时做好卷圆工序筒节内径尺寸、外径周长、椭圆度等数据的测量工作。见图 6.2-3。

6.2.4 钢管组对及加劲环安装

1. 钢管组对

（1）卷圆后对管节两侧测量周长，标记于管节两端，相邻两节管节接口周长差超过 10mm 的不允许组装。在组对过程中，确保纵缝避开横断面的水平轴线和铅垂轴线。与这些轴线的圆心夹角大于 10°，且弧线距离大于 300mm。此

图 6.2-3 钢板卷制图

外，相邻管节之间的纵缝距离大于 300mm。单节管由一张钢板组成时，纵缝相错 300mm 以上，尽量相错 180°。

（2）组对时，均分管节的错边量，避免局部错边量的超差；控制错边量不大于 2mm，组对间隙不大于 2mm，管节直线度与同轴度控制在 3mm 内。

2. 加劲环立式安装

加劲环立式安装指的是单节钢管竖立状态下加劲环在水平位置安装。

（1）在地面上将钢管端面放样，画出管壁内外圆，在外圆外侧均匀安装限位挡块。

（2）将钢管竖立落在地样上，外壁对准地样外圆线，未重合处用千斤顶从内侧调节到重合为止，全部重合为合格；若圆周长与理论有偏差时，偏差必须均匀分配在圆周各处，严禁将偏差集中处理。

（3）下口与地样对齐压紧后，检查上口圆度，有超差时采用支撑临时撑到位；按图纸把加劲环安装位置在外圆周管壁上画出，每节管 2～3 道加劲环，根据具体管节确定。

（4）加劲环与钢管外壁垂直安装，倾斜度符合 SL 432 相关要求，与管壁的局部间隙不超过 3mm。

（5）加劲环接口与钢管纵缝错开 200mm 以上。

（6）加劲环点焊完成后再次检查管口圆度、加劲环安装尺寸等，标上管节方向。

3. 加劲环卧式安装

（1）加劲环卧式安装指的是钢管卧倒状态下加劲环在竖直位置安装，此工序在单节管组对后进行。在组对完成的钢管上划出加劲环的安装位置和管段的方向。

（2）采用工装在加劲环安装位置内侧将钢管撑圆并安装加劲环。

（3）安装要求与立式安装方法相同。

6.2.5 管节纵缝与环缝焊接

1. 纵缝焊接

（1）纵缝焊接在卷圆点焊后进行，焊接前对筒节的规格、圆度进行测量，确认无误后方可进行焊接。

（2）焊接前先制备好与纵缝同等厚度同等坡口尺寸的引弧板，引弧板长度应大于 100mm，焊接参数严格按照焊接工艺指导书执行，除底层与盖面，每层用小锤轻轻敲击焊缝，去除焊渣，以保证埋弧焊焊接质量。

（3）完成内侧焊缝焊接后，对外侧焊缝进行清根处理，然后进行焊接。

（4）每层焊缝焊接完成后由焊工记录焊接参数、焊接时间、层数、并签字。见图6.2-4。

2. 环缝焊接

（1）采用高效的埋弧自动焊技术，严格依照焊接工艺指导书的规定进行操作。在焊接开始前，仔细清理焊道，确保其清洁无杂物。多名焊工同时对多条焊缝进行施焊，先从筒体的内侧开始，然后再逐步转向外侧进行盖面焊接。

对于所有拟焊的面及坡口两侧，彻底清除氧化皮、铁锈、油污及其他杂物，确保焊接面的清洁。每一焊道完成后，及时进行清理，在检查合格后再继续焊接作业。每层焊缝焊接完成后，详细记录下焊接参数、焊接时间、层数等信息，并签字确认。

焊接结束后，进行全面的校验工作，包括焊接检验和尺寸检验，以及必要的焊缝探伤，以确保焊接质量符合严格的标准要求。

（2）加劲环与管壁的环焊缝采用埋弧焊焊接时，在平位置焊接，其要求与管节对接焊缝相同；加劲环采用二氧化碳气体保护焊焊接时，可在平位置或立位置上焊接，注意焊缝的分层分道。

（3）加劲环与管壁的焊缝要求圆顺过渡到两侧母材。见图6.2-5。

图6.2-4 管节纵缝焊接图

图6.2-5 管节环缝焊接

6.2.6 加劲环多头并列式高效自动埋弧焊接

1. 结构分析

珠江三角洲水资源配置工程内衬钢管直径为4.8m，以12m为一节作为标准管段，每标准管段外壁设10道加劲环，加劲环间距1.2m均匀分布，环高120mm。加劲环与管体垂直对接（即管板角焊缝），双面满焊（无需焊透），焊脚高度不小于10mm。加劲环与管体连接方式统一且均匀分布，焊接要求一致且对称，给实现单人4道管板角焊缝自动化焊接提供了可行性。

2. 难点分析

要实现单人可进行4道管板角焊缝的高效焊接，市场没有现成的通用焊接设备，通过创新，设计一套符合要求的设备，同时研发出一套匹配的工艺参数，来满足图纸及规范对焊缝的要求。实现过程中主要有以下3个难题。

（1）如何实现焊接设备的整合与集成，由一名焊接操作人员集中控制多把焊枪，同时进行4道管板角焊缝的焊接。

（2）如何实现自动化焊接，即焊接设备要能自适应一定程度的结构尺寸变化且可靠（钢管存在不圆度、加劲环安装垂直度等影响因素），焊枪与角焊缝自动跟随如何实现。

（3）如何通过控制钢管转动速度、焊枪角度、焊接电压、焊接电流、焊丝直径等5个参数，确保一道焊接成形，焊缝质量满足图纸和标准要求。

3. 焊接设备方案

依托单丝埋弧焊的基本原理，将多台焊接设备进行整合与集成创新，开发出一套龙门架多头并列式埋弧自动焊接设备，单人能够操作4道管板角焊缝的自动化高效焊接，龙门架多头并列式埋弧自动焊接设备主要由龙门架、升降横移机构、焊接机头、焊剂给料及回收系统、送丝机构、控制系统等组成。见图6.2-6。

图 6.2-6 整体设备构造示意及实物图

（1）龙门架：龙门架可设置两种类型，即固定式及可移动式，根据车间条件进行选择，龙门架主要包含平台框架、护栏、爬梯、行走机构（可移动式）等主要部件，龙门架各部件通过螺栓机构进行连接。主要用来承载各焊接设备、材料、焊接人员。见图6.2-7。

图 6.2-7 龙门架构造示意及实物图

（2）升降横移机构：升降横移机构主要包含竖梁、横梁、滑块、制动装置等，用来控制焊接机头横向间距及纵向位置，使焊枪位置能够与工件结构相匹配，4个焊接机头双双并列排布在横梁上，便于实现加劲环双面两道同时焊接。见图6.2-8。

图 6.2-8 升降横移构造示意及实物图

（3）焊接机头（跟踪机构）：该部件是实现自动焊接的关键，如何实现焊枪与角焊缝自动跟随，对比涡流式传感器、激光视觉传感器、机械跟踪装置等焊枪与角焊缝跟随方式，通过查阅文献资料了解到涡流式传感器、激光视觉传感器等难以应对结构的突变（出现过缝孔、纵焊缝余高、串浆孔、点焊），一般与气体保护焊接配套使用，焊接效率低于埋弧焊，且造价相对较高，最后选定通过机械跟踪装置来实现。针对产品特性，设计了一种大直径钢管加劲环与管体角焊缝焊接焊枪定位装置，该装置包含两部分，轴向定位机构：主要有轴向跟踪安装板、轴向滑轨、轴向位置控制组件、轴向驱动组件和轴向定位轮。径向定位机构：主要有径向跟踪安装板、径向滑轨、径向位置控制组件、径向驱动组件和径向定位轮等部件。见图6.2-9。

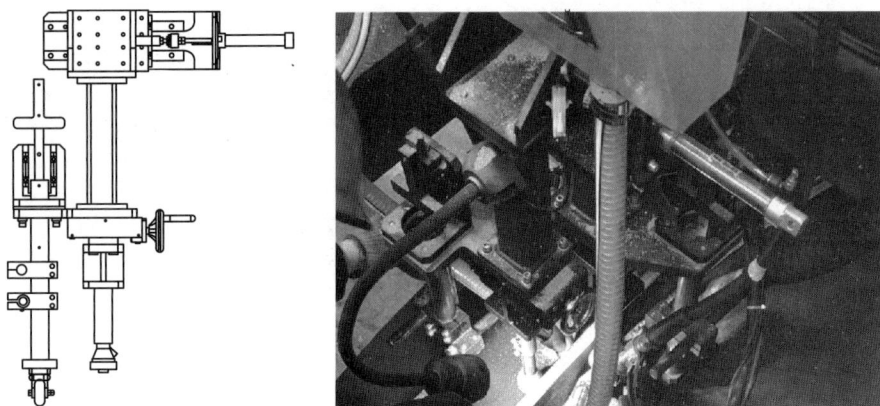

图 6.2-9　机械跟踪结构示意及实物图

轴向定位机构工作原理：主要依靠气杠使轴向定位轮与加劲环侧面处于贴合受压状态，随着加劲环垂直度变化，定位轮在加劲环表面轴向移动，始终与加劲环保持相对位置不变。

径向定位机构工作原理：主要依靠自重使径向定位轮与管体处于贴合受压状态，随着管体圆度变化，定位轮在滑轨中径向移动，始终与管体保持相对位置不变。通过轴向及径向定位机构配合，控制焊枪位置随工件变化（钢管的圆度、加劲环的垂直度）而自动调整，始终使焊枪与加劲环角焊缝保持在一个固定位置，实现大直径钢管加劲环与管体角焊缝焊接的自动对准，进而使单人同时操作多台埋弧焊机，提高焊接效率。

（4）焊剂给料及回收系统：主要由大料筒、交流电机、负压风机、除尘装置、回收软管等部件组成，交流电机驱动，负压风机控制，除尘袋过滤。在回收过程中，微粉尘和焊剂自动分离，有效回收率达95%以上。自动回收系统的使用及配套的大容量料筒均有利于节省焊接人员的工作量，辅助实现单人同时操作多台设备。见图6.2-10。

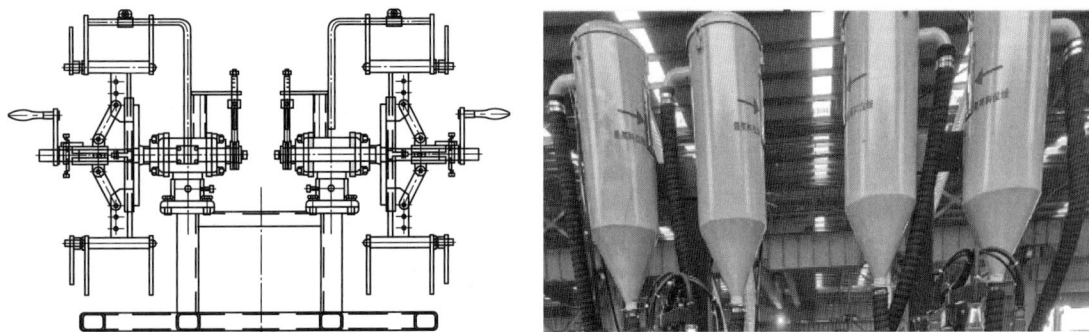

图 6.2-10　焊剂给料及回收系统实物图

（5）送丝机构：主要由支座、焊丝转盘等部件组成，采用单支座双出结构设计，节约龙门上平台的安装空间，焊丝盘旋转送丝时阻尼可调，达到减小送丝阻力的目的，焊丝盘可旋转即可适应焊枪横向移动后送丝路径相对不变，从而有效保证送丝顺畅。送丝机构示意及实物图见图 6.2-11。

（6）控制系统：主要由集中控制台、电缆等组成，采用集中控制方式，控制龙门架行走（可移动式）、焊接机头的调节、焊剂回收装置的启停、多台焊接电源的引弧、收弧、送丝等。焊接过程自动进行，设有急停按钮。焊接速度数字显示，由变频器控制，无级调速，这些功能位于控制面板上，方便操作与观察，实现多枪及单枪的一键启停。

图 6.2-11 送丝机构示意及实物图

4. 焊接工艺

利用龙门架多头自动焊接设备理论上能够单人同时 4 道管板角焊缝焊接，实现自动高效焊接，但在实际焊接过程中要一道焊接成形，达到图纸要求，对工件主体制造、拼装质量提出更高的要求。加劲环与管壁间隙控制在 0.5mm 及以下，在拼装过程中出现局部位置间隙超过 0.5mm 时，通过二氧化碳气体保护焊进行溜缝，确保一次焊接焊脚高度达到要求，防止后续进行补焊及打磨，影响焊缝外观质量同时降低生产效率。

通过轴向定位装置、径向定位装置、焊枪夹持装置的相互配合，来调整焊枪位置及角度，使焊枪中心（焊丝）处于焊缝中心位置，焊枪与加劲环侧面成 45°，完成设备调整后，在加劲环拼装合格的基础上，经多组焊接参数试验对比，效果见表 6.2-1。

表 6.2-1　　　　　　　　焊 接 参 数 试 验

间隙 /mm	焊接电流 /A	焊接电压 /V	焊丝直径 /mm	焊接速度 /(mm/min)	加劲环侧焊脚高度/mm	筒壁侧焊脚高度/mm
≤0.5	650	30	5	500	6	8
≤0.5	730	30	5	500	9	10
≤0.5	790	30	5	500	11	12
≤0.5	760	33	5	510	11	11.5
≤0.5	760	33	5	520	10	10.5
≤0.5	760	33	5	530	10	10.5

选用直径 5mm 焊丝进行焊接，焊接电流控制在 760～790A、焊接电压控制在 29～35V、焊接速度控制在 500～530mm/min，在此焊接参数下，一次焊接成形的焊缝质量即满足图纸及标准要求。

6.2.7 注浆孔加强板安装

（1）钢管管体 1 号浇注孔位于 0°线和 180°线，2 号浇注孔位于 90°线。钢管管体 1 号、2 号浇注孔需预留 15°±2.5°的坡口。浇注（注浆）孔断面布置图见图 6.2-12。

浇注孔加强板的材质为 Q345C/Q355C，尺寸为 $\phi470/\phi150\sim28$mm，每排浇注孔断面设置 3 个

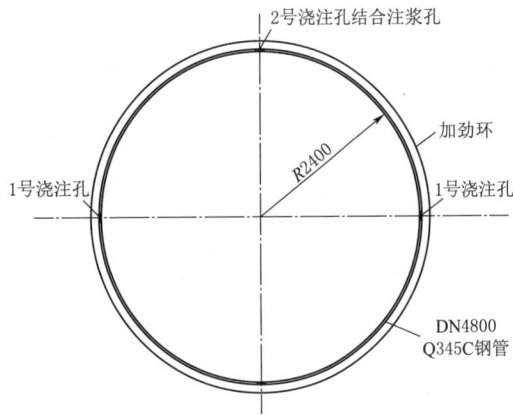

图6.2-12　浇注（注浆）孔断面布置图（单位：mm）

浇注孔3个，浇注孔断面间距为6m，焊接采用搭接焊接的方式，焊于加强板外环一圈。加强板浇注设置粗制螺纹，配临时螺栓和永久螺栓，临时螺栓中间开φ50注浆孔，用以二次注浆用，永久螺栓顶部开十字凹槽，方便拧入。浇注（注浆）孔加强钢板平面图见图6.2-13。

（2）浇注孔临时封堵板与外封堵板尺寸与浇注孔加强板上相适应，管体永久封堵板与管体钢板厚度相同，尺寸为φ170mm，预留坡口。临时封堵板与螺栓大样图见图6.2-14，永久螺栓图样见图6.2-15，管体永久封堵板大样图见图6.2-16。

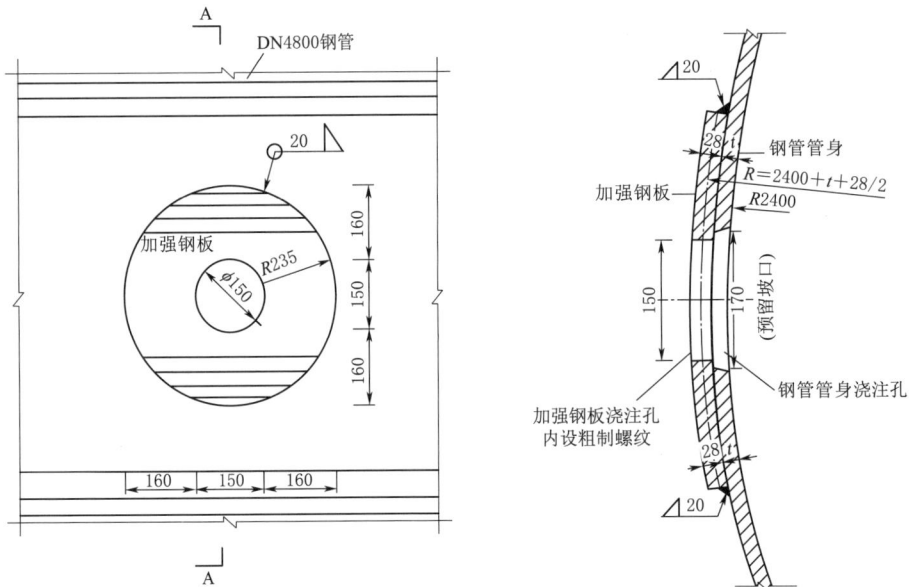

图6.2-13　浇注（注浆）孔加强钢板平面图（单位：mm）

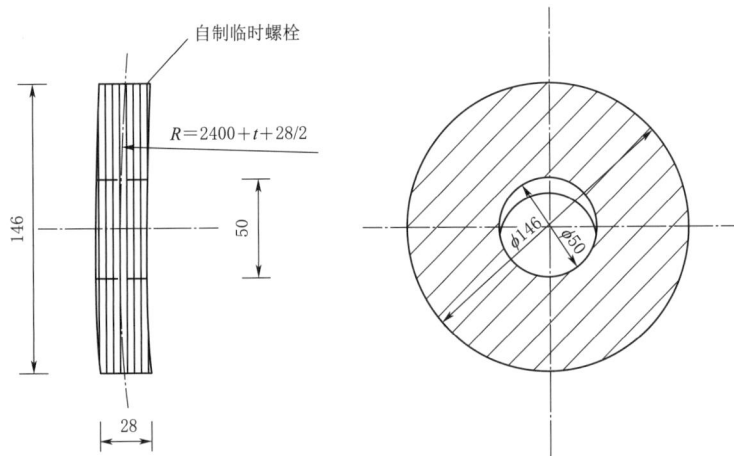

图6.2-14　临时封堵板与螺栓大样图（单位：mm）

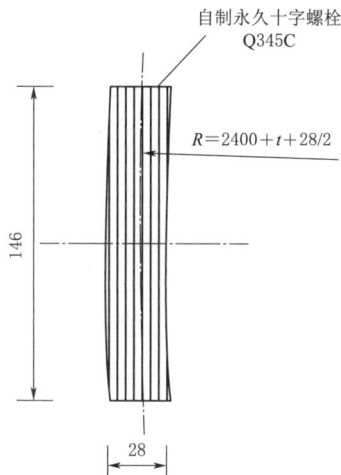

图 6.2-15　永久螺栓图样（单位：mm）

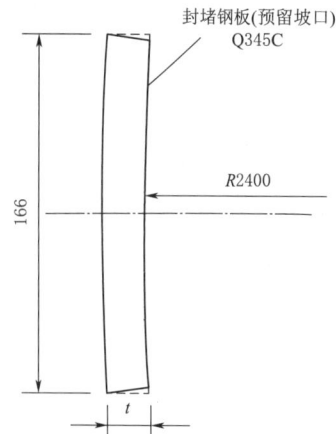

图 6.2-16　管体永久封堵板大样图（单位：mm）

6.3　深埋大直径输水内衬钢管长效防腐蚀技术

6.3.1　大直径钢管中频感应熔结环氧粉末涂装装备及工艺

国内熔结环氧粉末喷涂工艺有两种主流加热方式：一是利用中频线圈局部感应加热（即电感应加热，钢管通过载有交变大电流的线圈所形成的交变磁场产生涡流加热）。二是加热炉整体加热（分为电热丝加热方式和天然气加热方式）。天然气加热方式需要 $3000 m^3$ 以上的大储气罐，安全隐患较大，经充分调研和研讨不采用天然气加热炉整体加热的方式；电热丝加热炉整体加热方式适合小管径喷涂作业，4.8m 大直径钢管出炉后要求在 3～5min 内完成喷涂，要求钢管每分钟转 15 圈（15r/min）或更快，经过实际测试，当 4.8m 直径的钢管转速达到 10r/min 时，便开始产生明显不稳定晃动，该方式也存在安全隐患。经研究论证采用中频线圈局部感应加热的方式。因钢管外壁设置了加劲环，不能采用现有的生产线传送方式，研发了一套加热模块和喷粉室固定在悬臂上的装备，采用滚轮架使钢管螺旋前进感应加热进行喷涂作业。

1. 成套装备研制

（1）方案设计及仿真模拟

根据调研及理论研究初步确定了设备及工艺方案，主要包括中频加热系统，补温系统，喷涂及回收系统，测温及记录系统，专用滚轮架系统，中控系统。采用计算机仿真分析方案的可行性。中频感应熔结环氧粉末喷涂装备系统仿真见图 6.3-1。

经过仿真设计，基本确定成套装备的解决方案和理论基础。

1）采用专用滚轮架螺旋式输送钢管及悬臂通过式方案，解决因加劲环导致钢管无法正常传送的难题。

2）基于法拉第电磁感应定律和焦耳-楞次定律，采用以钢管内壁阵列式加热为主、管外加劲环线形补温为辅的组合式加热方案，确保加热均匀性。

3）采用磁热耦合、流体力学及空气动力学理论分析确立了内置静电喷枪的自回收喷粉室，减少溢粉确保涂层表面质量。

4）采用高精度红外热成像对作业区温度实时在线监测，确保喷涂作业区温度精确。

5）中频加热系统、行走系统、监测系统、粉末喷涂控制系统及回收循环系统一体化集成设计。

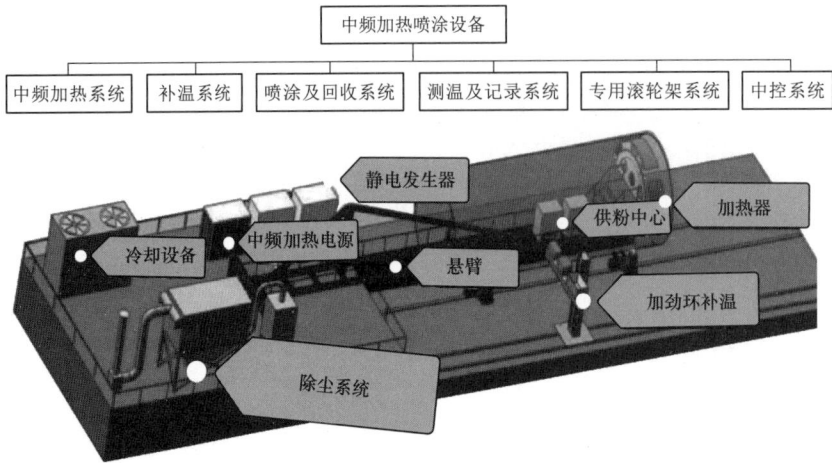

图 6.3-1 中频感应熔结环氧粉末喷涂装备系统仿真

（2）样机试验

通过初步设计及计算，满足 DN4800 钢管的中频设备功率至少需要 2000kVA 的专用变压器。因无现有大容量的专用变压器，故本项目先开展了两次小型样机试验。

第一次采用 DN1200 的小直径钢管进行小样机试验（图 6.3-2），设备整体功率 200kW，主要验证加劲环对钢管内壁温度的影响。

第二次采用 DN3000 的大直径钢管进行小样机试验（图 6.3-3），设备整体功率 600kW，主要验证加劲环补温方案的可行性和喷涂方案的可行性。

图 6.3-2 DN1200 小直径钢
管小样机试验

图 6.3-3 DN3000 大直径钢管小样机试验

（3）生产线及设备详细设计

项目团队开展多次研讨，最终确定了生产线的各个细节（图 6.3-4）和参数（表 6.3-1）。

图 6.3-4 生产线各系统细节设计

表 6.3-1　　　　　　　　　　　中频感应加热设备技术参数

A：电气参数		出水温度/℃	<55
电源功率/kW	1500	冷却水流量	1500kW/60t/h
整流项数/脉	6	C：电气系统参数	
逆变器	SCR 并联	技术指标	技术参数
额定频率/Hz	1500	专用变压器额定容量/kVA	2500
直流电压/V	500	低压输出额定电压	380 * 2
直流电流/A	3000	高压侧电压/kV	10
中频电压/V	750	变压器型号	ZS11-2500/10/0.4
进线电压	3×380	高压侧电流/A	144
变压器原边进线电压/kVA	10	低压侧电流	1804 * 2
变压器容量/kVA	2000	D：高频感应加热设备（补温）参数	
感应器电压/V	750	名称	参数
启动成功率/%	100	输入功率/kW	220
功率因数	满功率大于 0.9	输入电压/V	342~430
B：冷却水系统参数		输入电流（最大）/A	180
进水压力/MPa	0.2~0.4	频率/kHz	20
进水温度/℃	5~35	水温保护点/℃	50

（4）设备安装调试及型式试验

设备安装完后，第一次型式试验论证了设计方案基本可行（图 6.3-5、图 6.3-6），涂层 17 项工艺指标均通过第三方测试要求，主要验证了加劲环补温后钢管温度的均匀度、涂层的性能等，但涂层存在喷涂厚度不均匀、喷涂面固化度不高、涂层表面粗糙、加劲环温度控制不稳定，钢管与感应器距离时远时近等问题。

图 6.3-5　首次安装的成套设备

图 6.3-6　首次试喷涂

第一次型式试验后经过长达 80 多次工艺试验，还是无法解决涂层表面粗糙等问题。经分析，钢管顶部因自重导致椭圆度较大导致内壁加热不均，喷枪阵的螺距不合适导致重复喷涂位置厚度偏厚，喷枪所在位置溢粉问题很难单靠回收系统解决，项目组最终决定对设备进行整体结构改造，主要调整了中频加热模块的位置和喷粉室的位置，调整了喷枪的阵列结构和加劲环补温功率，经过 20 多次工艺试验和第二次型式试验，最终完成了各项指标要求，解决了第一次型式试验存在的问题（图 6.3-7~图 6.3-10）。

图 6.3-7　第一次型式试验设备布置

图 6.3-8　第二次型式试验设备布置

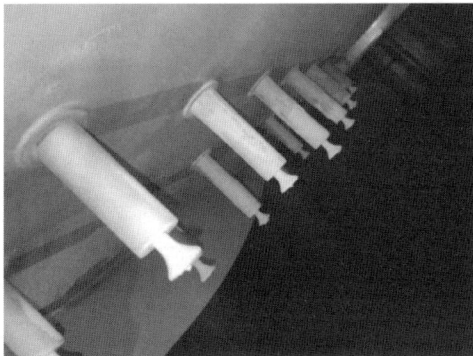

图 6.3-9　改进前 2×6 喷枪阵

图 6.3-10　改进后的 3×4 喷枪阵

2. 涂装工艺

（1）工艺流程

工艺流程图见图 6.3-11。

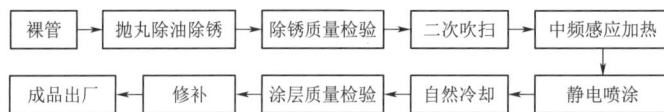

裸管 → 抛丸除油除锈 → 除锈质量检验 → 二次吹扫 → 中频感应加热

成品出厂 ← 修补 ← 涂层质量检验 ← 自然冷却 ← 静电喷涂

图 6.3-11　工艺流程图

（2）钢管表面预处理

钢材表面涂装前，首先进行表面预处理，清除钢管表面毛刺，油污等杂物和疏松氧化层，表面预处理满足 GB/T 18593《熔融结合环氧粉末涂料的防腐蚀涂装》的规定。

钢管表面预处理前进行表面检查和焊缝修磨，处理钢管基体表面的油脂、焊渣和深度超过壁厚 1/10 的凹坑，焊缝圆滑过渡，平滑无棱角。带有有机物，氧化物污染或附着有旧涂层，在抛丸处理前，先采用溶剂清洗、烘烤、火烧或砂轮机磨、铲的方法除掉上述附着物。

钢管表面除锈磨料选用优质的钢砂、钢丸或钢丝切丸，所有磨料均符合粒度标准，能够全部通过 1.5mm 的筛孔，且不能通过 0.5mm 筛孔的余量不超过 15%。钢丝切丸、钢丸、钢砂以 3:1:1 的比例混合使用。通过工艺评定验证喷砂除锈效果，根据生产时抛丸效果添加钢丝切丸、棱角砂等磨料，保证钢管表面能够被除锈干净，锚纹深度、密度满足要求。

（3）喷砂除锈

在对钢管进行喷砂或抛丸处理时严格把控表面粗糙度，确保其达到 GB/T 13288.2 标准中规定的中级要求，即粗糙度指标 Rz 介于 $40\sim100\mu m$。同时，除锈等级也应达到 GB/T 8923.1 规定的 Sa2.5 级。在表面预处理完成后，使用清洁、干燥的压缩空气吹扫钢管内表面，将钢管表面残留的钢丸、沙粒和灰尘彻底清除干净，表面灰尘度应达到现行国家标准 GB/T 18570.3 中规定的 2 级要求，除锈后在 4h 内进行涂敷以确保涂层能够均匀、牢固地附着在钢管表面。

喷砂除锈工序在专用的厂房中进行，远离环氧粉末喷涂区，方便除锈后灰尘清理。抛丸除锈达到要求的除锈等级和粗糙度后，在除锈车间进行初步清洁，清理去所有的残砂和大部分灰尘，基本达到表面灰尘度 3 级要求，再对钢管的除锈质量进行检查验收，验收合格的钢管转移到粉末喷涂车间，在粉末喷涂车间对内壁表面灰尘使用吹扫或者吸尘的方式进一步清理，以达到喷涂前表面灰尘度 2 级要求。这样严格的清洁流程，保证了环氧粉末喷涂的附着力和涂层的均匀性，从而提高了钢管的防腐性能。

在除锈验收中发现除锈质量或粗糙度未达标的钢管，必须进行全部重新除锈或局部手工/机械喷砂除锈。抛丸除锈后采用现场电率测定法检查表面盐分，按每 50 条钢管抽检一次的比例，以不超过 $20mg/m^2$ 为合格，对于测定结果显示不合格的区域，重新进行除锈处理。见图 6.3-12 和图 6.3-13。

图 6.3-12 全自动钢管内壁抛丸机

图 6.3-13 全自动钢管外壁抛丸机

（4）加热温度的控制

1）将喷砂除锈完后的钢管吊至加热喷涂区并进行二次吹扫工作。

2）钢管加热温度根据粉末特性进行确定，控制在 (200 ± 10)℃，作业时先启动钢管主加热设备，开启可控硅中频电源，加热方式为钢管内壁加热，感应器采用阵列式扇形交叉排列结构，分为 4 片结构，加热过程中，钢管内壁依次通过 4 个感应器进行加热，可有效提高钢管加热的温度均匀性。

3）根据钢管加劲环的设置位置、钢管壁厚，提前 20min 启动钢管外壁的加劲环补温系统。采用高频感应线型加热设备从外侧对加劲环进行补温，以降低钢管内壁加劲环处的温差。通过补温系统与温度监控系统，有效地将钢管的整体加热温度波动控制在目标值±10℃内，满足了粉末喷涂的要求。

（5）粉末的静电喷涂控制

1）确定喷枪的数量与布置。本工艺采用 12 把喷枪进行喷涂，喷枪采用"3×4"的矩阵式布置，并通过试验将喷枪与钢管内壁的距离调整到合适的位置。

2）设置喷枪压力及静电功率。钢管行进速度 100mm/min，钢管转速 15m/min（即每分钟 1 转），螺距为 100mm，单次喷粉宽度 200mm，涂层覆盖层数 2 层，总厚度为 0.4mm。通过式涂覆方式能极大地提高涂层的均匀度，总涂层厚度控制在 0.40～0.50mm。

图 6.3 - 14　粉末喷涂过程

3）喷涂过程同步启动粉末回收系统。回收风量与喷枪压力相匹配，共同影响涂层厚度及成型的涂层表面光洁度。粉末喷涂过程见图 6.3 - 14。

3. 涂层质量监测

（1）原材料检测

对每一批（50～60t/批）环氧粉末涂料，生产厂家提供满足规范要求的环氧粉末涂料及实验室涂覆防腐层的性能检验报告，每批材料进场后按规定见证取样，送有相关检测资质的检测单位对材料性能进行复检。

（2）粉末涂层的工艺性检测

粉末涂层的工艺性检测包括过程检验和型式检验两方面。

1）过程检验。

粉末涂层的过程检验包括外观、厚度和漏点三方面，具体要求见表 6.3 - 2。

表 6.3 - 2　环氧粉末涂层过程检验指标表

序号	项目	合格标准	频率	检测工具
1	外观	平整，色泽均匀、无气泡、无开裂及气孔	每支管（9～12m）	目视
2	厚度	干膜厚度 450μm，90％以上测量点干膜厚度应达到设计值，最小干膜厚度不低于设计值的 90％	每支管（9～12m），沿管长方向测量至少 10 个点，每个点的位置沿圆周方向均匀分布，且至少有 1 个点在焊缝上	测厚仪
3	漏点	无漏点	每支管（9～12m）	电火花检漏仪，至少每班（不超过 12h）校准一次，按现行标准《管道防腐层检漏试验方法》（SY/T 0063）的规定进行涂层检漏

2）型式检验。

每个隧洞区间至少抽取 1 支钢管进行型式检验且结果应符合规定，具体要求见表 6.3 - 3。

表 6.3 - 3　环氧粉末涂层型式检验性能指标表

序号	试 验 项 目	性能指标（第1类）	检 验 方 法
1	外观	平整，色泽均匀，无气泡，无开裂及缩孔	目测
2	抗冲击性（−30℃）/J	＞1.5	SY/T 0315
3	抗冲击（8J）	无针孔	SY/T 0442
4	抗弯曲性（3°，−30℃）/级	无裂痕	SY/T 0315
5	耐磨性（Cs10 轮，1kg，1000r）/mg	≤100	GB/T 1768
6	附着力（拉开法）/MPa	≥20	SY/T 0442
7	附着力（75℃，48h，水煮撬剥法）/级	1	SY/T 0315
8	粘结强度/MPa	50	GB/T 6329
9	阴极剥离（65℃，48h）/mm	≤6.5	SY/T 0315

续表

序号	试 验 项 目	性能指标	检 验 方 法
		（第1类）	
10	蒸馏水吸水率（60℃，15d）/%	≤3.0	GB/T 1034
11	电气强度/（MV/m）	≥30	GB/T 1408.1
12	体积电阻率/（Ω·m）	≥$1×10^{13}$	GB/T 1410
13	断面孔隙率/级	1～2	SY/T 0315
14	界面孔隙率/级	1～2	SY/T 0315
15	热特性：$|\Delta T_g|$/℃	≤5	SY/T 0442
16	耐高温高压试验（80℃，14MPa，16h）	无起泡	SY/T 0442
17	硬度（4H铅笔）	表面无划痕	GB/T 6739

（3）粉末涂层的修补与重涂

1）环氧粉末防腐层的修补采用环氧粉末涂料厂配套提供或指定的双组分，无溶剂环氧液体涂料，以确保修复效果的一致性和可靠性。所选用的涂料性能严格遵循SY/T 0457《钢质管道液体环氧涂料内防腐层技术标准》和GB/T 17219《生活饮用水输配水设备及防护材料的安全评价规范》的规定，确保涂层修复后的钢管能够满足最高的质量和安全要求。

2）根据SY/T 0442《钢质管道熔结环氧粉末内涂层技术标准》等图纸、规范的要求进行修补，并符合以下规定。

a. 修补时确保钢管表面温度至少高于露点温度3℃以上。

b. 首先彻底清除待修补部位的污物，并依照修补说明书的规定，将修补区域打磨至所需的粗糙度。

c. 用干净的布或刷子将灰尘彻底清除干净，确保表面洁净无尘。

d. 按照修补材料说明书的要求进行涂料配置和涂刷。

e. 确保修补防腐层与原防腐层搭接最少25mm，以实现平滑的过渡。

f. 所修补防腐层进行厚度测量和漏点检测，以确保其厚度满足规定的最低要求。

g. 具体的修补情况予以详细记录，确保有完整的资料跟踪以供未来参考。

h. 粉末涂层的重涂。经过检验，如果发现厚度不合格、漏点数量超过允许修补范围或漏点无法修补的防腐层，需要进行重涂。在进行重涂之前，先通过加热将不合格的涂层清除干净，然后按照流程进行表面处理和涂覆施工。

（4）涂层的保养

环氧粉末防腐层喷涂后，将在室内自然晾放至室温，再转至室外进行外喷涂作业。管节防腐作业完成并验收合格后，管两端用防雨布包扎以避免阳光直晒导致涂层老化，确保防腐层的持久性和耐用性。

4. 技术创新性和先进性

（1）国际首创悬臂通过式螺旋输送钢管的方案

采用钢管螺旋通过悬臂端进行内壁中频感应加热及粉末喷涂的结构设计。因钢管外壁加劲环限制，喷涂过程不能采用传统的固定滚轮架、钢管自行螺旋传送的生产线设计，该关键技术采用行走滚轮架及钢管螺旋通过悬臂端时进行感应加热及喷涂作业。

（2）国际首创"钢管内壁扇形阵列式加热为主、管外加劲环IGBT高频线形补温为辅"的组合式加热关键技术

　　传统的中频感应环氧粉末喷涂技术应用于圆形钢管,为解决加劲环导致钢管表面温差难题,基于法拉第电磁感应定律和焦耳—楞次定律,开创了组合式中频感应加热关键技术(图 6.3－15、图 6.3－16)。经仿真及反复试验,该方案既保证了钢管表面温度的均匀性,提高了 FBE 涂层的成形质量,又降低了中频用电功率,该加热方式相比传统的钢管外壁中频线圈加热方式节能 50％以上。加劲环经补温装置提前将加劲环温度加热,可实现加劲环内壁区域温度与钢管内壁温度保持在±10℃ 的温差范围内,从而保证了粉末涂层熔覆需要的温度稳定性。

图 6.3－15　内壁扇形阵列式中频感应加热模块　　　　图 6.3－16　加劲环 IGBT 高频线形补温模块

　　(3)国际首创内置静电喷枪阵的自回收喷粉室设计关键技术
　　采用基于磁热耦合、流体力学及空气动力学理论的粉末喷涂系统及回收系统设计,增加上粉率,减少喷涂过程溢粉,确保涂层表面质量(图 6.3－17～图 6.3－20)。

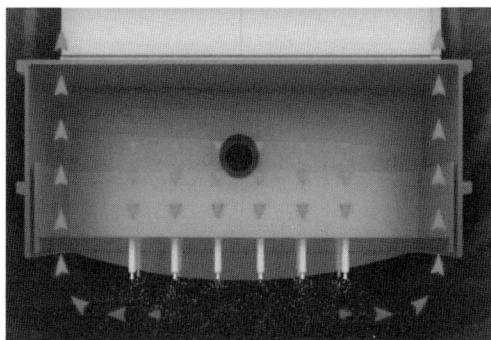

图 6.3－17　溢粉回收系统喷粉室设计　　　　　　图 6.3－18　喷枪粉末喷涂流态仿真分析

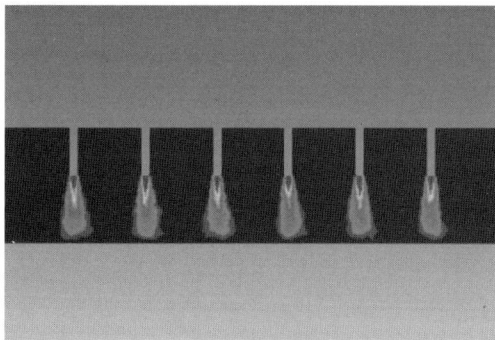

图 6.3－19　喷粉室实物图　　　　　　　　　　图 6.3－20　喷枪阵实物图

（4）国际首创采用高精度红外热成像对喷涂区温度实时在线监测技术

因喷涂位于钢管内部，且温度在200℃以上，无法采用传统的人工测温笔测量，本项目在设备上集成高精度测温温度记录系统。采用一套高精度红外热成像仪对钢管粉末喷涂区间的温度进行实时在线监测并记录，确保喷涂作业区温度精确（图6.3-21、图6.3-22）。

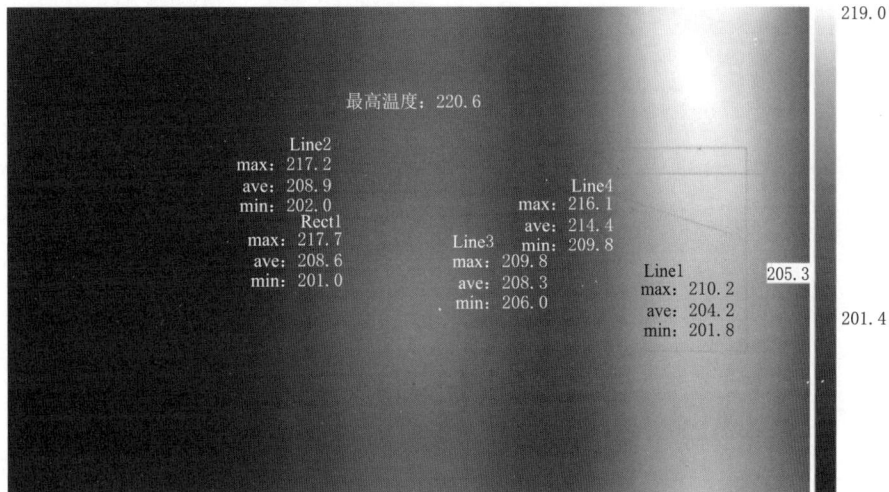

图6.3-21 高精度红外热成像仪在线实时检测系统

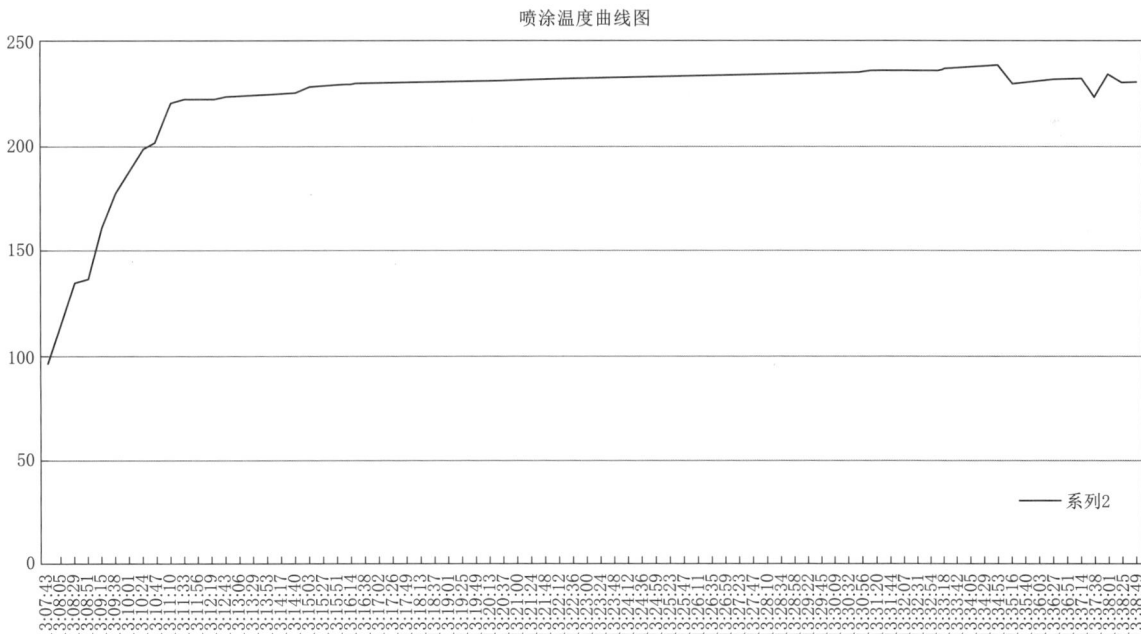

图6.3-22 自动温度曲线在线检测

（5）国际首创中频感应环氧粉末喷涂生产线系统一体化集成技术

中频加热系统、行走系统、监测系统、粉末喷涂控制系统及回收循环系统一体化集成设计（图6.3-23）。传统的熔结环氧粉末喷涂生产线依靠电柜等设备上的按钮进行作业，不仅操作繁琐，而且作业人员暴露在粉末喷涂环境中，深受噪声、粉尘的危害，针对传统施工存在的这个问题，利用物联网技术，将设备的操作及各项性能指标集成到中央控制系统中，也可对过程数据进行全面记录，增强了作业过程的可追溯性，在流水线作业时，更是可以做到一键操作，大大降低了劳动强度，也给作业人员创造出一个更为安全、健康的作业环境。

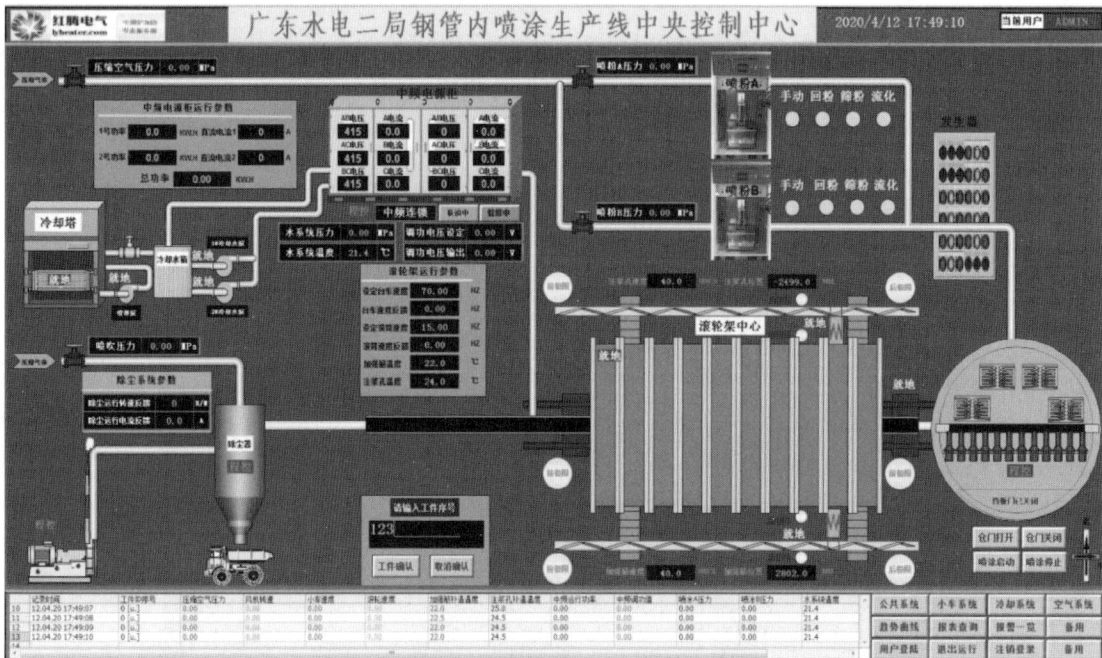

图 6.3 - 23　中频感应环氧粉末喷涂生产线系统中央控制系统

（6）国际首创 DN4800 大直径输水钢管熔结环氧粉末涂装关键技术

研发了 DN4800 大直径输水钢管熔结环氧粉末涂装关键技术。通过仿真试验、工艺试验、型式试验和工程试验段的试点应用，确定了中频功率、中频电源频率、补温功率、补温电源频率、钢管前进速度、钢管转动速度、粉末喷枪压力、静电喷枪电压、喷粉室回收风量、气温-主加热温度-补温温度-板厚关系曲线等数十个技术参数，形成了一套成熟的 DN4800 大直径输水钢管中频感应熔结环氧粉末涂装关键技术。经多次型式试验和第三方检测，各项涂层性能均超过标准要求。

6.3.2　环氧聚合物水泥砂浆防腐工艺

环氧聚合物水泥砂浆应用于内衬钢管外防腐，其干膜厚度需达到 $1000\mu m$，涂装过程必须符合 GB/T 31361《无溶剂环氧液体涂料的防腐蚀涂装》和 SY/T 0457《钢质管道液体环氧涂料内防腐层技术标准》的要求。

（1）钢管表面预处理

在钢材表面涂装前，进行表面预处理工作，彻底清除钢管表面毛刺、油污等杂物和疏松氧化层，表面预处理严格遵循 GB/T 18593《熔融结合环氧粉末涂料的防腐蚀涂装》的规定标准。

（2）喷砂除锈

在钢管进行表面涂装前，进行喷砂或抛丸处理，粗糙度达到 GB/T 13288.2 标准中所规定的中级标准，粗糙度指标 Rz 介于 $40\sim100\mu m$。同时，除锈等级达到 GB/T 8923.1 规定的 Sa2.5 级，表面预处理后，使用清洁、干燥的压缩空气吹扫钢管内表面，将钢管表面残留的钢丸、沙粒和灰尘清除干净，以去除所有残留的钢丸、沙粒和尘埃。为保障涂装质量，在除锈后在 4h 内进行涂敷作业，当超过 4h 或钢管表面返锈或污染时，重新进行表面处理。

（3）环氧聚合物改性水泥砂浆喷涂

环氧聚合物水泥砂浆是一种三组分涂料，液体基料组分（A 组分、B 组分）和粉末组分（C 组分），单位组分充分混合，混合时，先彻底震荡 A 组分，倒入合适的容器中，再混合 B 组分，然后在机械搅拌器搅拌过程中缓慢加入 C 组分，持续搅拌 5min，搅拌过程中刮容器边缘，避免涂料结块。若采用喷涂施工，涂料用 4mm 筛过滤。一旦单位用量涂料充分混合完毕，就必须在涂料厂家提供的技术数据表中所示的混合使用寿命内用完。当环境温度低于 5℃时，不得施工，当环境温度高于 35℃时，采取措施进行降温后方可施工。

1）施工准备

在施工过程中，确保压缩机提供持续且稳定的空气压力（70psi）至喷嘴，清除所有在泵和枪里的残留物后，连接所有的管线和配件，确保联接螺旋夹彻底旋紧，确保喷枪和管线（空气和涂料）没有阻塞。加料斗加入一半体积的洁净水，确保进料口关闭，总控键旋转至控制箱"手动"，打开机器，预热 4～5min，缓慢地由进料转至泵水来润滑管线和喷枪内壁，清空加料斗里的水以及管线中的废水，然后断开喷枪。

2）喷涂

砂浆涂料混合完成后倒至加料斗中，缓慢由进料转至沿管线泵出砂浆，将涂料泵出至桶中，4～5s 后关掉泵，清理涂料管线末端及喷枪连接处。将按钮转至"喷涂"，喷枪阀门开启后泵就开始工作了。打开喷枪阀门，持续地喷涂砂浆涂料。当涂料接触到喷嘴尾部时，调节流速到 1.5～2.0r，增加气压来获得想要的表面状况，通常情况是流速越快需要的空气量越多，空气量越多表面就越光滑。基材表面喷涂时保持喷嘴稳定的速度圆周运动，如果喷枪停留在一个地方，空气会破坏涂料的表面。调整喷嘴至基材表面的距离，距离太近涂料会因空气运动形成涟漪状褶皱，太远砂浆涂料会在空气中固化而引起干喷，通常距离 0.5～0.6m 比较合适。

具体工艺参数为：喷涂机前进速度为 400mm/min，钢管转速为 2r/min，螺距为 200mm，无气喷涂机喷头喷涂幅宽 400mm，即喷涂能均匀覆盖 2 遍，最低厚度控制在 1mm 以上。见图 6.3-24。

图 6.3-24　外壁环氧聚合物改性水泥砂浆喷涂

3）晾干

喷涂作业完成后，涂层将通过自然风干的方式逐渐固化。实验室条件、温度 20℃的情况下，砂浆涂层表干时间为 5h，硬干时间为 18h，晾干所需的具体时间还受环境湿度影响，施工过程中将根据实际环境条件进行相应的调整。需要注意的是，在涂层彻底晾干前，不得进行吊装或任何影响涂层稳定的作业。

（4）涂层检测

1）原材料检测：每批材料进场后见证取样，送有相关检测资质的检测单位进行检测。环氧聚合物改性水泥砂浆性能指标见表 6.3-4。

表 6.3-4　　　　　　　　　　　环氧聚合物改性水泥砂浆性能指标

序号	项　　目	技术指标	检测标准
1	外观	平整光滑、无开裂、无气泡	目测
2	附着力 7d，拉开法/MPa	＞3	SY/T 0442
3	抗压强度 7d/MPa	＞25	GB/T 17671
4	抗压强度 28d/MPa	＞45	GB/T 17671
5	渗透系数 28d/(cm/s)	3.3×10^{-13}	DL/T 5150

2）涂层外观检测

采用目视的方法对每支管的涂层外观进行检测，涂层外观平整、无开裂、无气孔。

3）涂层厚度检测

采用专业的防腐层测厚仪对每支管的涂层厚度进行检测，测量沿管长方向任意分布的至少 10 个点的防腐层厚度，测量点至少包括距管端 1m 以上位置的 4 个点，要求 90％以上的测量点厚度达到设计要求厚度，最小干膜厚度不小于设计值的 90％。

4）附着力检测

针对钢管每 1000m 处，随机抽取不少于 3 处的附着力（7d，拉开法）检测，检测方法按 SY/T 0442 执行，要求附着力不小于 3MPa。

（5）涂层的修补与重涂

1）修补

a. 防腐层有漏点、漏涂及破坏性检验造成的破损等缺陷时可进行修补，修补用涂料与管道涂敷用涂料一致或其配套提供的修补涂料。

b. 修补时，先对防腐层的缺陷部位进行细致的清理工作，防腐层搭接部位进行打磨或以其他适宜的方式进行处理，以提高防腐涂层的附着力。清洁后，按工艺评定确认的修补工艺进行喷涂或刷涂修补。

c. 修补后的防腐层进行厚度、漏点检验，以验证修补效果是否符合要求。这一步骤是确保修补质量，保障管道防腐性能的重要环节。

2）重涂

a. 经检验附着力不合格的防腐层或缺陷不宜修补的防腐层，进行重涂。

b. 重涂时，先将原防腐层清除干净，然后按工艺流程进行涂装。

（6）涂层的保养

聚合物改性水泥砂浆喷涂后室内保养至少 24h，必要时适当喷水湿养，待聚合物改性水泥砂浆固结后方可转移转运。

6.3.3　无溶剂环氧液体涂料补口工艺

无溶剂环氧液体涂料用于内衬钢管的内壁安装环缝和注浆孔焊缝补口，干膜厚度 800μm，涂装应满足 SY/T 0457《钢质管道液体环氧涂料内防腐层技术标准》的要求，正式施工前完成合格的工艺评定试验（PQT）。

内衬钢管安装环缝、注浆孔焊接完成后，预留区域需进行表面处理，表面处理质量满足设计图纸、规范要求，再采用人工涂刷的方式或高压无气喷涂的方式对该区域进行防腐。

（1）涂装施工准备

在表面处理验收合格后，向作业班组说明工作对象和喷涂范围、施工工艺要求、油漆的类型和型号、工期要求和注意事项。油漆的调配按液体环氧树脂涂料 A、B 组分混合比精确混合，并进行均匀搅拌（搅拌棒）。班组长根据涂装工艺上的内容，将施工工艺要求、工期计划、注意事项、检验方法、安全事项等交代员工无误后方可开始刷漆，并合理安排员工对施工工件进行预涂，预涂将内表面的焊缝、边角、不易刷到的部位，用漆刷刷一道同类漆料。涂层均匀，不得漏涂，不得有明显的流挂以及气泡等弊病。

（2）涂装施工

1）施工应备有各种计量器具、配料桶、搅拌器，按不同材料说明书中的使用方法进行分别配制，充分搅拌。

2）双组分的防腐涂料严格按比例配制，搅拌后进行熟化后方可使用。

3）刷涂防腐材料按涂料性能分层分道进行，做到每道工序严格受控。

4）施工完的涂层表面光滑、轮廓清晰、色泽均匀一致、无脱层、不空鼓、无流挂、无针孔，膜层厚度达到技术指标规定要求。

5）涂装施工班组对整个涂装过程做好施工记录，油漆供应商派遣有资质的技术服务工程师做好施工检查。

6）应特别注意涂层厚度控制，没有粉末涂层和粉末涂层削斜处理区域涂层总干膜厚以设计值 $800\mu m$ 为准，最厚不宜超过设计值的 1.5 倍；仅进行拉毛的区域做成逐渐减薄向粉末涂层过渡，不得出现台阶。

（3）晾干

喷涂完成后，采用自然风干的方式等待涂层晾干，在涂层晾干前，不得踩踏涂层、污染或在涂层放置重物等。

（4）涂层检测

1）原材料检测：每批材料进场后按规定见证取样，取样按现行标准 GB/T 3186《色漆、清漆和色漆与清漆用原材料 取样》执行，送有相关检测资质的检测单位进行检测。

2）外观检测：涂层表面外观要求平整、色泽均匀、无气泡、开裂及缩孔等缺陷。

3）干膜厚度检测：用测厚仪进行干膜厚度检查，要求 90% 以上的测量点厚度达到设计要求厚度，最小厚度不低于设计厚度的 90%，随机检测点数不少于 10 个。

4）漏点检测：涂层固化后，按现行标准 SY/T 0063《管道防腐层检漏试验方法》的规定逐根进行防腐层漏点检测，要求涂层无漏点。电火花检漏仪至少每班（不超过 12h）校准一次。

5）附着力检测：按 GB/T 5210 的规定用拉开法进行附着力检测附着力试验进行检测，每 $200m^2$ 涂层至少抽取 3 个点（至少包括 1 个环缝和注浆孔位置）进行检测，要求不低于 12MPa。

（5）涂层的修补与重涂

1）修补

a. 防腐层有漏点、漏涂及破坏性检验造成的破损等缺陷时可进行修补，修补用涂料与管道涂敷用涂料一致或其配套提供的修补涂料。

b. 修补时，先对防腐层的缺陷部位进行清理，对防腐层搭接部位进行打磨或以其他适宜的方式进行处理。清洁后，按工艺评定确认的修补工艺进行喷涂或刷涂修补。

c. 修补后的防腐层进行厚度、漏点检验。

2）重涂

a. 经检验附着力不合格的防腐层或缺陷不宜修补的防腐层，进行重涂。

b. 重涂时，先将原防腐层清除干净，然后按工艺流程进行涂装。

6.3.4 阴极保护防腐工艺

1. 阴极保护方式的选取

阴极保护技术根据保护电流的供给方式，分为牺牲阳极法和强制电流法两种保护方法。牺牲阳极是在介质中用一种电位较负的金属或合金，与被保护金属结构物电性连接在一起，依靠电位较负的金属或合金不断溶解所产生的电流保护金属结构的方法，被溶解的金属称为牺牲阳极，常用的牺牲阳极有锌合金、铝合金和镁合金等 3 种。外加电流法阴极保护是将外加直流电源的负极接于被保护金属结构，正极接于安装在金属结构外部并与其绝缘的辅助阳极上，当电路接通后，电流从辅助阳极经介质至金属结构形成闭合回路，使金属结构得到阴极极化而免遭腐蚀。

采用牺牲阳极法的主要优点有：无需外部电源、对外界干扰少、安装维护费用低、无需征地或占用其他建构筑物、保护电流利用率高等，因此特别适合于小范围或者局部的埋地钢管腐蚀防护。另一类强制电流法则有：保护范围大、适合范围广、激励电势及输出电流高、综合费用低等优点，故适合用于长输管线或郊外管线的防腐。如应用于市区范围内时，则由于其会产生干扰电流而影响其他管线及建筑物，且还需要征地或占用建筑物，因此在实施时会带来较大的困难。对于隧洞内管道的阴极保护，由于外加电流阳极比较集中，易产生过保护及电流屏蔽问题。

在珠江三角洲水资源配置工程中，内衬钢管环缝的保护属于局部保护，同时考虑到盾构隧洞结构形式的特殊性和局限性，确定选取牺牲阳极阴极保护方式。

2. 钢内衬洞内焊接环缝牺牲阳极阴极保护设计计算

（1）设计技术要求

①阴极保护实施类型：锌合金牺牲阳极阴极保护，阳极设计寿命为 100 年。

②牺牲阳极阴极保护不对钢管外壁的涂层产生不利影响。

③钢衬最小保护电位：$-0.85V$，钢衬防腐层的限制临界电位不应比$-1.20V$更负。

④牺牲阳极阴极保护的电流密度需要量：根据管道外壁涂层及管道所处环境情况（钢管内衬于盾构管片内，盾构区间隧道防水等级为二级，盾构管片抗渗等级为 W12，钢管外包裹自密实混凝土，钢管外壁进行环氧聚合物改性水泥砂浆防腐涂刷），确定管道外壁保护电流密度为 $0.5mA/m^2$。

（2）牺牲阳极材料

目前，普遍使用的牺牲阳极材料有三种，即镁阳极、锌阳极和铝阳极。铝合金阳极通常在海水中应用比较广泛，在淡水和土壤介质中应用较少；镁阳极和锌阳极适用于土壤环境和淡水介质，本项目牺牲阳极保护对象为钢内衬焊接环缝，属于局部保护，考虑镁阳极电位过负（工作电位 $-1.52 \sim -1.57V$）、对钢内衬的驱动电压大，容易造成过保护，锌阳极工作电位 $-1.00 \sim -1.05V$，对钢内衬的驱动电压较小，因此确定采用锌合金牺牲阳极材料。

根据规范 GB/T 21448—2017《埋地钢质管道阴极保护技术规范》，锌合金牺牲阳极化学成分和电化学性能分别见表 6.3-5 和表 6.3-6。

表 6.3-5　　　　　　　　　　　　锌合金牺牲阳极的化学成分

元素	锌合金主要化学成分的质量分数/%	元素	锌合金主要化学成分的质量分数/%
Al	0.1~0.5	Pb	≤0.006
Cd	0.25~0.07	Cu	≤0.005
Fe	≤0.005	其他杂质	总含量≤0.1

表 6.3-6　　　　　　　　　　　　锌合金牺牲阳极的电化学性能

性　　能	技术指标	性　　能	技术指标
开路电位/V	$-1.05 \sim -1.10$	电流效率/%	≥95
工作电位/V	$-1.00 \sim -1.05$	消耗率/[kg/(A·a)]	11.2
实际电容量/(A·h/kg)	≥780		

注　所有电位相对于 CSE。

（3）设计计算

1）保护面积

根据相关资料，阴极保护对象保护面积计算见表 6.3-7。

表 6.3-7　　　　　　　　　　　　阴极保护对象保护面积

阴极保护对象	防　腐　材　料	保护尺寸/mm	保护面积/m²
钢衬洞内焊接环缝	环氧聚合物改性水泥砂浆	Φ4852×1700	25.91

2）阳极的规格型号

根据保护年限 100 年的设计要求，牺牲阳极选用块状锌合金阳极，其规格为 200mm×40mm×20mm，净重 1.1kg。

牺牲阳极采用激活性混凝土外壳，即锌合金牺牲阳极由低电阻率预制水泥砂浆包裹，水泥砂浆同时具备高活化性能并由 FRP 补强，以防止腐蚀产物膨胀进而挤压破坏钢衬外部 C30 自密实混凝土。借助铁芯将锌合金阳极与钢内衬结构进行焊接。锌合金阳极均匀地分布在焊接环缝两侧，以达到针对钢衬环缝的整体防护效果。锌合金阳极安装相对简单方便。锌合金阳极纵剖图见图 6.3-25，锌合金阳极横剖图见图 6.3-26。

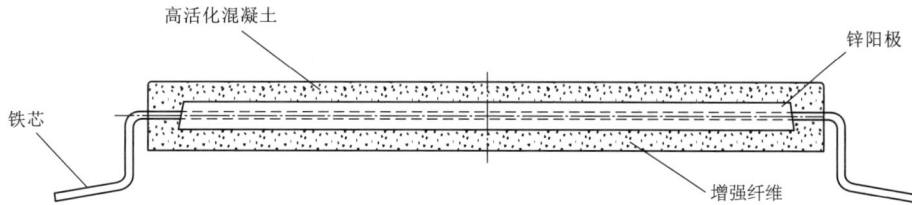

图 6.3-25　锌合金阳极纵剖图

3）阳极用量计算

阳极用量根据规范 SL 105—2007《水工金属结构防腐蚀规范》，按下列公式 进行计算：

a. 阳极电阻根据阳极电阻用式（6.3-1）计算：

$$R_a = \frac{\rho}{2\pi L}\left(L_n \frac{4L}{r} - 1\right) \quad (6.3-1)$$

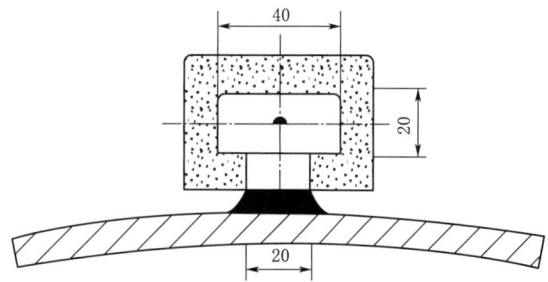

图 6.3-26　锌合金阳极横剖图（单位：cm）

式中　R_a——阳极电阻，Ω；

　　　ρ——高活化混凝土电阻率，Ω·cm；

　　　L——牺牲阳极长度，cm；

　　　r——牺牲阳极等效半径，cm。

经计算得，阳极电阻为 218Ω。

b. 单块牺牲阳极输出电流按式（6.3-2）计算：

$$I_f = \Delta V / R \quad (6.3-2)$$

式中　I_f——单块牺牲阳极输出电流，mA/块；

　　　ΔE——牺牲阳极驱动电压，V；

　　　R——回路总电阻，一般情况下近似等于阳极电阻，Ω。

经计算得，单块牺牲阳极输出电流为 0.68mA。

c. 阴极保护所需保护电流按式（6.3-3）计算：

$$I = S \cdot i \quad (6.3-3)$$

式中　I——所需保护电流，mA；

　　　S——被保护物件面积，m²；

　　　i——保护电流密度，mA/m²

经计算得，结构总的保护电流为 12.96mA。

d. 阳极用量按式（6.3-4）计算：

$$N = n\frac{I}{I_f} \quad (6.3-4)$$

式中　N——阳极数量；

I——所需保护电流，mA；

n——备用系数；

I_f——单支阳极输出电流，mA。

经计算得，洞内焊接环缝处牺牲阳极数量为 $N=24$。

e. 牺牲阳极工作寿命根据规范 GB/T 21448—2017《埋地钢质管道阴极保护技术规范》中式（6.3-5）进行计算

$$T_g = 0.85 \frac{W_g}{\omega_g I} \tag{6.3-5}$$

式中　T_g——牺牲阳极工作寿命，a；

W_g——牺牲阳极组净质量，kg；

ω_g——牺牲阳极消耗率，kg/(A·a)；

I——保护电流，A。

经计算得，牺牲阳极工作寿命为 100 年。

3. 牺牲阳极的布置与安装

（1）根据保护部位需要的阳极量进行均布，每条焊缝布置 24 只锌合金阳极。锌合金阳极沿焊缝两侧各布置 12 只，每侧沿着轴向旋转间隔角度为 30°，阳极沿焊缝布置间距小于 700mm。

（2）锌合金阳极沿内衬钢管环向布置在钢管外壁，采用焊接法安装。用电焊将阳极两端钢芯焊脚焊牢在钢衬管外壁上，沿着钢芯两边对焊，焊缝长度为 60mm，一侧铁脚焊缝高度为 5mm。焊接后钢芯和焊点均应重新进行防腐绝缘处理，防腐材料与等级要求与钢管主体外防腐一致。牺牲阳极块表面严禁涂漆或沾染油污。施工顺序为：钢管外防腐涂刷—锌合金阳极焊接—钢芯和焊点防腐绝缘处理。

4. 阴极保护测试系统

根据规范 GB/T 21448—2017《埋地钢质管道阴极保护技术规范》要求，阴极保护测试装置应与阴极保护系统同步安装。测试装置应沿管道线路走向进行布设，相邻测试装置间隔宜不大于 3km。由于本项目为盾构隧洞钢管内衬，无法实现间隔 1~3km 布置测试装置，考虑在沿线盾构工作井布置阴极保护电位测试装置，测试对象为距离盾构工作井最近的洞内焊接环缝处的牺牲阳极阴极保护系统。阴极保护电位测试装置包括智能测试装置和腐蚀与阴极保护监测系统。

为了更加有效监测管道的腐蚀环境及阴极保护效果，本项目布设 2 套腐蚀与阴极保护监测系统，以对钢内衬环缝外侧的腐蚀环境和阴极保护效果进行实时监测，保障管线耐久性。干线鲤鱼洲~高新沙段，选择在邻近线路中部的 A4 标 LG06 号盾构工作井布设一套腐蚀与阴极保护监测系统；深圳分干线盾构隧洞距离干线鲤鱼洲—高新沙段近 60km，考虑该段地下水与干线鲤鱼洲—高新沙段地下水环境可能差异较大，故在深圳分干线 D2 标 SZ01 号盾构工作井布置一套腐蚀与阴极保护监测系统。其他阴极保护电位测试点（盾构工作井 LG02 号~LG05 号和 LG07 号~LG13 号）采用智能测试桩。

智能测试装置安装在盾构工作井内，包括测试桩桩体和长效参比电极。参比电极选用 Ag/AgCl/0.5M KCl 参比电极。参比电极距离管道外壁不大于 10cm。

腐蚀与阴极保护监测系统用于腐蚀与阴极保护的监测、管理，内容包括腐蚀与阴极保护监测和分析软件的编制及系统运行平台的建立。该系统安装在盾构工作井内，主要对管道进行电位和腐蚀环境两个方面的监测。管道电位监测主要进行保护电位等的监测，目的是用于判断距离盾构工作井最近的洞内焊接环缝外侧阴极保护系统的运行状态；腐蚀环境监测是进行管道附近氯离子浓度、环境介质电阻率、极化电阻等参数的监测，目的是用于判断掌握环境中腐蚀性介质的浓度变化情况和腐蚀状况。监检测装置主要包括传感器单元、电源（电池）、数据转换及数据采集单元、远程通信单元和数据终端及软件单元。

（1）系统测定参数

1）环境介质的电阻率；

2）氯离子浓度；

3）自腐蚀电位；

4）环境温度；

5）保护电位、断电电位。

（2）传感器单元

1）传感器单元包括两组，一组是模拟测试探头，由试片、不锈钢钢筋和 AgCl 参比电极组成，模拟测量管道保护电位和自腐蚀电位。另一组是多功能腐蚀测试探头，可以测定氯离子浓度、环境介质电阻率、极化电阻、温度和开路电位。

2）传感器单元和电子元件应有防护壳体，壳体内设置柔性防水和耐化学腐蚀的填料，增强电子元件的防水和防化学腐蚀性能。传感器单元应整体包在混凝土中，适合长期埋在地下。

3）参比电极选用进口混凝土专用参比电极。

（3）数据采集和传输单元

1）数据在远程传输之前，由模拟信号转换为数字信号。测试数据既能通过无线通信传输，也能下载到便携式计算机上。

2）数据采集装置可以安装在盾构工作井内，外壳应采用抗干扰机箱，防护等级不低于 IP65。采集器与传感器的距离不大于 50m。数据采集器能适合长期潮湿环境下工作，具有良好的防水、抗低温性能。

3）采集器配套性能安全可靠的电池，优先采用体积较小的电池，电池容量应保证整个装置满足可靠运行时间不少于 6 个月，采集器采集频率不低于 1 次/d。电池使用环境温度范围−40～+50℃；最大相对湿度为 95%。

4）控制软件具有现地数据管理、数据采集频次控制、数据通讯方式、数据存储功能。存储的数据既可以在现地直接输出至笔记本电脑，也可以通过无线收发设备远传至监测系统。

5. 验证性试验

为保证珠江三角洲水资源配置工程盾构隧洞钢内衬管道长期耐久性，针对钢内衬洞内焊接环缝外侧这一腐蚀风险区域进行腐蚀防护是有必要的。本项目钢内衬处于自密实混凝土、地下水等复杂腐蚀环境中，混凝土环境中阴极保护的参数没有规范及工程案例直接参考，需要通过验证性试验加以确定；本项目阴极保护对象为钢内衬洞内焊接环缝外侧的局部保护，阴极保护的相关假定、性能、效果和整体可靠性缺乏试验数据支撑，需要通过试验加以验证。聚焦研究盾构隧洞钢内衬在复杂环境中洞内焊接环缝外侧阴极保护的优化方案以及有效性，是构建珠三角水资源配置工程钢内衬管道长寿命耐久性保障的关键内容。

（1）研究内容

1）钢衬焊缝外侧阴极保护参数的确定。

混凝土环境中钢管阴极保护参数的选择与确定是其达到有效阴极保护的技术难点之一。不同结构的阴极保护电流密度差别较大。因此本项目的实施需要根据钢管的状态和环境特点，研究确定其合理的阴极保护参数，确定保护电流密度，为设计提供基础参数。确定保护电位范围，避免欠保护或过保护是实现钢内衬洞内焊接环缝外侧阴极保护的关键技术之一。

试验方法：采用电化学技术对钢板焊缝钢衬焊缝外侧的电化学行为进行研究，通过测试极化曲线以确定自然电位、保护电流密度、确定保护极化电位范围，用四极法测试混凝土电阻率。

2）钢衬焊缝外侧阴极保护技术可靠性。

由于牺牲阳极、检测系统与钢管是一次性埋设于混凝土中，无法更换，因此对阴极保护系统可靠性的要求十分严格，技术复杂程度高，提高阴极保护系统的可靠性是本课题的技术难点之一。

（2）牺牲阳极的性能验证

由于本项目设计寿命较长，阴极保护对象为局部保护，保护面积甚小，牺牲阳极在本工程中的应用，面临着驱动电压小导致输出电流小保护范围有限、使用效率低等问题。因此，需要确定牺牲阳极的工作电位、输出电流能力、保护范围、使用效率、消耗率、使用寿命等参数。

试验方法：通过模拟试验的方式，在试验钢板上焊接牺牲阳极，测量牺牲阳极的工作电位、输出电流。通过加速试验，确定牺牲阳极使用效率、消耗率及使用寿命。

（3）牺牲阳极混凝土外壳的选取

对于本牺牲阳极阴极保护系统，驱动电压低，牺牲阳极易钝化无法启动。牺牲阳极工作后腐蚀产物受限，如外壳混凝土过于致密，腐蚀产物易形成致密的外壳造成牺牲阳极逐步失效；如外壳混凝土过于疏松，也可能腐蚀产物膨胀造成混凝土结构膨胀开裂。因此，混凝土外壳必须具备激活性、腐蚀产物溶解吸收能力及适合的致密度和结构强度。

试验方法：通过四极法测量不同成分的牺牲阳极混凝土外壳电阻率。通过模拟试块电位测试，确定活化性能。通过加速试验，检测不同配方混凝土外壳对腐蚀产物的影响及结构强度，确认配方的可靠性。

（4）阴极保护效果模拟验证实验

本项目阴极保护主要针对钢衬焊缝区域，但在实际使用中，焊缝周边管身部分也会不可避免地吸收电流，这一问题直接影响阴极保护的使用效果，需要验证保护电位分布情况，牺牲阳极保护范围及不同状态的钢管表面对阴极保护电流的吸收，以验证保护电流密度选取及确保阴极保护效果。

试验方法：通过模拟试验的方式，在试验钢板上焊接牺牲阳极，在一定周期中测试断电电位的变化及保护电流的分布，从而确定单只阳极的输出电流、保护效果、保护范围。采用仿真模拟技术复核单只阳极保护结果，根据前两节测得参数范围，确定边界元条件。在此基础上，对多只牺牲阳极的协同效应进行研究，并对整体钢结构的保护效果进行仿真模拟验证。

6.4　内衬钢管长距离智能运输安装技术

6.4.1　重难点分析

1. 长距离狭小作业空间工况

珠江三角洲水资源配置工程二衬阶段在 DN5400 隧洞内安装 DN4800 压力钢管，钢管厚度为 20~26mm，外壁设置高 120mm 的加劲环，每段长度为 12m，钢管与管片间距仅为 154mm，隧洞内还安装了系列监测仪器和通信光缆等精密设备，且隧洞内转弯半径小、坡度大，组对过程中钢管外加劲环与监测仪器最小间隙仅 50mm，隧洞内长距离运输过程中钢管极易与隧洞壁、仪器、硅芯管发生碰撞。在国内外类似盾构隧洞复合衬砌工程中，作业空间足够的情况下隧洞内钢管通常采用轨道平车运输，但本工程可作业空间极小，且钢管外带加劲环、转弯半径较小，无法采用传统的运输方式和安装工艺。

2. 安装精度要求高

DN4800 钢管相邻管节的组对精度要求极高，组对后要求钢管错边量为板厚的 15% 且小于 3mm，钢管组对间隙为 2~4mm 且要求间隙均匀。该工程钢管的板厚较薄，管口椭圆度受自重影响弹性形变量较大，且受作业空间影响，无法采用临时管口支撑撑圆，如采用传统的"千斤顶＋自制楔块"的方式对钢管的错边量进行控制，在组对安装时难度极大、效率极低。

3. 全位置单面焊接难度大且工作量大

水利工程压力钢管安装现场的焊接，通常采用 CO_2 气体保护焊进行内外环缝交替焊接。但对于珠江三角洲水资源配置工程项目工况，只能采用单面焊双面成形的全位置焊接方法，传统的手工 CO_2 气体保护焊工艺虽然比较成熟，但因为全位置单面焊双面成形的焊接劳动强度大、效率低，对焊工的根焊技能水平要求极高，焊缝质量常常受焊工精神状态影响较大。以工程 A3 标为例，该标段隧洞内衬钢管共计 946 条，隧洞内衬钢管之间的环缝共计 946 条，每节钢管有 6 个注浆孔，共计 5676 个注浆孔。根据工期安排，该标段在六个月内共需对 946 条环缝和 5676 个注浆孔进行焊接作业。由此可见，隧洞内衬钢管焊接作业的工程量巨大，如采用传统的手工 CO_2 气体保护焊工艺很难完成如此艰巨的任务。

6.4.2 隧洞长距离智能运输台车研制及应用

1. 台车总体设计思路

为了符合现场施工的具体要求，在珠江三角洲水资源配置工程开工前，项目团队为该工况设计了一款新型大直径钢管运输台车。该设计是在深入研究相关文献和实际施工情况的基础上，结合国内外类似工程的施工经验开发而成[78]。这款新型运输台车（图 6.4-1）不仅具备穿越和驮运钢管的功能，还能在盾构隧洞的弧形平面上安全高效地行走。鉴于功能需求和实际工程条件，采用无轨式设计方案，并在台车上增加了顶升装置。台车通过主行走轮和副行走轮交替独立抬起的方式，实现穿越钢管的动作。利用顶升装置来驮起钢管，而八字形行走轮能够有效地贴合隧洞弧形行走面。这样的设计使大直径钢管在隧洞内的安全高效运输工作得以顺利完成，显著提高了施工效率并保障了作业安全。

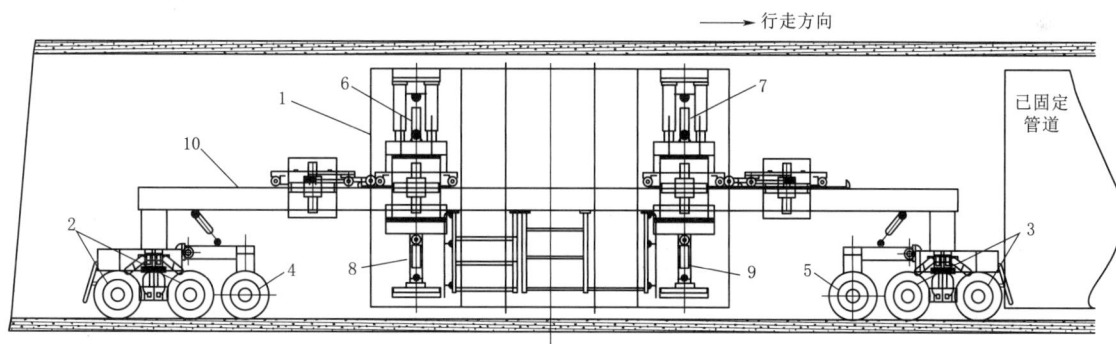

图 6.4-1 大直径钢管运输安装专用台车示意图
1—钢管；2、3—八字行走轮；4、5—辅助行走轮；6、7、8、9—多维度撑圆支臂；10—钢结构主梁

2. 主要构件

其结构主要包括八字行走轮、辅助行走轮顶升支臂、位姿调整部件、撑圆部件、钢结构主梁、转向系统、电控系统、液压动力系统等，设备主体部分为一个钢结构主梁，主梁为箱形结构，左右两端各有一组八字行走轮，八字行走轮为实心轮，行走轮轮面为外锥形轮，轮面与隧洞弧面接触，在两组八字行走轮中间各有一组辅助行走轮，八字行走轮和辅助行走轮可以独立抬升。

下车架是车辆承载的主要部件，设计按照最危险载荷工况考虑，下车架采用箱型梁结构，材料使用优质合金结构钢。车架中纵梁采用上、下翼板和腹板组成，矩形箱型结构，重要焊缝进行 100% 超声波探伤检验。下车架上面设置有 4 个用于起吊的耳座，能够承受整台台车起吊。下车架见图 6.4-2。

3. 悬挂及轮组

悬架系统为液压悬架，分驱动悬架轮组和制动悬架轮组。主要由悬挂架、悬架油缸、驱动桥或制动桥、轮辋、轮胎等部件组成，悬挂架与下车架连接，悬挂架与下车架用悬架油缸连接支承，可使轮轴有＋200～－400mm的上下调节范围。悬挂示意图见图6.4-3。

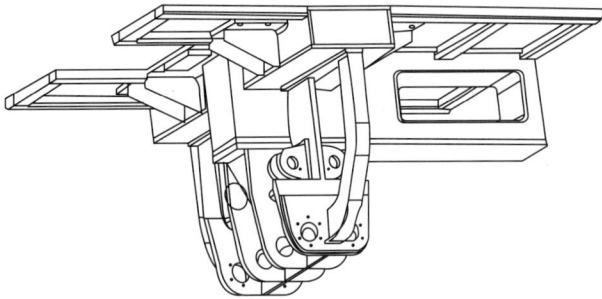

图 6.4-2　下车架

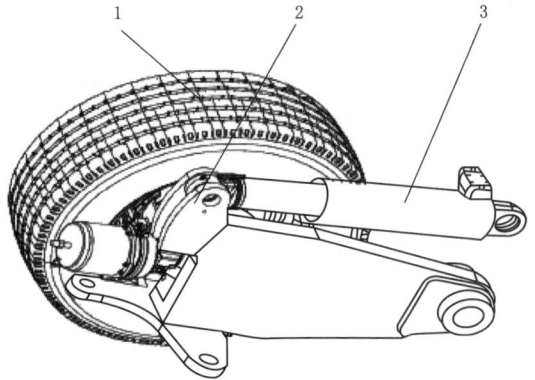

图 6.4-3　台车悬挂示意图
1—轮组；2—悬挂架；3—悬挂油缸

工作原理：驱动悬架安装有减速机和马达，可实现车辆行走和承载功能，制动悬挂只起承载和制动功能。

在下车制动悬挂处配备有高度传感器，用于控制车辆的升降高度。液压悬挂在路面有凹坑或凸点时，使车辆行驶时载荷平台能够始终保持水平，减震性能极佳；车辆支撑系统可以通过悬架液压系统调整，可形成三点支承或四点支承。

三点液压支承：非过定位支承方式，车辆行驶在较差路面状况下，三点支承能够有效保护车架结构不会遭到破坏。三点支承见图6.4-4。

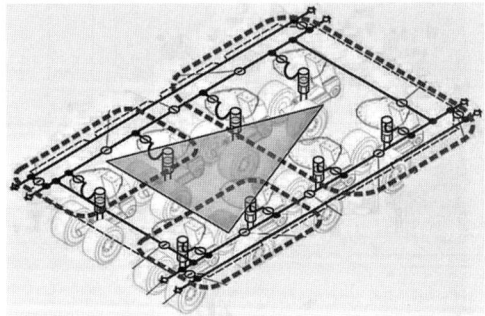

图 6.4-4　三点支承

四点液压支承：过定位支承方式，在良好的路面上，车辆行驶，采用四点支承，提高货物装载稳定性，有利于行车安全。四点支承见图6.4-5。

所有悬架油缸均装有双向管路防爆阀，如果管路发生破裂，压力的降低会迅速产生一个流量脉冲，使损坏管路在防爆阀处封堵起来，不会导致货物倾斜。

4. 转向系统

本系统采用先进的电子液压控制转向技术，核心组件包括转向油泵、多路阀、转向油缸、转向臂、角度传感器以及控制器。在转向过程中，转向油缸直接推动单侧车轮组实施转向动作，同时通过横拉杆协同另一侧轮组完成相应转向。角度传感器负责监测转向角度，确保车辆准确控制转向过程，能够实现直线行驶、八字转向以及斜行等不同模式。

各油缸的动作由微电子系统控制比例换向阀来精确驱动整车转向。此外，系统还具备转向偏差自动关闭功能，一旦检测到转向偏差超过7°，运输车的驱动系统将立即自动关闭并发出警报，以防

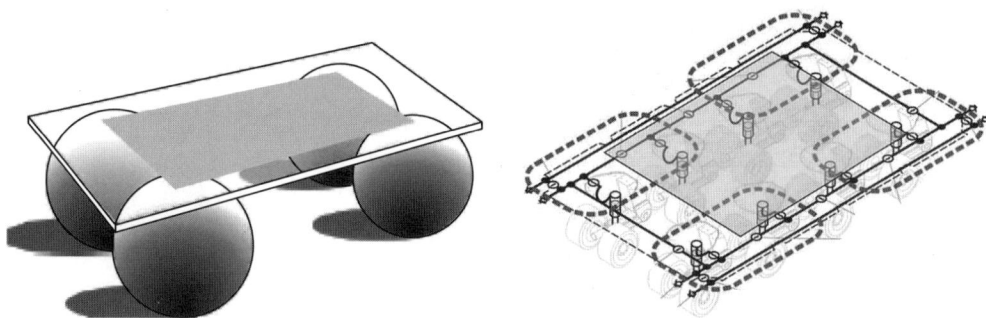

图 6.4-5 四点支承

任何可能的危险行驶状态,大大增加了行车的安全性。

5. 辅助支腿

在车辆的前后部分,分别装配有一个辅助支腿。这些支腿的主要功能是在运输台车进出钢管以及进行拼装对位时,提供必要的辅助支撑。这种设计旨在协同车辆的运行功能,确保整个操作过程的稳定性和精确性,从而优化运输台车的整体性能和施工效率。见图 6.4-6。

6. 位姿调整机构

运输台车的位姿调整机构主要由承载梁、纵移机构、横移机构、顶升机构、撑圆机构等组成,承载梁是整车的重要承力构件,其结构为箱型结构,可以将运载货物的重量传递到下车,在主梁上面还安装有纵移、横移、撑圆、支撑等部件。

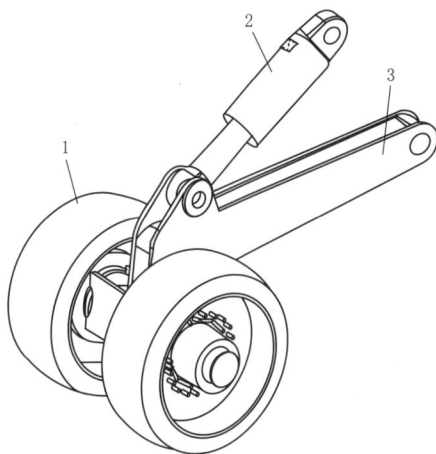

图 6.4-6 辅助支腿结构示意图
1—辅助轮组;2—辅助轮油缸;3—辅助悬挂架

该装置包括承载梁、位姿调整部件,见图 6.4-7。承载梁上面有油缸铰接座滑板,上面 A、B、C 位置对应 12m、9m、7.5m 管道的交接座固定位。见图 6.4-8。承载梁侧面有位姿调整部件位置刻度。见图 6.4-9。刻度对应撑爪固定结构外侧边缘,位姿调整装置纵移范围为±0.2m。

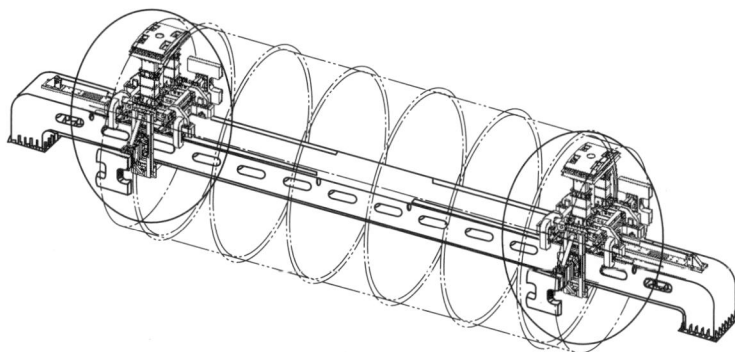

图 6.4-7 承载部位结构示意图

位姿调整部件(图 6.4-10)包括:纵移部件 2-1、横移部件 2-2、顶升部件 2-3、横撑部件 2-4。在水平方向上,台车的支撑支臂与主梁连接处设置了横移部件与纵移部件,横移部件采用滑板式,可实现±150mm 的横向位置调节,纵移部件采用轮轨式,可实现±200mm 的纵向位置调节,撑圆部件上液压油缸所设计的行程大于撑圆所需,两边液压油缸的配合也可实现一定范围的调

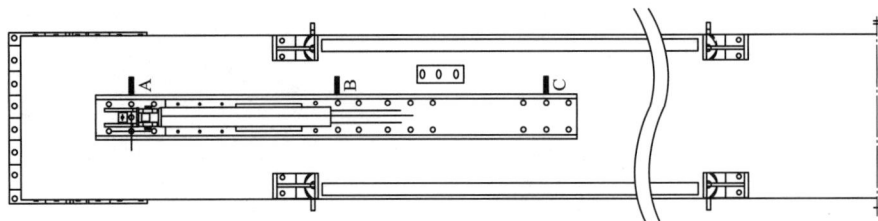

图 6.4-8 油缸铰链接座滑板

整作用,提升了钢管在水平方向上调整的灵活性。在垂直方向上,利用顶升部件可实现一定范围内垂直方向的调节,配合行走轮上的液压系统,可实现其在垂直方向上对钢管更大幅度的调节。

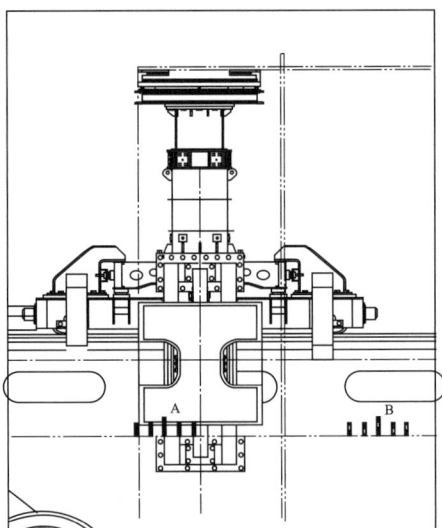

图 6.4-9 位姿调整机构刻度示意图

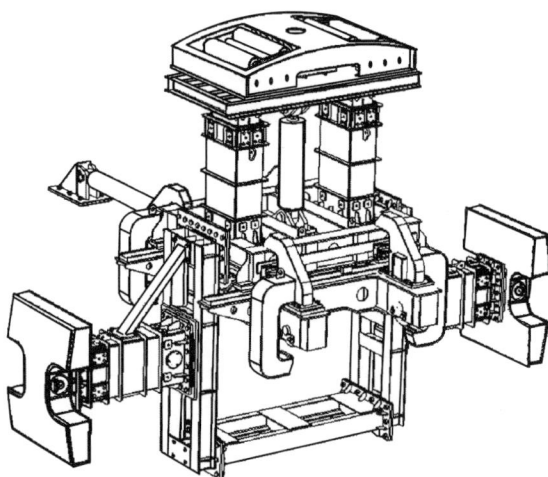

图 6.4-10 位姿调整部件

位姿调整装置有两套,在承载梁上对称布置,两套位姿调整装置能够同步运动或独立运动,同步运动时能实现管道相对承载梁纵向、横向、上下平动,独立运动时可实现待敷设管道中心线相对已敷设管道中心线角度的调整。

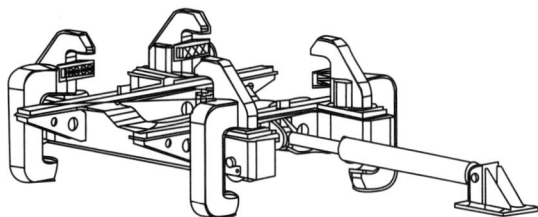

图 6.4-11 纵移部位

纵移部件(图 6.4-11)为轮轨式,其包括机架 2-1-1、驱动油缸 2-1-2,其驱动方式为油缸驱动,在各工位(12m、9m、7.5m 工位)下能够实现 ±0.2m 的纵向位置调节。

横移部件(图 6.4-12)采用滑板式,其包括横移机架、油缸,横移幅度为 ±0.15m。

顶升旋转部件(图 6.4-13)固定于上述横移机架上方,其包括顶撑、顶升油缸、一对伸缩臂,顶升旋转部件顶升幅度为 0.4m,理论状态下,顶升伸缩臂伸出 0.25m 时待安装钢管与已安装钢管(隧洞)中心对齐。

撑圆部件(图 6.4-14)包括伸缩臂、油缸、承载机架,油缸内藏于伸缩臂内,撑圆伸缩臂幅度为 0.35m,撑圆状态理论为伸缩臂伸出 0.25m,运输过程中,撑圆部件起着固定钢管的作用,钢管组对过程中,撑圆部件起着调整钢管位置,使待安装钢管与已安装钢管进行粗对齐。

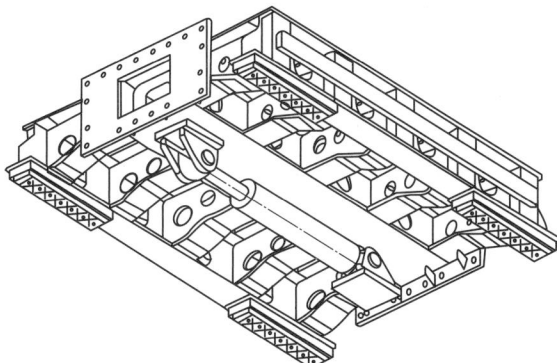

图 6.4-12 横移部件

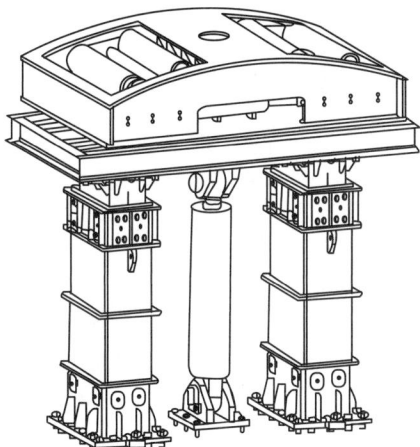

图 6.4-13 顶升旋转部件

7. 动力系统

磷酸铁锂电池拥有体积小、重量轻、循环寿命长的优点，所以运输台车选用磷酸铁锂电池作为动力源，台车动力系统由三组磷酸铁锂电池及电池管理系统组成，电池组电压 DC 576V，容量 332AH，配置 BMS 电池管理系统，可以给电池提供充分的保护，该电池管理系统主要功能包括：充/放电高低温保护、单节过充过放电压保护、充/放电过流保护和短路保护等。

另外，动力系统还配置车载 20kW 直流充电机，包括充电模块、供电模块、充电接口、保护模块、控制模块、监控模块、人机操作界面等。充电机可以根据 BMS 系统充电电压、电流限值动态调整恒流、恒压模式，具备输入、输出、自检及操作连接保护，输入过/欠压保护，直流输出过压/短路保护，模块过热/故障保护，绝缘保护等，确保系统运行安全可靠。

8. 制动系统

运输台车配备了完善的行车制动和驻车制动系统，两者共同为车辆的安全行驶与稳固停放提供保障。制动系统采用高效可靠的空气制动方式，其中制动桥上专门配置了行车制动功能，能够根据制动系统产生的制动力精确执行行车和驻车制动操作。此外，行走减速机中还集成了湿式多片制动器，以确保在车辆停止时能够即刻启动驻车制动，从而增加了额外的安全性。这种设计确保了轮边减速机中的制动器

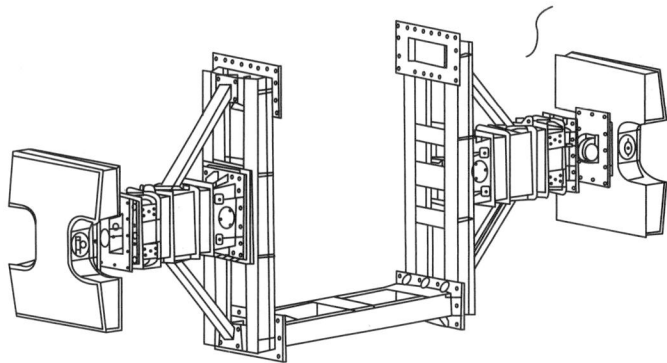

图 6.4-14 撑圆部件

在需要时能够同步进行驻车制动，大大提高了制动效果和稳定性，使运输台车即使在复杂环境下也能保持高度的可靠性和安全性。

9. 液压系统

运输台车采用 55kW 变频三相异步电机驱动液压泵，通过微电控制系统，实现静液压传动，电机采用 576V 磷酸铁锂电池提供动力，具有较高的功率密度比，布置灵活且环保和静音。

整车液压系统包含行走驱动系统、转向悬挂升降系统、姿态调整系统、主动散热过滤系统、管道撑圆系统和应急系统共 4 套独立的系统。其中行走驱动系统采用闭式系统，具有较高的调节范围，解决了车辆行走时的差速、差力问题；转向悬挂升降系统、管道姿态调整系统采用负载敏感开式系统，能方便实现对多执行元件的控制。液压系统总成图见图 6.4-15。

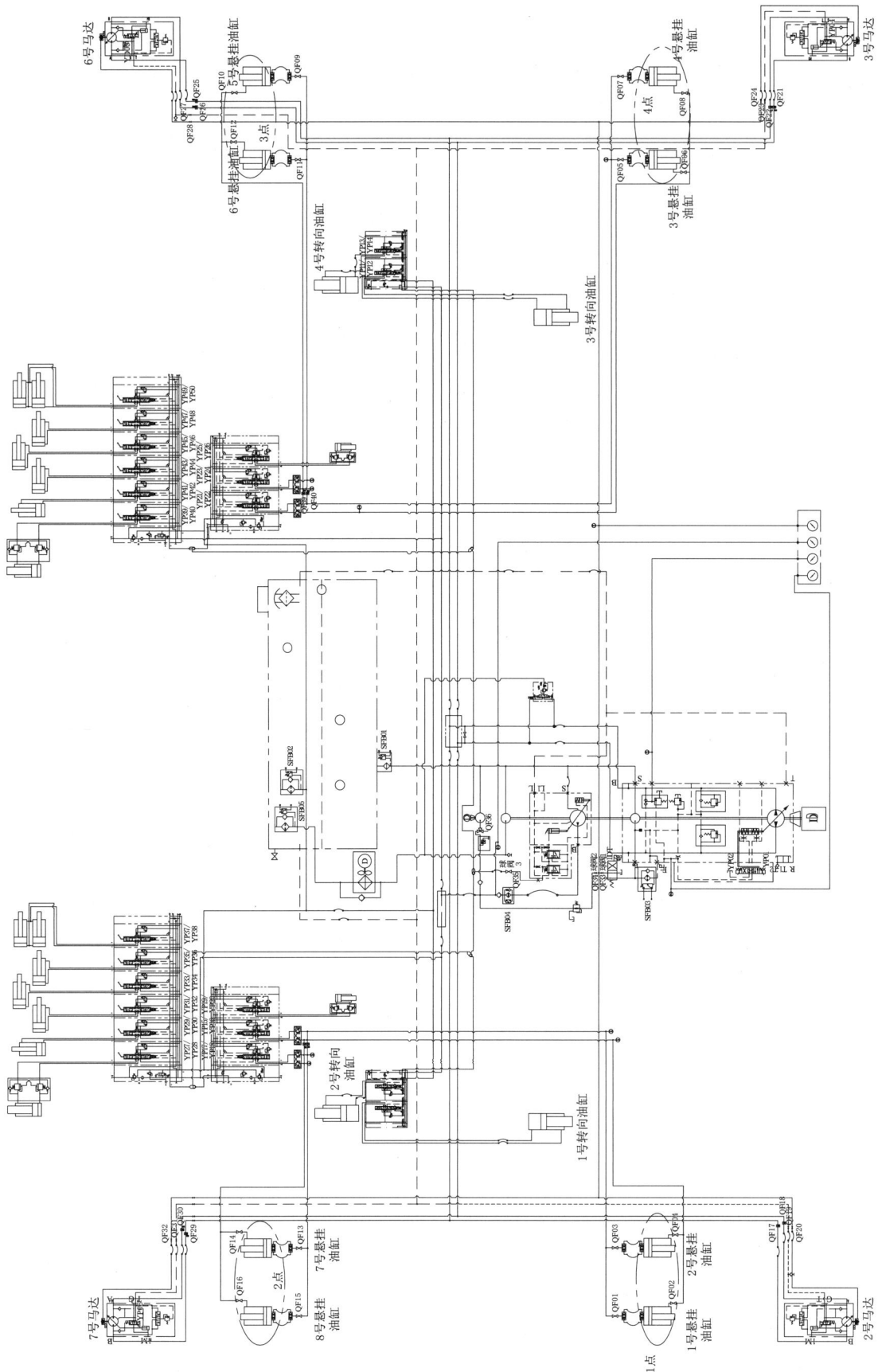

图 6.4 - 15 液压系统总成图

（1）行走驱动系统

行走驱动系统由 1 台 A4VG 电比例变量泵和 4 台马达驱动轮边减速机并联以及辅助的管路系统构成，通过 PLC 微电系统控制电机转速和泵、马达的电流（调整排量），实现无级调速。

台车启动时马达为最大排量，泵的排量从零逐渐增大，为恒转矩容积调速；泵的排量增大到设定值时，保持泵的排量不变，马达排量逐渐减小，此时为恒功率容积调速。停车时，马达排量逐渐增大，泵的排量逐渐减小至零，实现静液压制动；同时在轮边行星减速机内装有湿式多片制动器，车辆停止后，依靠弹簧压紧摩擦片，提供制动力，实现运输台车在坡道上长时间停放的功能。

驱动系统具备防打滑功能，速度传感器实时检测各个马达的输出转速，当某个马达速度超过设定值时，控制器会发出指令，减小马达的输入电流，使该马达排量逐渐减少，增大其余马达的输出扭矩，极端情况下可将马达切换为零排量，保证其他马达具备驱动力。

闭式系统配置冲洗阀，置换出一定量的温度较高的液压油到油箱，实现闭式系统与油箱中液压油进行更换，达到散热目的。

通过改变驱动泵电磁阀头通断电情况，改变油液输出方向，实现双向行驶。此外，驱动系统管路上还配置拖车球阀和应急电机泵组。当动力系统出现故障时，方便打开驻车制动、转向回正和拖离现场进行维修。

（2）液压转向系统

在车轮处集成转向系统，该转向系统采用电子液压控制转向系统，主要由转向油泵、多路阀、转向油缸、转向臂、角度传感器和控制器组成。转向时由转向油缸直接推动单侧车轮组进行转向，同时由横拉杆带动另一侧的轮组进行转向，并通过角度传感器对转向角度进行检测来控制整车的转向。车轮有直行与八字转向斜行两种模式，最大可实现 7°的转向偏差。

转向系统由负载敏感泵和比例多路阀控制转向油缸，并通过连杆机构实现车辆的转向，每组轮位均设置编码器，实时反馈转向角度，控制器通过控制策略不断调整各轮位角度，实现精准转向。

转向模式有直线行驶、八字转向、斜行、汽车转向（摆头、摆尾）等，可根据不同工况切换转向模式，可满足隧洞内各种工况的转向要求。转向系统与各部件的相互配合，可实现钢管在任意方向上的调节，使得钢管无论是在隧洞弯道中，还是在上下坡的工况下，都可以实现安全快速的运输。

（3）液压升降系统

升降系统采用了先进的液压悬挂与辅助轮组合技术，实现了精准的升降控制。这一功能主要通过负载敏感变量泵和比例多路阀来调节悬挂及辅助轮的升降动作，确保操作的平滑与高效。

整车悬挂设计为 4 组独立的单元，实现了四点支撑的布局。这种设计使车辆的轮胎能够均匀地分担载重，显著减缓了不平路面可能带来的冲击，保证了行驶的稳定性与舒适性。此外，四点悬挂系统中的每个点都配备了高度传感器，使得悬挂系统不仅可以整体升降，还能单独调整任一角落（单侧），提供更为灵活的高度调整能力。

为了提高系统的安全保障，所有悬挂油缸均配置了双管路防爆阀。这种阀门设计可以在胶管意外爆破时立即封闭受损管路，防止悬挂系统与管路中的高压油外泄，从而有效地维持车辆的平衡与稳定。

升降系统同时支持遥控和手柄操作，即使在电气系统发生故障的情况下，也能手动控制车辆的升降，确保了操作的连续性和可靠性。这些特点共同构成了一个高效、安全且易于操作的升降系统，为各种复杂环境下的车辆使用提供了坚实的技术支持。见图 6.4 - 16。

（4）散热系统

散热系统为独立主动散热过滤系统，通过齿轮泵将油箱中的热油经过散热器冷却后，通过过滤器返回油箱；散热器为风冷式，采用交流 380V、250W 电机驱动。散热器设置有温控开关，当温度在 55～60℃时，电机接通开始冷却油液，当油温在 47～52℃时，散热器停止工作，保证油温在合适的区间。见图 6.4 - 17。

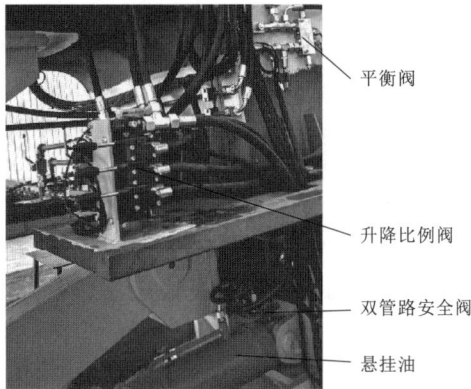

图 6.4-16 液压升降系统实拍图

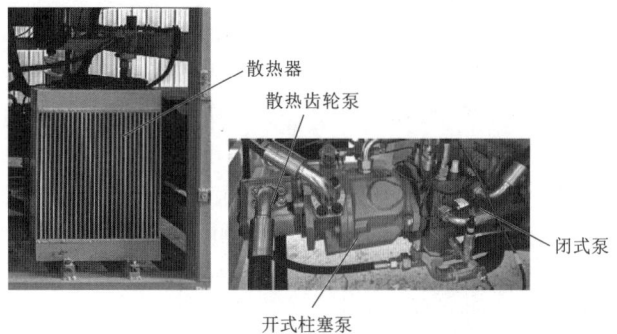

图 6.4-17 散热系统实拍图

（5）应急系统

应急系统由一台 5.5kW 的三相电机、恒压变量柱塞泵以及关键的溢流阀、减压阀和球阀等组件构成。这一系统的主要功能是作为整车动力系统的备份，在主要动力系统发生故障时能够迅速介入。

当主动力系统无法正常工作时，应急系统能够迅速启动并激活减速机制动器。这样不仅能保证车辆能够安全地减速或停止，还能有效避免因动力失效导致的行驶风险。此外，系统的设计确保了在紧急情况下快速响应，为驾驶员提供了额外的安全保障，即使在极端条件下也能保持车辆的控制和稳定。应急系统实拍图见图 6.4-18。

（6）钢管姿态调整机构液压系统

钢管姿态调整机构包括顶升机构、撑圆机构、横移机构、纵移机构和旋转支撑，均由油缸驱动。采用 2 组六联比例多路阀分别控制两侧调整机构，可以遥控操作，也可以就近手动操作。其中顶升机构可满足 45t 钢管的升降；撑圆和横移可满足焊接前钢管姿态的调整；纵移油缸行程 1m，调整时为步履结构，可以满足 7.5m、9m 和 12m 不同长度钢管的支撑。

（7）撑圆液压系统

运输车在架管方向布置一对管道撑圆系统，可在钢管与钢管焊接时把管口撑圆，方便焊接。钢管撑圆液压系统由 8 支支撑油缸，2 个回转马达，2 组手动换向阀和管路系统组成，其动力由应急系统的电机泵组提供，由动力模块内的三通球阀进行切换，实现钢管撑圆和应急救援的功能转换。撑圆液压系统实拍图见图 6.4-19。

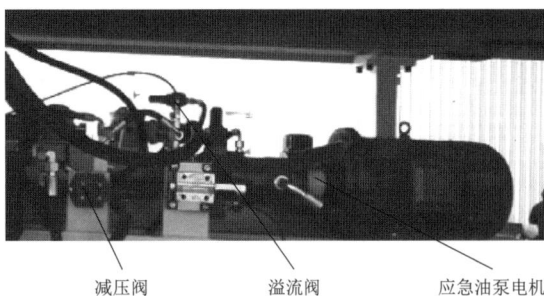

图 6.4-18 应急系统实拍图

图 6.4-19 撑圆液压系统实拍图

10. 电器控制系统

运输台车为自带动力自行走重型液压驱动运输设备，具有电子控制的转向系统，使用灵活、机动，并配备有无线遥控系统，方便大型设备操控、转运，结构更加紧凑，电气系统系统额定电压为 24V。

控制系统主要由 3 块工程机械专用控制器通过 CAN 总线搭建而成，分散控制，减速接线；配备一块专用显示器，可以显示关键信息、查找故障、设置参数。运输台车在前后各有一个操作台，可以分别或同时对车辆进行操控。见图 6.4-20。

11. 梯子、平台、护栏系统

运输台车设置爬梯、栏杆、走台等各种安全辅助设施，方便施工人员上下及安全通过。车辆的下方设置有走道平台和平台支架，走道平台均为可翻转式，根据需要可进行翻转。平台支架均为可拆转式，在运输台车上装支撑机构进行变跨时，可以根据变跨的要求进行先行拆除，等变跨到位后再将走道平台支架安装到位。见图 6.4-21。

图 6.4-20 操作系统界面图

图 6.4-21 附属系统示意图

12. 总结

该钢管运输安装智能台车具有的主要优点：

（1）操作灵活性与环保性：轮胎式设计无需铺设轨道，节省劳动力且操作灵活。使用磷酸铁锂电池作为动力源，不仅功率密度高，还具有环保和静音的优点。

（2）高效运输与安装整合：设有多处调整机构，提高运输灵活性，确保大直径钢管在隧洞曲线段的安全、快速运输。撑圆部件的设计可以校正管口变形，整合运输与组对安装功能，降低复杂性，提升效率和质量。

（3）适应性强与双向行走：结构设计为左右对称，可在竖井两端隧洞及钢管内部自由行走，适用于多种运输工况。实现双向无障碍行走，特别适合狭小空间内的管道运输和组对。

这项技术显著提升了珠江三角洲水资源配置工程中大直径钢管的运输与安装效率，解决了传统运输安装方式在速度和安全性方面的限制。通过技术创新，运输速度提高到传统方式的 1.6 倍，安装速度提高到 3 倍，综合速度提高 2 倍，有效缩短了安装时间，为企业带来显著的效益。

6.4.3 隧洞内衬钢管组对装备研制及应用

1. 组对安装新工艺研究

在钢管的安装过程中，相邻钢管管口的组对错边量和间隙控制是内衬钢管安装工作的重要环节。项目团队在珠江三角洲水资源配置工程中成功研发了一套大直径钢管 360° 全位置高精度液压顶撑装置及其配套施工工艺。这项新技术不仅显著提升了大直径内衬钢管的组装质量与效率，而且该项标准化的施工工艺为地下 40~60m 的大批量内衬钢管安装工作提供了施工安全保障。

2. 传统工艺分析

传统工艺常使用铁块焊制码位，再使用"千斤顶＋自制楔块"的方式对钢管的错边量进行控制，在珠江三角洲水资源配置工程试验段内衬钢管安装工作开展前期，便是采用传统工艺进行内衬钢管的安装作业，现场情况见图 6.4-22。

在传统工艺下，平均组对一节钢管需 16h，虽然组对质量可以满足钢管的安装要求，但组对过程需在管节组对焊缝位置两侧焊接大量的辅助楔块，有着明显的缺陷。

图 6.4-22　传统工艺作业实拍图

（1）组对工作完成后，需对楔块进行切除，管面焊点需打磨、清除干净，作业工序繁琐，且大量焊点的打磨，不仅耗时、费力，而且严重影响钢管的表面质量。

（2）使用火焰切割切除楔块时，火焰的温度会破坏邻近防腐层，而珠三角水资源配置工程内衬钢管内壁使用环氧粉末进行防腐，热固性涂层不具备可修复性，给安装工作的开展提出了另一个难题，加大了内衬钢管安装工作的后续工作量。

（3）切割楔块、打磨内壁表面焊点会产生大量的烟尘、灰尘，在隧洞半封闭空间的工况下，严重污染了隧洞内的作业环境，不利于作业人员的身心健康。

3. 工艺创新

通过对传统工艺分析可知，其缺陷存在的根本原因是大量楔块的存在。使用千斤顶进行钢管组对的调整，是隧洞狭小空间内作业可取的、有效的作业方式，但千斤顶的使用需要受力点，受力点是楔块存在的根本作用，要取消楔块的存在，必须为千斤顶寻找更优的受力点。

隧洞运管台车是针对珠三角水资源配置工程而研发的专用台车，解决了大直径钢管在隧洞狭小空间内运输困难的问题，研究组经过思考提出一个方案：将组对调整所需要的工具装置集成在该隧洞内运管台车上。

隧洞运管台车在设计之初便考虑到组对的问题，因此，研制第一代台车时，研究组设计出位姿调整部件并加装于运管台车上，通过对结构的设计，使位姿调整部件在兼顾钢管抬升、运输要求的同时，可进一步用于辅助钢管组对工作的开展，其上撑圆部件可以对钢管管口进行撑圆，使管口在整体上与已安装钢管管口对齐，但其只有3个组件，仅能实现3个部位的对齐，对于管口其他位置错边量的调整，仍依靠传统工艺。位姿调整部件与传统工艺配合提高了钢管的组对效率，实现了8h/节的组对安装效率，但传统工艺的缺陷仍存在于实际作业中。位姿调整部件见图6.4-23，位姿调整部件实拍图见图6.4-24。

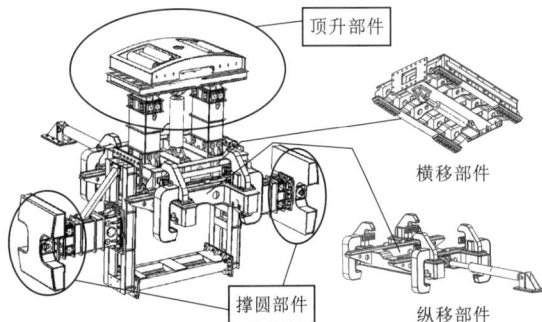

图 6.4-23　位姿调整部件

图 6.4-24　位姿调整部件实拍图

基于现有技术与实际使用情况，进一步设计钢管组对装置需满足以下要求：

1）顶撑机构可以到达管口的任意一点。

2) 彻底摒弃手动千斤顶的使用。

基于以上要求，进一步设计钢管组对用的装置。

4. 360°全位置高精度液压顶撑装置设计

顶撑装置含两组回转机构，每组回转机构在圆周方向均布 4 个用于顶撑的液压千斤顶，每个液压千斤顶均可独立作业，每个回转顶撑相对管道轴线中心对称，两两相对回转顶撑始终保持相互垂直。通过回转小车的回转作用，每组回转机构具备 ±45°的旋转幅度，单组回转机构的 4 个液压千斤顶相互配合，可使液压千斤顶到达管口 360°范围的任意一点，两组机构相互配合，达到调整管口组对错边量的目的，见图 6.4-25。

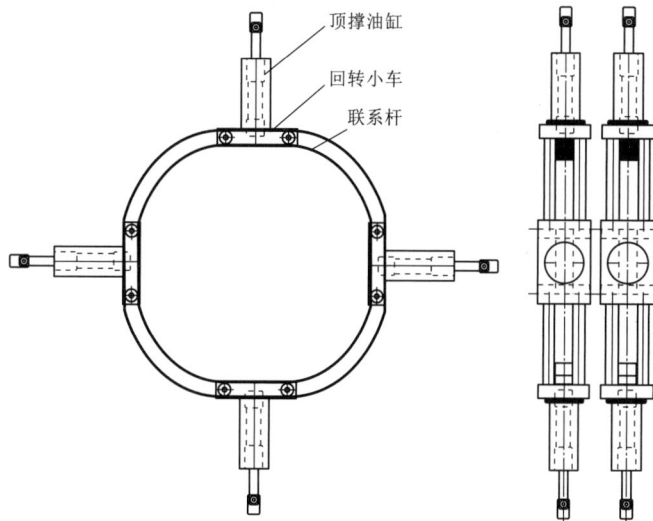

图 6.4-25 360°全位置高精度液压顶撑装置设计图

传动机构的设计是为保证顶撑装置的运行可靠，而机械传动装置的选用是机械结构中比较复杂的工作，所以需要对顶撑装置旋转功能的传动方式进行单独考虑。常用机械传动方式有带传动、齿轮传动、链传动、蜗杆传动和螺旋传动五种，根据施工现场条件与台车设备的实际情况，带传动、蜗杆传动和螺旋传动并不能用于顶撑装置的旋转传动上。通过查阅相关文献资料，对齿轮传动和链传动进行对比分析。统计分析见表 6.4-1。

表 6.4-1 齿轮传动和链传动优缺点对比表

传动方式	优 点	缺 点
齿轮传动	效率高，传动比准确，结构紧凑，工作可靠，寿命长	制造成本较高，不适宜于远距离两轴之间的传动
链传动	制造安装精度要求低，成本低，使用的中心距范围大，结构简单，重量轻	瞬时传动比不恒定，传动不平稳，工作时有噪声，磨损后易发生跳齿，不宜在载荷变化很大和急速反向传动中工作，只适用平行轴传动

通过对比分析，齿轮传动更适用于顶撑装置的作业工况，故选用齿轮传动作为顶撑装置旋转的传动方式。传动机构设计图见图 6.4-26，传动机构实物图见图 6.4-27。

5. 千斤顶顶杆结构设计

液压千斤顶通常只配备基本的伸缩杆，在实际应用中发现，采用该伸缩杆直接与钢管表面接触进行管口组对调整作业，因受力面积过小，在作业过程中会在钢管表面接触位置处形成凹坑。凹坑形成示意图见图 6.4-28。这种凹坑影响钢管表面质量，因此，需对千斤顶的顶杆结构进行设计。

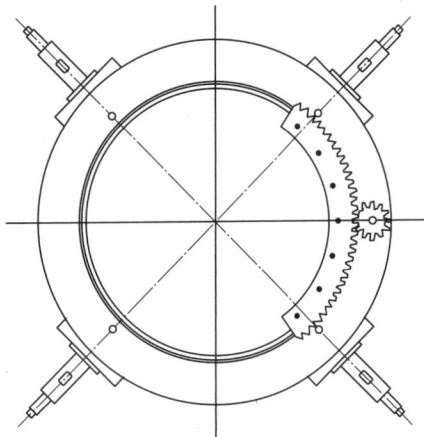

图 6.4-26　传动机构设计图

图 6.4-27　传动机构实物图

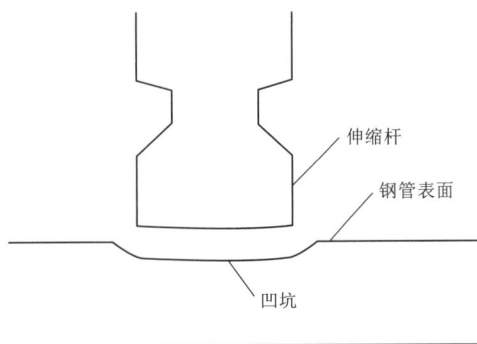

图 6.4-28　凹坑形成示意图

实际上，在钢管安装的组对作业中，当管口某个位置错边量超标时，需要调整的往往是该点位两侧的整体错边量才能消除该位置错边量超标的问题。研究组结合钢管内壁弧形的作业工况，决定采用圆弧垫板作为顶杆与钢管表面的接触部件。圆弧垫板的尺寸在实际使用过程中进行调整，以达到更佳的使用效果。尺寸调整的关键点在于满足顶撑要求和不影响焊接作业的开展，根据要求，制造了不同弧长的垫板进行试验，根据试验结果，选用 300mm×150mm（长×宽）圆弧垫板。将圆弧垫板加装在千斤顶顶杆上，见图 6.4-29。

基于以上结构设计，制造出一套全位置可旋转液压油缸顶撑装置，并集成在现有运管台车上，见图 6.4-30。

图 6.4-29　液压千斤顶与圆弧垫板实拍图

图 6.4-30　360°全位置可旋转顶撑装置实拍图

6. 组对工艺介绍

利用全位置可旋转液压油缸顶撑装置对钢管进行组对安装作业时，具体流程为：钢管就位→撑圆→点对点组对→点焊固定。撑圆及点对点调整见图 6.4-31，点焊固定见图 6.4-32。

通过对现场实际作业情况，总结制定了一套"先十字，后 X 字"的组对点焊顺序，具体组对安装流程如下。

（1）钢管整体垂直调整。使用运管台车的升降悬挂油缸，调整整车高度，使待安装钢管与已安

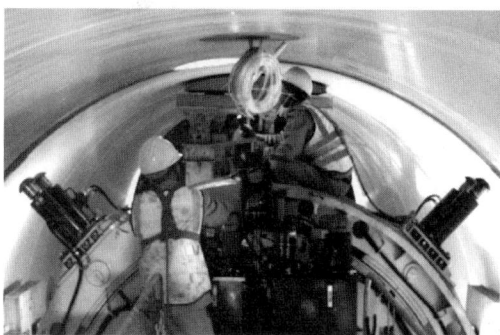

图 6.4-31 撑圆及点对点调整

图 6.4-32 点焊固定

装钢管中心线在水平方向对齐,并通过运管台车的前后行走,调整两管之间的间隙在 3~8mm,以满足焊接要求。

(2) 钢管整体水平调整。通过调整位姿调整部件的横移部件,使待安装钢管与已安装钢管中心线在水平方向对齐。

(3) 特征点调整。内衬钢管厂内预制时,已在管口位置使用样冲点标记了 0°、90°、180°、270° 等 4 个特征点,钢管组对时,以特征点为起点进行调整,首先消除特征点位置的组对错边量并加以点焊固定。

(4) 360°点对点调整。观察管口特征点之外其他位置的错边情况,对于错边量超标的位置,通过齿轮传动将液压千斤顶旋转至该位置,两侧管口相互配合进行顶撑调整并加以点焊固定。

经过上述精细的操作步骤,我们成功实现了待安装钢管与已安装钢管的精确组对和安装。随后,安装台车开始撤离现场。具体而言,一旦钢管组对安装工作完成,顶撑装置中的顶撑油缸便会收回,同时前后两组顶升装置和横撑装置也会同步收回。见图 6.4-33。接着,台车按照原先进入钢管时的步骤进行反向操作,平稳地离开钢管区域,直至完全退出,从而圆满地完成了整个安装过程。

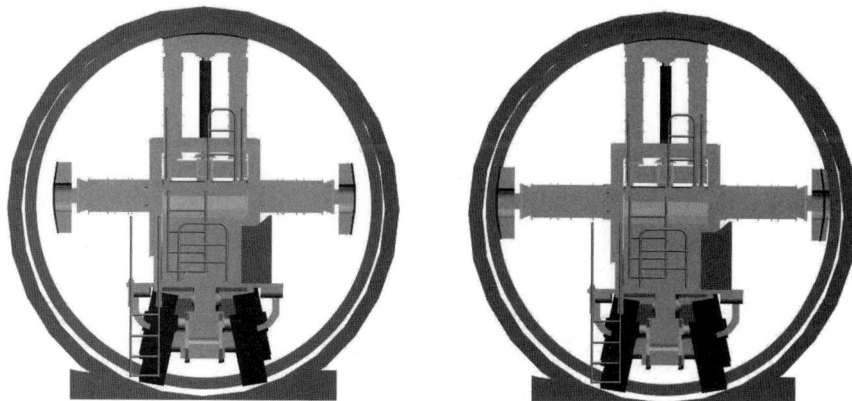

图 6.4-33 顶升装置和横撑装置收回

7. 总结

采用 360°全位置液压组对模块设计,利用 4 组可周向旋转液压顶撑机构,将传统的人工组对工艺进行机械化自动化提升,对相邻两节钢管管口 360°全方位顶圆调整,实现钢管组对时安装环缝任意局部高精度组对,减少错边量,提高组对安装效率。见图 6.4-34。

6.4.4 全位置单面焊双面成形焊接装备研发及应用

内衬钢管安装现场的焊接,通常采用 CO_2 气体保护焊进行内外环缝焊接。这种焊接工艺虽然

图 6.4-34　全位置液压组对模块现场实拍图

比较成熟，但劳动强度大、效率低，对焊工的技能水平要求极高，且焊缝质量受焊工精神状态影响较大。在珠江三角洲水资源配置工程的施工工况下，安装缝的焊接只能通过单面焊双面成形全位置焊接完成。本节阐述了通过研发全位置单面焊双面成形自动焊接装备及工艺，实现安装缝的高效焊接。

1. 焊接方法选择

通过对手工电弧焊、埋弧焊、非熔化极气体保护电弧焊、熔化极气体保护电弧焊四种焊接方案进行比较筛选，最终确认选择焊接方案为熔化极气体保护电弧焊。焊接方案见表 6.4-2。

表 6.4-2　　焊　接　方　案

方　案	焊接方法特点
手工电弧焊（SMAW）	设备简单；操作灵活方便；适合全位置焊接和多种材料焊接；生产效率低劳动强度大
埋弧焊（SAW）	电弧的熔深和焊丝熔敷效率高；焊缝质量高；劳动条件好；仅适用于平位置焊接
非熔化极气体保护电弧焊（TIG）	焊缝质量高，成形美观，无飞溅；熔敷速度小，生产率低，熔敷率低，生产成本较高；氩弧受周围气流影响较大
熔化极气体保护电弧焊（MIG/MAG/FCAW）	焊接过程与焊缝质量易于控制；焊后不需要清渣，降低了成本；适用范围广，生产效率高，易进行全位置焊及实现机械化和自动化；电弧光辐射较强，不适于在有风的地方或露天施焊，设备较复杂

2. 焊接机器形式选择

DN4800 的钢管采用全位置焊接设备焊接，工程难点在于保证根焊焊接质量。针对该难点，结合现场的实际工作情况，提出了 3 种焊接方案。见表 6.4-3。经焊接原型试验结果对比及综合分析最终选择方案 2。

表 6.4-3　　焊　接　机　器　形　式

方　案	技术可行性	焊接质量	经济合理性	工 期 效 率
方案 1 无轨式＋进口电源	1. 焊接小车容易偏移；2. 自动焊接速度通常较快，手工干预无法及时调整到位	1. 走偏会导致焊偏和熔合不良；2. 焊缝外观成形不良	1. 进口电源价格较高；2. 不允许进行改造	焊接过程中要一直调整行走轨迹，甚至停下来纠偏，影响焊接速度
方案 2 轨道式＋国产电源	1. 焊接小车不容易偏移；2. 自动焊接速度适宜	有固定的轨道，不会因走偏导致熔合不良，焊道平直整齐	1. 国产电源价格更低并且允许进行改造；2. 性能可以满足试验要求	轨道固定后不需要纠偏，焊接连续高效
方案 3 轨道式＋进口电源	1. 焊接小车不容易偏移；2. 自动焊接速度适宜	有固定的轨道，不会因走偏导致熔合不良，焊道平直整齐	1. 国产电源价格较高；2. 不允许进行改造；3. 性能可以满足试验要求	轨道固定后不需要纠偏，焊接连续高效

3. 焊材选择

通过对实心焊丝和药芯焊丝两种焊材进行对比分析，其中实心焊丝根焊效率比金属粉芯焊丝低，容易焊道不成形，飞溅，而药芯焊丝焊接工艺性能良好，飞溅小，适用全位置焊接且焊道成形美观，根焊效率更高。全位置焊接的焊材最终选用药芯焊丝。

4. 保护气体选择

保护气体可选择纯 CO_2 气体、纯 Ar 气体以及 $20\%CO_2+80\%Ar$ 等 3 种方案,其中纯 CO_2 焊接时飞溅较多,且容易产生气孔,但气体价格较便宜;纯 Ar 气体飞溅小,电弧易漂移,易引起咬边,气体价格较贵;$20\%CO_2+80\%Ar$ 混合气体焊接时飞溅较少,且不容易产生气孔,冲击韧度好,焊缝成形美观。通过对现有的 3 种保护气体进行比对,最终保护气体选用 $20\%CO_2+80\%Ar$ 的混合气体。

5. 焊接方案确定及焊接机器选择

为更好、更快地完成该项目,采用 PipeStar CH‑500 Pro 焊机、PL500 焊接机器人及 ACM500 控制箱,进行大直径钢管内环缝单面焊双面成形的全位置自动焊接技术试验研究,以得到合理的工艺参数,并在工程上应用。

PipeStar CH‑500 Pro 焊机的焊接输入电源为 3 相 $380V\pm20\%$、50/60Hz 交流电,输入容量 23kVA。PL500 焊接机器人及 ACM500 控制箱设备性能见表 6.4‑4,PL500 焊接机器人见图 6.4‑35,焊缝坡口图见图 6.4‑36。

表 6.4‑4   **PL500 焊接机器人及 ACM500 控制箱设备性能表**

设备性能	指　标	设备性能	指　标
焊丝盘规格	标准 5kg(205mm)	送丝速度范围	0~190cm/min(0-750IPM)
摆动速度	0~254cm/min(0-100IPM)	两侧停留时间	0~1s
摆宽	0~50mm(2″)	水平调节范围	50mm(2″)
上下调节范围	50mm(2″),可改变焊枪位置高低以焊接厚壁管	机头行走速度	0~762mm/min(300IPM)
焊枪额定电流	300A100%暂载率	电缆长度	5m(20′),可加长
焊枪俯仰角度	±30°	焊枪左右偏转角度	±30°
机头重量	14kg	体积(长×宽×高)	524mm×524mm×250mm

6. 母材坡口工艺焊材

试验母材为 Q345B,母材板厚为 16mm,试验管径为 DN2500mm,组对坡口形式见图 6.4‑36。

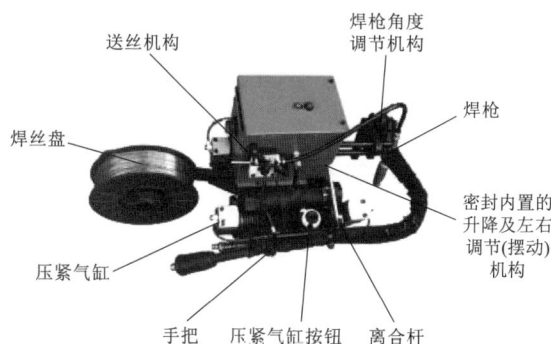

图 6.4‑35   PL500 焊接机器人

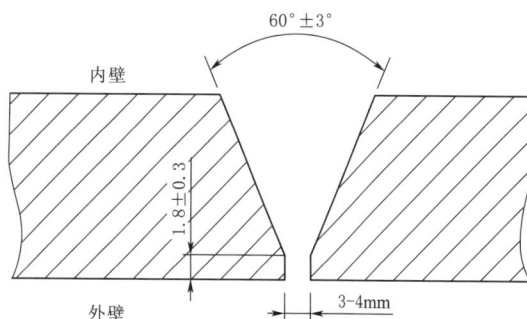

图 6.4‑36   焊缝坡口图

7. 焊接工艺参数设定及成形质量

(1)根焊参数设定及成型质量

根据焊机的电源特性及焊丝的成形特性,根焊时采用下向焊(0°设于仰焊位置)。由于熔滴自重对成形的影响,将 0°~180°区域划分为 6 个区域,区域 1(0°~20°)为仰焊区,区域 2(20°~40°)为仰立过渡区,区域 3(40°~120°)为立焊区,区域 4(120°~140°)为立平过渡区,区域

5（140°～160°）为立平过渡区，区域6（160°～180°）为平焊区。现场结合坡口组对质量，不同区域的参数设定见表6.4-5。

表 6.4-5　　　　　　　　　　　　　　根 焊 参 数 表

工序	区域	送丝速度/ipm	行走速度/mmpm	摆动速度/mpm	摆动幅度/mm	双边延迟/s	补压/V	电流/A	电压/V
根焊	1	150	230	1.80	2.5	0.20	−0.5	130	14.5
	2	160	220	1.60	2.6	0.15	−0.5	135	14.5
	3	180	250	1.61	2.5	0.10	−1.3	140	14.5
	4	170	245	1.60	3.0	0.13	−1.3	145	14.5
	5	160	225	1.70	3.2	0.20	−1.9	150	14.5
	6	155	215	1.80	3.0	0.26	−2.5	167	14.5

根焊的正面成形及背面成形见图6.4-37、图6.4-38，焊接过程照片见图6.4-39。

图 6.4-37　根焊的正面成形　　　　图 6.4-38　根焊的背面成形　　　　图 6.4-39　焊接过程

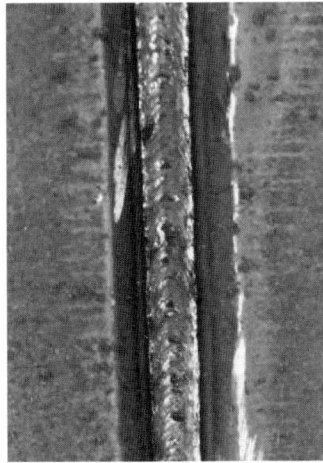

（2）填充焊技术及成形质量

根据焊机的电源特性及焊丝的成形特性，填充焊时采用上向焊（0°设于平焊位置）。填充焊时将0°～180°区域划分为3个区域，区域1（0°～70°）为平焊区，区域2（70°～140°）为立焊区，区域3（140°～180°）为仰焊区。现场结合焊道的宽度，不同区域的参数设定见表6.4-6。

表 6.4-6　　　　　　　　　　　　　　填 充 焊 参 数 表

工序	区域	送丝速度/ipm	行走速度/mmpm	摆动速度/mpm	摆动幅度/mm	双边延迟/s	补压/V	电流/A	电压/V
热焊1	1	290	180	1.30	5.5	0.45	0	210	21.5
	2	270	165	1.30	6.5	0.50	0	210	21.5
	3	280	173	1.30	6.1	0.45	0	210	21.5
填充2	1	300	150	1.30	8.0	0.45	0	210	21.5
	2	280	140	1.30	9.0	0.50	0	210	21.5
	3	290	145	1.30	8.5	0.45	0	210	21.5

填充的成形质量见图6.4-40和图6.4-41。

（3）盖面焊技术及成形质量

盖面焊时采用上向焊（0°设于平焊位置）。盖面焊时根据填充的情况，将0°～180°区域划分为3个区域，区域1（0°～70°）为平焊区，区域2（70°～140°）为立焊区，区域3（140°～180°）为仰焊区。现场结合焊道盖面宽度，不同区域的参数设定见表 6.4-7，成形质量见图 6.4-7。

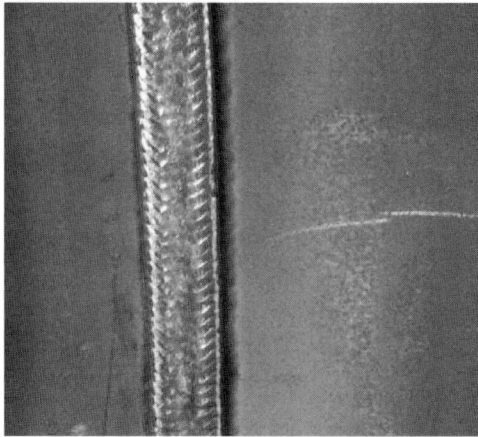

图 6.4-40 填充的成形质量

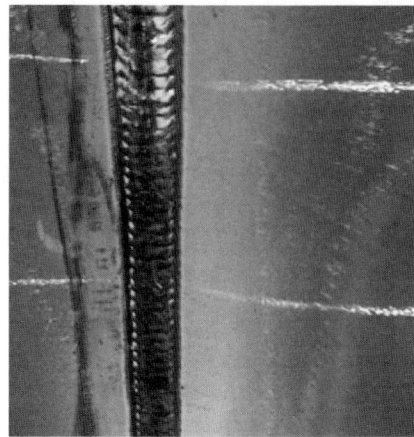

图 6.4-41 盖面焊成形质量

表 6.4-7　　　　　　　　　　　　　盖 面 焊 参 数 表

工序	区域	送丝速度/ipm	行走速度/mmpm	摆动速度/mpm	摆动幅度/mm	双边延迟/s	补压/V	电流/A	电压/V
盖面焊	1	290	110	1.30	14	0.40	0	210	21.5
	2	260	105	1.30	15	0.40	0	210	21.5
	3	270	113	1.27	14.5	0.40	0	210	21.5

8. 焊接工艺评定

在开展力学性能试验前，首先对焊道进行了 UT（超声波检测）和 RT（射线检测）测试。经过对众多焊道的综合检验与统计，焊道质量的初次验收合格率高达 96%。此外，从不同区位的焊道中提取样本并进行检测后，试验结果均显示焊接工艺符合评定标准，证明焊接工艺合格。

9. 全位置焊接工艺质量影响因素分析

该工艺在开发成功之前，立焊区和立平过渡区的弯曲试验多次不合格。经过对比试验发现，主要为根部焊道的熔合不好。影响焊接质量的因素较多且复杂，经归纳总结，主要有以下 11 条。

（1）坡口质量及组对质量

坡口的加工质量和组对质量将直接影响焊道的成形质量。在本项目中，内环缝单面焊双面成形的根焊质量对坡口质量要求更高，坡口组对间隙要求 3~4mm，钝边要求 2mm，坡口角度要求单边不小于 30°，如有条件，坡口应采用机械加工。

（2）焊接行走速度

根焊时焊接速度的参数设定取决于坡口组对间隙的大小、送丝速度和焊接的相位，间隙大则速度小，送丝速度快则行走速度快，仰焊和平焊速度小，立焊速度大。填充盖面时，行走速度参照根焊。

（3）送丝速度

在根焊阶段，由于采用了向下焊接技术，送丝速度的参数设定主要依据坡口组对间隙的大小以及焊接的具体相位进行调整。一般而言，间隙较大时，送丝速度会相应减小；而钝边较大时，则需增大送丝速度。此外，仰焊和平焊时的速度较小，而立焊时的速度较大。在填充盖面焊过程中，由于采用了向上焊接技术，送丝速度总体上比根焊时高出 100ipm。具体而言，平焊时的速度最大，仰焊次之，立焊则是最小。

（4）摆幅

根焊时摆幅取决于焊接的相位，仰焊平焊摆幅大，立焊摆幅小。填充盖面焊时每层焊道根据坡口的大小，摆幅逐层增大，且立焊最大，仰焊次之，平焊最小。

（5）摆速

根焊时摆速取决于焊接的相位，仰焊平焊速度大，立焊速度小。填充盖面焊时摆速几乎保持不变，且速度较根焊时小。

（6）电压

根焊时的电压设定为补压，仰焊小，立焊次之，平焊最大。填充盖面时因采用药芯焊丝，无需设置补压，且电压保持不变。

（7）双边延迟

焊枪的双边延迟取决于焊接的相位。根焊时，仰焊的双边延迟最长，平焊次之，立焊最短。填充盖面时，仰焊的双边延迟最短，平焊次之，立焊最长。填充时的双边延时整体上最长，根焊次之，盖面最短。

（8）焊材因素

在本工艺试验中曾尝试根焊采用实心焊丝 ER70S－6，根焊效率较金属粉芯焊丝的根焊效率低。填充时采用药芯焊丝 E71T－1C 进行焊接，焊道最终不成型。焊接时，焊材宜选用管道全位置焊接适用的焊材。

（9）气体成分及质量

为了形成的鲜明的对比，在实验过程中保护气体曾采用 CO_2 气体，焊接时飞溅较多，且容易产生气孔。保护气体的流量通常设定为 20～30L/min，当气体流量不足时，将产生大量气孔。当混合气体中 Ar 和 CO_2 气体纯度分别小于 99.99% 时，也将产生大量气孔。

（10）点焊位置

除了坡口的组对质量对焊道内部质量影响较大外，在工艺试验过程中发现，组对时点焊的位置与填充之间经常出现未熔合的缺陷，通过观察缺陷的内部情况，采用加长点焊长度、根焊时跳过点焊位置不根焊的办法，多次试验后证明该工艺可行。

（11）焊接接头部位

图 6.4－42　现场焊接实拍图

因焊接过程不可避免会出现停歇，如更换焊丝或更换位置等，因此会留下不少焊接接头，焊接接头的缺陷频率也较高。通过多次试验，焊接前采用打磨焊接接头的形式，改善接头之间的熔合。现场焊接实拍图见图 6.4－42。

10. 总结

钢管内环缝单面焊双面成形全位置焊接工艺的根焊工艺是整个工艺试验的重点，经过反复试验和工艺参数调整，在保证一定的熔敷效率的条件下，采用较低的焊接电压（小熔池）和较大的焊接电流（保证熔透），最终实现了稳定的焊接质量。

大直径钢管环缝全位置自动焊接工艺成功的应用，有效地实现了安装缝的单面焊双面成形全位置焊接。极大改善了隧洞钢管内的焊接作业环境，减少了现场作业强度；提高了焊接作业效率，节省了人工费、返工费和工期。

经过多次的试验，开发了超大直径钢管内环缝单面焊双面成形的全位置自动焊接技术，分析了焊接质量影响因素。试验的成功实施，为大直径压力钢管的现场焊接提供了高效的方法。

6.4.5 隧洞内衬钢管安全高效安装工艺

1. 隧洞内衬钢管安装施工工艺流程

钢管安装施工工艺流程见图 6.4-43。

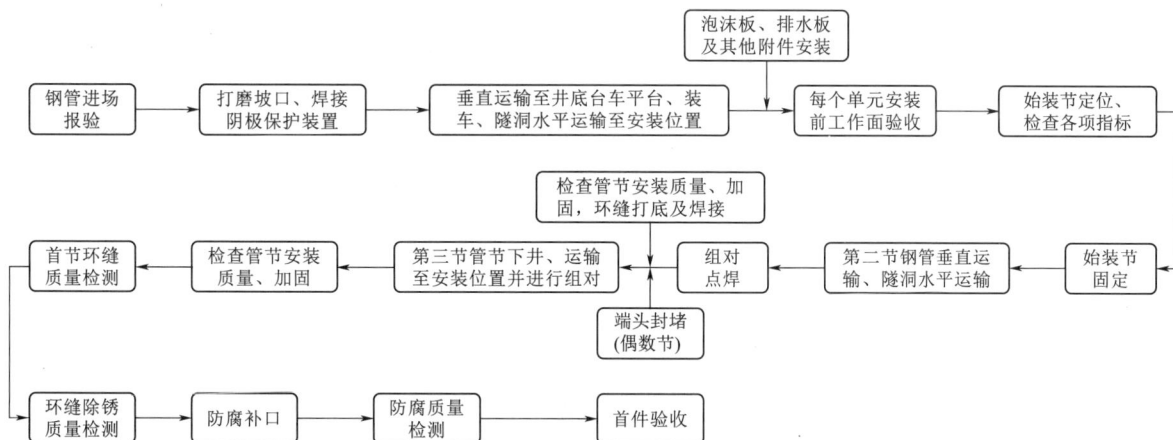

图 6.4-43 钢管安装施工工艺流程

2. 打磨坡口、焊接阴极保护装置

在钢管顺利通过进场验收后,首先进行的是阴极保护装置的焊接工作,以确保其牢固地附着在钢管上。接下来,对钢管的坡口进行细致的打磨处理,直至端口处展现出金属的光泽,这不仅增加了美观度,也保证了后续连接的紧密性和强度。最后,在钢管下井前,对已安装的阴极保护装置进行再次验收,以确保其性能达到预期标准,为钢管的长期使用提供额外的保障。

根据设计图纸要求,锌合金阳极块在距离安装环缝两侧 120mm 处,沿钢管环向布置在钢管外壁,采用焊接的形式进行安装。阴极保护站设置在钢管洞内焊接环缝两侧,每 12m 一组(本着减少洞内焊缝,提高工效的原则,内衬钢管入洞长度原则上为 12m,可根据现场施工实际情况报告调整)。每组 24 块锌合金阳极(锌合金尺寸 200mm×40mm×20mm,锌合金净重 1.1kg),10mm≤混凝土外壳厚度≤20mm。锌合金阳极要求应符合《埋地钢质管道阴极保护技术规范》(GB/T 21448—2008)。

锌合金阳极沿内衬钢管环向布置在钢管外壁,采用焊接法安装。用电焊将阳极两端 Q345C 钢芯焊接焊牢在管壁上,沿着钢芯两边对焊焊缝长度 30mm。焊接后钢芯和焊点均应重新进行防腐绝缘处理。防腐材料与等级要求与钢管主体外防腐一致。牺牲阳极块表面严禁涂漆或沾染油污,焊接完成并检测合格后,在钢芯与焊缝处涂刷环氧聚合物改性水泥砂浆,涂刷质量要求与外壁相同(锌合金阳极块表面不进行防腐处理)。施工顺序为:钢管外防腐涂刷—锌合金阳极焊接—钢芯和焊点防腐绝缘处理—验收合格下井。阴极保护施工后钢管在转运和隧洞内运输过程中时刻注意观察,做好保护。

由于井底与隧洞底有台阶,采用搭设平台的方式解决此问题。在钢管制造厂分块制作好台车平台后,再运输至现场进行拼装作业。在盾构机出洞平台高度上用 22 号工字钢继续加高到隧洞内壁,在表面采用 16mm 厚钢板铺设并焊牢,进洞平台两端焊接 L10 角钢进行限位,防止进洞过程台车平台松动。井底台车平台见图 6.4-44。

在钢管安装前,土建施工单位首先在隧洞内安装好排水板、泡沫板、光缆埋管、环缝处阻燃泡沫板等附件。当全部验收合格后钢管开始安装,且每安装 1 个单元(2 节为 1 个单元)需组织验收安装工作面,对压力钢管就位安装情况进行检查。

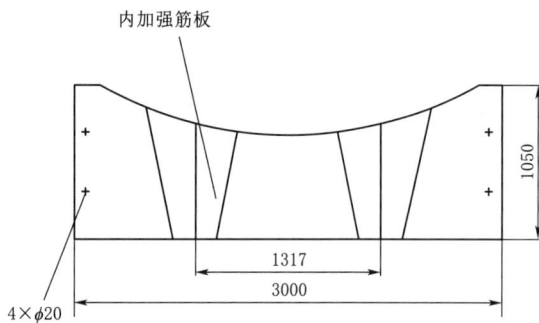

图 6.4-44 井底台车平台（单位：mm）

3. 始装节安装

在始装节安装前，首先进行精确的放样工作，确保钢管中心轴线的垂直投影线和钢管里程控制点得以准确定位。随后，钢管会从工作井吊装下井并运输至始装节里程位置。

当管节运输到位后，依据之前测量放出的钢管中心轴线的垂直投影线和钢管里程控制点，对管口进行细致的调整，确保其精确对接。为了增强稳定性，使用钢板、工字钢及角钢等材料，将钢管与洞壁之间进行牢固的支撑与加固。

加固完成后，再次对各项指标进行复测，以确保所有数据都符合设计要求，并将这些数据详细记录。这一过程不仅保证了始装节的安装质量，也为后续的管节组对打下了坚实的基础。管节支撑及加固见图 6.4-45。

图 6.4-45 管节支撑及加固

在始装节的安装过程中，严格执行以下精确标准：里程极限偏差被严格控制在 ±5mm 以内，确保位置的精准性。对于弯管起点，里程极限偏差也需控制在 ±10mm 的范围内，以保证弯管部分的准确性和管道整体的流畅性。

此外，始装节两端管口的垂直度要求非常严格，不大于 3mm，这保证了管道的垂直安装和后续管道连接的顺利进行。对于圆形截面的钢管，圆度标准设定为不大于 $5D/1000$ 且不大于 40mm（每端管口测 2 对直径），这确保了管道的整体圆形度和结构强度。同时，钢管管口的平面度也不得大于 6mm，以保持管口连接的平整度和密封性。

4. 其他管节安装

（1）第二节及后续管节由自主研发的 DCY40E 型管道运输车平稳地驮运至始装节管口。在此过程中，运输车的辅助轮被缓慢抬起，确保不会与管道内壁或管片发生接触。防止在运输过程中对管道内壁或管片造成潜在的损伤，确保管道的完好无损和安装工作的顺利进行。钢管运输安装三维图（一）见图6.4－46。

（2）当管道运输车顺利抵达组对区后，前端的辅助轮被精准地放下，同时确保前端的八字行走轮轻轻离地。随后，辅助轮开始向前移动，直至其靠近第一节管的位置。这一操作确保了管道在组对过程中的稳定和精准，为后续的管道连接工作提供了良好的基础。钢管运输安装三维图（二）见图6.4－47。

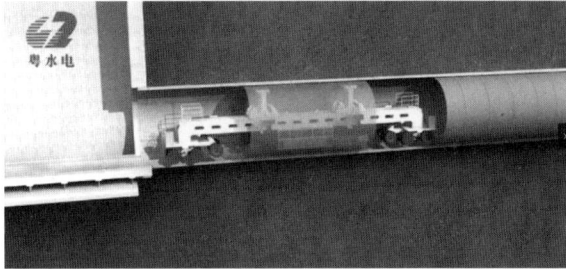 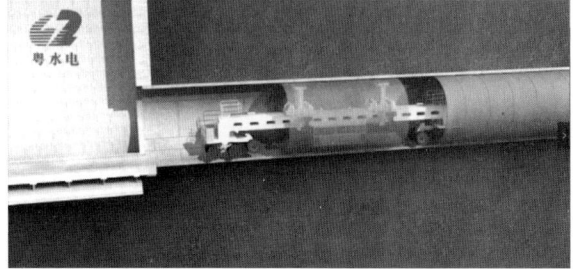

图6.4－46　钢管运输安装三维图（一）　　　　　图6.4－47　钢管运输安装三维图（二）

（3）随着前端的八字行走轮平稳下降，它们精准地落在第一节管的内壁上。同时，辅助支撑轮轴被提升，确保运输车稳定地进入管道内部。随后，运输车沿着第一节管的底部缓缓前进，这一过程确保了管道在组对和连接过程中的稳定性和安全性，为后续的施工提供了坚实的基础。钢管运输安装三维图（三）见图6.4－48。

（4）当管道运输车的前端开始进入第一节管道时，操作人员会密切关注第一节管与第二节管之间逐渐缩小的空隙。当空隙减少至仅剩100mm时，运输车顶部的顶升装置便开始精确运作。此时，借助于运输车上搭载的超声波测距传感器和水平仪等专业辅助设备，操作人员能够准确地调节竖直支撑油缸、纵移油缸和横移油缸，以及撑圆机构，确保第二节管与第一节管实现精准对接。

在运输车完成准确定位后，它会继续缓慢地前进，进一步收缩管节间的空隙，并在这一过程中进行细微的调整。这些精细的调整是为了确保管节的高程、焊缝间隙和错位均符合严格的工程要求，从而保障管道系统的整体质量和稳定性。通过这一系列专业且精细的操作，能够确保管道的顺利安装和长期稳定运行。钢管运输安装三维图（四）见图6.4－49。

图6.4－48　钢管运输安装三维图（三）　　　　　图6.4－49　钢管运输安装三维图（四）

（5）在管口四周加固工作完成，并且在环缝底部打底焊接约2m后，运输车开始缓慢后退。当辅助轮完全退出第二节管后，首先让辅助轮支撑轮平稳落地。接着，调节前端的八字行走轮至合适的高度，确保它们完全离开管道内壁。这一过程不仅保证了运输车的安全退出，也避免了对管道造成任何潜在的损伤，为后续的施工工作提供了良好的条件。钢管运输安装三维图（五）见图6.4－50。

（6）当整机完全脱离管道后，调整八字行走轮至恰当高度并放下，使辅助轮支撑轮轴抬起，随后继续正常行驶至指定铺设区，从而顺利完成整套钢管运输组对工序。钢管运输安装三维图（六）见图6.4－51。

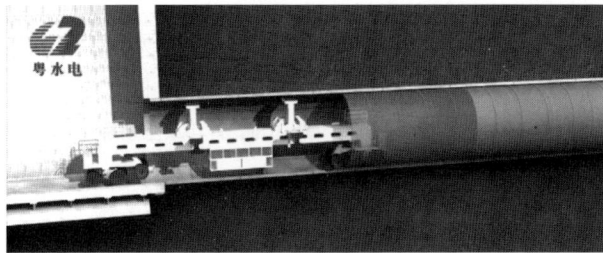

图 6.4-50　钢管运输安装三维图（五）

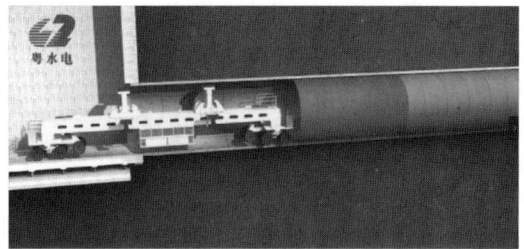

图 6.4-51　钢管运输安装三维图（六）

（7）利用台车撑圆机构组对操作如下：①升降悬挂油缸，调整车高，顶撑机构横向中心线相对管道重心偏差小于±5cm 范围内；②调整横向移动顶撑机构，使顶撑机构竖直中心相对管道竖直中心线偏差小于±5cm 范围内；③对管口圆周方向正十字方向即 0°、90°、180°、270°等 4 个点的管口进行顶撑，消除管口错台后，对管口 0°、90°、180°、270°位置进行点焊；④使回转顶撑机构转 45°，对 45°、135°、225°、315°位置的管口点进行顶撑及点焊；⑤转动转顶撑机构，对其他相位的管口进行顶撑及点焊。在顶撑时，非顶撑方向施加较小的力，以固定整体结构，顶撑方向施加 16～20t 的顶撑力。轮胎式专用液压台车顶撑装置见图 6.4-52，组对点焊工艺见图 6.4-53。

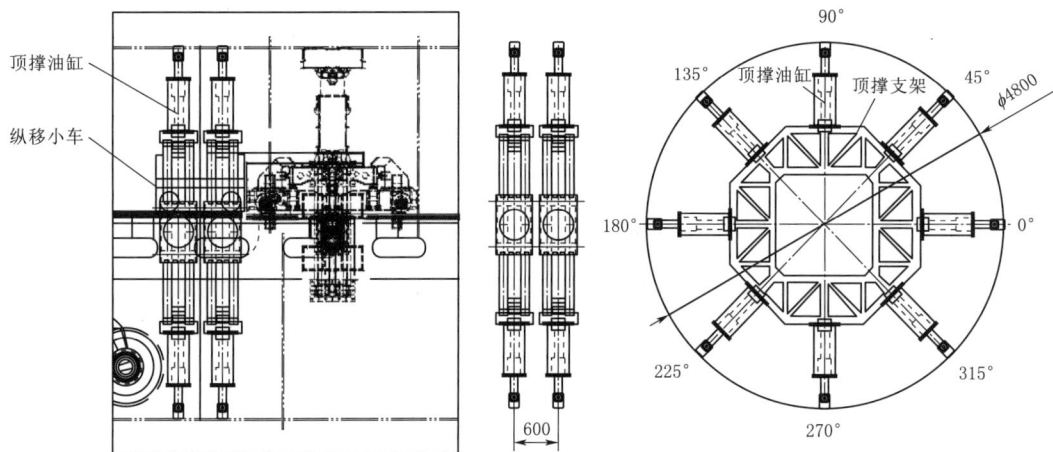

图 6.4-52　轮胎式专用液压台车顶撑装置（单位：mm）

5. 环缝、浇注孔焊接

环缝根据内衬钢管现场焊接工艺评定报告及焊接工艺规程相关参数进行施焊。

安装环缝根焊采用 CO_2 气体保护焊的方式、人工进行焊接，填充盖面采用混合气体保护焊的方式、全位置自动焊机进行焊接。

每一条环缝点对好检查合格后进行施焊。考虑到洞内的特殊工况，人员和设备无法到钢管外壁进行操作，安装焊缝采取单面焊双面成形的焊接方式（安装环缝坡口在工厂内制作成内 V 型）。派持有水利部颁发的全位置焊接证书的焊工从事钢管环缝的焊接，并采用全位置自动气体保护焊，此焊接方式使用柔性轨道，对整条焊缝实现自动焊接，大大加快洞内总装的焊接速度，并能保证焊接质量稳定可靠。见图 6.4-54。

施焊前将坡口及其两侧面各 50～100mm 范围内的铁锈、熔渣、油垢、水迹等清除干净。

焊缝焊接时，在坡口上引弧、熄弧，严禁在母材上引弧，熄弧时应将弧坑填满，多层焊的层间接头应错开。每条焊缝连续完成，且同向对称焊接。焊接完毕，焊工进行自检。根焊与填充盖面见图 6.4-55。

图 6.4-53 组对点焊工艺

图 6.4-54 全位置自动气体保护焊示意图

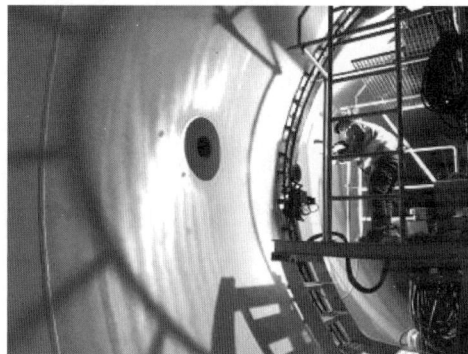

图 6.4-55 根焊与填充盖面

浇注孔采用 CO_2 气体保护焊的方式、人工进行焊接，焊丝采用 JQ＊MG50-6。自密实混凝土分两仓进行浇筑，1 号（0°和 180°）浇注孔、2 号（90°）浇注孔结合注浆孔在制作时加强钢板的内侧设置了粗制螺纹。在第一层浇筑至离 1 号浇注孔底下约 20cm 左右时停止浇筑，此时将永久螺栓旋入补强钢板预留浇注孔；接着浇筑第二层，将临时螺栓旋入 2 号浇注孔结合注浆孔，待自密实混凝土第二层浇筑完成后，注浆从临时螺栓中预留的注浆孔进行注浆，注浆结束后取下临时螺栓，旋入永久螺栓；最后在浇注孔放置封堵钢板并进行焊接。焊接完成后，对焊缝质量进行检查，检查合格后打磨焊道周边。浇注孔封堵钢板焊接见图 6.4-56。

图 6.4-56 浇注孔封堵钢板焊接

6. 焊缝质量检查

钢管所有焊缝均进行外观检查，外观质量应符合规范要求。无损检测人员持有技术资格证书，评定焊缝质量由Ⅱ级或Ⅱ级以上的检测人员担任。浇注孔封堵钢板与钢管焊缝要求焊透，焊缝内部质量按 100% 进行超声波检测（UT），焊缝质量验收等级为 2 级，焊缝表面质量按不少于 10% 的比例进行磁粉检测（MT、优先采用）或渗透检测（PT），当发现裂纹时应进行 100% 检测。钢管环缝以及浇注孔封堵钢板与钢管焊缝均为一类焊缝，钢管厂内施工焊缝进行 100% 超声波检测，按不少于 10% 的比例进行射线检测或衍射时差法超声检测（TOFD），隧洞内施工焊缝进行 100% 超声波检测，超声波检测及评定应符合 GB/T 11345 的规定，超声波检验等级为 B 级，焊缝质量验收等级为 2 级；射线检测及评定应符合 GB/T 3323、GB/T 37910 的规定，射线透照技术等级为 B 级，焊缝质量验收等级为 1 级；衍射时差法超声检测应按 NB/T 47013.10《承压设备无损检测 第 10 部分：衍射时差法超声检测》的有关规定执行，一类和二类焊缝均不低于 Ⅱ 级为合格；磁粉检测及评定应符合 GB/T 26951、GB/T 26952 的规定；渗透检测及评定应符合 GB/T 26953 的规定。焊缝表面质量验收等级为 2 级。焊缝内部质量同一部位的缺陷返修次数不宜超过两次，超过两次焊补时，先制订可靠的技术措施，并经项目技术负责人和监理工程师批准，方可焊补，并作出记录。见图 6.4-57。

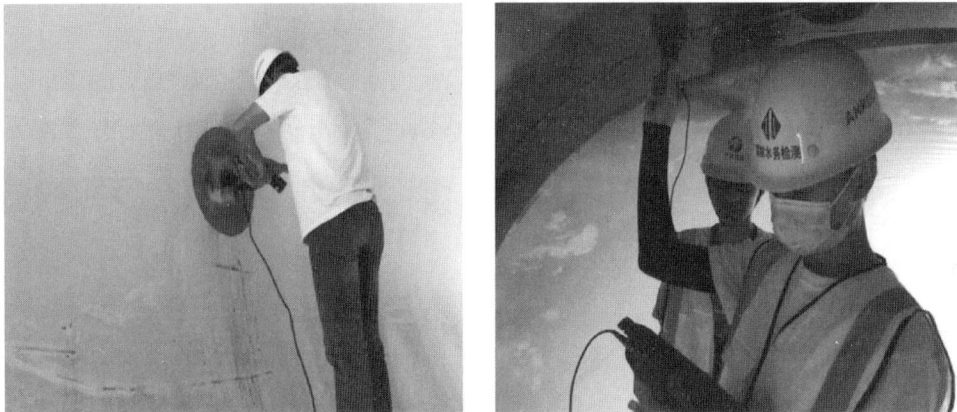

图 6.4-57　焊缝表面质量和内部质量检测

7. 现场焊缝补口防腐

无溶剂环氧液体涂料用于内衬钢管的安装环缝和注浆孔焊缝补口位置防腐，以及井内钢岔管内防腐与部分外防腐，干膜厚度 800μm，涂装应满足 SY/T 0457《钢质管道液体环氧涂料内防腐层技术标准》的要求，其技术要求如下。

（1）管道内壁涂料安全性检验应满足 GB/T 17219《生活饮用水输配水设备及防护材料的安全评价标准》，应提供卫生部认定涉及饮用水卫生安全产品检验机构检验报告，并获得省级卫生部颁发的涉及饮用水卫生安全产品卫生许可批件，且该卫生许可批件在整个合同执行过程中处于有效期内。

（2）涂料应附有制造厂的产品质量证明书和使用说明书。说明书内容应包括涂料特性、配比、使用设备、干硬时间、再涂时间、养护、运输和保管办法等。

（3）涂料供应提供规范和标准规定的检测和试验报告，并确定其数据符合规范和标准以及本技术要求的要求。

（4）涂料应有生产厂家出厂质量检验报告及产品说明书，在产品说明书中应明确规定产品的质量指标、工艺要求及储存条件和储存期限。当用户有要求时，应向用户提供有效期内的检测报告。

（5）输水管道内防腐层所用涂料的性能指标除应符合本章的规定外，还应符合国家现行的《生活饮用水卫生监督管理办法》的有关要求。其化学检验指标和毒理学检验指标应符合 GB 5749《生活饮用水卫生标准》的规定，并应提供省级卫生主管部门的认可证件。

（6）涂料检验应按 GB 3186《涂料产品的取样》的规定取样。涂料用户应结合涂料所附检验报告按本章的规定对防腐涂料进行检验或验证；检测项目与结果应符合相关技术要求。若不合格，应加倍取样重新检验；如仍不合格，则该批涂料为不合格，不得使用。

（7）施工后的涂层应具有良好的光滑度，摩阻小，抗磨损，并能阻止微生物或藻类的滋生。钢管环缝焊接完毕后，对钢管内壁的临时支撑和焊疤等应清除干净并磨光。由于现场焊接需要钢管制作时预留距离管口 150mm 的区域进行自动焊机轨道安装。预留区域及浇注孔的防腐需钢管组对焊接完成后现场进行防腐。此区域采用无溶剂型环氧树脂液体涂料人工涂刷，在正式施工前完成合格的工艺评定试验（PQT），具体的涂装工艺及验收要求如下：

（1）表面预处理

预留区域钢管表面涂装前，必须进行表面预处理。安装环缝两侧各150mm范围内，在生产车间表面预处理后，涂刷不会影响焊接质量的车间底漆，环缝焊接后，隧洞钢管安装现场进行二次除锈，再用人工涂刷或小型高压喷漆机械施喷环氧树脂液体涂料，其性能应符合要求，干膜厚度为800μm，环氧树脂液体涂料的涂敷施工应满足SY/T 0457—2000《钢质管道液体环氧涂料内防腐层技术标准》等规范要求。

在预处理前，钢材表面的焊渣、毛刺、油脂等污物应清除干净；对分段接头处、喷砂达不到的部位、损坏及锈蚀部分（焊接处、切割边、预装机械碰撞、校正及周围30～50mm范围等）应进行除锈，粗糙度达到GB/T 13288.2标准中级，粗糙度指标即锚纹深度达到40～100μm。表面预处理后，钢管表面灰尘清除干净，除锈等级达到Sa2.5级的要求。钢管除锈后，用干净的排刷清除表面垃圾和灰尘，或用吸尘器清除灰尘，涂装前如发现钢管表面污染或返锈，应重新处理到原除锈等级。经除锈后的预留区域应尽快涂装，一般宜在4h内涂装完毕。

（2）涂装施工准备

在表面处理验收合格后，向油漆相关班组说明工作对象和喷涂范围、施工工艺要求、油漆的类型和型号、工期要求和注意事项。油漆的调配必须按液体环氧树脂涂料A、B组分混合比精确地混合，并进行均匀搅拌（搅拌棒）。班组长根据涂装工艺上的内容，将施工工艺要求、工期计划、注意事项、检验方法、安全事项等交代员工无误后方可开始刷漆。并合理安排员工对施工工件进行预涂，预涂应将内表面的焊缝、边角、不易刷到的部位，用漆刷刷一道同类漆料。涂层应均匀，不得漏涂，不得有明显的流挂，以及气泡等弊病。

（3）涂装施工

1）施工应备有各种计量器具、配料桶、搅拌器，按不同材料说明书中的使用方法进行分别配制，充分搅拌。

2）双组分的防腐涂料应严格按比例配制，搅拌后进行熟化后方可使用。

3）刷涂防腐材料应按涂料性能分层分道进行，做到每道工序严格受控。

4）施工完的涂层应表面光滑、轮廓清晰、色泽均匀一致、无脱层、不空鼓、无流挂、无针孔，膜层厚度应达到技术指标规定要求。

5）涂装施工班组应对整个涂装过程做好施工记录，油漆供应商应派遣有资质的技术服务工程师做好施工检查。

6）应特别注意涂层厚度控制，没有粉末涂层和粉末涂层削斜处理区域涂层总干膜厚以设计值800μm为准，仅进行拉毛的区域做成逐渐减薄向粉末涂层过渡，不得出现台阶。

（4）晾干

喷涂完成后，采用自然风干的方式等待涂层晾干，在涂层晾干前，不得踩踏涂层、污染或在涂层放置重物等。

（5）原材料及涂层检测

1）原材料检测：每批材料进场后由施工自检单位在监理见证下进行取样，取样按现行标准GB/T 3186《色漆、清漆和色漆与清漆用原材料　取样》执行，送有相关检测资质的检测单位进行检测，检测项目与结果应符合相关技术要求。

2）外观检测：外观检测技术指标及方法按照技术要求执行，检测频率为逐处目测检查，涂层表面外观要求平整、色泽均匀、无气泡、开裂及缩孔等缺陷。

3）干膜厚度检测：用测厚仪进行干膜厚度检查，要求90%以上的测量点厚度达到设计要求厚度，最小厚度不低于设计厚度的 90%，环缝、灌浆孔等补口处检测频率为每根钢管每种类型的补口各至少 1 个测量点。

4）附着力检测：按 GB/T 5210 的规定用拉开法进行附着力检测，附着力检测技术指标及方法按照相关技术要求执行，检测频率为每 200m² 防腐层至少取 3 个测量点（至少包括 1 个环缝和灌浆孔等补口处测量点）进行检测，附着力检测后应现场补涂。

（6）涂层的修补与重涂

1）防腐层有漏涂及破坏性检验造成的破损等缺陷时可进行修补。修补用涂料应与管道涂敷用涂料一致或其配套提供的修补涂料。

2）修补时，应先对防腐层的缺陷部位进行清理，防腐层搭接部位应进行打磨或以其他适宜的方式进行处理。清洁后，按工艺评定确认的修补工艺进行喷涂或刷涂修补。

3）修补后的防腐层应进行厚度检测。

4）经检验附着力不合格的防腐层或缺陷不宜修补的防腐层，应进行重涂。

5）重涂时，应先将原防腐层清除干净，然后按工艺流程进行涂装。

6.5　排水板安装

6.5.1　排水板

钢管安装之前需在盾构管片内上部 240°设新型复合排水板 。环向复合排水板采用专用胶与管片粘贴，聚乙烯泡沫板在 240°端部应伸长不小于 100mm 包住凸壳型排水板端部，且用专用胶与管片粘合以防止自密实混凝土浇筑时堵塞排水板。

复合排水板纵向连接方式采用热熔焊接或胶水粘接，通过白边与凸壳型区域搭接，宽度 150mm，纵向排水板连接强度不小于凸壳型排水板强度的 50%，即不小于 5MPa。施工时内衬钢管焊接环缝中心位置距离相邻排水板 1125mm。复合排水板断面及排水板粘贴示意图见图 6.5-1。

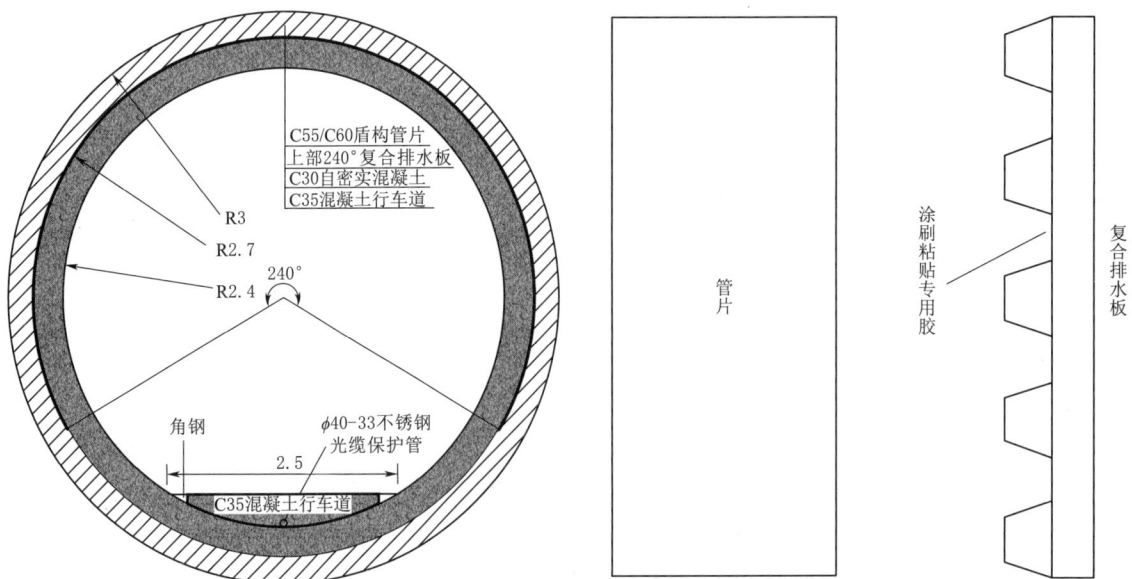

图 6.5-1　复合排水板断面及排水板粘贴示意图（单位：m）

6.5.2 排水板安装台车研制及应用

由于隧道作业空间狭小、排水板安装质量要求高，导致施工过程中排水板安装工效不高；本项目通过改进排水板安装台车提高了排水板安装工效，减小了排水板在安装过程的损耗。

单线隧道最大长度为3290m、最大坡度为1.25‰，且中途存在连续转弯段线路，作业空间为直径5.4m的圆形断面。管片内侧隧洞上部240°沿隧洞方向铺设新型复合排水板，普通台车的行走需依靠人力推动，且在钢管与管片存在高差位置爬坡困难、进出钢管内部时需重复安拆台车部分组件，安装时人工喷涂胶水较慢且不均匀，排水板铺张时需人工铺张，耗时较长。受工程隧洞内作业空间、长距离施工线路及工序交叉等的影响，采用搭设简易作业台车人工铺贴法安装排水板安装速度慢，与后续钢管安装、自密实混凝土浇筑等工序衔接效率不高。针对上述情况排水板安装台车应具备在隧道内自动行走，同时具备爬坡能力，通过电气控制实现排水板自动输送、安装。见图6.5-2；考虑在实际交叉施工过程中，为避免妨碍钢管运输安装，排水板台车需保证能够自由伸缩进入内径4.8m内衬钢管内部，同时解决钢管与管片间30cm高差通过性问题。见图6.5-3。

图6.5-2 行车/爬坡系统

在排水板安装过程中，安装自动涂刷设备，排水板台车需实现拱顶240°范围内按标准宽度排水板整体快速铺贴及排水板粘贴后在胶水固化时间内的支撑。实现胶水能按工艺要求进行自动涂刷，同时具备可处理排水板接缝处的工艺要求。台车掌靴见图6.5-4，铺张与喷胶系统见图6.5-5，排水板台车示意图见图6.5-6。

图6.5-3 施工作业面示意图

图6.5-4 台车撑靴

过对排水板安装台车的优化，导入自动化设备对排水板进行安装，确保排水板安装质量。实现了排水板高质量、高效率施工的需要，达到施工质量好、施工安全性高、施工速度快、施工成本低的目的。

图 6.5-5　铺张与喷胶系统

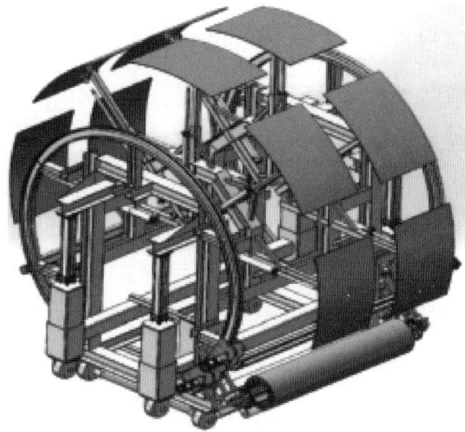

图 6.5-6　排水板台车示意图

6.6　内衬钢管自密实混凝土浇筑

钢管内衬复合衬砌段采用标准的盾构隧洞尺寸，外衬采用 C55 的预制钢筋混凝土管片，外径为 6m，内径为 5.4m，管片厚为 0.3m，环宽为 1.5m，管片通过不锈钢螺栓连接。内衬钢管采用 Q355C 钢材，壁厚为 22mm，内径为 4.8m。内衬钢管与盾构管片之间填充自密实混凝土，混凝土强度等级为 C30。钢管内底部设置行车道，采用钢筋混凝土，混凝土强度等级为 C35。

6.6.1　混凝土运输

隧洞埋深约 40～60m，混凝土由地面垂直运输至井底，运输过程中易发生离析。区间隧洞最短运输距离为 2.3km，水平运输车道宽为 2.5m，只能通行一台混凝土运输车，运输耗时长。

研发了抗分离溜管以及洞内双向混凝土运输车解决混凝土高落差长距离洞内运输问题。溜管上设置缓冲区，避免自密实混凝土在超高垂直运输时发生离析；井壁上安装倒 Y 字形溜管，供两条隧洞同时进行混凝土运输；井下及隧道内配置双向行驶混凝土运输车，避免长距离倒车所导致的安全隐患，同时提高水平运输工效。见图 6.6-1 和图 6.6-2。

图 6.6-1　井壁溜管及缓冲装置

6.6.2　分层施工

隧洞管片内净空半径为 2.7m，内衬钢管内半径为 2.4m，加上 20～26mm 钢板厚度，钢管与管片之间的空间理论上小于0.28m，空间十分狭小，同时自密实混凝土在浇筑过程中应考虑内衬钢管承受底部浮力、腰部承受侧向压力及顶部承受重力等因素，此外还应对混凝土的浇筑速度、升层高度、下料方式等方面进行严格控制，方可实现压力钢管在自密实混凝土浇筑过程中的稳定。

混凝土浇筑采用分层施工两侧对称浇筑均匀上升。当内衬钢管外包自密实混凝土浇筑高度上升至85cm时，混凝土浮力接近于钢管自重，如继续浇筑上升，则浮力超过钢管自重，将会造成钢管浮起破坏，此时暂停浇筑、待凝一段时间后继续浇筑上升。

当自密实混凝土浇筑超出临界面高程后，即钢管腰部或拱部位置时，此时自密实混凝土主要对钢管产生侧向压力与重力作用，不存在浮力的影响，且钢管与混凝土之间有一定的黏结力，新浇自密实混凝土侧向压力与重力计算值均远小于内衬钢管容许应力控制值，临界面以上部位可允许连续浇筑。自密实混凝土浇筑分层示意图见图6.6-3。

图6.6-2 混凝土双向行驶运输车

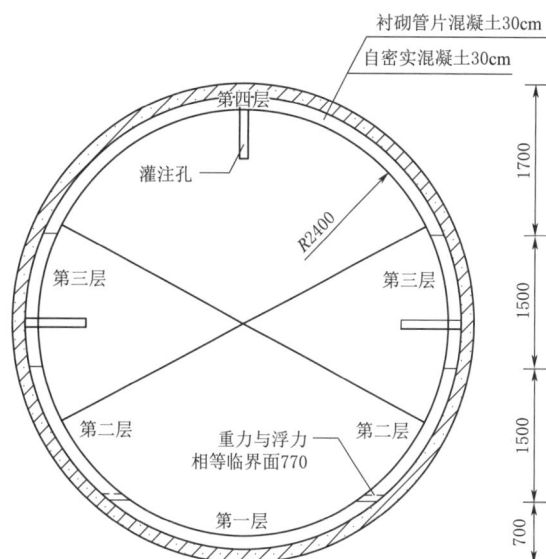

图6.6-3 自密实混凝土浇筑分层示意图（单位：mm）

混凝土分仓封堵采用快易收口网，免拆模板作为分仓浇筑封堵模板。为避免一次浇筑高度过高，而无法承受侧向压力至胀模，导致混凝土外溢。各分仓自密实混凝土共分四层进行浇筑，浇筑过程中两侧均衡对称上升，控制浇筑上升速度，避免钢管上浮、移动。

根据混凝土配合比设计确定的初凝时间，各分层混凝土浇筑间隔时间暂定为1.5h，实际浇筑入仓施工过程中，可通过现场取样混凝土的实际初凝情况予以确定。

6.6.3 连接套筒装置

因自密实混凝土流动性较大，为避免浇筑过程中漏浆，防止混凝土倒流。内衬钢管拱部浇注孔处设置连接套筒装置，外接输送泵管，便于混凝土泵送入仓，连接套筒装置主要包括法兰盘、止回阀及无缝钢管等结构件，施工之前加工制作成型。

主要结构件为一个内径为125mm的止回阀，其两端均设置法兰盘，内侧端与内径为136mm无缝钢管进行法兰连接，外侧端预留与泵管连接的法兰盘。

混凝土浇注孔布置断面间距按6.0m设置，逐孔移动浇筑，混凝土自由下落高度不得超过5.0m，确保自密实混凝土充填密实。采用拱部浇注孔进行自密实混凝土泵送浇筑之前，将该连接套筒装置放置至浇注孔内，内侧端无缝钢管与内衬钢管加强钢板进行临时电焊连接固定。外侧端止回阀预留法兰盘与混凝土泵管进行连接，即可进行混凝土泵送入仓浇筑，混凝土输送泵泵管内径为125mm。该浇注孔混凝土浇筑完成或中途暂停后，拆除泵管连接端头处法兰连接，转入下一浇注孔，与已安装好的连接套筒装置连接即可继续进行混凝土浇筑，如此循环往复、逐孔浇注，直至浇注密实为止。待全仓混凝土浇筑完成并终凝后即可将连接套筒装置拆除取出，旋入封堵钢板。见图6.6-4和见图6.6-5。

图6.6-4 阀门组

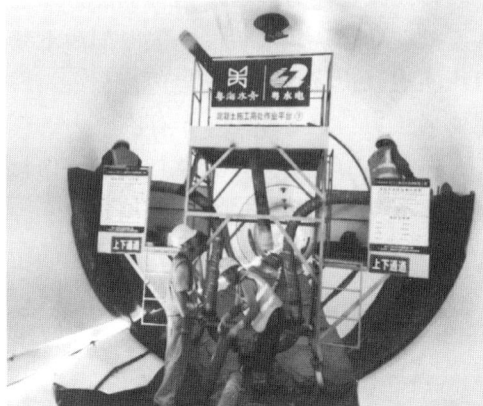

图6.6-5 排气兼检查装置

6.6.4 分仓施工

内衬钢管分节进洞安装长度为12.0m，其外包自密实混凝土浇筑分仓标准长度为24.0m。采用快易收口网免拆模板作为分仓浇筑封堵模板，设计、预制环形快易收口网模板，可免除接缝凿毛。每隔36.0m采用快易收口网进行全环分仓封堵与固定，单环快易收口网免拆模板事先加工成单片预制构件，采用钢筋作为支架，各分段内衬钢管安装就位后将快易收口网预制构件钢筋焊接固定于钢管端口加固型钢处。可实现钢管安装固定与混凝土浇筑两个工作面互不影响，提高施工效率，且有效解决了混凝土泵送施工过程中的排气卸压难题，避免爆模。见图6.6-6。

图6.6-6 快易收口网免拆模板示意图

6.6.5 分段施工

除始装节作为一个施工分段单独先行浇筑完成外，其余按照每3个分仓（3×24m＝72m）作为一个施工分段，局部范围可根据实际情况进行调整。根据内衬钢管安装进度划分为4个施工分段，分四次浇筑完成。各分仓混凝土按照确定的分层浇筑高度并结合同一施工分段内各相邻仓面进行阶梯式分层连续、流水搭接工艺进行混凝土浇筑循环作业。

端头模板采用扇形多孔薄钢板环形搭接制作成封堵板，解决自密实混凝土分段浇筑时的跑模、排气问题。自密实混凝土浇筑时，采用分段分层法浇筑，在节点位置设置阀门组控制单个出料口的出料量，实现均匀对称浇筑，有效避免单侧浇筑过快导致钢管移动偏位；拱顶浇注孔设置检查兼排气装置，浇筑工程可检查拱顶混凝土浇筑密实情况并将浇筑仓内空气进一步排出。

6.6.6 隧洞内混凝土输送泵管优化布设

在钢内衬施工安装完成后，自密实混凝土浇筑过程中，混凝土的洒落和清洗极易造成内衬钢管防腐层的脱落。为减少润管砂浆、泵管内多余混凝土浪费及其污染作业仓面，特别是对高标准防腐内衬钢管的污染，创新使用了一种长隧洞内输送混凝土的泵管及其使用方法。

本方法的长隧洞内输送混凝土的泵管包括与混凝土泵出料管相接的混凝土三阀管、与入仓管相接的混凝土三阀管以及两个三阀管之间的常规混凝土泵管，其中混凝土三阀管包括一个三通管和三个截止阀。通过对与混凝土泵出料管相接的混凝土三阀管及与入仓管相接的混凝土三阀管上不同位置截止阀的启闭，可以方便控制混凝土泵管内砂浆、混凝土流向，从而达到润管、输送混凝土及向隧洞外清出泵管内水泥砂浆、混凝土的目的。既能减少材料的浪费、降低施工成本，又能避免水泥砂浆或混凝土污染甚至损伤高标准防腐钢管的防腐层、确保工程质量。见图 6.6-7。

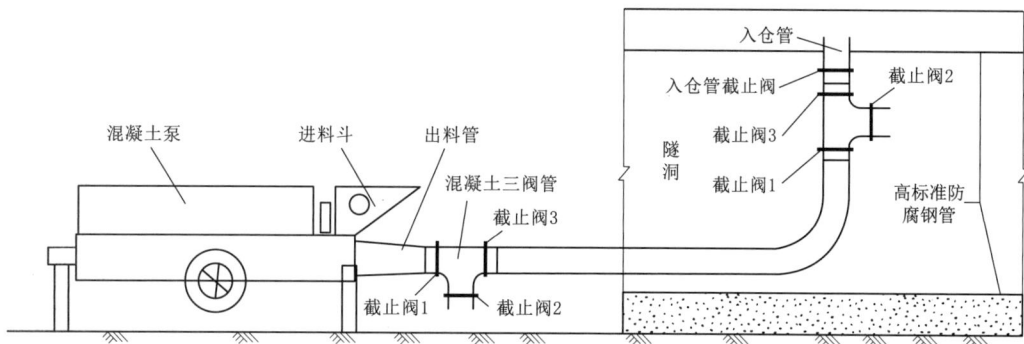

图 6.6-7 混凝土浇筑管道三阀管示意图

6.6.7 结论

通过抗分离溜管及双向运输混凝土车实现了混凝土长距离运输，保证了自密实混凝土质量符合施工技术要求。施工过程中控制混凝土浇筑速度、分层高度和下料方式等，避免了大直径钢管自密实浇筑时出现钢管浮起的情况。使用扇形多孔薄钢板环形搭接制作封堵模板，解决了自密实混凝土分段浇筑时的跑模、排气问题。使用顶部连接套筒装置避免了在浇筑过程中漏浆，防止混凝土倒流，提高了自密实混凝土在浇筑过程中的质量和效率。通过对隧洞内混凝土输送泵管优化布设保护了钢管污染，减少了材料的浪费。

第7章 取水建筑物施工关键技术

取水建筑物是引调水工程的重要建筑物，一般由进水口建筑物、泵站厂房土建工程、水泵及机电安装、高位水池以及与输水隧洞相连接构筑物等部分组成。取水建筑物一般设置在江（河）岸边或江（河）心岛上，构筑物布置集中且结构复杂、机组及电气系统复杂且安装精度要求高，它是引调水工程施工技术和施工组织管理的重难点部位。

本章基于珠三角水资源配置工程取水泵站施工技术研究及其工程实践，主要介绍泵站建筑物施工、超深高位水池施工、机电设备安装等关键技术，以期为类似工程施工提供有益借鉴。

7.1 概述

7.1.1 工程概况

本章所述泵站为输水干线取水口，位于鲤鱼洲岛上，四面环水，共布置 8 台机组，设计流量 $80m^3/s$，装机 72000kW。泵站顺水流方向依次布置进水口、进水闸、进水前池、进水管、主副厂房、出水管，出水管为 8 根 DN2600 钢管，经量水间后，8 根 DN2600 的钢管采用 Y 形岔管两两合并引出 4 根 DN3000 钢管，连接山顶高位水池。

泵站进水口位于鲤鱼洲岛北侧凹岸中部，采用开敞式进水，进水与来水方向呈约 35°夹角。进水闸共 16 孔，每孔净宽 4.0m，闸室顺水流方向长 15.0m，每孔均设置检修闸门。进水前池紧接着进水闸墩布置，长度 120.0m，总宽度 99.0m，中间设置隔墙，分成 8 条明渠，每台机组对应一条。在前池尾端采用 8 条 DN2600 压力钢管作为泵组的进水钢管，进水钢管经主副厂房、量水间后采用 Y 形岔管两两合并引出 4 根 DN3000 出水钢管，连接山顶高位水池。泵站主副厂房为半埋式建筑物，主厂房共分为 7 层，由下至上分别为检修层、蜗壳层、巡视层、中间层、电动机层、安装层夹层、安装层。副厂房布置在泵房下游侧，与主厂房相邻且长度相同，共分为 5 层，由下至上分别为检修阀室、变频装置层、电缆夹层、工具间、中控室及变频设备层。量水间布置在距离泵房下游约 30m 处，内设出水钢管、流量计和检修液控蝶阀。

高位水池位于泵站南侧的山头上，为圆形竖井结构，总高度 86.9m。地下部分 56.4m，一衬内径 28.0m，壁厚 1.25m，二衬内径 24.0m，壁厚 2.0m，井壁衬砌均采用 C30 普通钢筋混凝土；地上部分 30.5m，外径 28m，内径 26m，井壁采用 C50 预应力混凝土，壁厚 1.0m。竖井溢流堰内、外侧布置有混凝土整流格栅和整流墩。

7.1.2 取水建筑物施工重难点

1. 上岛交通及施工临时用电问题

鲤鱼洲岛四面环水，施工前无电源接入，而泵站施工生产、生活用电需求量大，这给泵站施工带来难题。岛上原施工用电规划是采用岛外用电点，在岛外架设架空线路至岛上，线路涉及征地、跨河，条件受限（征地、河道停航等因素），施工干扰因素多，施工难以开展。通过多方案比对，建设单位采纳了修建过江隧洞的方案。过江隧洞很好地解决了岛上通电、通水及上岛交通的问题。

2. 泵站厂房现浇屋面施工

泵站的主厂房为钢筋混凝土框架结构，混凝土设计强度等级为C35，分七层，其中屋面高程▽26.8m，板厚150mm，梁最大截面尺寸为600mm×1600mm。屋面施工需在已完成的▽−4.07m高程楼板上进行支架搭设，支架搭设高度约30.0m，跨度24.0m，面临支模高度高，跨度大，工期紧迫，场地狭窄以及装拆难度大等问题。

通常情况下，支架搭设会采用扣件式或盘扣式的满堂支架搭设方案，但该方案搭设投入的人员、材料量大，且装拆过程耗时较长，场地占用面积大，对其他部位施工影响大。因此，优化泵站厂房现浇屋面支架搭设方案是确保工期的关键。

3. 超深高位水池牛腿施工

高位水池牛腿为圆形井壁内向悬挑结构，牛腿伸出井壁水平距离4.12m，斜面长度5.83m，距离井底高度40.23m。牛腿结构施工通常情况下采用定型钢模板，施工前在结构底部预埋型钢作为施工平台，模板逐块吊装、加固，结构施工完成后进行模板拆除；此种施工工艺大部分为高空、吊装作业，特别是在模板拆除过程会存在反弹等不可控风险因素，安全风险极高；同时吊装过程与高位水池上部结构施工存在长时间的交叉作业，严重影响施工进度。

高位水池在混凝土结构施工完成后，内壁按设计需涂刷防护涂层。高位水池地面高程▽18.0m，地面高程以下采用底层高渗透环氧底漆100μm＋面层无溶剂环氧液体涂料400μm，涂刷高度41.0m，地面高程以上采用1mm厚单组分聚脲涂层，涂刷高度32.8m，涂刷施工在井内作业，施工操作平台难以搭设，作业难度大安全风险高。

4. 机电设备优质高效安装

泵站机电设备安装面临高空作业、狭小空间作业等困难，且涉及多种特种作业，如吊装作业、焊接作业等，现场安全管理要求高。泵站机电设备种类繁多，涉及多种设备、多个厂家和多方技术指导，协调管理难度大。泵站机电设备安装精度要求高、施工难度大，是取水建筑物建设的重中之重。

7.2 泵站建筑物施工技术

7.2.1 泵站主体结构施工

1. 土石方施工

（1）基坑开挖

施工工序：施工准备→清苗、清表→坡顶截排水沟→逐级开挖、分层支护→基坑建基面清理→下一工序。

泵站基坑边坡分级，采取自上而下分层开挖方法，土层开挖采用挖掘机开挖，石方采用金刚臂凿挖，边坡采用破碎锤修整。出渣采用挖掘机直接装车，15t自卸车运输出渣。施工前测量放出设计开挖边线并核实原始地形，确定开挖及清理范围，进行覆盖层开挖清理。施工过程中，开挖作业平台要具有一定坡度以便于排水，避免在开挖范围内形成积水。开挖分层高度5.0m，边开挖边支护。开挖基底时预留30cm，采用液压破碎锤凿挖，挖掘机和人工配合集料清基。主泵房开挖分层图见图7.2−1。

（2）基坑支护

基坑支护的合理性和可靠性是确保泵站工程安全高效施工的重要影响因素。基坑支护必须从实际情况出发，充分考虑施工现场的地质条件、基坑深度、周边环境等因素。基坑支护施工工艺流程图见图7.2−2。

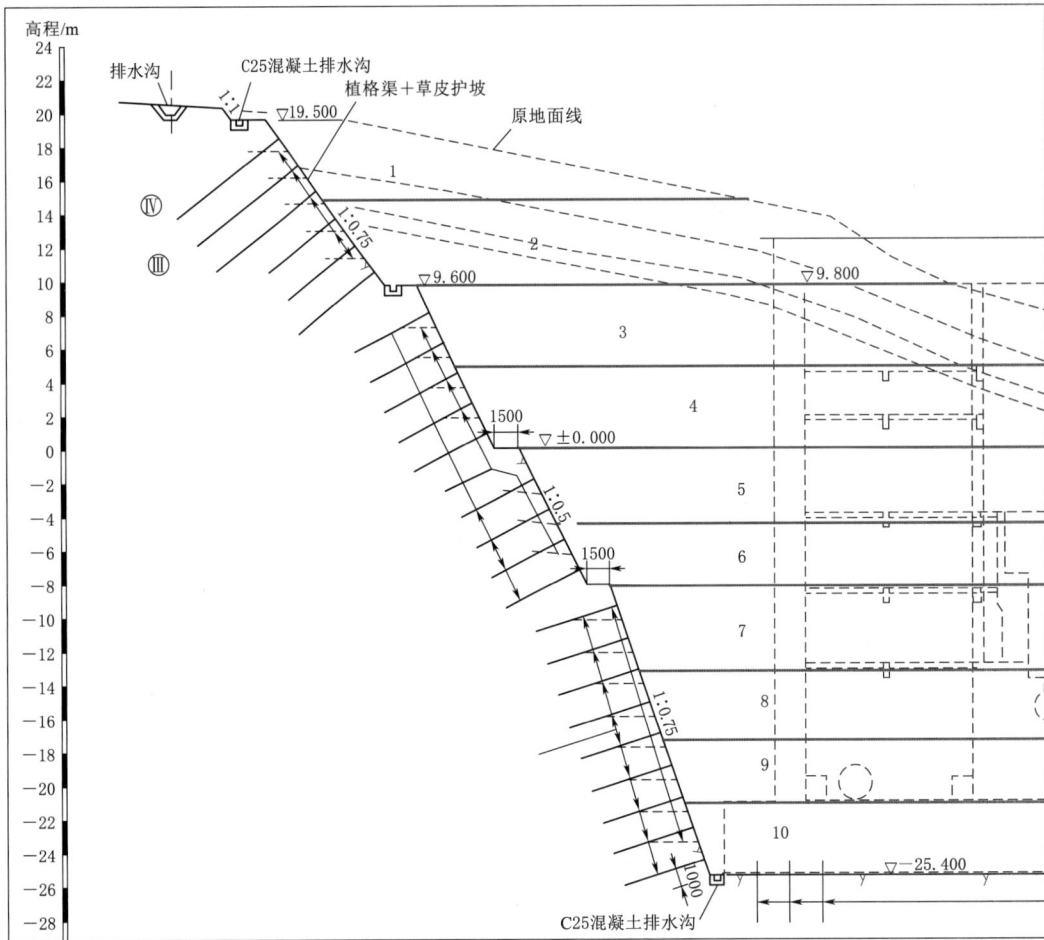

图 7.2 - 1 主泵房开挖分层图 (尺寸单位: mm, 高程单位: m)

2. 锚杆施工

锚杆施工工艺流程为: 孔位放样→钻机就位→钻锚杆孔→吹孔→安放锚杆→注浆→补封。

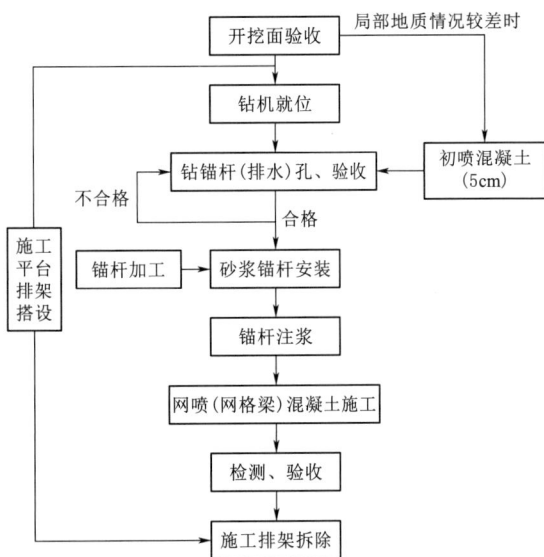

图 7.2 - 2 基坑支护施工工艺流程图

坡面经检查合格后, 放线定孔位, 钻孔采用 TYMQ100D 型潜孔钻机, 根据设计图纸的布孔间距、坡面夹角调整钻机摆放, 钻孔达到设计孔深, 采用高压风清孔, 进行杆体安装及锚杆注浆作业。

施工中锚杆安装均采取"先插锚杆后注浆"方式, 锚杆安装前在杆体上做好明显标记, 确保锚杆杆体外露长度及与网格梁的有效连接。锚杆注浆设备采用 GS20 型螺杆泵, 施工时将注浆管插入锚杆孔内离孔底约 1.0cm 处进行注浆, 随砂浆的注入, 套管与注浆管同时缓慢匀速拔出, 待孔口溢出砂浆即停止注浆。注浆压力初定 0.2MPa, 浆液为水灰比 0.45～0.5、灰砂比 1:1 的 M30 水泥砂浆。

3. 模板施工

大体积混凝土结构施工模板主要采用 3000mm×2400mm×75mm (高×宽×厚) 的钢

模板，内侧或临水侧立面采用 1500mm×1215mm×55mm（长×宽×厚）的钢模板，柱子采用现加工定型模板，楼板模板采用尺寸为 2440mm×1220mm×18mm（长×宽×厚）的维萨板，蜗壳基础、机墩、风罩等部位弧形模板为现加工定型钢模，采用标准尺寸为 1500mm×1500mm 的定型钢模，模板板面采用 5mm 的钢板，筋板 50mm，模板加固采用钢管作为内、外楞。

脱模剂采用 HD-1 模板漆。明缝、钢模板拼缝及缝间采用橡胶半圆条（图 7.2-3）。模板阳角部位采用两面模板直接搭接，搭接处采用与模板型材边框相吻合的专用模板夹具连接，并在拼缝处设置圆弧倒角定型模板和加密封条（图 7.2-4），使阳角外形具有圆弧角效果。

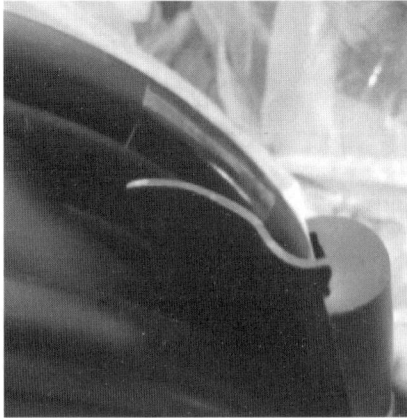

图 7.2-3 圆弧倒角塑料条

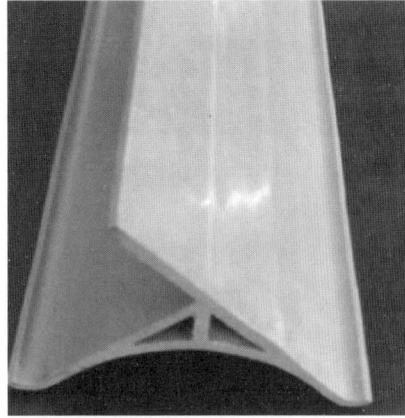

图 7.2-4 橡胶半圆条

柱子模板结构及支撑体系平面图见图 7.2-5。

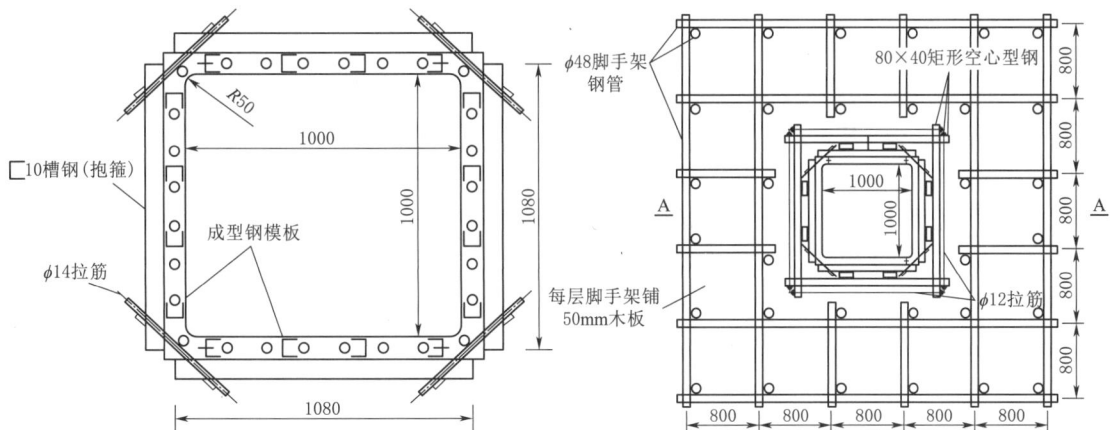

图 7.2-5 柱子模板及支撑体系平面图（单位：mm）

（1）楼板组合模板的加工与布置

楼板模板采用 2440mm×1220mm×18mm 维萨板，木模背方采用 5cm×10cm 方木，间距 20～30cm，模板与背方间采用 L=50mm，间距 20cm～30cm 沉头自攻螺钉连接。模板外楞采用 12cm×12cm 方木，间距 70cm。背方与模板接触面及背方与外楞接触面均刨光。

模板的支撑及外部加固按常规进行。楼板由于受柱、预留孔洞、机墩风罩墙的影响，在拼装时应根据各板面规格尺寸组合下料，首先考虑采用标准模板从一侧到另一侧进行拼装，最后预留的边角区域采用现场切割的拼接块拼接，标准块与拼接块之间贴一层双面胶，拼接块模板外侧加固按照常规进行。

边墙钢模板正面拼装图见图 7.2-6。

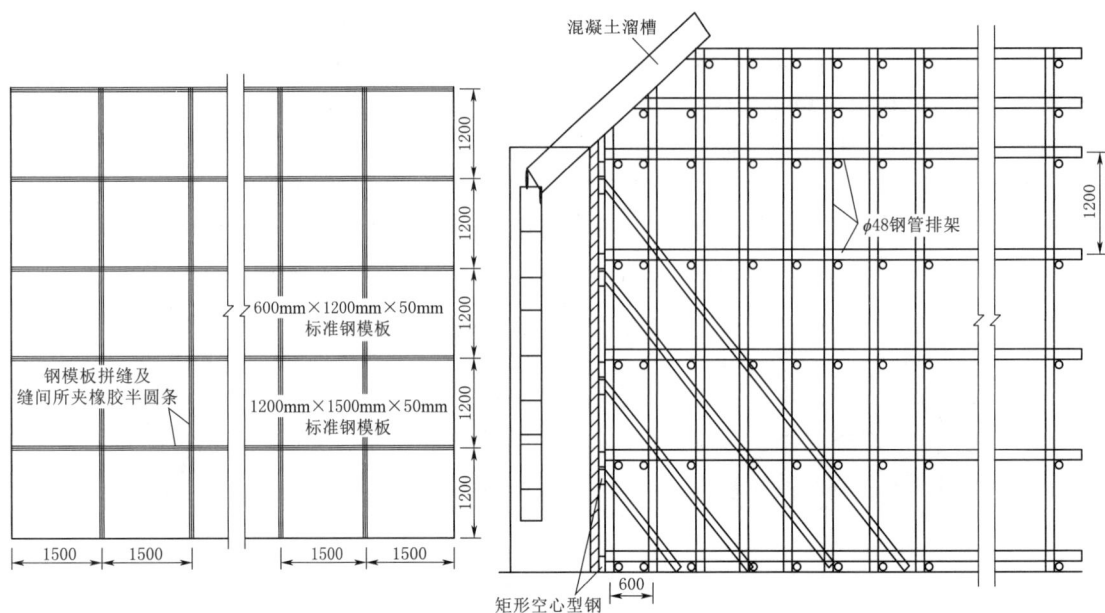

图 7.2-6　边墙钢模板正面拼装图（单位：mm）

（2）弧形模板的加工与布置

弧形模板主要指主泵房机墩和风罩外壁模板，其弧形面积较大，内弧直径为 7.0m，外弧直径为 8.6m。

主泵房机墩外层与风罩内、外层混凝土结构施工均采用定型钢模，定型标准尺寸为 1500mm×1500mm×55mm，钢模在加工厂制作，每块模板按设计弯成圆弧状，模板板面采用 5mm 的钢板，50mm 的筋板，$\phi 48mm×3.5mm$ 的钢管作为模板内、外楞，内楞间距 60cm，外楞间距 50cm。机墩与风罩外侧的支撑体系均与板梁支撑体系牢固连接，风罩模板除采用拉筋对拉以外，可在内侧视实际情况增设斜撑。

（3）边墙定型模板的加工与布置

厂房上下游边墙、蜗壳外侧、水泵机外侧模板采用尺寸为 1500mm×1200mm×55mm（长×宽×厚）的钢模板拼装。钢模板水平向接缝处采用 $\phi 12.5mm$ 的半圆形胶条作衬模，钢模板夹紧固定。

边墙模板围楞采用 $\phi 48mm×3.5mm$ 钢管，其中内楞竖向布置，间距为 40～60cm，外楞水平布置，间距为 60～80cm。模板间采用短方木作内撑支撑模板，防止模板向外倾斜。

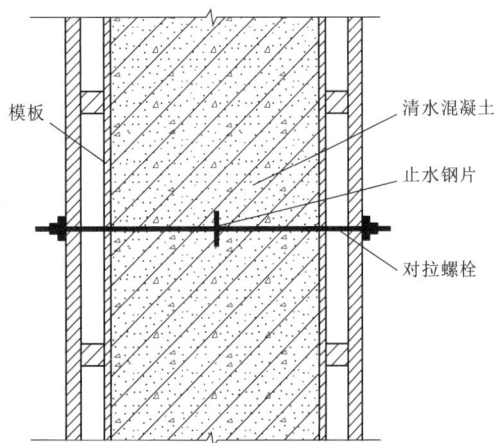

图 7.2-7　边墙对拉螺栓止水片示意图

对拉螺栓采用"扁铁+拉筋"的型式，见图 7.2-7。

（4）模板安装与加固

模板使用前在表面涂刷一层 HD-1 型脱模剂。脱模剂的主要作用是方便脱模和混凝土表面养护。涂刷脱模剂时不得污染钢筋，以免影响混凝土和钢筋的握裹力。

模板安装前根据施工部位，确定所选用的模板形式和模板加固方式，按照测量放样提供的边线、中心线及高程点进行立模。

柱模板内设垫块，外设方钢柱箍，采用 $\phi 14$ 拉筋与方钢箍柱对拉的加固方式。柱钢筋安装完成后根据测量放出的控制点安装混凝土垫块，垫块为 M30 水泥砂浆垫块，在柱中心埋设 $\phi 8～12$ 短钢筋，外露 5～10cm。垫块通过外露钢筋点焊加固在已固定好的结构钢筋上，垫块间排距总体按 0.5m×1.0m 控制，在柱模的底脚、上口及上下两层柱模拼接缝位置应在柱四周加密设置一层垫块，间距 0.3~0.4m，以便准确控制柱混凝土体型。

梁模板根据结构体型大部分在厂内加工成定型木模，局部现场制作拼装。梁模板安装顺序为：测量放线→支撑排架顶部找平→梁底模安装→梁钢筋绑扎→梁侧模安装→梁板结合部处理。

施工前首先在梁附近的边墙或构筑物上放出梁底的设计标高、梁的轴线等控制点，根据测量控制点引线确定梁的具体位置。梁底下 10.5cm（1.8cm 模板厚＋5cm×10cm 方木刨光后高 9cm）为支撑排架顶部水平管的顶面高程，依据该高程点拉线将排架顶部水平管调整至同一高程面上，再将梁底模铺设在水平管上。梁底模轴线与梁设计轴线平面重合，误差 4mm 以内。底模安装完成后绑扎梁钢筋，钢筋底部与底模间设砂浆垫块，梁钢筋安装调整到位并固定后，在梁两侧面钢筋上布置两排砂浆垫块，间距 1m，再安装梁侧模。侧模和底模相邻背方间采用 $L=80mm$ 自攻螺钉连接，并沿梁轴线方向在梁两侧上下口位置各设一根 5cm×10cm 方木，采用对撑将两根方木固定在满堂脚手架上，对撑间距 60~80cm。梁模板上口位置主要通过对撑调节。

（5）模板拆除

拆模时注意混凝土表面的保护，模板要有稳固的支撑，防止其倾倒而破坏混凝土表面。严禁采用撬棍、钢筋、钢管、大锤等工具直接撬动或击打模板面板，必要时在面板上垫木块使用千斤顶辅助拆模。模板脱离混凝土面后，立即用软刷清理模板上的砂浆并用清水清洗。拆模和搬运时，避免模板损伤，尤其是模板四周边角，避免撬伤和拖伤。拆模后对易磕碰的阳角部位采用多层板、硬塑等硬质材料进行保护。

模板拆除原则：先支后拆，后支先拆；先拆非承重模板，后拆承重模板，再拆侧模板。跨度小于 8m 的梁，底模待混凝土强度达到设计强度的 75% 时方可拆除；跨度大于 8m 的梁，底模必须待混凝土强度达到设计强度的 100% 时方可拆除，拆模时间以混凝土强度检测报告为准。

4．混凝土施工

混凝土施工工艺流程图见图 7.2-8。

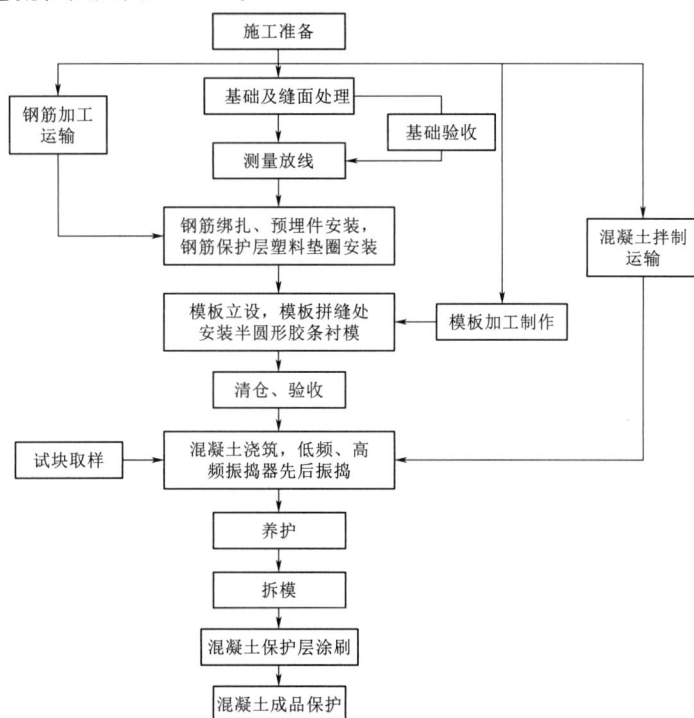

图 7.2-8 混凝土施工工艺流程图

（1）分层分块

主厂房共计 8 台机组，按结构缝划分，每 2 台机组为一个块段进行施工。主厂房浇筑分层和层厚按设计和设备厂家相关要求进行控制。主厂房混凝土浇筑分层分块图如图 7.2-9 所示。

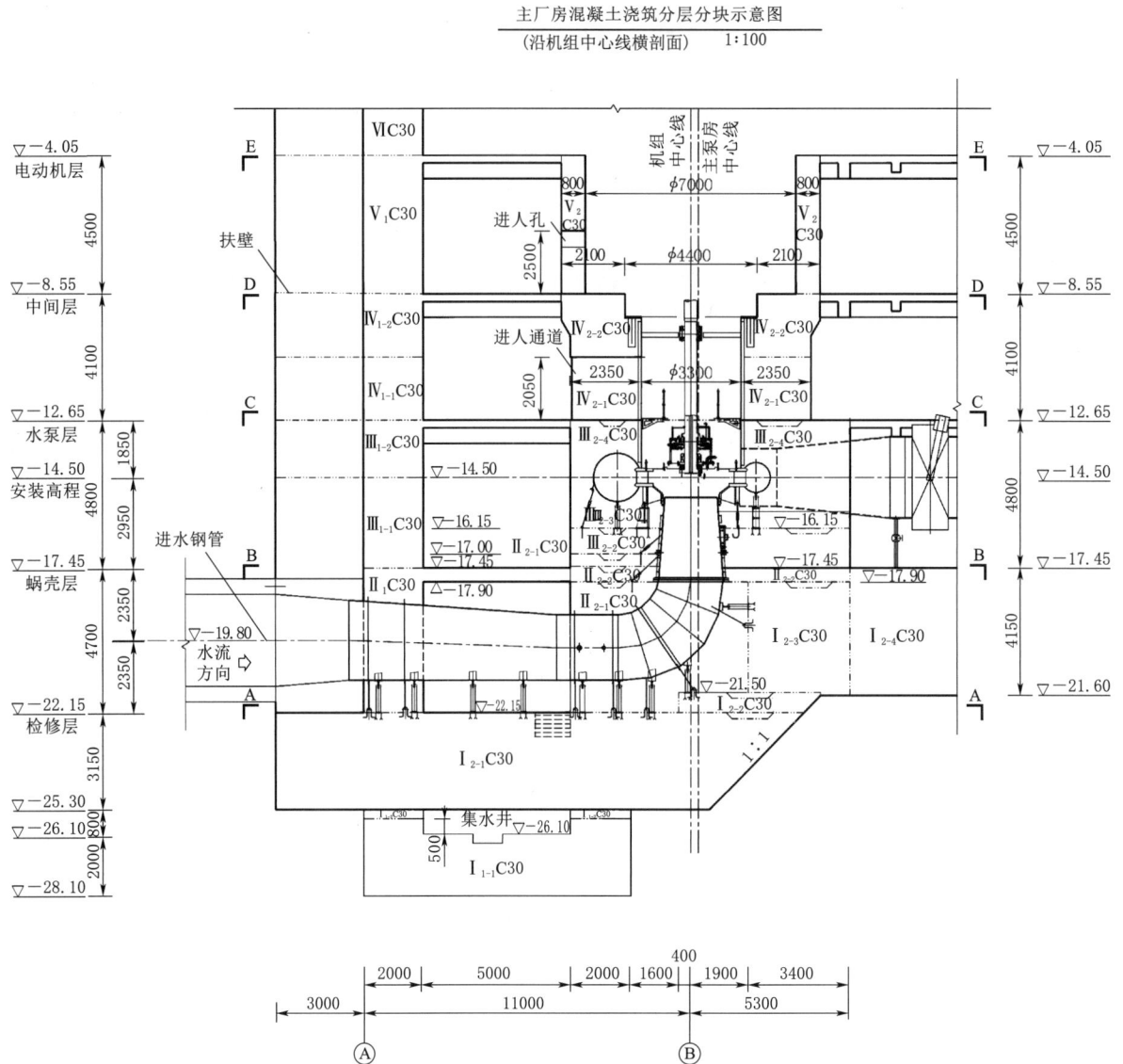

图 7.2-9　主厂房混凝土浇筑分层分块图（尺寸单位：mm，高程单位：m）

底板结构包括竖向分层、水平向分缝、分块，其中底板结构厚度不大于 2～3m 时，竖向不分层，底板厚度大于 3m 且小于 5m 时，竖向分 2 层施工。底板结构水平向分缝、分块根据图纸要求及现场施工需要进行划分，靠近基岩的底板结构，单个浇筑仓面面积需小于 600m² 。墩墙结构竖向分层高度小于 4m，蜗壳外包混凝土竖向浇筑分层厚度 2～3m。其余混凝土浇筑层高控制在 3.5m 以内。

（2）混凝土配合比设计

选用强度不低于 42.5 等级的硅酸盐水泥、普通硅酸盐水泥；粗骨料连续级配良好，颜色均匀、洁净，含泥量不大于 1.0%，泥块含量为零，针、片状颗粒不大于 15%；细骨料选级配良好的河砂且细度模数大于 2.6 的中砂，含泥量不大于 3.0%，泥块含量为 0。掺和料对混凝土及钢材无害，拌和物的和易性好，掺和料应来自同一厂家、同一品种；粉煤灰选用Ⅱ级，粉煤灰占胶凝材料总量的比值保持基本一致。

为防止混凝土产生裂缝，影响混凝土外观质量，对混凝土温控进行一系列控制措施，例如：优化配合比，减少水泥用量，降低水化热；降低骨料温度；骨料仓设置凉棚、喷雾系统（图7.2-10），降低骨料温度；水泥罐、粉煤灰罐设置淋水降温措施、降低水泥、粉煤灰温度；拌合楼采用冷水系统，水池加遮阳棚；混凝土浇筑避开中午高温时段，运输车辆设置遮阳棚；仓面采用喷雾，降低环境温度；合理设置分层分仓，减小温度梯度；预埋冷却水管，浇筑后通水降低混凝土的绝热温升（图7.2-11）；混凝土浇筑完成后，采用土工布进行覆盖和洒水养护（图7.2-12）。

图7.2-10 仓内凉棚及喷雾系统	图7.2-11 预埋冷却水管	图7.2-12 洒水降温

（3）混凝土拌制与运输

采用两台2m³强制式拌和楼拌制混凝土，混凝土的搅拌时间大于70s，同一视觉范围内所用混凝土拌和物的制备环境和参数保持一致，拌和物工作性能保持稳定，无离析泌水现象，90min的坍落度经时损失小于30mm。

混凝土的运输采用9m³混凝土搅拌车，混凝土从搅拌结束到混凝土入模前不超过120min，严禁添加配合比以外的水或外加剂。到场混凝土逐车检查坍落度，检查有无分层、离析等现象。

（4）混凝土浇筑

浇筑第一层混凝土前，先铺一层2～3cm厚的同标号水泥砂浆，铺设砂浆速度与混凝土的浇筑强度相适应。

混凝土浇筑采用平铺法施工，局部根据实际情况采用台阶法。按仓面大小配备足够数量的振捣器，对边角部位和两次卸料后的接触处加强振捣。当混凝土和易性较差时，采取加强振捣等措施，并及时通知仓面值班人员。浇筑时每一位置的振捣时间以混凝土不再显著下沉、不出现气泡并开始泛浆时为准，注意避免过振。

（5）混凝土养护

混凝土拆模后覆盖塑料薄膜养护，采用混凝土内部蒸凝水自然养护。初期养护应以塑料布覆盖保湿为主，随龄期的增长适时采用洒水和保湿并用；养护时间不小于28d。对于柱混凝土，当分段浇筑时应将下段已成型混凝土防护薄膜的上口绑扎封闭，防止上部混凝土浇筑时水泥浆及其他污水污染已成型的混凝土面。

梁板混凝土浇筑完毕后，及时用塑料布覆盖。混凝土硬化后，采用蓄水养护，防止出现裂纹。

7.2.2 泵站厂房现浇屋面施工

主厂房屋面高程为26.80m，屋面施工需在已完成的−4.07m高程楼板上进行支架搭设，搭设高度30m，跨度24m，屋顶楼板厚度150mm，屋面梁最大截面尺寸：600mm×1600mm，厂房立面图见图 7.2-13。施工存在支模高度高、跨度大、主梁自重大、工期紧、场地狭窄、装拆困难等问题。通过与传统满堂支架方案进行对比分析，最终选取钢立柱＋贝雷架＋顶部满堂架的支模方案。

泵站厂房现浇屋面施工流程为：钢立柱施工→横梁施工→贝雷架架设→顶部支撑体系搭设→混凝土结构施工→顶部支撑体系拆除→贝雷架拆除→横梁拆除→钢立柱拆除。

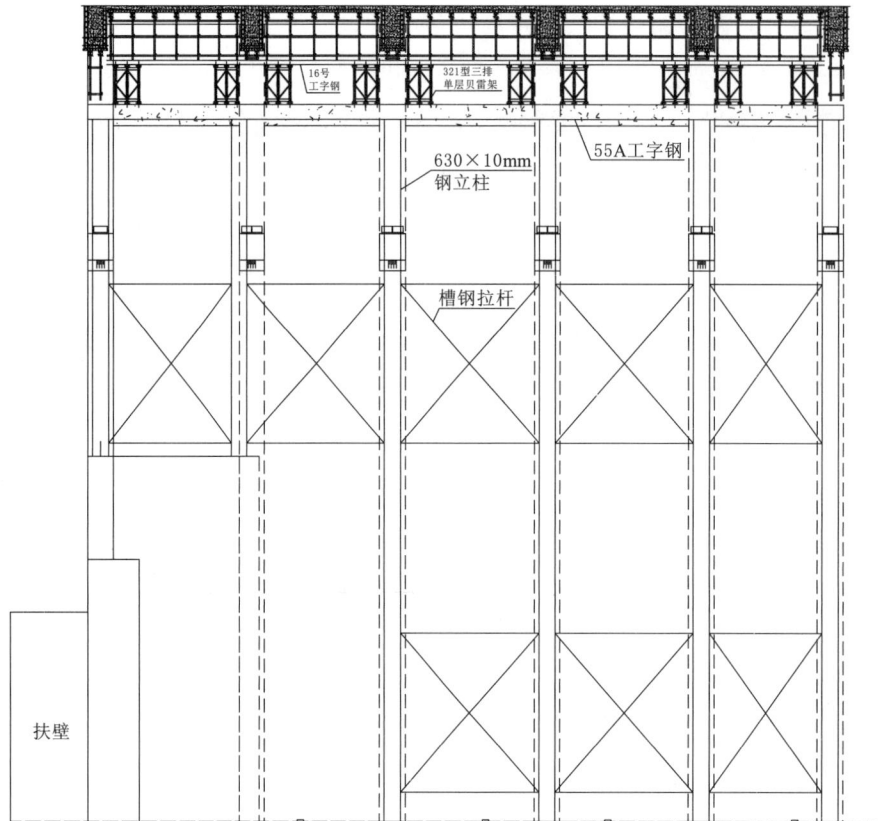

图 7.2-13　厂房立面图（单位：mm）

（1）钢立柱施工：钢立柱采用直径 630mm 的钢管，钢管上部支撑梁板构造重量，下部搭设至▽－4.07m 楼板。为加强钢立柱的稳定，立柱底部采用法兰盘与圆钢板连接，圆钢板采用 250mm 化学螺栓锚固至▽－4.07m 楼板内。2 根钢管柱之间设横联，横联采用 16 号工字钢，在横联间设剪刀撑，剪刀撑采用 10 号槽钢。横联、剪刀撑与钢立柱之间均为焊接连接。钢立柱升高采用塔吊吊装，立柱节与节之间为法兰连接，每吊装完成一节后，立柱两侧跟进搭设钢管式双排脚手架，作为 2 根钢立柱之间的施工操作平台。立柱安装图见图 7.2-14。

（2）横梁施工：钢立柱横联与剪刀撑施工完毕后进行横梁施工，横梁采用两根并排 63 号工字钢。为防止横梁纵向滑动，在钢立柱顶部开凹槽，槽口深大于 200mm。同时为防止横梁横向滑动，在每根钢立柱的槽口位置两侧焊接三角形缀板。

（3）贝雷架架设：贝雷架采用 321 型 3 排单层组合型贝雷架；贝雷架在地面一次拼装成型（24m），采用 300t 汽车吊整体吊装，贝雷架架设在泵站厂房安装层▽23.0m 上下游连梁上，中间采用横梁＋钢立柱支撑。贝雷架安装完成后，上部铺设 16 号工字钢，工字钢接头对接位置必须在贝雷架上，严禁悬空，每根工字钢两端采用 U 形卡箍固定，工字钢之间空隙采用盘扣式脚踏板铺

图 7.2－14 立柱安装图

满。铺设完成后进行盘扣式满堂架搭设。16 号工字钢上设置钢管定位器，盘扣式脚手架立杆按要求套至定位器上，防止立杆摆动，完成上述施工后，再进行架体整体搭设。贝雷架现场安装图见图 7.2－15。

图 7.2－15 贝雷架现场安装图

（4）支撑体系拆除：盘扣式排架拆除：按照从上至下的顺序依次拆除。先拆除顶托，再进行钢管连杆和立杆的拆除。

贝雷架顶部 16 号工字钢拆除：先拆除固定工字钢 U 形抱箍，将工字钢移至上下游外排架，塔吊配合吊运至屋面上，拆除顺序由两侧至中间。

贝雷架拆除：16 号工字钢拆除后，在贝雷架上部次梁预留的吊钩上安装手拉葫芦，手拉葫芦与贝雷架成 45°～60°角度，使用葫芦使贝雷架上抬 10～20cm，抽出方向每出 1m 将贝雷架落下，重新调整角度，反复上述操作，直至贝雷架全部移出。

贝雷架移出 9m 后，采用 100t 汽车吊站立于下游平台，汽车吊钢丝绳布置在贝雷架距离端头 9m 位置，形成第一个吊点，手动葫芦钢丝绳布置在距离另一端头 9m 位置，形成第二个吊点，尾部设置牵引绳控制贝雷架水平方向，全部移出后吊运至下游堆料平台。

横梁拆除：屋面设卷扬机，贝雷架拆除后，63 号工字钢分 12m 一节，利用屋面预留孔洞安装卷扬机钢丝绳，钢丝绳捆绑工字钢两端，两端水平预设牵引绳，控制工字钢摆动，准备工作完成后采用卷扬机将横梁慢速向下降至▽－4.07m 楼板。

钢立柱拆除：立柱拆除顺序由上至下，在立柱正上方屋面预留孔洞，提前将钢丝绳安装至预留孔，立柱节与节之间采用法兰盘连接，利用立柱两侧排架，将钢丝绳捆绑在法兰盘上，将顶层立柱之间剪刀撑与横联拆除，拆除立柱之间法兰螺栓，采用卷扬机将立柱慢速下降，水平侧设牵引绳，控制立柱摆动，人员在▽－4.07m 楼板上控制牵引绳，直至钢立柱平放至▽－4.07m 楼板。支撑体系拆除见图 7.2-16。

图 7.2-16　支撑体系拆除

7.3　超深高位水池施工技术

为满足长距离输水要求，输水系统最高点处设置高位水池，高位水池前端为水泵加压管道，后端为重力流压力管道。高位水池作为一种储水调节建筑物，通过提高水位来减少供水系统的压力负荷，对于保障整个供水系统的平稳运行具有重要意义[85]。

7.3.1　超深高位水池工程概述

本节介绍的高位水池为圆形竖井结构，总高度为 86.9m，地下部分为 56.4m，一衬内径为 28.0m，壁厚为 1.25m，二衬内径为 24.0m，壁厚为 2.0m，井壁衬砌均采用 C30 普通钢筋混凝土。地上部分外径为 28m，内径为 26m，高度为 30.5m，井壁采用 C50 预应力混凝土，壁厚为 1.0m。竖井溢流堰内、外侧布置有混凝土整流格栅和整流墩。

高位水池施工主要包括地下与地上结构施工，其地下结构当中的开挖、地连墙、初衬混凝土结构与前文超深竖井施工技术相同，本章节不再详述。

本章节主要介绍高位水池牛腿结构施工以及混凝土防护漆施工。高位水池上部结构剖面图见图 7.3-1，施工场地布置见图 7.3-2。

7.3.2　牛腿结构施工

高位水池牛腿为内向悬挑结构，结构斜面长度 5.83m，高度 4.12m，距离池底 40.23m，采用304 号不锈钢免拆模板施工，不锈钢厚度 10mm，施工完成后拆除模板内支撑架，不锈钢模板作为永久结构的一部分。免拆不锈钢模板采用 200mm×100mm×6mm＋100mm×50mm×6mm 钢通桁架作为结构支撑，不锈钢面板设置环、纵背肋以保证面板受力满足混凝土浇筑时的刚度要求，地面拼装完成后整体吊装、定位调整。

高位水池牛腿剖面图见图 7.3-3。

钢模支撑均采用方通拼接桁架，各桁架中点采用 10mm 接驳柱连接，上下焊接封口板，桁架与面板之间采用 M14×50 高强螺栓连接。牛腿免拆模板拼装示意图见图 7.3-4。

1. 施工工艺流程

牛腿结构施工工艺流程见图7.3-5。

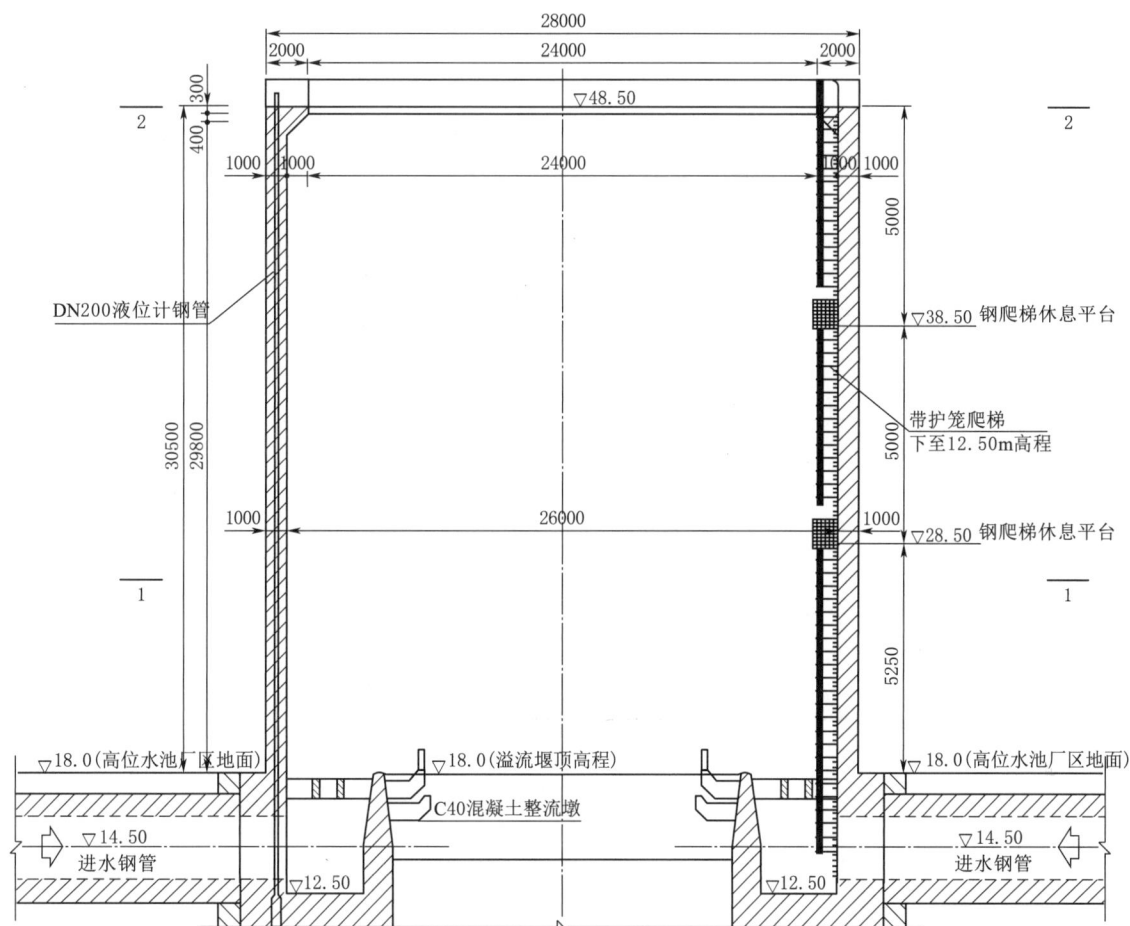

图7.3-1 高位水池上部结构剖面图（尺寸单位：mm，高程单位：m）

图7.3-2 施工场地布置

2. 不锈钢免拆模板施工

免拆模板材料组成见表7.3-1。

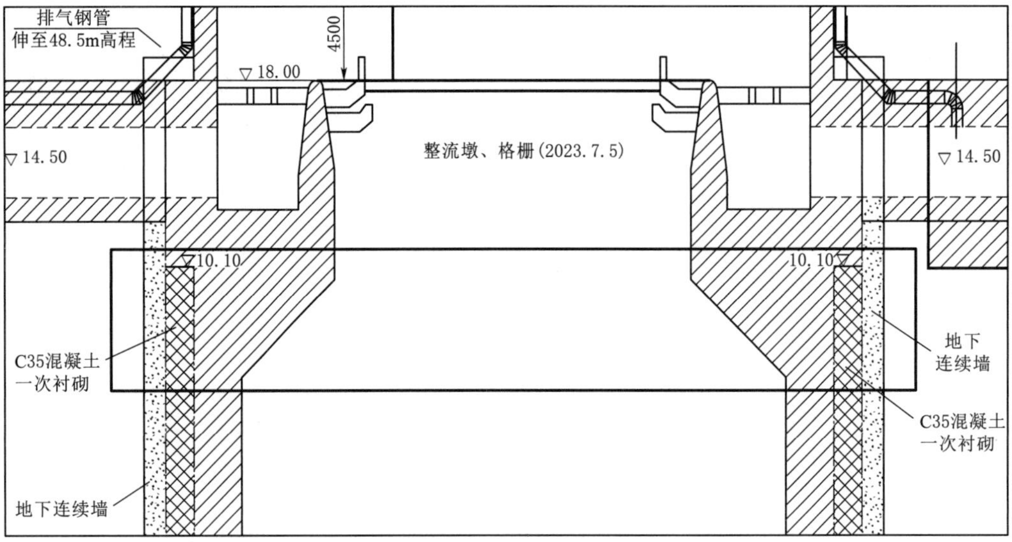

图 7.3-3　高位水池牛腿剖面图（尺寸单位：mm，高程单位：m）

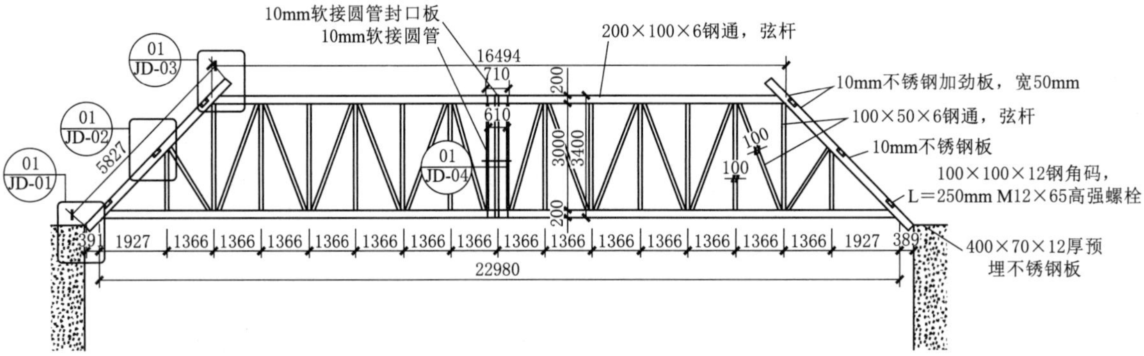

图 7.3-4　牛腿免拆模板拼装示意图（单位：mm）

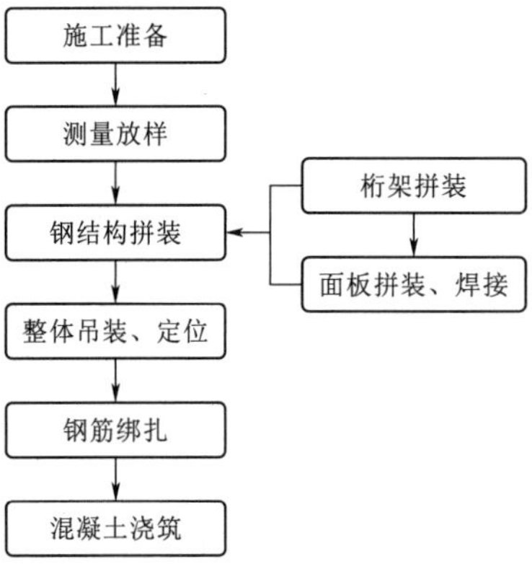

图 7.3-5　牛腿结构施工工艺流程图

表 7.3-1　　　　　　　　　　　　免 拆 模 板 材 料 组 成

序号	项 目 名 称	规 格	单位	数量	备 注
1	主体钢板 1	304 号 10mm 厚	t	36.54	38 块
2	主体钢板 2	304 号 10mm 厚	t	1.703	
3	加强筋 50mm 宽	304 号 10mm 厚	t	3.487	环向＋纵向

续表

序号	项目名称	规格	单位	数量	备注
4	预埋钢板 400×70×12	304 号 12mm 厚	t	0.1428	38 件
5	200×100×6 方通	铁方通	t	11.65	桁架
6	100×50×6 方通	铁方通	t	9.75	桁架

主体钢板见图 7.3-6，预埋钢板定位见图 7.3-7。

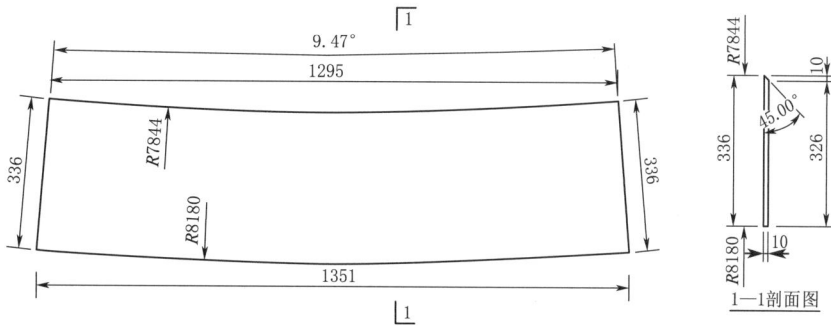

图 7.3-6 主体钢板 1（单位：mm）

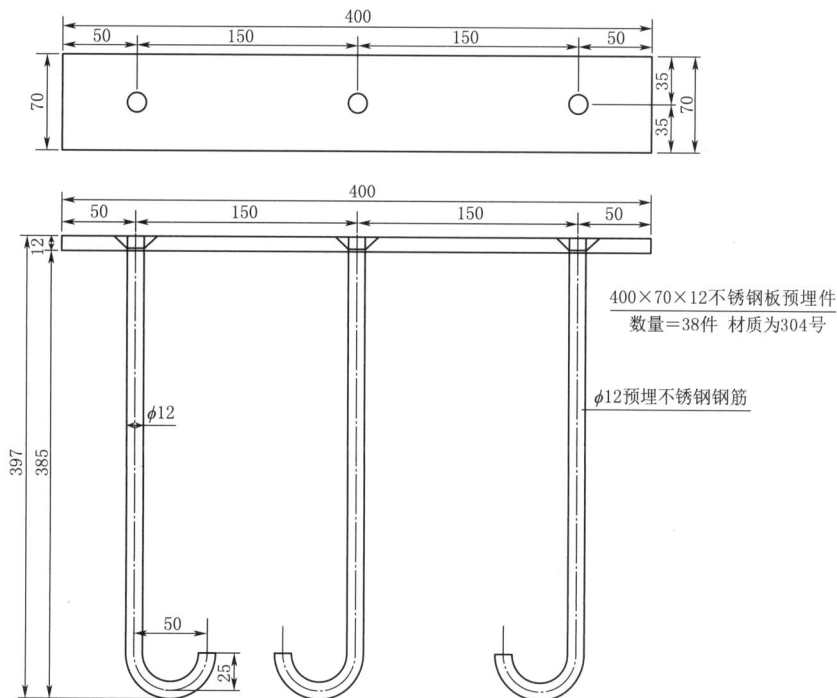

图 7.3-7 预埋钢板定位（单位：mm）

拼装流程：01 号、02 号、03 号方通桁架拼装→主体钢板 1、2、加劲钢筋拼装、焊接→方通桁架与主体钢板拼接→整体吊装→焊接定位→斜拉固定。

方通桁架拼装：01 号方通桁架（1 件，23.9m）、02 号方通桁架（2 件，11.9m）、03 号方通桁架（12 件，11.65m），由 200mm×100mm×6mm 弦杆和 100mm×50mm×6mm 腹杆组成，桁架交汇处采用 10mm 驳接圆管+10mm 封口钢板焊接固定，桁架型号大样图见图 7.3-8。

主体钢板焊接：主体钢板 1、2 均采用 V 字形坡口焊。钢板焊接大样图见图 7.3-9。

方通桁架与主体钢板拼接：桁架与面板之间采用 M12×65 高强螺栓对穿连接。螺栓拼接大样

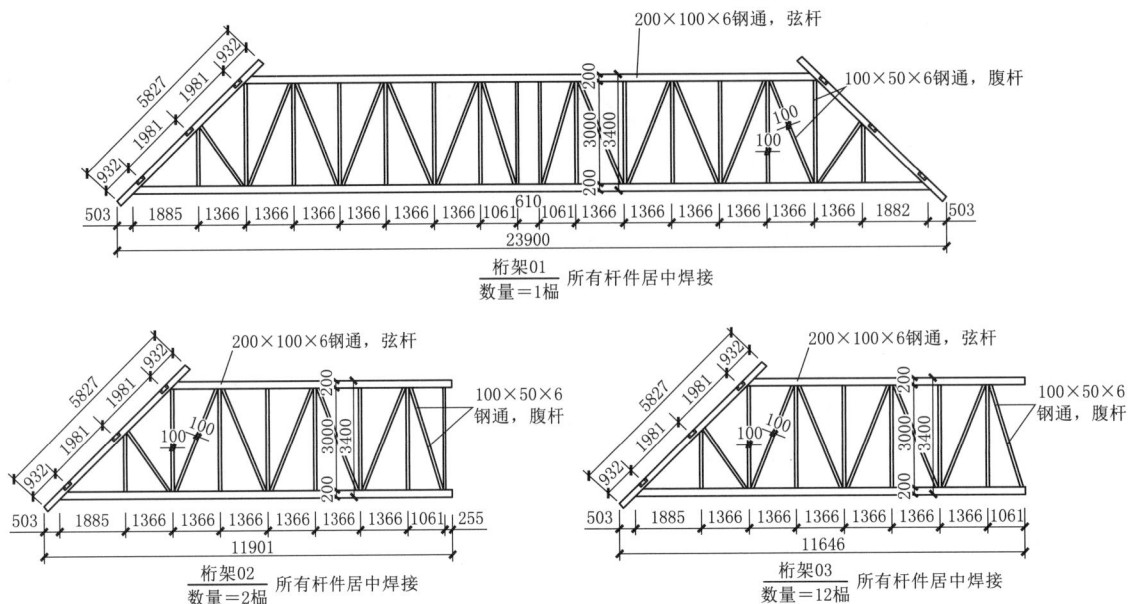

图 7.3-8　桁架型号大样图（单位：mm）

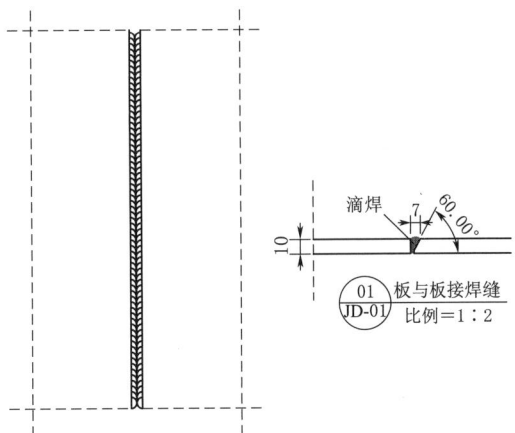

图 7.3-9　钢板焊接大样图（单位：mm）

图见图 7.3-10。

桁架整体拼装示意图见图 7.3-11。

主体钢板拼装效果图见图 7.3-12。

3. 吊装施工

（1）总体概况

起吊重量：64.8t；吊点数量：8 个，沿 $\varphi=10.9\text{m}$ 圆周均匀分布，吊装点位示意图见图 7.3-13。

牛腿钢模桁架结构采用整体吊装工艺，即拼装成形后，使用 650t 履带式起重机一次性整体吊装，模板吊装经定位调整后与预埋钢板焊接加固。履带吊站位及场地布置图见图 7.3-14。

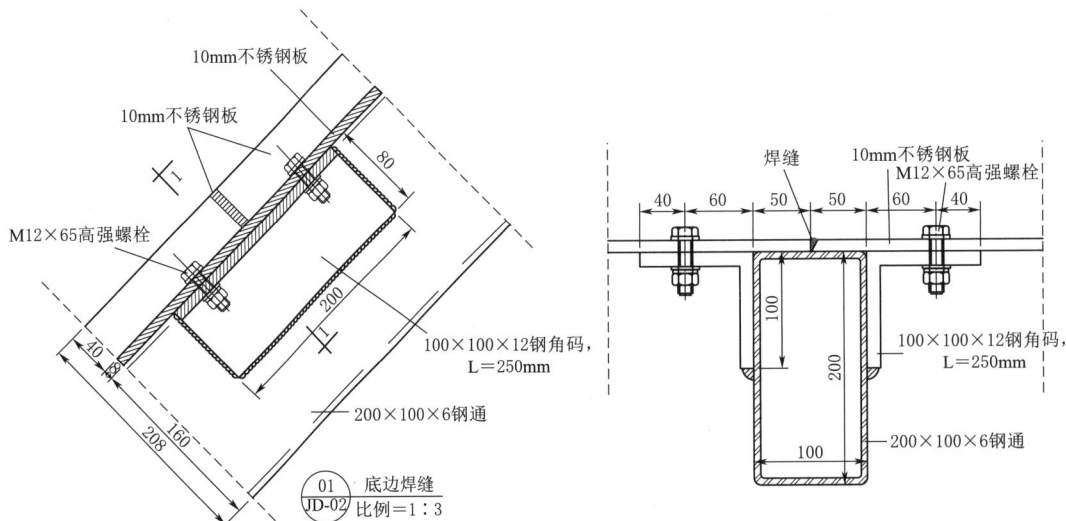

图 7.3-10　螺栓拼接大样图（单位：mm）

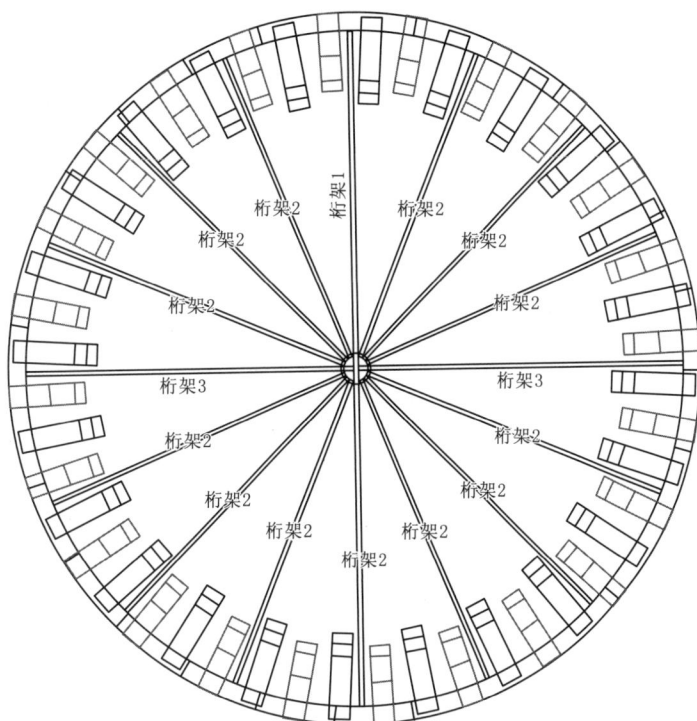

图 7.3-11 桁架整体拼装示意图（单位：mm）

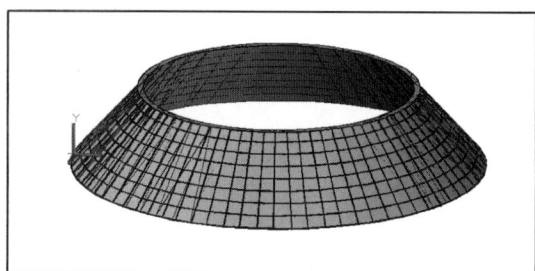

图 7.3-12 主体钢板拼装效果图

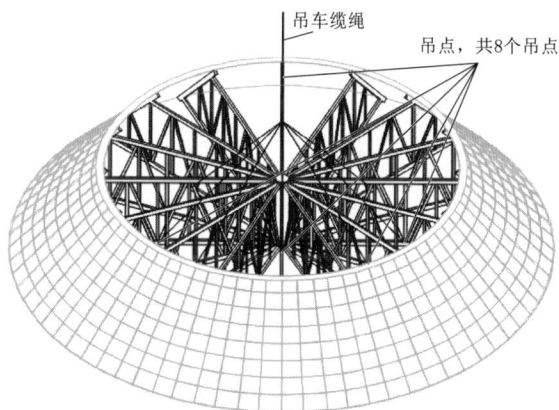

图 7.3-13 吊装点位示意图

（2）吊装

吊装流程：确认吊装前先决条件→挂吊索具→试吊→水平度调整→起重机制动性能验证→正式吊装→起升至 12.5~13m→回转至高位水池正上方→起重机缓慢落钩调整就位→固定牛腿钢模桁架→摘钩→起重机回转→拆车。

试吊：缓慢起升起重机吊钩至钢丝绳微受力状态，调整起重机杆头、吊钩与牛腿结构中心保持在同一垂线上，检查吊索具有无压绳现象且对称布置。

开始缓慢起钩，起重机在 1m 高度内进行起升和下降动作，调试刹车。刹车调试完成后，各项条件允许可进行正式吊装。若条件不允许则在每个支撑面上将钢结构桁架拉回原位，起重机保持起吊重量受力状态停止动作，并实时隔离吊装现场，等待下一步吊装指令的下达。

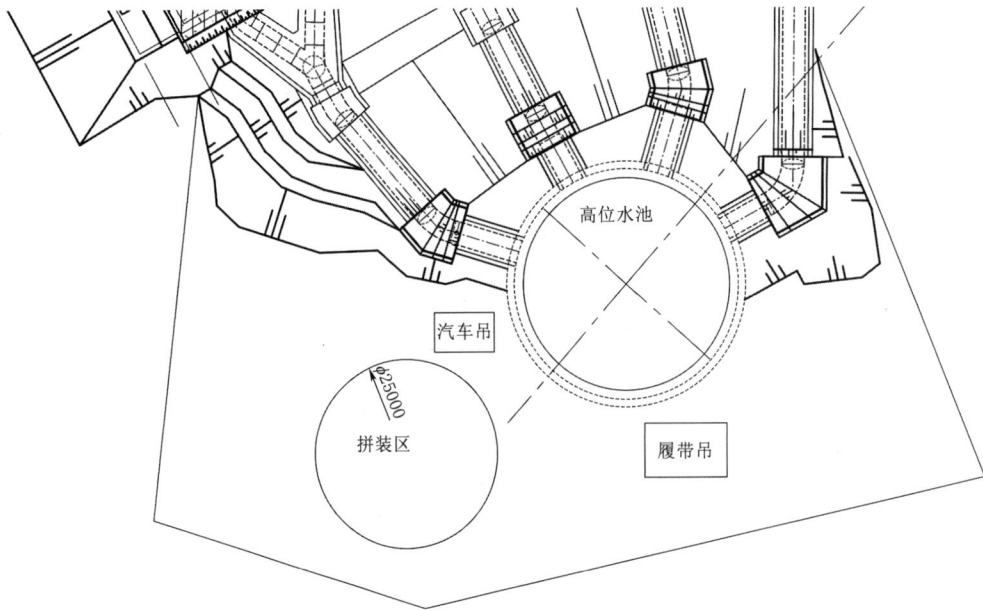

图 7.3 - 14　履带吊站位及场地布置图（单位：mm）

正式吊装：整个吊装过程，起重机动作保持缓慢平稳，同一时间内起重机仅允许进行单一动作，钢结构桁架底面起升回转平稳后，方可继续起吊。当钢结构桁架回转至井口正上方时停止回转，通过起重机回转或吊装半径的微调，初步调整钢结构桁架中心与井口中心位置。微调钢结构桁架位置，使钢结构桁架底面与井口对中。检查并确认对中后，继续缓慢落钩，免拆模板落在预埋钢板支撑上，检查、调整每个支撑有无完全受力，此时起重机吊钩应保持至少 50% 的受力，调整焊接固定后吊钩脱钩。焊接定位示意图见图 7.3 - 15。

4. 混凝土施工

牛腿混凝土浇筑采用天泵入仓，混凝土入仓前仓内均匀摊铺一层 2～3cm 厚与混凝土同样标号的水泥砂浆，保证混凝土之间结合良好。牛腿混凝土浇筑时应均衡下料，保持混凝土均匀上升。

牛腿混凝土采用平仓摊铺，每层铺筑厚度小于 50cm，结构高度 4.13m，分两层进行浇筑，分层高度：第一层 2.2m，第二层 1.93m；分层浇筑示意图见图 7.3 - 16。混凝土平仓主要以人工为主，混凝土入仓后及时平仓。

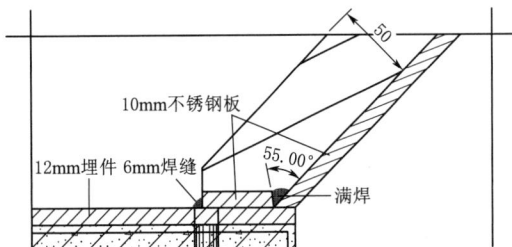

图 7.3 - 15　焊接定位示意图（单位：mm）

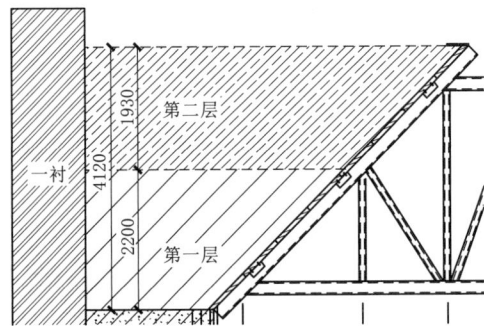

图 7.3 - 16　牛腿结构混凝土分层图（单位：mm）

高位水池牛腿混凝土浇筑采用高频振捣器振捣，振捣器快插慢拔，振动间距不大于振动半径的 1.5 倍，并插入下层混凝土 5～10cm，以保证上下层混凝土完整结合，每一位置振捣时间以混凝土不再明显下沉，不出现气泡，并开始泛浆为止，同时避免过振。对于钢筋密集、预埋件及狭小部位则使用软轴振捣器振捣，以防埋件位置发生偏移。

混凝土收仓 12～18h 内开始表面洒水养护，保持表面湿润，养护时间大于 28d。夏季高温季节，采用流水或喷淋养护。

5. 桁架拆除

桁架拆除流程：施工准备→桁架上平台搭设→上下步梯搭设→桁架下平台搭设→桁架悬吊→底层高强螺栓、角码拆除→支撑桁架底部割除→中间层高强螺栓、角码拆除→上层高强螺栓、角码拆除→检查确认各连接点脱离免拆板→桁架吊放下井→解体→吊运出井。

采用吊笼将人员吊运至本层桁架上进行操作平台的搭设（图 7.3-17）。各连接点脱离后，人员返回吊笼离开吊装作业面，过程中采用履带吊进行人员吊运作业。

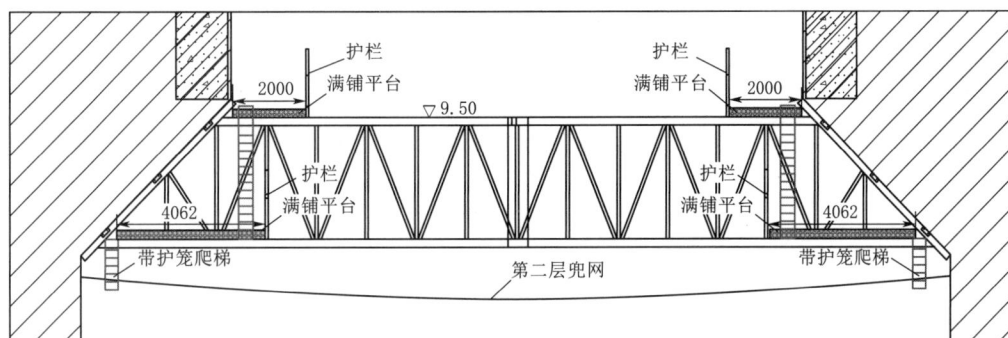

图 7.3-17 平台、通道布置图（尺寸单位：mm，高程单位：m）

桁架操作平台搭设完成后，在桁架底部设置 8 个吊点，吊点设置同吊装作业。启动吊机，当桁架各吊点均匀受力后进行桁架高强螺栓、角码拆除作业。

桁架共计 16 榀，环向均匀分布，与免拆模板每榀连接点有 3 处，上下分布。高强螺栓及角码拆除遵循自下而上逐层拆除的原则。桁架拆除前需先对每榀桁架脚点进行切割，底角割除完成后再进行上部两层连接点拆除，直至各层连接点脱离免拆模板。免拆模板支撑架拆除见图 7.3-18。

图 7.3-18 免拆模板支撑架拆除

桁架吊放下井、解体，在高强螺栓及角码拆除完成后，逐层逐个检查连接点是否完全脱离免拆模板，如存在无法脱离点位，必要时采用手持切割机进行连接点割除，确认无误后吊运下放至井底。桁架解体搭设操作平台，平台搭设完成后人工逐榀分解，逐榀吊运出井。

7.3.3　混凝土防护漆施工

1. 概述

高位水池为钢筋混凝土结构，圆形井壁，

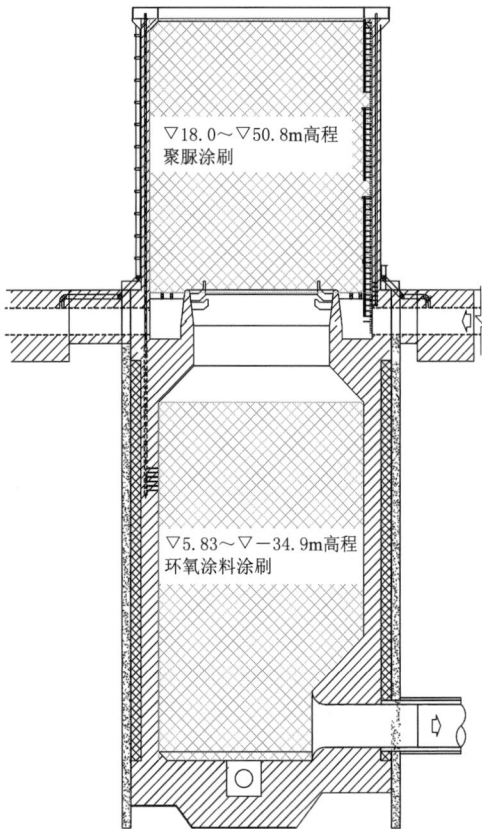

图 7.3-19　防护漆施工剖面示意图

在混凝土结构施工完成后，内壁按设计涂刷防护涂层。高位水池地面高程 18.0m，地面高程以下采用底层高渗透环氧底漆 $100\mu m$ ＋面层无溶剂环氧液体涂料 $400\mu m$，涂刷高度 41.0m，地面高程以上采用 1mm 厚单组份聚脲涂层，涂刷高度 32.8m。涂刷施工在井内作业，施工通道与操作平台难以搭设，安全风险高，作业难度大。防护漆施工剖面示意图见图 7.3-19。

2. 防护漆施工

（1）聚脲施工

地面高程以上井壁内径 26.0m，涂刷施工高度 32.8m，采用吊篮法进行施工。吊篮预埋件在高位水池顶部▽50.8m 平台浇筑混凝土前进行预埋，材料采用 $\phi75mm$ PVC 管，孔洞预埋位置距离井壁 600mm；高位水池上部井壁内径周长 81.64m，单台吊篮宽度 3m，现场需设置 21 台吊篮位置，共计预埋孔洞 42 个。每个预留孔正上方设置一条 80mm× 80mm×4mm 方管，方管长度 1m，吊篮钢丝绳穿过孔洞，与方管绑扎固定。

吊篮施工单次操作人员 2 人，操作人员配备五点式安全带并设安全母绳，每台吊篮每日可完成涂刷 $50m^2$。吊篮布置见图 7.3-20。

采用吊笼作为下人通道，吊机将吊笼吊运至高位水池▽50.8m 检修平台，人员在▽50.8m 平台进入吊笼，吊笼通过吊机吊运至井内整流格栅平台，由整流格栅平台进入吊篮。

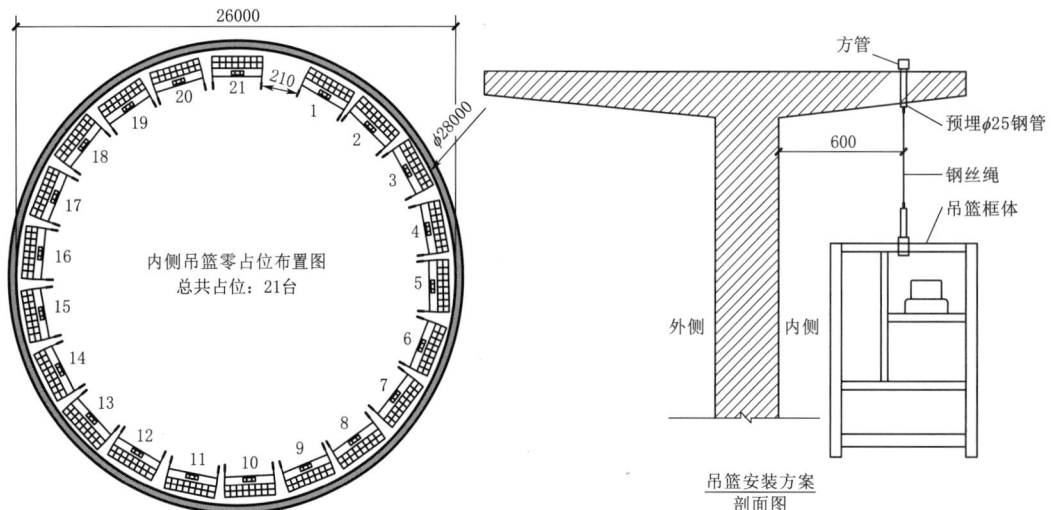

图 7.3-20　吊篮布置图（单位：mm）

吊笼结构图见图 7.3-21。

聚脲施工包括基底处理、底漆、单组分聚脲等内容。工艺流程为修补基面→打磨→腻子（基面无孔洞可取消）→底漆→单组分聚脲。

表面处理：遵循从上至下施工顺序，采用手工打磨将混凝土表面的浮灰、浮浆、夹渣以及疏松部位清理干净。

基层缺陷：较小的孔洞和其他表面缺陷在表面处理后涂刷封闭漆，刮涂腻子；较大的蜂窝、孔洞和模板错位处，采用环氧砂浆修补。处理好的混凝土基面需尽快封闭，放置时间不宜超过一周。

刮涂聚脲：聚脲采用人工刮涂，工具主要是刮刀和刷子。聚脲使用前将物料分别充分搅拌均匀（无沉底，颜色一致），使用精准的称量工具按比例称取 A、B 组分进行混合，混合后采用电动搅拌工具对 A，B 组分进行充分搅拌。现场完成搅拌配料，单次配料量为 5.0kg，搅拌时间 3min，45min 内完成单次配料的刮涂。

现场涂刷见图 7.3-22。

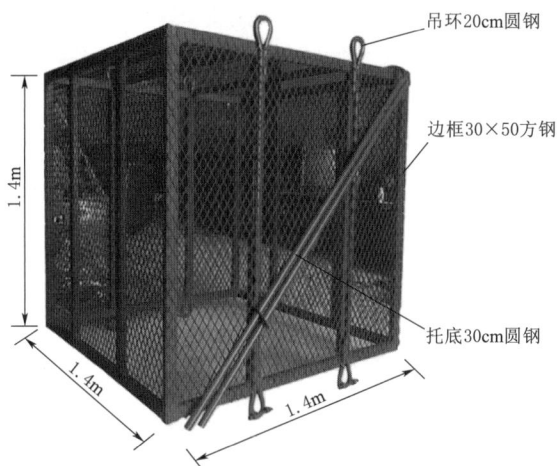

图 7.3-21 吊笼结构图

图 7.3-22 现场涂刷

（2）环氧涂层施工

地面高程以下井壁内径 24.0m，涂刷施工高度 41.0m，采用 FS420 蜘蛛车作为施工平台进行施工，车身尺寸为 8.25m×1.0m×2.1m，车辆自重 8.2t，采用 500t 汽车吊运至井底；蜘蛛车水平伸长度 16.5m，垂直伸长度 42.0m。单次操作人员 2 人，操作人员配备五点式安全带并设安全母绳，采用涂刷杆人工涂刷，工效 300m²/d。

基面处理从上至下进行人工打磨，单次打磨宽度 1.5m。环氧涂层施工按涂料和固化剂比例 4:1 进行搅拌，涂料搅拌直至桶底没有沉积物后再充分搅拌 10～15min。环氧涂刷施工同样按从上至下原则，人工涂刷，单次涂刷宽度 2.5m。

环氧涂刷时间间隔见表 7.3-2。

表 7.3-2　　　　　　　　　　　　环氧涂刷时间间隔表

产品名称	10℃		20℃		30℃	
	最短/h	最长/d	最短/h	最长/d	最短/h	最长/d
环氧封层	15	7	8	7	3	7
环氧面层	15	7	8	7	3	7

蜘蛛车现场施工见图 7.3-23。

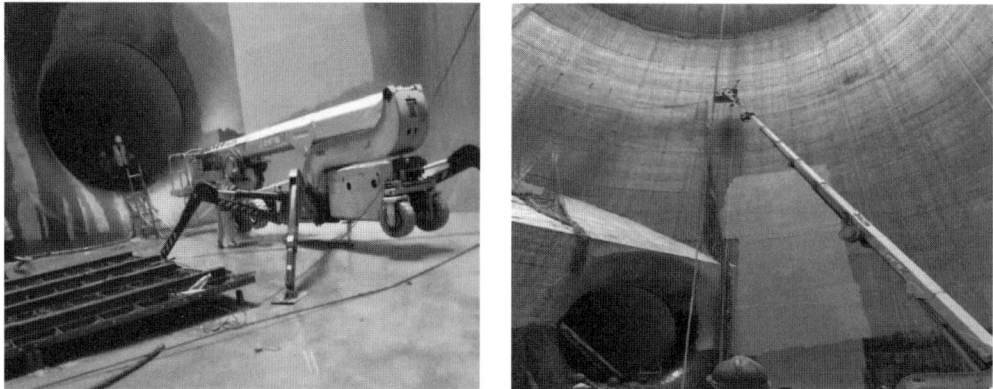

图 7.3-23　蜘蛛车施工

7.4　机电设备安装

机电设备安装作为泵站工程的重中之重，涉及设备类型多、技术要求高、安装周期长、各工序交叉作业，包括机械设备和电力设备安装、调整、试运行到正式投产的全过程。

7.4.1　概述

鲤鱼洲泵站共计安装 8 台套设计流量 13.5m³/s、设计扬程 42.2m 的立式单级单吸蜗壳离心泵及其附属设备，水泵采用变频调速运行方式，泵组主要技术参数见表 7.4-1。

表 7.4-1　　　　　　　　　　　　泵 组 主 要 技 术 参 数

项　目	技术参数	项　目		技术参数
单泵流量/(m³/s)	13.5	水泵扬程	最高扬程/m	48
泵组台数/台	8		设计扬程/m	42.2
额定转速/(r/min)	250		最低扬程/m	16.3
电机功率/kW	9000	调速范围/%		60~105

泵站采用单机单管取水方式，水泵进口未设置检修蝶阀，利用压力钢管进口的防洪闸门断流作为水泵检修的断流设备。水泵蜗壳出口后顺流方向依次布置两道环闭式液控蝶阀。

泵站机电设备主要包括泵组及附属设备、水力机械辅助设备、电气设备、通风设备及消防设备等。

泵站水力机械辅助系统主要包括技术供水系统、站内排水系统、压缩空气系统、油系统、水力量测系统、充水系统等。技术供水系统采用单元供水方式，主要对象包括泵组冷却及润滑用水、变频器冷却用水等。每台机组闭式供水系统选用两台离心式水泵，其中一台为备用。每台机组设两台自动滤水器，互为备用。主轴密封主供水采用市政水源，高位水池集中供水，机组供水泵作为备用。

站内排水系统包括检修排水、渗漏排水和泵房事故排水等。该系统均采用机械排水到进水前池的方式，其中检修排水兼顾给水泵出水管充水满足水泵启动要求。

鲤鱼洲泵站采用 110kV 电压、两回线路接入电力系统，其中新建 1 回 110kV 线路接入 110kV 开源站，采用架空导线和电缆相结合，架空线路导线截面 300mm²，长度约 1.25km，电缆截面

$500mm^2$，长度约 3.9km；1 回 110kV 线路 T 接至 110kV 致远—吉安联线，采用架空导线＋电缆相结合，架空线路导线截面为 $300mm^2$，长度约 1.3km，电缆截面为 $500mm^2$，长度约 5.9km。鲤鱼洲泵站每台机组连接变频调速装置，正常情况下，通过变频装置对电机启动实行软调节，减少电机启动时对电力系统的冲击，同时也减少因启动电流太大对电机绝缘的破坏，减少对泵组的机械冲击。

电气二次专业设备包含计算机监控系统、继电保护系统、控制电源系统、通信系统、视频监控及安防系统等设备。

泵站主、副厂房均采用机械进风与自然进风相结合、机械排风的通风方式，排除厂房各部位余热及除湿，电气设备房间设置空调系统。

7.4.2 水泵设备安装

水泵设备作为泵站系统中最核心的组成部分，是实现泵站长期稳定运行和高效利用的基础。本节将详细介绍水泵设备安装关键技术。

1. 安装工艺流程

水泵设备的安装质量直接关系到整个系统的运行效率和安全性能，水泵设备安装流程见图 7.4-1。

2. 叶轮安装

转动部分预装：先安装叶轮下止漏环，安装面保持光滑无毛刺，将下止漏环吊入座环内进行安装。在下止漏环落入座环前，在止漏环底面及测面涂抹端面密封胶 HECJM515。下止漏环就位后使用螺栓将下止漏环与座环把合，螺栓安装前螺纹涂锁固胶 HECJS243。

在底环止漏环上表面位置均匀布置 4 个合适大小的垫片，调整垫片厚度，使垫片厚度差小于 0.5mm，垫片上表面高程按照比叶轮连轴法兰面设计安装高程低 15mm 控制，以便后期发电机轴顺利就位。

螺栓安装后使用环氧树脂将螺栓孔填平，环氧树脂凝固后确保其表面与止漏环平齐。清扫座环法兰表面及座环与顶盖把合螺栓孔，座环螺栓孔用钢刷、毛刷和吸尘器清理，部分止口用锉刀修磨。复测座环安装面水平及表面高低点，合格后开始顶盖预装。转动部分及管路预装完成后将油箱盖板、上油箱、轴承体、轴承支架、顶盖拆除螺栓、吊出机坑，开始转动部分正式安装。

按照厂家提供的主轴和泵轮起吊工具图中的要求进行叶轮吊装。为防止吊具螺栓与泵轮螺纹粘连无法拆卸，泵轮吊具螺纹及泵轮螺纹要彻底清理干净，吊具螺纹旋入泵轮前仔细涂抹螺纹防咬合剂 HECJK51049，吊具与泵轮把合后拧紧。起吊当泵轮进入座环后及时调整泵轮中心，泵轮下环不得与下止漏环磕碰。当泵轮进入座环后，在座环下环板内圆侧对称 8 个方向固定合

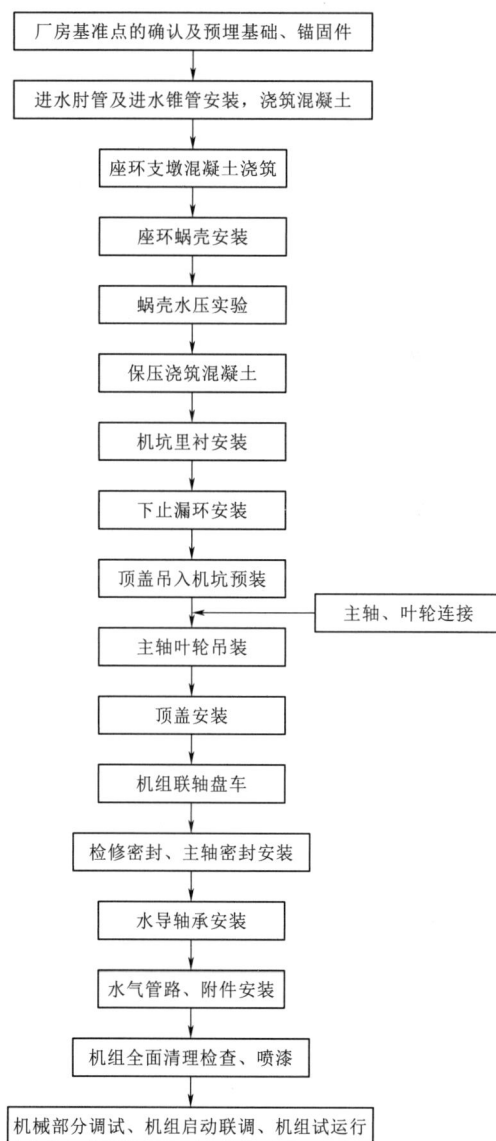

厂房基准点的确认及预埋基础、锚固件

↓

进水肘管及进水锥管安装，浇筑混凝土

↓

座环支墩混凝土浇筑

↓

座环蜗壳安装

↓

蜗壳水压实验

↓

保压浇筑混凝土

↓

机坑里衬安装

↓

下止漏环安装

↓

顶盖吊入机坑预装

↓← 主轴、叶轮连接

主轴叶轮吊装

↓

顶盖安装

↓

机组联轴盘车

↓

检修密封、主轴密封安装

↓

水导轴承安装

↓

水气管路、附件安装

↓

机组全面清理检查、喷漆

↓

机械部分调试、机组启动联调、机组试运行

图 7.4-1 水泵设备安装流程图

适厚度的橡胶板，使泵轮沿橡胶板向下滑落以防磕碰。叶轮吊装见图 7.4-2。

泵轮放置后用千斤顶调整泵轮中心和水平。水平通过泵轮下部垫片调整，按照泵轮连轴法兰面周向水平度≤0.02mm/m 控制，用框式或者合像水平仪在泵轮上法兰 X、Y 方向 4 点周向测量。泵轮中心测量先将下止漏环中心返点在机坑里衬上，同一高程，十字均布。按照机坑里衬上预留的底环止漏环中心返点进行转轮中心调整，

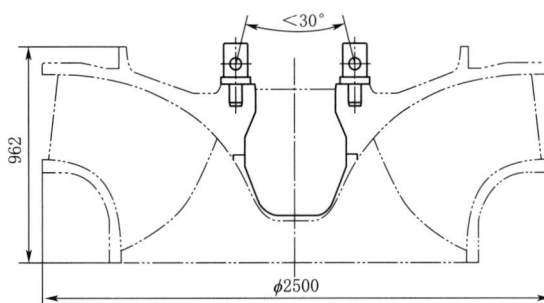

图 7.4-2 叶轮吊装（单位：mm）

测量泵轮上法兰内圆中心与下止漏环中心同轴度，使同轴度≤0.05mm。泵轮中心调整完成后，使用塞尺复测泵轮与下止漏环 X、Y 方向 4 点间隙值，设计间隙值为 0.8~1.0mm，单个测量间隙值与对点测量间隙值相比要小于 0.1mm。由于空档间隙小，测量较困难，现场可利用塞尺制作简易 L 型工具，通过下止漏环预留槽口对间隙值进行复核。叶轮调整完毕后对相关数据进行验收检查。将叶轮的中心、水平、下止漏环间隙值进行测量。

叶轮中心与水平调整好后，在座环下环板与叶轮下环之间用 4 个楔子板对叶轮进行临时定位，钢楔在对称位置同时打紧，打紧过程中要在叶轮外缘端面及侧面 X、Y 方向各架设一块百分表，用于监测叶轮水平及中心变化。叶轮固定完成后对叶轮与底环之间的间隙用宽塑料胶带进行可靠防护，防止铁屑等杂物掉进该间隙内。

泵轮安装质量控制要点见表 7.4-2。

表 7.4-2   泵轮安装质量控制要点

序号	检 查 项 目	质 量 标 准
1	泵轮水平 H/(mm/m)	$H \leqslant 0.02$
2	泵轮高程 A/mm	$A =$ 低于理论高程 15
3	泵轮中心/mm	与下止漏环中心≤0.05
4	泵轮与下止漏环间隙/mm	间隙偏差≤0.1

3. 主轴安装

检测叶轮联轴螺栓底部螺孔内的测长杆安装底座是否锁紧，将其再次拧紧。安装测长杆，测长杆拧紧后安装百分表座及百分表，安装叶轮连接螺栓，螺栓安装前在螺纹部分涂抗咬合剂 HECJK51049，安装螺母并手动初紧。打紧联轴螺栓，将联轴螺母拧紧使其与沉孔表面贴合紧密。在对称位置安装螺栓拉伸器，同时对两个联轴螺栓进行拉伸。

拉伸完毕后依次对十字对称方位的螺栓进行拉伸。螺栓拉伸分两步进行，第一步将全部螺栓拉伸伸长值的 70%，即 0.18mm±0.02mm。将全部螺栓第一步拉伸完毕后进行第二步拉伸，将其依次拉伸至 100%伸长量，螺栓最终伸长量为 0.25mm±0.02mm。

叶轮联轴螺栓拉伸完成后检查叶轮与主轴组合面间隙、主轴上法兰面水平度、主轴垂直度，均需符合规范要求。相关检查合格后焊接锁片，将叶轮主轴连接螺栓螺母锁定牢固。

安装联轴螺栓保护罩，安装定位销及组合螺栓将分半保护罩组圆，组圆后安装内、外密封圈，使用螺栓将保护罩与联轴螺栓把合，螺栓安装前涂抹 HECJS243 螺纹锁固胶。

4. 顶盖安装

顶盖吊装就位前要彻底清理座环法兰面及螺纹孔，提前在座环、顶盖上做好方位标记，调整顶盖上的 X、Y 标记与座环上的 X、Y 标记对准，将顶盖吊落缓慢放置在座环上。顶盖就位前，安装

座环密封圈、座环压力脉动测孔位置套管及密封圈，使用黄油等将密封圈固定在密封槽内。

根据前期预装钻绞定位销位置，调中安装顶盖，顶盖就位后使用螺栓把紧顶盖。顶盖螺柱伸长量为 (0.44 ± 0.04)mm，先将全部螺栓拉伸伸长值的 70%，即 (0.30 ± 0.03)mm。第一步拉伸完毕后再将其依次拉伸至 100% 伸长量。

顶盖螺栓把合完毕后复测顶盖上止漏环与泵轮止漏环间隙，并做好顶盖密封水压试验。顶盖水压试验压力值为 2.25MPa，时间为 30min。

5.水导轴承与主轴密封的安装

（1）主轴密封的安装

机组轴线调整完成后，主轴密封正式安装。安装主轴密封时，转动部分要固定。盘车时水导轴承支架已提前安装就位，先将轴承支架拆解吊起，并保证轴承支架吊起后牢固可靠，起吊高度要保证有足够的空间安装主轴密封。

（2）水导轴承的安装

水导轴承盘车时现场使用钢板自制4块临时瓦托，安装4块轴瓦进行盘车，盘车结束后拆除轴瓦，使用联轴螺栓吊孔吊起轴承支架至合适高度安装主轴密封，主轴密封安装完成后开始水导轴承安装。轴承正式安装前将水导轴承的油箱底板、瓦座、油箱盖等部件分瓣解体后清理干净。水导轴承安装见图7.4-3。

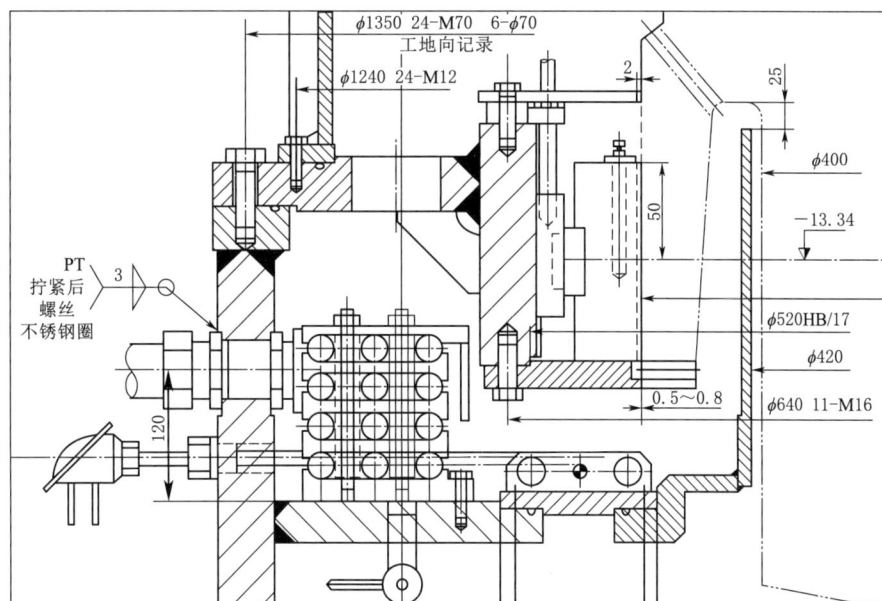

图7.4-3　水导轴承安装（单位：mm）

水导轴承安装时，在 X、Y 方向架设两块百分表监视，转轴中心位置应保持不变。在水轮机叶轮与底环间隙中，等间距打入小铁楔，将主轴与叶轮下端固定，待轴瓦调整结束后再拆掉小铁楔。安装轴承支架，支架按照图纸方位及预装时钻铰的销钉孔位置定位，定位后安装把合螺栓，螺栓拧紧后进行点焊锁定。

安装油箱底板，油箱底板为两分半结构。检查确保合缝面光滑无毛刺，在合缝面区域均匀涂抹端面密封胶 HECJM515，安装销钉、螺栓将油箱底板在轴承支架内组圆，组圆螺栓螺纹需涂抹乐泰胶 HECJS243，组圆后确保合缝面区域法兰面无错牙。安装轴承支架、内油箱位置的密封圈，然后将油箱底板与轴承支架、内油箱使用螺栓把合固定，所有螺栓螺纹均需涂抹乐泰胶 HECJS243。

将装配后的轴承体、瓦座整体吊入机坑，在主轴轴领位置均匀涂抹润滑脂以便瓦座顺利吊装就位，当瓦座吊装进入轴领位置时，施工装配人员控制好轴承体与瓦座中心，保证瓦座与轴领间隙均匀，从而防止瓦座下落时与轴领磕碰、刮擦。按照图纸方位及预装时轴承体定位销位置将轴承体、瓦座就位在轴承支架上，使用螺栓将轴承体与轴承支架把合，相关螺栓按照力矩拧紧后进行点焊锁固。轴承体、瓦座安装后测量瓦座内圈与主轴轴领间隙，设计间隙为 0.6～0.8mm，安装后确保瓦座与轴领间隙均匀。瓦座安装后见图 7.4 - 4。

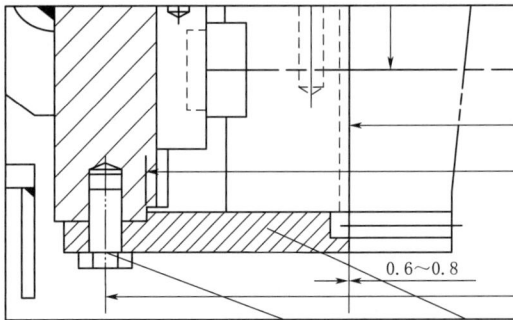

图 7.4 - 4　瓦座安装（单位：mm）

安装油箱盖，先清理分瓣油箱盖组合面，合缝面清理完毕后均匀涂抹端面密封胶 HECJM515，按照合缝面定位销位置，把合螺栓将分瓣油箱盖板组圆，组圆后确保油箱盖法兰面无明显错牙。安装油箱盖板密封条，按照预装时钻绞定位销位置，把合螺栓将油箱盖与上油箱装配。

安装油箱盖板密封环及毛毡，按照定位销位置安装分瓣密封环，密封环安装后要与主轴间隙均匀，两层密封环夹层为毛毡密封。

7.4.3　电动机设备安装

电动机设备作为泵站的核心动力源，其安装工艺是确保泵站高效安全运行的重要保障。

电动机设备安装流程：下机架基础和定子基础安装→下机架和定子预安装→上机架预安装→基础混凝土一次灌浆→下机架组装→转子穿装前翻身→穿转子→上下机架附属件安装→基础混凝土二次灌浆→冷却管配管安装→总体安装。

1. 电动机定中心

以水泵中心为基准，确定电动机下机架、定子及上机架的中心，并保持一致；同时确定下机架、上机架的安装高程和水平。

2. 下机架安装

下机架吊入机坑前，确认水泵转轮等需要通过电动机机坑吊入的部件吊装完成。将下机架吊入机坑，并安装在下机架基础板上，接着将定子吊入并重新安装在基础板上，然后进行组装。

为避免转子吊入后，部分部件吊入机坑困难，需预先将下机架相关附件吊入机坑，放置在下机架上。需要预先吊入的部件包括下机架上密封盖、下机架配管部件和下油槽上盖板等。

下机架和定子基础安装：根据电动机基础装配要求确定下机架基础和定子基础的安装高程和位置，按设计图纸安装基础螺杆、下机架基础板和定子基础板部件。把紧基础螺栓后，重新确认基础板的水平和高程，等待下机架和定子的吊入，准备定中心工作。以水泵中心为基准，确定电动机下机架、定子及上机架的中心，并保持一致。

下机架和定子预安装：吊入下机架基础板，下机架安装定位销，定位后装配为一体，并用螺栓紧固。吊起下机架，使其与下机架基础板紧固连接。吊起定子，使定子机座离开支墩平面约 100mm，检验桥机及吊具是否有异常现象。将定子吊入机坑，调整好安装方位，在定子安装面放置在基础板上前，在接触面和径向销上涂二硫化钼润滑剂，落下定子，并用连接螺栓紧固。

下机架组装：下机架吊入机坑前，需确认水泵转轮等需要通过电动机机坑吊入的部件吊装完成。将下机架吊入机坑，并安装在下机架基础板上，接着将定子吊入，并重新安装在基础板上，然后进行组装。

3. 转子穿装前翻身

泵站机组转子单件重 40t，直径 3.2m，高 5.6m，设备到货状态是平卧，而实际在安装转子时需其轴线垂直状态，故吊入定子前需翻身 90°，垂直吊入，但由于厂房安装间空间狭小，转子设备重量大，尺寸宽，转子翻身面临巨大挑战。为顺利完成转子翻身，采用两台起重设备双抬吊，选用特制吊装工具，提前选好吊装点，进行专项技术交底，设定统一指挥。

翻身前需准备满足吊装要求的行车和钢丝绳，以及用于翻身支撑法兰端的木块，木块：长×宽×高约 1800mm×1300mm×400mm。

行车将转子吊至用于翻身的场地，翻身场地必须有足够的承载能力，以满足转子重量要求，吊运过程保持平缓。将事先准备好的木块垫于法兰端，法兰端应放置于木块中心区域位置，放置过程中须缓慢平稳，避免冲击，注意磕碰。行车起吊时，必须缓慢平稳吊起，直至将转子吊至垂直状态，转子翻身示意图见图 7.4 - 5，转子翻身现场施工图见图 7.4 - 6。

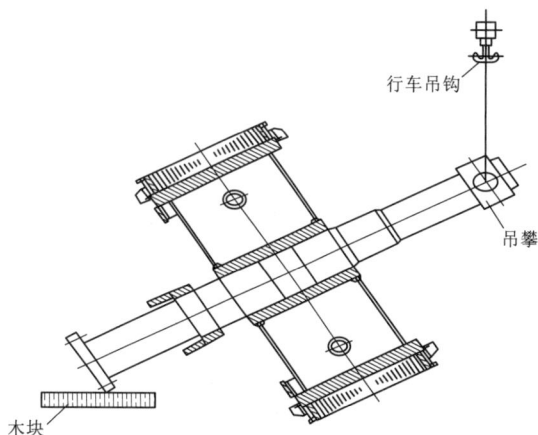

图 7.4 - 5 转子翻身示意图

图 7.4 - 6 转子翻身现场施工图

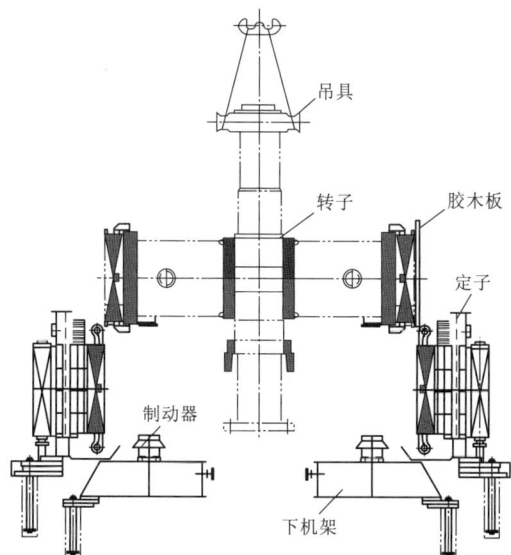

图 7.4 - 7 转子穿转示意图

4. 穿转子

穿转子是指将转子安装到定子内部的过程。将转子吊入机坑，确认转子中心与定子中心基本重合，后将转子缓慢落下，在转子接近定子线圈时，将木条按 4 等分均布插入定转子之间。当转子制动环接近制动器时，一边将木条上下捣动，一边将转子缓慢落下。确认转子磁中心高程及轴伸与水泵轴法兰间的间隙，无触碰时拆除吊具及钢丝绳，转子穿转示意图见图 7.4 - 7。

5. 上挡风板安装

上挡板出厂前已与定子拼装完成，并电焊成一个整体，预装定子前拆下。行车吊起拆下的上挡风板，吊至定子机座相应位置，把紧螺栓。

6. 上机架安装

上机架安装前先进行清理工作，通过在上机架支臂的吊孔内穿入钢丝绳，用行车吊起，使用压缩空气清理。在上机架的底侧安装气封盖，调整上机架水平，吊至定子上方，与轴对中后，再缓慢吊放。吊装时要特别注意，避免气封盖和主轴触碰。当上机架接近定子时，插入定位销，使其在缓慢下落过程中起到导向作用。另外，在定位销表面涂抹二硫化钼润滑剂。当插入全部定位销后，在螺栓的螺旋部分和接触面上涂抹二硫化钼润滑剂。拧紧螺栓，固定上机架，拆除起吊上机架钢丝绳。

7. 总体安装

总体安装主要包括滑环和刷架安装、制动器间隙调整、主中引出线安装、机内配线以及最终检查等内容。

（1）滑环安装：仔细检查和清扫滑环装置，安装用于支撑滑环的支架，按要求安装滑环于支架上，最后将励磁引线与滑环连接。

（2）刷架安装：仔细检查和清扫刷架装置，按要求安装刷架于顶罩上，通过螺杆调整刷架高度，位置确定后把紧螺杆并锁定。

滑环和刷架的安装示意图见图 7.4-8。

（3）制动器间隙调整：间隙调整是通过加减放在制动器和制动器座的安装面内的垫片进行。制动环板和制动闸板间的间隙用间隙规来测定，旋松制动器的安装螺栓并用千斤顶向上顶制动闸板，在制动器与制动器座间加整垫，使制动环板和制动闸板间的间隙尺寸达到指定的 $[(10\pm2)mm]$ 范围内。调整千斤顶将制动器下落到制动器座上，旋紧固定螺栓，翻折单耳垫片锁定。

（4）主中引出线的安装：先仔细检查和清扫各引出线及电流互感器，特别是引线搭接处，按图要求安装各引出线，用螺栓固定并用制动垫圈锁定，最后安装主中引线的保护罩。

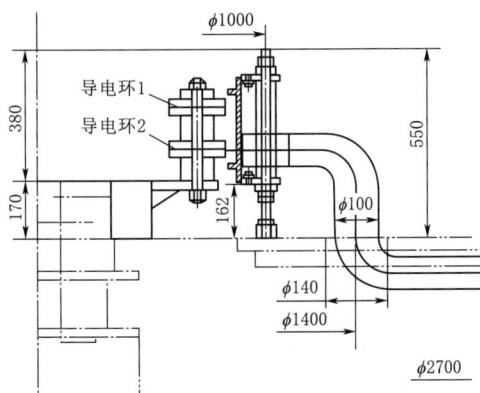

图 7.4-8 滑环与刷架安装示意图（单位：mm）

（5）机内配线：按照电动机辅助接线图进行电动机配线，包括电动机定子、推力轴承和上下导轴承、冷却水压力信号和流量、制动器、转速信号、励磁电缆和电加热器等设备的配线。

第 8 章　数 字 化 技 术 应 用

数字化技术是实现建筑业提质增效、转型升级的有力支撑。它赋能建筑工程，通过数字化设计与数字化建造，结合工程数字孪生以实现建筑工程及其系统的智慧化运管之目的，比如智慧城市、智慧交通、智慧水务等。与市政工程、房建工程相比，水利工程数字化技术应用相对滞后。

本章以珠三角水资源配置工程施工过程数字化技术应用为例，系统介绍 BIM 技术、GIS 技术以及智慧工地等数字技术及其工程应用，旨在为水利工程数字化建造提供案例，不断推进水利工程数字化建造和智慧化运管的发展。

8.1　概述

8.1.1　BIM 技术概述

1. BIM 简述

BIM，即建筑信息模型（Building Information Modeling，简称 BIM）是以建筑工程项目的各项相关信息数据作为模型的基础，进行建筑模型的建立，通过数字信息仿真模拟建筑物所具有的真实信息。BIM 核心是通过建立虚拟的建筑工程三维模型，利用数字化技术，为这个模型提供完整的、与实际情况一致的建筑工程信息库。该信息库不仅包含描述建筑物构件的几何信息、专业属性及状态信息，还包含了非构件对象（如空间、运动行为）的状态信息。借助这个包含建筑工程信息的三维模型，大大提高了建筑工程的信息集成化程度，从而为建筑工程项目的相关利益方提供了一个工程信息交换和共享的平台。

BIM 技术旨在实现从设计到建造、运营和维护的全生命周期管理，提高建筑物或基础设施的施工效率和质量，降低施工成本，同时也可以提供更好的决策支持和可视化展示效果，为项目管理和后期运维提供必要的数据支撑，已在建筑和基础设施行业中广泛应用，并逐渐向其他领域扩展。BIM 全生命周期应用见图 8.1-1。

2. BIM 特性

BIM 相比传统的技术，有着明显的特点，其主要体现在可视化、协调性、模拟性、优化性、可出图性等。

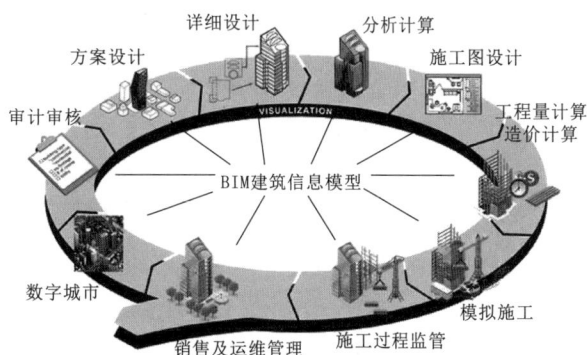

图 8.1-1　BIM 全生命周期应用

（1）可视化

BIM 具有高度的可视化特性，它可以将二维的线条式设计转化为三维的立体实物图形，使整个设计、施工、运维过程表现得更为形象、直观，建筑设计和建造过程中的细节都能够清晰地展示，能让各参与方更快、更准确地了解设计意图和项目状态，有利于提高工程工作效率。

（2）协调性

BIM 还具有协调性。它可以解决传统设计模式中各专业之间难以协调的问题，在设计阶段，利用 BIM 的协调性，直接在同一平台中进行协同设计，从设计阶段开始尽可能解决图纸碰撞、三视图表述不一致等问题，尽量减少施工阶段返工，从而提高设计效率和质量。

（3）模拟性

在设计阶段，BIM 能模拟设计最终的建筑物模型，通过最终模型，利用 BIM 软件，丰富模拟场景，模拟出建筑物的使用功能、能耗情况、紧急疏散等场景，这样更利于优化建筑物的使用功能，更契合现阶段的绿色建造理念。在施工阶段，通过模拟性，模拟施工工序，完善施工方案，为项目决策和优化提供必要的理论数据支撑。

（4）优化性

BIM 的优化性，主要结合前面的特点，通过反复地模拟、检查，不断优化方案，达到提高项目性能和质量。在优化过程中，BIM 所携带的丰富数据能使整个优化过程更加科学和准确。也可多软件集成使用，进一步提高建筑方案设计优化的效率和效果。

（5）可出图性

模型进行完善后，利用 BIM 可出图性的特点，可直接根据设计数据自动生成各种图纸和报表，包括平面图、立面图、剖面图、工程量清单等。模型与图纸进行关联，当模型进行更新后，图纸自动进行更新，避免传统设计模式中因图纸变更而带来的繁琐工作。

3. BIM 发展现状

BIM（建筑信息模型）的起源可以追溯到 20 世纪 70 年代，当时一些研究者开始探索如何利用计算机技术来改善建筑设计和施工过程。1975 年，佐治亚理工学院的查克·伊斯特曼（Chuck Eastman）教授开发了"建筑描述系统"（Building Description System），这被认为是 BIM 的雏形。该系统能够创建一个包含建筑元素信息的数字模型，从而帮助设计师进行设计决策和分析。

随着计算机技术的快速发展，BIM 技术逐渐成熟并被广泛应用于建筑行业。它不仅能够提供三维的建筑模型，还能够集成时间、成本、管理等多维度的信息，极大地提高了建筑项目的效率和质量。如今，BIM 已成为建筑行业不可或缺的工具之一。

（1）国外发展现状

BIM 在国外的现状是应用相对成熟且广泛应用于建筑行业的各个阶段。BIM 技术通过创建和使用数字信息模型来支持建筑项目的规划、设计、施工和管理，提高了效率和质量。在许多发达国家，BIM 已成为标准实践，政府和行业组织推动了 BIM 的采纳和应用。

具体来说，各国在 BIM 技术的应用上各有特色。

美国：作为 BIM 技术的先驱之一，美国在 BIM 的推广和应用上走在世界前列。政府通过立法和政策支持，鼓励建筑行业采用 BIM 技术。许多大型建筑项目，如基础设施建设和商业地产开发，都广泛应用 BIM 技术来提高项目的成功率和可持续性。

英国：英国政府也积极推动 BIM 技术的应用，将其视为建筑行业数字化转型的关键。英国政府设定了 BIM 的应用目标和时间表，要求大型公共项目必须采用 BIM 技术。这促进了 BIM 技术在英国建筑行业的广泛普及和应用。

北欧国家：如芬兰、瑞典和挪威等北欧国家，BIM 技术也得到了广泛的应用。这些国家在建筑信息化方面有着良好的基础，BIM 技术的应用推动了建筑行业的数字化转型。北欧国家的 BIM 应用不仅限于大型项目，还逐渐向中小型项目扩展。

亚洲国家：如新加坡和日本等亚洲国家也在积极推广 BIM 技术。新加坡政府通过制定 BIM 标准和指南，推动建筑行业向数字化和智能化转型。日本则通过加强 BIM 技术的研发和应用，提高了建筑项目的质量和效率。

此外，BIM 技术的不断发展和创新，如集成物联网（IoT）、人工智能（AI）和增强现实（AR）等技术，正在进一步推动建筑行业的数字化转型。国外的教育和培训机构也在积极培养 BIM

专业人才，以满足行业的需求。

综上所述，BIM 技术在国外的应用已经非常成熟和广泛，各国在 BIM 技术的应用上各有特色，但共同点是都将其作为建筑行业数字化转型的重要工具来推动行业的进步和发展。

（2）国内发展现状

中国 BIM（建筑信息模型）的发展现状呈现出快速增长的趋势。近年来，随着国家政策的推动和行业需求的增加，BIM 技术在中国建筑行业得到了广泛应用。政府在多个层面出台了一系列政策和标准，鼓励和支持 BIM 技术的研发与应用，提高建筑行业的信息化水平和工程管理效率。

目前，BIM 技术在中国的应用已经从初期的三维建模逐步扩展到项目全生命周期的管理，包括设计、施工、运维等各个阶段。越来越多的建筑企业和设计院开始采用 BIM 技术，以提升设计质量、优化施工方案、降低工程成本和缩短建设周期。

同时，中国在 BIM 教育和人才培养方面也取得了显著进展。众多高校和培训机构开设了 BIM 相关课程，培养了一批具备 BIM 技能的专业人才，为 BIM 技术的推广和应用提供了人才保障。

然而，中国 BIM 发展仍面临一些挑战，如 BIM 标准体系尚不完善、行业应用水平参差不齐、专业人才短缺等问题。未来，随着技术的不断进步和政策的进一步落实，预计 BIM 技术将在建筑行业发挥更加重要的作用，推动行业向更加智能化、精细化的方向发展。

1）房屋建筑及市政工程行业发展现状

BIM 行业近年来呈现出快速增长的态势。根据中研普华产业研究院发布的《2024—2029 年中国建筑信息模型（BIM）行业市场全景调研与发展前景预测报告》显示，中国 BIM 行业市场规模由 2016 年的 40.5 亿元增长至 2022 年的近百亿元或更高，年复合增长率达到较高水平。到 2023 年，市场规模已达到 102.50 亿元左右，显示出 BIM 技术在房屋建筑及市政工程中的广泛应用和市场需求的不断增加。预计未来几年，这一增长趋势将持续，显示出巨大的市场潜力和增长空间。而需求的增加，直接促进了整个行业的 BIM 技术变革，由最开始的单纯建模应用，BIM 技术正在向智能化和集成化方向演进，能够自动检测设计中的潜在问题，提出优化建议，并实时更新模型。随着 BIM 技术的不断发展和完善，其在建筑设计、施工管理、运维管理等多个环节的应用将更加深入和广泛。

2）水利行业发展现状

相比较于房屋建筑及市政行业的应用，水利行业 BIM 技术应用相对较晚。房屋建筑及市政工程由于市场需求大、项目众多，BIM 技术得到了广泛的传播和应用。而水利行业由于项目相对较少、专业性强，BIM 技术的发展速度相对较慢。尽管 BIM 技术的优势逐渐显现，但行业内的认知度仍然有待提高。水利行业在应用 BIM 技术时，主要集中在设计阶段，施工阶段和运维阶段的应用相对较少。而且主要集中在大型水利工程，如水库、水电站等，中小型水利工程的应用相对较少。

房屋建筑及市政工程由于应用 BIM 技术较早，已经形成了较为完善的技术支持体系，包括软件工具、培训体系、咨询服务等，同时也建立了较为完善的标准和规范体系，为 BIM 技术的广泛应用提供了有力的保障。而水利行业在技术支持方面相对薄弱，在 BIM 技术的标准化方面还需要进一步完善，以确保技术的规范和一致性。

4. BIM 应用软件

BIM 涉及软件众多，主要包括建模软件、协作平台、分析软件、可视化软件、管理软件、插件等。每种类型的软件都包含众多的软件，但能被推广应用的基本都有其独特的属性。

（1）建模软件

这类软件主要用于创建和管理建筑信息模型，它们提供工具来构建建筑物的三维几何形状，并允许用户添加相关信息和属性。此类软件主要以国外软件为主，最具代表性的有 Autodesk Revit、

Bentley 、CATIA、Tekla Structures 等。国产软件也呈井喷式发展，但多以专业特性研究应用为主，如广联达 BIM、PKPM-BIM、瑞翌 BIM、优易 BIM 等，在某些专业领域应用有独特的优势。

Revit 是推广应用最多的 BIM 软件，能够创建和管理建筑、基础设施的三维模型。它支持建筑、结构和 MEP（机械、电气和管道）设计，具备强大的碰撞检测、施工文档编制和模拟分析能力。

Bentley 提供了一系列 BIM 软件，覆盖建筑、土木工程和基础设施项目的设计和分析。这些软件以其高效的工作流程和强大的建模能力著称，帮助用户提升项目设计和管理的效率。

CATIA 是一款高级 CAD/CAM/CAE 软件，近年来也被广泛应用于 BIM 领域。CATIA 以其强大的曲面造型能力、灵活的装配设计和精确的模拟分析功能，在建筑、航空航天、汽车等多个行业都占有重要地位。在 BIM 应用中，CATIA 可以用于复杂建筑形态的设计、建筑表皮的精细建模以及与其他 BIM 软件的协同工作，为建筑项目的全生命周期管理提供有力支持。

Tekla Structures 是专注于结构工程的 BIM 软件，它能够创建精确的三维模型，特别适用于钢结构和混凝土结构的设计、详图绘制和施工。Tekla Structures 以其高效的建模和计算能力，成为结构工程师的得力助手。

（2）协作平台

这类软件支持多专业团队成员之间的协作，确保项目信息的同步和更新。它们通常提供云存储和共享功能，以便团队成员可以实时协作。此类软件也是以国外软件为主，最具代表性的有 Autodesk BIM 360、Bentley ProjectWise 等。

（3）分析软件

分析软件用于对 BIM 模型进行各种性能分析，如结构分析、能耗分析、光照分析等。这类软件可以评估建筑物的性能，并帮助设计者优化设计。设计阶段通过软件分析，能更大程度地提高建筑物的绿色环保功能。此类软件最具代表性的有 Autodesk Green Building Studio，IES VE，Navisworks 等。

（4）可视化软件

可视化软件专注于提高 BIM 模型的视觉表现，包括渲染、动画和虚拟现实等。这类软件能帮助施工人员、技术人员等更好地理解设计意图，提高工作效率，减少理解性的偏差。此类软件最具代表性的有 Autodesk 3ds Max，Lumion 等。

（5）管理软件

管理软件主要用于项目管理，通过提供一个共享的环境，让项目团队成员能够实时访问和更新模型、项目信息，从而提高团队协作效率。使管理留痕，形成一个管理闭环，从而达到提高项目的管理效率和质量，降低管理风险。这类软件帮助项目管理者更有效地控制项目，此类软件国产更多，也更契合项目管理，目前许多公司甚至开始自研管理软件，使之与自身管理模式更为匹配。

（6）插件

插件是为特定 BIM 软件平台开发的附加工具，旨在增强核心功能或提供特定领域的专业解决方案。通过特定的插件，设计和施工人员可以快速完成复杂的工作任务，如参数化建模、元素模块化等，极大提高了工作效率。

每种类型的 BIM 软件都有其特定的应用场景和优势，选择合适的软件组合对于实现 BIM 项目的成功至关重要。

8.1.2　GIS 技术概述

1. GIS 简述

GIS，即地理信息系统，是一种集成了硬件、软件、数据和方法于一体的技术系统，用于采集、存储、管理、分析和呈现与地理空间相关的数据。它不仅能够处理和分析点、线、面等空间数据，还能将这些数据与属性数据（如人口统计、环境指标等）相结合，进行复杂的空间分析和决策支持。

GIS具有强大的空间数据管理能力，能够高效地组织和存储海量的地理空间数据，包括矢量数据、栅格数据和属性数据等。同时，GIS还提供了丰富的空间分析工具，如空间查询、空间叠加、缓冲区分析等，帮助用户深入挖掘数据背后的空间关系和规律。

2. GIS特性

GIS的特点主要体现在数据分析和空间表达方面，通过大量数据集成，形成一个庞大的地理信息系统。主要体现在数据集成能力、空间分析功能、可视化表现、数据管理、决策支持、交互性、扩展性等方面。

（1）数据集成能力

GIS具有卓越的数据集成能力，能够轻松整合不同来源、不同格式和不同尺度的空间数据与属性数据，使用者可以通过它将各种类型的数据融合到统一的地理框架中，实现数据的无缝拼接、转换和分析。为使用者提供一个全面的、统一的地理信息视图。

（2）空间分析功能

GIS提供了强大的空间分析工具，如缓冲区分析、叠加分析、网络分析等，这些工具帮助使用者深入探索地理空间关系，发现数据背后的模式和趋势。这些功能使得GIS在城市规划、环境管理、资源调查、灾害监测等多个领域具有广泛的应用价值。

（3）可视化表现

GIS以地图、图表、3D模型等形式将复杂的地理信息直观展示出来，使用户能够更容易地理解和分析数据，同时也为数据呈现提供了更多的可能性和灵活性。

（4）数据管理

GIS具备高效的数据管理能力，支持用户对数据进行查询、编辑和更新。这种能力确保了数据的准确性和时效性，为决策提供可靠的基础。

（5）决策支持

通过深入分析地理信息，GIS能够为决策者提供科学的依据和支持。它帮助决策者理解地理空间关系，评估不同方案的潜在影响，从而做出更加明智的决策。

（6）交互性

GIS提供了丰富的交互功能，用户可以通过界面与数据进行互动，进行查询、分析和探索。这种交互性使得GIS更加易于使用和理解，同时也提高了用户的工作效率。

（7）扩展性

为了满足不同用户的多样化需求，GIS支持各种插件和应用程序接口（API）。这意味着用户可以根据自己的需求定制和扩展GIS的功能，使其更加符合实际应用场景。

3. 应用领域

GIS的应用范围广泛，包括但不限于城市规划、土地管理、资源管理、环境监测、交通导航、灾害预防和评估等领域。在城市规划中，GIS可以帮助规划者进行土地利用分析、交通流量预测和公共服务设施布局等工作；在资源管理中，GIS可以协助管理者进行资源调查、监测和评估，实现资源的可持续利用；在环境监测中，GIS可以集成多种传感器数据，实时监测环境质量变化，为环境保护提供科学依据。

此外，随着大数据和云计算技术的发展，GIS也在不断地演进和升级。现代GIS系统已经能够实现数据的云端存储和共享，支持多用户并发访问和协同工作，极大地提高了工作效率和数据的利用率。同时，GIS还与其他技术相结合，如人工智能、物联网等，形成了更加智能和高效的空间信息服务体系。

8.1.3 智慧工地概述

1. 智慧工地简述

智慧工地是指围绕工程项目过程管理运用信息化手段提升管理统称，通常做法是通过三维设计平台对工程项目进行精确设计和施工模拟，建立互联协同、智能生产、科学管理的施工项目信息化生态圈，并将此数据在虚拟现实环境下与物联网采集到的工程信息进行数据挖掘分析，提供过程趋势预测及专家预案，实现工程施工可视化智能管理，以提高工程管理信息化水平，从而逐步实现绿色建造和生态建造。

智慧工地将更多人工智能、传感技术、虚拟现实等高科技技术植入到建筑、机械、人员穿戴设施、场地进出关口等各类物体中，并且被普遍互联，形成"物联网"，再与"互联网"整合在一起，实现工程管理干系人与工程施工现场的整合。智慧工地的核心是以一种"更智慧"的方法来改进工程各干系组织和岗位人员相互交互的方式，以便提高交互的明确性、效率、灵活性和响应速度。它不仅限于对工地上的施工人员、机械设备、建筑材料、环境状况及检测仪器等基本要素的实时采集、监控，还涉及对这些数据的深度分析、挖掘和应用，以支持决策制定和优化管理。

2. 应用现状

随着我国城市化的快速发展，政府越来越重视民生，对建设工程的质量、安全、文明施工的监管提出了更高的要求。近年来各级政府纷纷发文要求进一步加强建筑施工领域企业安全生产工作，以推动智慧工地的发展。这些政策不仅为智慧工地的建设提供了明确的指导和支持，还为其发展营造了良好的政策环境。

在技术层面，随着相关技术的成熟和成本的降低，智慧工地解决方案已经越来越成熟，并在实际工程中得到了广泛应用。通过集成视频监控、人脸识别、环境监测、无人机巡检等多种智能设备和系统，智慧工地实现了对工地现场的全方位、全天候监控和管理，有效提升了工地的安全生产水平和管理效率。

在应用层面，智慧工地技术已经覆盖了工地的各个方面，包括但不限于安全监控、进度管理、质量控制、环境监测等。通过实时监控和数据分析，智慧工地系统能够及时发现潜在的安全隐患和质量问题，并采取相应的措施进行处理和整改。同时，还能够对工地的施工进度和资源配置进行优化和管理，确保工程的顺利进行和高质量完成。

目前，智慧工地的发展趋势主要体现在"五化"融合，即集成化、智能化、移动化、绿色化和标准工业化。随着技术的不断进步和应用场景的拓展，智慧工地将会发挥更加重要的作用，推动建筑行业向更加高效、安全、环保的方向发展。

3. 关键技术

智慧工地关键技术是支撑其实现智能化、高效化、安全化管理的核心要素。这些技术主要包括物联网（IoT）、大数据、云计算、人工智能（AI）、虚拟现实（VR）、增强现实（AR）等先进技术。

（1）物联网（IoT）技术

物联网技术通过各类传感器、RFID标签、无线通信技术等手段，将工地现场的各类设备、物料、人员等物理对象连接起来，实现数据的实时采集和传输。在智慧工地中，物联网技术被广泛应用于环境监测（如噪声、粉尘、温湿度等）、设备状态监控（如塔吊、升降机、搅拌站等）、人员行为管理（如安全帽佩戴检测、考勤管理等）等方面。

（2）大数据技术

大数据技术是指对海量数据进行收集、存储、处理和分析的技术。在智慧工地中，大数据技术用于处理来自物联网设备、施工管理系统等渠道的海量数据。通过对这些数据的分析，可以洞察施工过程中的问题，优化施工计划，提高管理效率。例如，通过对施工进度数据的分析，可以预测潜在的延误风险，并提前采取措施进行干预。

（3）云计算技术

云计算技术是一种基于互联网的计算模式，它允许用户按需访问计算资源（包括服务器、存储、数据库等）和服务。在智慧工地中，云计算技术为工地管理提供了高效、灵活的数据存储和处理能力。通过云平台，可以实现施工数据的集中管理和共享，提高数据的使用效率。同时，云平台还可以提供丰富的应用服务，如项目管理软件、安全监控系统等，帮助工地实现智能化管理。

（4）人工智能（AI）技术

人工智能技术模拟人类的智能行为和思维过程，以实现自主学习、推理、决策等功能。在智慧工地中，人工智能技术被广泛应用于智能识别、预测分析、优化调度等方面。例如，利用 AI 图像识别技术可以自动识别违规作业和安全隐患；基于历史数据，AI 可以预测工程风险与延误；通过优化算法，AI 可以实现施工资源的智能调度和分配。

（5）虚拟现实（VR）、增强现实（AR）技术

VR 和 AR 技术分别提供沉浸式和叠加式的虚拟环境体验。在智慧工地中，VR 和 AR 技术可以用于培训施工人员、模拟施工场景等方面。通过 VR 技术，施工人员可以在虚拟环境中进行模拟操作和演练；通过 AR 技术，施工人员可以在现实场景中叠加虚拟信息（如设备参数、施工指南等），提高施工效率和质量。

综上所述，智慧工地的关键技术相互融合、相互支撑，共同构成了工地智能化管理的基础框架。这些技术的应用不仅提高了工地管理效率和质量水平，还促进了建筑行业的转型升级和可持续发展。

8.2 BIM 技术应用实践

在当今社会，随着人口的增长和经济的快速发展，对水资源的需求日益增加，水资源项目得到井喷式的发展，传统的工程设计、施工和管理方法逐渐难以满足其高效、精准和可持续的要求。

BIM 技术的发展为工程建设管理跨越式发展奠定了技术基础。通过建立三维可视化模型，工程师可以更加直观地理解工程的整体布局和细节构造，提前发现潜在的问题和冲突，从而优化设计方案，减少施工中的变更和返工。同时，BIM 技术有助于实现多专业的协同工作，使水利、土木、环境等不同专业的人员能够在同一平台上进行交流和协作，提高工作效率和沟通效果。在施工阶段，BIM 技术能够精确计算工程量，制定合理的施工计划和资源配置方案，有效控制成本和进度。

8.2.1 BIM 应用实施策略

在项目协调的全周期中，BIM 实施管理的核心策略概览如下，涵盖设计信息的校验、确认、深化以及施工可行性的深入探讨等关键环节。通过确保这些信息在 BIM 模型中的精确映射与高度一致，有效弥合了设计、采购与施工间的信息鸿沟，从而切实增强了项目团队的协同效率与默契配合。BIM 应用实施策略见图 8.2-1。

8.2.2 现场技术部署

1. BIM 模型建立与管理

BIM 模型的建立与管理涉及工程项目的多个阶段，设计阶段、施工阶段至最终的运维阶段的 BIM 技术应用皆以模型为数据基础，模型的精准建立至关重要。根据项目需求、施工特点及现场情

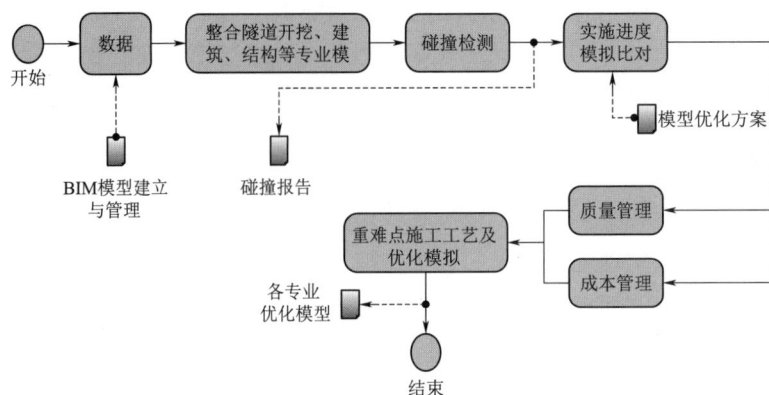

图 8.2-1 BIM 应用实施策略图

况，收集各类施工资料，完整、准确、高效地搭建本项目全专业 BIM 模型，最大限度地保证施工品质与过程协调，为工程施工的各专业整合提供支持。使管理人员更加直观地理解设计意图，为后续工作提供基础数据模型。

（1）BIM 模型创建

按照要求，根据自身施工特点及现场情况，进行施工面的划分，建立施工范围内主要建构筑物全专业 BIM 模型，包括水工、水机、金结、建筑、结构等所有相关专业，模型创建按照精度要求执行，设备模型需按照安装要求配合直至满足竣工模型深度，部分模型需结合后续运维平台需求进行二次深化。见图 8.2-2～图 8.2-7。

（2）BIM 模型管理

BIM 模型管理对于确保 BIM 技术在建筑项目中的有效应用至关重要。它可以帮助项目团队更好地理解和控制建筑信息，提高设计、施工和运维的效率和质量。通过 BIM 模型管理，项目团队可以实时更新和共享信息，减少信息传递中的误差和延迟，从而降低项目风险。

1）模型维护

建立健全的 BIM 模型维护机制，确保模型与实际工程同步更新。在项目进展过程中，根据实际情况及时更新模型以反映设计变更、施工进度等信息，同时结合施工现场的变化和工程进度，及时调整模型信息。

2）模型质量控制

为了确保 BIM 模型的准确性和完整性，包括几何形状、物理和功能特性、结构、设备等方面的信息。在珠三角水资源配置工程中，我们根据项目的特性，制定了建模的标准，包括颜色、各类型的精度、命名及必要的信息添加等。在模型创建完毕后，使用验证和校验工具对模型进行质量检查，及时发现并纠正错误，确保最终模型达到既定质量标准。

3）模型存储与备份

在项目模型创建过程中，各标段模型数量极多，一个标段建模人员都有多人同时建模，模型的存储很有必要，针对这一问题，制定了相应的管理办法，当模型创建完毕并经过检查合格后，需及时上传系统，同时，建模人员需在硬盘中再次备份，以免模型丢失或损坏，确保了 BIM 模型的安全存储。

在工程建设过程中，因工期长，模型不一定能一次性创建完成，对模型必须定期进行数据备份，以防止数据丢失或损坏。

4）版本控制

对模型命名有严格要求，模型名称必须体现 BIM 模型代表的工程含义，同时最后需以英文字母＋数字的方式记录 BIM 模型的版本，如 V1.0 等，当有重大修改时，模型版本不能覆盖，需另外保存，以便需要时，可以方便找到之前的版本，以恢复丢失或错误的信息。

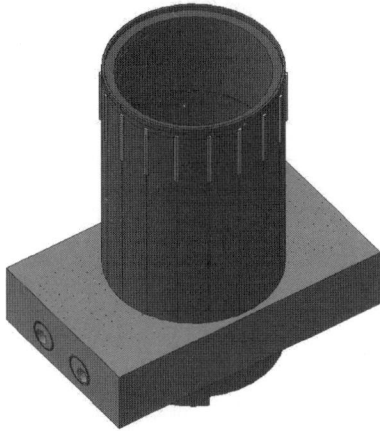

图 8.2-2　工作井结构三维模型

图 8.2-3　内衬墙结构三维模型

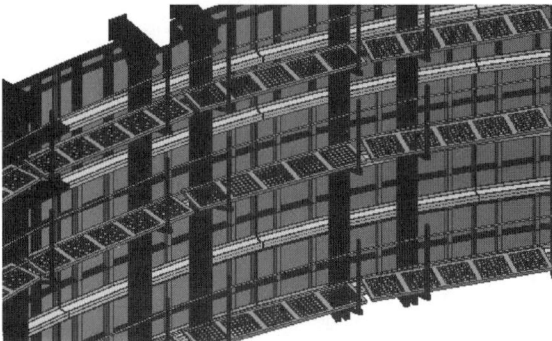

图 8.2-4　内衬墙双排脚手架三维模型

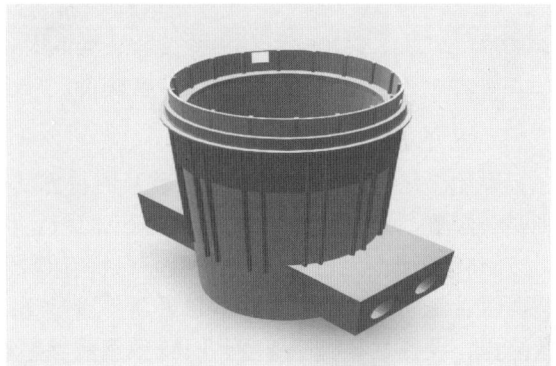

图 8.2-5　工作井模型

图 8.2-6　地质模型

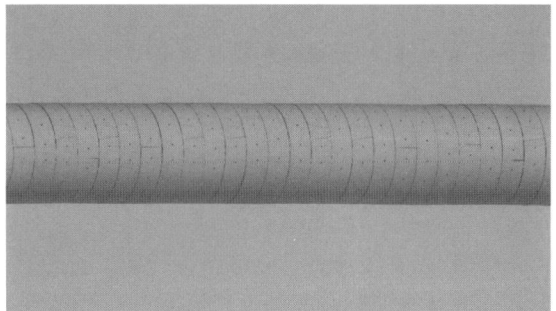

图 8.2-7　管片模型

2. 施工场地布置优化

基于 BIM 的施工场地布置是一种创新的施工管理方法，它利用 BIM 技术的三维可视化、模拟和分析能力，对施工现场的场地布置进行精细化设计和优化。

在施工准备阶段，通过 BIM 技术创建施工场地的三维模型，模拟施工现场的各种情况，对场地布置进行精细化设计和优化，以提高施工效率、降低成本、保障施工安全。

BIM 技术可以将施工场地以三维模型的形式展现出来，使管理人员能够直观地了解施工现场的布局和情况。通过 BIM 技术，可以对施工现场的各种情况进行模拟分析，如材料运输、人员流动、设备使用等，以发现潜在的问题并进行优化。BIM 技术可以实现多专业、多部门之间的协同作业，确保场地布置的优化方案能够得到有效的实施。

利用 BIM 技术，在施工场地布置方面进行优化，可以精确测量现场空间，避免在施工过程中浪费空间，提高场地利用率。通过 BIM 技术进行模拟分析，可以快速发现场地布置中存在的问题并进行优化，提高施工效率。可以帮助管理人员提前识别施工现场的安全隐患，并采取相应的措施进行预防，保障施工安全。基于 BIM 的施工场地布置优化可以降低材料浪费、减少二次搬运等成本，提高项目的经济效益。

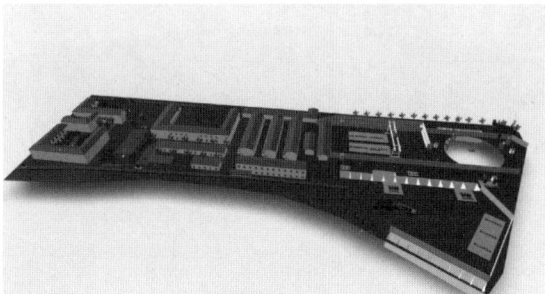

在施工前，利用 BIM 技术进行场地标准化布置模拟，大大提高了场地环境的有效利用。通过 BIM 技术，项目管理人员可以直观地了解施工现场的布局和情况，对办公场地、宿舍、食堂、入场道路、材料堆放场地等进行优化布置。这不仅节约了施工用地，提高了临时设施的利用率，还减少了场内运输和对材料的二次搬运，降低了施工成本。施工场地布置模拟见图 8.2 - 8。

图 8.2 - 8　施工场地布置模拟

3. 基于 BIM 的设计深化

设计深化是施工过程中很难避开的技术工作，在施工前，通过对 BIM 模型进行优化、集成、协调和修整，最终得到各专业详细施工图纸，以满足施工及工程管理的需要。

BIM 模型作为强大的"数据库"，所有视图都是对数据库的表现，一处更新即可同步到所有相关视图，实现信息的实时共享和更新。通过 BIM 模型，可以直观地看到整个项目的真实效果，包括结构、设备、管线等细节。BIM 模型能够整合各专业信息，进行碰撞检查和协调，避免施工中的冲突和返工。

竖井内衬墙在完成钢筋绑扎后，对钢模板吊装和拼装，为了确保钢模板拼装符合精度，使用 BIM 软件对钢模板进行深化设计，再由三维模型快速生成二维图纸，利用模拟软件对钢模板进行预拼装并标注好编号，在施工现场按照对应编号拼装。可以减少钢模板拼装时间，提升施工效率。

4. 重难点施工工艺及优化模拟

根据实际情况，提前对工程重难点进行甄别，通过 BIM 技术对甄别出的重难点及复杂工艺进行精准模拟及优化，从而降低施工风险，提高施工效率和质量。

施工重、难点工艺模拟过程包括人员操作、设备设施配置及关键工序模拟，确保在正式施工前消除施工隐患。

利用 BIM 技术的三维可视化功能，可以直观地展示施工工艺的各个环节和流程。这有助于施工人员更好地理解施工要求，提高施工操作的准确性和效率。

通过三维可视化模拟，按照要求利用 BIM + GIS 技术进行 BIM 施工组织设计优化，包括施工进度模拟优化以及施工重难点工艺模拟优化。施工重难点工艺模拟过程，包括人员操作、设备设施配置及关键工序模拟，确保在正式施工前消除施工隐患。相关方案与 BIM 模型一起提交，并根据需要组织专家评审，报监理人、发包人审批，未获批准，根据专家修改意见进行修改，获得批准才开始相应专项施工。施工应用包括施工总平面布置与规划模拟、深基坑（工作井）施工模拟、盾构机吊装模拟（图 8.2 - 9）、盾构掘进（包括管片拼装、灌浆等）模拟（图 8.2 - 10）、钢管运输与安装工艺模拟、自密实混凝土浇筑施工模拟、预应力混凝土施工工艺模拟。

图 8.2-9 盾构机吊装模拟

图 8.2-10 盾构掘进（包括管片拼装、灌浆等）模拟

竖井施工中竖井开挖、内衬墙钢筋绑扎、钢模板安装、混凝土浇筑等是施工中比较重要的工序，施工中能否确保安全，质量是关键，通过 BIM 技术对施工中各个环节提前进行方案模拟，选择出了最优的竖井施工机械组合，尤其是竖井开挖最后决定上部 30m 深采用 3 台挖机、2 台液压抓斗配合施工；30m 以下深度采用在竖井上方配备龙门吊进行基坑出土作业，井内 4 台挖机配合施工。此项方案模拟优化后节省了竖井开挖施工时间。

5. BIM 工程量统计分析

BIM 技术通过建立三维建筑信息模型，能够自动识别模型中各元素的类型和属性，如柱、梁、板、墙等构件，以及它们的尺寸、材质等参数。基于这些参数，BIM 软件能够自动计算并汇总工程量，大大减少了人工统计的工作量，提高了统计效率。见图 8.2-11。

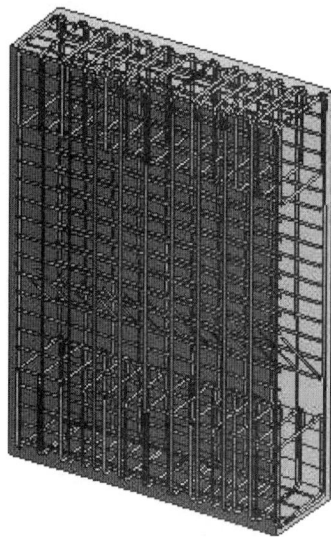

图 8.2-11 弧形内衬墙钢筋
三维模型

BIM 模型是一个动态的信息平台，当 BIM 模型发生变化时，工程量统计结果会随之自动更新。这种实时更新的特性确保了工程量统计的准确性和时效性，有助于项目团队及时掌握工程进展情况，做出合理的决策。见图 8.2-12 和图 8.2-13。

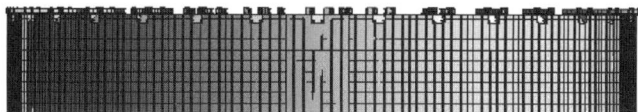

图 8.2-12 竖井内衬墙钢模板预拼装示意图

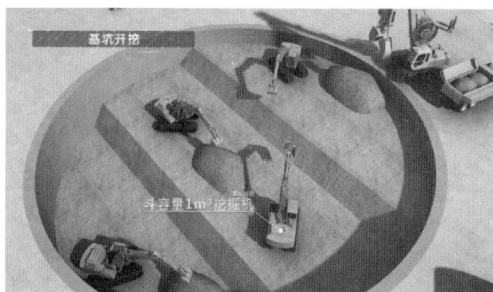

图 8.2-13 竖井基坑开挖三维交底动画

基于 BIM 的工程量统计支持多视角、多维度分析。项目可以根据需要，从模型中提取不同构件、不同材料、不同施工阶段的工程量信息，进行详细的对比分析。这有助于发现图纸和工程量清单中的差异，优化施工方案，提高工程管理的精细化水平。BIM 模型中的数据是共享的，项目的各个成员都可以访问和编辑模型，实现协同工作。这种数据共享的特性有助于加强团队成员之间的沟通与协作，提高整个项目的执行效率。

对于异形构件、曲面构件等复杂结构，传统算法往往难以准确计算工程量。而 BIM 技术通过建模复刻构件实体，可以实现 1∶1 的准确还原，并调用构件属性信息形成明细表，准确判别不规则构件体的构造信息，实现不同状态下的工程量自动识别和统计。

整个工程中，竖井地连墙量比较大，利用 BIM 软件快速输出地连墙工程量明细表，直接交由采购部门根据施工进度制定详细的采购计划，提前通知搅拌站准备足量的混凝土方量，避免影响现场施工进度的同时也避免了材料浪费，节约材料成本。见图 8.2－14。

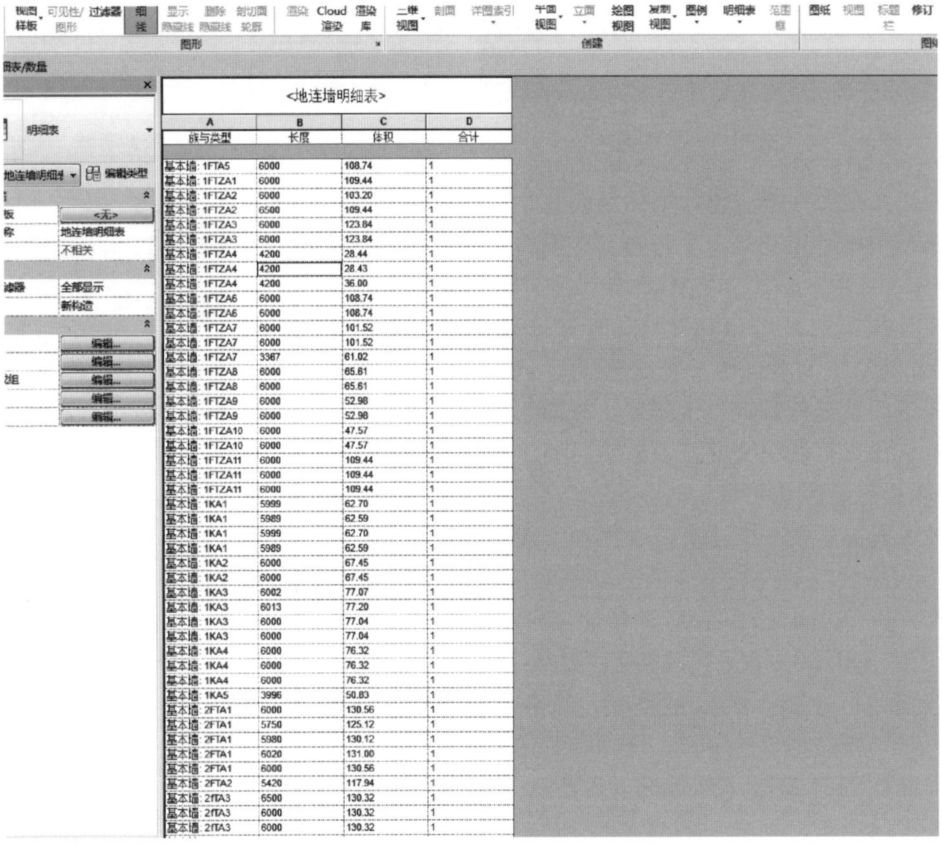

<地连墙明细表>

A	B	C	D
族与类型	长度	体积	合计
基本墙: 1FTA5	6000	108.74	1
基本墙: 1FTZA1	6000	109.44	1
基本墙: 1FTZA2	6000	103.20	1
基本墙: 1FTZA2	6500	109.44	1
基本墙: 1FTZA3	6000	123.84	1
基本墙: 1FTZA3	6000	123.84	1
基本墙: 1FTZA4	4200	28.44	1
基本墙: 1FTZA4	4200	28.43	1
基本墙: 1FTZA4	4200	36.00	1
基本墙: 1FTZA6	6000	108.74	1
基本墙: 1FTZA6	6000	108.74	1
基本墙: 1FTZA7	6000	101.52	1
基本墙: 1FTZA7	6000	101.52	1
基本墙: 1FTZA7	3367	61.02	1
基本墙: 1FTZA8	6000	65.61	1
基本墙: 1FTZA8	6000	65.61	1
基本墙: 1FTZA9	6000	52.98	1
基本墙: 1FTZA9	6000	52.98	1
基本墙: 1FTZA10	6000	47.57	1
基本墙: 1FTZA10	6000	47.57	1
基本墙: 1FTZA11	6000	109.44	1
基本墙: 1FTZA11	6000	109.44	1
基本墙: 1FTZA11	6000	109.44	1
基本墙: 1KA1	5999	62.70	1
基本墙: 1KA1	5989	62.59	1
基本墙: 1KA1	5999	62.70	1
基本墙: 1KA1	5989	62.59	1
基本墙: 1KA2	6000	67.45	1
基本墙: 1KA2	6000	67.45	1
基本墙: 1KA3	6002	77.07	1
基本墙: 1KA3	6013	77.20	1
基本墙: 1KA3	6000	77.04	1
基本墙: 1KA3	6000	77.04	1
基本墙: 1KA4	6000	76.32	1
基本墙: 1KA4	6000	76.32	1
基本墙: 1KA4	6000	76.32	1
基本墙: 1KA5	3996	50.83	1
基本墙: 2FTA1	6000	130.56	1
基本墙: 2FTA1	5750	125.12	1
基本墙: 2FTA1	5980	130.12	1
基本墙: 2FTA1	6020	131.00	1
基本墙: 2FTA1	6000	130.56	1
基本墙: 2FTA2	5420	117.94	1
基本墙: 2fTA3	6500	130.32	1
基本墙: 2fTA3	6000	130.32	1
基本墙: 2fTA3	6000	130.32	1

图 8.2－14　地连墙工程量明细图

6. 基于 BIM 的平台管理应用

（1）施工进度模拟比对

结合项目特点，编制建设全过程进度计划，包括里程碑计划、总体计划、施工计划及多级计划，并按照系统要求提交审批、反馈、进度异常预警等，并通过进度计划与 BIM 模型结合，实现 4D 施工模拟、计划进度和实际进度的对比以及相关数据分析等功能。

工地模拟示意图通过将 BIM 与项目施工进度计划相链接，将空间信息与时间信息整合在一个可视的 4D 模型中，可以直观、精确地反映整个建筑的施工的动态变化过程。施工模拟技术可以在项目建造过程中合理制定施工计划、4D 精确掌握施工进度，优化使用施工资源以及科学地进行场地布置，对整个工程的施工进度、资源和质量进行统一管理和控制，以缩短工期、降低成本、提高质量（见图 8.2－15）。

通过进度模拟对比分析，在项目管理过程中起到了辅助管理的作用，帮助项目负责人提供了进度管理的数据支撑。主要表现在以下几个方面。

1）减少项目延误。通过 BIM 进度模拟，提前发现潜在的施工冲突和工序不合理之处。据统计，将项目延误的风险降低约 30%，平均缩短项目工期 10%～15%。

图 8.2-15 施工进度计划分析

2）成本节约。准确的进度规划有助于优化资源分配，减少人力、材料和设备的浪费。通过表格的数据表明，节约项目成本约 5%～10%。

3）提高资源利用率。BIM 进度模拟能够精确计算每个阶段所需的资源量，使资源分配更合理。据测算，资源利用率可提高 15%～20%。

4）进度控制。为了使施工进度管理更有效，使建筑工程更贴合实际，将 BIM 技术应用于施工进度管理是非常有必要的。我们通过 BIM 软件可直观查看实际进度，并进行计划进度与实际进度的对比分析，分析后发现，利用 BIM 技术使实际进度比计划进度提前了 12d。

（2）基于 BIM 技术的质量管理

按照项目划分（单位、分部、单元工程）的方式进行 BIM 模型构建，并完善质量关联信息（质量标准、原材料、资源投入、技术方案、质量中间控制信息等）。

1）进场原材料验收管理。组织原材料（管片、钢管、钢筋、水泥等材料）进场验收，并在系统中提交相关进场验收记录（包括验收现场照片），报监理人审批，以确保进场材料满足合同技术要求。

2）进场设备验收管理。组织进场设备验收，在系统中提交相关设备进场验收记录（包括验收现场照片），对于甲控乙供设备，通知发包人参加验收。

3）设备监造管理。严格控制设备制造过程中关键控制点的质量控制，安排专人参加相关监造验收及过程记录，按照要求录入系统。

4）原材料及设备质量检测。按要求提交必要的原材料（包括钢筋、砂石、水泥、混凝土等主要材料或中间产品）及设备检测数据，协助发包人构建质量检测数据对比，对质量信息（承包人自检、监理平行检测、第三方质量检测）进行对比分析。

5）施工质量管理。严格落实现场质量"三检"制，按照明细的项目划分（单位、分部、单元工程）要求，提交施工项目验评数据及相关记录文件，汇总统计合格率、优良率等指标，并对质量不合格项闭环管理。

6）施工质量档案管理。将施工过程中的质量文件档案，包括记录隐蔽工程及关键工序等关键部位质量验收照片、录音录像等多媒体数据，根据档案管理的需要整理归档。

（3）基于BIM技术的成本管理

以合同为基准，在系统中进行与合同相关的成本管理，完成合同支付、合同变更以及合同结算等相关功能。

1）更精确的工程量计算。BIM模型包含了详细的建筑构件信息，能够自动生成准确的工程量清单。与传统方法相比，工程量计算的误差可降低90％以上。

2）早期成本预测。通过BIM模型可以快速进行不同设计方案的成本模拟和分析。据统计，能够在设计阶段发现并解决约70％的成本问题。

3）施工过程中的成本控制。BIM与施工进度计划相结合，实现5D模拟（3D模型＋时间＋成本），实时监控项目成本的动态变化。

4）减少变更和索赔。BIM的可视化和协同功能，有助于在项目前期发现潜在的设计冲突和问题，减少施工中的变更。据调查，可降低变更发生率约40％。

5）材料管理优化。基于BIM模型可以准确计算材料需求量，进行精细化的材料采购和库存管理。数据显示，材料浪费可减少10％～15％。

6）成本数据积累和分析。BIM系统可以记录项目全过程的成本数据，为后续项目提供参考和借鉴。通过对历史数据的分析，成本估算的准确性可提高15％～20％。

7. BIM＋720全景应用

在土建施工的复杂而精细的进程中，BIM技术与720全景展示的深度融合，扮演了极为重要的角色，发挥了举足轻重的关键作用。这一创新性的结合，不仅极大地提升了施工效率，更为项目的顺利推进铺设了坚实的数字基石。BIM技术，作为建筑行业的信息化利器，通过创建详尽的建筑信息模型，实现了从设计到施工的全链条信息集成与协同管理。而720全景展示，则以其独特的沉浸式体验，将施工现场的每一个细节、每一个角落都生动地呈现在管理者和施工人员眼前。

（1）720技术简述

720技术是一种基于全景摄影和虚拟现实的可视化技术，通过全方位、多角度的拍摄和数字化处理，捕捉周围环境的光线和影像，将多个画面无缝拼接成一幅完整的全景图像，生成720°无死角的虚拟场景，不仅拓宽了人们的视野，还使得观看者能够自由转动视角，为用户提供身临其境的沉浸式体验。

（2）在施工中的应用

1）施工前期规划

通过BIM技术，创建了工程的三维模型，实现了对水工建筑物、管道、隧洞等结构的精细化设计。不同专业的设计师可以在同一模型中进行协同工作，及时发现和解决设计中的冲突和问题，提高设计效率和质量。利用720技术对工程沿线进行全景拍摄，生成真实的地理环境模型，为施工方案的制订提供直观的参考。

在虚拟环境中进行施工布局的模拟和优化，提前发现潜在问题，减少施工过程中的变更和调整。利用BIM技术进行施工过程模拟，提前预演施工工序和进度，优化施工方案。例如，对于地下隧洞的开挖和支护，通过模拟可以确定最佳的施工顺序和设备配置，减少施工风险和成本。720工区全景图见图8.2－16。

2）施工过程监控

在施工现场安装多个720°摄像头，定期拍摄720全景照片，并与BIM模型进行对比分析，实现对工程进度的实时监控和可视化展示。项目管理人员可以直观地了解工程的实际进展情况，及时发现进度偏差并采取措施进行调整。实时采集施工画面，实现对施工进度、质量和安全的远程监控。

管理人员可以通过手机、电脑等终端随时随地查看施工现场情况，及时发现并解决问题。

3）技术交底和培训

将复杂的施工工艺和技术要求制作成 720°的虚拟演示视频，向施工人员进行交底和培训，提高其对施工要点的理解和掌握程度。

施工人员可以在虚拟环境中进行模拟操作，增强实际操作的熟练度和准确性。

图 8.2-16 720 工区全景图

将 BIM 模型与 720 全景技术相结合，为施工人员提供了直观、生动的可视化交底。施工人员可以通过 720 全景展示，身临其境地了解工程的结构和施工要求，提高施工交底的效果和准确性。

4）质量检查和验收

对已完成的土建结构进行 720°拍摄，生成全景图像，与设计图纸进行对比，检查施工质量是否符合要求。

方便质量验收人员对隐蔽工程进行全面检查，确保工程质量无隐患。

720 全景展示可以为安全与质量检查提供全方位的视角，便于发现施工中的安全隐患和质量问题。同时，将问题部位的全景照片与 BIM 模型关联，有助于问题的追溯和整改。

5）安全管理

利用 720 技术对施工现场的安全隐患进行排查，如高处作业、临边防护等，及时发现并整改安全问题。对施工人员进行 720°的安全教育培训，通过沉浸式体验提高其安全意识和自我保护能力。

（3）应用效果

提高了施工效率，减少了施工过程中的返工和延误，缩短了工程建设周期。

提升了施工质量，确保了工程质量符合设计要求和标准规范。

加强了安全管理，有效降低了安全事故的发生率，保障了施工人员的生命安全。

增强了各参建方之间的沟通和协作，提高了项目管理水平。

720 技术的应用，实现了施工过程的可视化、数字化和智能化管理，为工程的顺利推进和高质量完成提供了有力保障。

8.3 GIS 技术应用实践

GIS 技术作为一种空间信息管理和分析的重要工具，在水资源配置工程中发挥着重要作用。阐述 GIS 技术的基本原理和特点的同时，也探讨 GIS 技术在水资源配置工程中的应用。通过 GIS 技术的应用，可以提高施工阶段的科学性和合理性，提高施工质量。

8.3.1 GIS 应用重难点

GIS 技术在施工阶段应用具有多方面的重难点，不加以解决可能会影响整个工程的 GIS 技术推广应用，主要体现在几个方面。

1. 数据的采集与管理

水资源配置工程涉及大量的空间和属性数据，如地形、土壤、水资源分布、国防管线、重要民生设施等。数据采集的准确性和完整性对于后续的分析和决策至关重要。同时，数据管理也是一个挑战，需要确保数据的安全性、一致性和更新及时性。

2. 模型建立与模拟

GIS 可以与水资源模型进行集成，以模拟水资源的流动、分配和利用情况。然而，建立准确的模型需要对水资源系统有深入的了解，并考虑各种因素的影响，如气候、土地利用、人口增长等。模型的可靠性和准确性直接影响水资源配置的决策结果。

3. 空间分析与决策支持

GIS 提供了强大的空间分析功能，如缓冲区分析、流域分析、水资源供需平衡分析等。但是，如何将这些空间分析结果转化为实际的决策支持工具，需要与水资源管理的专业知识和经验相结合。同时，决策者需要能够理解和解读 GIS 输出的结果，并做出科学可靠的决策。

4. 多尺度分析

水资源配置工程通常涉及不同尺度的问题，从流域到区域再到局部。GIS 可以帮助处理多尺度数据，但在不同尺度之间进行协调和整合是一个难点。确保在各个尺度上的信息一致性和连贯性是实现有效水资源配置的关键。

5. 数据可视化

将复杂的 GIS 数据以直观的方式呈现给决策者和利益相关者是非常重要的。数据可视化可以帮助他们更好地理解水资源配置情况，但需要选择合适的图表和地图展示方式，以确保信息的清晰传达。

6. 数据安全与隐私

水资源配置工程涉及敏感的个人和机构信息，数据安全和隐私保护是至关重要的问题。需要采取适当的措施来确保数据的保密性、完整性和可用性，同时遵守相关的法律法规。

7. 与其他系统的集成

GIS 通常需要与其他系统，如水资源监测系统、水资源管理信息系统等进行集成，以实现数据的共享和交互。集成过程中需要解决数据格式、接口和通信协议等问题，以确保系统的协同工作。

8. 不确定性分析

水资源系统具有很大的不确定性，如气候变化、人类活动的影响等。GIS 可以帮助分析不确定性，但在决策中考虑不确定性并采取相应的措施是一个挑战。需要使用适当的不确定性分析方法来评估决策的风险和可靠性。

9. 可持续性考虑

水资源配置工程需要考虑可持续性，包括水资源的保护、合理利用和环境影响。GIS 可以帮助评估水资源的可持续性，但需要综合考虑社会、经济和环境等多方面的因素，以制定可持续的水资源管理策略。

10. 培训与专业人才

GIS 技术的应用需要专业的技术人员和水资源管理专家的合作。培训和教育是确保团队具备所需技能和知识的关键。同时，促进跨学科的合作，融合 GIS 技术与水资源管理的专业知识，也是提高水资源配置工程效果的重要因素。

综上所述，GIS 技术在水资源配置工程中的应用面临着数据采集与管理、模型建立与模拟、空间分析、数据安全、可视化、多尺度分析、与其他系统集成、不确定性分析、可持续性考虑以及培训与专业人才等多方面的重难点。解决这些问题需要综合运用 GIS 技术、水资源管理知识、数据分析方法和跨学科的团队合作。通过克服这些重难点，可以提高水资源配置的效率和科学性，实现可持续的水资源管理。

8.3.2 GIS 技术应用基本原理

GIS 技术作为一种空间信息管理和分析的重要工具，为水资源配置工程提供了有力的技术支持。GIS 技术的基本原理和特点 GIS 技术是一种综合性的空间信息管理和分析系统,它将地理空间信息与属性信息有机地结合在一起,实现了对空间数据的采集、存储、管理、分析和显示等功能。GIS 技术的基本原理是通过建立地理坐标系,将空间数据和属性数据进行关联,实现空间数据的可视化和分析。

8.3.3 GIS 技术应用场景

水资源信息管理 GIS 技术可以实现对水资源信息的管理和可视化,包括水资源的分布、储量、质量、利用情况等。通过建立水资源信息数据库,可以实现对水资源信息的快速查询、统计和分析,为水资源配置提供基础数据支持。

水资源模拟与预测 GIS 技术可以结合水文学、水力学等模型,对水资源的运动、转化和分布进行模拟和预测。通过建立水资源模型,可以模拟不同情景下的水资源状况,为水资源配置提供决策支持。

水资源优化配置 GIS 技术可以结合水资源供需情况、水资源利用效率等因素,对水资源进行优化配置。通过建立水资源优化配置模型,可以实现水资源的最优分配和利用,提高水资源利用效率。

水资源管理决策支持 GIS 技术可以为水资源管理提供决策支持,包括水资源规划、水资源管理政策制定等。通过 GIS 技术的空间分析和模拟功能,可以评估不同决策方案的效果,为水资源管理提供科学依据。

基于 BIM+3DGIS 融合技术,搭建技术领先的智慧工地信息化平台。GIS 地图模块以三维空间信息数据资源库为基础,集成影像数据、矢量数据、工地物模型。

通过勘测设备获得项目属地倾斜摄影模型(图 8.3-1),为管理人员提供可视化工地管理服务,直观展示工地地理信息、位置分布、周边道路、电力设施、水环境、网络干线信息以及重要单位,提高工作的准确性,推进工地、空间、设施设备科学化管理。

图 8.3-1 倾斜摄影模型

8.3.4 GIS 数据成果

1. 基础地理信息数据

本项目基础地理信息数据包括栅格数据和矢量数据。

(1)栅格数据

其中栅格数据为 0.8m 地面分辨率的卫星遥感影像数据叠加 DEM 的融合影像,作为基础底图展示,其中 DEM 格网尺寸应小于 5m。影像数据需完成图像处理、几何纠正、影像空间配准等基本操作。图像处理的目的是消除影像噪声,去除少量薄云、雾,增强影像中的目标信息,特别是弱目标信息,为了更加清晰、准确地解译作准备。几何纠正的目的主要在于去除透视收缩、叠掩、阴影等地形因素以及卫星扰动、天气变化、大气散射等随机因素对成像结果一致性的影响,通过几何校正,修正了影像畸变,智能重建影像模型。影像空间配准的目的在于消除由无人机传感器得到的影像在拍摄角度等方面产生的误差。若制图区域范围很大,一景遥感影像不能覆盖全部区域,或一幅地理基础底图不能覆盖全部区域时,应对遥感影像进行镶嵌或地理基础底图拼接。融合影像覆盖区域囊括鲤鱼洲交通洞、LG02 号工作井、LG03 号工作井,数据更新频率:矩形区域内融合影像 1 年更新一次，施工场区倾斜摄影测量模型（场区红线范围外扩 500m）每半年更新一次。

（2）矢量数据

矢量数据对象主要包括本项目工程沿线定位基础、居住地及其设施、境界与政区及地貌、植被与土质数据等。

1）定位基础数据

定位基础数据包括各类型、各等级控制点成果数据。控制点的等级及其精度标准应符合相应规范的规定。控制点包括平面控制点、高程控制点、全球导航卫星系统控制点及其其他控制点，其空间形态用点来表示，属性数据应包括点号、点名、类型、等级、控制数据值、空间参照系名称（平面坐标系统名称、高程系统名称）、控制点的标志或者标识信息等。

2）居住地及其设施数据

居民地及其设施数据主要包括居民地、工矿及其设施、农业及其设施、公共服务及其设施、名胜古迹、宗教设施、科学观测站及其他建筑物及其设施等的空间和属性数据。空间形态以面或线、点表示，属性数据应包含名称、权属、代码、用途、高度、楼层数、占地面积、建筑面积、建筑材料等。

3）境界与政区数据

境界与政区数据包括各级行政区范围及其相关属性，主要表示乡、镇、街道办事处及以上级别的行政区域、行政区境界线、界桩、界碑、自然保护区等。属性数据应包括区域代码、行政名称、面积、周长、归属等。

4）地貌数据

地貌数据用于表现地面起伏形态，以等高线、高程点配合相应的地貌特征来反映，主要包括等高线、高程注记点、水域等值线、水深注记点、自然地貌以及人工地貌等。

5）植被与土质数据

植被与土质数据用于表示地表植被和非植被覆盖情况，主要包括城市绿化情况、农田耕种情况、非耕地如林地、园地、草地和土质等覆盖情况等。其空间形态以地界围成的区域来表示。属性数据应包括植被或土质名称、代码、面积等。本项目收集基础地理信息矢量数据范围同影像采集范围：东西方向：本标段起点至终点桩号；南北方向：矩形区域南北方向。数据更新频率：矩形区域内矢量数据 1 年更新一次，施工场区（红线范围外扩 500m）每半年更新一次。

2. 专题地理信息数据

专题地理信息主要是指为了实现工程路网导航、资源配置分析等业务应用而扩展的一些专题地理信息数据类型，主要包括水系数据、交通数据、管线数据等。

（1）水系数据

水系是江、河、湖、海、水库、水井、泉、沟渠等各种自然与人工水体及其附属物的总称，主要包括自然河流、人工河渠、湖泊、水库、海洋要素、其他水系要素和水利及其附属设施等，其空间形态应根据要素特征分别用点、线、面来描述，属性数据应包括水体名称、代码、面积、深度等；对水体的附属物应明确其归属。

（2）交通数据

交通数据主要包括铁路、城际公路、城市道路、乡村道路、道路构造物及附属设施、水运设施、航道、空运设施以及其他交通设施的空间和属性数据。道路空间形态用线和结点的模式表示，线（道路中心线）表示路段，结点表示路口，平面相交的路口应具有连通性。路段的属性数据应包括路名、要素代码、路口类型、路段数等。道路的附属物应根据其空间特性分别用点（里程碑、路标等）、线（道路边线、路堤等）、面（收费站、服务区等）表示，其属性数据应能表示其归属。

（3）管线数据

管线数据包括输电线、通信线、油、气、水输送主管道和城市管道的空间和属性数据，从空间上分为地上和地下两种。其空间状态用线和结点表示。线表示管线，结点表示检修井、电杆、变径点、变坡点等，结点应具有连通性。管线的属性数据应包括管线名称、要素代码、管径、管道材料、长度、类型（地下、架空、地面）、权属等，结点（管线点）的属性数据应包括管线名称、要素代码、类型、地面高程、管顶高程（架空高度）、权属、管段数等。专题地理信息数据分类对象和更新频率及数据格式描述见表8.3-1和表8.3-2。

表 8.3-1 　　　　　　　　　　　　　　专 题 地 理 信 息 数 据

序号	专题名称	专 题 描 述
1	水系	河流、沟渠、湖泊、水库、海洋要素、水利附属设施、其他水利要素
2	水工设施	包括工作井、输水隧洞、水库、泵站、高位水池等
3	水工建筑物	包括通用性水工建筑物：挡水建筑物、泄水建筑物、进水建筑物、输水建筑物、河道整治建筑物等；专门性水工建筑物：水电站建筑物、渠系建筑物、港口水工建筑物、过坝设施等
4	交通	包括铁路、城际公路、城市道路、乡村道路、空运设施、水运设施、其他交通设施等
5	市政管线	包括输电线、通信线、工业管线、城市管线、其他管线等
6	水底设施	包括水底电缆、水底管道、捕鱼设施、其他水底设施等

表 8.3-2 　　　　　　　　　　　　　　专题地理信息数据收集表

专题内容	更新周期	数据格式	图比/精度
水系	1年	电子地图	1:2000
水工设施	每半年	三维模型（OSGB/OBJ）	I级建模（比例尺1:500，分辨率优于0.2m）
水工建筑物	每半年对有变化的水工建筑物进行更新	三维模型（OSGB/OBJ）、施工专题图（DWG/DXF）	I级建模（比例尺1:500，分辨率优于0.2m）
交通	1年	电子地图	陆上图比优于1:2000 水域图比优于1:5000
市政管线	1年	矢量图数据（电子地图、城市管网三维模型或DWG）	1:500
水底管线与设施	1年	矢量图数据（DWG）	1:5000

本项目收集专题地理信息数据范围同影像采集范围：东西方向是本标段起点至终点桩号，南北方向是矩形区域南北方向；数据更新频率：矩形区域内专题地理信息数据1年更新一次施工场区（红线范围外扩500m）每半年更新一次。

GIS技术在水资源配置工程中的应用效益明显。该技术不仅实现了数据的高效整合与管理，还通过其强大的空间分析能力，为施工提供了科学的依据。GIS的可视化展示功能使得复杂的数据和分析结果变得直观易懂，提高了决策效率。

8.4 智慧工地技术应用实践

建筑工程行业是我国国民经济的重要物质生产部门和支柱产业之一，在改善居住条件、完善基础设施、吸纳劳动力就业、推动经济增长等方面发挥着重要作用。与此同时，工程行业也是一个质量、安全事故多发的高危行业。近年来，在国家、各级地方政府主管部门和行业主体的高度关注和共同努力下，建筑施工安全生产事故逐年下降，质量水平大幅提升，但不可否认，形势依然较为严峻，尤其是随着我国城市化进程的不断推进，建设工程规模也将继续扩大，建筑施工质量安全仍不可掉以轻心。如何加强施工现场安全管理、降低事故发生频率、杜绝各种违规操作和不文明施工、提高建筑工程质量，仍将是摆在参建各方面前的一项重要研究课题[95]。

8.4.1　项目管理难点

珠三角水资源配置项目规模决定了此项工程既要攻克技术上的难题，又要面对"人、机、料、法、环、测"更加浩大冗杂的管理挑战，传统的管理模式已不能适应当前工程要求。工程实施过程中项目管理主要存在以下四大难点。

1. 多专业劳务人员进出场管理

本工程总参建单位共 11 个，以 A2 标为例，在岗人员累计 5803 人，高峰期同时在场劳务人员数量达 620 人。参建的劳务队伍按专业可划分为临建施工队、土方施工队、基础施工队、隧道施工队、钢管安装施工队、混凝土施工队、灌浆施工队、综合队、工地实验室等。在工程的整个周期中都将面临多工种协作、人员流动大的复杂局面。不同施工队之间的工作衔接和协调至关重要，稍有不慎就可能导致工期延误和成本增加。例如，土方施工队完成作业后，基础施工队必须及时跟进，中间的时间间隔需要精确把控，以避免土方作业面暴露时间过长，影响后续施工质量。由于人员流动大，新入职的劳务人员需要尽快熟悉工作环境和施工要求，完善的岗前培训和安全教育必不可少，确保人员能及时进场。

2. 多工区项目施工管理

本工程中各标段工区多，单个工区占地广且分散，其中 A2 标鲤鱼洲交通洞工区占地 13903m^2，二号井工区占地 26370m^2，三号井工区占地 33200m^2，各工区之间距离超过 2km。为确保现场质量、安全管控到位，场地、人员、设备材料和施工动态信息实时掌握，保障现场人员安全和财产安全，防范外来人员非法入侵危险区及仓库等场所，管理团队需要在旧有的人力规模下付出成倍的努力。面对如此错综复杂的多点场间协调和场内协调管理，过时低效的粗放型、劳动密集型管理模式必然导致一线人员工作压力剧增、工作负担大幅加剧，管理成本和投资费用显著增加，造成"事倍功半"。

3. 狭小场地超深竖井构件吊装

本工程中 LG03 号工作井深 68m，比目前一般在建的盾构施工始发井深 2～3 倍，吊钩下吊构件体积大重量大；吊钩下吊构件存在较高的安全隐患，特别是后期钢管内衬下吊，每段钢管吊重 30t，吊车司机若控制不好极易发生碰撞及钢丝绳断裂等事故；同时因吊车司机视野受限、沟通存在障碍，吊运速度较慢，垂直吊运施工工期长。

4. 超深埋长距离高水压复杂地质盾构掘进监控

珠江三角洲水资源配置工程绵延百余公里，全线主要采用深埋盾构的方式，穿越水文地质条件异常复杂的珠三角地区，这在我国乃至世界水利世界史上均属罕见。地层变化快，参数调整多管控难；盾构姿态难控制，易出现姿态突变；地下水头高管片易上浮，易出现管片质量问题；地下水土压力大，对盾构各密封保护要求高。

8.4.2　智慧工地应用场景

结合项目管理难点及实际情况，在施工阶段引进智慧工地管控方法，建立企业级智慧工地管理平台，集成多模块管控系统进行协同作业，通过先进的信息技术手段，对工程建设中的人员、设备、材料、环境等要素进行实时监测和数据分析，实现了施工过程的可视化、智能化管理，帮助管理人员随时随地掌控现场最新情况，通过分析现场采集的数据，打通不同部门间沟通渠道、强化数据共享和协调协作，辅助更加高效地做出最优决策。

此外，针对盾构施工建立盾构云系统，通过大数据采集、分析盾构机实时数据，利用先进的数据分析算法和模型,深入挖掘这些数据背后所隐藏的信息,从而实现对盾构施工过程的精准把控。不仅能够及时发现潜在的施工风险和设备故障,提前采取有效的预防措施,还能基于数据分析结果对施工参数进行优化调整,提高施工效率,保证工程质量。

通过配置工地环境,整合各个工区所有数据资源、通讯资源、网络资源及系统资源,建立集中管理、监控、指挥等于一体的智慧工地信息共享服务平台,对施工现场智能化管理,最终有效保证质量、安全、进度等各方面管理成效,确保工程项目优质完成,并为后续项目管理积累了大量经验。

1. 智慧工地管理平台

(1) 人员管理系统

在施工现场,人员众多且构成复杂,这给管理工作带来了极大的挑战。不同工种、不同技能水平、不同工作经验的人员汇聚于此,容易引发秩序混乱、责任不明确等问题,使得协调和统筹的难度大幅增加。为更好地解决此难题,引入人员管理系统(图8.4-1)。

1)采集数据,信息检索

通过对人员进行信息实名认证,借助速登宝设备读取用户信息并与身份证信息关联,同时,平台会进行人员准入检测,检索是否为黑名单、是否有不良记录、是否超龄、是否经过安全教育、是否经过综合交底、是否经过政审备案特种作业人员、是否有证书、人证是否合一、健康码是否正常等信息,系统可快速检索应答出此人员关键信息是否乱填、漏填,对不符合的具体项注释并提示安全部负责人继续完善,只有符合条件的人员准许录入并下发门禁权限。成功录入后可按人员、班组分类排列展示,如有严重违章或多次违章人员,可在系统上标识,同时录入不良记录发生的项目、事件类别、内容、日期等,情节严重者进行清场处理。为防止此类人员再次进入施工现场,设定劳务黑名单管理功能,有效限制不合规人员再次录入登记,确保项目现场用工合规。另外,在疫情期间,系统可每天与卫健委进行信息交互,自动甄别录入人员核酸检测结果、疫苗接种等信息,只有接种了疫苗并核酸检测结果阴性才准许办理录入。同时,对于录入进场后的人员,系统能够实现对其核酸检测信息的同步管理。针对那些未按照规定时间间隔进行核酸检测,或者核酸检测结果为阳性的人员,系统会立即发出预警,实时提醒管理员。通过这种严格且智能化的管理方式,能够有效避免瞒报、漏报等情况的发生,切实高效地管理疫情期间人员的核酸相关问题,牢牢守住第一道防线,为疫情防控提供坚实有力的保障。

2)进出门禁,人员统计

当通过第一步信息检索的人员会被系统自动下发相应施工区域的门禁闸机权限,只有获得权限的人员才能通过刷脸打开闸机。当人员进出工地时,人脸识别设备还会对录入信息的人员图像抓拍,系统进行资料存档,并且门口大屏幕显示进入人员基本信息及录入平台时的劳务工人信息,便于门卫进行身份比对校验。屏幕上还能显示工地进场和驻场的人数统计,与平台信息同步,精准实现对当前实时在场人员的统计。这种人员管理方式,能够显著降低人工核验的错误率,避免无关人员随意进出工地,保障施工区域的秩序和安全。同时,详细的人员信息存档和实时统计功能,有助于管理者全面掌握工地人员的流动情况,为合理安排工作任务、调配资源提供了准确的数据支持。通过科技手段的应用,不仅提高了管理效率,还增强了工地管理的规范性和科学性,为工程项目的顺利推进创造了有利条件。

3)报表导出,工资管理

利用门禁闸机现场采集所有从业人员的考勤记录,能够实时上传到平台,通过后台进行统计和分析生成报表并支持导出,包括人员花名册、人员考勤报表、管理人员考勤报表等,报表表头设置有查询条件,根据业务需求查看所需维度的数据。同时为劳务人员的工资结算提供了有力依据,简化了结算流程,只要在系统设定结算项目、班组及统计周期,系统会自动将该组织下在此统计周期内有考勤记录的人员信息及考勤信息汇总带入,人工对带入的信息核对、调整,设定相关计量方

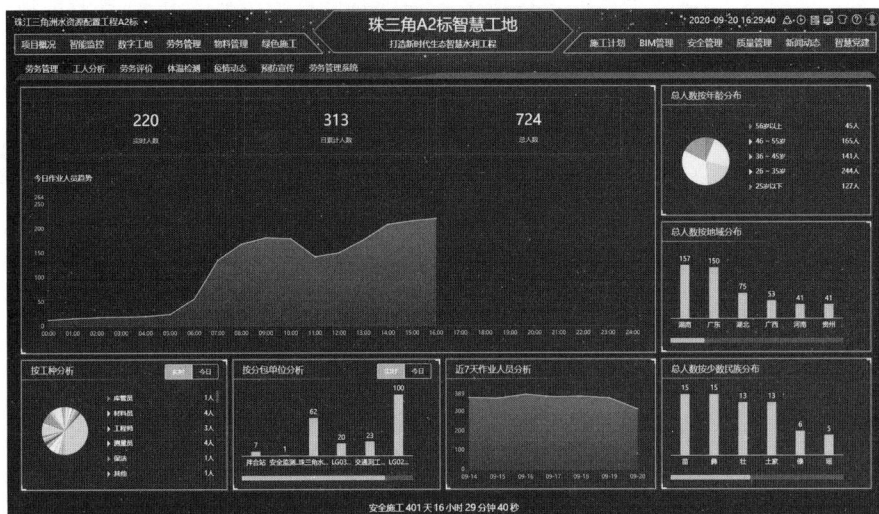

图 8.4-1　人员管理系统

式、单价后，自动汇总工资结算数据。工资结算单推送本人签字确认，明细详情展示确认状态（签字照片）、应发工资、实发工资、补发工资等数据。智能化、规范化的工资结算模式，既保障了劳务人员的权益，又提高了企业的管理效率和透明度。

4）数据分析，辅助决策

以系统上实名制登记地域及民族分布情况来看，湖南为用工大省，总占比约 28%；总体来说，长距离跨省流动的工人较少，工人的稳定性有保障。广东、湖北稳居二三位。这 3 个输出省份具有普遍性，反映大部分工程项目人员主要构成。通过对劳务工人人员年龄总成结构的分析，2019 年至 2020 年度劳务工人平均年龄 41.6 岁。从年龄结构看，40 岁及以下劳务工人所占比重为 71.02%；50 以上劳务工人所占比重为 28.98%。根据国家统计局发布的《2019 年农民工监测调查报告》中得知，2019 年我国劳务工人平均年龄为 40.2 岁，40 岁及以下劳务工人所占比重为 52.1%，50 岁以上劳务工人所占比重为 22.4%。将项目用工情况与国家统计局发布数据进行比对，可以看出，项目上劳务工人平均年龄、40 岁以下劳务工人占比、50 岁以上劳务工人占比均较优于国家统计局发布数据，由此可以得出项目中劳务工人人员年龄总成结构整体趋势较好，用工比较占优势。劳务实名制见图 8.4-2。劳务工人分析见图 8.4-3。

图 8.4-2　劳务实名制

未来，随着技术的不断进步和创新，这套系统还将有望进一步优化升级，融入更多智能化的功

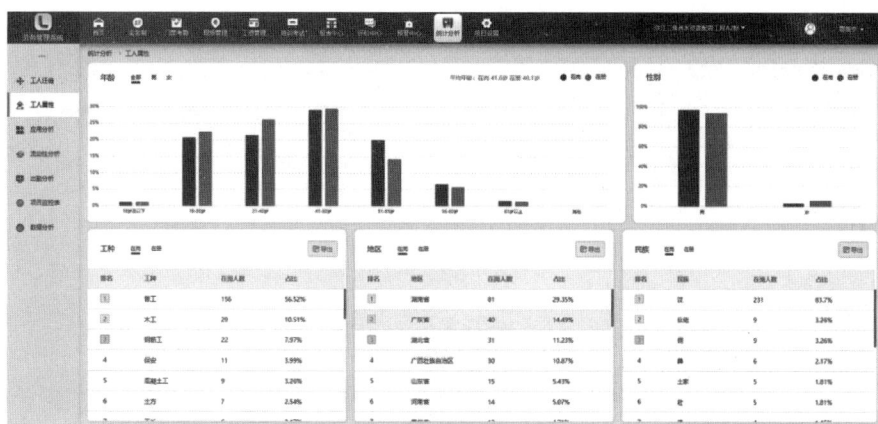

图 8.4-3 劳务工人分析

能，如与安全监控系统联动，对异常行为进行预警，或者与考勤系统深度整合，实现更加精细化的劳动力管理等，为工地管理带来更多的便利和保障。

（2）定位系统

在项目管理中，安全始终被奉为不可动摇的首要原则，追求安全事故零发生更是我们坚定不移的核心目标。项目施工环境多为深基坑和地下隧道，传统的人员安全管理已不能满足要求，为更好地将人员安全放在首位实现目标，引入创新且高效的管理新模式，为施工人员配备智能穿戴设备，这些设备不仅能够实时定位人员位置，还能监测他们的身体状况和工作状态。当人员面临危险或身体出现异常时，能第一时间向指挥中心发送求救信号，并提供准确的位置信息，以便及时救援。见图 8.4-4。

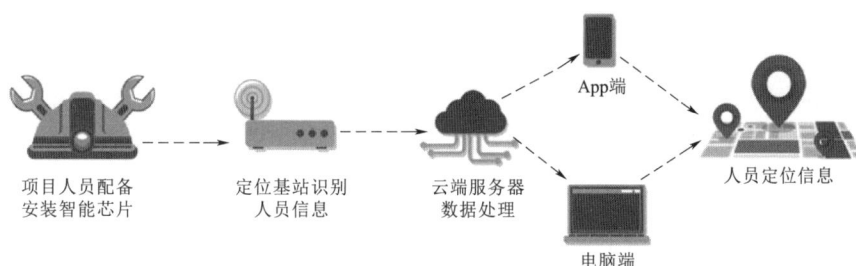

图 8.4-4 数据传输路径

1）安全帽定位系统

定位及轨迹管理。安全帽定位系统主要是针对人员的定位系统，见图 8.4-5。在现场合理布置定位基站，搭配工人佩戴装载智能芯片的安全帽，当人员进行定位设备辐射范围内，定位设备将采集的人员数据传送到监控平台，监控平台根据定位设备采集的数据，实时展示区域内容的施工人员数量等，还可以与 BIM 模型、效果图结合，在虚拟场景模型中查看某一人员的运行轨迹，通过在平台实时数据整理、分析，清楚了解工人现场分布、移动轨迹、停留时长等，给项目管理者提供科学的现场管理和决策依据。见图 8.4-6。

禁区管理。将施工高风险、重要材料存放处等不宜人员进出的区域划分禁区，只要人员进入施工禁区地带，通过安全帽定位设备自带的麦克风首先会告知人员不得进入，如果人员执意进入禁区或者脱下安全帽进入，定位系统还是能够识别出并将进入禁区的人员数据实时传输到监控平台。此外，此定位管理功能还能够与智能视频监控系统实现联动。依据定位系统发出的预警，能够迅速定位相关的视频监控，从而通过视频监控进行远程干预，将可能出现的不安全事件和可能造成的损失

图8.4-5 安全帽人员定位

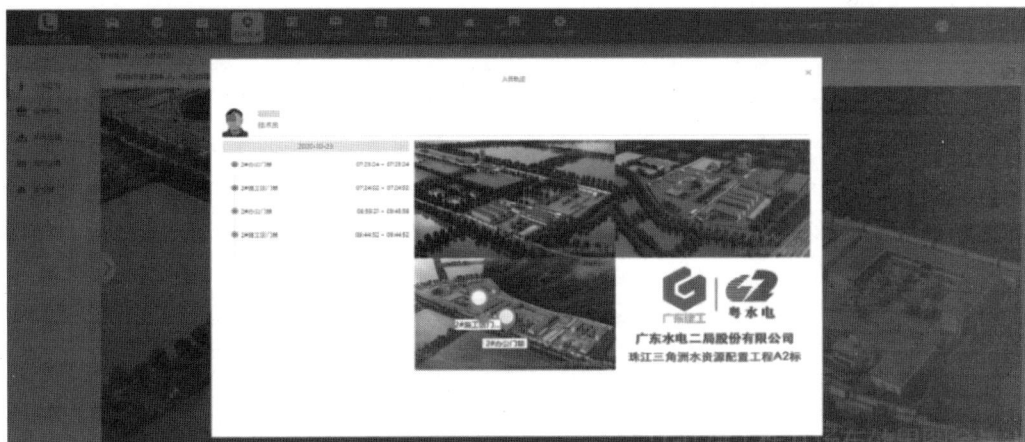

图8.4-6 人员运动轨迹

降到最低限度。这使得管理员能够在监控平台上更加便捷、有效地对处于非安全区域的地面人员进行管理，及时发现并处理潜在的安全隐患，保障施工的安全有序进行。

安全管理。在施工区域内，如果人员将安全帽摘下，安全帽内置的语音系统会即刻提示人员立即戴上。倘若超过1min人员仍未戴上安全帽，系统将会把该人员的信息以及所在位置作为预警发送至管理员处。同时监测佩戴安全帽的人员，如果其处于长期静止的状态，系统也会迅速发出预警提醒。这一功能有助于及时发现可能存在的异常情况，比如人员受伤昏迷等，方便相关人员能够迅速做出响应并进行处理，从而最大限度地保障施工人员的生命安全和施工的正常推进。

2）隧洞定位系统

隧洞定位系统主要是针对地下人员及设备的定位系统，采用ZigBee技术助力精准定位，在隧道内最高精度可达1～3m，无阻挡精度3～5m，微阻挡精度3～10m。ZigBee技术还具有低功耗、成本低、时延短、可靠、安全等特点，在周围条件复杂信号不稳定的隧道内十分适用。ZigBee的传输速率低，发射功率仅为1mW，而且采用了休眠模式，功耗低，因此ZigBee设备非常省电。据估算，ZigBee设备仅靠两节5号电池就可以维持长达6个月到2年左右的使用时间，这是其他无线设备望尘莫及的。通信时延和从休眠状态激活的时延都非常短，典型的搜索设备时延30ms，休眠激活的时延是15ms，活动设备信道接入的时延为15ms。采取了碰撞避免策略，同时为需要固定带宽的通信业务预留了专用时隙，避开了发送数据的竞争和冲突。MAC层采用了完全确认的数据传输模式，每个发送的数据包都必须等待接收方的确认信息，如果传输过程中出现问题可以进行重发。ZigBee提供了基于循环冗余校验（CRC）的数据包完整性检查功能，支持鉴权和认证，采用了AES-128的加密算法，各个应用可以灵活确定其安全属性。

通过在隧洞内部合理布置定位基站和信号接收设备，实现对地下工程的台车、电瓶车、施工设备及人员的定位管理，有实时定位、轨迹跟踪等功能。所有定位数据集成到智慧工地管理平台，达到对地下工程中各类要素全面、高效定位管理的效果。见图8.4-7。

图8.4-7 隧道内基站布置图

在平台中，对于台车，能够精确显示其所在位置，并对其运行轨迹进行记录和分析，以便能直观、及时掌握台车的工作状态和调度情况。对于电瓶车，不仅能实时定位，还能监测其行驶速度、运行路线等，确保运输过程的安全与高效。对于施工设备，无论其处于工作还是闲置状态，都能在平台上清晰展现其具体位置和相关状态信息。而对于施工人员，除了实时定位和轨迹跟踪外，还能结合工作安排和任务分配，对人员的工作区域和活动范围进行有效管理；管理者还可根据系统上的人员分布示意图查看某一区域，计算机立即会把这一区域的人员情况统计并显示出来，管理者能实时的观察到隧道内工作人员的即时区域位置。还可通过AI智能分析，得知当日作业结束后隧洞内是否还遗留人员，如管理者按照实际情况设定作业暂停时间段，在此暂停时间段内，当隧洞中出现人员，系统会预警并将此情况发送至人员所属工区的安全部门管理者和项目经理。

定位系统辅助安全管理。隧道内发生突发情况时，通过隧洞定位系统快速实现地上、地下应急联动。人员只要按下所携带的定位仪上的报警按钮即可发出警报，同时在监控室的动态显示界面会立即弹出红色报警信号，还可根据电脑中的人员定位分布信息马上查出事故地点的人员情况，以便帮助营救人员以准确快速的方式营救出被困人员。通过这种集成化的定位管理系统，能够及时发现异常情况，如人员偏离既定工作区域、设备停滞时间过长等，从而快速做出响应和调整，提高地下隧洞工程施工的安全性、协调性和整体效率。

同时，通过将定位系统和智能视频监控系统巧妙地结合使用，能够为施工现场的安全管理带来质的提升。定位系统能够实时精准地获取作业人员和车辆的位置信息，而智能视频监控系统则凭借高清摄像头和先进的图像识别技术，对施工现场进行全方位、无死角的实时监控。管理者借助这一强大的组合系统，可以对施工现场的动态进行实时分析和判断。一旦监控数据出现异常迹象，比如潜在的坍塌风险、设备故障或者突发的火灾隐患等，管理者能够凭借丰富的经验和专业知识提前预判险情。在险情尚未完全暴发之前，管理者能够迅速向处于危险区域的作业人员发出清晰明确的指令，如紧急撤离、停止作业或者采取特定的防护措施等。这种及时、准确的干预能够让作业人员在第一时间做出响应，从而最大限度地减少安全事故造成的人员伤亡，保障每一位作业人员的生命安全，降低工程项目可能面临的损失。见图8.4-8。

（3）用电监测系统

用电安全关系国家和人民群众的生命财产安全，而建筑工地由于用电设备种类多、用电量大、工作环境不固定、临时使用的特点，更易引发触电伤亡事故。施工过程中的各类机械设备，如起重机、搅拌机、电焊机等，大多依靠电力驱动。这些设备的长时间运行以及高能耗特点，使得用电量

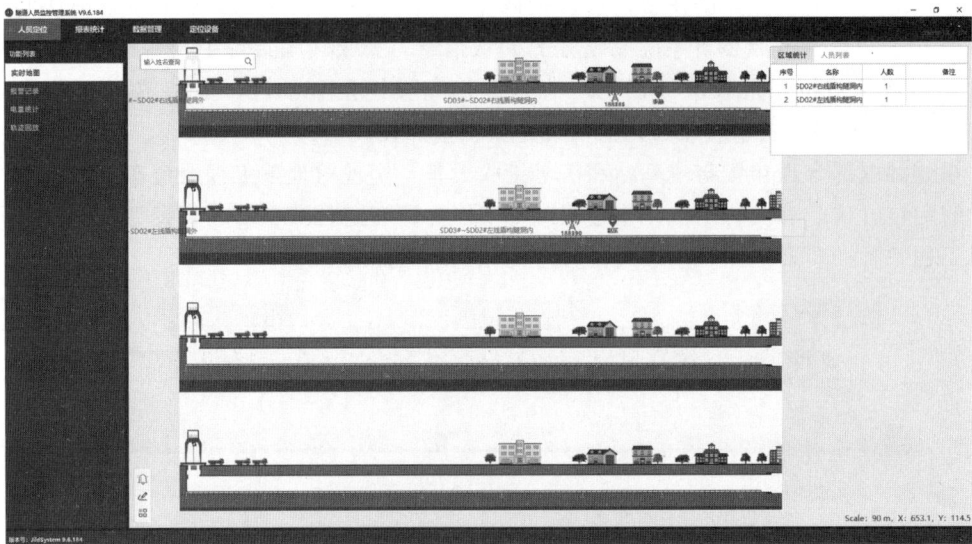

图 8.4 - 8　隧道内人员定位行动轨迹

急剧上升。由此引发的施工用电安全问题及碳排放问题不可忽视，用电监测系统恰好能解决这一问题，智慧用电系统通过云平台实现用电设备监测管理，提供智能巡操、全程智控、智慧运营，保障施工安全和人员安全，实现从"人防"到"技防"的转变。见图 8.4 - 9。

　　智慧用电安全在线监测模块安装在施工区与生活区的二级配电箱内实现电力运行与电气安全监控，前端采集宿舍和动力设备的用电量，通过有线、无线网络将采集到的宿舍和动力设备的用电量实时上传至远端云平台，运用物联网技术对引发电气火灾的主要因素（导线温度、电流和漏电流等）进行不间断的数据跟踪与统计分析，实时发现电气线路和用电设备存在的安全隐患（如线缆温度异常、过载及漏电流越限等），基于物联网、云计算、大数据、人工智能等技术，对用电数据深入分析，提供用电管理的建议与优化方案，如监测到异常会及时向项目经理、安全员、电工发送预警信息提醒消除隐患，管理人员可快速响应用电问题，提高管理效率，达到消除潜在电气火灾危险，实现防患于未"燃"的目的。

　　用电监测系统还可根据用户设定的特定需求，对用电功率较小的宿舍通过电能表实施断电控制。在施工现场，占据较大比例的是文化素质相对较低的劳务人员，由于教育程度和知识水平的限制，他们往往缺乏用电安全的意识和资源节约意识，尤其是在工地上的集体宿舍，用电免费，这种情况更为突出。很多时候，他们在离开宿舍时，并不会主动关闭电源。通过系统用电统计和自动关闭用电功率较小的房间，有助于进一步优化用电管理，避免不必要的能源浪费，同时也能够更好地保障用电安全。见图 8.4 - 10。

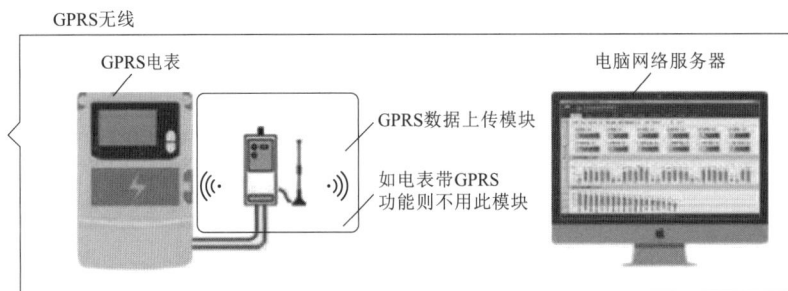

图 8.4 - 9　数据传输途径

基于智慧工地管理平台的用电量统计分析，本工程还制定了相应用电管理制度。按照实际情况利用大数据分析得到科学、合理的宿舍用电限额，当某个宿舍超过限额后，会对其收取部分费用。相较于未使用用电监测系统时，用电事故零发生，平均每个工区每季度生活区用电量降低20％左右，当夏季用电高峰期时可达到30％，节约资源效果显著。见图8.4-11。

图8.4-10 用电监测数据中心

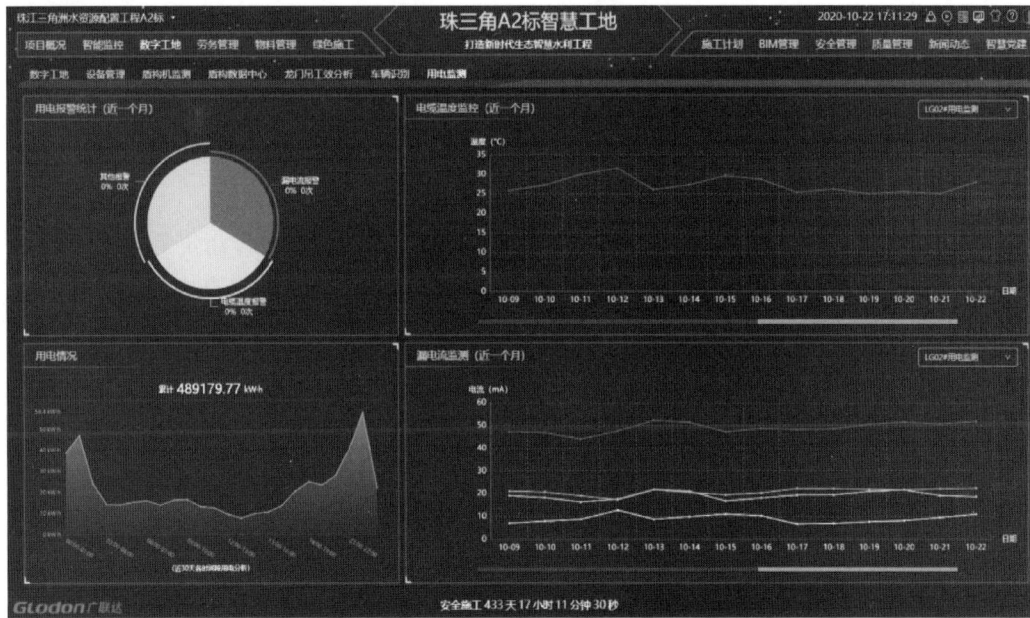

图8.4-11 电量统计分析

（4）车辆进出管理系统

随着国家推动智慧工地建设相关政策的出台，对工程实现智能化、精细化的管理已势在必行。在工地现场，车辆管理向来是个棘手的难题。例如，存在车辆进出无序混乱，车辆出入口严禁人员出入却难以有效管控，车辆冲洗状态缺乏记录，还有脏污车牌识别准确率低下等诸多问题。施工现场的车辆在运输进程中，倘若车轮和车身未能清洗洁净，极易携带泥土和建筑垃圾。这些物质在车辆行驶途中会散落至路面，导致大面积的污染，不仅破坏环境，还影响市容市貌，产生不良的社会效益。而车辆进出系统能够对车辆进行有效的监控与管理，杜绝非法车辆的进入。它可以实时监测车辆的状况以及车辆出入口的情况，达成车辆进出的自动记录和管理。这不但降低了人工成本，还保障了施工场所的安全，大幅提高了管理的效率和准确性。

本工程基于嵌入式的高清智能车牌识别一体机，其摄像头等设备获取车辆的图像或视频信息，对采集到的图像进行去噪、增强、灰度化等预处理操作，以提高图像质量和后续处理的准确性。施工期间将施工现场车辆台账录入到系统中形成车辆库。当来车在提前预设的车辆库中，即系统默认车辆可以进入，并作出开门指令并记录时间，当来车不在车辆库中，现场车牌识别装置会发出警报，提示安保人员查看，此类车辆只能通过人工核查才能进入施工现场，这两种情况的车辆进场时间、车牌、载重、车型、出场时间等都会被设备记录并传输至云平台备份数据。

系统还可以通过车辆监控画面和后台数据分析，可以自动辨识车辆出场是否进行冲洗，对识别到的未冲洗车辆分三级预警，第一级为现场设备发出预警信息，若车辆未及时冲洗而是选择直接出场，那么会触发第二级预警，在智慧工地管理平台中显示车辆预警信息，提示管理人员处理。当同一辆车多次存在出场未冲洗情况，会触发第三级预警，此时车辆无法正常进入施工区域，必须等待项目经理在智慧工地管理平台手动处理。同时，车牌识别装置还能够对车牌识别出入口处是否有人员进出进行监测，严格执行并落实人车分流制度，坚决杜绝人员从车辆出入口进出的情况。一旦有人员靠近这一区域，设备会自动发出响亮的警报音，及时提醒安保人员，通过这样的方式，能够更好地保障施工现场人员的生命安全以及财产安全。所有产生的车辆进出记录都会实时同步至BIM＋智慧工地数据决策系统，为下一步数据应用奠定基础，实现了对工地车辆的静态登记、动态管理以及实时监控。

利用车辆进出系统记录的信息，进一步分析应用，能快速获取渣土外运方量。依据提前录入的车辆信息，包括像车辆类型、车牌号码、运输装载量等，当车辆类型为渣土车的车辆进出时，系统自动识别运输装载量，并根据进出记录，统计出渣土方量。在智慧工地管理平台上清晰明了地展示出每日、每月、每季度的出土方量，避免人为因素造成的数据误差，节省人工成本，同时也可为后续和分包队伍结算提供数据支撑，提高了结算的效率和准确性。

施工现场应用车辆进出系统管控后，借助数字化手段辅助人工管理，让建筑工地的管控变得更加便捷和高效。运输车辆被投诉以及被城管执法人员予以处罚的事件有了显著的减少。车辆进出变得井然有序，车辆出入口也未曾再出现人员随意进出的情况。由此树立了优良的施工风气。见图 8.4－12。

图 8.4－12 车辆识别数据中心

（5）运输车辆监控系统

以往的渣土外运和原材料运输常存在资源浪费、环境污染、非法运输和违法倾倒等行为。渣土运输行业的规模庞大，但正规运输受到国家政策的支持，已逐渐规范化，而非正规运输存在安全隐患和环境污染等问题，导致资源未能得到有效利用。渣土运输过程中可能会对环境造成污染，包括但不限于扬尘、噪声等，这不仅影响周边环境的质量，还可能对居民的正常生活秩序造成影响。运输过程还存在涂改、倒卖、出租、出借或者以其他形式非法转让城市建筑垃圾、工程渣土处置证、清运证的行为，以及未经核准擅自处置建筑垃圾、工程渣土的情况，这些行为不仅违反了相关规定，还可能给行业发展和环境管理带来困扰。因此本工程引入运输车辆监控系统，对运输原材料和运输建筑废弃物的车辆进行全过程实时跟踪监控。见图 8.4－13。

图 8.4－13 运输车辆监控系统

强化车辆及驾驶员准入把关。与车辆进出系统结合，系统自动核查车辆资质证件材料是否齐备有效，比对上报的申请入场车辆、人员材料，自动比对车辆信息、车辆所属单位与相应的合作单位白名单，确保录入系统的车辆、司机及合作的单位符合规定要求。仅对完成系统信息录入的车辆授予进场权限，将不合格车辆拒于门外，尤其是渣土车做到"一不准进"，保障用车安全。

避免场内行车交叉混乱。对整个施工区域精细划分出土区、废弃物转运区、原材料堆放区、特定类型车行道区域并建立电子围栏，同时分别授予渣土车、进料车进入不同区域的权限，如渣土车不允许进入出土区、废弃物转运区、渣土车行道以外的区域，避免余泥渣土散落，减少扬尘；管片运输车辆不允许进入钢筋等其他材料堆放场，避免车辆混用，同时杜绝因场内行车路线混乱造成文明施工、材料堆放、协调指挥、安全管理等方面的隐患。

确保运输物资合法合规。通过卫星定位技术，将车辆的精确行驶轨迹实时回传，行程起终点与提前设置的定位进行比对，确保原材料来自合格厂家。运输过程中实时跟踪车辆位置，结合车载影像系统，在识别到车辆长时间异常停车、大幅偏离预定路线或常规路线等情况后，及时反馈管理人员，并提供干预手段，确保车辆行驶路线符合规定，杜绝运输过程中司机私自驶入禁行路段、车辆超载超限、运输过程材料保护缺失、运料车从合同外厂家进料或中途更换材料等现象。建立车辆、司机、材料厂家、生产人员、签收、验收人员、材料使用位置、使用班组、使用人员和材料批次、运输时间的逻辑联系并形成台账记录，原材料从生产源头到使用区域都能追溯到人，实现全过程质量把控。

禁止违规区域装卸。外运建筑废弃物的车辆，安装门磁感应器监控车斗的升降状态，对运输车辆载重、消纳单位、运输距离、行驶路线等信息实时掌控，确保渣土车合法合规装载运输建筑废弃物并到达指定消纳场倾倒，如超重或在非指定地点倾倒立即在智慧工地管理平台报警提示管理人员，严格遵守"一不准进、三不准出"要求，杜绝渣土车随意违规倾倒等现象，落实环境保护和合法合规要求。

实时管控驾驶行为。在运输途中通过车辆自带的视频监控能 AI 识别驾驶行为，如抽烟、玩手机、瞌睡、车道偏移、频繁变道、压线行驶等，如遇这类危险驾驶行为会进行报警，车辆自带的麦克风会立刻对司机发出提醒，让其纠正不当行为，同时也会将预警信息推送至管理人员，方便其及时了解情况并采取相应的措施。系统还会对报警信息进行记录，包括时间类型、开始时间、结束时间、持续时间、影像截图，对于屡教不改的司机，将予以标识并作退场处理。通过这一系列严格且有效的举措，促进运输正向发展，安全驾驶。

使用运输车辆监控系统后，违规运输、非法倾倒等现象显著减少，取得了较好的经济效益和社会效益。公司内部也依此在提高渣土车运输公司的准入门槛、建立和完善渣土车运输公司的管理制度、加强建筑工地的管理、实施信用扣分和修复机制、表彰先进单位和个人以及创新监管模式等。这些措施旨在规范渣土运输市场，减少资源浪费和环境污染，提高运输效率，确保行业健康发展。

（6）智能视频监控系统

传统的安全管理模式，由于受到距离的限制以及人力的不足等诸多问题的影响，往往难以达成实时管控的理想效果。距离因素导致监管人员无法第一时间抵达现场，难以迅速察觉和处理安全隐患。而人力的稀缺使得无法在每个关键区域和时刻都安排专人进行监督，使得安全管理存在时间和空间上的盲区。此外，依靠人工巡查的方式不仅效率低下，而且容易出现疏漏和误判。在面对复杂多变的施工现场环境时，传统的安全管理手段显得力不从心，难以做到对安全状况的实时、全面和精准把控。

本工程工区分散且单个面积大，现场管理人员有限，难以高效全面掌握施工现场，因此引入智能视频监控系统来解决这一痛点。基于现场安装的高清摄像头，在施工现场、办公区、生活区搭建一套物联网络，依托于智慧工地平台，电脑端和手机端远程协同对分散的工地进行统一管理，避免人力频繁地去现场监管、检查，减少工地人员管理成本，提高工作效率。

监控系统保障人身和财产安全。在工区外加装智能监控摄像头，通过视频监控系统及时了解工地现场施工实时情况，系统可以 24h 不间断自动 AI 分析监测各监控点位，判断是否存在翻墙越界，禁止区域是否出现人员等现象，在一些区域如有需要还可以设定人员禁行时段，那么该时段内系统就会不间断监测区域内是否人员通行。一旦出现上述异常情况，系统将会自动触发预警机制，现场设备会发出响亮的警报声，同时预警信息也会同步显示在智慧工地管理平台的大屏幕上，及时提示管理员。此外，视频监控系统还能够与门禁系统实现联动，当出现翻墙入侵、禁区入侵等状况时，视频监控会迅速截取相应的人像图片，后台随即检索录入的人员信息库中的信息并与之进行比较，精准对比判断是场内人员还是外来人员。方便快速处置险情，辅助管理人员对预警做出决策办法，有效防范人员翻墙入侵、入侵危险禁区及仓库等场所，远程监管工地现场的材料和设备的财产安全，避免物品的丢失或失窃给企业造成经济损失。

监控系统促进竣工规范验收。利用视频监控系统的实时监控、录像存储和回放功能，可以对违规作业进行取证，大大减少了工程施工阶段可能存在的偷工减料行为，确保施工人员按照规范和标准进行施工，同时系统可以对施工质量实时监测和分析，及时发现质量问题并进行整改。视频监控系统有力地推动了工程竣工验收朝着更加规范、严谨和公正的方向发展，为项目的高质量交付提供了坚实的保障。智能视频监控系统见图 8.4-14。

监控系统助力安全管理。通过监控系统对现场视频监控画面动态捕提，自动 AI 分析，实现对现场安全帽佩戴和危险行为识别的动态监测，对于不佩戴安全帽、人员禁区抽烟、周界入侵等异常行为在智慧工地管理平台上立即报警，安全员根据画面区域快速锁定目标，并结合定位系统和语音

图 8.4 - 14　智能视频监控系统

对讲功能，通知违规人员立即整改。还可通过系统 PC 端和手机端视频监控实现远程安全管理，系统能支持同时播放多路监控视频流，不受时间和位置限制就能随时随地查看监控，能快速加大巡检力度，打破距离和人力等束缚，让监管不再有死角，全面管控施工现场各类作业面。系统在 PC 端中还可集成实时显示无人机巡检的画面，动态无人机和静态摄像头相结合，全方位无死角展示施工现场实时情况，大幅提升现场安全行为管理。尤其是在一些施工周边环境复杂、人力很难快速到达的区域，远程视频监控和无人机巡检辅助安全管理的优势更为突出。此系统在本工程中发挥的作用不止于此，安全问题无小事，在施工管理中建立相应的奖惩制度来规范作业，当劳务人员乃至管理人员都知晓现场有"无数双眼睛"在时刻监视着，便会慢慢引导他们自行约束自己的行为，遵守规章制度作业施工，打消了很多人"钻空子"的念头，如此良性循环，安全事故的发生便能在初始阶段就被有效地遏制住。

监控系统展示施工进度。运用广联达延时摄影技术，系统可以自动收集项目现场照片并将其整合生成直观的短视频，不再仅依靠 PPT 和文字来介绍现场施工进度，让参建的施工、监理、业主等各方单位快速且清晰地了解在设定的这一时间段内现场施工的实际进展、人员操作以及各项工作的情况。有效促进了各方之间的沟通与协作，减少了因信息不对称而产生的误解与延误，为项目的顺利推进奠定了坚实基础。智能监测见图 8.4 - 15。延时摄影见图 8.4 - 16。

（7）环境监测系统

随着城市化进程的加速，施工活动日益频繁，但施工带来的环境污染问题也不容忽视。在施工过程中由于施工运输人员、设备粘带泥土、建筑材料逸散以及施工机械等造成扬尘和噪声污染极其严重，已经成为影响城市空气质量的主要原因之一，甚至影响周围居民的正常生活，也是环境监管部门比较关注的部分。为响应国家生态文明建设号召，有效监控建筑工地扬尘污染和噪声等，致力于在保障工程质量的同时，又最大限度地减少对自然环境的干扰与破坏，体现企业的社会责任，共同推动建筑业向更加绿色、可持续的方向发展。因此，安装环境监测系统成为解决这些问题的关键。

环境监测系统能够实时监测施工现场的空气质量、噪声水平等关键指标，一旦发现污染物超标，便能立即触发预警机制，提醒管理人员及时采取措施。同时，这些数据还能为施工方案的优化

图 8.4-15　智能监测

图 8.4-16　延时摄影

提供科学依据，助力实现绿色施工。此外，环境监测系统还支持远程监管，大大提高了监管效率，保护环境、保障施工人员健康、提升施工管理水平。

为及时发现环境异常问题，在施工现场恰当位置安装环境监测硬件设备，超标预警，联动控制。使用环境监测系统对环境中的颗粒物 PM10、PM2.5、颗粒物、温度、风速、风向等数据实时监测，24h 不间断监测空气质量数据，智慧工地管理平台中统计体现出扬尘变化的详细趋势。按照国家标准设置环境阈值，超过阈值自动在指挥调度室智慧大屏首页预警，如果是空气扬尘污染，系统则会启动除尘设备，后台可以分阶段统计项目扬尘报警次数与喷淋次数，记录扬尘报警与恢复时间，完成扬尘管理闭环，即"报警—喷淋—恢复"。

噪声报警、扬尘报警等所有类型的报警在指挥调度室智慧大屏首页预警后，还会在负责人电脑端与移动端同时提醒并发送整改通知，如整改人超过 2h 未作出处理（系统监测持续报警 2h 后则被认为未作出处理），会将通知发送至项目经理，并在公司级智慧工地管理平台首页栏显示，起到督促作用并引起各标段各工区足够重视。全过程依靠系统自动识别，线上完成，有效地简化了工作流程中那些烦琐且不必要的步骤，节省人力、物力，提高效率。

环境监测系统还可以通过前端设备回传的数据信息自动分析，支持数据的记录、统计分析和报表导出功能，能够自动记录环境数据，提供数据曲线分析和 EXCEL 报表导出服务，为管理人员提供了丰富的数据支持和决策依据。这些数据不仅可以帮助管理人员及时了解施工现场的环境状况，还可以用于评估施工活动对环境的影响程度，为施工方案的优化和调整提供科学依据。还会标记同个工区多次超限预警情况，一旦系统辨别某一工区是经常性发生事件，就会自动将该项信息发送至公司级管理者账号。同样也借助系统自动分析出的统计数据，公司制定了相应的奖惩制度，促进发现问题到解决问题的良性循环。在本工程中，环境超限预警呈越来越少的趋势，即使发生了预警也能够快速处理恢复，工程接到的信访投诉也越来越少，为公司赢得一定的社会效益。噪声、空气质量数据分析见图 8.4-17。

（8）物料管理系统

珠三角水资源配置工程是一项大型水利工程，其建设具有重要的民生、生态、经济意义，合理配置混凝土供应方案，可以保证混凝土供应量，同时降低建筑材料波动对施工利润的影响。工程线路长、混凝土用量大，同时由于施工区域属于经济发达地区，工程建设中要求较多，且工程建设区符合自拌混凝土要求，混凝土等材料的验收格外重要。

物料管理系统在采购环节详尽地展示项目施工过程中的所需的各项物料的详细信息，结合信息化技术，对各项物料利用二维码识别等方式进行物料信息的上传，及时更新和修改设计方案。通过BIM 模型对现行所需各项物质的分析，与供应商进行实时对接，避免供应不及时造成的物料延宕。

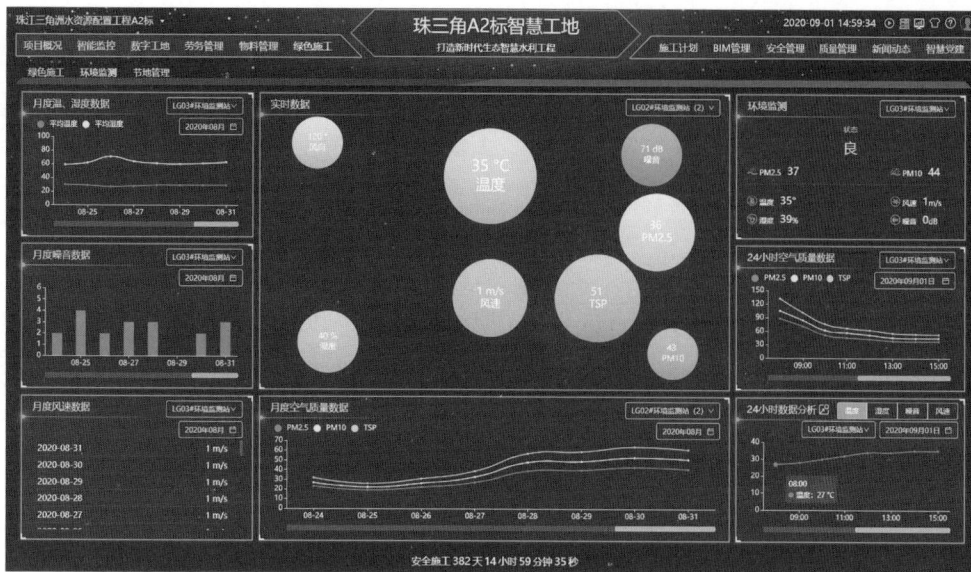

图 8.4-17　噪声、空气质量数据分析

通过信息化技术同时也能收集供应商信息，建立供应商数据管理库，为企业的后期采购规划提供有效参考。

物料管理系统在物资储备环节，通过二维码以及红外射频等方式，识别物料信息，并将信息上传到物料管理系统，结合模型再及时更新所需的物料，生成明细表，管理人员根据实际情况，对物料的存放做出合理的安排，及时收发和转运物料，同时更新库存，对物料的数量和仓储位置进行更新，使得施工过程能够顺利进行，优化物料的仓储环节，减少物料堆积和进场不及时造成的不必要损失，提升物流效率。

以往对混凝土的过磅管理，材料收发员通过手写记录每一车混凝土进场时过磅重量和出场过磅重量，混凝土浇筑结束后再根据重量差计算混凝土方量，出现大偏差时，因为影像资料不全，与混凝土搅拌站间的沟通也会层层阻碍。在大方量混凝土浇筑过程，浇筑时间长浇筑车辆多还容易出现记录混淆的情况。拌和站管理见图 8.4-18。

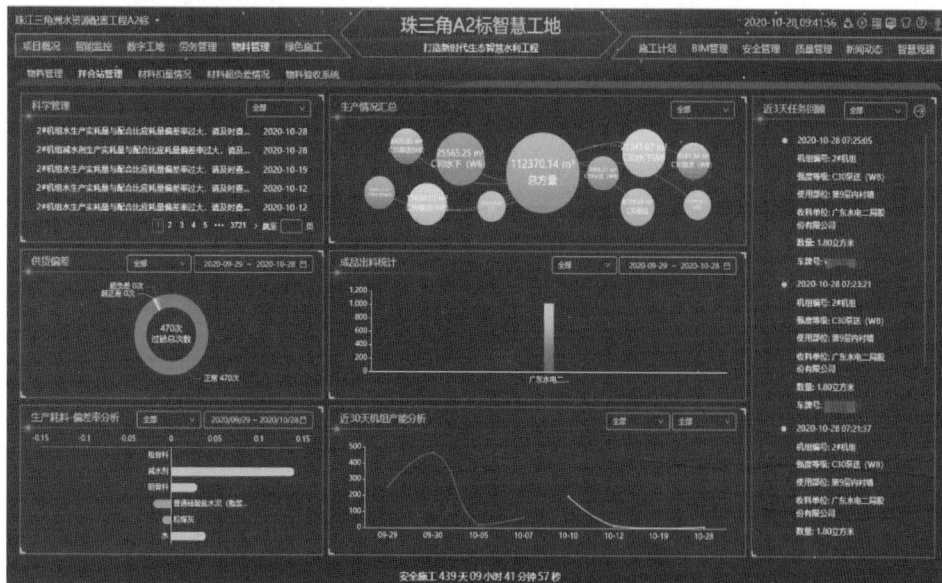

图 8.4-18　拌和站管理

现将物料管理系统与地磅相连接，统计过磅总次数4812次，累计收料167364.1t。同时与车辆进出系统相配合，进料出料通过车牌号即可追溯进料单位同时数据实时上传到智慧工地平台，材料名称、重量、偏差重量、进料单位一目了然，减少传统验收方式因人为因素造成的重量造假

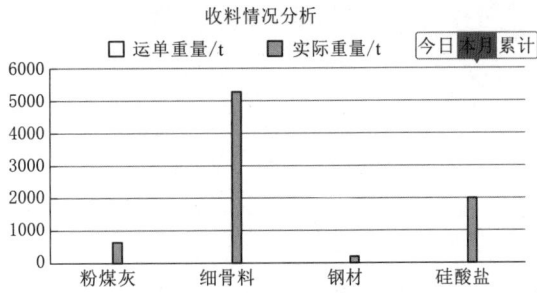

图 8.4-19 收料柱状图

进场就亏的问题。各收料车数下的重量亏损清晰明了，辅助负责人进行物料验收管理决策。通过大宗物资进场验收和废旧物资处理的监控，避免进场就亏和废旧物资处理不当。系统还将拌和站的信息联网录入，实时监控生产实耗量与配合比应耗量的偏差率并就偏差过大情况进行预警，科学化管理减少因自拌混凝土所带来的质量问题。收料柱状图见图8.4-19，供货偏差统计分析见图8.4-20，钢筋点根见图8.4-21。

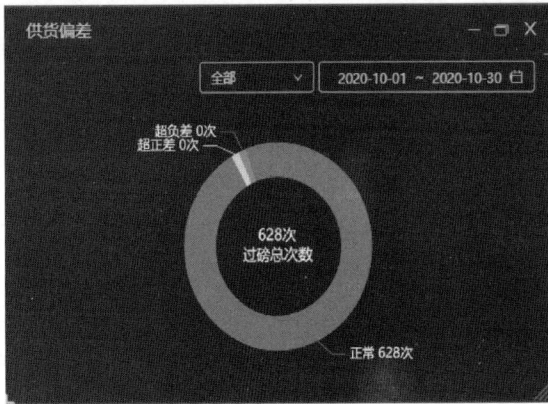

图 8.4-20 供货偏差统计分析

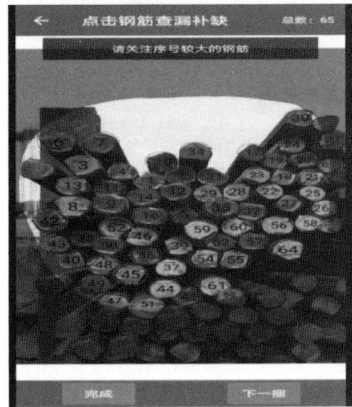

图 8.4-21 钢筋点根

在钢筋验收工作中，工作流程较为繁琐，特别是验收环节，过磅效率一直处于低效率状态，无形中增加人力成本，且偏差计算全靠人力，误差大，真实性无法保证。现通过钢筋点根App可快速识别钢筋数量，上传至平台，进行可视化监管，同时与物料管理系统相结合，提升验收效率。

（9）吊装监测系统

在吊装作业的过程中，存在着多种多样的风险因素。其中，可能会因为吊装设备突发故障、操作人员的失误或者吊装方案存在不当之处等问题，进而引发一系列严重的后果，如物体坠落的风险、设备损坏的风险以及人员受到伤害的风险。例如本工程LG03号工作井深71m，比目前一般在建的盾构施工始发井深3~4倍，在下吊的材料中管片单块最大重量4.8t，底板主筋为36mm的HRB400钢筋单根重量0.048t，吊装作业更具操作复杂性和高风险性，对安全管理的需求尤为显著。为保障施工顺利进行，最大限度降低安全事故风险，特引入吊装监测管理系统和吊机可视化系统，并集成至智慧工地管理平台。

1）龙门吊监测管理系统

龙门吊监测管理系统是基于传感器技术、嵌入式技术、数据采集技术、数据融合处理、无线传感网络与远程数据通信技术，去实时监控设备的运行状态，如风速、门式起重机载荷、天车行程、大车行程、卷扬机升降情况、吊钩重量、高度信息、超载情况、设备温度等，能够及时发现潜在的安全隐患，通过智慧工地管理平台提醒给相关工作人员，高效率地实现吊装运行的实时安全监控与预警报警等功能，从而采取相应的措施保障工作现场的安全。在智慧工地管理平台上，可实时显示设备在线状态，确保吊装都在监测范围内，防止设备通信中断带来的监管死角。吊装感知系统见图8.4-22。

图 8.4 - 22 吊装感知系统

通过智慧工地管理平台上工效分析页面，直观查看吊装设备今日违章数量及监测状态，对当日现场吊装的整体运行情况进行体现，同时能够直观查看选定期间吊装设备的作业数量，工作结果透明化，以数据为支撑对吊装工况进行客观评价，督促提升各标段各工区吊装的整体工作效率。此外，还能记录和分析设备运行历史数据，发现设备在长时间使用过程中的变化趋势和潜在问题，及时进行维护和保养，延长设备的使用寿命。智慧工地吊装集成模块见图 8.4 - 23，吊装功效时效分析见图 8.4 - 24。

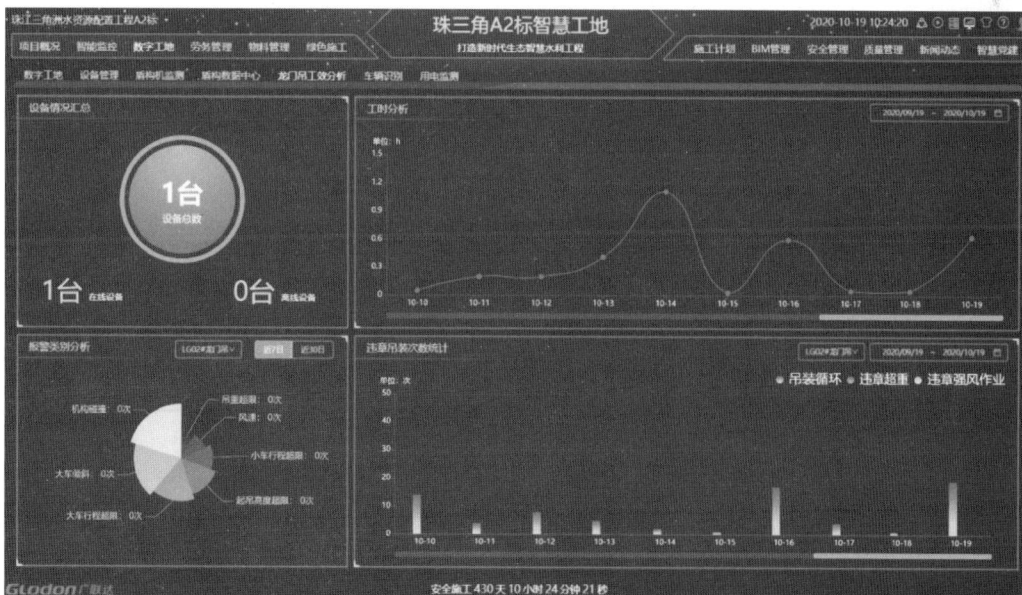

图 8.4 - 23 智慧工地吊装集成模块

在后台通过对本月工程上每台设备的吊装循环次数统计，体现各台设备的使用频次及工作饱和度，协助项目管理人员对于当前生产任务安排是否合理、物料堆放地点选择是否正确等问题进行分析判断，保证现场生产效率，同时也是吊装司机的工资结算参考依据。吊装监测数据见图 8.4 - 25。

智慧工地管理平台上能详细查看每一台龙门吊预警情况，方便安全管理人员对特种机械设备进

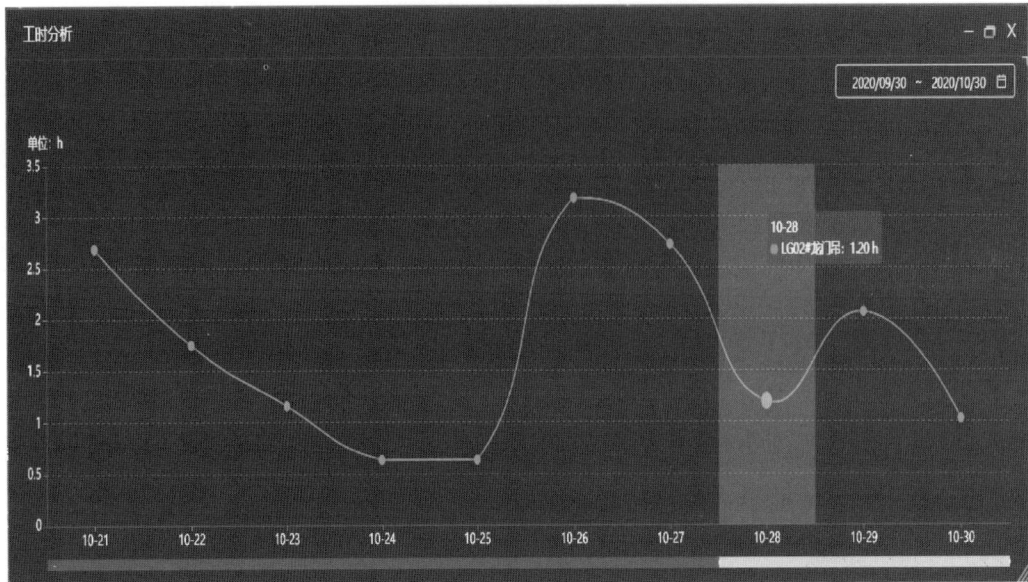

图 8.4-24 吊装功效时效分析

图 8.4-25 吊装监测数据

行针对性管理、对司机进行针对性安全教育，同时也是事故发生后，责任归属的历史依据。

自系统运行以来，吊机累计安全运行 33574 次，无超重记录，吊装作业能够高效、顺利展开，提高工程的施工进度，确保了监管的全方位及准确性，保障了整个作业流程的规范性。为公司对于安全管理的建章立制提供数据参考，也为工程的顺利推进奠定了坚实的基础。违章吊装统计分析见图 8.4-26。

2）塔机安全监控管理系统

塔机安全监控管理系统是集互联网技术、传感器技术、嵌入式技术、数据采集储存技术、数据库技术等高科技应用技术为一体的综合性新型仪器。该仪器能实现多方实时监管、区域防碰撞、塔群防碰撞、防倾翻、防超载、实时报警、实时数据无线上传及记录、数据黑匣子、精准吊装、塔机远程网上备案登记等功能，特别是该仪器的后台着重加强了监管部门对塔机的管理备案程序，是新形势下，主管部门人性化服务，高效执法的有效手段。

本系统由塔机安全监控管理系统主机和远程监测管理平台组成。主机安装在工地现场塔机上，并连接幅度、高度、回转、重量、倾角、风速等传感器和制动控制等功能；主机 8 英寸显示屏能人性化显示工地现场塔机运行状况；无线网络把塔机的各种参数实时上传到远程监测管理平台；远程

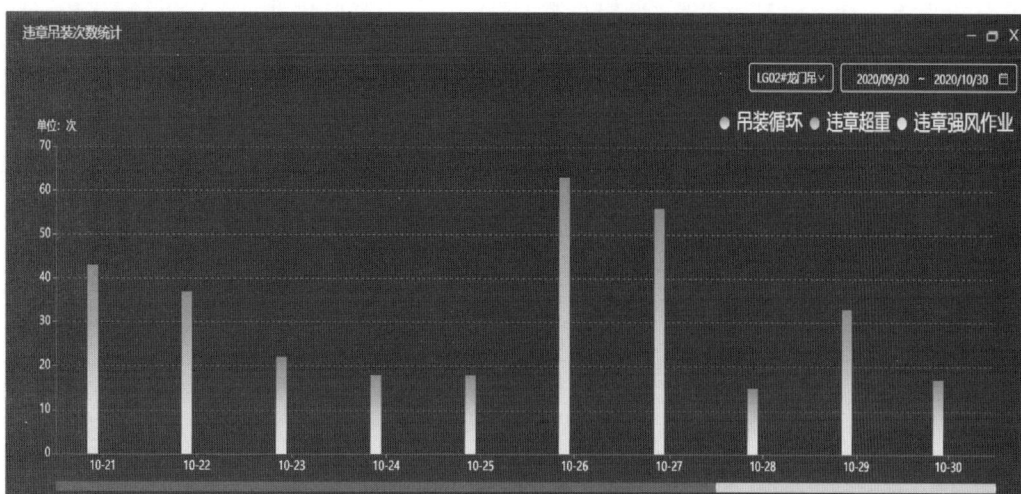

图 8.4-26 违章吊装统计分析

监测管理平台开设不同权限的用户，可实现特定权限下的查看和管理。通过该平台可以实现塔机网上申报、审核、审批、监控登记、实时监控、统计分析等各项功能。便于工地现场管理部门及建设单位对塔机进行实时在线监管、安全状况分析、塔机网上备案和登记情况、塔机开工统计、塔机地理位置显示和历史数据分析等。对于违规操作的塔吊可实现实时预警、高效处置提供极大便利。塔吊系统组成见图 8.4-27。

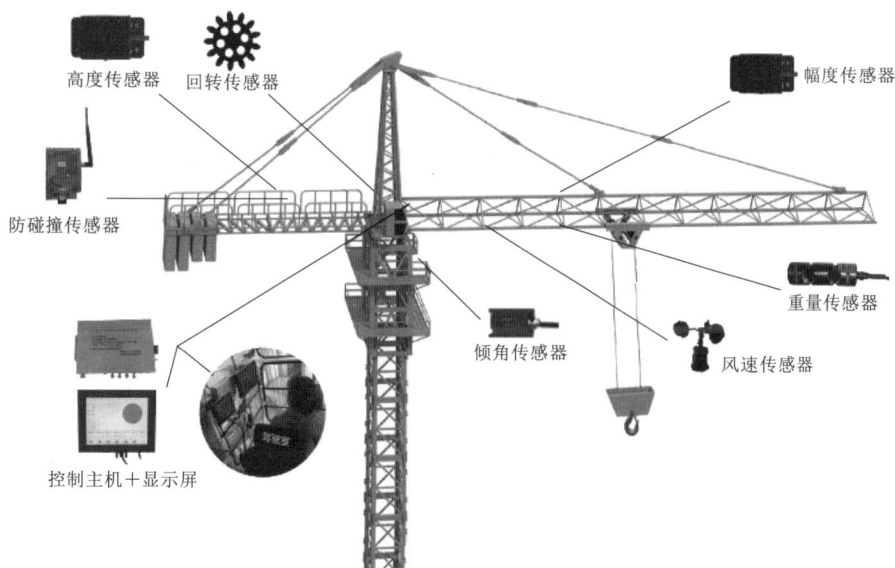

图 8.4-27 塔吊系统组成

塔吊运行监管模块主要由传感器、数据接收主机（黑匣子）、无线网络、平台等组成。

安装高度传感器，感应吊钩距离基础平面的实时高度，安装有高度传感器的监控系统，同时会对高度进行限位报警，安装有控制功能时会对高度进行限位控制。

安装幅度传感器，感应小车距离标准节中心的实时距离。

安装回转传感器，感应塔机大臂实时转向，防碰撞组网时进行回转限位。

安装重量传感器，感应塔机当前的实际吊重，当实际吊重达到额定重量的90%时会提示粉色字体的"超重预警"，当实际吊重达到额定吊重的100%时系统会提示红色字体的"超重报警"。

计算分析力矩百分比，实时吊重占额定吊重的百分比，当塔机起重力矩接近额定载重量时（比如达到额定起重力矩的 90%），系统首先发出预警声音，同时，显示屏显示塔机实际吊重数值及力矩百分比，并显示相应的浅红色预警标识；当塔机起重力矩增大接近危险值时（比如达到额定力矩的 100%），系统发出"超重报警"的声音。并且在显示屏上会显示相应的红色报警标识。

安装风速传感器，感应施工现场当前风速，当风速达到设置的预警值时，下方的运行状态会由绿色变为红色同时系统发出报警提示音。

安装倾角传感器，感应塔机塔身倾斜角度，当塔机倾斜度达到设置的预警值时，下方的运行状态会由绿色变为红色，同时系统发出报警提示音。

设置区域限位，对每台塔吊进行各自的限制区设置，分内、外两种限制区域。

塔群防碰撞功能，在塔吊与塔吊之间组成通讯网络，任意 1 台塔吊的数据均可以与其他塔吊进行通信。工地上所有塔机的相对位置，可由塔吊自身的传感器进行检测，实现多塔吊作业的安全防碰撞报警。

系统功能齐全，塔吊系统能实时监控塔吊运行中的高度、幅度、回转、风速、倾角、吊重、力矩等实时参数。完善准确标定塔机坐标及角度后，无需控制器即可实现多台塔机的自动连接组网功能；塔群施工监控，防止塔群间碰撞；区域防碰撞设置安全、有效。进入调试界面后，选定指定项目然后开启塔机各项基本运行动作即可完成数据自动采集，调试简单便于安装人员高效、精准完成工作。监测管理系统内置近百种最新塔机型号的力矩曲线，可根据塔机铭牌中塔机型号自由选择，便捷灵活。在塔机驾驶员违规操作时，主机立即真人发声预警、报警并在屏幕上显示红色预警、报警项目，双管齐下及时提醒驾驶人员处置，音量大小可调节。产品设计合理，产品体积小、功能全、外观简洁大方，大大优于同类产品，便于在狭小塔机室内安装。主机尺寸：26×18×4，显示屏尺寸：20.5×16，单位：cm，外包装总重约 19kg。安装简便，精巧设计夹具，简化安装步骤，减少安装人员高空作业时间。维修便捷，模块化设计，极大方便设备维修、保养，减少维护费用。

3）吊机可视化系统

吊机可视化系统主要辅助司机更加安全、快速地完成吊装作业。以无线网桥或 4G 移动网络为基础，根据安装的摄像头实时跟踪吊钩下方吊物的情况，并能按照吊钩的位置自动调整摄像头的倍率，保障驾驶员可以清晰地看到吊钩吊载运行的情况，提供清晰、实时、全方位的作业场景视图，直观地了解吊机周围的环境状况，包括货物的位置、障碍物的分布以及与其他施工设备的距离等，从而提前做出准确的判断和决策，大大降低了因视线受阻而导致的安全事故，解决施工现场吊机司机的视觉死角，远距离视觉模糊，语音引导易出差错等普遍存在难题，有效避免安全事故发生。

司机在操作室中，项目管理人员在办公室里以及在智慧工地管理平台上都能实时查看视频图像数据，实现远程监测吊钩工作情况，为项目管理人员提供了及时且全面的信息，使他们能够在第一时间发现潜在问题，并迅速做出决策和指导，确保吊装工作的安全性和高效性。吊机可视化见图 8.4 - 28。

图 8.4 - 28　吊机可视化

（10）光缆监测

珠江三角洲水资源配置工程作为广东省乃至粤港澳大湾区的重要民生项目，其土建施工中的光缆监测工作显得尤为重要。该工程自启动以来，面临着巨大的技术挑战和施工难度，尤其是在 40～60m 深的地下建设输水管线，这些管线处于弱风化泥质粉砂岩层中，对施工技术和设备的要求极高。

为了提高光缆的安装效率和质量，采用了定点式应变感测光缆，这是一种以光为载体、光纤为媒介的先进监测仪器。该仪器能够感知和传输外界信号，获得被测量物体在空间和时间上的连续分布信息。

1）光缆的自动化安装

在工程土建施工中，光缆的自动化安装是保障后续监测工作有效开展的基础。我们采用了先进的自动化敷设设备和技术，以提高安装效率和质量。

精确的路径规划。在安装前，利用高精度的地理信息系统（GIS）和现场勘察数据，对光缆的敷设路径进行了精心规划。充分考虑了工程施工的现场条件、未来可能的影响因素以及通信网络的优化布局，确保光缆路径既安全可靠又能满足通信需求。

自动化敷设设备的应用。引入了具有自动化控制功能的光缆敷设机，能够根据预设的路径和参数进行精确敷设。设备具备张力控制、速度调节和敷设深度控制等功能，有效避免了光缆在敷设过程中受到过度拉伸、扭曲或损伤。

严格的施工质量控制。在自动化安装过程中，实施了严格的质量控制措施。对每一段敷设的光缆进行即时检测，包括光缆的外观完整性、光纤的衰减指标等。同时，对敷设的深度、保护措施等进行现场验收，确保光缆安装符合设计要求和相关标准。

2）信号监测

光缆安装完成后，信号监测成为确保工程安全、稳定运行的关键环节。施工阶段采用了先进的光缆监测设备，对光缆的传输性能进行实时监测和维护，确保网络的可靠性和稳定性。为了及时掌握光缆的运行状态，我们建立了一套完善的信号监测系统。

实时监测平台。搭建了基于先进传感器和网络技术的实时监测平台，能够对光缆中的光信号进行不间断监测。监测平台可以实时采集光功率、波长、信号衰减等关键参数，通过网络将数据传输至中央监控系统。

智能分析算法。采用了智能分析算法对监测数据进行处理和分析。这些算法能够自动识别信号的异常变化，如突然的衰减增大、波长漂移等，并及时发出预警。同时，算法还能够对长期监测数据进行趋势分析，预测光缆可能出现的潜在问题。

多参数综合监测。除了对光信号的基本参数进行监测外，还引入了对环境参数（如温度、湿度、应力）的监测。通过综合分析光信号参数和环境参数，更准确地判断光缆故障的原因和位置。

3）保障措施

在光缆监测过程中，我们采取了一系列积极有效的措施，以保障监测工作的准确性和可靠性。

定期巡检与维护。制定了严格的定期巡检制度，安排专业人员对光缆线路进行实地巡查。检查光缆的标识是否清晰、光缆外护层是否有破损、沿线的警示标识是否完好等。对于发现的问题及时进行处理和修复，确保光缆的物理完整性。

应急预案制定。针对可能出现的光缆故障，制定了详细的应急预案。预案包括故障的快速定位和诊断流程、应急抢修队伍的组织和调配、备品备件的管理等。定期对应急预案进行演练和优化，确保在紧急情况下能够迅速响应，将故障影响降到最低。

人员培训与技术更新。注重对监测人员的技术培训和知识更新，使其能够熟练掌握最新的监测技术和设备操作方法。定期组织内部培训和外部专家讲座，分享行业内的先进经验和技术发展动态。同时，鼓励监测人员参与技术创新和改进工作，提高监测工作的水平和效率。

4）取得的成效

通过以上的努力，在土建施工的光缆监测工作中取得了显著的成效。

故障及时发现与处理。在施工过程中，成功及时发现了多起光缆的潜在故障和异常情况。例如，通过监测系统发现了一处由于施工机械误操作导致的光缆外护层轻微破损，及时采取了修复措施，避免了故障的进一步扩大。又如，监测到某段光缆的信号衰减突然增大，经过快速定位和诊断，发现是由于附近的土建施工导致光缆受到挤压，迅速进行了调整和加固，恢复了正常通信。

施工进度保障。有效的光缆监测为工程土建施工提供了可靠的通信保障，确保了施工过程中的信息传递和指挥调度的顺畅。避免了因光缆故障导致的施工停滞或延误，有力地保障了施工进度。

成本节约。通过提前发现和处理光缆的潜在问题，减少了因光缆故障造成的重大损失和维修成本。同时，高效的监测和维护工作延长了光缆的使用寿命，降低了整体的运营成本。

经验积累与技术提升。在本次工程的光缆监测实践中，积累了丰富的经验，形成了一套适用于大型土建施工项目的光缆监测技术和管理体系。为今后类似工程的光缆监测工作提供了宝贵的参考和借鉴，推动了行业内相关技术的发展和应用。

（11）水情远程监测系统

水情监测系统是一种基于现代信息技术手段，集信息采集、传输、分析和预警等多功能于一体的全自动水文在线监测设备。其主要目的是实时收集和监测水资源的各项数据，如水位、降雨量等，用以评估水资源的状况和趋势，为防洪减灾、水资源管理、水利工程安全及生态环境保护提供重要技术支持。

系统主要由监控中心"水情远程监测系统"、通信网络、现场测点信息采集与传输设备等部分组成。监控中心设立在各自标段监控室，充分利用其现有网络资源及软硬件设施，对其进行完善，并增设应用服务系统设备，为"水情远程监测系统"提供软硬件技术支持。

现场设备采用野外安装方式，通过电源供电，测控终端采集水位计、雨量筒仪，经无线网络将监测信息传输至标段监控中心"水情远程监测系统"，之后再传输至总部监管平台。

系统采用 B/S 模式设计，系统的设计是基于 GPRS 数据传输技术和网络技术之上的，软件开发采用 B/S 结构设计，监控调度人员使用浏览器访问系统完成所有操作，采用 B/S 体系结构。

B/S 结构具有良好的扩充性，对客户端没有任何特殊要求，对用户数也没有限制，只需支持网络并具有浏览器功能即可。B/S 模式只在服务器安装应用程序，客户端不需安装程序，直接使用 Edge 或其他浏览器即可使用，修改应用程序只与服务器有关，客户端不作任何改动，操作简单，维护方便[98]。

1）应用功能

软件同时支持通过 GPRS、短消息、光纤网络等方式同现场终端通信。

支持浏览器、客户端软件登录网络（因特网、局域网）访问系统。系统软件采用 Web 技术，局域网用户可通过内网访问，广域网用户可通过公网访问系统，经认证用户名和密码后进入相应级别管理系统，进行相关操作与管理。

电子地图可视化界面显示。主界面以监测区域内的百度地图为背景，在地图上直观显示各测点位置分布情况、水雨情信息及警戒状态，以各种不同颜色表示警戒状态；管理人员可以通过鼠标拖动摆布测点的位置；通过鼠标选择测点可直接进入测点详细信息显示界面，内容包括：测点的基本信息及最新监测数据（水位、降雨量、水雨情警戒状态、最后一张照片、水位曲线等信息）显示、即时召测、控制拍照功能。

系统支持定时主动上报＋事件告警主动上报＋定时问询＋即时召测。主动上报包括定时主动上报和报警主动上报；定时主动上报是指测控终端按指定时间间隔定期上报监测数据；报警主动上报是指现场异常状态报警，如：设备故障、水位警戒状态变化、降雨量状态、终端开门等；上位机问询包括定时问询和即时召测；定时问询是指软件定时下发采集命令，采集现场所有测点信息，采集时钟基准统一为计算机时钟，保证数据同时性；即时召测是指用户在需要时，通过软件下发命令，采集指定监测点当前数据。

系统支持远程设置现场测点水位警戒线值报警，支持接收水位报警信息，弹出报警信息提示、声音提示，向相关部门指定人员发出报警短信通知。系统接收到报警信息后弹出报警提示信息，并进行声音报警，管理人员确认信息后，可直接查看最新现场照片，显示当前现场状态；系统可针对每个测点分别设定多个报警短信接收人，在接收到报警信息后，第一时间向其发出预警信息。

软件模块化设计，主要包括系统信息管理、测点信息管理、实时在线监测、历史记录管理、报表曲线分析、日志管理等功能模块。

2）应用效果

施工阶段，水情远程监测系统在工程建设中发挥着至关重要的作用，其效果体现在多个方面。

提供科学决策依据。水情监测系统能够实时、准确地监测水位、降雨量等关键数据，这些数据为项目部提供了科学决策的依据。通过监测数据，项目部可以及时了解水资源的分布、变化情况和趋势，从而制定出更为合理、准确的水资源应对方案。

保障水利工程安全。水情远程监测系统在施工中还扮演着保障水利工程安全的角色。通过实时监测工程的水位等关键数据，系统可以及时发现潜在的安全隐患，发出预警信号。这有助于项目部及时采取措施，确保工程的安全运行。

在工程项目中，该项目利用先进的监测设备对水位进行实时监测，通过网络上传数据到服务器进行分析和应用。通过该项目的实施，实现了水位的智能化、自动化监测，及时发现了河流水位异常变化情况，多次为防洪准备工作提供了重要数据支持。水文数据展示平台见图8.4-29。

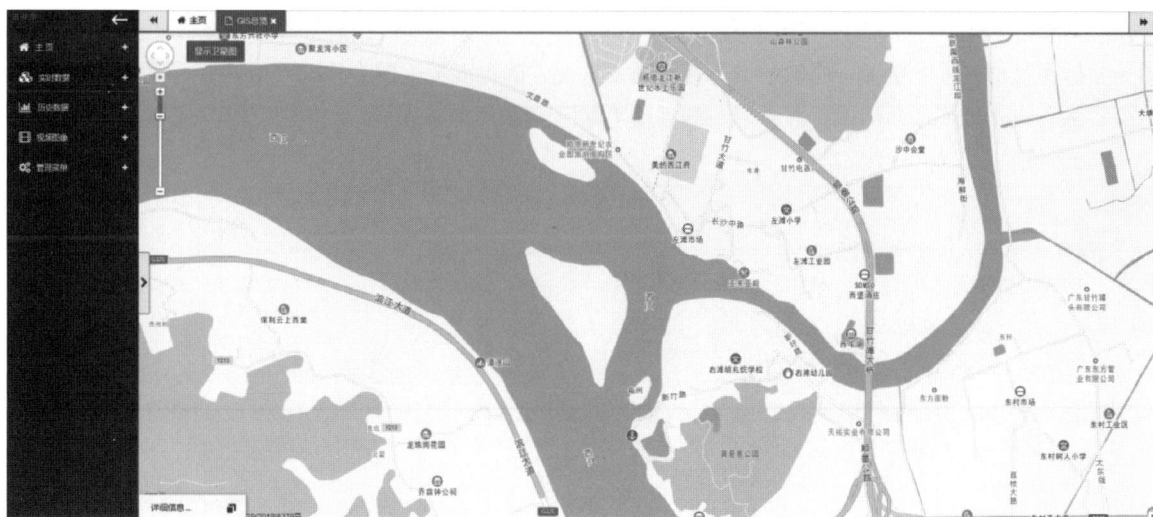

图 8.4-29　水文数据展示平台

（12）搅拌站监测系统

混凝土搅拌站是珠三角水资源配置各标段工程中必不可少的设备设施，其生产的混凝土是本工程中的基本材料，用量大，品种多，原材料复杂。混凝土的质量好坏，直接影响着项目建设的施工质量。因此，对于混凝土的生产监测就显得尤为重要。

另外，搅拌机主机的运行状态参数也需要进行智能监控，如减速机润滑栗内油温过高，若不及时停机会导致减速机和润滑栗损坏；液压阀内处油压过大会导致油管爆管；液压油、齿轮油、润滑油油液位低了会造成液压阀、减速机、润滑栗使用寿命减短等。同时，为达到环保标准，对搅拌站现场噪声、扬尘也需要进行实时监测。

在施工阶段建设搅拌站监测系统，在混凝土拌合站控制室安装工业级数据采集硬件终端（包括液位传感器、温度传感器等）对接搅拌机组，实时、自动采集每一批次生产料的真实数据。数传终端将采集数据通过 2G/3G/4G 网络无时延发送至标段监控中心。与搅拌机、生产工艺流程等统一数据管理，在统一平台应用呈现。

系统运用质量动态管理的方法，对混凝土拌和站生产数据进行有效监测，实时采集混凝土拌和站生产的每盘混凝土的数据信息，其中包括骨料配比、水泥量、粉煤灰量、水胶比、参配比、拌和产量等信息，并根据设定好的标准进行误差判断，发现异常数据及时进行短信预警，提示相关负责人及时做出调整。

通过可视化的管理方式，对混凝土生产过程进行严格监测，实现生产过程中的数据实时监测、实时分析和上传。同时，系统支持无缝集成物料验收系统获取原材进出场数据，通过互联网即时上传信息，系统自动进行核算，排除人为因素，堵塞管理漏洞，提供多样而及时准确的数据分析支持管理决策，随时对搅拌站的材料成本进行管控。

搅拌站监测系统的应用，加强了项目部数字化应用管理，主要体现在几个方面。

1）拌和时间查询

对混凝土的每一盘料的生产时间进行统计，方便查看每盘料的拌和时间是否达到规范要求。

2）材料用量查询

通过实时监控，可准确判断现场混凝土生产过程中存在的不达标现象。可以动态监控水泥、碎石、砂、水、粉料、煤灰、外加剂等原材料的用量。同时可通过历史时间查询和历史材料用量查询随时掌握生产记录以便追溯历史数据是否达标。

3）误差分析

分析每盘材料误差情况，明确各类材料的超支状况，确保混凝土配合比的严格执行。见图 8.4 - 30。

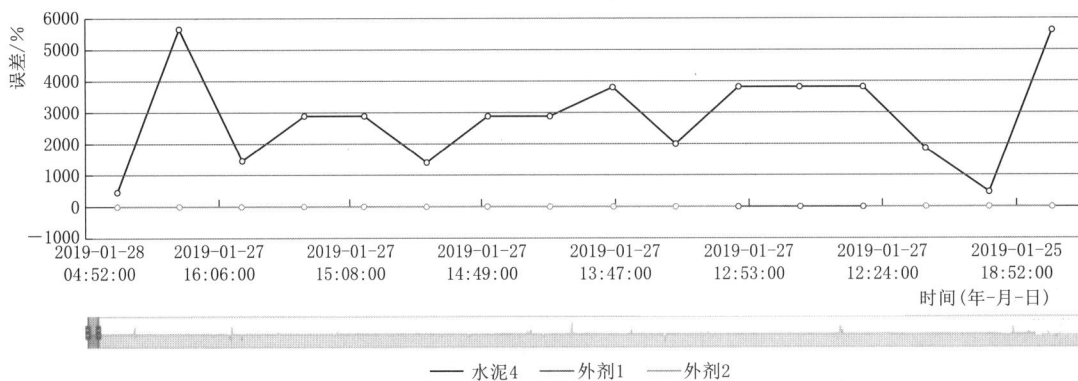

图 8.4 - 30　材料误差分析图

4）超标查询

可以随时查询超标混凝土的详细信息并对混凝土超标信息进行统计。

5）产能分析

查询混凝土拌和站每季度、每月、每周、每天产能情况，进行产能分析，判断日常生产能力，进行生产量核算，杜绝偷工减料现象。

6）管理预警

通过后台进行短信预警和预警推送设置，当混凝土产量配比超标时，及时提醒拌和站管理者进行整改通知，避免材料浪费。

2. 盾构云管理

本工程需要长距离下穿水域深层盾构施工，对设备的可靠性和耐久性要求高，且隧道水下埋深大，隧道贯穿的地层含高渗透性砂层，地下水与周边水域相通，高外水压力对设备和管片的密封防水性能要求很高，盾构在高水压条件下刀具更换将十分困难。由于地下裂隙水十分丰富，围岩为岩层，收敛变形小，围岩与管片外侧存在较大的空隙，为管片上浮提供了空间，同时盾构在长距离硬岩中推进存在刀具磨损严重的问题。工程中还存在大坡度盾构掘进，例如要以 4.96% 的坡度上坡掘进 841.35m，盾构机在长距离且大坡度的下坡段掘进容易出现电机车溜车事故，在上坡段掘进时容易出现盾构后退现象，从而影响隧道的安全，其次，泥浆管的接驳会有一定量的泥浆流出，在掘进该下坡段过程中，流出的泥浆很容易淹没机头。因此，对盾构掘进施工的监测尤为重要。

本工程特采用盾构云系统对盾构掘进全过程进行监测，它是基于监控技术及其现代信息技术相结合的全新监控系统，实施盾构施工参数的监控与控制，进行 3D 掘进模拟，有助于提升施工信息化程度和安全管理水平，全面实现轨道工程建设的"规范化、标准化、精细化"。

（1）盾尾密封监测

盾构区间穿越西江最大埋深 49.5m，交通洞最大埋深 45.9m，水位高、水压大，对盾构机密封要求极高，尤其是盾尾密封。所以在盾构掘进时，对油脂注入与盾尾的观察，尤为重要。

本工程通过盾构云采集盾构机油脂使用实时数据，统计每日每环所用油脂数量，提供更为直观、精准的数据供盾构管理者决策参考，据此来判断盾尾是否做好密封。项目管理人员进而查看材料有无浪费，对图表的分析可得到下一阶段材料采购的数量并将数据发送给采购人员进行成本计算避免过度采购所造成的资金浪费。运行系统后，工程中未出现盾尾密封失效的情况，促进对盾尾油脂进行科学、合理的使用，在保证施工质量的同时又避免浪费，经济效益显著。盾构云系统见图 8.4 - 31。统计表见图 8.4 - 32。

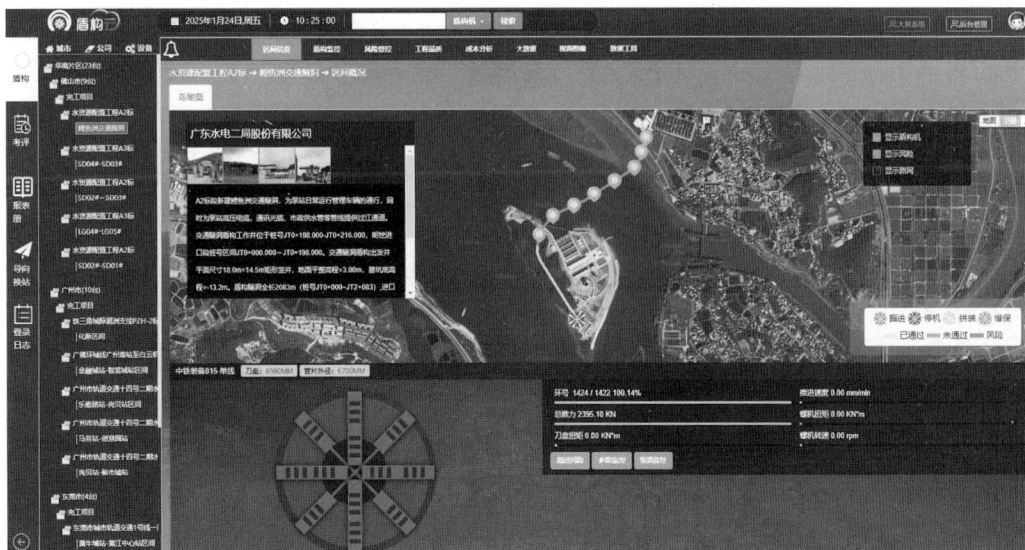

图 8.4 - 31 盾构云系统

（2）刀具磨损监测

交通洞隧道洞身以弱风化砂岩为主单轴抗压强度为 56.7MPa，LG01 号～LG02 号盾构区间洞身以弱风化泥质粉砂岩为主单轴抗压强度为 25.4MPa，对刀具磨损较大，江底河底换刀次数可能增

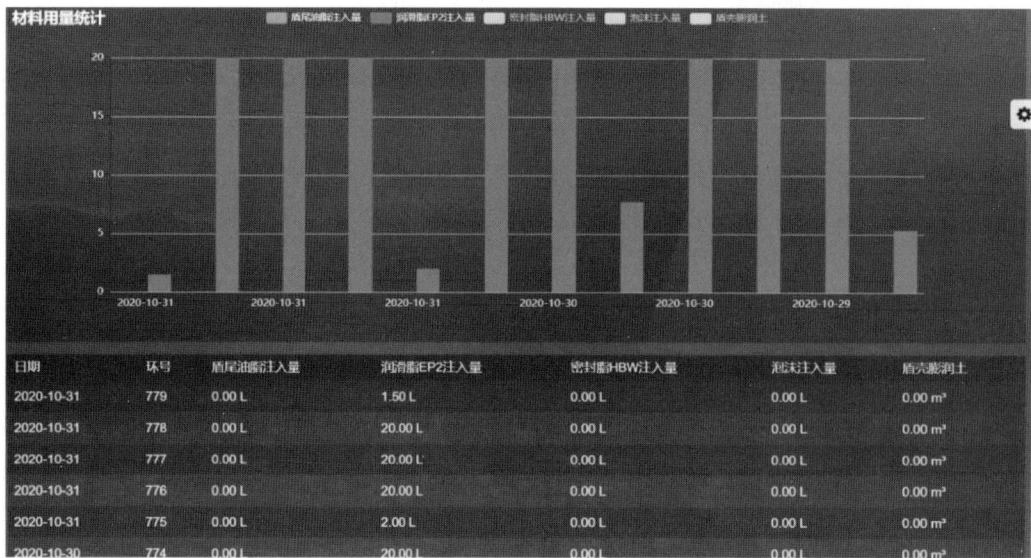

图 8.4 - 32　统计表

多。须严格控制掘进参数，尽量保证匀速掘进。

本工程通过盾构云平台对掘进时刀盘喷水当前环累计量、刀盘补油压力、刀盘喷水压力、刀盘功率、刀盘扭矩等关键参数实行在线分析并将结果反馈给现场以指导施工，实现盾构远程监管。减少刀具磨损和偏磨，减少土仓内渣石含量从而有效减少渣石对刀具的二次磨损，进而减少换刀次数。工程中，按照常压换刀方案在预选点进行了一次常压开仓换刀作业，严格按照方案比对检测数据控制掘进参数，确保盾构机正常平稳通过西江。现盾构机已安全掘进完成，没有出现因盾构在长距离硬岩中推进刀具过度磨损对设备造成破坏的现象。刀盘扭矩见图 8.4 - 33。螺机扭矩见图 8.4 - 34。

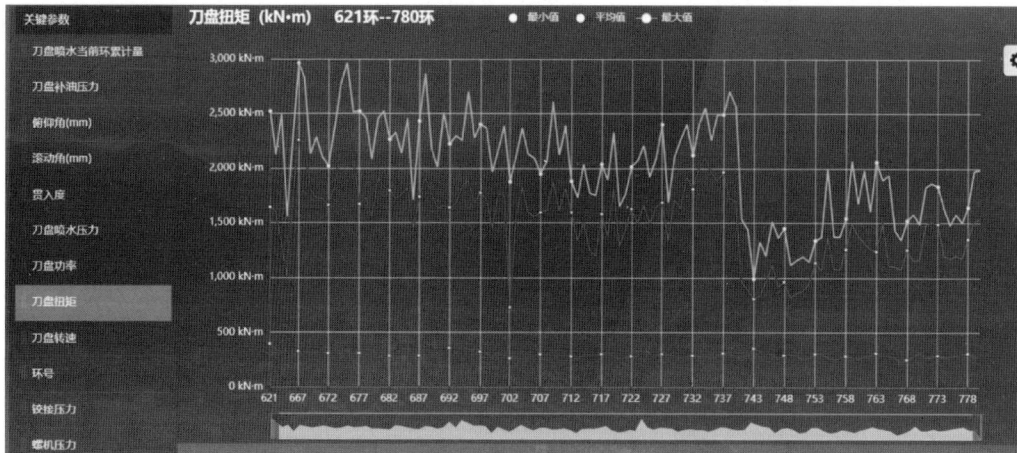

图 8.4 - 33　刀盘扭矩

（3）管片错台监测

盾构掘进地下水头高，易导致管片浮动，影响隧道轴线或出现管片螺栓断裂，错台、漏水等质量问题。同时交通洞隧道西江段转弯半径为全线最小仅为 300 米，纵向坡度全线最大，管片易出现错台破损现象，同时隧道通视条件差，盾构测量导向困难。

通过盾构云实时监测盾构机的姿态，自动跟踪测量，促使盾构机形成良好的姿态，测量确保隧道轴线的准确性。同时，可以通过测量数据来反馈盾构机的推进和纠偏，当盾构姿态偏差超过标准

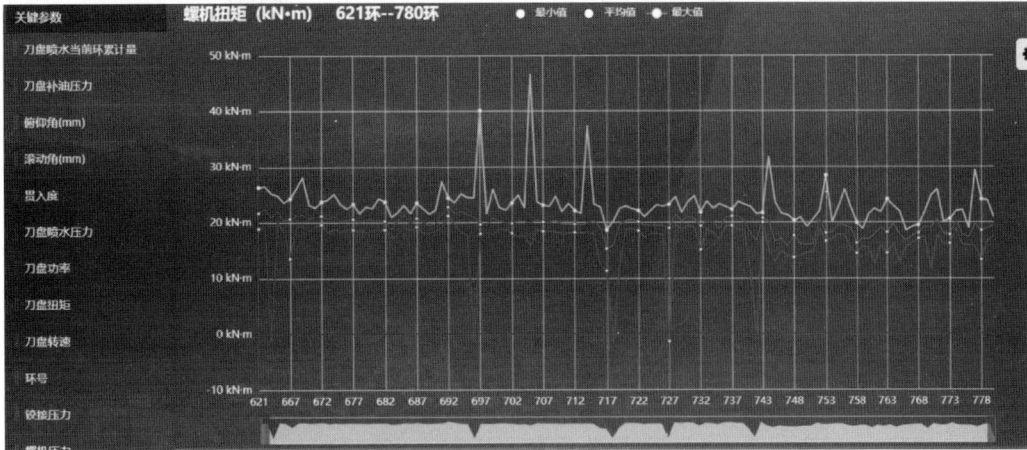

图 8.4-34 螺机扭矩

值时则系统发出预警至值班工程师并提醒操作人员及时纠偏。其中累计预警提醒 4 次，均已纠偏恢复正常。盾构姿态见图 8.4-35。预警信息见图 8.4-36。

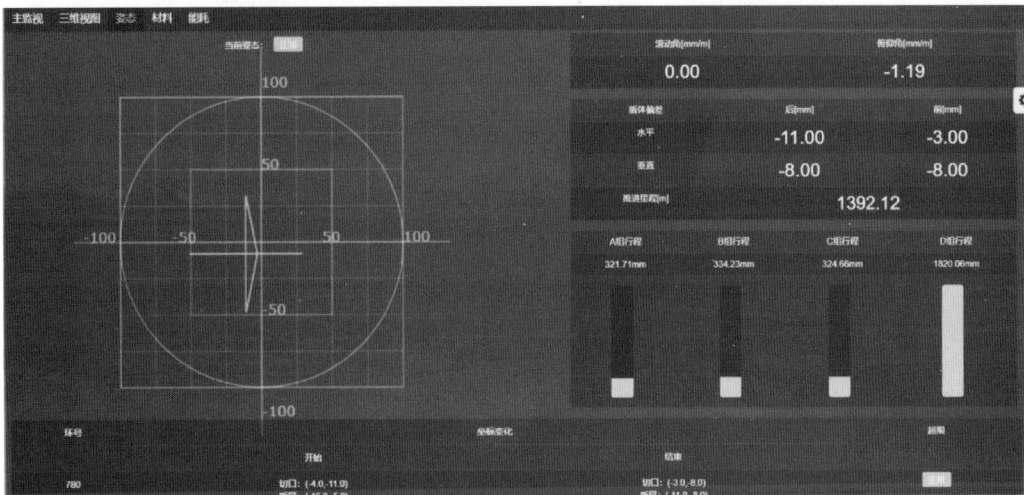

图 8.4-35 盾构姿态

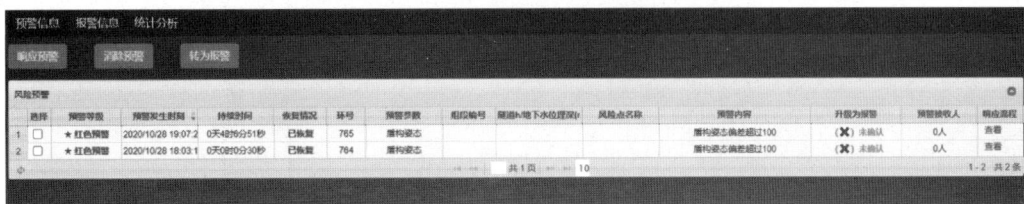

图 8.4-36 预警信息

（4）掘进状态监测

盾构云系统可监测包括监控盾构机工作状态、螺旋机状态、推进系统压力、注浆系统状态、刀盘系统工作状态、导向系统等设备的运行状态等。可统计每日实际掘进环数与每日计划环数形成对比并可以生成各类统计报表更加形象地展现出盾构机掘进的实时进度，还可统计每日每环各项工作所占时间，直观展现每日时效，让管理人员更好地了解盾构机状态。

根据环时效分析可以查看每日盾构机具体时刻的工作状态，条状颜色代表不同的状态，如绿色代表掘进、红色代表停机、蓝色代表拼装管片，同时通过扇形图统计各状态的时间占比。如发现因地质等原因盾构机停机时间过长，管理人员可及时调整方案减少停机时间，提高工作效率。计划掘进与实际掘进分析图见图8.4-37，盾构掘进时间统计见图8.4-38，环时效分析见图8.4-39，盾构机安全监测见图8.4-40，盾构机掘进参数见图8.4-41。

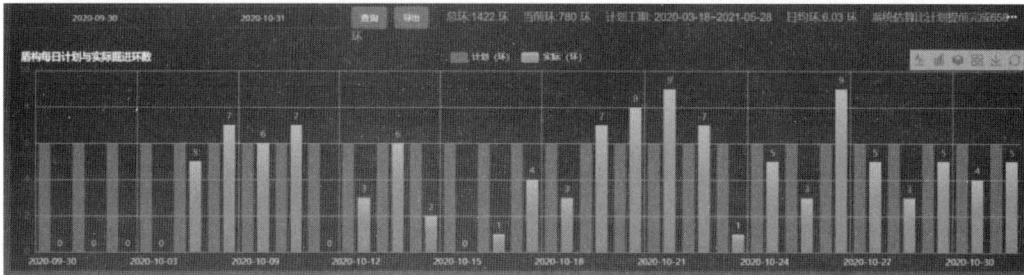

图8.4-37　计划掘进与实际掘进分析图

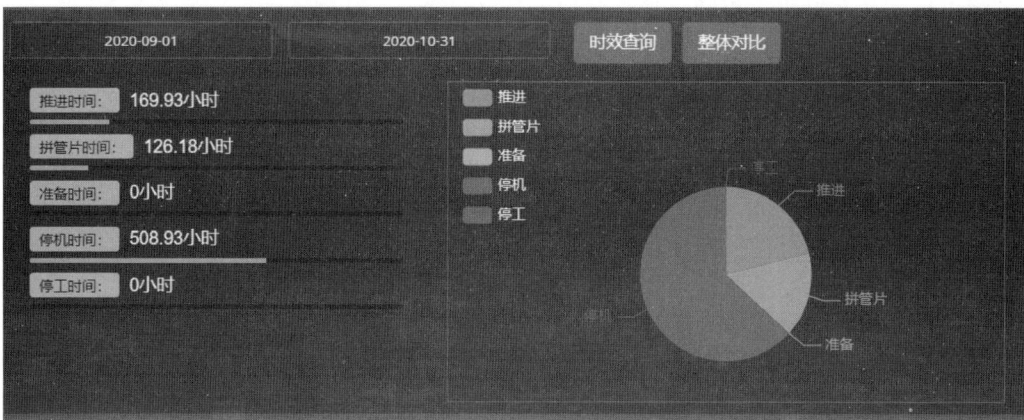

图8.4-38　盾构掘进时间统计

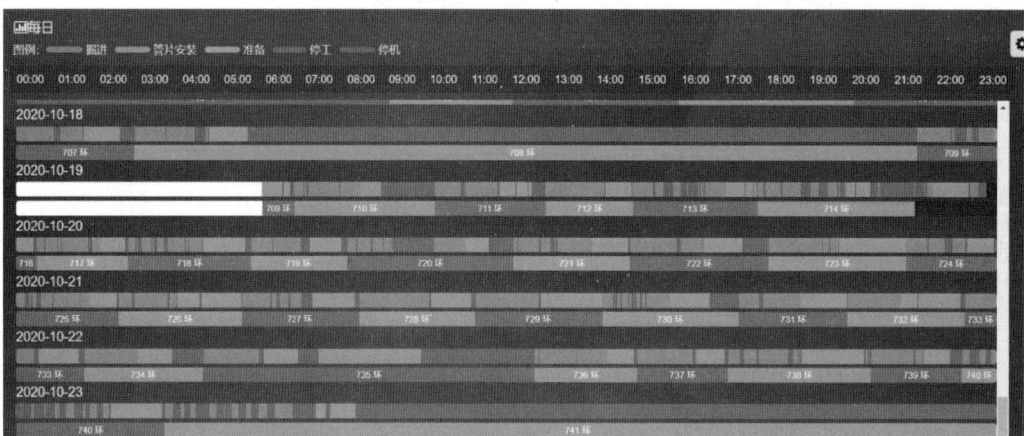

图8.4-39　环时效分析

在施工纵断面图上能实时展示盾构施工轨迹、盾构机位置、环境信息、勘探孔信息和风险点信息，在施工平面图上实时展示盾构施工轨迹、盾构机位置和沉降监测点的位移变化和位移速率。实现全方位精细化管理，根据施工现场生产计划及实时进度拉动各部门协同作业，使项目管理者对施工项目的安全、质量、进度、成本等方面纳入了正规化、标准化、制度化的精细化管理，从而降低

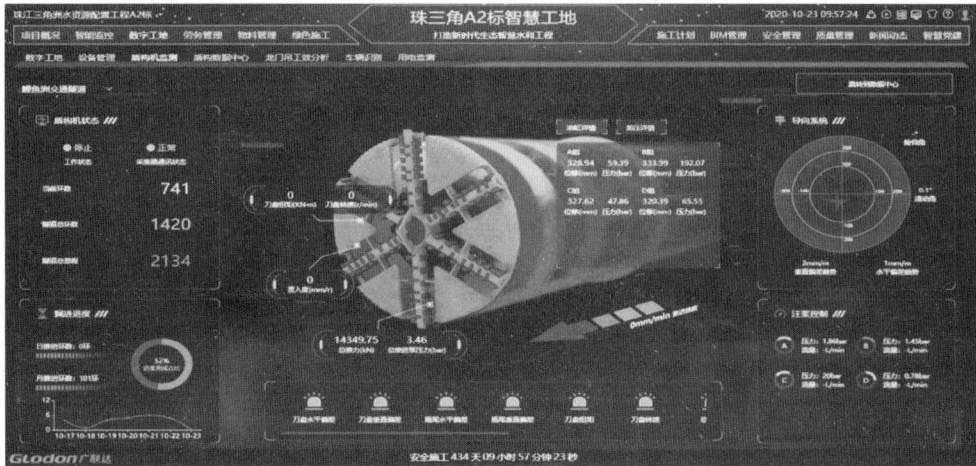

图 8.4-40 盾构机安全监测

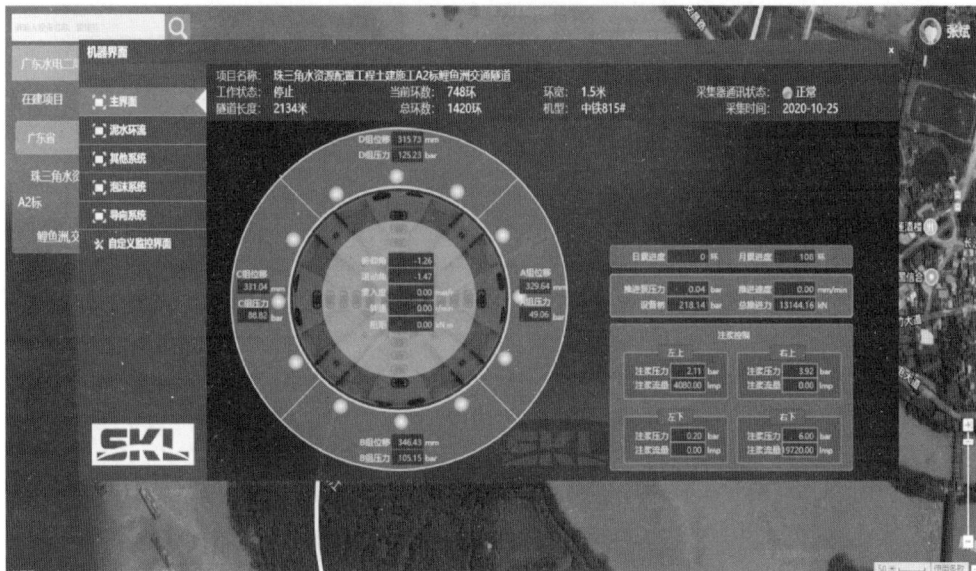

图 8.4-41 盾构机掘进参数

施工风险，节约成本，提高生产效率。

系统还能对盾构机及隧道成型质量自动评估。现场对盾构机设备做维护保养时通过手机扫描盾构机相应位置的二维码即可录入维保记录，支持离线传输功能，系统会根据录入信息对盾构机健康状况进行自动评分。结合盾构机姿态、管片错台破损情况、出土量、注浆量对隧道成型质量进行综合性评估，绿色代表合格，红色代表异常。盾构机掘进状态纵断面图见图 8.4-42，盾构机健康管理见图 8.4-43，隧道成型质量评估见图 8.4-44。

3. VR 体验馆

对于施工工程安全管理、安全预防，措施只是一个方面，而提高工人的安全 意识和危险源辨识能力方面更加需要重视。施工中，70%的安全事故的发生在工人刚入场前一个月的时间，通过调查发现，此时是工人安全意识最低的时候。传统的工人入场教育，文字加图片的形式无法让工人体会到高处坠落是什么体验、站在楼层边上是什么体验，对提高工人的安全意识效果有限，只有切身体会才能让工人记忆深刻。采用虚拟现实（VR）技术，为施工人员模拟逼真的事故场景，让他们亲身感受违规操作带来的严重后果，增强安全意识和规范操作的自觉性。

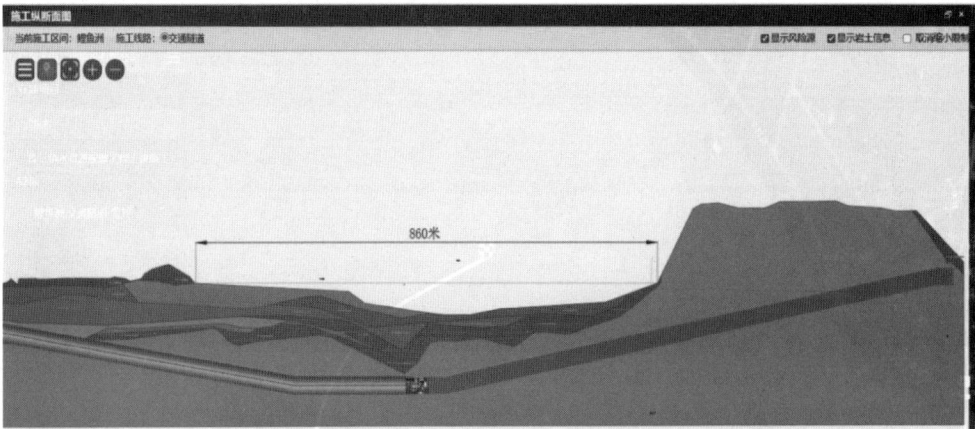

图 8.4-42　盾构机掘进状态纵断面图

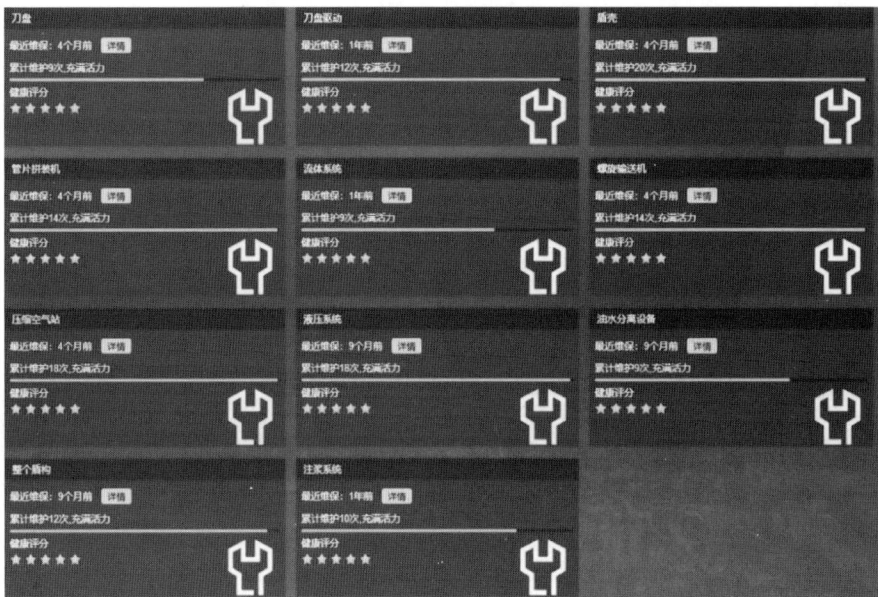

图 8.4-43　盾构机健康管理

此外 VR 安全教育可重复性强，学习者可以多次重复体验相同的危险场景，以巩固所学知识和技能，不断提高应对能力，还可以开展个性化学习，根据不同的学习对象和需求，定制不同的场景和难度级别，实现个性化的安全教育。

（1）安全教育

项目 VR 安全施工隐患排查系统下设"体验模式"与"考试模式"。体验模式下学习，更容易激发项目管理人员及劳务工人参加安全教育学习的兴趣，强化体验者对安全事故的感性认识。体验者进入虚拟环境后，可对细部节点、正确做法进行反复学习，并获取相关数据信息。在考试模式下能够对其所学安全知识进行巩固并加深印象。其中虚拟场景建设不受场地限制，可最大限度模拟真实场景下的安全事故，且避免了材料、人工的浪费，符合绿色施工的理念。有效地解决了农民工对培训内容不感兴或听不懂以及安全培训课程不全面、不系统的问题；解决工人不识字、无法进行有效安全知识试题考核的问题；解决安全部门开展安全培训工作量大的问题，便利了安全教育培训的开展，提升了培训效果，也增长了一线施工人员的安全知识，提高其安全意识与素养。VR 安全教育见图 8.4-45。

图 8.4-44 隧道成型质量评估

（2）虚拟演练

在即将遇到风险的作业场景时，将 VR 技术和 BIM 模型紧密结合能够发挥出显著的优势。通过模型数据导入到虚拟现实（VR）环境中，能够构建出一个高度逼真的虚拟施工现场，借助VR 设备的交互功能，体验者能全方位、多角度地观察和分析每一个细节。在项目正式施工之前，利用这一组合，提前模拟如何应对各级风险。无论是可能出现的结构坍塌、高空坠物，还是复杂的施工工艺导致的潜在危险，都能够在虚拟环境中进行反复的演练和优化应对策略。VR 虚拟演练见图 8.4-46。

图 8.4-45 VR 安全教育

图 8.4-46 VR 虚拟演练

这种提前模拟不仅让施工团队对即将面临的风险有了清晰的认知和理解，还能够使他们在真正面对实际作业中的风险时，迅速、准确地做出反应，从而有效地降低事故发生的概率，保障施工过程的安全与高效。

（3）技术交底

将 VR 技术和 BIM 技术以及施工方案相结合，能够产生出一种全新的、高效的施工交底方式。BIM 技术所构建的高精度三维模型，清晰地展现了工程的每一个细微结构和复杂节点，而 VR 技术的引入，则将这一静态的模型转化为沉浸式的虚拟场景，让被交底人仿佛亲身走进了尚未建成的建筑之中，不再需要仅仅依靠抽象的图纸和文字来想象工程的形态和施工流程。他们能够更快、更直观地了解工程结构的全貌，包括内部的布局、构件的连接以及空间的关系。

同时，结合详细的施工方案，被交底人能够清晰地理解每一个施工步骤的意图和要求，明确各个环节的重点和难点。这种直观的交底方式大大降低了理解上的误差和歧义，提高了沟通的效率和准确性，从而为工程项目的顺利推进奠定了坚实的基础。

4. 电子签章

工程线路全长 113.2km，总投资约 354 亿元，工程建设周期长，施工难度大，质量要求高。工程涉及多家建设单位、设计单位、施工单位、监理单位等，各方之间需要进行大量的文件签署和流转。

（1）传统签章方式的弊端

签署流程繁琐且效率低下。传统签章需要各方在纸质文件上加盖实体印章，并可能需要面对面签署或邮寄文件，这导致签署流程繁琐且周期长，严重影响了工程进度。

管理困难且成本高。传统签章需要专人管理印章，并涉及印章的保管、使用、登记等多个环节，管理成本较高。纸质文件数量众多，存储和管理难度大，容易丢失或损坏，查找和检索也非常不便。纸张、打印、邮寄等费用较高，增加了工程建设成本。

安全性低，易被盗用等。传统签章的实体印章一旦管理不当，容易被盗用或私用，给项目实施过程中带来潜在风险，同时，纸质文件容易被篡改、伪造，难以保证签署的真实性和合法性。由于私刻假章的行为比较泛滥，且能做到以假乱真，传统签章常导致假章问题的合同纠纷事件发生。

通过应用电子签章，实现了以下成果目标：

实现各类文件的电子签署，包括合同文件、设计文件、施工文件、验收文件等。

确保电子签章的法律效力，符合相关法律法规和标准规范的要求。

提供便捷的签章操作界面，支持多种签章方式，如数字证书签章、手写签名等。

实现签章文件的安全存储和管理，具备权限控制、加密传输、防篡改等功能。

与工程管理信息系统集成，实现签章流程的自动化和信息化。

（2）电子签章的需求

a. 性能需求

系统响应速度快，签章操作流畅，不影响用户体验。

支持高并发访问，能够满足工程建设高峰期大量文件签署的需求。

具备良好的稳定性和可靠性，确保系统持续运行。

b. 安全需求

采用可靠的身份认证机制，确保签章人的身份真实有效。

对签章文件进行加密存储和传输，防止数据泄露。

建立完善的审计和日志记录机制，对签章操作进行全程跟踪和监控。

（3）电子签章的实施技术路线

电子签章系统选型，经过对市场上多家电子签章系统的调研和评估，最终选择了自研的电子签章平台作为电子签章解决方案。该系统具有以下特点：

符合国家法律法规和标准规范，具备权威的认证资质；

功能齐全，能够满足工程的各项需求；

技术成熟，稳定性和安全性高；

提供良好的技术支持和售后服务。

电子签章系统架构，电子签章系统采用基于云计算的架构，分为前端应用层、服务层和数据层。前端应用层为用户提供签章操作界面，服务层负责处理签章请求和业务逻辑，数据层用于存储签章数据和文件。

电子签章技术，采用数字证书和电子签名技术，确保签章的法律效力。数字证书由权威的第三方认证机构颁发，用于验证签章人的身份。电子签名采用哈希算法和数字摘要技术，保证签署文件的完整性和不可篡改性。

电子签章与工程管理信息系统集成，通过接口开发，将电子签章系统与工程管理信息系统进行集成，实现了文件在系统中的自动流转和签章流程的自动化控制。用户在工程管理信息系统中发起文件签署流程，系统自动调用电子签章系统进行签章操作，签署完成后将文件返回工程管理信息系统进行存储和管理。

电子签章实施过程的前期准备，成立电子签章项目实施小组，负责项目的策划、组织、协调和推进。制订详细的项目实施方案和计划，明确各阶段的工作任务和时间节点。开展需求调研和分析，与各方进行沟通协调，确定系统功能和业务流程。准备相关的硬件设备和网络环境，确保系统运行的基础条件。

电子签章系统部署，在云端部署电子签章系统，进行系统的安装、配置和调试。与工程管理信息系统进行接口开发和联调，确保系统之间的无缝集成。

对系统进行安全测试和漏洞修复，保障系统的安全性。

电子签章数字证书颁发，收集各方签章人的身份信息，包括姓名、身份证号码、联系方式等。向第三方认证机构申请数字证书，为签章人颁发数字证书。对数字证书进行管理和维护，确保证书的有效性和安全性。

电子签章培训与推广，组织开展电子签章系统的培训，包括系统操作、签章流程、安全注意事项等内容。制作操作手册和视频教程，方便用户随时学习和查阅。通过宣传推广，提高各方对电子签章的认识和接受度，推动电子签章的广泛应用。

电子签章上线运行，电子签章系统正式上线运行，对运行情况进行跟踪和监控。及时处理用户反馈的问题和故障，对系统进行优化和完善。定期对系统进行维护和升级，保障系统的稳定运行[99]。

（4）电子签章应用效果

提高工作效率。电子签章的应用实现了文件的即时签署和流转，大大缩短了文件签署周期，提高了工作效率。据统计，文件签署时间从原来的平均7d缩短至1d以内，有效加快了工程进度。

降本增效。电子签章降低管理成本，减少了纸质文件的使用，降低了纸张、打印、邮寄等费用，同时也节省了文件存储和管理的人力成本。预计每年可节约成本数百万元。

电子签章增强安全性。采用数字证书和电子签名技术，确保了签章的真实性和文件的完整性、不可篡改性，有效防范了文件被伪造、篡改等风险，增强了工程管理的安全性。

电子签章提升信息化水平。电子签章的应用推动了工程建设的数字化进程，实现了工程管理的信息化、规范化和标准化，提升了工程管理的整体水平。电子签章图见图8.4-47。

5. 电子沙盘

电子沙盘不仅仅是一堆数据和图像的简单组合，而是一个融合了先进技术与创意设计的智慧结晶。它将复杂的地理信息、规划布局和动态数据以一种逼真且易于理解的形式呈现在我们眼前，让抽象的概念瞬间变得具体而清晰。通过高精度的三维建模、实时数据更新和生动的多媒体展示。

（1）提升施工规划与方案优化

1）可视化展示施工布局

电子沙盘以三维立体的形式直观呈现了整个工程的地形地貌、建筑物分布以及施工场地的布置。施工团队能够清晰地看到各个施工区域的相对位置和空间关系，从而更加合理地规划临时道路、材料堆场、加工车间等设施的布局，减少了施工过程中的交叉干扰，提高了施工效率。

2）施工方案模拟与比选

通过在电子沙盘中输入不同的施工方案参数，如施工顺序、施工方法、机械设备配置等，可以模拟出相应的施工过程和进度。这使得施工团队能够对多种方案进行直观的对比分析，选择最优的

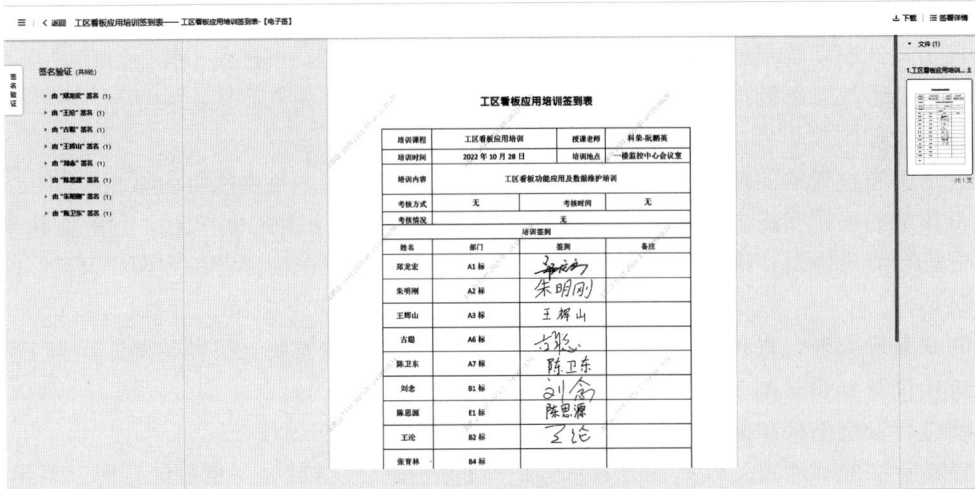

图 8.4 - 47 电子签章图

施工方案。例如，在隧洞施工中，对不同的掘进方式和支护方案进行模拟，根据模拟结果选择了既能保证施工安全又能加快施工进度的方案。

（2）加强施工进度管理

1）实时进度跟踪与展示

电子沙盘与项目管理软件相结合，能够实时获取工程的实际进度数据，并在沙盘中以不同的颜色和标识展示已完成和正在进行的施工部位。管理人员可以一目了然地了解工程的整体进展情况，及时发现进度滞后的区域，并采取针对性的措施加以解决。

2）进度偏差分析与预警

通过将实际进度与计划进度进行对比，电子沙盘能够自动计算进度偏差，并以图表的形式展示出来。当偏差超过设定的阈值时，系统会发出预警信号，提醒管理人员关注并采取措施进行调整。这有助于提前发现潜在的进度风险，及时采取措施进行纠正，保证工程按时完工。

（3）提高资源配置效率

1）人力资源管理

电子沙盘可以根据施工进度计划和工作量，计算出每个施工阶段所需的各类人员数量，并进行可视化展示。管理人员能够据此合理安排人员调配，避免出现人员不足或过剩的情况，提高人力资源的利用效率。

2）材料与设备管理

在电子沙盘中，可以清晰地看到各个施工区域对材料和设备的需求情况。结合库存管理系统，能够实现材料和设备的精准调配，减少库存积压和浪费，降低施工成本。同时，通过对设备运行状态的实时监控，能够及时安排设备的维修和保养，确保设备的正常运行，提高施工效率。

（4）增强质量与安全管理

1）质量管理

电子沙盘可以将质量检测数据与施工部位进行关联，直观地展示质量缺陷的分布情况。质量管理部门能够根据这些信息有针对性地制定质量整改措施，加强对重点部位和关键工序的质量控制，提高工程质量。

2）安全管理

利用电子沙盘的可视化功能，对施工现场的安全风险点进行标识和预警。施工人员在进入施工现场前，可以通过电子沙盘了解潜在的安全风险，提前做好防范措施。同时，管理人员可以通过电子沙盘对施工现场的安全状况进行实时监控，及时发现和消除安全隐患，保障施工安全。

（5）促进沟通与协调

1）内部沟通

电子沙盘为工程建设各参与方提供了一个统一的信息平台，使得设计、施工、监理等单位能够在同一画面上进行交流和讨论。各方可以更加直观地理解彼此的意图和需求，减少了信息传递过程中的误解和偏差，提高了沟通效率和协同工作能力。

2）外部协调

在与政府部门、周边居民和相关单位的协调过程中，电子沙盘能够生动形象地展示工程的建设内容、施工影响和采取的环保措施等，有助于增进各方对工程的了解和支持，减少协调难度，加快工程建设手续的办理和外部干扰的解决。

（6）成本控制与效益提升

1）成本估算与控制

电子沙盘能够结合施工方案和资源配置情况，对工程成本进行较为准确的估算。在施工过程中，通过对实际成本与预算成本的对比分析，及时发现成本超支的原因，采取相应的控制措施，降低工程成本。

2）效益提升

通过优化施工方案、提高资源配置效率、加强进度管理和质量安全控制等，电子沙盘的应用有效地缩短了工程建设周期，提高了工程质量，减少了施工成本和风险，从而提升了工程的整体效益。电子沙盘平台见图 8.4-48。

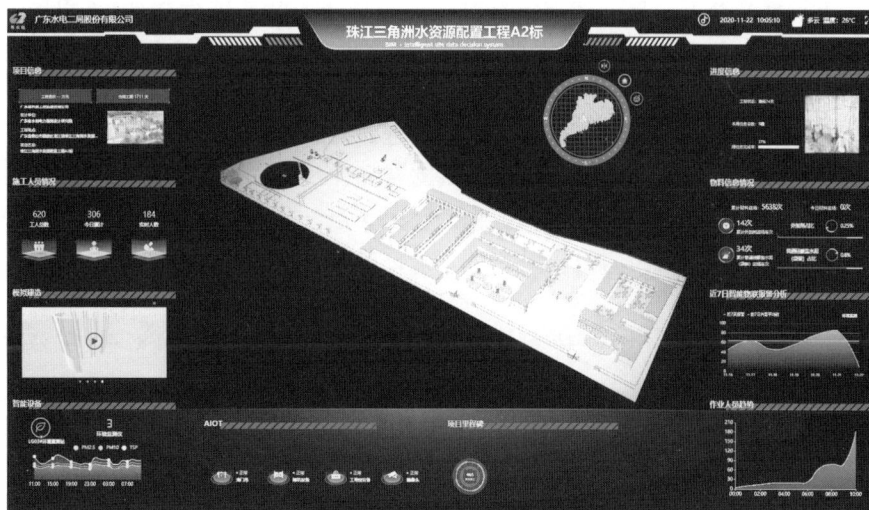

图 8.4-48 电子沙盘平台

6. 视频会商

视频会商，又称远程可视会商，是一种现代化的会议形式，通过双向高速通信网络，实现视频、音频和数据传输合一的综合网，使不同地点的参会者能够进行实时的视频交流、讨论和决策。

（1）系统特点

高清视频会议。4K 超高清数据共享，1080p 高清视频，首家移动端 720p，端到端时延 <200ms，高清流畅。

端云协同。电脑、手机、华为视讯终端、智慧大屏、第三方会议终端，信息在各个终端间无缝流转。

智能协作。屏幕共享、白板共享、投屏共享多种数据分享方式，4K 超高清数据共享，多人在线实时标注。

（2）功能应用

远程视频会商系统保证各单位之间可以进行更充分、及时的交流，有助于提高业务会商决策的时效性和准确性，本工程会议室配置视频会商系统终端。会议室配置的视频会商系统与全线视频会商系统兼容，能够成为参加视频会商的节点之一，保障使用效果。

1）极简入会流程

会议发起人可以通过微信、短信、邮件、链接、二维码多种方式分享会议。为满足各种场景，不同与会者的需求，提供多种方式灵活入会。

受邀入会。当软终端处于登录状态，在会议开始时，软终端可以接收到来电邀请入会。

会议列表入会。如果会议发起人在预约会议时添加了与会者，相应的与会者可以从会议列表中提前进入会议。

会议 ID 入会。已知会议 ID 和密码，可以直接输入会议 ID 和密码入会。

扫码入会。移动客户端支持通过扫描二维码加入会议。

链接入会。当收到其他与会者分享的会议链接、微信链接、短信链接时，点击链接可以立即入会，但此种入会方式需要安装客户端。

匿名入会。与会者没有华为云会议账号时，下载软终端，从会议发起人或其他与会者获取会议 ID 后，输入会议 ID 和会议密码，即可匿名入会。

2）共享标注

会议过程中可以同步共享数据，还可以软硬件终端多方同时标注，实时互动。

数据共享。支持桌面屏幕共享（多个屏幕时，可选择任一屏幕进行共享），程序共享和白板共享。程序可以是计算机中的 PowerPoint 文档、音视频文件及其他可在桌面显示的内容，或者正在运行的某个应用程序界面。

白板标注。支持协同标注，观看共享桌面/白板/程序时，可进行标注，实时双向互动。

远程协助。支持远程连接参会者计算机，提供支持和在线协作。

3）聊天

支持会中成员文字聊天，主持人可以设置是否允许聊天，沟通更便捷。

4）字幕/字幕翻译

桌面端（Windows、MAC），在主持人、与会者进入会议时，可开启字幕/字幕翻译功能，带来更好的观看体验。

开启字幕。将主持人、与会者的语音（普通话）转为实时中文字幕并显示，帮助会中成员加深理解会议内容。

字幕翻译。支持中文字幕实时翻译成英文，对英文与会者友好。

会中字幕记录。记录所有与会者说话的记录，可查阅会中记录，避免重点内容遗漏。

5）会议录播/直播

会议录播/直播，可让参会者扩展至万人规模，极大地满足了项目会议要求，能让会议精神及时传达到更多参建者中。

具有录播服务。提供 1080P 高清录制，高效转码。视频、音频、辅流多流录制，会议细节不遗漏。会议录制文件网上存储，随时随地下载。

打造直播平台。微信、微博、网页等平台直接观看，零门槛接入。也有短信、邮件等便捷通知方式。直播过程可 IM 消息和语音高效互动。多维数据统计，业务结果量化。

6）智能会议室

智能会议室，专业音视频和 AI 加持，更智能的会议体验。

端云协同会议。会议室与移动会议完美融合，内外部会议无缝衔接；IdeaHub、手机、电脑，多端随时接入会议，顺畅沟通。

专业音视频。独创专有硬件加速，H.265编解码，高清视频，性能更优；独创智能音幕，自定义拾音区，AI打造的专属会议空间。

无线投屏。多种无线投屏方式；支持反向控制，更优投屏体验。

远程协作。屏幕/白板共享，多方同时标注，远程协作如同本地。

智能助手。语音操控，释放双手。

自动会议记录。自动生成会议纪要，告别奋笔疾书。

7）会议控制

视频会商可对会议进行各种操作和管理，以确保会议的顺利进行和高效沟通。主持人可控制静音、视频、音频、邀请移除与会者、分享会议、录制会议、多画面设置、选看、举手、设置主持人、延长会议、结束会议等。基本满足了参加单位的使用需求。

（3）应用效果

视频会商的应用成功打破了地域阻隔，让异地人员如处一室，实现超越普通电话的充分沟通。提高了业务会商决策的时效性和准确性，降低了会议成本，节省了人力、物力和时间。

1）提高沟通效率

视频会商通过实时视频和音频传输，使得与会者能够像面对面交流一样进行互动，从而大大提高了沟通效率。与传统的电话会议或文字聊天相比，视频会商能够更直观地传递信息，减少误解和歧义，使决策过程更加迅速和准确。

2）降低会议成本

视频会商的成功应用，使整个工程会议成本显著降低。通过远程会议，会议各方无需额外产生多余的差旅费用、住宿费用等，同时也减少了会议场地租赁、设备购置等费用。此外，视频会商还提高会议资源的利用率，使项目建设过程中能够更加高效地利用会议资源。

3）扩大会议范围

视频会商打破了地域限制，使得与会者能够跨越时空进行交流。这使得工程在建设过程中如遇见施工技术难题，能够邀请更多来自不同地域、不同领域的专家参与会议，从而扩大会议范围，提高会议的多样性和包容性，让更多专家建言献策，为工程建设保驾护航。

4）提升工程形象

视频会商作为一种现代化的会议方式，能够展示工程建设过程中的科技实力和创新能力。通过采用先进的视频会商技术，能够向各方展示其专业性和高效性，从而提升工程形象。

5）促进团队协作

视频会商为团队成员提供了一个实时互动的平台，使团队成员能够更加方便地分享信息、讨论问题、协作完成任务。这有助于增强团队凝聚力和协作能力，提高团队的工作效率和创新能力。

6）便于记录和回顾

视频会商系统具有录制功能，可以将会议过程录制下来并保存为视频文件。这使得与会者能够在会议结束后方便地回顾会议内容，加深对会议内容的理解和记忆。同时，这也为各方的知识管理和培训提供了宝贵的资源。视频会商系统应用见图8.4-49。

图8.4-49　视频会商系统应用

8.5　数字化技术应用成效

BIM 技术、GIS 技术以及智慧工地在工程应用方面取得了明显的成效，通过这些技术的应用，辅助项目管理，减少了返工，极大地提高了项目的经济效益。

8.5.1　BIM 技术应用成效

利用 BIM 技术进行三维建模，实现了对工程结构的精确模拟。帮助项目管理团队对设计方案进行了优化，减少设计错误和变更。同时，利用三维模型直观地展示水资源工程的结构和布局，帮助技术人员和施工人员更好地理解设计意图。

通过 BIM 模型，项目团队精确计算出工程量，相较于平时的算量速度，只需一键导出，快速而且精准。特别是异形结构，平时针对这些结构，技术人员需要耗费大量的时间去计算，最终结果还存在较大偏差，但是通过 BIM 建模，能快速精准统计其相应工程量，节约了时间，为后续工程合理规划施工进度和资源分配，降低了施工成本。

通过模拟施工，提前发现了多处施工过程中的潜在的施工冲突和问题，如管线冲突、设备冲突、空间不足等，根据冲突结果提前制定了应对措施，并及时进行调整，确保了施工计划的顺利进行，极大地减少了施工过程中的不确定性和风险。通过模拟施工，快速让项目的技术人员和施工人员掌握了施工过程中的各种细节，帮助了项目团队掌握了正确的施工方法和技巧，这一作用直接促进了工程质量的提升。

BIM 平台通过集成建筑项目的所有相关信息，为项目参与方提供了一个共享和协作的平台。成功打破了传统项目管理中的信息孤岛，促进参建各方之间的实时沟通和信息共享。通过 BIM 平台，团队成员可以在同一模型上进行工作，实时更新和查看项目进展，从而显著提高项目的协同效率。在进度管理方面，通过进度对比，辅助项目管理，为项目负责人提供了进度管理的数据支撑，减少了项目进度延误，降本增效，提高资源利用率，对项目进度控制起到了积极作用。在质量管理方面，实现了进场原材料验收管理、进场设备验收管理、设备监造管理、原材料及设备检测等，并对现场质量管理形成了管理闭环。在成本管理方面，完成了合同支付、合同变更以及结算等，提升项目成本预测的精准度，更有利于施工过程中的成本控制，相应地减少了变更和索赔。

8.5.2　GIS 技术应用成效

GIS 技术整合了工程周边的地理空间信息，包括地形、地貌、水文、水质等。在工程施工过程中提供了重要的数据支持。通过 GIS 平台，管理人员可以方便地获取和分析工程周边的地理空间信息，为决策提供了科学依据。GIS 提供了强大的空间分析功能，如缓冲区分析、流域分析、水资源供需平衡分析等，将空间分析结果转化为实际的决策支持工具，结合专业知识和经验，辅助项目管理决策。

8.5.3　智慧工地应用成效

智慧工地平台整合了人员管理系统、定位系统、用电监测系统、车辆进出管理系统、运输车辆监控系统、智能视频监控系统、环境监测系统、物料管理系统、吊装监测系统、光缆监测系统、水情远程监测系统、搅拌站监测系统等，使数据互通，同时结合盾构云管理、VR 体验馆、电子签章、电子沙盘及视频会商等应用，实现了对项目的智能管控。

1. 提高管理效率与协同性

智慧工地通过信息共享，显著提高了项目管理效率与协同性。通过物联网、云计算等技术，实现对施工现场的实时监测和数据采集，这些数据与 BIM 模型进行对接，实时更新模型信息，使项目管理人员能够及时了解工程进展情况，并作出相应调整。

2. 优化资源配置与降低成本

智慧工地通过实时监测施工现场的资源使用情况，如材料消耗、设备状态等，及时地发现了项目资源浪费和不合理使用的情况，辅助项目管理者采取相应的措施进行纠正。此外，智慧工地还通过数据分析，为项目管理者提供了成本控制的建议和优化方案，进而进一步降低了成本。

3. 提升施工质量与安全

智慧工地在提升施工质量与安全方面发挥了重要作用。智慧工地通过实时监测施工现场的安全数据，如人员位置、设备状态等，可以及时发现安全隐患并采取相应的措施进行预防。此外，智慧工地还利用 VR 等虚拟现实技术，模拟施工现场的安全风险场景，为施工人员提供沉浸式的安全教育和培训体验，提高了他们的安全意识和应急能力。

4. 加强风险预警与应对

智慧工地的远程监控和智能预警系统也可以实时监控施工现场的安全状况，及时发现并处理安全隐患。例如，通过塔吊防碰撞系统、违章抓拍系统等技术的应用，显著降低施工现场的安全风险。

5. 促进技术创新与产业升级

智慧工地的应用促进了信息技术、物联网、大数据等技术在建筑施工领域的初步融合和创新应用。这种技术创新不仅提高了建筑施工的智能化水平，还推动了建筑行业的数字化转型和产业升级。通过智慧工地的建设，协助企业不断提升了自身的核心竞争力，适应市场变化和发展需求。

8.6 数字化技术展望

数字化技术的应用前景是广阔的，它正在改变我们的工作方式、生活方式以及社会运作的方方面面，并逐步渗透到工程建设行业。随着数字化技术的不断进步，数字化转型已成为企业和组织提升效率、创新服务、增强竞争力的关键途径。目前科技发展阶段，数字化技术比较核心的技术主要包含有云计算、大数据、人工智能、物联网、区块链、5G/6G 通信技术等，结合工程建设实际情况和现有的技术方向，主要从 3 个方面对未来发展做一下展望。

8.6.1 BIM＋GIS 技术展望

BIM 和 GIS 的融合，拓宽和优化各自的应用功能，充分发挥和增强了"＋"的作用，利用 GIS 宏观尺度上的功能，结合 BIM 微观上的信息，在水资源配置工程中有着广泛的应用场景。

1. 原有技术基础上的深度拓展应用

在现有项目应用中，其实很多项目并没有完全充分利用 BIM＋GIS 的技术能力，开发出与项目相匹配的应用场景，很多方面值得我们去做探索。

（1）水资源管理与规划

通过 GIS 技术可以对水资源进行空间分析和管理，而 BIM 技术则可以提供详细的基础设施模型。结合两者，可以实现对水资源配置工程的全面规划，包括水源地选择、输水线路设计、水库和泵站等设施的布局。

（2）水利工程设计

在水利工程设计阶段，BIM 模型可以详细展示工程结构，而 GIS 可以提供地形、地质、水文等环境数据。这种集成可以优化设计，确保工程与环境的和谐共存。

（3）水资源调度与优化

GIS 能够提供实时的地理和水文数据，而 BIM 模型可以模拟不同调度方案对工程结构的影响。

通过这种集成，可以实现水资源的高效调度和管理。

（4）灾害预防与应急响应

在洪水、干旱等自然灾害发生时，GIS 可以提供灾害影响范围的预测，而 BIM 模型可以快速评估受影响的水利设施。这有助于制定有效的应急响应计划和灾后重建方案。

（5）环境影响评估

BIM 模型可以详细展示工程对环境的影响，GIS 则可以提供环境背景数据。结合两者，可以进行更准确的环境影响评估，确保水资源配置工程的可持续性。

（6）维护与资产管理

GIS 可以跟踪和管理水资源配置工程的地理信息，而 BIM 模型可以记录设施的详细信息和维护历史。这种集成有助于提高资产管理效率和延长设施使用寿命。

2. 与新技术融合应用

BIM＋GIS 技术可以与云计算、大数据等功能进行创新应用。

（1）与云计算结合

BIM 与 GIS 数据分析处理的时候，需要占用特别大的服务器资源，在传统的应用中，只能通过单个服务器进行处理，若公司存在多个服务器，也最多几台服务器联合处理分析，依然处理能力有限。

此时，公司若配置云计算服务，公司所有电脑设备都将由云服务器来分配算力资源，当需要大量运算分析时，可在夜晚充分利用整个云计算资源，加快计算分析速度。同时，所有公司电脑设备都只需要一个显示屏，不仅大大节约了电力，还提高了设备使用寿命，降低公司管理成本。

（2）与大数据结合

BIM＋GIS 与大数据结合主要体现在项目管理方面，通过 BIM＋GIS 项目管理平台，充分收集各方面数据，为项目管理提供数据支撑，确保决策的合理性和科学性。

技术方面，可以整合整个公司的技术方案和技术总结报告等技术文件，若下次在施工过程中遇见相同问题时，可快速调取出来作为参考方案，此种方式可快速培养项目管理方面的技术人才，区别于过往纯粹靠经验管理，这种方式更为科学合理。

质量方面，项目管理过程中有质量隐患和问题的都需上传平台，公司通过整合所有项目的质量问题，利用大数据分析对质量问题进行分类处理，区分出通用问题和特性问题。针对通用问题研究出相应的管控措施和应急处理方案，加强项目的质量管控，针对特性问题，研究出在什么场景下会出现相应的质量问题，让项目在施工过程中若遇见了相同场景，加强过程管理。同时，也可统计出各项目的质量问题频率，通过问题的多少，可以判断项目管理团队及分包队伍能力问题，多方管控，最终使得项目质量得以提高。

安全方面，同质量管理，旨在分析安全问题和加强对项目管控，减少安全隐患的出现，通过事前控制，尽量减少安全事故的发生。

进度方面，通过进度计划与实际进度对比分析，及时做到进度预警，整个各项目进度情况，分析进度滞后的原因，找寻共性，针对问题集中处理解决。

成本方面，施工图预算、目标成本、施工成本的三算对比，是可以帮助公司和项目更好地管控成本，但是在实现过程中遇见很多问题，如施工图预算采用的是手算，算量不精准，公司定额不准确，成本预估不准确，往往导致最终的三算对比差之毫厘谬以千里。通过大数据分析，结合公司各项目基础定额，逐步细化企业定额，提高定额的精准度，利用 BIM 的算量功能，与之结合起来，实现真正的三算对比。

计量方面，利用 BIM 算量，绑定现场施工进度，结合合同成本，三者统一计量，避免超计量，减少资金使用成本。

资源选择方面，利用平台汇总的安全巡检、质量巡检、物资供货响应等信息，自动考核、评价合作单位，为遴选优质业务伙伴提供最原始、真实的数据支撑；利用"BIM＋"管理平台对比项目生产信息和进展情况，结合资源盘点信息，引入社会信息参照比对，及时决策项目人财物的调度，使项目建设提质增效。

8.6.2　智慧工地技术展望

目前智慧工地应用相对成熟，市场上也有相应成熟的系统及平台，但是部分应用上还有深挖的空间。

1. 原有技术基础上的深度拓展应用

目前智慧工地更多的是设备与设备之间的交互，过程中人员参与较少，往往等整个事件完成之后才能预警，如未戴安全帽预警、侵限预警等。但在有些管理过程中可以深度参与，通过过程监管，加强工程质量管控。

在检验批验收中，正常需要质量管理人员到场验收通过才能进行下一步施工，在实际项目管理过程中，可能会存在人员未到场验收或并非质量管理人员验收的情况，这会给整个工程的质量造成一定的隐患。整个验收过程中，通过与设备的交互监管，可实现人员管控。

在智慧工地平台中预先录入组织架构，并给组织架构设置相应的管理人员，包括质量管理人员，人员与身份信息一一对应，当需要检验收时，在平台上下发验收通知，由质量管理人员参加验收，质量管理在验收前需经过施工现场门禁，产生进出记录，证明人员进场。在验收前，通过手机App人脸识别并拍照留存档案，证明在验收现场，所有管理闭环后才允许正式验收，获得验收通过，否则此次验收不通过。

2. 与新技术融合应用

智慧工地是利用设备程度最高的一项应用，结合云计算、大数据、人工智能、5G/6G通信技术、区块链等技术，可为公司与项目提供新的管控手段。

（1）与云计算结合

随着新技术的不断涌现与成熟，各种数据越来越多，需要处理分析的数据量越来越庞大，通过云计算不仅节约成本，更是可更大限度地利用服务器算力，提高工作效率。

（2）与大数据结合

智慧工地主要是通过设备监管项目，通过前端设备采集数据，后端进行数据分析，数据量庞大，在现阶段，大量数据被浪费，无法产生应有的价值，在下一步的应用中，可深挖这部分数据的应用。

在质量和安全管理方面，可以利用摄像头等监控设备，获取大量的有用数据，利用后端数据分析，分析出哪些是属于违规操作和具有安全风险行为，以此达到管控项目的目的。

（3）与人工智能结合

人工智能即通过大量的数据进行训练，使模型能符合各自公司的管理需求，而公司项目往往不缺少数据，通过人工智能与智慧工地结合，实时监管项目行为，分析违规操作与具有安全风险行为，也可通过统计各类工种工作时长和工作量，达到优化企业定额的目的，提高企业的管理能力。

（4）与5G/6G通信技术结合

5G和6G的高速数据传输能力使得现场施工的实时监控成为可能。通过安装高清摄像头和传感器，可以实时传输现场图像和数据到远程控制中心，实现对施工进度、安全状况的实时监控和管理。可为后续智能建造做准备，通过高速数据的传输，远程控制设备进行施工和危险作业，减少人员安全风险。

（5）与区块链技术结合

目前工程行业涉及采购与分包行为依然还是不透明，这种情况会滋生腐败，通过区块链的技术，优化供应链管理，确保材料来源透明、供应链可追溯性和分包队伍的正常分包。

8.6.3　智能建造技术展望

　　智能建造是当前建筑业与智能化技术深度融合的产物，其发展趋势也呈现出多元化、高效化、绿色化和可持续化的特点，同时，随着物联网、大数据、云计算、人工智能等技术的不断成熟，这些技术将更深入地融入智能建造领域，推动建造过程的数字化、智能化。目前智能建造应用从多方面发展探索，主要有机器人与自动化技术、3D 打印技术等，其中部分技术已经在房屋建筑领域已开始逐步尝试，通过对技术的探索研究，逐步完善，最终达到提高工程项目的效率、安全性和可持续性的目的。

　　1. 机器人与自动化技术

　　机器人与自动化技术是智能建造领域的重要组成部分，它通过集成先进的信息技术、自动化技术、物联网技术以及人工智能，逐步替代或协助建筑人员完成建筑施工工序。

　　机器人和自动化技术在施工现场的应用，将会极大减少重复性、繁重的体力工作，如焊接机器人，可以替代焊工用于钢结构的焊接，不限焊接场地，哪怕在狭小的空间和封闭空间也能完成焊接工作，提高焊接质量；自动化的混凝土浇筑机器人，可以准确地将混凝土布料到指定位置，提高施工效率；砌筑机器人，可以按照预定的砌筑模式和工艺要求进行砌块或砌块的搬运、定位和砌筑，同时，可以根据砌筑机器人功率，改良砌块体积，提高砌筑效果和砌体结构整体性，提高整体工程质量；安防巡检机器人，结合 AI 技术，不间断地在工地内进行巡逻，替代安全员日常巡检工作，为工程安全施工保驾护航。

　　2. 3D 打印技术

　　3D 打印技术正不断创新，包括打印速度的提升、打印精度的提高以及打印设备的智能化和自动化。这些技术创新使得 3D 打印建筑在效率、质量和成本控制方面更具优势。3D 打印技术的应用场景也在不断拓展，从最开始的小的零部件打印，逐步拓展到住宅、别墅等小型建筑，然后扩展到工业厂房、临时建筑、新农村建设、公共设施等领域。虽然还存在技术上的挑战，但随着技术的发展，3D 打印技术将在建筑领域发挥重大作用，特别是在灾后重建、贫困地区住房、极端环境建造等方面，解决棘手的建造问题。

参 考 文 献

［1］ 水利部.中国水资源公报2023［EB/OL］. http：//www.mwr.gov.cn/2024－06－14.

［2］ 人民网.中华人民共和国国民经济和社会发展第十四个五年规划和2035年远景目标纲要［EB/OL］. http：//politics.people.com.cn/2021－03－13.

［3］ 国家发展改革委.《"十四五"水安全保障规划》印发实施［EB/OL］. https：//www.ndrc.gov.cn/2022－01－11.

［4］ 中共中央、国务院《国家水网建设规划纲要》［EB/OL］. https：//www.gov.cn/2022－05－25.

［5］ 广东省人民政府.广东省水利发展"十四五"规划［EB/OL］. http：//www.gd.gov.cn/2021－10－11.

［6］ 广东省人民政府.中共广东省委广东省人民政府关于推进水利高质量发展的意见［EB/OL］. http：//www.gd.gov.cn/2022－02－23.

［7］ 水利部.关于推进水利工程建设数字孪生的指导意见［EB/OL］. http：//www.mwr.gov.cn/2024－04－01.

［8］ 刘晓敏，王岁军，冯伟，宋子文.复杂地质条件下紧邻城轨隧道超深地下连续墙施工技术研究［J］. 施工技术，2021，50（1）：83－86.

［9］ 董云涛，董阔，牛秀宝，黄君.富水砂层超深圆形盾构接收井施工关键技术［J］. 施工技术，2021，50（10）：46－50.

［10］ 龚振宇，徐前卫，孙梓栗，贺翔.超深地下连续墙泥浆材料特性及配比试验研究［J］. 水利与建筑工程学报，2020，18（6）：101－108.

［11］ 李荣智，仲生星.南水北调中线穿黄工程超深竖井施工技术［J］. 人民长江，2011，42（8）：63－69.

［12］ 唐嘉洪.声波透射法在引调水工程地下连续墙完整性检测中的应用［J］. 广东水利水电，2022（8）：24－28.

［13］ 邓稀肥，王圣涛，邬家林，刘子阳，方知海，陆苗祥.超深地铁车站地下连续墙盾构接收洞口玻璃纤维筋技术及实践［J］. 城市轨道交通研究，2021，24（12）：172－176.

［14］ 赵晶.超深地下连续墙钢筋笼吊装数值分析及简化计算［J］. 施工技术（中英文），2022，51（19）：52－56.

［15］ 于澎涛，王江涛，龚浩.南水北调中线穿黄工程深竖井逆作法施工技术［J］. 人民黄河，2009，31（11）：91－92，94.

［16］ 秦政，陈建伟，李功子，周武，朱慧，方星桦，阳军生，张聪.复杂环境下竖井掘进与局部爆破开挖组合施工技术研究［J］. 水利水电技术（中英文），2023，54（3）：105－115.

［17］ 高军凯，贺会萍.穿黄工程盾构始发井内衬混凝土逆作法施工技术［J］. 隧道建设，2009，29（5）：569－573，581.

［18］ 杨磊.复合地层泥水平衡盾构机选型技术要点［J］. 隧道与轨道交通，2018（3）：1－4，55.

［19］ 汪波，廖先斌，董涛，等.液氮和盐水联合冻结在盾构开仓换刀中的应用［J］. 市政技术，2023，41（7）.

［20］ 竺维彬，钟长平，黄威然，贺婷，张部令，祝思然.盾构掘进辅助气压平衡的关键技术研究［J］. 现代隧道技术，2017（1）.

［21］ 齐梦学.我国TBM法隧道工程技术的发展、现状及展望［J］. 隧道建设（中英文），2021，41（11）：1964－1979.

［22］ 孙振川，陈馈，杨延东.山区复杂地质长大隧道岩石掘进机（TBM）及其掘进关键技术［M］. 北京：人民交通出版社，2020.

［23］ 冯兴龙，陈方明，谢冕，等.TST超前地质预报技术在N－J工程中的应用［J］. 人民长江，2014，45（1）.

［24］ 谯勉江，莫裕科，刘洪炼，等.TST技术在石棉隧道超前地质预报中的应用［J］. 工程地球物理学报，2009，6（2）：196－202.

［25］ 赵永贵，蒋辉，赵晓鹏.TSP203超前预报技术的缺陷与TST技术的应用［J］. 工程地球物理学报，2008（3）：266－273.

［26］ 赵永贵.隧道围岩含水性预报技术［J］. 地球与环境，2005（3）：29－35.

［27］ 肖启航，谢朝娟.TST技术在贵州高速公路顶效隧道超前地质预报中的应用［J］. 工程勘察，2010，38（7）.

［28］ 李杨.TBM刀盘设计综述［J］. 建筑机械（上半月），2013（6）：74－77.

[29] 刘立鹏，刘海舰，傅睿智，等．TBM 双滚刀间距及入岩次序对破岩效果影响研究［J］．水利水电技术，2018，49（4）：56－62．

[30] 陈巍，孙伟，霍军周．TBM 刀盘开口面积的确定［J］．机械设计与制造，2015（5）：78－82．

[31] 张照煌．全断面岩石掘进机盘形滚刀寿命管理理论及技术研究［D］．北京：华北电力大学，2008．

[32] 吴波，阳军生．岩石隧道全断面掘进机施工技术［M］．合肥：安徽科学技术出版社，2008．

[33] 李刚，于天彪，费学婷，等．一种基于 CSM 模型的 TBM 刀盘比能预测方法［J］．东北大学学报（自然科学版），2012，33（12）：1766－1769．

[34] 张宁川，王豪，张双亚．17 in 与 19 in 滚刀破岩效率及耐磨度的初步比较研究［J］．隧道建设，2009，29（1）：123－126．

[35] 周振国．岩碴观测对硬岩 TBM 施工的指导意义［J］．现代隧道技术，2002，39（3）：13－16．

[36] 荆留杰，张娜，杨晨，等．基于最小破碎比能 TBM 滚刀间距设计方法研究［J］．铁道学报，2018，40（12）：123－129．

[37] 荆留杰，张娜，杨晨，等．TBM 滚刀刀间距设计计算方法研究［C］//第一届全国岩石隧道掘进机工程技术研讨会论文集．2016：22－28．

[38] 余静．岩石机械破碎规律和破岩机理模型［J］．煤炭学报，1982（3）：10－18．

[39] 张照煌．全断面岩石掘进机及其刀具破岩理论［M］．北京：中国铁道出版社，2000．

[40] 余静．岩石机械破碎规律和破岩机理模型［J］．煤炭学报，1982（3）：10－18．

[41] 徐小荷，余静．岩石破碎学［M］．北京：煤炭工业出版社，1984，115－127．

[42] 冯欢欢，陈馈，周建军，等．掘进机滚刀最优破岩刀间距的分析与计算［J］．现代隧道技术，2014，51（3）：124－130，137．

[43] 中铁工程装备集团有限公司．一种 TBM 正滚刀间距的设计方法：CN201810265999.0［P］．2021－06－11．

[44] 曹旭阳，张伟，王欣，等．TBM 典型刀盘刀具布置方法及软件实现［J］．工程机械，2010，41（1）：21－25．

[45] 付柯．TBM 掘进参数相关性分析及掘进速度预测［D］．石家庄：石家庄铁道大学，2018．

[46] 黄井武，严振瑞，李代茂，等．高内压盾构隧洞原位试验及衬砌变形行为研究［J］．水力发电学报，2021，40（3）：165－172．

[47] 罗晶，唐欣薇，莫键豪．珠江三角洲水资源配置工程预应力复合衬砌足尺模型试验关键施工工艺研究［J］．广东水利水电，2024（1）：39－43．

[48] 李敏，朱银邦，付云升，等．盾构输水隧洞双层复合衬砌的联合受力分析［J］．中国水利水电科学研究院学报，2014，12（1）：109－112．

[49] 林少群．高内压盾构输水隧洞三层衬砌原位试验与承载性能研究［D］．广州：华南理工大学，2020．

[50] 刘通胜．高水压输水隧洞预应力衬砌原型试验加载关键技术研究［D］．郑州：华北水利水电大学，2022．

[51] 曹生荣，杨帆，秦敢，等．盾构输水隧洞设垫层预应力复合衬砌承载特性研究［J］．水力发电学报，2015，34（2）：136－143．

[52] 钮新强，符志远，张传健．穿黄盾构隧洞新型复合衬砌结构特性研究［J］．人民长江，2011，42（8）：8－13．

[53] 沈来新，付云升．盾构输水隧洞预应力钢筋混凝土衬砌结构设计研究［J］．水利水电技术，2013，44（7）：73－76．

[54] 王亚．输水盾构隧道预应力双层衬砌结构力学特性研究［D］．成都：西南交通大学，2023．

[55] 杨帆．盾构隧洞预应力复合衬砌计算模型与承载性能［D］．武汉：武汉大学，2019．

[56] 姚广亮，陈震，严振瑞，等．高内水压盾构隧洞预应力混凝土内衬结构受力分析［J］．人民长江，2020，51（6）：148－153．

[57] 郑怀丘．长距离盾构输水隧洞双层衬砌结构力学特性研究［D］．广州：华南理工大学，2020．

[58] 张冬梅，卜祥洪，周文鼎，等．内水压条件下盾构隧道复合衬砌破坏机理原型试验研究［J］．土木工程学报，2023，56（6）：126－135．

[59] 陈宇光．输水隧洞预应力衬砌钢筋施工定位关键技术研究［D］．郑州：华北水利水电大学，2022．

[60] 曹国鲁．水工隧洞预应力混凝土衬砌锚具槽优化设计研究［D］．郑州：华北水利水电大学，2022．

[61] 陆岸典，唐欣薇，严振瑞，等．复合衬砌结构的预应力混凝土配比试验研究［J］．水力发电学报，2022，41（11）：149－158．

［62］ 陆岸典，唐欣薇，严振瑞，等．无粘结环锚预应力衬砌张拉工艺足尺模型试验研究［J］．长江科学院院报，2024，41（3）：142－147．

［63］ 魏代斌，张飞鹏．标准焊接工艺规程在压力容器制造中的应用探讨［J］．中国金属通报，2022（11）：159－161．

［64］ 童春桥．薄板圆筒数控卷圆新工艺［J］．机械工人，2005（4）：28－30．

［65］ 杨丽，黄燕梅，宋建武．数控环缝自动焊接机设计［J］．焊接技术，2013，42（3）：38－40．

［66］ 李静宇，李晓闯，吴庆富，等．箱形端梁船形焊接加工装备的设计［J］．起重运输机械，2022（10）：45－48．

［67］ 乔军平．钢质管道内外环氧粉末喷涂一次成型新工艺［J］．油气储运，2009（7）：76．

［68］ 乔军平，张嗣伋．钢质管道内外环氧粉末喷涂一次成膜技术［J］．油气储运，2008（10）：39－41．

［69］ 师立功．管道用熔结环氧粉末涂层长效防腐的关键［J］．涂料工业，2017（2）：81－88．

［70］ 黄持胜，鲍乐，任冰飞．钢管内壁采用有机硅聚合物改性水泥沙浆衬里的防腐效果［J］．电力建设，2000（2）：43－45．

［71］ 李华山，赵瑞云，于本水．无溶剂环氧涂料在深海环境防腐性能研究与应用［J］．涂料工业，2023，53（3）：78－83．

［72］ 范建强，赵令剑，李凤滨．供水管线阴极防腐应用实践［J］．水利规划与设计，2020（12）：126－129．

［73］ 朱雅仙，朱锡昶，葛燕，等．流动淡水中钢的腐蚀行为研究［J］．水利水运工程学报，2002（2）：7－13．

［74］ 葛燕，朱锡昶，朱雅仙．引水钢管内壁阴极保护试验研究［J］．水利水运工程学报，2002（2）：30－34．

［75］ 赵钰琛，汤智辉，赵铁琳．隧洞管道运输安装车技术研究［J］．南水北调与水利科技，2004（3）：53－56．

［76］ 林成欢，李宁，王志国，等．基于SimSolid的液压分组模块车车架有限元仿真技术［J］．专用汽车，2022（11）：32－36．

［77］ 郝世英，张小成．STT＋外焊机自动焊工艺在西气东输管道施工中的应用［J］．焊接技术，2002（31）：19－20．

［78］ 闫政，梁君直，陈江．采用DSP控制的高效管道双焊炬全位置自动焊机研究［J］．电焊机，2005（4）：38－43．

［79］ 张志冰．大直径输水钢管在盾构隧洞内安装技术研究［J］．铁道建筑技术，2023（6）：138－140，157．

［80］ GB/T 31361—2015 无溶剂环氧液体涂料的防腐蚀涂装［S］．北京：中国标准出版社，2015．

［81］ 唐榕联，张健．低扬程输水工程单向塔与高位水池的联合防护研究［J］．水电能源科学，2021，39（8）：124－127，70．

［82］ 张志胜，张奎，黄毅．泵站管路系统水力过渡过程及二次防护措施研究［J］．人民长江，2018，49（17）：66－69，91．

［83］ 李德兵，于庆，宋名先．浅谈航电枢纽工程不同工况下牛腿施工技术研究［J］．珠江水运，2024（17）：23－25．

［84］ 陈开雄．0号块插入式钢牛腿组合型钢托架设计与施工技术［J］．建材发展导向，2024，22（15）：67－70．

［85］ 祝平华．高空大跨斜牛腿支架设计分析及工程应用［J］．建筑施工，2024，46（3）：305－308，312．

［86］ 魏临霞．大型水利泵站机电设备安装和检修措施探讨［J］．科技与创新，2023（4）：141－143．

［87］ 任京芳．大型水利泵站机电设备安装和检修措施［J］．中国设备工程，2022（11）：184－186．

［88］ 郝人艺，丁瑞，戴萱．水利泵站机电设备安装施工质量控制技术［J］．工程机械与维修，2024（2）：77－79．

［89］ 魏锐，张广辉．浅析BIM技术在水利工程施工中的应用［J］．人民黄河，2020，42（S2）：173－174．

［90］ 王浩铭．数字化技术在水务项目全产业链中的应用研究［J］．给水排水，2023，59（8）：124－128．

［91］ 杜灿阳，张兆波，刘丹，等．BIM技术在珠三角水资源配置工程中的集成应用［J］．水利信息化，2021（3）：1－7．

［92］ 张泽玉，韩鸿雁，张伟，等．水利工程"智慧监管＋标准化工地"建设路径、方法探索与实践［J/OL］．水利水电技术（中英文），1-9［2024-11-14］．

［93］ 李家华，黄黎明，陈良志．基于BIM和物联网技术的智慧工地平台在LNG码头施工中的应用［J］．水运工程，2024（2）：169－174．

［94］ 罗情平，任玲，王义华．城市轨道交通智慧工地信息化集成管理系统研究与应用［J］．都市快轨交通，2022，35（6）：45－50．

［95］ 代进雄，蒋奇，俞锋，等．基于BIM的水利工程建设管理平台研究及应用［J］．水利水电技术（中英文），2022，53（11）：37－49．

［96］ 杜灿阳，邓鹏，张兆波，等．BIM＋GIS技术在珠江三角洲水资源配置工程中的应用［J］．人民珠江，2022，43（2）：30－39．

［97］ 杜灿阳，张兆波，刘丹，等．珠三角水资源配置工程数字化管理初探［J］．水利规划与设计，2021（10）：23－28．